研究生创新教育系列丛书

昆虫学研究方法与技术导论

Introduction to Entomology Research Methods and Techniques

主　　编　文礼章
名誉主编　沈佐锐

科 学 出 版 社
北　京

内 容 简 介

本书在介绍经典昆虫学研究方法的基础上，按照昆虫学各分支学科的特点，精选了国内外近年发展起来的、应用较为普遍的昆虫学实验研究新理论、新技术、新方法。全书共分13章，内容精炼，其中大部分章节介绍的是目前国内外昆虫学领域的研究热点，包括昆虫和螨类标本的采集制作、昆虫饲养、昆虫摄影、科技文献检索与科技论文写作、昆虫分类学、昆虫生物学、昆虫生态学、昆虫生理学与生物化学、昆虫分子生物学、昆虫病理学、昆虫毒理学、害虫综合治理、法医、水质监测及垃圾处理昆虫方面经典的或新的实验方法与研究技术等内容。

本书可供高等院校生物类专业，如昆虫、植物保护、生物、农学、医学等相关学科的教师、研究生、本科生用作教材和参考书，特别适合于植物保护类本科生和昆虫类专业研究生使用。同时也可供相关领域的科研人员及昆虫学爱好者使用和参考。

图书在版编目(CIP)数据

昆虫学研究方法与技术导论/文礼章主编. —北京：科学出版社，2010
(研究生创新教育系列丛书)
ISBN 978-7-03-026683-5

Ⅰ.昆… Ⅱ.文… Ⅲ.昆虫学-研究方法 Ⅳ.Q96-3

中国版本图书馆CIP数据核字（2010）第019405号

责任编辑：李 晓 韩学哲 陈珊珊/责任校对：张怡君
责任印制：赵 博/封面设计：王 浩

科学出版社出版
北京东黄城根北街16号
邮政编码：100717
http://www.sciencep.com
北京富资园科技发展有限公司印刷
科学出版社发行 各地新华书店经销
*
2010年2月第 一 版 开本：787×1092 1/16
2025年1月第四次印刷 印张：31 3/4
字数：746 000

定价：180.00元

（如有印装质量问题，我社负责调换）

《昆虫学研究方法与技术导论》编委会

主　　编　文礼章

名誉主编　沈佐锐

副 主 编　（按姓氏笔画排序）

李桂亭　张宏宇　郭线茹　曾鑫年　颜亨梅

参加编写单位及人员（按单位笔画排序）

中国农业大学　沈佐锐

华中农业大学　张宏宇　饶　琼　王丹丹　李明顺

华南农业大学　曾鑫年　陆永跃　吴伟坚　李　荣

安徽农业大学　李桂亭　江俊起

河南农业大学　郭线茹　罗梅浩

湖南农业大学　文礼章　宋东宝　曾爱平　杨中侠

湖南师范大学　颜亨梅　周　琼　刘　金

感谢湖南省教育厅课程建设基金

和湖南农业大学研究生教材建设基金资助

序

昆虫在地球上的重要性有多大，昆虫学在生命科学界的重要性就有多大。昆虫是地球上生态适应和进化最成功的动物类群之一，也是地球上多样性最高的生物类群之一。随着生物多样性成为非常热门的科学问题，昆虫学的重要性也提升了一层。昆虫中有一小部分被称为害虫，它们对农业生产、林业发展、人类和畜禽的健康构成了很大威胁，在与它们做斗争的过程中，由于化学杀虫剂的不当使用，对生态环境也造成很大威胁。随着可持续发展成为另一个热门的科学问题，与病虫害防治相关的昆虫学的重要性更显突出。随着科学技术的整体发展，昆虫学研究方法和技术也有了很大发展，而这方面的发展正好匹配和适应了昆虫学重要性提升的要求。由文礼章教授主编的《昆虫学研究方法与技术导论》，就是在这样的背景下策划、编写和出版的。

尽管该书必须突出昆虫学研究方法与技术中的新进展，但经典的昆虫学研究方法是永远不能拆除的基础，所以，书中保留了昆虫标本的采集与制作、昆虫饲养方法与技术、光学相机摄影、科技文献检索与科技论文写作等传统的基础知识。而在昆虫形态进化分类、昆虫生物学和生态学、昆虫解剖学和组织学、昆虫病原微生物、昆虫毒理学研究、害虫综合治理研究方面也介绍了必要的传统知识，并在此基础上介绍了国内外近年发展起来的应用较普遍的昆虫学实验研究新理论、新技术、新方法。

该书的编者都是我国改革开放以来培养出来的博士，如今都在高校的教学、科研第一线工作，有些已经成为相关的昆虫学分支学科带头人。他们经过多次集体讨论，为该书设计了比较合理的结构，选择了比较精炼的内容，其中大部分内容涉及目前昆虫学领域的研究热点。尤其是昆虫分子生物学，法医、水质监测及垃圾处理昆虫等章节，都反映了昆虫学发展的最新成果，有些显然已经成为新的分支学科。在昆虫摄影技术、昆虫生理学与生物化学、昆虫毒理学等方面，也都有新内容展现。即使在科技文献检索等传统内容中，也注意吸纳了因特网技术发展带来的新方法，即昆虫学网络资源文献的利用。与以往的昆虫学教科书相比，该书更偏重于介绍实验研究方法与技术，强调它们的可操作性。

该书的编委会邀请我当名誉主编，我之所以欣然应允，一是因为喜欢，喜欢这支基本上由青年教授、副教授和博士后研究人员组成的团队，喜欢他们的敬业，喜欢他们的齐心；二是因为责任，我们作为比较年长的教师，深味“青出于蓝”之理，更懂“青胜于蓝”之道，也许这个团队中有的人在编写教材方面尚缺乏经验，素材的收集和加工略显不足，然而他们的态度非常认真，他们也只有经历了第一次编写教材，才会在未来第二次和第三次编写教材时成为行家里手，并且再带出新人。

该书定位的读者群主要是高等院校中昆虫、植物保护、生物、农学、医学等生物类相关专业的教师、研究生、大学生和相关领域的科研人员。同时，该书也希望作为“导论”，对昆虫学爱好者有帮助。这里，“同时”一词，说起来容易，做起来颇有难度。然而，这确实很重要，就是要为更多的业余爱好者着想。美国昆虫学家 Gullan 和 Cranston 合编的《昆虫，昆虫学纲要》（*The Insects*，*an Outline of Entomology*）最近已经推出第三版，是一部优秀教材，我国正在组织翻译出版。该书第一章在介绍什么是“昆虫学”时提到：“尽管研究昆虫的可能是专业人士，但昆虫研究的许多方面仍然适合业余爱好者去做。达尔文（Charles Darwin）着手自然史研究时的最初热情就是收集甲虫，并且他一生都致力于研究昆虫的进化以及与世界各地的昆虫业余爱好者的交流。”Gullan 和 Cranston 指出，昆虫业余爱好者对昆虫多样性研究的贡献是巨大的，这种贡献不仅在于采集昆虫，而且在于他们继承了法布尔（Henri Fabre）的传统去耐心地并有所发现地观察昆虫的种种活动。既然要为更多的业余爱好者着想这一点，那么，《昆虫学研究方法与技术导论》如何做到雅俗共赏？这就是对科学出版物编写的挑战，也许可以考虑再出版一部姊妹读物，令其内容更通俗易懂，所提供的昆虫学研究方法与技术更可操作。

中国农业大学昆虫学系教授

2009 年 8 月 20 日于北京

前　言

昆虫学（entomology）是专门研究与探索有关昆虫生命活动的各种规律，并加以利用与防治的科学。昆虫与人类的生活、衣食住行以及保健卫生等各个方面都有密切的关系，很久以来一直是人类所重视的研究对象。

现代昆虫学已从动物学中独立出来，并且发展成为多分支的学科。依其研究的范畴可分为两大类，即理论昆虫学（或称普通昆虫学）与应用昆虫学（或称经济昆虫学）。前者是以研究昆虫学的基础理论为目的，而后者是从与人类有无利害关系方面来研究昆虫，对人类有害的加以防治，有益的加以繁殖、利用。当然这两大类学科是相辅相成的，不能截然划分。按研究的内容来划分，可细分为下列主要分支学科。

一、普通昆虫学（general entomology），又称基础昆虫学（basic entomology），偏重于对昆虫本身生命形式及生命规律的探索，主要包括：

昆虫形态学（insect morphology），研究昆虫形态和超微结构的学科，与昆虫分类学有密切的关系。它包括外部形态与内部构造两大部分。

昆虫分类学（insect taxonomy 或 insect taxology），或称昆虫系统学（insect systemetics），研究昆虫的所属并决定种名及其相互间的类缘关系，推断和重建昆虫的历史演化过程。涉及昆虫的鉴别、命名、分类及各阶元间亲缘关系和进化途径等。近年来，又形成了昆虫数值分类学、支序分类学、化学分类学、细胞分类学、分子分类学等分支。

昆虫生物学（insect bionomics 或 insect biology），又称昆虫生活史学，研究昆虫生长发育（从卵发育，幼虫生长、脱皮、化蛹至成虫生殖等）各阶段的生命特征以及昆虫在一年中的发生过程，即它们的年生活史和发生世代等，研究昆虫的胚胎发育、胚后发育、变态、习性，昆虫胚胎学、社会昆虫生物学等都属于广义的昆虫生物学范围。

昆虫生态学（insect ecology），研究昆虫生活状态及其和环境关系的学科。因分支学科间的相互交叉而又有化学生态学、生理生态学等。本学科通常还从生态学的角度来研究生物地理学和生物多样性等内容。

昆虫行为学（insect ethology），研究昆虫的行为类型、模式及其行为产生机制，有行为生态学、行为生理学、行为遗传学等分支。

昆虫生理学（insect physiology），探讨昆虫组织、器官的机能和代谢规律等，包括昆虫组织学、昆虫生物化学、昆虫电生理学、昆虫分子生物学等。它是研究昆虫感觉、呼吸、营养、消化等虫体生理现象的学科。

昆虫病理学（insect pathology），研究昆虫疾病的原因、病症、发病过程以及由此在昆虫体内所引起构造、化学及机能等的变化，以利用其消灭害虫、保护益虫的学科。

昆虫生物化学（insect biochemistry），研究昆虫生理变化过程中的生物化学变化以及虫体组成的化学成分等。特别是昆虫激素以及人工饲料的研究、免疫学、神经科学、分子生物学和细胞生物学近年来发展迅速，颇引人们重视。

昆虫遗传学（insect genetics），研究昆虫的遗传现象，对家蚕、蜜蜂新品种的育成以及有生理缺陷品系的育成等有重要的指导意义。它为近年来被称为害虫“遗传防治”或“遗传管理”的害虫防治新途径提供了理论基础。

古昆虫学（palaeoentomology），古生物学的一个重要分支，研究保存在岩层中的昆虫遗体和遗迹的科学，主要有化石昆虫分类学、古昆虫生态学、古昆虫地理学等分支。近年来，古昆虫生物化学和古昆虫分子生物学等方面也有不少新发展。

二、应用昆虫学（applied entomology），又称经济昆虫学（economic entomology），是利用昆虫生命活动的固有规律造福人类的学科。它既是昆虫学产生的主要原因，又是人们研究昆虫的目的所在。根据不同的角度和范围，应用昆虫学又可分为：

农业昆虫学（agricultural entomology），研究农作物上害虫与益虫的生物学以及对其防治与利用方法的学科。为害农作物的螨类（属蛛形纲）、鼠类（属啮齿动物）、蛞蝓（属软体动物）及线虫（属线形动物）等一般也包括在内。

园林园艺昆虫学（landscape and horticultural entomology），研究与绿化、果园或菜地植物相关昆虫或螨类的学科，包括果树昆虫学（fruit tree entomology）、蔬菜昆虫学（vegetable entomology）等。

森林昆虫学（forest entomology），研究森林树木上害虫发生规律及防治方法的学科。同农业昆虫学一样，它包括有害螨类、鼠类、线虫以及蛞蝓等，也称之为森林动物学。

储藏物昆虫学（stored product entomology），研究粮、棉、油、茶等储藏物害虫（也称仓库害虫）发生、发展规律及其防治方法的学科。储藏物品的生态环境是极特殊的。近年来这方面的研究有较大的进步，是从农业昆虫学分离出来的新分支。

医学昆虫学（medical entomology），又称卫生昆虫学，研究人体及家畜虫害的学科，通常也包括蜱螨在内。此类害虫通常称为卫生昆虫。

城市昆虫学（urban entomology），研究城市环境中有害昆虫的种类、习性、发生规律及治理措施。目前将园林昆虫、储藏物昆虫及卫生昆虫合并为城市昆虫。

植物化学保护（chemical protection of plants），研究植物、病虫及化学农药三者之间的关系，提出合理使用化学农药以达到安全、经济、有效地保护经济作物不受病、虫、杂草损害的方法与措施。

害虫生物防治（pest bio-control），研究利用害虫天敌控制害虫的理论和实践的一门学科。

法医昆虫学（forensic entomology），应用昆虫及其他自然科学的理论与技术，研究并解决司法实践中有关昆虫问题的一门学科。法医昆虫学是一门新兴的交叉学科，它将昆虫学证据应用于司法实践中，在刑事案件侦破和法庭审判中起着不可低估的作用。

资源昆虫学（resource entomology），研究昆虫资源的开发与利用的学科。一般昆虫学工作者研究资源昆虫的范围多限于蜜蜂（养蜂学）、家蚕（养蚕学）、五倍子、白蜡虫、紫胶虫以及天蚕蛾等。而目前广义的资源昆虫学则还包括观赏昆虫、天敌昆虫、药用昆虫、食用昆虫、传粉昆虫、饲料昆虫、水质监测昆虫、垃圾处理昆虫等昆虫资源。

文化昆虫学（culture entomology），是 20 世纪 80 年代初期形成的一门文理交叉学科，主要研究昆虫对人类文化的影响，包括民族昆虫学、民俗昆虫学、文学昆虫学等方面。

技术昆虫学（technical entomology），或称昆虫技术学（entomological technology），探讨昆虫学研究中所用技术的学科，包括昆虫标本的采集、制作、管理，昆虫的饲养、调查、摄影、绘图，昆虫学常规仪器的使用与维修，昆虫学文献的检索与利用等，是昆虫学的一个重要组成部分。

本书在介绍经典昆虫学研究技术的基础上，按照昆虫学各分支学科的特点，精选了国内外近年发展起来的、应用较普遍的昆虫学实验研究新理论、新技术、新方法。全书共13章，包括昆虫与螨类标本的采集制作、昆虫饲养、昆虫摄影、科技文献检索与科技论文写作、昆虫分类学、昆虫生物学、昆虫生态学、昆虫生理学与生物化学、昆虫分子生物学、昆虫病理学、昆虫毒理学、害虫综合治理以及法医、水质监测及垃圾处理昆虫方面经典的或新的实验研究方法与技术等内容。其中大部分章节是目前国内外昆虫学领域的研究热点。目前，全国各高等院校或科研院所昆虫学研究生专业都开设了“昆虫学研究技术”或“昆虫研究法”课程（选修课或必修课），本书力求成为一本内容精炼、可操作性强的昆虫学教学工具书。

本书从昆虫学整体学科的角度探讨或介绍通用的昆虫学实验研究技术，重点是引导读者了解开展昆虫学（包括各分支领域）研究可以采用哪些技术或需要哪些技术，而不只是单纯地介绍几种具体的技术或实验方法。特别是作为研究生参考教材，每章后面列有相关参考文献目录可供读者查阅，与以往同类书籍相比，更具系统性和启发性。

本书各章节编排格式虽然并非完全一致，但总体上注意了目的、原理、材料、可操作性及思考题，与以往同类书籍相比，更适合读者自学。

科学实验已成为人们取得物质成果和认识自然规律的重要手段，越来越受到人们的重视。当今世界自然科学发展迅速，虽然各门自然科学的研究对象不同，其实验方法与实验技术也因之而异，但是也有许多实验方法与实验技术可供多学科同类研究借鉴。作为高等院校生物类研究生教材，《昆虫学研究方法与技术导论》以昆虫学科为对象而编写，凝聚了近20位昆虫学专家的辛勤劳动，书中涉及的学科内容丰富多彩，相信会给相关教师及研究生的教学与科研带来极大的方便。当然，作为参考书或教材，不可能囊括昆虫学科的所有实验技术与方法，也难以完全满足全国各学校的全部需要，加上日新月异的技术不断涌现，有些未能列入的重要实验技术与方法，还有待读者在教学中不断补充完善。本书所选用的材料（包括资料、数据、图表等）都是前人的研究成果，为了表达对原作者的敬意和感谢之情，各章节尽可能以各种注释或参考文献等形式注明材料的来源（包括原作者和作品名称等）。书中如有不妥之处，请读者不吝指正。

湖南农业大学 生物安全科学技术学院 昆虫研究所 教授

2009年8月8日于长沙

目　　录

第一章　昆虫与螨类标本的采集与制作方法

导读：本章重点介绍采集、观察、制作昆虫（包括螨类）标本的工具、设备及其方法与技术。

第一节　昆虫与螨类标本的采集方法

要研究昆虫，首先要有完整的标本，所以采集标本是最基础、最重要的工作。有的采集者毫无目标地滥捕，即使获得了标本，也可能残缺不全，只得将标本舍弃；或者采集时没有记录，以致标本毫无研究价值。由此可见，采集者首先必须掌握科学的采集方法，在了解昆虫生物学、生态学特性的基础上，对不同生境内的不同种类采用不同的采集方法。只有掌握了正确的采集技术和方法，才能获得大量有科学研究价值的标本。本节重点介绍昆虫、蜘蛛和螨类标本的采集方法。

一、采集工具与试剂

（一）采　集　管

采集管是用来收集昆虫等小型动物的常见采集工具，原来用口径 3.0cm、长 9.0cm、壁厚 0.2cm 的玻璃管，但因玻璃管容易损坏且携带不方便，现在都用透明塑料管或离心管来替代。因离心管有盖子，还可用来携带活体标本。

（二）标　本　瓶

标本瓶是用来盛放已获取标本的玻璃瓶或塑料瓶（图 1-1），最好订购如下几种规格（长 × 口径）的有盖透明塑料瓶：8cm × 2.5cm、8cm × 1.5cm、5cm × 1cm、4.0cm × 0.8cm。为节约开支，还可以就地取材，用废弃的注射用青霉素药瓶或矿泉水瓶收集标本。

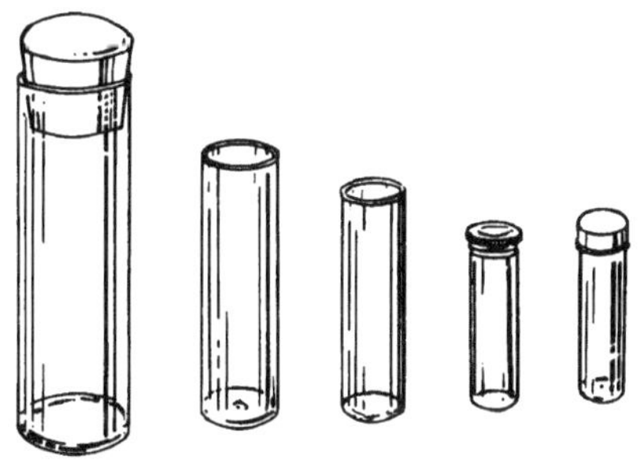

图 1-1　标本瓶（仿冯钟琪，1990）

（三）乳胶吸管（吸虫管）

制备口径 1cm、长 10cm 左右的有机玻璃管或透明塑料管和一根口径 1cm、长 100cm 左右的乳胶吸管，在玻璃管一端将直径小于 1mm 的细铁丝网或化纤网用强力胶封好后插入乳胶管中 1～2cm 处，最好用胶水将其固定。乳胶吸管主要用来吸取休憩的中小型昆虫，避免用手直接抓取昆虫而折断其附肢等器官。

（四）乙醇（酒精）

将无水乙醇用蒸馏水稀释至 75%～85%，用来浸泡标本。在稀释后的乙醇中用滴管加入少许甘油（一般每100mL乙醇加入5滴左右，甘油在乙醇中的浓度以0.5%～1%为宜）。加入甘油的目的是防止标本变脆，使采集后的标本便于室内观察和鉴定。

（五）镊　　子

镊子一般在医药器材商店购买，其种类很多，用途各异。采集昆虫一般需要大、小两种镊子（大、小镊子的长度分别为25cm、14cm左右）。大镊子用于地表层掘土、剥树皮、掘开昆虫的洞穴等，小镊子则用于摄取植物枝叶、树皮上的昆虫。

（六）耙、铲、镐

可在日杂店或花草盆景店选购便于携带的小型耙、铲、镐，以多功能的小型军用铲最好。用来采集树皮下、地面落叶层、土缝、土坯和石块下的昆虫，也可挖取穴居昆虫。

（七）放　大　镜

放大镜是室内外常用的放大工具，可用于野外观察小型昆虫、蜘蛛或螨类。放大镜主要有5倍、10倍和20倍三种规格。

（八）采　集　袋

采集袋（图1-2）分肩背式和围腰式两种。肩背采集袋外一般附设二条指形管袋，采集时放、取指形管极为方便。包内携带采集时必备的工具，包口有拉链，避免采集时不慎失落物品。围腰采集袋是系在腰上，上有指形管袋，适合爬山、上坡，行动起来较为便捷。这类采集袋还可以自行设计制作，经济实用。

（九）捕　虫　网

捕虫网（图1-3）可以在草丛或灌木丛中挥扫，用以捕捉不易发现的小型昆虫或难以捕捉的跳跃和飞行昆虫。对高处的昆虫和行动敏捷的种类都可使用捕虫网来扫捕。捕虫网由网圈、网柄和网袋三部分构成。制作方法如下。

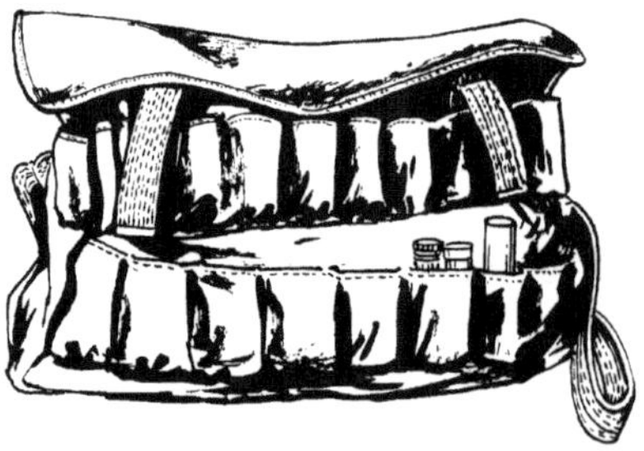

图1-2　采集袋（仿冯钟琪，1990）

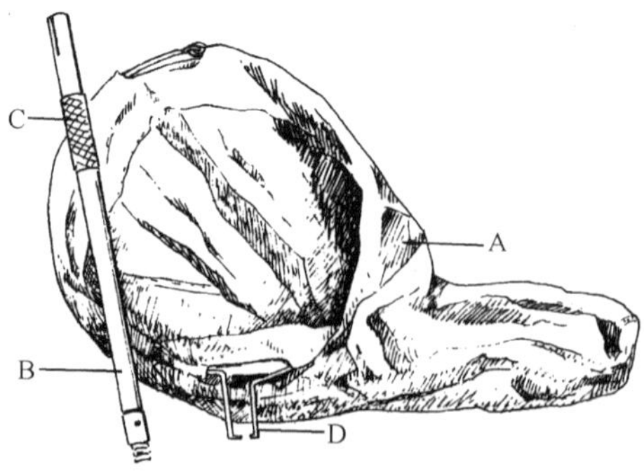

图1-3　捕虫网（仿冯钟琪，1990）

A. 网；B. 柄；C. 箍；D. 网圈

网圈　将直径为0.35cm的两根铁丝（一根长62.5cm，另一根长61.3cm）一端，分别弯曲成一个直径约 30cm 的小型半圆。然后把两个半圆做成可折叠式的连接，方便携带。铁丝的另一端向外弯成直角（一根长 5cm，另一根长 7cm），再向内折转约 1cm，用来钩在网柄上。

网柄　网柄最好选用轻巧而坚实的材料，在柄端 7cm 处挖凹槽，钻一个小孔，再在柄上装一个金属制作的活动箍，能把网圈与网柄箍在一起。网柄可由 2 或 3 节组合，用熟铝车制螺丝镶接。可以根据需要增减节数，以方便携带和使用。

网袋　最好选用光滑且坚固的绢丝织成的箩底绢，也可以用坚固的棉布或化学纤维产品加工制成。先把绢或布料裁成 4 块长 60cm、宽 20cm 的矩形，将之缝合而成，再与事先备好的 8cm 宽的环形白棉布袋口相接。网袋的颜色以白色为佳，便于发现已采获的昆虫。

捕虫网通常分为捕网、扫网和水网三种，现分述如下。

1. 捕网

捕网用来捕捉能飞善跳的昆虫，如蜻蜓、蝶类和蛾类等。网袋宜用薄柔通风的罗纱或蚊帐纱制成，也可采用尼龙纱巾，颜色以白色或淡色为好。其目的是减少挥网时空气对网袋的阻力，不仅有利于昆虫入网，而且易于观察网内昆虫。

2. 扫网

扫网主要用来捕捉栖息在低矮植物枝叶上、行株距间、临近地面或地上善于飞跳的小型昆虫。制作方法和捕网大致相同，但网袋的纤丝比捕网的略粗些、布料更结实些，网柄可根据情况适当短些。此外，在网的底部要开一小口，使用前在开口外用橡胶圈扎一只透明玻璃管（或塑料管），扫入网内的昆虫即被甩入管内，昆虫装满时取下小管，盖上透气管塞，再另换一只空管，继续扫捕。

3. 水网

水网（图 1-4）是用来捕捉水栖昆虫的常用工具。为了减少操作中水的阻力，网袋应选用透水性较强的材料，如马尾纱或金属纱等，操作起来方便，且不致折断网柄。水网网孔的类型很多，可根据捕捞对象的大小进行不同的设计制作。

图 1-4　水网

（十）毒瓶（管）

毒瓶（管）用来迅速杀死已捕获的昆虫、保存昆虫的艳丽色彩，也有利于仔细观察昆虫的原色，纪录花纹以及绘制原色图等，因为昆虫一经乙醇浸渍，其花纹、色彩变化非常大。

毒瓶由质地坚硬不易打破的广口有机玻璃瓶或塑料瓶，放入适量的氰化钾或氰化钠制成。制作方法很简单，先把容器内壁擦干净（不能有水），然后加入氰化钾捣碎，把瓶底覆盖 2～3cm 为宜。不过，加入量的多少没有一定限制，随瓶的大小和使用时间而定。将氰化钾压平坦，然后在其上再覆厚 2～3cm 的细锯木屑，务必均匀、坚实。然后再加入经煅烧而过细筛的熟石膏粉，把石膏粉均匀分布在木屑上，压实后厚约2cm，再沿瓶内四周顺瓶壁徐徐浸水，使石膏粉层完全潮湿为止（注意加水时不要把石膏层弄得凹凸不平），再用解剖针在石膏上扎些小孔，静置数小时，待石膏凝结干燥后，在其上铺一层滤纸就可使用了。如果毒瓶使用时间较久，瓶内干燥，氰酸气放出减少时，可向瓶内稍加数滴清水。

如果不用氰化钾或氰化钠作毒药，就在瓶底铺一层脱脂棉，再铺两层滤纸，用棉花蘸少量的乙醚或三氯甲烷放在瓶底作为临时毒瓶。要注意乙醚或三氯甲烷蒸发太快，随用随蘸就好。在农村可用苦桃仁、桃树皮、月桂树叶等植物，将其捣碎来代替氰化钾或氰化钠，其效力虽不及氰化钾、氰化钠或乙醚，但相对来说比较经济、安全。

（十一）脱　脂　棉

野外采集的活体需要带回室内时，可用脱脂棉塞住单装标本的小型指形管；或将大型指管内多个有残杀习性的昆虫分隔开，以避免昆虫之间相互伤残，保证标本的完整。

（十二）记录本、铅笔

用来及时记录采集地点（经纬度、海拔高度和地名）、时间、生境类型及采集者姓名等。

（十三）其 他 工 具

如采集伞、白色的幕布、三角纸袋、剪刀、小刀、玻璃指管、标签纸、活虫采集盒、折刀、枝剪、小锯和刷小虫用的毛笔等都需备齐。如果因教学或科研需要保存被昆虫危害的植物被害状或寄主植物的标本，还需准备植物标本夹、草纸以及采集箱等工具。

二、采 集 方 法

昆虫与螨类的分类地位不同，其标本采集方法各异（南开大学，1980），现分别介绍如下。

（一）昆虫标本的采集

昆虫种类繁多，分布很广，生活习性各异。因此，采集者先要掌握昆虫的有关知识，了解昆虫的生物生态学特性后，才能确定采用何种采集方法。

1. 活动性采集

活动性采集指采集者携带各种采集工具，在昆虫栖息处随手采集昆虫的方法。采集工具必须具有可携带性，主要有网具、吸虫管（或吸虫瓶）、毒瓶、标本瓶（管）和采集箱等。依采集工具不同可分为下列几种采集方法。

（1）网捕法

对善跳会飞的昆虫，一般要用捕虫网捕捉，方法如下：

1）捕网法。捕网是最常用的采集工具之一。对善于飞翔的昆虫，如蝶蛾类、蝗虫类、蜂类和蜻蜓等可用捕网采集。

使用时先把网面向昆虫的飞行方向快速把飞虫兜入网内，然后迅速把网口转过来使网兜折叠封住网口，以防昆虫逃逸，再将已打开盖子的毒瓶送到网口，把虫驱赶入瓶内（注意毒瓶口应朝风向的下方，采集者位居风向的上方以防中毒）；底部有开口的网，可打开活结，将虫驱赶入毒瓶。具螯刺的蜂类入网后，要用镊子取虫，或隔着网弹晕昆虫后再放入毒瓶中，以防被其螫伤。捕捉地面昆虫，捕虫网要由上往下套，最好一只手握住网杆，另一只手捏住底网，缓慢地接近虫子，轻轻套下，虫子会往上冲，待虫子冲到底网，将网转个折，封住网袋，防止虫子逃走。

无论用何种方式采回的昆虫，必须不断抖动捕虫网使虫子掉落网底，并要迅速转动网杆或抛甩网袋，使虫子无法逃逸。

2）扫网法。采集栖息于杂草或灌木丛间的昆虫，应采用较结实的扫网。使用扫网时一边在草丛或灌木丛间上下左右摆动扫网，一边向前移动扫网，将昆虫集中到网底，拣除大的枝叶后连同碎枝叶一起倒入毒瓶，待昆虫死后再倒出来挑选。

3）水网法。捕捉水生昆虫要用水网。水网的网袋要用牢固耐水的尼龙、亚麻或金属纱制作，且要根据虫体大小选取不同孔径的纱。网袋直径约 30cm，袋底做成平底或瓢形底，网袋应较浅一点，网柄要适当加长。应根据虫体的大小及所处水域环境，选用不同用途的水网。由于水的阻力较大，网框要做得牢固。

（2）受网法

受网是一种网口半圆形或弦形的网，主要用来采集栖息在较高树干上的昆虫。网口尺寸可小点，但长网杆更方便实用。使用时，把受网紧贴在虫子栖息的树干下方，缓缓将网向上提，使虫子掉入网中；或将受网置于虫下方，另用一只长竹竿将其震落到网中。

（3）筛网法

落叶层、腐殖质土壤表面有许多大小不一的昆虫，可在地面铺一块白色塑料布，上置筛网（或用一纱窗网代替）。将落叶连同表土一起置于筛网上，将中小型昆虫筛落到白色的塑料布上，用镊子或吸虫管采集；将留在网上的大型昆虫用手捡或镊子采集。

（4）震落法

“假死”是许多昆虫求生存的一大习性，昆虫一受到震动、惊吓，就会自动掉落在地面上装死。利用这一特性，用木棍或徒手敲震树枝，使虫子掉落，同时将收集伞、网撑（摊）开倒挂在底下承接。伞面颜色以浅色为佳，易于发现虫子。在树下也可用白布或白色塑料布铺在地面上承接虫子，掉落的大中型虫子可徒手拣拾，小型的则用吸虫管吸取。用此法可采到鞘翅目、半翅目和同翅目、鳞翅目的幼虫以及蜘蛛和螨类等类群。有的昆虫即使不会被击落，但受震动后也会爬动或解除拟态而被发现。

（5）搜寻法

根据目标昆虫特定的生态学特性和其在栖息环境中留下的许多“蛛丝马迹”来采集昆虫的方法。例如，许多昆虫能发出声音，还有的昆虫会在它们栖息的地方留下种种痕迹，如被啃食的植物叶片、排泄物、虫瘿等，据此可在附近的植物上、泥土中、砖石下、树洞等昆虫可以栖息的地方，捕捉多种昆虫。另外，很多昆虫都喜欢躲在各种隐蔽的地方，如树皮、朽木、土坯里头及石块下面，用铲子或坚固小刀挖掘、拨动，也可发现昆虫；在一些鸟巢、兽穴中，也有一些昆虫栖息，可就地采集。

2. 定点式采集

定点式采集是利用昆虫的特殊习性及趋性（趋光性、趋食性、趋化性、趋异性等）设置各种陷阱、引诱装置来捕捉昆虫的方法。此法具有高效、省力的特点，常被应用于特定地区定时定量采集昆虫标本。例如，利用昆虫的趋食性，把马粪、杂草、糖渣、酒糟堆放在田间，会诱来地老虎、蝼蛄或蜣螂等；把糖、醋、蜜、酒等有甜酸发酵气味的浆液涂洒在木板、草堆上，或用腐肉、烂瓜果引诱来鳞翅目、双翅目等多种昆虫。

定点式采集除用于分类调查外，还可用于生态调查（如种群消长、群落动态调查等）。定点式采集主要有下列几种方式。

（1）陷阱法

在田间、庭院、旷野或丛林中选择一个适当的位置清除杂草，然后掘一洞坑，内置一直径 8cm、高 10cm 的塑料广口瓶（也可用罐头瓶代替），瓶口和地面最好平齐，并在其上用一 3cm 高的合金丝圈撑起瓶盖做成陷阱。盖子的作用主要是减少蒸发，防止降雨影响和大的杂物落入。

容器内注入 5～6cm 深的清水，再加少许清洁剂，以降低液体表面张力。同时在溶液中加入浓度 4%左右的防腐剂，防腐剂包括苯甲酸钠溶液、福尔马林液，也有使用乙醇的。也可放置腐鱼、腐肉、废弃水果于瓶中，诱集大量甲虫。诱饵不同，获得昆虫的种类也可能不同，因而应根据研究目标而定。陷阱设置完成后一般用红布系在其周围，作为标记，以利于收集标本。

（2）食饵诱虫法

利用昆虫的食性诱集昆虫，如用含萜类较多的松、杉锯木粉，经烘、煮或加入某些添加剂等处理后可引诱大量白蚁；在树上选定一通风良好、高约 1.5 m 的横树枝，系上一条蘸有发酵的果汁或米酒布带，以引诱膜翅目蚁类或双翅目果蝇类等昆虫。

（3）糖醋诱虫法

利用某些昆虫对糖醋的趋性，可以在树干上涂抹一些糖浆来诱引，具体操作是把红糖（占 50%）、食用醋（占 40%）、白酒（占 10%）混合，用微火熬成浓糖浆，涂抹在树林边缘的树干上，或置于器皿内用三角支架固定在常有昆虫出没的田野、森林、草地上，白天可引诱蛱蝶等蝶类飞来取食，夜间则可诱集许多蛾类、蚂蚁、多足纲动物和甲虫等。

（4）水边诱蝶法

在沿着溪谷河床找一潮湿的沙地，将其修饰成直径约 50cm、周围较高、中心较低的圆凹沙地。先洒上尿液，再浇一些烂水果汁在凹地上，可引诱许多蝶类，再用捕虫网采集。

（5）水底诱虫法

可以将长约 1 m 的纱网四角系于绳上，内置石块、腐肉或内脏，沉放至水底层，过一段时间后拉上纱网（可用竹篮或塑料篮代替），可以收集到许多水栖昆虫。夜间撒网效果更佳。

（6）灯光诱虫法

利用昆虫的趋光性夜间诱捕昆虫。购置市售捕虫灯（该灯能发出波长 365nm 的光，与一般的日光灯不一样，其诱虫效果较普通灯光要好得多），将其置于一合金漏斗内，漏斗下口系上一致密的黑色细纱网袋；捕虫灯内还可设置一小风扇，可将被光引诱过来的虫子吸入捕虫灯下的网袋中。也可用普通照明灯外罩蓝色塑料纸（袋）来替代，经济简便。

早晨收集昆虫时要先取下网子，扎紧袋口，然后才能将电源关掉，目的是避免虫子逃出网袋。

在野外，如果没有光源，可取一块长约 1.5m 的白布，四角绑上绳子，系于两树干间，在布的前方 50cm 放置一盏登山用的煤气灯或瓦斯灯、手电筒等。

灯光诱虫的效果与天空的亮度成反比，所以无月光、无风的闷热夜间效果最佳。

（7）性激素、药剂诱集法

利用昆虫对某种化学物质的趋性来引诱、采集。许多昆虫的雌性个体能释放一种性外激素，吸引同种雄性个体交配。利用昆虫的这一习性，将室内养殖的处女雌蛾（一旦交配，便停止释放性激素）囚于小纱笼内挂在室外，或在市场上购买性引诱剂悬挂，以诱来雄蛾。也有资料报道，把乙酸苯乙酯（β-phenethyl acetate）与丁子香酚（eugenol）按一定比例混合配成溶液，可以引诱星天牛等。

（8）色诱法

利用昆虫对某一颜色具有特殊敏感性和强烈正趋性的原理来诱集某些昆虫，如将黄色水盘埋在较开阔的地面，水盘顶部和地表平齐，水中加入盐及无香味的清洁剂；或将涂有黄色的木板或硬纸板插在田间，可捕获大量蚜虫、斑潜蝇和白粉虱，也可诱集膜翅目昆虫及许多地面昆虫；把黑色或红色气球挂在圆锥形塑料罩下，可采集大量食虫蝻类。

3. 昆虫标本的处理与保存

采获昆虫的处理和保存包括取虫、毒杀、分装、储存四步，操作过程如下。

（1）取虫

在虫子入网或掉入陷阱后，要尽快将其取出。体型大的虫子一般可用手和镊子直接取出，体型小的虫子则用吸虫管（瓶）吸出，或用毛笔取出。对蝴蝶、蛾、蜻蜓及其他翅易破损的大型昆虫，要用拇指和中指或食指先捏住虫子胸部，使翅折叠在背后，最好捏断牵拉翅的肌束，使其失去飞行能力。对于一些具有危险性或攻击性的昆虫可用大型镊子或戴上较厚橡皮手套取出。无论何种方式，总的要求是尽量保证标本的完整无损。

（2）毒杀

欲将捕获的昆虫制成标本，则必先予以毒毙，以免因昆虫的挣扎而折足断翅、磨损体表斑纹。毒杀昆虫的最常用的方法是利用毒瓶、毒管中的一些挥发性毒剂将其毒杀。毒杀昆虫时要注意以下事项：

1）不要把大虫和小虫放在同一个毒瓶，应分开毒杀，特别是质地坚硬、活动性强的昆虫不能与体小、质地柔软的昆虫放在一起，以防损坏标本。

2）鳞翅目的昆虫不能同其他目昆虫，特别是质地坚硬的鞘翅目和直翅目等昆虫放在一起，以免弄坏翅面和斑纹，得不到完整的标本，给室内分类鉴定带来困难。

3）毒瓶中的昆虫不能装得太多太满，避免虫体互相挤压而受损，甚至流出体液使之受潮，引起污染。

4）毒瓶要随时保持干燥、干净，瓶内湿度越小越好。毒瓶用过一段时间后要用脱脂棉或吸水纸擦干净。装有昆虫的毒瓶不能放在太阳下晒；否则，未死的虫子会强烈呼吸，放出大量水分而损坏标本。

5）软体昆虫或幼虫等不能放在毒瓶里，可直接放在70%～80%乙醇或5%福尔马林等固定液中，或用指形管将活虫带回处理。更不允许将这些昆虫与其他昆虫装在一起，以防污染其他昆虫。

（3）分装

毒毙后的昆虫要及时取出，小心分装，以免标本破损。分装材料常用三角纸袋、糖果纸袋、小型塑料封口袋、塑料瓶和指管等。

1）三角纸袋：三角纸袋是用于捕获蝶、蛾、蜻蜓等昆虫时防止虫体的鳞粉脱落或避免翅损坏所必备的纸袋。纸质以光面的蜡纸或玻璃纸为佳，也可就地取材，用废报纸替代。将纸裁成长方形（如A4、B5、B6等状，可视标本大小而异），然后对折成三角形，再折叠一次做成三角形纸袋（折叠方法见图1-5）。一张全开的纸可制作32张大型三角纸袋、64张中型三角纸袋或128张小型三角纸袋。同时准备大、中、小不同的三角纸袋，使用起来就非常方便。

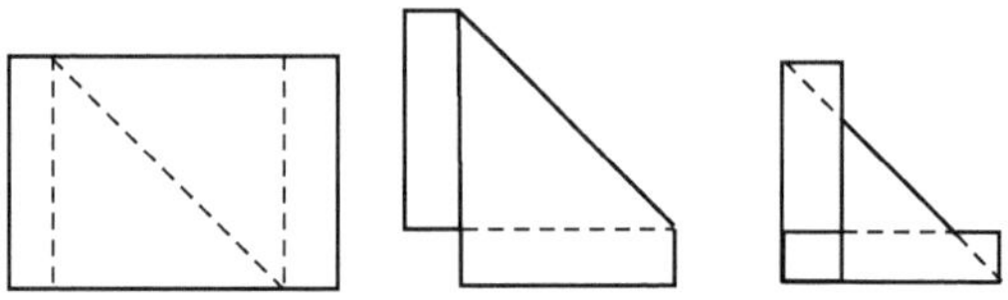

图1-5　三角纸袋的折叠方法

2）糖果纸：对于一些虫体厚实的昆虫，如甲虫、椿象类，可用包糖果用的玻璃纸将昆虫像包糖果一样包起来，也可避免损坏标本。但采集结束后，应立刻将糖果纸里面的昆虫取出干燥，以免标本发霉损坏。

3）塑料封口袋：用小型塑料封口袋分装标本非常方便，但标本带回来以后要尽快处理。

4）塑料瓶（管）：采到一些微小的昆虫，最好毒杀完后立刻放入塑料瓶内，以70%乙醇暂时保存，瓶外一定要贴上标签以免弄错。

（4）储存

在野外采集时要特别注意已分装的标本，以免因挤压、碰撞使标本毁坏，以致前功尽弃。三角纸袋可装在三角箱内，其他用糖果纸或塑料袋包装的标本装在饼干盒内也可以。总之，必须用一个坚固的箱子存放，才不至于挤坏标本。如果不立刻作成正规标本，也要将昆虫干燥，以防发霉。

（二）螨类标本的采集

螨类个体一般微小，大都生活在隐蔽的地方，采集时要特别留神观察，稍不细心就会漏掉；发现目标后不宜直接用镊子夹取，一般用毛笔蘸取乙醇等固定液将其收集。具体采集方法如下。

1. 寻查法

寻找受螨类侵害的、扭曲的、畸形的叶或芽，小心摊开叶或芽，用0号毛笔将螨挑入指形管中，同时放入采集标签；也可直接连叶片一起放入盛有保存液（奥氏液Oudemans fluid，70%乙醇∶冰乙酸∶甘油＝87∶8∶5）或70%～75%乙醇的小玻瓶，带回实验室，在体视显微镜下检查、鉴定，为制片作准备。

2. 震落法

徒手或用木棍震动、敲打植物枝叶，同时用白色蜡纸或瓷盘在下面承接，并用毛笔或吸管将其收集入指形管内。

3. 干漏斗法

将栖息于树皮、苔藓、地表枯枝落叶层、土壤、储藏物和动物巢穴的螨类收集后，用贝氏干漏斗（berlese funnel）（烘烤48h）将其分离、收集。

三、注意事项

（一）全面采集

昆虫的栖息场所可谓千变万化、多种多样。有的因虫体微小，或者具有保护色而不易发现，采集时必须细心、留神。同种的雌雄虫、幼虫、卵及其所造的巢、网等都是很好的研究材料，如果发现，应该一并收集起来，或拍照摄像。即使相同的个体也要多收集一些副本，可供以后比较、解剖或交换之用。

（二）分别毒杀

捕到的昆虫要投入毒瓶里杀死。毒杀后的昆虫不应该在毒瓶里久放，以免虫体变色。瓶里可放些纸条，以减少虫体摩擦。毒死的昆虫应分别包在三角纸袋里，要注明名称、采集时间、采集地点和采集人姓名等。

（三）标本完整

如果采集的标本翅破足残，不但影响标本的教学和观赏效果，而且其研究价值也会大大降低。要想得到完整的标本，则必须认真对待采集、毒杀、分装，以及后面章节中叙述的保存、运送和制作等每一个环节。

（四）正确记录

对所有的标本都一定要有详细而正确的采集记录（表1-1）。

表1-1 昆虫采集及观察记录表（样表）

学名：	俗名：
采集对象：♂□，♀□。成虫□，蛹□，幼虫□，卵□，其他：	
时间： 年 月 日	日间（晴□阴□雨□），夜间（星空□乌云□），晨□，昏□
采集地： 温度： ℃， 湿度： %，风速： m/min，海拔 m	
生态地：草原□湿地□水田□旱田□阔叶林□针叶林□矮树丛□池塘□湖泊□溪流□砂地□室内□其他：	
栖所：有巢□自由游走□群聚□	巢型： 所利用材料：
寄主： 采集方法： 采集者：	
标本暂时编号： 标本编号： 照相编号：	
其他记载：	

记录项目至少包括采集时间（年、月、日）、采集地点和采集者姓名三项。除以上的记载外，还应注意环境状况（如气温、大气湿度等)、寄主动植物、采集地海拔高度和经纬度、采集方法、昆虫生活习性等。记载的项目愈多、愈详细，以后进行比较研究就愈方便、愈可靠。

表 1-1 中的采集记录项目仅供参考，实际采集时可随不同的采集对象，制作出具有不同特色的采集记录表。要注意的是，采集地点一定要写较大的地名，如云南西双版纳、长沙岳麓山等，才不会发生错误；另外，写上采集者的姓名是为了对这些标本负责，同时也有纪念意义。

（五）详细观察

发现昆虫后，采集者要迅速采取行动，及时将其捕捉；否则，容易逃逸。在采集之前先详细观察昆虫的一些情况，如栖息地、步行方式、飞行方法、求偶交配行为等。如果带了相机，最好拍些照片。

（六）保护资源

采集昆虫要有的放矢，不要乱采滥捕，尤其是对那些分布区域很小，数量也极稀少的濒危种类，采集时要特别注意。另外，一些明文规定禁止采集的生物种类，更应加以保护。采回的昆虫要尽快做成标本或用于其他的研究，以免浪费宝贵的生物资源。

第二节　昆虫整体标本的制作方法

昆虫等动物标本能真实地展现动物的形态和构造，可长期收藏、保存，在动物分类、进化等科学研究中具有重要的价值。掌握好标本的制作方法，有利于长期完整地保存标本，为动物教学及其科学研究创造有利条件。因此，这是昆虫教学与科研工作者必备的一项基本技能。昆虫、螨类标本的制作方法很多，现介绍一些常用的方法。（王林瑶和张广学，1983；黄诗笺等，2001）

一、制作工具

1. 昆虫针

用来固定虫体位置，用不锈钢制成，其长短粗细都有一定的标准，分为 00、0、1、2、3、4、5 共 7 种型号（图 1-6)。0～5 号针的长度为 39mm，0 号针最细，直径为 0.3mm，每增加一号其直径增粗 0.1mm。00 号针是一种没有针帽且很细小的短针，把 0 号针自尖端向上 1/3 处剪断即成 00 号针，可用来制作微小型昆虫标本，把它插在小木块或小纸卡片上，故又名二重针。针插标本时应根据虫体大小来选择相应型号的昆虫针。

2. 展翅板

展翅板（图 1-7）是专门用来伸展蝶、蛾、蜻蜓等有翅昆虫的主要工具。展翅板长 33cm，宽 8cm，用较软的木料制成。它有固定式和活动式两类，固定式展翅板的底板需做成几种宽窄不一的沟槽，以便根据虫体大小分别选用，也可就地取材用废弃的包装泡沫替代。活动式的展翅板的底部是一块整木板，其上安装两块小木板，其中一块可以自由移动，以便调节板间缝隙的宽度。两板中间缝隙的底部铺上一层软木条。

3. 三级台

用一块长约6.5cm、宽2.4cm、高2.4cm的木块锯成三级台阶做成三级台（图1-8）。

三级台的第一级高0.8cm，用来定位昆虫针上部尺寸；第二级高1.6cm，用来定位较大标本；第三级高2.4cm，用来定位较小的标本。每一级中央有一个上下贯通、大小与昆虫针粗细相近的小孔。制作昆虫标本时将昆虫针插入孔内，使昆虫、标签在针上有一定的位置（第二级是定位一级标签的，第三级是定位二级标签的）。

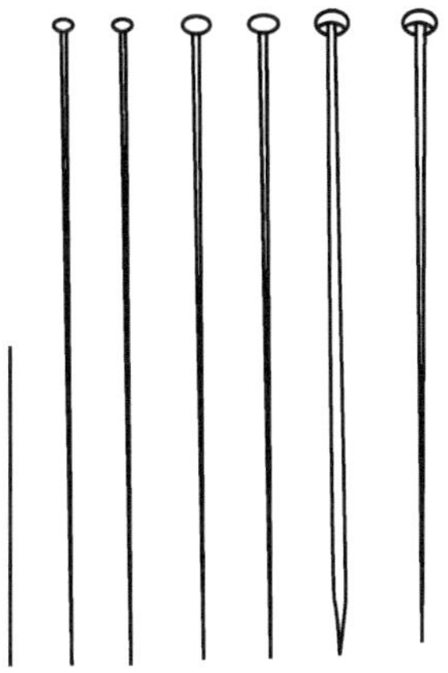

图1-6　7种型号的昆虫针

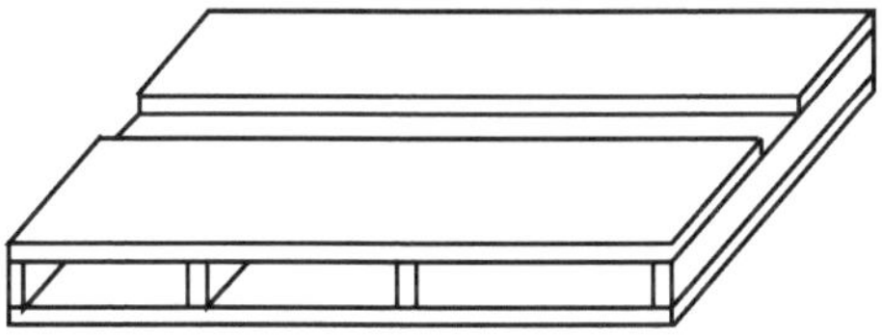

图1-7　展翅板

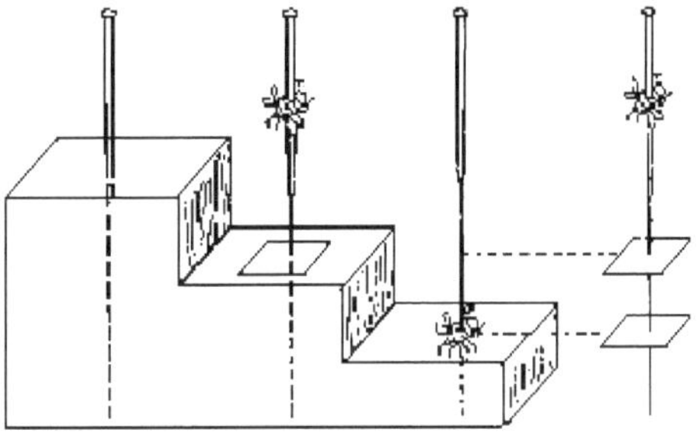

图1-8　三级台

4. 整姿台

整姿台长27.5cm、宽15.1cm、厚0.2cm，用质地松软的矩形木板做成，木板上有若干行列间隔为2cm、纵横平行排列的小孔，两端各钉一小木条作为支柱，小孔的粗细以昆虫针可以自由穿插为宜。其用途有两种：一是用来针插昆虫，即将处死的昆虫放在其上，再用昆虫针刺穿，使虫体不易滚滑，且穿刺位置准确；二是用来调整昆虫姿态，将针插后的昆虫摆放在整姿台上，用镊子将触角、足和翅调整成生活状态。

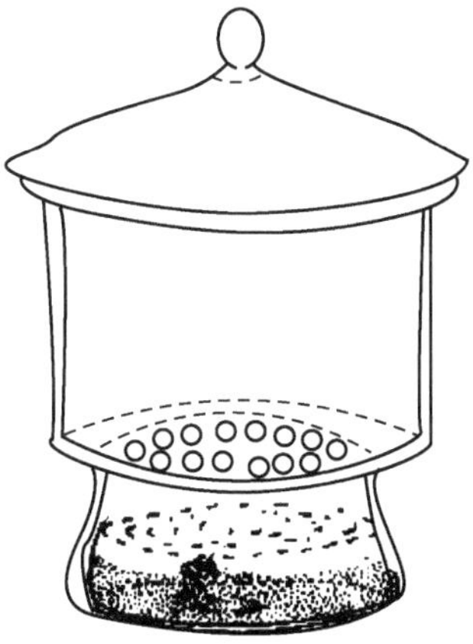

图1-9　昆虫标本还软器

5. 大头针

用来固定展翅板上压翅的纸条。

6. 粘虫胶

用来粘住难以针插的小型昆虫标本，一般用95%的乙醇溶解虫胶片后再使用，或用万能胶等快干胶也可。

7. 还软器

用干燥器做成，用来软化标本的器皿称为还软器（图1-9）。已保存的标本或远方寄来的标本，时间稍久虫体会因失水而变硬，制作标本时容易被损坏，需用还软器将昆虫还软以便操作。使用时，在容器底部铺一层洗涤干净的沙粒，洒上适量清水，使水不渗出沙面为宜，并加少量石炭酸，防止生霉；沙面上搁置一瓷隔板，上面放置准备还软的标本。干燥器的盖子周围抹上凡士林油，密闭放置 1～2 天，干硬的标本便会吸潮软化。

二、制作方法

标本采集后必须经过制作才能永久保存。不同种类和不同发育期的昆虫，制作过程不同，主要方法有如下几种。

1. 插针展翅法

鳞翅目等有翅昆虫成虫通常是用插针展翅法制成标本。主要工具是展翅板和昆虫针。针插标本的制作步骤如下。

（1）针插固定

1）一般选用采集毒杀后的新鲜标本，如果是干硬的标本，在针插固定虫体前，先将干硬的虫体在还软器内进行软化处理 1～2 天即可。

2）从还软器里用镊子小心夹住已软化的昆虫身体部分，取出放在整姿台上。注意不要用手指接触虫的翅面，以免损坏标本。

3）根据虫体大小选择相应型号的昆虫针，将昆虫针从虫体中胸背部中线略偏右处插入，由腹面穿出，一般使针处于两中足之间为宜，具体针插部位如下（图 1-10）：①针插在中胸中线稍右——直翅目、双翅目昆虫；②针插在中胸的正中——鳞翅目、蜻蜓目、膜翅目和同翅目等昆虫；③针插在三角形小盾片的中央——半翅目昆虫；④针插在右鞘翅基部附近距翅缝不远——鞘翅目昆虫。

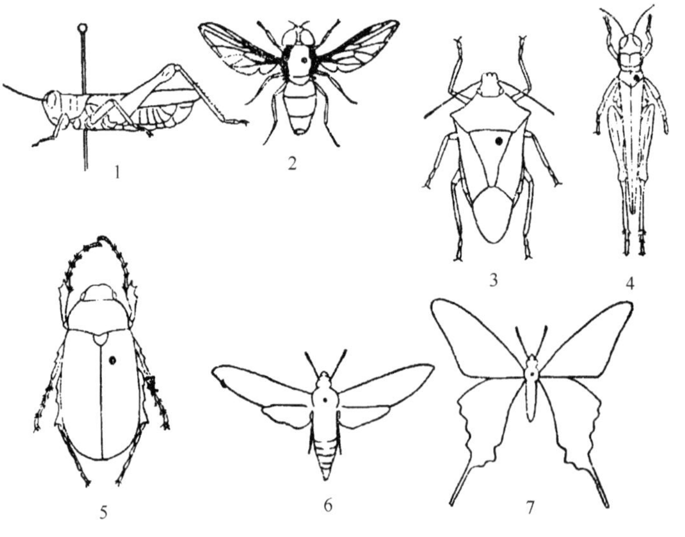

图 1-10　昆虫标本针插部位

1，4. 直翅目；2. 双翅目；3. 半翅目；5. 鞘翅目；6，7. 鳞翅目

（2）展翅整姿

1）放虫入槽。将针插好的标本固定在整姿台上，稍作整理后立即将其移入展翅板中央的沟槽内（图 1-11），注意调节好触角和足的位置，准备展翅。

2）挑翅固定。将昆虫放置于展翅板上，虫体腹部下垫以棉球（腹部过长的标本，

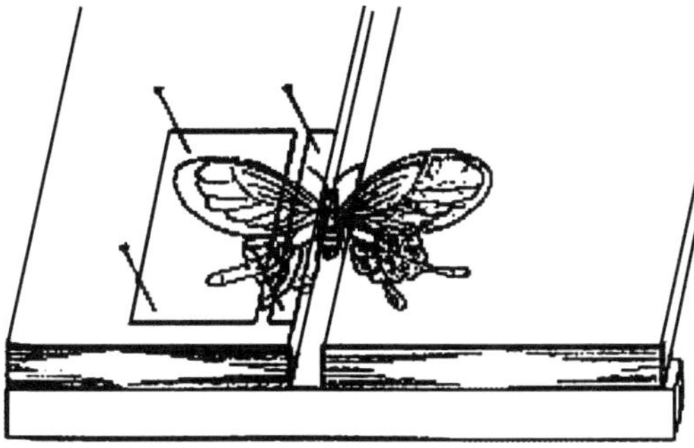

图 1-11　展翅标本

如蜻蜓类，可用昆虫针由腹末沿虫体中轴插入，两侧用大头针架平)，使翅能平铺于展翅板上，以防干燥过程中腹部下垂。用小镊子或昆虫针拨动前翅，使其后缘与虫体中轴线垂直，并将后翅的前缘紧贴前翅的后缘。边展翅边用事先备好的纸条将翅压平，并用大头针沿翅的外缘固定纸条（图 1-12)。按先后顺序分别展平左右翅。

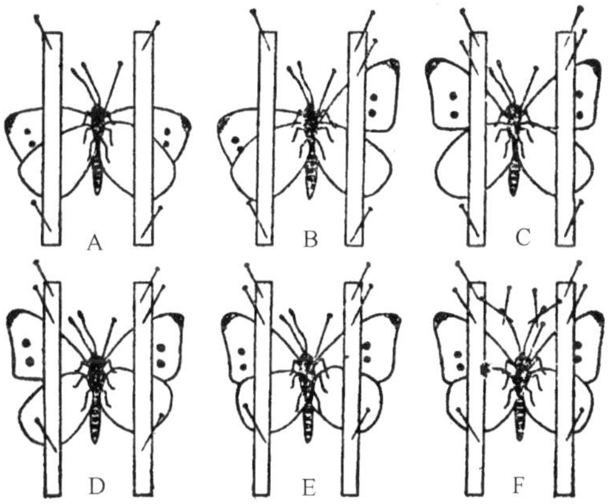

图 1-12　昆虫压翅固定方法示意图

3）架角摆足。用昆虫针将昆虫头部触角架起，使它们处于自然的位置。胸部的足应摆放成自然状态。

（3）干燥与收藏

1）将完工的虫体标本置于室内通风处晾干或用电风扇吹干。

2）待虫体完全干燥后，拔去昆虫翅上的大头针，将虫体从展翅板上取下，放入收集盒内密封长期保存。收集盒内必须放入樟脑丸，以防虫蛀、发霉。任何一个制作完毕的昆虫标本都必须有一个采集标签牌作为记录。用铅笔或绘图墨水写好，内容包括昆虫学名、采集地、采集时间和采集者姓名等信息。

2. 贴翅标本制作法

教学用的蝶蛾类插针标本，由于经常取放、传递、观察而易受损伤；同时，鉴于蝶蛾类昆虫主要特征多取决于翅面，因此用透明胶带粘贴双翅制成贴翅标本，在教学中有一定应用价值。贴翅标本的制作方法不一，现以蝴蝶为例，将单面贴翅法简介如下。

（1）选纸

根据翅面大小，选用一小块与翅面主色相近的电光纸及大小适宜的透明胶带。

（2）拔翅

用小镊子将蝴蝶的四翅从翅基部拔下。

（3）封贴

翅面朝上，取蝴蝶的一翅放在电光纸上，用胶带封贴。封贴时先把胶带一端粘在翅前方的电光纸上，然后慢慢向下把胶带拉平，先贴住翅缘，再封贴翅面，最后粘贴在翅面下的电光纸上，把胶带剪断。按同样的方法将蝴蝶的其余翅一一贴好。

（4）加压

用小圆头镊子尖沿翅边缘周围加压，使翅边缘的胶带牢固地粘在电光纸上。

（5）剪翅

把已压边的四翅一一沿翅边剪下。剪边时最好用小弯头眼科剪刀，以便弯转剪边。剪边时要注意宽窄适度，过宽则会失真，过窄则胶带和纸边不易粘牢。

（6）粘贴

按展翅位置，把已剪好的翅用胶水粘贴在一张大小适中的卡片纸上，再把触角粘贴在适当的位置。

（7）记录

在卡片的下方，注明标本名称、分类位置等。

制作贴翅标本除上述方法外，还有如下的制作方法。

1）依翅体大小剪下一段透明胶带，胶面朝上平展在玻璃板上。

2）翅面朝向胶面，将取下的蝴蝶四翅按照生活姿势放在胶面上，再把触角粘在适当位置上，在翅下方贴上小标签（字面朝下），最后盖上一张大小适当的卡片纸（或其他衬纸）压平即可。特别注意的是，粘贴翅和触角时，需预先设计好各自摆放的适宜位置，一次放妥；否则，翅面、触角一旦粘住，就不能再次调整。

3）将四翅的翅面，先按生活姿势摆在卡片纸（或其他衬纸）上，再放上触角，加上小标签，然后盖以透明胶带。操作时为防止翅和触角移动错位，可在翅基和触角两端各滴一点胶水，暂时固定。盖压胶带时，先将胶带的一端固定，然后慢慢拉压胶带，边拉边向下压盖翅面，要注意拉稳、拉平、压紧，防止出现皱褶或气泡。

贴翅标本是一种以观察昆虫翅的形态特征为主的简易标本，多用于教学活动。如果用于研究、收藏和展览，因为昆虫的头、胸、腹及附肢也是分类鉴定的重要依据，所以制作珍稀蝶蛾类标本，仍以整体插针保存为好。

3. 幼虫标本制作法

昆虫幼虫标本通常是用浸制法和干制法来保存。现分述如下。

（1）浸制法

1）清空肠道：为了防止虫体被浸渍液污染而损坏标本，需将采集或饲养的活体昆虫停食致饥，待其肠道里的食物消化完毕，排尽残渣之后，再加工浸制。

2）热水浴虫：先将新鲜标本用热水浸烫，可使虫体充分伸直，显露出虫体生活特征，防止虫浸渍后皱曲变形。用热水浸烫时要注意火候，时间不能过长，否则会使虫体破损。比较稳妥的方法是把90℃左右热水倒入玻璃容器内，用热水和蒸气将虫烫死，使虫体伸直，此法称为热浴。一般体小而软嫩的幼虫只能热浴 2min 左右，体大而粗壮的幼虫需要热浴5～10min，虫体一旦伸直，即开盖取出，稍凉后再浸入预先备好的标本液中。

3）标本液的选择与配制：通常使用的浸渍溶液有以下 4 种。

第一，乙醇浸渍液：用蒸馏水将无水乙醇稀释成 75%乙醇溶液即成。乙醇对虫体起脱水固定作用，如直接投入 75%乙醇中，会使虫体变硬发脆。一般先将虫体放进 30%乙醇中停留 1h，然后再逐次放入 40%乙醇、50%乙醇、60%乙醇、70%乙醇中，各停留 1h，最后放入 75%乙醇浸液中长期保存。用乙醇浸渍液保存的标本比较干净，肢体完整舒展，便于观察（尤其是附肢较长的昆虫标本用此法效果很好）。此法的缺点是虫体内部组织仍然较脆，进行解剖实验时容易碎裂，影响系统观察。大量标本初次投入乙醇浸渍液后，由于虫体内部脱出的水会把浸渍液冲淡，应在半个月后更换新的浸渍液；否则，标本可能变黑走样。为缓解虫体在乙醇中浸渍的脆度，一般在乙醇中加入几滴甘油，使虫体体壁变得较柔软。

第二，福尔马林浸渍液：用蒸馏水把市售福尔马林原液稀释成 5%的溶液即可用来保存标本。此法简单、经济，防腐性能好，缺点是易使虫体肿胀、肢体易脱落。保存蚜虫标本不能用此液。

第三，福尔马林、乙酸、乙醇浸渍液：此浸渍液可克服单用乙醇或单用福尔马林作为浸渍液的不足，能使标本保持常态。其配方：福尔马林 60mL＋75%的乙醇 150mL＋冰乙酸 40mL＋蒸馏水 300mL。用此种浸渍液，可将幼虫一次投入，然后密封容器长期保存。要注意适时更换或添加浸渍液。蚜虫一般不用此浸渍液。

第四，醋酸、白糖浸渍液：用此液浸渍标本，可在一定时间内对绿色、红色、黄色的幼虫体色起到保色作用。其配方：纯净白糖 5g＋冰醋酸 5mL＋福尔马林 5mL＋蒸馏水 100mL。

上述标本浸渍液不仅适于各种幼虫标本的浸制，还可用于昆虫其他各态标本的浸制。昆虫标本浸渍液的配制方法较多，各有优缺点，关键是根据虫体结构和药物原理及标本保存的用途不同，分别采用不同的浸渍液，并在实践中摸索和积累经验，不断提高浸渍标本的质量。

（2）幼虫吹胀干制法

1）选择体态完好的活体幼虫，平放在较厚的纸上或解剖盘中，腹面朝上，头向操作者，尾朝前展直。用一玻璃棒（或圆木棍、圆铅笔杆）从头胸连接处向尾部轻轻滚压，使虫体内含物由肛门渐渐排出，以后逐次用力滚压数次，将虫体内的内含物全部压出，直到只剩体壁为止。

2）取医用注射器，拉空针管，将针头插入肛门（不宜过深，但过浅又易脱落），然后用一细线将肛门与尾部插针处扎紧，用剪刀剪断多余丝线。

3）将已经插入针头的虫体连同注射器一起移到烘干器上加热，虫体轻轻送入罩内即可升温加热，温度控制在 90～110℃，温度太高会使虫体颜色改变，甚至会烧焦。

操作步骤：①一边加热一边缓缓推动针管，向虫体内注入空气，此时需注意边注气边看虫体充胀情况，并反复转动虫体使之烘匀。待恢复虫体的自然状态，即停止注气，把虫体彻底烘干，移出罩外，在尾部扎线处滴一小滴清水，用小镊子退下扎线；②用一根粗细适当的圆形牙签或火柴棍从肛门插入虫体，以能支撑虫体为度，然后在杆（棍）

的外端插上昆虫针，用三级台固定虫位，插上标签，幼虫吹胀的干制标本制作即告完成。

4. 生态标本制作法

生态标本制作的目的是使人们了解昆虫在自然环境中的生活状态，其制作原则是优选一种昆虫在适用环境中的典型行为状态来制作标本，并以典型的生态环境作衬托，同时兼顾昆虫生活史各发育阶段。生态标本分浸制和干制两种保存方式。浸制方式为：事先选择目标昆虫各发育期的虫态（卵、若虫、成虫或卵、幼虫、蛹、成虫）及其栖息的小生境，包括寄主的被害部分一起按发育期分装在相应大小的备有透明保存液玻璃指形管内，将管口在酒精灯上加热密封，或用有盖的透明塑料管密封。干制方式则将上述晾干的目标昆虫标本直接封存即可，然后保存在标本盒内，可供教学、科普展览之用。

标本盒的规格通常是 32cm（长）× 22cm（宽）× 2～3cm（高）。标本盒一般用厚纸板或塑料板制成，盒盖镶上玻璃。盒内垫放脱脂棉，垫棉后，即可把制备好的标本管，按预先的设计摆放好，并在各虫态及被害寄主下面，分别用小标签注明，然后再在棉层的右下方放一标本签，盖上玻璃面盒盖，用大头针在盒的侧边固定。干制标本则需在封盒前于盒内放适量樟脑粉（块），以防标本虫损害标本。

5. 成虫剖腹干制法

干制腹部比较粗大的成虫，如蝗虫、螽斯之类的标本，需将其内脏及脂肪等清除干净，然后填充脱脂棉，方可长期保存。操作步骤如下：

1）先用眼科解剖剪在致死虫体的腹面中央第二至五节上，剪开一口，用镊子把胸腔、腹腔的内脏和脂肪等内含物全部清除，再用脱脂棉把胸腔和腹腔的内壁擦拭干净。

2）将脱脂棉撕成若干小团，用小镊子夹起小团脱脂棉蘸一些樟脑粉，逐一向胸腔、腹腔内填充，直到虫体填饱满，恢复原来状态为止。

3）用镊子把开缝处的棉纤维细心整理好，再把开缝两侧的虫体表皮拉回原位展平，吻合开口。随着虫体的干燥，表皮会逐渐回抱，无需用线缝合开口，便自然吻合了。

4）把虫体用昆虫针按上述针插规则固定在整姿台上整姿。先用大头针固定三足，一般是前足向前伸，中足中立，后足向后伸，摆出前足冲、中足撑、后足蹬的姿势，使其显示出跃跃欲跳的神态，并用大头针把触角向两侧前方展开，然后将整姿后的标本连同整姿台一起平放在通风处干燥。

5）标本干燥后，撤去固定姿势的大头针，用三级台固定虫位，加插标签，即可长期保存在标本盒里。

6. 微小型昆虫标本制作法

对于跳甲、跳蚤、飞虱等微小型昆虫，不能直接插针，需用特殊的双插法（又名二重针刺法）和载虫插法（又名胶黏法），具体操作步骤如下。

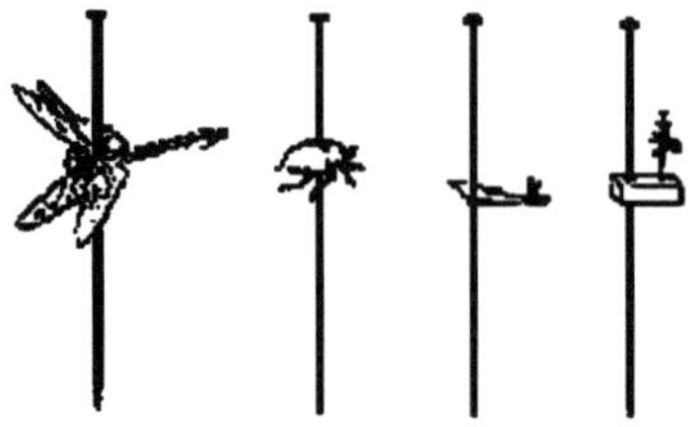

图 1-13　针插标本（示意图）

（1）双插法

00 号昆虫针细而短，尖端锐利，无针帽，专门用来穿刺体型微小而坚硬的昆虫。用小镊子夹起虫体，用微针按规则针位垂直刺穿标本，并将其插在三角形小软木块或硬纸片上，接着在三角纸片的底边附近穿插 1 号以上的昆虫针，然后用三级台固定虫位，加插标签。标本和标签均位于昆虫针的左边（图 1-13，4）。

（2）胶黏法

将硬纸片剪成底边长 0.4cm、高 1cm 的小型等腰三角卡，用昆虫针针尖蘸一点乳胶，轻轻点在三角卡尖端上，然后用针尖把虫体粘起，安放在乳胶上，并迅速向后撤针，以免把虫体带起（图 1-13，3）。这一操作的关键之处是针尖上胶液不能过多。粘好的标本如需整姿，可用昆虫针尖拨动。最后在三角纸片的底边附近穿插昆虫针，用三级台固定虫位，加插标签，即可放入标本盒内长期保存。

7. 还软法

采回的标本应及时加工制作，如不及时加工，放置一段时间后，虫体就会干硬，关节、翅基变得僵硬，这样的标本需要软化处理。较稳妥的方法是把标本放入还软器内，放置一段时间，待虫体、翅基等部位软化、还原后，再按新鲜标本的制作方法处理。

实践表明，干燥多年的标本，在夏季一般 2～3 天即可还软。但由于虫体大小、质地及干燥程度不一，昆虫标本还软所需的时间也不同，因此，标本放进器皿里后要经常检查，用小镊子轻轻触动虫体的各关键部位；如果发现已经适当软化，应立即取出，以免软化时间过长，整个标本变得过度湿软而报废。还要注意切不要让还软器内标本触及湿沙、浮水。

如果标本盒（柜）内的针插标本存放时间较久，外形变样，也可把它们放到还软器内，待软化后再重新调整姿态。

三、昆虫标本标签的编制

昆虫标本标签是标本的最原始记录，相当于一个标本的单页户口本。制作好的昆虫标本，要及时插上标签。昆虫标本必须具备完整的标签才有科学价值，标签上的信息，可使后人不仅对该物种的发生季节、地理分布和生长环境有明确了解，必要时还可再次前往采集。昆虫标本标签包括采集标签，寄主标签、种名标签（鉴定标签）、新种标签和编号标签等类型。

采集地点：（省、县、乡/镇/村）
采集日期：（年、月、日），
采集人姓名：______

图 1-14　采集标签

寄主：（植物或动物中文名称）
科名：______
学名：______
鉴定者：______
鉴定日期：______
采集环境：（经纬度、海拔、植被等）
生活习性：______
采集方法：______

图 1-15　寄主标签

1）采集标签（图 1-14）：采集标签来源于正确的采集记载，记载项目至少应包括采集日期（年、月、日），采集地点（国家或地区、省、县、乡/镇、村）和采集人姓名三项。年份最好统一以完整的公元年代来表示，月份最好用罗马字来写，如 1995 年 5 月 4 日，可写作 1995-V-4，不宜写为“5/4”或“4/5”等容易混淆的样式。采集地点要先写大地名，后写小地名。填写采集人姓名表示采集人对所采标本负责。

2）寄主标签（图 1-15）：寄主是指所采标本所寄生（或取食或栖息）的植物（植食性）、真菌（菌食性）、昆虫或其他动物（捕食性或寄生性）等，寄主标签也应包括其科名、学名、鉴定者及鉴定日期等资料。在寄主标签上还应记录标本采集时的环境、采集地的海拔高度和经纬度、采集方法、昆虫生活习性等事项。

3）种名标签（图 1-16）：又名“鉴定标签”：经前人鉴定有拉丁文学名的或经系统研究确定中文种名的昆虫标本，要制作种名标签（鉴定标签），所载信息包括科名、种名（含中文名、拉丁文学名）、鉴定人姓名及鉴定日期。若不同学者有不同的鉴定结果时，不应将原来的鉴定标签移除，而是将新的鉴定标签加上去，因为原来的鉴定结果中仍然含一些有科研价值的信息，能提供一定的参考。

科名：______________

中文名：______________

学名：______________

鉴定者姓氏：__________

鉴定日期：___________

图 1-16　种名标签

4）新种标签：新种（或新亚种）是前人还未发现过的物种（或亚种），在新种（或新亚种）标本下面要加上新种或新亚种标签。新种标签是用三种不同的颜色来代表等级：在新种标本中挑选最为典型的一个，定为正模（holotype），其标签为红色；再选与正模标本完全一样，但性别不同的一个，作为配模（allotype），其标签为蓝色；如有更多的同样标本，备作今后研究交换，应再选出一些来，作为副模（paratype），其标签应为黄色。

标本编号：______________

标本馆（缩写）：__________

存放位置：______________

入馆时间：（　年　月　日）

管理员：______________

图 1-17　编号标签

5）编号标签（图 1-17）：编号标签用于标本馆对昆虫标本的统一管理，以便查寻、维护和建档。一般来说，标本馆应建立昆虫标本馆藏目录，并按馆藏目录的统一要求、格式和代码给各类标本乃至每只标本进行统一编号，其要求、格式和代码可根据各标本馆的具体情况综合制订。馆藏目录可输入计算机建立电子数据库，并与馆内实际标本一一对应，以便存档、打印、增减、查寻和借出登记之用。

6）标签的位置：一般使用不同高度的标准三级台来确定各种不同类型标签的位置。针插昆虫标本上的标签，应插在虫体的下方：第一个标签（采集标签）在昆虫针上的位置，相当于三级板第二级的高度；第二个标签（寄主标签）相当于三级板第一级的高度；第三个标签（鉴定标签或新种标签）紧贴标本盒底。浸液标签要平贴管壁，防止在保存液内浮动，以免损伤标签上的墨迹。玻片标签黏附在玻片的表面两侧。

7）标签材质要求：标签要用比较坚硬、表面光滑的白纸。传统标签常被排版印刷成长 25mm，宽 15mm 的黑框，上面印有“采集地__，年__月__日__，采集人__”等字样，以便将来填写地点、时间、姓名。浸泡在液体标本瓶中的标签，要用质量较好的、经长久浸泡后不致损坏的光面纸。

8）标签的书写：标签上的字要用绘图墨水书写清楚，防止日久褪色或不易识别。浸泡在液体里的标签，一定要用耐水墨水或软铅笔书写，以免字体褪落。用计算机打印的标签，同样要考虑其持久性。

第三节　螨类玻片标本的制作方法

螨类标本的制作方法一般用玻片标本制作法，具体介绍如下。

一、试　剂

1. 清洗液

那氏液（Nesbitt's fluid）：蒸馏水 25mL、水合氯醛 40g、浓盐酸 2.5mL。

乳酸酚（lactophenol）：乳酸 50 份、蒸馏水 25 份、结晶酚 25 份。

2. 封片液

（1）霍氏液（Hoyer's medium）

配方：阿拉伯胶 15g、水合氯醛 100g、甘油 10mL、蒸馏水 25mL。

霍氏液是水溶性封片胶，其不足之处是在潮湿地区和多雨季节容易出现滑片、起泡和变形等现象。用指甲油、油漆或中性胶等进行防水封片，有利于长期保存。

（2）PVA 液（Heinze medium）

配方：水合氯醛 100g、聚乙烯醇 10g、90%的乳酸 35mL、1%酚 25mL、甘油 10mL、蒸馏水 50mL 左右。

PVA 液可以克服霍氏液的缺点，无需进行防水封片，但清晰度较差，长期保存时会出现起花现象。

二、制作方法

1. 封片

将保存液中的螨移入黑色或白色瓷板（视螨体颜色而定，以加大反差）或小玻皿中，在体视显微镜下挑出螨体，用滤纸等去掉多余的浸液，将螨体放入载玻片上的封片液中（制临时片时用乳液浸泡数小时至数日，视螨体骨化程度而定）。用挑针（0 号昆虫针末端敲扁，折弯成环即可）整姿，盖上盖玻片，放在 60 W 白炽灯或 500 W 电热板上加热至气泡排出，用油漆笔在载玻片上、螨体周围画圈标出螨体位置，并注明采集标号，即可在低倍显微镜下检查，调整螨体位置，然后置于 50℃左右恒温箱中干燥。一周后即可用于观察。

2. 保藏

标本置于 50℃恒温箱至完全干燥后，再用中性树胶封片，继续干燥 1～2 天即可在室温下或置于干燥器中长期保存。

第四节　昆虫玻片标本的制作方法

为了发挥昆虫标本潜在的效用，根据教学和科学研究的需要，在所采集的标本中选择一些具有代表性、珍稀的类群进行整体（如小型的跳蚤、虱子等）或局部特征制片（如大型昆虫蝴蝶、蜜蜂等的翅膀、足、口器、触角或外生殖器等），以长期保存标本。限于篇幅，本节仅介绍小型昆虫整体制片法和外生殖器制片法。

在选择制片材料的同时，应将制片所需的药剂和器皿备齐，尤其注意把制片中所需的载玻片和盖玻片提前用 1%的盐酸水溶液浸泡 30min 或洗涤剂浸泡 24h，流水冲洗 10min，移入 70%乙醇中浸泡，用洁净纱布擦干备用。

一、昆虫整体玻片标本的制作方法

昆虫种类繁多，其整体玻片标本的制作方法也不尽一样，现以跳蚤为例来加以说明（张瑞清，1988；张闰生等，1991）。

（一）制 作 步 骤

1. 固定

用毒瓶或75%的乙醇处死跳蚤，也可用沸水烫死固定。

2. 软化

放在10%的NaOH或KOH溶液中浸泡1～2天，气温低于10℃时通过水浴方式间接加热5min左右。

3. 清除和清洗

用解剖针在跳蚤的腹部背面扎2或3个小孔，把内脏挤出，并清理干净，然后用自来水洗净标本。

4. 脱水

按从低浓度到高浓度顺序将跳蚤用乙醇脱水，即30%乙醇→50% 乙醇→70%乙醇→85% 乙醇→90% 乙醇→95% 乙醇→无水乙醇，一般脱水时间为5～10min，可根据标本体积的大小酌定。

5. 透明

用二甲苯处理5min。

6. 整姿

取出透明处理的标本，快速整好姿态，使之成为自然状态（触角、前足伸向前方，中足与后足向后）。

7. 滴胶盖片

滴一大小适当的胶滴，再用一个干净的盖玻片盖好。

8. 贴标签

根据载玻片的面积贴一适当大小的标签，并填写相应内容。

9. 干燥

把标本放在平整、洁净的通风处晾干。

（二）注 意 事 项

1）昆虫脱水一定要彻底，否则做成的玻片标本呈现雾状，影响观察效果。

2）封片胶不宜过多，一般一大滴即可。

3）加盖盖玻片时应避免产生气泡。

二、昆虫外生殖器玻片标本的制作方法

外生殖器是昆虫分类鉴定的重要依据之一，尤其是疑难种和近缘种都需依据外生殖器的形态特征来确定（曹焯和陈茂生，1997）。现将蜜蜂外生殖器的玻片制作介绍如下。

（一）制片步骤

1. 取材

用剪刀将标本腹部近端部 1/3 剪下，放入 10% KOH 或 NaOH 溶液中煮 3～5min；若是模式标本，则用锥形瓶制成一个简易的喷汽的局部还软器，使之还软，然后取出外生殖器。这种方法对标本的破坏性较小，一般从外部看不出损伤。

2. 清除和清洗

取出处理好的标本，用镊子和解剖针清除其他组织，然后用自来水将解剖出来的骨化外生殖器清洗干净。

3. 脱水

从低浓度到高浓度用乙醇脱水，即依次为 30%乙醇→50%乙醇→70%乙醇→85%乙醇→90%乙醇→95%乙醇→无水乙醇，根据标本的大小，脱水时间为 5～10min。

4. 透明

把标本放入二甲苯液中，处理 5min。

5. 整姿

取出处理好的透明标本，快速将姿势整好。

6. 封片

滴一大小适当的胶滴，用一个干净的盖玻片盖好。

7. 贴标签

根据载玻片的面积贴一大小适当的标签。

8. 干燥

把完成的玻片标本置于专一标本盒中，放在平整、洁净的通风处晾干。

（二）注意事项

1）昆虫脱水一定要彻底，否则做成的玻片标本呈现雾状，影响观察效果。

2）封片胶不宜过多，一般滴一大滴即可。

3）加盖盖玻片时应避免产生气泡。

4）若外生殖器较硬，不易压扁的话，盖盖玻片之前可在标本的周围放少许盖玻片碎片，使之平整，这样做不但能防止标本错位，而且使做好的玻片标本美观、耐用。

第五节　光学显微镜的原理、结构及其使用方法

随着人类对生物体结构和生命现象认识的不断深入，人们对生命本质的微观探索意识也越来越强。一般来说，野外观察昆虫的外部形态用肉眼或借助手持放大镜，而室内观察昆虫的亚显微结构使用光学显微镜，观察超微结构则需要电子显微镜（郑国锠，1978）。所以了解和熟练使用显微镜，是昆虫学研究者应具备的最基本技能之一。现将显微镜的结构和使用方法简述如下。

一、普通光学显微镜

普通光学显微镜（图 1-18）是由机械装置和光学装置两大部分组成。下面以双筒

显微镜为例来介绍其构造和使用方法。

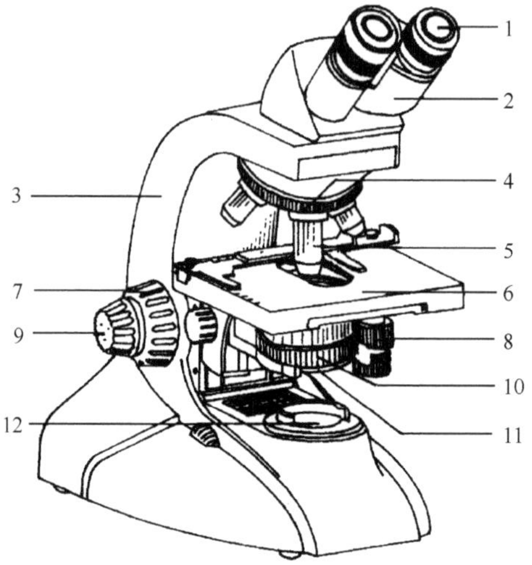

图 1-18　普通光学显微镜的结构

1. 目镜；2. 镜筒；3. 镜臂；4. 镜头转换器；5. 物镜；6. 镜台；7. 粗调焦螺旋；8. 标本移动器调节螺旋；9. 微调焦螺旋；10. 聚光器；11. 光阑；12. 光源

（一）普通光学显微镜的构造

1. 机械装置

它主要对光学装置起支持和调节作用，包括以下几部分。

（1）镜座与镜柱

镜座（base）是显微镜底部的承重部分，其作用是支撑整个显微镜，降低显微镜的重心，以免倾倒。显微镜的镜座内装有反光镜和光源组件。镜座后方有一直立的短柱称为镜柱（pillar），起支持镜台的作用。

（2）镜臂

镜臂（arm）是镜柱以上的一个斜柄，是移动显微镜用的把手，其顶端安装有镜筒和镜头转换器，起支撑和固定镜筒、载物台及调焦装置的作用。直筒显微镜的镜臂与镜座连接处有活动关节，可按需要将镜臂调节至适当倾斜度。

（3）镜筒

镜筒（body tube）是显微镜镜臂上前方的两个空心圆筒，其内喷以无光黑漆（可避免光线杂乱反射），由物镜到目镜的光线由此通过。其上端套接目镜，下端与物镜转换器连接。

镜筒有单筒和双筒两种。单筒可分为直立式和倾斜式两类，双筒都是倾斜式的。双筒镜筒间有调距装置，可调节两镜筒之间的宽度，便于双眼观察，其中的一个镜筒还装有视度调节器。

镜筒上缘到镜头转换器螺旋下端的距离称为镜筒长度或机械长度。调节式镜筒附有刻度，一般可调范围为155～250mm；固定式的可调范围为160mm或170mm。

（4）镜头转换器

镜头转换器（revolving nosepiece）是镜筒下端一个可旋转的圆盘，其上有 3 或 4 个圆孔，按顺序安装不同倍数的物镜镜头，使用时可根据需要转动转换器来更换不同倍数的物镜。

（5）载物台与标本移动器

载物台（stage）也称工作台，固定在镜臂上，方形或圆形，中央有一通光孔，台面上装有标本移动器（推进器，mechanical）和压片夹，可移动或固定标本。在载物台两边或一边（或在推进器上方，或在载物台下方）装有标本移动器调节螺旋，转动螺旋可使载物台前后左右移动，便于观察标本的任一视野。有的显微镜在载物台的纵向和横向上装有游标尺，可测定标本的大小，也可用来对被检视野作标记，以便重复观察该视野。ZXCI 生物显微镜载物台上标本移动器的横向移动范围为 60mm，纵向移动范围为 25mm，游标格值为 0.1mm。

（6）调焦螺旋

调焦螺旋（adjustment）位于镜柱的两侧，可升降载物台，用来调节物镜与所观察标本之间的距离，以获得清晰的图像。调焦装置有粗调焦螺旋和微调焦螺旋两种，粗调焦螺旋的升降范围较大，主要用于寻找目标；微调焦螺旋的升降范围较小，但调焦的精确度较高，能获得更清晰的图像。一般用低倍镜观察标本时，用粗调焦螺旋调焦以寻找目标，而在高倍镜下只能用微调焦螺旋调焦。

2. 光学装置

（1）目镜

目镜（eyepiece）安装在镜筒的上端，也称为接目镜。目镜的作用是把物镜放大的实像进一步放大。目镜由上、下两组透镜组成，上面的为接目透镜，下面的为会聚透镜。上、下透镜之间装有一个光阑。光阑的大小决定视野的大小。目镜的光阑上还可以放置测微尺。每台显微镜通常配备几种不同放大倍数的目镜，每个目镜上分别标有5×、10×、16×、40×等放大倍数。

（2）物镜

物镜（objective）安装在镜头转换器上，又称为接物镜。物镜由数组透镜组成，有放大实像的作用。根据使用条件的不同，可以把物镜分为干燥物镜（包括低倍物镜和高倍物镜）和油浸物镜。干燥物镜在使用时，标本装片与物镜之间的介质是空气。干燥物镜依放大倍数还可以分为低倍物镜、中倍物镜和高倍物镜。一般 10 倍以下的物镜称为低倍物镜，20 倍的物镜称为中倍物镜，40～60 倍的物镜称为高倍物镜。这些物镜上标有 5×、10×、20×、40×、45×、60×。油浸物镜是物镜中放大倍数最高的镜头（90×或 100×），使用油镜时，在标本上加一滴镜油作为介质。国产显微镜的油镜常标有“油”字，国外产品则常有“oil”（oil immersion）或“HI”（hemcyeneous immersion）字样，以供识别。

物镜上通常标有放大倍数、数值孔径（亦称镜口率）、工作距离等主要参数。放大倍数又称放大率，是显微镜最后放大的像的大小与物体大小的比例。显微镜的总放大倍数等于目镜的放大倍数与物镜的放大倍数之积。

（3）聚光器

聚光器（condenser）也称集光器，由聚光镜和可变光阑组成。

聚光镜由 2 或 3 块凸透镜组成，其作用是聚集来自显微镜下面的光线，以增强射入物镜的光线，使整个物镜的视野均匀受光，提高物镜的分辨能力。

可变光阑也称光圈，位于聚光镜的下方，由十几片金属薄片组成，中心部呈圆孔。推动可变光阑的把手可以任意调节孔径的大小，其作用是通过调节光强度，使聚光镜的数值孔径和物镜的数值孔径相一致。可变光阑开得越大，则数值孔径越大；反之，则数值孔径越小。

（4）内光源

载物台孔正下方的镜座上有一个内置式电光源，称为内光源（lamp house）。镜座的后侧有电源开关，左侧或右侧有一个光亮调节器，用以调节光线的强弱。

（5）反光镜

反光镜（illuminating mirror）一般装在聚光器下方的镜座上，可以在水平和垂直方向任意旋转。它的一面是平面镜，另一面是凹面镜，其作用是使光源发出的光或自然光射向聚光镜。光线强时用平面镜，光线弱时用凹面镜。有的显微镜的人工光源安装在镜座内，其反光镜也固定在镜座内。

（二）普通光学显微镜的使用方法

（1）安放

打开镜箱，一手紧握镜臂，另一手托住镜座取出显微镜，轻放桌面上近边缘处。使用显微镜观察时，要求桌和凳的高度相配，避免将显微镜倾斜来观察。

（2）对光

选择良好的光源。若显微镜带有人工光源，则只需接通电源即可。双筒显微镜用两眼对准并接近两个目镜观察（单筒显微镜则用左眼对准并接近目镜观察），同时用镜筒调距装置调节两目镜之间的距离，使其与观察者两眼间的距离相同，调节聚光器和可变光阑。使用低倍镜时，聚光器可适当降低，可变光阑适当开小；使用高倍镜或油镜时，聚光器适当升高，可变光阑适当开大，使视野内得到明亮且均匀的光线。还应注意的是，观察染色标本时光线宜强，观察活体标本时光线宜弱。

（3）放置标本

把标本片放在载物台上的标本固定夹（压片夹）内，注意勿把标本放反。转动标本移动器上的调节螺旋，使标本位于工作物镜的正下方。

（4）调焦

逆时针方向转动粗调焦螺旋，使镜筒上升，再转动镜头转换器，把低倍物镜转到工作位置（此时似有碰珠卡住的手感），然后按顺时针方向转动粗调焦螺旋，使物镜下端离载物台的距离与物镜的工作距离接近。

（5）观察

1）低倍镜观察：来回缓慢地转动粗调焦螺旋，此时注意视野内的变化，若发现有物像闪过，再略微来回转动粗调焦螺旋，使物像基本清晰，再来回转动微调焦螺旋，直到获得清晰的物像。如果观察的目标不在视野中央，可调节标本移动器，使之恰好位于视野中央。

使用双筒显微镜还应调节一个镜筒上的视度调节器，使观察者两眼的视度一致，这样才能获得非常清晰的图像。

2）高倍镜观察：在低倍镜下找到要观察的目标后将其移至视野中央，再转动镜头转换器，使高倍物镜转至工作位置。由于同一台显微镜的几个物镜均是等焦的，适当调节亮度后，只需微微转动微调焦螺旋，即可看到清晰的图像。

3）油镜观察：用油镜观察，应转动镜头转换器，使其离开工作位置，再在标本的中央加一滴镜油，然后将油镜转向工作位置，使油镜浸于镜油中，轻轻转动微调焦螺旋，并增大光线亮度，直到图像清晰为止。此时，可获得放大900～1000倍的物像。注意在使用高倍镜或油镜观察时，只能用微调焦螺旋来调节焦距，切忌用粗调焦螺旋来调焦，以免压坏物镜头的镜片和载玻片。假如在观察中物像消失，则需重新换上低倍物镜，找到标本后，再转油镜观察；亦可以用眼睛侧视，使油镜头缓慢地下降至接触载玻片上的镜油时，再以逆时针方向边观察边转动微调焦螺旋，直到获得清晰物像为止。

（6）复原

观察完毕后，转动镜头转换器，使高倍镜或油镜离开工作位置，略升高镜筒，取下标本片，用蘸有二甲苯的拭镜纸轻轻擦净油镜上的镜油，再换洁净的拭镜纸擦干二甲苯，并用软布擦净显微镜上的灰尘，放入镜箱内。

（三）普通光学显微镜的维护

（1）防潮

显微镜应放在避光、干燥的地方，同时必须在镜箱内放一袋烘干的干燥剂（最常用的是变色硅胶。干燥的硅胶呈蓝色，吸潮后变为淡红色，淡红色硅胶烘干呈蓝色后可继续使用）。

（2）防尘

显微镜观察室内应保持清洁，尽量避免尘埃。目镜和物镜如有尘污应使用擦镜纸擦净。显微镜使用完后最好用塑料袋罩上并及时放入镜箱。

（3）防腐蚀

显微镜不要与挥发性药品及酸、碱类药物接触，以免受腐蚀。

（4）防热

显微镜不要放在日光曝晒处，也不要放在靠近火炉、电炉或暖气片的地方。

二、相差光学显微镜

（一）构　　造

相差光学显微镜与普通光学显微镜基本相同，只是在普通光学显微镜上附加了光阑和相板等相差滤光装置。

（1）环状光阑

它是由环状圆孔构成的光阑。大小不同的环状光阑组成一转盘，安装于聚光镜下面。在更换不同放大率物镜的同时，也要更换与其适应的光阑。

（2）相板

相板位于物镜的后焦平面，起延迟直射光和衍射光相位，以及吸收光线改变亮度的作用。带有相板的物镜就是相差物镜。

（3）合轴调整望远镜

为了使环状光阑的中心与物镜的光轴完全重叠在一直线上，必须拔出目镜，装上特制的低倍望远镜，使相板的暗环与环状光阑的明环合轴。

（二）使用方法

1）在普通光学显微镜上换上相差聚光器和相差物镜，将用水封载的玻片标本放在载物台上。

2）转动聚光器，使之与物镜的放大倍数相一致，镜检见物像。

3）取下目镜，换上合轴调整望远镜，伸缩望远镜筒，看清物镜相板上暗环和环状光阑上的亮环。移动彩虹光圈，使暗环和亮环圆心重合。升降聚光器，使两环完全重合，即在亮环内外侧看到暗的边缘。

4）取下望远镜，换上补偿目镜进行镜检。

镜检时只能用微调螺旋调焦而不能转动聚光器，否则需重新进行合轴调整。更换物镜时也要重新进行合轴调整，然后才能观察。

相差光学显微镜需用水作封载剂并加盖玻片。载玻片和盖玻片厚度分别为1.0～1.2mm、0.17～0.18mm，清洁无损。

三、体视光学显微镜

体视光学显微镜与普通光学显微镜的构造差不多，但成像原理和使用方法有些不同。它是利用斜射光线和透射光观察标本外部形态或内部器官的一种显微镜，又称实体显微镜（图1-19）。它可以用来观察植物的根、茎、叶、花等器官及组织的形态和结构，动物的微小器官及各种组织的形态结构。

（一）体视光学显微镜使用方法

1）装好显微镜后，如果有内置光源，在确保供电电压与显微镜的额定电压相等后，方可插上电源插头，打开电源开关，并选择照明方式。如果是外置光源体视镜（图1-19），则另配相应的光源。

2）根据所观察的标本高度，调节工作距离，即松开调焦滑座上的紧固螺钉，调节镜体的高度，目测工作距离为80mm左右，用调焦螺旋寻找像面，使其具有与所选用的物镜放大倍数大体一致的工作距离。调好后，锁紧托架，将安全环紧靠调焦托架并锁紧。

3）装好目镜，先将目镜筒上的螺钉松开，装好目镜后再将此螺钉拧紧（目镜放进目镜筒时，要特别小心，不要用手触摸镜头透镜表面）。

4）调好瞳距，当使用者通过两个目镜观察视场不是一个圆形视场时，应扳动两棱镜箱，改变目镜筒的出瞳距离，使之能观察到一个完全重合的圆形视场（说明瞳距已调好）。

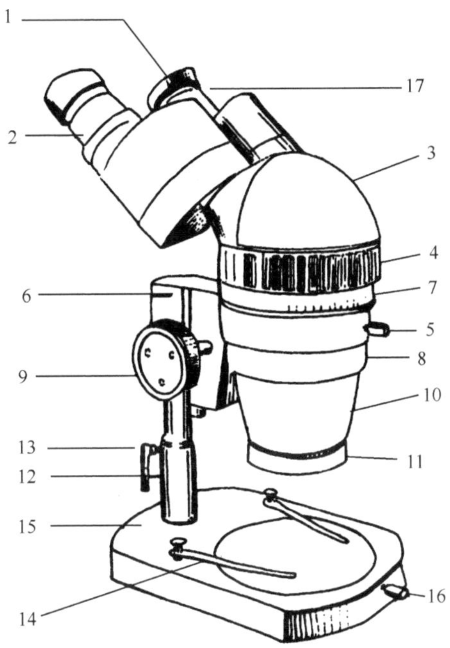

图 1-19　体视光学显微镜

1. 眼罩；2. 目镜筒；3. 壳体罩；4. 转盘；5. 螺钉；6. 升降支撑架；7. 放大环；8. 燕尾支架；9. 手轮；10. 外壳；11. 大物镜；12. 固定支柱；13. 紧固手柄；14. 压片夹；15. 底座；16. 紧固螺钉；17. 目镜

5）观察标本，先将标本置于视野中心，然后按下列步骤对标本调焦：①应用光源调节螺栓，调节入射光的方向，使之照亮标本；②先将两目镜筒上的视度圈均调至0刻线位置。通常情况下，先从右目镜筒中观察，将变倍手轮转至最高倍档位，转动调焦螺旋调焦，直至图像清晰后，再把变倍手轮转至最低倍档位，此时，沿轴向调节右目镜筒上的视度圈，直到图像清晰；③按右目镜筒的调焦方法，对左目镜筒进行调试，然后再双目观察调焦成像效果；④如需进一步观察标本的微细结构，需变换（增大）倍数，可用手动转盘或放大环（图 1-19，7），观察放大指示环下面的标记，直至所需倍数为止。

6）结束观察时，应将光源亮度旋钮调至最小（对有亮度调节点的机型），关掉电源，移走标本，用防尘罩将显微镜严密罩盖。

（二）体视光学显微镜的工作使用环境

1）显微镜应放置在牢固稳定的工作台上，应避免放在具有腐蚀性挥发气体的工作间。

2）工作间应经常保持清洁，具有良好的防尘条件，仪器使用后盖上防尘罩。

3）工作间光线不应该太亮，仪器应避免阳光直射、高温和潮湿。

4）操作时应避免用手指或污物接触透镜、滤色片。

四、其他光学显微镜

（一）荧光显微镜

在显微镜中激发光的照射下，标本内的荧光物质被激发出颜色不同的荧光，由此可分辨出标本体内某些物质的位置和特性。它主要用于观察材料中荧光染料着色的色素颗粒等特殊成分。根据这个原理，也可利用显微镜外加轻便荧光光源来代替荧光显微镜，只是观察效果略差。

（二）倒置显微镜

倒置显微镜的光线是由上往下照射被检样本，再经过反光镜进入目镜。它主要用于观察培养皿中的细胞或进行显微操作，当然也可用作普通光学显微镜观察。它的主要特点是光路反转，能充分利用载物台和聚光镜之间的距离。

（三）偏镜光显微镜

偏镜光显微镜是在普通光学显微镜中安装两块能使光线偏振的尼科尔棱镜，一块为偏镜，装在聚光镜下面；另一块为偏检镜，装在目镜和物镜之间。其中一块固定，另一块可以旋转（或者两块均可旋转），并注有刻度。它利用偏镜光来鉴别晶体和生物体内某些有序结构的光学性质，也可用来鉴别某些组织中的化学成分。

（四）暗视野显微镜

暗视野显微镜是在普通光学显微镜的基础上换装暗视野聚光镜，应用丁达尔（Tyndall）光学效应原理，使照射样本表面的光线不能直接进入物镜和目镜，利用样本表面的散射光线来观察。它的分辨能力比普通光学显微镜强多了，达 0.2～0.004 μm。其成像特点是在黑暗视野中可观察到样本明亮的外貌及运动状况，但看不清样本内部的细微结构。暗视野显微镜要求载玻片厚度为 0.7～1.7mm。

第六节　电子显微镜的原理、结构及其使用方法

电子显微镜极大地拓展了人们的视野，它的出现是显微镜发展史上的巨大进步。常用的电子显微镜有透射电子显微镜和扫描电子显微镜（朱祖福等，1984；朱丽霞等，1983；张景强等，1987）。透射电子显微镜是以高能微束电子流穿透样品，受到样品内部结构散射的电子流所发出的多种信息，经放大处理再聚集成像；而扫描电子显微镜是利用高能微束电子流轰击样品表面，使之发出多种信息，再收集其中某种或某些信号加以处理放大而成像的，所以透射电子显微镜与扫描电子显微镜二者成像原理完全不同。其主要不同点：透射电子显微镜要求对样品做电子染色处理、包埋、超薄切片等，而扫描电子显微镜则要求对样品做导电处理，如喷涂、组织导电技术等。其共同点：二者都以高能微束电子流作照明源；在对样品处理要求上相同，如对样品要做良好的干燥处理、在电子流轰击下不变形等（黄承芬和杜桂森，1991；沈萍等，1999）。

一、透射电子显微镜的基本原理与结构

透射电子显微镜由镜体、真空系统和供电系统三大部分组成。

（一）镜　　体

镜体是电子显微镜的主体和核心部分，它由照明系统、样品室、成像系统和观察记录（照相）系统组成。

1. 照明系统

照明系统由电子枪和聚光镜所组成。电子枪由阴极（灯丝）、栅极和阳极组成，它的功能是产生照明电子束。阴极是热发射电子的部分，而阳极相对于阴极处正高压电位，可根据需要调整加速电压值以吸引电子，加快电子运动速度。栅极具有比阴极更高的负压，改变这个负压值就可以控制电子的发射量。

聚光镜的作用：第一，把电子枪产生的电子流传递到样品；第二，改变电子束对观察样品的照明孔径和照明面积。

2. 成像系统

成像系统由物镜、中间镜和投影镜组成。物镜是整个电镜的心脏，其作用是首次成像于中间镜的物平面上。中间镜的作用是把物镜形成的第一个像进一步放大，并成像于投影镜的物平面上。投影镜作用是把中间镜的放大像进一步放大，并将像投影到荧光屏上而获得放大终像。

3. 样品室

样品室位于照明系统下方的高真空部分，可对样品进行移动、倾斜或旋转。

4. 观察记录系统

观察记录系统主要是荧光屏并配装一个双目放大镜（放大倍数为 10 倍左右），记录设备是专用的照相机。

（二）真 空 系 统

自电子枪下至照相室的整个镜筒都处于高真空状态，镜筒必须保持高真空是因为：电镜的照明源是高能的电子束，高能电子束碰到镜筒中的空气分子使空气电离而产生炫光，使图像模糊；同时空气分子会使灯丝的工作寿命缩短，污染镜筒、样品等。镜筒的高真空一般由两个油扩散泵和机械泵串接起来，连续不断地抽气来维持。

（三）供 电 系 统

电源要求有较高的稳定度，因此要安装一条电源专用线，并配有稳压装置。

二、扫描电子显微镜的基本原理与结构

扫描电子显微镜的成像原理与透射电子显微镜不同。扫描电子显微镜是用高能电子束在样品表面扫描，轰击样品表面使之发出多种信息，再用探测器收集这些信息并加以放大成像。

电子束轰击样品时能发生多种信息，在样品表面 50～500Å 深度内激发出大量的二

次电子。扫描电子显微镜的成像原理主要是二次电子成像，它主要反映出样品的外表立体形貌。由于样品表面高低不平，因而激发出的二次电子也不同，检测器接收强弱不同的二次电子信号，电子束逐点扫描产生不同数量和方向的二次电子，在荧光屏上相应像素点位置上变为明暗不同的点，因而得到反映样品表面形貌的二次电子成像。

扫描电镜由电子光学系统、信息接收系统和真空系统三大部分组成。

（一）电子光学系统

电子光学系统由电子枪、合轴线圈、聚光镜、偏转线圈、物镜组成。偏转线圈是扫描电子显微镜独特部件，它的功能是控制电子束做光栅扫描运动。

（二）信号接收系统

信号接收系统主要是一些二次电子检测器。它由收集极、闪烁体、导光管、光电倍增管、前置放大器和视频放大器等组成。收集极使二次电子加速轰击闪烁体的荧光粉发光，将带有样品信息的二次电子信号转换成光的强弱变化，由导光管送到光电倍增管加以放大，转换成电信号，输入视频放大器放大后调节显像管的亮度。

（三）真空系统

真空系统由机械泵和油扩散泵串联组成。镜筒真空度一般要求为 10^{-6} Torr①。用机械泵可得到 $10^{-2}\sim10^{-4}$ Torr 的真空度，在此基础上再串接油扩散泵，便可获得 $10^{-5}\sim10^{-6}$ Torr 的真空度。

三、扫描电子显微标本制作

扫描电子显微标本的制作过程比较复杂、精细，技术要求高，现将其制作过程简述如下。

（一）标本预处理

1. 取样固定

将样品挑入装有 70%乙醇的小指形管中，将小指形管在文火上煮 3～5min，使样品舒展并初步固定。用尖头吸管小心吸干乙醇，注入 2.5%的戊二醛溶液，浸没样品，固定 3h。

2. 清洗

将固定好的样品放入 KQ-500H 型超声波清洗仪清洗（50 000Hz，30s）。

3. 脱水

将样品置入特制的样本盒，依次浸入以下浓度的乙醇溶液中脱水：70%乙醇→75%乙醇→85%乙醇→90%乙醇→95%乙醇→无水乙醇。每个梯度需 30min。

（二）临界点干燥

可使用 SAMDRI PVI-3B 临界点干燥仪进行干燥，步骤如下。

---

① 1Torr=$1.333\,22\times10^{2}$Pa。

1. 预热

接通电源（115 V/60Hz），预热 5min。

2. 载物

将样本盒置入干燥仪样品室，加 100%乙醇覆盖，关闭样品室。

3. 降温冷却

打开 CO_2钢瓶开关，通入 CO_2，使样品室温度降至 0℃，处理时间不超过 3min；冷却至 0℃后开启填充阀，进行 CO_2填充，一般为 2min。

4. 清洗

将清洗阀打开，在通入 CO_2的同时逐渐排出乙醇，一直到彻底排干，温度保持在 10℃以下。清洗时间根据样品中乙醇量而定。用滤纸置于排气管口检测乙醇是否排干，滤纸潮湿表明未排干。

5. 加热

在 CO_2完全代替乙醇后，开始加热升温，当温度达 39～41℃，压力达 1200Pa 时，加热灯熄灭，再保持平衡 4min。

6. 降压

每分钟降压 100Pa，使样品室压力逐渐降低，直至压力为 0Pa，然后打开样品室，取出样品。

7. 粘台

将处理好的标本放在体视显微镜下，用 0 号毛笔小心挑取，并按需要粘在样品台上（注意：经过临界点干燥的样本极脆，应特别小心操作）。

8. 镀膜

将样品台放入真空镀膜仪中，接通电源，抽真空至 5Pa 以下，然后开始镀膜，时间为 1min。

9. 观察

将制作好的标本置于扫描电镜下观察、拍照等。

四、电子显微镜生物标本制备技术

（一）透射电子显微镜标本制备技术

1. 透射电子显微镜对观察标本的要求

透射电子显微镜是以高能电子束穿透标本时受到标本结构散射而聚集成像的，而电子束的穿透能力很弱，所以最好要将标本切成 400～600Å 的超薄切片，厚度超过 900Å 就不适合了。

由于标本是置于高真空的电子束通道中进行观察的，要求标本在电子束照射下不变形、不膨胀、不收缩、不破裂等。实验证明以环氧树脂包埋其切片可望得到 1000Å 以内的厚度，同时，切片在电子束的照射下变形最小。

2. 常规制样操作技术

在透射电子显微镜标本制备方法中，超薄切片技术是最基本、最常用的制备技术。超薄切片的制作过程与石蜡切片基本相似，需要经过取材、固定、脱水、浸透包埋、切片、染色及电子显微镜观察记录等步骤。

（1）取材

尽可能取新鲜材料，选取典型样品，一般小于1mm。若是噬菌体、细菌，则要采取提取技术。取材方法：将组织放在洁净的蜡板上，再滴一滴预冷的固定液，用两片锋利的刀片将组织“拉锯”式地切下、修小，然后用牙签将其移至盛有冷固定液的小瓶中。如果组织带有较多的血液，应先用固定液洗两遍，再切成小块固定。

（2）固定

取得新鲜标本后要尽快置入固定液中，目的是尽可能使细胞中的各种细胞器及大分子结构保持生活状态，并使它们固定在原来的位置上。常规固定以戊二醛溶液（按表1-2配制）作前固定，以四氧化锇溶液作后固定。由前固定转入后固定、由后固定转入脱水都必须用缓冲液反复清洗干净。浓度为1.5%～4%的戊二醛固定液对多数动植物是合适的，固定时间为几小时到数天均可；四氧化锇固定液的浓度一般为0.5%～2%，常用浓度为1%，固定时间以1～2h为宜，不宜太长，过长则标本变脆。若发现四氧化锇固定液变为红棕色，则意味该溶液已氧化失效。

表1-2　0.1mol/L磷酸缓冲液戊二醛固定液的配制

0.2mol/L磷酸缓冲液/mL	50	50	50	50	50	50	50
25%戊二醛水溶液/mL	4	6	8	10	12	14	16
蒸馏水加至/mL	100	100	100	100	100	100	100
戊二醛最后浓度/%	1	1.5	2	2.5	3	3.5	4

戊二醛固定液一般用磷酸缓冲液配制。

0.2mol/L磷酸缓冲液的配制

A液：$Na_2HPO_4 \cdot 2H_2O$　35.61g

加蒸馏水溶解　1000mL

B液：$Na_2HPO_4 \cdot 2H_2O$　27.60g

加蒸馏水溶解　1000mL

按表1-3　混合A、B两液即得所需pH的缓冲液。

表1-3　0.2mol/L磷酸缓冲液

pH	6.6	6.8	7.0	7.2	7.4	7.6
A液/mL	18.8	24.5	30.5	36.0	40.5	43.5
B液/mL	31.2	25.5	19.5	14.0	9.5	6.5

按表1-3混合后，将溶液稀释到100mL，则配得0.1mol/L的缓冲液。

2%四氧化锇原液的配制

四氧化锇（OsO_4）　2g

重蒸水　100mL

1%磷酸缓冲液配制的锇酸固定液

0.2mol/L　磷酸缓冲液　1份

2%　四氧化锇水溶液　　　　　　1份

（3）脱水

要使包埋介质完全渗入组织内部，必须事先驱除干净组织内的水分，即使用一种能与水及包埋剂均能相溶的液体来取代水，常用的脱水剂是乙醇和丙酮。通常将乙醇或丙酮配成脱水剂系列。常用系列为30%乙醇、50%乙醇、60%乙醇、70%乙醇、80%乙醇、90%乙醇、无水乙醇或丙酮溶液。将样品依次置于各级浓度中置换，每级10～15min。可在70%乙醇或丙酮中过夜，在100%的乙醇或丙酮中停留时间不能过长，否则样品发脆易损。

（4）浸透包埋

浸透目的是用包埋剂逐渐取代组织中的脱水剂。浸透就是利用包埋剂渗入组织内部取代脱水剂，这种包埋剂聚合前（在单体状态）为液体，容易渗入组织内，当加入某些催化剂，并加热升温后能聚合成固体，以便进行超薄切片。目前常用的包埋剂是环氧树脂（epoxy resin）。

将已脱水至100%的样品置入纯乙醇（如果脱水剂用乙醇系列）与包埋剂混合液（按1∶1比例）中过渡一次，浸透时间0.5～2h，第二次在4h以上，浸透均在30℃温箱中进行。要将标本作超薄切片，必须经过包埋。

利用某些塑料和树脂作介质，加入某些催化剂后，经加温一定时间能聚合硬化成固体，而硬度则可调整。这种聚合块在切片时作为标本支架。

国产环氧树脂618包埋剂的配制

618环氧树脂	6mL
DDSA（十二烷基琥珀酸酐）	4g（硬化剂）偏软
MNA（甲基内次甲基二甲酸酐）	4g（硬化剂）偏硬
DBP（邻苯二甲酸二丁酯）	0.5～0.8g（增塑剂）
DMP-30	0.1～0.2mL（加速剂）

30℃12h，45℃12h，60℃24h

Epon812环氧树脂包埋剂的配制

A液：Epon812	5mL
DDSA	8mL
B液：Epon812	8mL
MNA	7mL

A、B液混合后，加1.5%的Dnp-30作加速剂。按各聚合温度、时间进行聚合。A、B液混合比例依季节不同而变动，A液多则软，B液多则硬。冬季常用A∶B=1∶4，夏季为A∶B=1∶9。

包埋　通常将组织块包埋在多孔橡胶包埋模板中，然后置烤箱中烘干，在45℃（12h）、60℃（36h）条件下即可聚合硬化，形成包埋块。

（5）超薄切片

超薄切片需使用超薄切片机。超薄切片的步骤包括：①包埋块安置；②玻璃刀安装；③刀与组织块的距离调节；④水槽液面高度与灯光位置的调节；⑤加热电流及切片速度的调节，切片；⑥将切片捞置于有支持膜的载网上。电子显微镜切片很薄，一般要切成 400～600Å 的薄片，因此切片是一项技术性很强、要求很高的工作，在干涉光下依其厚度不同而呈现不同的颜色。

要切厚度	切片的干涉光颜色
400Å 以下	暗灰色
400～500Å	灰色
500～700Å	银白色
700～900Å	金黄色
900Å 以上	紫色

（6）染色

一般采用乙酸双氧铀和柠檬酸铅双染色法。

1）铀染。

乙酸双氧铀	2g
50％乙醇	100mL

用 0.2N NaOH 调节 pH 为 3.5～4。铀染时间一般为 20～30min。

方法：取染液数滴，滴于蜡盘凹陷处，将切片和铜网漂浮于染液上。

2）铅染。

硝酸铅	1.33g
柠檬酸钠	1.76g
蒸馏水	30mL

置 50mL 棕色瓶中振荡 30min，使溶液呈牛奶状，加入 1mol/L NaOH 8mL，溶液又变为无色透明，再稀释到 50mL，过滤，备用。该溶液 pH 为 11～12。铅染时间一般为 5～10min。

（7）电子显微镜观察、记录

认真观察记录，根据拍片要求，准确记录底片号码及相应内容，然后在计算机中备案。

（二）扫描电子显微镜标本制备技术

扫描电子显微镜标本制备的操作过程：取样→清洗→固定→脱水→干燥→粘固→喷涂→扫描电子显微镜观察。

1. 取样

取样的基本要求和透射电子显微镜样品制备相同，但是，对扫描电子显微镜来说，样品可以稍大点，面积可达 8mm×8mm，厚度可达 5mm。对于易卷曲的样品，如血管、消化肠道黏膜等，可固定在卡片纸（或滤纸）上，以充分暴露其表面，利于观察。

2. 清洗

用扫描电子显微镜观察的部位常常是样品的表面（组织的游离面）。由于样品取自活体组织，其表面常附有血液、黏液和污染物等，会遮盖样品的表面结构，影响观察。因此，在样品固定之前，要将样品清洗干净。清洗的方法是将样品浸泡在配好的清洗液中，边浸泡边振荡 30min，最后用双蒸水洗 3 次。要注意在清洗时不要损伤样品。一般常用以下三种方法清洗：

1）用 5%的苏打水清洗。

2）用等渗的生理盐水或缓冲液清洗。

3）用超声震荡或酶消化的方法进行处理。

3. 固定

用来固定的试剂与透射电子显微镜样品制备的相同，常用戊二醛及锇酸。由于样品体积较大，固定时间应适当延长。还可用快速冷冻法固定。

4. 脱水

样品经漂洗后用逐级增高浓度的乙醇或丙酮脱水，然后浸入中间液，一般用乙酸异戊酯作中间液。

5. 干燥

扫描电子显微镜样品的观察要求在高真空中进行。样品的水分在高真空中会剧烈气化，因而影响真空度，破坏样品的微细结构，所以在用电子显微镜观察之前样品必须进行干燥。干燥的方法有以下几种。

（1）空气干燥法

空气干燥法即自然干燥法，就是把脱水的样品暴露在空气中，使脱水剂逐渐挥发掉。这种方法的最大优点是简便易行、节省时间；主要缺点是在干燥过程中，样品会由于表面张力（脱水剂挥发时引起）的作用而产生收缩变形。因此，该方法只适用于表面较坚硬的样品。

（2）临界点干燥法

临界点干燥法是最常用的干燥方法，它是利用物质在临界状态时，其表面张力等于 0 的特性，使样品的水分完全气化，并以气体方式排掉，以达到完全干燥的目的。此法可以避免表面张力的影响，较好地保存样品的微细结构；操作简单方便、节省时间，一般 2～3h 即可完成。临界点干燥是在临界点干燥仪中进行，操作步骤如下。

1）固定、脱水：按常规方法进行。如果样品用乙醇脱水，在脱水至 100%后，要用纯丙酮置换 15～20min。

2）置入中间液：由纯丙酮转入中间液乙酸异戊酯中，时间为 15～30min。

3）移至样品室：将样品从乙酸异戊酯中取出，放入样品盒，然后移至临界点干燥仪的样品室内，盖上盖并拧紧，以防漏气。

4）用液态 CO_2 置换乙酸异戊酯：在达到临界状态（31℃，72.8 个大气压下）后，将温度再升高 10℃，使液态 CO_2 气化，然后打开放气阀门，逐渐排出气体，即完全干燥。

（3）冷冻干燥法

冷冻干燥法是将冷冻过的样品置于高真空，通过升华除去水分的过程。冷冻干燥的基础是冰从样品中升华，即水分从固态直接转化为气态，避免了气相和液相之间的表面张力对样品的作用，从而减少在干燥过程中对样品的损伤。冷冻干燥法有两种，即含水样品直接冷冻干燥和样品脱水后冷冻干燥。

1）含水样品直接冷冻干燥法：①取材固定，按常规方法进行；②冷冻保护，将样品置于冷冻保护剂中浸泡数小时。常用的冷冻保护剂为 15%～40%甘油水溶液（或 10%～20%二甲基亚砜水溶液）；③骤冷冻结，将经保护剂处理的样品迅速投入用液氮预冷至－150℃的氟利昂冷冻剂中，使样品中的水分很快冻结；④干燥，将已冻结的样品移到冷冻干燥器内已预冷的样品台上，抽成真空，样品经10～48天即干燥。

本方法不需要脱水，避免了有机溶剂对样品成分的抽提，不会使样品收缩，也是较经典的方法，但花费时间长，液氮消耗多，容易产生冰晶损伤，因此未被广泛应用。

2）样品脱水后冷冻干燥法：将用乙醇或丙酮脱水后的样品放入某些易挥发的有机溶剂中，然后一起冷冻并在真空中升华而达到干燥。与前一种方法相比，本方法的优点是不会产生冰晶损伤，且干燥时间短；缺点是有机溶剂对样品成分有抽提作用，易使部分内含物丢失。例如，乙腈真空干燥法是利用乙腈在快速蒸发时会冷却固化的性质来干燥样品的方法，其操作步骤如下：①固定清洗，按常规方法进行；②乙腈置换，依次使用50％、70％、80％、90％的乙腈水溶液置换，最后用纯乙腈代替，每次置换需15～20min；③干燥，放入真空镀膜台抽真空，乙腈和样品在真空中很快制冷而被冻结（冻结的温度为45℃），变成冰状固体。然后继续抽真空，使冻结的乙腈升华，约需30min样品即可干燥。

6. 粘固

干燥好的样品需固定到样品台上，以便进行喷镀，一般使用导电胶、双面胶纸将样品粘固在台上。对于不镀膜而就观察的样品，必须用导电胶来粘固；对于要镀膜的样品，则可以用胶水来代替，微细的样品，如粉末、纤维等也可用双面胶纸来粘贴。

7. 喷涂

生物样品经过脱水、干燥处理后，其表面不带电，导电性能也差。用扫描电子显微镜观察时，入射电子束击打到样品上，引起样品表面电荷积累，形成充电和放电效应，使图像细节消失，影响对图像的观察、拍照和记录。因此在观察之前要进行导电处理，需在标本表面喷涂一层金属薄膜，使样品表面导电。常用的导电方法有以下几种。

（1）金属镀膜法

金属镀膜法是使用特殊装置将电阻率小的金属（如金、铂、钯等）蒸发，使其覆盖在样品表面的方法。样品镀上金属膜后，不仅可以防止充电、放电效应，还可以减少电子束对样品的损伤，增加二次电子的产生率，获得清晰的图像。金属镀膜有以下两种方法。

1）真空镀膜法：真空镀膜法是在高真空状态下利用真空膜仪把所要喷镀的金属加热到熔点以上时，金属会蒸发成极细小的颗粒喷射到样品上，在样品表面形成一层金属膜，使样品导电。喷镀用的金属材料应满足以下要求：①化学性能稳定；②熔点低；③在高温下与金属钨不起作用；④有较高的二次电子产生率。一般选用金或金和碳镀膜，如要获得较细的颗粒，就要用铂或金-钯合金、铂-钯合金。真空镀膜法形成的膜金属颗粒较粗、膜不够均匀、操作费时，因而现在很少使用。

2）离子溅射镀膜法：在低真空（10^{-1}～10^{-2}Torr）状态下，在阳极与阴极两个电极之间加上几百至上千伏的直流电压，电极之间会产生辉光放电现象，此时，气体分子被电离成阳离子和电子，并在电场的作用下，阳离子被加速冲向阴极，而电子被加速飞向阳极。如果阴极用金属作为电极（常称为靶极），那么在阳离子冲击其表面时，就会将其表面的金属粒子击打出来，这种现象称为溅射。被溅射的金属粒子不带电、不受电场的作用，受重力作用会下落到样品表面，形成一层金属膜，用这种方法给样品表面镀膜，称为离子溅射镀膜法。

与真空镀膜法比较，离子溅射镀膜法具有以下优点：①溅射颗粒细、镀膜均匀；②受辐射热影响较小，对样品的损伤小；③消耗贵重金属量少；④效率高、节省时间。所以近年来此法应用较为广泛。

（2）导电染色法

金属镀膜法仍有较多缺点，如需要特殊的设备、对样品有一定程度的损伤、操作比较复杂等。为了克服这些缺点，目前开始采用导电染色法（又称组织导电法），即利用某些金属溶液对生物样品中糖类、脂类和蛋白质等的结合作用，使样品表面离子化或产生导电性能好的金属盐类化合物，从而提高样品的电导率及耐受电子束轰击的能力。

应用此法将经过固定、清洗的样品，用特殊的试剂处理后即可观察。此法不需金属镀膜，所以不仅节省时间，而且可以提高分辨率，具有坚化组织结构、加强固定效果的作用。

导电染色法主要有丹宁酸-锇酸导电法、碘化钾导电染色法、碘化钾-乙酸铅导电法等，其中较常用的是丹宁酸-锇酸导电法，其具体操作方法如下：①样品处理，按常规方法取材、清洗，再用戊二醛溶液固定；②导电染色，将样品放入 2%～4%丹宁酸溶液中浸泡。如果观察表面结构，浸泡时间为 30min；如果观察内部结构，浸泡时间为 8h。在浸泡过程中，可更换一次溶液；③清洗及再固定，将样品用磷酸缓冲液清洗干净，然后放入 1%锇酸中固定 2～4h，再用磷酸缓冲液清洗；④脱水和干燥，按常规方法；⑤扫描电子显微镜观察。

8. 扫描电子显微镜观察、记录

这是最后一步，要求认真观察，并做好记录。

思　考　题

1. 采集昆虫标本有哪些常用的方法？采集时应注意哪些问题？
2. 制作昆虫标本有哪些常用的方法？
3. 普通显微镜主要由哪几部分构成？各部分的功能是什么？
4. 怎样制作透射电子显微镜标本和扫描电子显微镜标本？
5. 简述昆虫外生殖的制片方法。
6. 试撰写一个野外调查实习计划和采集昆虫标本实习的总结报告。

参考文献

曹焯，陈茂生. 1997. 组织学实验指导. 北京：北京大学出版社

冯钟琪. 1990. 中国蜘蛛原色图鉴. 长沙：湖南科学技术出版社

黄承芬，杜桂森. 1991. 生物显微制片技术. 北京：北京科学技术出版社

黄诗笺，刘思阳，卢欣. 2001. 动物生物学实验指导. 北京：高等教育出版社

南开大学，中山大学，北京大学等. 1980. 昆虫学（上、下册）. 北京：人民教育出版社

全国农业技术推广服务中心. 2005. 植物保护应用技术进展. 北京：中国农业出版社. 194～204

沈萍，范秀容，李广武. 1999. 微生物学实验. 北京：高等教育出版社

王林瑶，张广学. 1983. 昆虫标本技术. 北京：科学出版社

张景强，朴英杰，蔡福筹等. 1987. 生物电子显微技术. 第一版. 广州：中山大学出版社. 113～132

张瑞清．1988. 无脊椎动物的采集、培养与玻片制作手册．北京：北京大学出版社
张闰生，任淑仙，徐利生．1991. 无脊椎动物学实验．北京：高等教育出版社
郑国锠．1978. 生物显微技术．北京：人民教育出版社
朱丽霞，程乃乾，高信曾．1983. 生物学中的电子显微镜技术. 第一版．北京：北京大学出版社. 236～258
朱祖福，沈锦德，许志义等．1984. 电子显微镜. 第一版．北京：机械工业出版社. 203～231

（颜亨梅　　刘　金）

第二章　昆虫的饲养方法与技术

导读：本章主要介绍饲养昆虫的基本设备和基本方法，昆虫人工饲料的制备及其应用技术以及部分昆虫饲养实例。通过本章学习，要求学生掌握人工饲养昆虫的基本知识和基本方法。

第一节　饲养昆虫的基本设备和基本方法

人们饲养昆虫的目的主要包括两个方面，一是用于科学研究，以获取科学知识为主要目的，这类饲养也称之为实验饲养；二是用于昆虫资源开发利用，以获取经济效益为主要目的，这类饲养也称之为生产饲养。

在用于科学研究方面，不仅研究昆虫本身的形态结构、分类地位、生物学特性、生理生态特性、发生发展规律、昆虫毒理、昆虫营养、杀虫剂筛选和害虫防治等需要饲养昆虫，而且在现代生物科学研究中，以昆虫作为素材来研究、探索生物奥秘已成为科学潮流，如利用果蝇研究遗传学规律，模仿昆虫结构和功能研究机器人、微型飞机等，以昆虫作为医学模型用于人类遗传病的机理与防治技术研究，特别是在现代分子生物学研究中昆虫是不可缺少的材料，诸如此类，都离不开饲养昆虫。

昆虫资源开发利用方面，关于传统昆虫资源的利用，主要靠野外采集提供虫源，这样，一方面限制了利用规模的扩大；另一方面则容易造成资源枯竭。随着科学技术的发展和昆虫学研究的不断深入，人们已经开始从深层次上认识了昆虫资源开发利用的价值，以昆虫为原料的商品规模化生产，其首要任务就是要解决昆虫的规模化养殖技术。汪世泽（1996）在其主编的《昆虫研究法》一书中，对饲养昆虫的基本方法进行了较为详尽的介绍，其中大部分内容仍为目前昆虫学研究所应用。

一、基本设备

饲养昆虫的基本设备，可因饲养目的或昆虫的生活习性不同而异。一般饲养者可因地适宜、因陋就简、就地取材，有条件的可建造专用养虫室或人工气候养虫室。常用基本设备或器具如下。

（一）养虫缸

饲养土栖昆虫可用各种各样大小的瓦缸、玻璃缸、水泥缸（池）等，如饲养蝙蝠蛾幼虫、蛴螬、地鳖虫、蝼蛄、土栖蚂蚁、蝇蛆等。在缸内放入适宜的土层或昆虫所需的基质，接入虫种和新鲜食料，缸口用纱布或铜纱盖好，及时更新食物就能顺利进行。

（二）木盒、瓷盆、面盆、铁皮箱等

适宜饲养一些活动较迟钝的仓库昆虫，如黄粉虫（白耀宇和程家安，2003）、洋虫、米缟螟、印度谷螟、赤拟谷盗、杂拟谷盗等，只要将适宜的食料和要养殖的昆虫投入盆

（箱）内并保持适宜的温度、湿度即可养殖成功。

（三）养　虫　箱

养虫箱的架子为木质，制作规格多种多样。有的顶部和后壁是木板，两侧为铁纱或铜纱，前面是可开关的玻璃门，底部安装有白铁皮做的抽屉，屉内装土，以供某些昆虫在土内化蛹，或在土内产卵。有的养虫箱可以加温使用，这种除了前壁可开关的门是玻璃外，其他部分都是用木板做成。在冬季饲养昆虫时，如果温度不够，在养虫箱中可以装电灯泡或其他加温设备，使饲养工作照常进行。这类养虫箱适合于养殖成虫在植株上取食，但产卵于土中的昆虫，如蝗虫、蟋蟀、芫菁，以及在土中化蛹的昆虫，如棉铃虫、烟青虫、小地老虎、斜纹夜蛾等。

（四）大型养虫笼

用木框制成，尺寸大小根据需要而定，四周和顶部钉以窗纱、铜纱或尼龙纱，四支木脚埋入土中，笼的一侧留有可开关的门，以便出入。笼内种植饲养昆虫所喜食的植物，也可以投放新鲜食料，在笼内设置温度、湿度和光照测定仪器，以便及时了解笼内环境条件的变化，并作相应的调整。如果在室外，大型养虫笼顶部用塑料膜盖住以防雨水干扰，如果太阳炎烈，则应加遮阳的物品。适合大量饲养�象、蝗虫等活动性强的昆虫。

（五）温　　室

适用于寒冷季节饲养昆虫。温室的结构与冬季栽培蔬菜的温室相似。墙壁柱用金属或木料做成，屋顶和东、西三面，装以玻璃，南、北面用烧砖砌制，每间小温室留有一定数量可开关的窗户。玻璃部分的外部，要配有保温用的厚草帘，以便晚上遮盖保温。室内的四周和中间留 0.66m 人行走道，其余筑成宽约 1m、深约 0.5m 的水泥长池，用以种植养虫的植物。水泥地上，还可以架设木架，架上放置养虫的盆栽植物，以充分利用空间。在温室内也可设置养虫缸、养虫箱、大型养虫笼等，以便同时饲养不同种类的昆虫。室内应有水电和测定温度、湿度的仪器，以便随时掌握温度、湿度的变化情况，并进行加温、加湿或降温、降湿处理。

（六）人工气候室

配备有自动控制温度、湿度和光照等装置的养虫室，适合于饲养各类昆虫。一般长约 3.5m、宽约 3m、高约 2.5m。四壁由砖和石灰构成，一边有门，一边有窗，门的外面有缓冲室或工作室。为了很好地保暖，天花板和四壁都加一层锯末或其他保暖的物品填塞起来的薄壁，以减少热量的散失。玻璃窗为双层，窗缝用绒布条钉好，以免透风；窗子内面，用黑布遮盖，以便保温和隔光。温度控制主要是由水银接触点与继电器以及电炉相连自动调节的。湿度调节是靠自动调节的湿度调节装置，若无此湿度自动调节装置，也可以用人工喷雾或挂置湿麻布片等加以控制。室内光照可用 60W 日光灯若干支，加以照射，目前若无自动照明装置，则可安装若干人工开关，根据需要，开到所需的光度。室内可设置木制橱架，以便放置养虫笼、养虫缸等。橱架的大小可根据养虫器具的大小和多少以及室内体积而定。

（七）其他设备

昆虫养殖中除需上述设备外，还需一些常规使用的小器材，主要包括大中型玻璃缸、广口玻璃瓶（缸）、试管或指型管、中小号镊子、剪子、毛笔、捕虫网、手持小放大镜、纱市、橡胶圈、温度计、湿度计、胶布、记录表和铅笔等。也可以根据不同昆虫的一些生活习性设计一些相应的设备。

二、基本方法

成功饲养昆虫的基本方法就是提供适宜昆虫正常生长、发育、繁殖的各种条件（如适宜的食料、空间、温度、湿度等）。因为任何昆虫都必须在适宜的条件下才能正常生长、发育、繁殖和完成其生活周期。

昆虫种类不同，所需的生活条件也不一样，这是昆虫在自然界中长期适应环境条件所产生的进化结果。在进行昆虫饲养时，不管是实验饲养还是生产饲养，都只有了解了饲养对象的生活习性、营养需要和环境条件等，才能为创造适合于昆虫生活的条件提供依据，才能使饲养工作顺利进行并获得成功。

（一）采用昆虫喜欢取食的饲料

饲养昆虫的食料可分为天然饲料和人工饲料两种。天然饲料是指某些种昆虫在自然环境中所喜欢觅食的动植物或其他物品。人工饲料是指人们利用多种有机或无机物质，经过多次试验配制而成为某种昆虫可吃的食料。

昆虫的饲料，直接关系到昆虫的营养发育，是饲养昆虫首先要解决的问题。对于单食性昆虫，必须采用其专食寄主植物进行饲养，才能获得良好效果。例如，饲养家蚕，桑叶为唯一饲料，如采用别的饲料，蚕虫就会发育不良，或者不能完成生活周期（王安皆等，2000）。对于寡食性和多食性昆虫，虽然它们取食的寄主植物较多，如柞蚕幼虫可取食 11 科 30 多种植物，但通常使用的是柞树叶。对于新饲养的昆虫，可事先通过实验饲养筛选出最适合的饲料种类。选择昆虫最喜欢的食料，最能满足其营养生理需要，对生长发育和完成其一生的生理过程都最为有利。

此外，同一种昆虫在不同发育时期，所需的饲料也不尽相同，如家蝇的幼虫（蝇蛆）可用禽畜粪渣等配制，而成虫则要求用奶粉、红糖等较精的材料配制，否则就会影响成蝇的产卵量。

进行昆虫大规模养殖（生产饲养），常遇到自然饲料缺乏的情况，这时可采用人工饲料，人工饲料可分为全纯饲料、半纯饲料和实用饲料。在制作时，也要考虑昆虫喜食性和营养要求。在人工饲料的成分中，加入一点昆虫喜食的寄主植物，常能收到良好的饲养效果。例如，在苍耳螟幼虫人工饲料中，加入苍耳叶的提取液或苍耳叶粉，不但增进苍耳蛀虫的食欲，且能使其幼虫更顺利地化蛹羽化。无论使用自然饲料，还是人工饲料，都必须使饲料新鲜、清洁，否则易于引起昆虫生病或死亡。

饲养某种昆虫，根据规模大小，必须备足饲料来源，随时满足昆虫在生长发育过程中的所需。

（二）创造适宜昆虫生活的环境条件

饲养昆虫必须尽可能创造接近于它们的自然环境条件。例如，饲养地下昆虫，必须设计适于其在土中生活的环境，如蚂蚁、蝼蛄、地鳖虫等都是土栖昆虫，可采用大口缸或水泥池加放泥土进行饲养。水生昆虫必须养在水中，并注意其原来生活用水的性质，如水龟甲、龙虱、划蝽、仰泳蝽等都是水生昆虫，可在室外池塘或有水水泥池中饲养。钻蛀性昆虫，如螟虫、木蠹蛾、天牛、吉丁虫等，用自然饲料进行规模饲养不易成功，应采用人工饲料。有些昆虫，如小地老虎、烟青虫、棉铃虫、斜纹夜蛾、甘蓝夜蛾等，其老熟幼虫需要入土化蛹。还有一些昆虫，如蝗虫，其成虫产卵于土中，对于这类昆虫，在养虫器具的底部就要加入一定深度的潮湿沙土以满足它们的习性要求。有些昆虫的幼虫（特别是肉食性昆虫），有自相残杀的习性，必须进行单头饲料，对于这类昆虫，规模饲养比较困难，在技术难题解决之前，不宜进行规模饲养。

有些昆虫的成虫，在羽化后就能配对产卵；有的则需要取食补充营养；有的还需在比较宽敞的空间内，经过追逐飞舞，然后才能配对产卵，如许多蝶类昆虫就具有这种特性。因此，在饲养某种昆虫时，要根据其生活要求，人工创造适于它的环境条件，才能使饲养对象正常地生活和繁殖下去，以达到预期的目的。

（三）注意温度、湿度的调节控制

温度和湿度的调节控制，也是饲养昆虫的重要条件。各种昆虫都有它的适宜温度、湿度范围，在温度、湿度适宜的条件下，昆虫才能正常生长发育，温度、湿度过高或过低，都能抑制昆虫的生长发育，甚至造成死亡。因此，在整个昆虫饲养过程中，必须根据或探索饲养对象对温度、湿度的要求，以维持它生活中的最适温度、湿度。养虫室的温度、湿度控制要视饲养的昆虫种类而定，一般温度为25～28℃、相对湿度为60％～80％。在高温季节，若室内温度超过32℃，会影响饲料的质量和昆虫的生长，因此要有降温设备。在饲养中，要经常注意掌握和调节养虫室内温度、湿度，并随时加以记录，如采用普通温度、湿度记录表或自动记录仪器等。加温可以使用火炉、阳光、电炉、温箱、暖气、灯泡等；降温可使用冰块、冰箱、地下室、冷气等；增湿可使用喷雾、洒水、设置水盆、挂湿布片等；降湿可使用通风、吸湿物质，如氯化钙、石灰等。总之，要根据饲养对象的需要、时期、规模和具体设备条件，灵活运用。

（四）注意室内饲养过程中的清洁与消毒

在室内饲养，昆虫的环境、工具和采用的食料等，都必须经常保持清洁，必要时还需进行消毒灭菌。如果饲养环境过湿、过干、污浊，清洁工作做得不好，常招致虫体被微生物寄生、发霉、腐烂，引起昆虫大量死亡。所以清洁与消毒也是一项非常重要的工作。

1）饲养器具：常用肥皂、去污粉或烧碱洗涤干净。如果玻璃器具被细菌、病毒感染，则需置于160℃的烘箱中加热1h处理；此外也可煮沸消毒或用化学药品消毒。

饲养室和木器可用2％漂白粉水悬液喷洗或擦洗。此外，使用1.5％的福尔马林（40％甲醛）溶液消毒器皿，也有良好的效果，但不可用于金属器皿消毒。

2）食料：采用天然饲料要求新鲜干净，不喂腐败或浸过水的食料，每天还要更新，并清除虫粪，清洁器具与环境。使用人工饲料要进行高压消毒，并在饲料中加入一些霉菌抑制剂，如对羟基苯甲酸正丁酯和苯甲酸钠或山梨酸等。

3）虫体：卵面附有微生物时，一般用0.1%升汞溶液浸数分钟，再放入75%乙醇中洗涤即可消毒。但对有些昆虫卵的孵化有影响，要经过事先实验。另外，也可用1.5%的福尔马林水溶液在卵面或幼虫体外洗涤消毒，消毒后再以蒸馏水清洗干净。漂白粉水悬液可以用作卵面消毒剂，对孵化发育无影响。

（五）设置合理的饲养密度

利用昆虫聚集取食的习性，用较少的饲料和较小的空间获得最多的昆虫生物量，是饲养昆虫所追求的经济目标之一。在鞘翅目和双翅目中较容易达到这个目的。例如，在一只直径22cm，高14cm的瓷钵中，可以饲养数百头的家蝇幼虫。在较高的密度下，家蝇幼虫取食活跃，发育整齐，即使不加防腐剂，饲料也不会生霉。在一些仓库昆虫的饲养中，较高的饲养密度也是可取的。不过所谓高密度是相对的，无论哪种昆虫的饲养密度都应有一个限度，因为过分拥挤会产生各种不利因素，最终将影响饲养产量。如何掌握最合理的密度，要在实践中不断探索、不断总结。

除了容器中的密度以外，整个养虫室中的饲养数量也要有所控制，在饲养量较大的情况下，要经常注意通风。此外，要尽量避免在同一养虫室内饲养不同习性的昆虫种类。

（六）加强饲养管理

根据其生活史中的形态变化特点，昆虫分为完全变态昆虫和不完全变态昆虫。前者要经过卵、幼虫、蛹、成虫4个阶段才能完成其生活史；后者只经过卵、若虫、成虫3个阶段。不完全变态昆虫中的绝大部分种类，其成虫和若虫的形态习性和食性都相同，饲养管理要求也一样。而完全变态的昆虫4个阶段的形态完全不一样，特别是许多昆虫（如鳞翅目）的成虫和幼虫的口器都不一样，因而生活习性和食性也不相同。所以在不同的阶段，必须采取不同的管理措施和不同的饲养方法。

1. 卵期管理

要使昆虫的卵正常孵化，应该注意把卵保存在一定的温度、湿度条件下。特别是在气温高的情况下，保持湿度更为重要。可在卵上覆盖湿润纱布，或在饲养器中放入浸湿的棉球，也可用玻璃杯装卵放在盛水的容器中用于保湿。卵期是保存昆虫最好的时期，如果一时不需要卵孵化，可放在0～5℃的低温下储存。对于一些新饲养的昆虫，可先作不同低温下卵的储存实验，以便筛选出既能长期储存，又不影响孵化率的适宜低温。

2. 幼虫期管理

在饲养前要准备好充足的食料，随时供用。初孵幼虫换食时，可把旧食料连同虫体一起倒在一张白纸上或白搪瓷盆内，然后将幼虫用毛笔轻轻扫到新食料上。成龄幼虫换食可直接清除旧食料和虫粪，再添入新食料。对于一些能飞善跳的昆虫（如蝗虫、蟋象等），可用小篮将食料悬吊在养虫笼的空中。饲养仓库昆虫时，食料比较干燥，一次可投入多一些，而饲养食叶性昆虫时，每次投入的青饲料要少一些，以防因未吃完而变质浪费。饲养一些隐蔽性的或喜欢做巢自缚取食的昆虫，投入新鲜食料让它们自动换食，不要人为破坏它们的小生境，否则会产生许多不良后果。

3. 蛹期管理

只有完全变态昆虫才有蛹期，如鳞翅目、鞘翅目、双翅目、膜翅目等昆虫。要掌握所饲养昆虫的化蛹习性，根据其习性准备好化蛹场所。一般昆虫化蛹期要求比较高的湿度，否则会影响羽化甚至死亡。保湿的方法是在饲养器中放入吸水后的水苔、沙土、吸水纸、脱脂棉、泡泡海绵等，这样就不会使蛹干燥死亡。

值得注意的是，幼虫在饲料中化蛹，蛹不容易收集，而且也不利于羽化和成虫交配产卵，因此，一般都在化蛹之前将老熟幼虫或预蛹收集起来，转移到供化蛹的容器中。双翅目中的蝇类多数在饲料中化蛹，通常用漂洗法和过筛法将蛹与饲料分开。家蝇幼虫在快要化蛹时，多爬到较干燥的场所，因此，通常在其化蛹前在饲料表面撒上一层 1cm 左右的麦麸或木屑，使老熟幼虫在这层干物质中化蛹，收集起来就十分方便。家蚕、蓖麻蚕需提供各种类型的簇，供熟蚕上簇结茧化蛹。饲养虫草蝙蝠蛾蛹时，可把养虫器皿中的土壤略压实，然后再用一根与蛹一样粗细的棍人工造一个土室，深 2～3cm，每土室放蛹一个，上口用松细土盖住，让蛹能在室内拱动土壤上下运动，并容易羽化出土。

4. 成虫期管理

成虫羽化前，要将蛹按一定的性比和数量放到产卵笼中，使之羽化和交配。多数鳞翅目昆虫羽化时，应根据它们在自然界中的习性控制光照，植食性的蛾类要在黑暗或微弱光照条件下羽化。

多数种类的成虫，羽化后不久即进行交配。许多昆虫在交尾时要求一定的条件，如蝴蝶、蝇类、蜻蜓等，需经一定时期的飞舞，甚至在飞行中进行交尾。对于这类昆虫必须有足够大的饲养空间才能满足交尾的要求。但也有一些昆虫，在较小的容器内，反而能增加雌雄相遇的机会，易于交配产卵，如仓库麦蛾、米缟螟等。

某些昆虫的产卵还与成虫期的营养有关。双翅目中的某些蚊、蝇，直翅目中的蝗虫，以及鞘翅目中很多种类的成虫都需要取食才能维持一定的繁殖力，对于这些昆虫的成虫，应供给所需人工饲料或天然饲料。鳞翅目昆虫的主要营养是在幼虫期中摄取的，多数成虫不取食或取食很少。少量取食的现象称为成虫的补充营养，提供补充营养（通常为一些液汁饲料，如水、蜜水、糖液、牛乳等）能延长成虫寿命，提高产卵量。

昆虫对产卵的场所有比较严格的要求，如椿象喜欢产卵于寄主植物上，叶甲、蝇类喜欢产卵于湿润的地方，在饲养器内可放入吸湿的棉花、纱布、吸水纸等让它们产卵；蟋蟀喜欢产卵于潮湿的土中，蝗虫喜欢产卵于压紧的沙质土壤中。总之，在成虫饲养中，要根据饲养对象在自然界中的产卵环境和习性，设计适合的产卵场所。

第二节　昆虫人工饲料的制备技术

昆虫人工饲料是指根据昆虫所需的营养要求人为配制的饲料。与天然饲料相比，其优点是不受气候和寄主等因子的限制，能用于室内长期和大量饲养；饲料营养稳定，能获得生理标准划一的科研虫源；能控制饲料成分变动，可以研究昆虫的取食需要，也可测试植物提取物或化学物对昆虫生长发育的影响等。其缺点是难以解决饲料的营养平衡和营养缺乏以及由此所造成的种群退化和种群习性的变化问题。

有关人工饲料的文献著作比较多（Singh and Moore，1985；忻介六和苏德明，1979；吴坤君等，1990；王延年，1996；姜兴印等，2000；李广宏等，2002；忻介六，1976），这些文献、著作对促进我国昆虫人工饲料研究的发展和应用起到了重要的引导和推动作用，特别是其中的许多原则与方法仍为目前人工饲养昆虫的经典方法。从研究的昆虫种类来看，已经利用人工饲料饲养的昆虫涉及直翅目、等翅目、半翅目、同翅目、脉翅目、鳞翅目、鞘翅目、膜翅目、双翅目等农林业害虫及多种资源昆虫。人工饲料的研究已成为昆虫学研究和害虫防治新技术上的基本技术之一。

一、人工饲料的组成

人工饲料一般由营养物、赋形物、助食物和防腐剂 4 类物质组成。

（一）人工饲料的营养物

营养物有来自动植物体的粗制品，如肝粉、种子粉等；有的是动植物产品的精制物，如干酪素（酪蛋白）、植物油等；也有纯化学物质，如各种维生素和无机盐等。

饲料中的营养物要包括昆虫生长发育所需要的各种营养成分。昆虫的营养需求在质的方面与高等动物基本相同，都需要氨基酸、糖类、脂肪酸、维生素和无机盐等。

1. 糖类

根据虫体中降解大分子物质的消化酶的类型，糖类可以以多种形式存在，从多糖、寡糖到单糖。多糖有糊精、淀粉、糖原等。这些多糖在人工饲料中以提纯或半提纯的植物提取液形式出现，如大米浆、玉米或土豆淀粉等。寡糖包括蔗糖、乳糖、麦芽糖等。蔗糖是植食性昆虫人工饲料中效果最好的取食刺激剂。研究发现，在一些嗜糖昆虫的饲料中，即使饲料的热量水平已达要求，仍需再加入一些糖，才能保证这些昆虫的正常取食。显然，饲料中的糖就起到了取食刺激物的功能。麦麸、琼脂、纤维素等无营养糖类可将人工饲料中的营养元素稀释到所需要的浓度，还可调节饲料的物理性状，如质地、聚合度和形状等。因为糖类是虫体的主要供能物质，所以它的缺乏症主要表现为虫体乏力，缺少活力和运动性，最终导致产卵力下降和成虫寿命缩短。

2. 脂肪酸

根据昆虫对脂肪酸的利用情况可分为非必需脂肪酸和必需脂肪酸。非必需脂肪酸是昆虫可以在体内利用其他物质生物合成的脂肪酸类，包括饱和脂肪酸和一元不饱和脂肪酸；必需脂肪酸是某些昆虫必需的营养元素，昆虫本身缺乏生物合成的能力，需要从饲料中直接获取的脂肪酸类，包括多元不饱和脂肪酸。脂肪酸是昆虫体内的主要能源物质，也是构成昆虫虫体结构物质的组分，如磷脂，具有某些代谢功能，动植物组织里均含有磷脂。在人工饲料里提供脂肪酸的来源主要是植物油，如玉米油、棉籽油、鱼肝油、橄榄油、花生油、亚麻子油、油菜籽油、红花油、葵花籽油等。植物油来源广泛，成本较低，而且还含有昆虫营养必需的部分维生素和固醇，是一种经济、有效的脂肪酸源。鳞翅目蛾类昆虫羽化时如果缺乏亚油酸、亚麻酸，则羽化出的成虫畸形或翅表面无鳞片。直翅目昆虫（如东亚飞蝗）与鳞翅目昆虫一样，用缺乏十八烯酸的饲料饲养，其成虫不能正常羽化。某些昆虫即使具有生物合成必需脂肪酸的能力，仍然需要从饲料中获取一定量的必需脂肪酸才能正常发育。

3. 固醇

固醇是昆虫生长、发育、生殖所必需的营养成分，除少数昆虫可由其共生物提供外，一般昆虫体内不能合成，需从饲料中获得。在人工饲料中，一般添加胆固醇来满足昆虫对脂类的需要。但某些昆虫对一些植物性、动物性固醇同样可以很好利用。植食性昆虫的研究表明，在人工饲料中可以用胆固醇替代植物性固醇，但饲喂昆虫混有植物性固醇的饲料时，其发育更好，似乎植物性固醇比胆固醇更适合于植食性昆虫。因此对那些很难适应人工饲养的植食性昆虫，研究它们寄主的固醇类型可能是研制人工饲料的关键。昆虫的幼虫期（若虫期）对固醇的需求量较大，因此固醇缺乏症多出现在幼虫期，但成虫期仍然需要适量的固醇以繁殖出正常的子代。例如，油橄榄实蝇的成虫用没有胆固醇的饲料饲养后，雌成虫的产卵量正常，但卵的孵化率显著降低。

4. 蛋白质

构成虫体结构的主要物质和所有调节活细胞生化反应的酶都属于蛋白质。除少数种类外，昆虫需要通过酶的作用将大分子的蛋白质降解为可直接被肠壁吸收的小分子氨基酸。因此可以说昆虫对蛋白质的需求就是对氨基酸的需求。蛋白质中的氨基酸有 20 多种，根据昆虫对氨基酸的利用情况分为非必需氨基酸和必需氨基酸。非必需氨基酸是指昆虫利用某些物质可以自身合成或转化的氨基酸类；而必需氨基酸则是那些昆虫不能自身合成，只能由食物中获取的必需营养氨基酸。昆虫的必需氨基酸有 10 种：精氨酸、组氨酸、赖氨酸、亮氨酸、异亮氨酸、甲硫氨酸、苏氨酸、苯丙氨酸、缬氨酸和色氨酸。除少数例外，昆虫只利用丙型氨基酸。氨基酸来源于蛋白质，在人工饲料中常用的蛋白质来源有酪蛋白、酵母、小麦胚、大豆及大豆制品和藻类。酪蛋白是从牛奶中获得的一种磷蛋白，约占蛋白质总量的 80%，它还可以制成一种不含脂肪和维生素的纯蛋白源。

常用的大豆制品有大豆蛋白、大豆粉、脱脂豆粉等。鲜大豆及一些鲜大豆制品中含有抑制昆虫生长发育的有毒物质，经过以下处理可使毒素失去活性：在 80～90℃ 的高温下连续加热 3h 或在常压下用蒸气蒸 30min，也可以在 120℃ 高温下高压消毒 15min。大豆含 41%～51% 蛋白质及一些糖类和脂类。大豆制品常与其他天然蛋白源混用，能有效地维持食物中的氨基酸平衡。

5. 矿质营养

矿质营养是指生物体中除了以有机物形式存在的碳、氮、氧、氢以外的无机营养元素的总称。矿质营养可分为①大量元素，昆虫营养生理不可缺少而需要量又相对较多的元素，如钙、镁、钾、钠、硫、氯等；②微量元素，昆虫营养所必需但需要量却很少的元素，如铁、碘、铜、锌、锰、钴等。矿质营养是构成虫体组织的主要组分并能起到调节和维持昆虫生理活动的功能。人工饲料中的微量元素可用乙二胺四乙酸（EDTA）或其他螯合剂处理，使其易溶于人工饲料，但由于碱性条件会使螯合的金属沉淀出来，因此实际操作中用氯化盐比用螯合金属盐更稳定有效。

维持矿质营养的平衡是虫体进行正常生理活动的关键，若食物中严重缺乏某种矿质元素，就会引起虫体对其他矿质元素的误用，最终破坏矿质营养的平衡。其症状表现各异，如蟋蟀严重缺钠时有痉挛、腹泻等症状。

6. 维生素

维生素分为脂溶性和水溶性两大类。脂溶性维生素包括维生素 A、维生素 D、维生素 E（生育酚）和维生素 K。水溶性维生素包括 B 族维生素、维生素 C（抗坏血酸）、维生素 P（柠檬素）、肌醇和胆碱等。昆虫对维生素的需求量很少，除少数昆虫由其共生物供给外，多数昆虫需要从食物中摄取，而且多数昆虫需要水溶性维生素。胆碱是昆虫人工饲料中常见的添加剂，主要用在全纯饲料中。实用饲料由于混有天然营养物质（内含丰富的胆碱）而极少使用。昆虫不能合成类胡萝卜素，只能从食物中摄取或由共生物提供。此外，维生素 A 对昆虫的视觉、行为（与视觉有关）和生存能力也有直接影响。

多数昆虫需要维生素 C，维生素 C 在人工饲料中降解很快，高压消毒就可以破坏它，而且在室温下不同饲料有不同的降解速率，缺乏维生素 C 会阻碍昆虫的生长发育，严重缺乏导致畸形（不能正常蜕皮），甚至死亡。昆虫需要大量的胆碱，以促进幼虫的发育或提高成虫的生殖力。缺乏胆碱，昆虫也能发育，但饲养效果不理想。肌醇对少数昆虫，如蟋蟀有促进生长发育的作用。缺乏肌醇，昆虫生殖力下降或是不能正常发育。维生素 E 的缺乏对某些昆虫，如蟋蟀的生殖会产生显著影响（使雄蟋蟀的精子停止形成）。缺乏维生素 K 对某些植食性昆虫的生长发育有较大影响。

7. 水

水是一切生命形式的必需营养，昆虫当然也不例外。水具有维持昆虫体内正常的生理代谢活动、保持昆虫的外部形态等功能。维持人工饲养中适当的水分是人工饲料的一大难题，但又是必须解决的。饲料中的水可因蒸发而散失，使饲料中各部分的含水量各异，对饲料质地及可食性造成不利影响，异常的饲料含水量可导致饲料营养缺失。

（二）人工饲料的赋形物

赋形物的作用是保持饲料的形状和调节饲料的物理性状。例如，琼脂、藻原酸钠和果胶常用于凝结含水量高的饲料；纤维素等常用作填充剂；帕拉膜（parafilm）和乳胶薄膜等常用于包裹液体饲料等。

1. 饲料胶凝剂

为了使人工饲料的物理性状达到饲养对象的要求，常需要调节人工饲料的湿度和硬度，这就是加入饲料胶凝剂的目的。饲料的物理性状对饲养对象主要有两个影响，一是影响昆虫的取食；二是影响昆虫的产卵。尤其对那些用口器在寄主表面掘动产卵的种类影响更大。目前国际上使用最普遍的饲料胶凝剂是琼脂，它是从石花菜属的多种藻类和其他藻类中提炼出的一种多糖、半乳糖的硫酸酯复合物。琼脂通常与钠离子、钾离子、钙离子、镁离子等金属离子结合，这些离子与琼脂分子中硫酸基的结合是胶凝作用的前提。琼脂、多糖与水能结合成营养惰性物质，使饲料变硬，琼脂浓度在 1.5% 以上时，饲料就形成坚固的凝胶。琼脂的溶解温度为 85℃。琼脂是昆虫人工饲料中比较昂贵的配料，因此促使琼脂代用品的发展。叉角菜即是其中之一，叉角菜是一种从海藻中提取的廉价胶凝剂。从冷水中提取叉角菜得到的是黏稠的溶液，而从热水中提取叉角菜则形成胶凝剂。还有一种是褐藻：一种从各种海藻中提取出的甘露糖醛酸、古洛糖醛酸聚合物，使用时配制成各种褐藻酸盐（如钠、钙、钾褐藻酸酯）。与琼脂和叉角菜不同，褐藻酸在室温和有酸释放剂存在的条件下，不需加热就可与钙盐进行可控反应形成胶凝剂。淀粉也是一种高效的胶凝剂。

2. 饲料填充剂

调节人工饲料的物理性状除了饲料胶凝剂以外，还会用到饲料填充剂。许多饲料需要用饲料填充剂，如锯末或甘蔗渣来稀释饲料中营养物质的浓度。

（三）人工饲料的助食物

助食物主要在植食性昆虫的饲料中使用，它们的作用是刺激和促进昆虫取食。助食物有的是寄主植物的粗提物；有的是经过分离提纯的化合物，如从桑叶中分离的桑色素，从水稻中分离的稻酮，从十字花科植物中分离的芥子苷等。一般来说，这些助食物都有一定的专一性。在营养物中，有些糖、氨基酸和类脂也可以作为助食物使用。

虽然饲料的营养水平、质地及水分含量均满足饲养对象的需要，昆虫仍然需要物理或化学的取食刺激物来诱导取食。取食刺激物虽然不是人工饲料中昆虫可以取食的组分，但它对提高饲养对象的生存能力，达到规模饲养的目的有着与其他营养元素同样重要的影响，它包括以下两类物质。

1. 化学刺激物

化学刺激物是一些规定行为的物质，如引诱剂、制动剂、咬食诱导物和吞食刺激物等。这些刺激物中既有广泛存在的营养物质，又有存在于各种植物中的特征次生化学物质。在某些情况下，一种昆虫可能同时对一类或数类化学物质中的几种化合物敏感。取食刺激物的复合使用比单独使用效果明显，复合物中某些刺激物单独使用时无效，可能这些物质是其他刺激物的增效剂。此外，一种刺激物可因浓度的变化而对取食对象产生取食或拒食的影响。

2. 物理刺激物

取食刺激物除常用到的糖类（如蔗糖）、蛋白质类（如动物蛋白或植物蛋白）、脂类物质（如麦胚油）等化学物质之外，饲养对象对饲料物理性状的要求也是昆虫取食的刺激因素。虽然这类物理刺激物并非饲料的营养成分，但它对昆虫取食的影响丝毫不亚于化学刺激物。对一些取食专一的饲养对象，人们仍然使用它们的寄主植物作为这些挑剔昆虫的取食刺激物。寄主植物可以整株植物、部分组织或以抽提物的形式添入饲料中，可鲜食也可研磨至粉末状。一个种群可以在天然取食刺激物不足的饲料上生存，但满足取食刺激的饲养会使昆虫更有活力，保持更强的寄主选择行为。

（四）人工饲料的防腐与防腐剂

人工饲料的防腐就是要控制微生物污染，防止人工饲料腐败变质。常使用物理和化学方法对微生物加以控制。

1. 物理防腐法

加热法对附着在非热变性物质（遇热后，不会因高温而改变自身性状的物质）上的微生物，通过加热使酶失去活性从而达到消毒的目的。此法又可分为湿热法、干热法和煮沸法。①湿热法：用 1.05kg/cm^2 120℃的高压锅进行消毒，根据消毒物品的种类及容量决定时间 10～30min；②干热法：干热消毒热量渗入缓慢，蛋白质变性过程较长。

例如，用95%乙醇火焰对蛹壳和卵囊进行表面消毒；③煮沸法：水煮沸5min可杀灭细菌和营养体，但对孢子体无效，需加入2%～5%的碳酸，15min后可杀死细菌孢子。

饲料的消毒灭菌可用加热法，但在加热的过程中部分营养元素，如维生素C会被分解，对这类热变性物质（遇热后，该物质的某些性状因遇高温而发生改变）常采用以下方法灭菌。①高压灭菌法。煮沸法可以很快杀死植物微生物，但另一些微生物在沸水中仍可存活，这就需要用高压灭菌法来消毒：在120～125℃的温度条件下高压灭菌15min，处理6.8kg物品，可杀死全部微生物及其孢子；②辐射灭菌法。X射线、γ射线、紫外线等均可杀灭微生物。

2. 化学防腐法

1）对饲料中某些易氧化物质加入抗氧化剂。

2）加防腐剂。污染饲料的微生物主要有真菌、细菌、霉菌、酵母菌和病毒等。常用的抗菌剂有氯四环素、卡那霉素、链霉素，其他防腐剂还有山梨酸、苯甲酸、苯甲酸钠、尼泊金、对羟基苯甲酸乙酯、对羟基苯甲酸丁酯、福尔马林、乙醇、青霉素、亮霉素、新霉素、羟基甲酸甲酯、丙酸钠等。但防腐剂也有一些副作用，如当防腐剂的使用浓度达到对微生物有效抑制浓度时会对昆虫的生长、发育产生阻碍作用。

3）调节饲料的酸碱度，使之不适于微生物的生长。此法对液体饲料作用尤其明显。人工饲料的酸碱度通常为中性，但也有少数例外，尤其与脂类营养有关的饲料。

4）熏蒸法。用某些化学物质（如环氧乙烷）对饲料进行熏蒸消毒。

二、人工饲料的类别

在人工饲料发展过程中，产生了很多描述人工饲料的名称。20世纪70年代以后，国内外发表的著作中多以饲料的纯度为基准，将昆虫人工饲料分为三大类型：全纯饲料、半纯饲料、实用饲料。

（一）全纯饲料

全纯饲料又称化学规定饲料（chemically defined diet）或规定饲料（defined diet）。全部由已知结构的纯化学物组成的饲料称化学规定饲料，有时也称全合成饲料（totally synthetic diet）；由大多数纯化学物加上一种或数种虽未知结构但已知性质和纯度的产品（如干酪素、植物油等）组成的饲料称为规定饲料，但部分文献中将这类饲料称为半规定饲料（semi-defined diet），而将上述化学规定饲料简称为规定饲料。全纯饲料的成本高，饲养效果也难达到自然生长的水平，其主要用途是研究昆虫的营养需要和代谢途径，也用于测定某些特定化合物（如植物次生性代谢物）对昆虫取食和生长发育的影响。

（二）半纯饲料

半纯饲料的成分多数是纯化学物或是经过提纯的产品，但含有一种或几种未经提纯的粗制物，如叶子粉、酵母等。半纯饲料的理化性状便于控制，能较好地适应昆虫的取食和生长发育的需要。用这类饲料不仅能为各种试验提供一定数量的材料，而且能进行一些初步的营养和嗜食特性的研究。目前，实验室饲养多半使用这类饲料。

（三）实用饲料

实用饲料又称半合成饲料（semi-synthetic diet）或半人工饲料（semi-artificial diet）。这类饲料主要由粗制的动植物材料组成，成本低廉，配法简便，适宜大批量和大规模饲养。但是，这类饲料中各营养成分的比例较难掌握；此外，其中还常含有对昆虫取食和生长发育有害的物质。所以，目前用这类饲料饲养的昆虫尚不及半纯饲料多。今后随着对昆虫营养需要和择食机理的深入了解，这类饲料的应用将会愈来愈广。

三、研制人工饲料的要求

研制昆虫人工饲料既要考虑饲养对象的生活习性，也要考虑正确的研制方法。忻介六和邱益三（1986）归纳了研制昆虫人工饲料的4项基本原则：①必须具备良好的物理性状；②必须具备良好的化学性能；③必须保持饲养对象的营养平衡；④必须有效地防止微生物污染。具体内容如下。

（一）具备良好的物理性状

饲料的物理性状由形状、硬度、含水量和均匀度等因素组成。饲料物理性状的好坏严重影响昆虫的正常取食和存活。

人工饲料的形状很难完全模仿昆虫的天然寄主，但要尽可能地使其形体和表面结构适应昆虫的口器和取食习性。例如，仓库害虫一般以含水量较低的粉状和粒状饲料为宜，但麦蛾的粉状饲料还需用机械装入胶囊中，并压成有凹痕的小丸才能获得最好的取食效果。具咀嚼式口器的植食性昆虫需要含水量很高的固体饲料。这类饲料多半使用琼脂作凝固剂，再辅以纤维素或植物的茎、叶粉来调节饲料的硬度和质地，饲料冷却之后，可以切割和加工成所需的形状。琼脂在饲料中的含量以3%为宜，如饲料中含有较多的植物材料或其他有利保持水分的物质，其含量可以降至1.5%～2.0%。琼脂价格较贵，在减少用量或用其他物质代替时，要注意饲料的保水性。饲料析出过多的水分不仅影响饲料的营养效应，而且会造成幼虫的死亡。纯纤维素的价格也较贵，可以用植物叶粉或药用辅料纤维素代替。

（二）具有适宜的营养组成

适宜的营养组成是指配制的人工饲料既要包含昆虫生长发育所需的所有营养成分，又要平衡各营养成分的适当比例（即维持昆虫所需的营养平衡）。前者是满足昆虫营养在质方面的需要，后者是满足昆虫营养在量方面的需要。所以，单纯在饲料中普遍增加各种营养成分的含量，并不能获得良好的效果。研制对昆虫具有良好营养平衡的饲料的主要依据：一是参考寄主的营养组成；二是参考相近种类的饲料配方。一般来说，昆虫营养的定量需要都可以在其最适宜的寄主中得到满足。参照寄主的营养组成，能减少因盲目组合营养成分而造成的各种浪费。参照相近的成功饲料配方，配制新种类的饲料能节省很多精力与时间。当然，也不能完全照搬，因为不同种类的昆虫对其营养的需求毕竟是有差异的。

（三）具有助食功能

昆虫对食物的选择，除受营养平衡和物理性状影响外，还受化学特性的支配。在化学因素中，作用于昆虫味觉的助食因子和抗食因子对昆虫的取食行为影响最明显，凡能刺激和促进昆虫取食的化合物统称助食物。饲料中的助食物包括营养物和不具营养的植物次生代谢物或其他有机物。在考虑饲料的助食功效时，除了添加已知效果的助食物外，更为简便的方法是在饲料中加入少量的新鲜寄主材料，或者加寄主材料的有效提取物。例如，在玉米螟人工饲料中添加少量玉米叶粉饲养玉米螟可取得良好的助食效果。

（四）排除抗食素

抗食素又称阻食素，也有人称为拒食素。抗食素在饲料中达到一定浓度时能阻止昆虫取食或使取食中断。饲料中的抗食素主要来自粗制的植物材料。此外，防腐剂和化学污染也能阻碍昆虫的取食。半纯饲料或实用饲料中的粗制营养物（如种子粉）和植物茎、叶干粉中常含有具抗食作用的植物次生物（如各种生物碱、多酚类等）。这些粗制物在饲料中的含量越高，所显示的抗食作用可能也越大，这也是实用饲料不能普遍应用的原因之一。通常在使用这些粗制物之前，都采用短时间的高压消毒或高温（100℃左右）烘烤处理，破坏其中的一些有害物。例如，大豆粉经过一般烘烤能被杂食性和许多多食性昆虫所接受，但用来饲养寡食性的家蚕还必须经过正己烷和乙醇的抽提才能获得最好的取食效果。经过这些处理的大豆粉饲养单食性的三化螟，仍然产生拒食反应，只有经过水解，制成水解大豆蛋白之后，才能被三化螟幼虫接受。

（五）具备良好的防腐功能

通常的饲养环境中和各种饲料成分中都有很多微生物。未经防腐处理或防腐不佳的饲料，很快就会变质，从而危及昆虫使饲养失败。特别是含水量较高的饲料一定要加防腐剂或进行防腐处理（高压灭菌或过滤消毒）。但是，饲料中的防腐剂达到一定浓度时会对昆虫产生毒性，主要表现为幼虫和蛹的发育期延长、化蛹率和羽化率降低等，严重时会引起拒食和大量死亡。因此，在达到控制微生物污染的基础上，要尽可能减少防腐剂的用量。常见的防腐剂中，山梨酸和尼泊金（对羟基苯甲酸甲酯）使用最广泛，通常的浓度为 0.1%～0.3%。10%甲醛的使用也很广泛，一般 100mL 饲料中加 0.5～0.8mL。多数饲料的防腐系用几种防腐剂联合防腐的方法，这样既可以互相弥补抑菌范围不足的缺点，又可以降低各自的浓度，避免出现毒害。当甲醛和尼泊金在安全浓度下不能抑制某些细菌时，可增补金霉素或卡那霉素等抗菌素。

四、配制人工饲料的基本技术

在配制人工饲料方面，任何一个操作环节都不应当疏忽，否则，饲料的理化性状就难以达到预期的要求。以下简述一些基本技术和要点（汪世泽，1996）。

（一）饲料成分的检验和加工

在各种营养成分中，水溶性的或易吸潮的成分（如干酪素水解物和植物叶粉等）容易变质。在常温下储藏过久的植物油和胆固醇也会变质。严重变质可从该物质的颜色和气味辨别出来，如维生素 C 由白变黄，胆固醇产生一种难闻的臭味，植物叶粉失丢原有的清香味等。因为已变质或正在变质的情况不易凭感官觉察，所以要尽可能地使用新鲜材料。对商品试剂要注意出厂日期和包装是否符合要求；维生素要密封冷藏，对光敏感的维生素 B_2 和维生素 C 要避光保存；其他干物质也要放在阴凉、干燥的地方。已配成水溶液的成分不宜久藏，即使是防腐剂和消毒液也要经常更新。对一些大分子产品，如琼脂、干酪素等要注意统一批号，因为不同地区和不同批号的产品在功效上有些差异。

市场供应的条状琼脂，在热水中容易形成小团；粗粒的干酪素与 4mol/L 氢氧化钾、水一起煮沸时也很难完全溶解。如果将它磨成粉过 70～80 目筛，就能收到良好的效果。胆固醇等不溶水的物质，如不用有机溶剂溶解而直接与其他饲料成分混合时，可先与蔗糖一起磨细，使它们形成不可分离的粉末，以达到均匀分布之目的。

饲料中的植物成分多加工成干粉使用，加工的植物组织必须新鲜。制备植物的茎、叶粉，最好采用真空冷冻干燥法。如无此条件，可采用晒干、晾干和加温（50～60℃）烘干的办法，在干燥过程中要通风。加工麦芽或稻芽时，要掌握发芽的温度和天数，尤其要经常换水，防止腐烂发臭。芽长 1cm 左右，要脱水晒干，干后要立即磨粉储藏。饲料中的植物种子或果实要先经热处理，这样不仅能破坏其中的一些毒素，也能杀死其中的微生物，并提高营养价值。

（二）维生素和无机盐混合物的配制

维生素和无机盐在饲料中的含量很低，为了减少每次称量的麻烦和避免混合不匀，通常都将它们配成混合液或混合物储藏备用。在 B 族维生素中，叶酸、维生素 B_2 和对羟基苯甲酸在常温下溶解度较小，加热后虽能全部溶解，但冷却后很快就会析出，时间一长就形成絮状。为避免这种现象，在配制混合液时，先将称好的叶酸、维生素 B_2 和对-羟基苯甲酸分放在小烧杯中，加少量蒸馏水，用玻棒搅拌，然后滴加 6mol/L 的氢氧化钾液，继续搅拌到溶液透明为止。将这些溶液与其他维生素溶液一起混合，然后装在棕色试剂瓶中冷藏备用。混合盐应制成均匀的粉末。在常用的无机盐中，除了碳酸钙和磷酸钙呈粉末外，大多数是较粗糙的晶体。因此在混合前要将粗的盐粒磨细。这一操作虽不复杂，但要防止微量盐类的损失、分布不匀和某些盐类的吸潮、结块。硫酸铜、硫酸锰、碘化钾等在混合盐中的比例甚小，研磨这些盐类时要加适量的钙盐，使它们先与钙盐形成均匀的混合体，然后再与其他盐类混合。带结晶水的硫酸镁硬度大，磨起来费时，所以要先称量，再研磨，最好选用无水硫酸镁。磷酸氢二钾和三氯化铁等易吸潮，这些盐类的称量和研磨可放在其他盐类之后，并与钙盐一起磨。磨好的盐过筛后，装入干净的塑料袋中反复混合，最后装入瓶中。配制混合盐要在干燥的环境中进行。

（三）饲料的混合

加热混合的目的是使饲料均匀。饲料营养成分分布不一，对昆虫的生长发育会产生不同程度的影响；防腐剂分布不均既达不到满意的抑菌效果，又会对昆虫产生毒性。

干饲料各成分的混合较容易，但手工操作很费时，需用球磨机或其他机械旋转的方法混合。饲料中的微量成分，如固醇、胡萝卜素和生育酚等，可用少量有机溶剂溶解，然后滴加到纤维素等成分中，待溶剂挥发后再与其他成分混合。配制含水量高的饲料，不仅要使各营养成分均匀混合，还必须使凝固剂分布均匀，以保证饲料具有良好的保水性。日后，往往需要多次混合才能均匀。

配制含水量高的固体饲料一般都要加热。加热的目的主要是使琼脂和干酪素溶解，同时也使一些其他成分变得容易混合。加热还能杀死部分微生物，增加饲料的防腐能力。加热过程：先将琼脂和干酪素分别溶于热水中，然后与其他成分一起混合并继续加热数分钟。因干酪素不溶于水，故加热前要先加一定量的氢氧化钾溶液，并立即用玻棒搅拌，以防止结块。在热琼脂液和干酪素液与其他成分混合时，通常温度在70℃左右。此时混合的饲料质地尚不够好，需继续加热数分钟才能获得更好的效果。在所有加热过程中都要不断地搅拌。其目的一是为了混合均匀；二是防止容器底部结焦。对热敏感的物质，如维生素C和某些抗菌素，一般应先溶于少量冷水中，待饲料温度冷至60℃左右时加进去，再充分搅拌。

（四）饲料的高压灭菌技术

用高压蒸气消毒器灭菌时，要注意控制灭菌的压力和时间，以减少营养成分的破坏。常用的压力为1.06～1.26kg/cm^2（121～124℃）。灭菌时间的控制根据饲料组成和采用的压力而定。压力在1.06kg/cm^{2}时，灭菌时间为5～30min，压力为1.26kg/cm^{2}时，灭菌时间不宜超过20min。维生素C和游离氨基酸在高压灭菌中易受破坏，对这些物质的灭菌多采用微孔过滤（用细菌漏斗或微孔过滤薄膜）。不过这种破坏也不是绝对的，当饲料呈微酸性以及有足量的大分子物质（如蛋白质）存在时，维生素C等的破坏就较少。在高温下呈液状的饲料，在灭菌时要装在试管或圆锥烧瓶等有一定高度的容器中，并且留出一定的空间，然后用棉花塞塞紧，再用牛皮纸将塞子连瓶颈一起扎紧，防止饲料沸腾冲出。灭菌后的液状饲料在容器的底部常出现沉积，因此在饲料凝结前要充分振荡，使沉积物重新与其他成分均匀混合。饲料冷却后装入干净的布袋中，在常温下可以保存一星期。未经灭菌的饲料如含凝固剂，配制后要立即分装。刚配好的饲料其表面和容器内壁会积聚一定的水分，此外，防腐剂的气味也较大，所以这些饲料应在干燥环境中置1d或冷藏2d后再使用。多余的饲料要放在3～5℃冰箱中储藏，储藏期以一星期为宜，时间过长，饲养效果会下降。大菜粉蝶的饲料在－20℃下储藏2个月不影响饲养效果。

五、人工饲料的质量评价与选择

（一）人工饲料的质量

人工饲料的质量涉及它的物理性状、营养组成和人工饲料中相互作用物的组成。

物理性状：包括人工饲料的粗糙程度、表面的形状等性状，它直接影响昆虫的取食和消化能力。

营养组成：包括蛋白质、氨基酸、脂类、脂肪酸、糖类、固醇、矿质营养、维生素和水等的相对量和绝对量。它影响昆虫生活习性的各个方面。为获得适宜的生长发育，昆虫对营养组成即要求有足够的量，又要求有一个相对适宜的营养平衡。

相互作用物的组成：包括食物中非营养生化物质的种类和用量，如生物碱、硫代葡萄糖苷酸、木质素、蛋白酶抑制剂、单宁和抗生素等物质。它对昆虫取食某种特定食物有决定性作用，如作为促进取食的诱食剂、取食刺激物；或者作为阻碍取食的拒食剂、驱避剂等。它们还能影响昆虫的取食行为（抑制取食行为）。

（二）人工饲料质量评价标准

人工饲料质量评价标准包括饲养对象在幼虫各龄期、蛹期、成虫期等发育阶段的个体大小、重量及生长发育速率等指标，成虫的产卵力，饲养对象种群的建立与维持以及在遗传和行为等方面的指标。

（三）导致人工饲料失败的因素

导致人工饲料失败的主要原因有四点。①食物摄入量异常的少：缺乏一种或数种主要的取食刺激物；饲料中存在一种或数种取食抑制物，在一定程度上抑制了取食行为；②摄入的食物消化不良：饲养对象缺乏必要的消化酶；酶的正常分泌和作用被一种抗代谢物质所抑制；③一种或数种营养物的吸收被一种抗代谢物堵塞，抗代谢物在运输渠道的某一点上起作用；④被吸收的食物不能有效地转化为构成虫体的物质。缺乏一种或数种抗代谢物，影响食物的有效转化。一种过剩的营养物质可以多种方式成为抗代谢物（忻介六和邱益三，1986）。

（四）人工饲料的选择

为了成功地饲养一种新的昆虫，需要对已有的配方进行选择，在此基础上研制出新的人工饲料。

1. 人工饲料选择的步骤

1）查找与饲养对象分类阶元相近种类和已成功饲养多种昆虫的基础饲料配方。

2）从基础饲料中选择出若干种进行比较饲养实验，选择出一种模式饲料。

3）调整模式饲料的配方，使饲养对象在生长、发育、繁殖等方面达到正常标准。

2. 对模式饲料进行调整

模式饲料是为研究新的昆虫人工饲料而设计的，它的配方中包括许多成功饲料的营养成分，各成分的量和配比也按多种成功饲料中该成分的平均值来设置。通过对模式饲料进行调整，可以研究出能满足特定昆虫种类营养需要的新的人工饲料。调整模式饲料营养配比的方法如下。

蛋白质：①按比例增加饲料中的酪蛋白和麦胚的含量（最多不能超过 15%），以达到饲料所要求的蛋白质含量；②加入可能含有取食刺激物的另一种蛋白质或者加入一种能形成新的氨基酸平衡的蛋白质；③加入一些已处理过的寄主物质，在选择性实验中筛选出能引起昆虫取食的物质；④保证饲料中的蛋白质对其他配料无副作用；⑤根据对寄主或昆虫虫体的氨基酸组成分析，增加某些特征氨基酸的量以使饲料中的氨基酸达到合理的量。

糖类：①设置不同的蔗糖浓度，选择出最适浓度；②换用新的糖类物质，最好选用与昆虫的自然寄主有关的种类。

脂类：①用富含脂肪酸同时具有取食刺激作用的麦胚代替亚油酸；②脂类的含量设置范围为1.0%～10%；③用一些昆虫易于接受的天然脂类，如动物、植物的卵磷脂替代原有的脂类；④为防止饲料中的主要多元不饱和脂肪酸被氧化，加入一些抗氧化剂，如生育酚。

固醇：①先将固醇溶于丙酮或乙醇中，再将溶液加入配料中，待丙酮或乙醇挥发后，固醇就均匀地分布在饲料中；②用植物性固醇或其混合物替代饲料中的胆固醇。

矿质营养：①在饲料中添加昆虫寄主物质的灰分；②选择出饲养昆虫的最适矿物质盐混合物。

维生素类：①如果怀疑是维生素的误用导致昆虫生长、发育异常的现象，就应改变维生素复合物的浓度；②如果所饲养昆虫的近缘种已有成功的人工饲料，则可参考其维生素的配比。

饲料填充剂和胶凝剂（改善饲料的物理条件）：①使用不同浓度的琼脂来改变饲料的硬度；②更换胶凝剂；③通过调整纤维素的含量或其他填充剂来改善饲料的质地条件。

微生物抑制剂：①将饲料中的pH（酸碱度）调节到抑制剂最适应的范围；②为避免卵在某种剧毒抑制剂下暴露时间过长，可以在成虫、若虫的饲料中使用不同的抑制剂或在不需要全面抑制微生物的饲料中，将抑制剂的使用量降到最低点；③如果可能，舍弃抗生型饲料。

水源：①使用蒸馏水；②控制饲料中的游离水；③控制饲料中水分的凝结。

第三节　综合实验

一、少量昆虫的饲养方法

少量昆虫的饲养，也称实验饲养，其目的在于观察特定昆虫的生物学特征、活动规律、习性行为和对生活条件的反应和要求等。研究食药用昆虫，首先应对食药用昆虫的种类有全面的了解，以便掌握不同种类食药用昆虫各自的发生规律。例如，要正确识别各类食用、药用昆虫的真伪，就要对各生长发育阶段的不同虫态的形态结构了如指掌，就要亲自进行饲养观察；要测定昆虫对各种生态因子的适应能力，进行生理、生化分析，药理测试等，也需要在饲养中探索、验证；进行同种间的去劣、扶壮以及选育优良种群，也需要通过饲养实践去实现；特别是在对食用、药用昆虫的营养、保健、药效研究工作中，需要在一定时间内提供具有同等龄期、同等饲料喂养、同等体型标准等规范化的实验材料，更必须进行精心饲养。实验饲养时，一般饲养的虫数不必很多，有时还要进行单个饲养，或者单虫龄单虫态饲养，饲养时间也不很长，一般不太考虑饲养成本，而主要考虑饲养出符合观察研究要求的标准个体，所以这类饲养，相对其收获的生物量比较少，成本都比较昂贵，其方法不适合规模饲养。然而，实验饲养所得的科学结论却是揭示一般科学规律或设计生产饲养方案的主要理论依据。

实验一　用甘蓝苗连续饲养小菜蛾的方法

（一）实验目的

通过本实验，学习、掌握用甘蓝苗连续饲养小菜蛾的基本知识和基本方法。

（二）实验背景

小菜蛾 *Plutella xylostella*（L.）属鳞翅目，菜蛾科，是世界性十字花科蔬菜的重要害虫。自20世纪70年代小菜蛾上升为我国十字花科蔬菜主要害虫后，一直是各蔬菜产区的重要防治对象，且危害逐年加重，对我国十字花科蔬菜的生产构成很大威胁。小菜蛾世代周期短、繁殖力强、对杀虫剂的抗性发展快，抗性水平高，抗性谱广，因此成为昆虫抗药性、生理学、病理学、毒理学等领域重要的研究对象，并逐渐成为重要的实验昆虫。对小菜蛾的人工饲养国内外有诸多报道，杨峰山等（2004），莫美华和庞雄飞（1999）利用甘蓝苗饲养小菜蛾，得到大量发育整齐的供试虫源，本实验学习该方法。

（三）实验材料

甘蓝种子，小菜蛾（十字花科蔬菜地采集），75％百菌清，喷水壶，尿素，营养土，塑料盘，塑料钵（口径15cm），饲养缸（直径20cm，高15cm），脱脂纱布，10％糖水，滤纸，指形管（直径1.0cm，高10cm），冰箱（4℃）冷藏，毛笔。

（四）操作步骤

1. 幼虫饲养

甘蓝种子处理：将甘蓝种子漂洗干净，浸泡6～7h后冲洗晾干，用75％百菌清500倍液浸泡40min消毒，再用清水冲洗，晾干，然后撒播于塑料盘中，盘中营养土厚度不超过塑料盘高度的2/3，用喷水壶淋水至饱和；种子发芽后1周，浇尿素液（3g/L），幼苗长至4～5片叶（4～5周后），把甘蓝幼苗移入口径15cm的塑料钵，移栽后6周，甘蓝苗长成6～8片叶时，即可放入养虫室供小菜蛾取食。

养虫室内，卵叶置于甘蓝苗上，幼虫孵化后自由取食，待甘蓝苗快被吃光时，用靠接法更换甘蓝苗，并及时补充营养土中缺失的水分。老熟幼虫化蛹后，及时收集蛹，待成虫羽化后，雌雄配对，雌虫产卵后观察卵的发育状况，每世代观察60头幼虫，3次重复，统计各代蛹重、化蛹率、羽化率、产卵量及孵化率。

2. 成虫的饲养

成虫饲养缸（直径20cm，高15cm）用脱脂纱布封紧，缸内挂2个饱含10％糖水的脱脂棉球，作为成虫的补充营养。缸底铺一层滤纸，将待羽化的蛹放入缸内。将当天羽化的成虫配对，放入指形管（直径1.0cm，高10cm）中，每管1对，管内挂一蘸有营养液的脱脂小棉球。放入小条甘蓝叶（1cm×2cm）诱集成虫产卵，管口用脱脂纱布封紧。每代观察10对，记录1代、3代、5代小菜蛾雌成虫产卵期内日平均产卵量。

3. 卵的冷藏实验

将新鲜甘蓝叶放入成虫饲养缸中，让成虫在叶上产卵，收集当天卵叶，放入培养皿，底铺一层滤纸，并用毛笔蘸适量水润湿，放入冰箱（4℃）冷藏。设冷藏时间0d、3d、5d、7d、9d、11d、13d共7个处理，3次重复，每次处理60粒卵，卵取出后放入养虫室让其自然发育，记录各处理的孵化率、化蛹率、蛹重、羽化率等生物学数据。

4. 蛹的冷藏实验

收集老熟幼虫当天化的蛹，放入培养皿，培养皿底部铺一层滤纸，并用毛笔蘸少量水保湿，放入冰箱（4℃）分别冷藏5d、7d、9d、11d、13d、15d、17d，3次重复，每次处理45头蛹。蛹取出后分装于小试管（高4cm），放入养虫室让其羽化。将当天羽化成虫配对，放入指形管（直径1.5cm，高10cm）中。每管1对，管内挂一蘸有营养液的脱脂小棉球，放入小条甘蓝叶（1cm×2cm）诱集成虫产卵，管口用脱脂纱布封紧，记录各处理羽化日期、羽化率、产卵量和雌成虫寿命。

以上实验均在养虫室内进行，控制室内温度为（25±1）℃，相对湿度为50%～70%，光周期16L∶8D。

（五）注意事项

1）用甘蓝苗饲养小菜蛾的主要缺点是，甘蓝生长周期长，容易断苗，栽培过程中易被其他害虫为害。因此，在饲养过程中，要及时补充幼苗用来饲养小菜蛾，得以长期提供大量发育整齐的供试虫源。

2）卵期冷藏处理（4℃）后，在室温下发育，各处理的卵都在2.0～2.8d孵化，孵化率随冷藏时间的延长有下降的趋势。冷藏3～7d的卵孵化率为78%～90%；而冷藏9～13d的卵孵化率下降到55%～70%；卵冷藏到9d时，其孵化率开始显著下降，因此，实验室小菜蛾卵冷藏应控制在7d内。卵期冷藏13d对幼虫化蛹率、蛹重和羽化率影响不大。

3）蛹冷藏处理后，在室温下发育，各处理蛹在3.7～4.2d羽化。羽化率随冷藏天数的延长有下降的趋势，冷藏5～15d的蛹羽化率为87%～96%，冷藏17d的蛹羽化率下降到72%，并与对照组差异显著，羽化率下降了大约25%；但产卵量对雌蛾寿命影响不大。因此，实验室冷藏小菜蛾蛹，应控制在15d内为宜。

（六）思考题

1）按以上方法连续饲养3代，观察不同世代小菜蛾的化蛹率、蛹重、羽化率、单雌产卵量、孵化率和幼虫历期，并将其结果（包括计算平均数和标准差）填入表2-1中。

表2-1 用甘蓝苗连续饲养小菜蛾幼虫的结果（样表）

代次	幼虫历期/d	化蛹率/%	蛹重/mg	羽化率/%	产卵量/（粒/♀）	卵孵化率/%
1						
2						
3						

2）分析卵期冷藏时间对小菜蛾生长发育的影响，并将其结果（包括计算平均数和标准差）填入表2-2。

表 2-2　卵期冷藏时间对小菜蛾生长发育的影响（4℃）（样表）

冷藏时间/d	卵历期/d	卵孵化率/%	化蛹率/%	蛹重/mg	羽化率/%
0（CK）					
3					
5					
7					
9					
11					
13					

3）分析蛹期冷藏时间对小菜蛾成虫羽化及繁殖的影响，并将其结果（包括计算平均数和标准差）填入表 2-3。

表 2-3　蛹期冷藏时间对小菜蛾成虫羽化及繁殖的影响（4℃）（样表）

冷藏时间/d	蛹历期/d	羽化率/%	产卵量/（粒/♀）	卵孵化率/%	成虫寿命/d
0（CK）					
5					
7					
9					
11					
13					
15					
17					

实验二　人工饲养斜纹夜蛾的方法

（一）实验目的

学习斜纹夜蛾的人工饲养技术。

（二）实验背景

斜纹夜蛾 *Prodenia litura* Fabricius 属鳞翅目，夜蛾科，是一种重要的经济害虫，同时也是一种重要的杀虫剂筛选靶标。为了常年提供大量发育一致的虫源，虫种的大量人工饲养成为一个十分重要的内容，朱丽梅等（2001）通过饲养实验，摸索出了一套较简单易行的人工饲养方法，室内连续饲养斜纹夜蛾 7 代，平均蛹重达 406mg，化蛹率、羽化率均为 90%以上，该饲养方法可用于室内大量饲养斜纹夜蛾。

（三）实验材料

1. 饲养条件

养虫室以 $6m^2$ 为宜，室内温度控制在（25±1）℃，相对湿度为 60%～70% 。养虫室每代用紫外线灯光消毒一次，如果出现大量病毒虫，房间需用甲醛熏蒸消毒。

2. 饲养容器与器具

1）成虫交配笼：木制边框蒙纱箱，大小为28cm×28cm×38cm。

2）小龄幼虫饲养容器：口径20cm、高10cm的玻璃缸，瓶口蒙黑布，用橡皮圈扎紧。

3）大龄幼虫饲养容器：口径2.8cm、高2cm、能耐140℃高温的塑料十孔板。

4）成虫收集器和收蛹瓶：口径18cm、高10cm的玻璃指形管，口径65cm、高10cm的玻璃果酱瓶。

3. 人工饲料的配制

1）人工饲料配方：玉米粉137g，大豆粉37.5g，琼脂12.5g，酵母粉10g，山梨酸1g，对羟基苯甲酸甲酯2g，复合维生素3.5g，肌醇0.16g，胆固醇0.15g。

2）饲料配制方法：玉米粉、大豆粉在0.15MPa压力下灭菌30min，琼脂加350mL水煮沸。把热琼脂倒入玉米粉和大豆粉中充分搅匀，待温度降至50℃左右时，再将酵母粉、山梨酸、对羟基苯甲酸甲酯、复合维生素、肌醇、胆固醇混匀加灭菌水60mL，充分搅拌混匀。

（四）饲 养 方 法

1. 虫卵的收集

成虫放入配蛾笼后，第3天就产卵，利用新鲜玉米苗收集虫卵。为获得整齐的幼虫，必须每天收卵1次，分瓶孵化，瓶中放湿棉球保湿。

2. 幼虫的饲养

将卵在25℃放置2d，移入铺有一层饲料的养虫缸中，用黑棉布将容器口扎牢，日光灯下光照，1～2d后就有幼虫孵化。根据饲养情况及时更换饲料，在幼虫进入3龄后，移入十孔板进行单头饲养，在幼虫取食高峰期后，应及时更换新鲜饲料，老熟幼虫在十孔板中化蛹，蛹收集后放入收蛹瓶中，瓶底垫湿滤纸保湿。

3. 成虫的收集

成虫羽化后需及时收集，并剔除残翅畸形蛾。配蛾笼局部湿度要保持在80%～90%，雌雄配比1∶1.5。14h光照，成虫喂10%蜂蜜水，1d后将新鲜玉米苗插入瓶中，放入笼中收卵。

注：饲养结果——朱丽梅等用上述人工饲料及饲养方法连续饲养斜纹夜蛾7代，取得较理想的效果，平均蛹重达406mg，化蛹率、羽化率均在90%以上。

（五）注 意 事 项

斜纹夜蛾幼虫易感染病毒，所有的实验器具能高温消毒的需高温消毒，不能消毒的需用甲醛熏蒸、紫外消毒。一旦在饲养瓶中发现感病幼虫，应全部销毁，以免传染其他试虫，造成更大损失。

（六）思 考 题

用上述方法连续饲养斜纹夜蛾2或3代，每代不少于100卵，观察记载各代卵、幼虫及蛹的发育历期、存活率、成虫产卵量（或卵块数）及成虫寿命等。将结果（含平均数和标准差）整理记入表 2-4 中。

表 2-4　用人工饲料连续饲养斜纹夜蛾的结果（样表）

代次	卵历期/d	幼虫历期/d	蛹历期/d	化蛹率/%	蛹重/mg	羽化率/%	产卵量/(粒/♀)	成虫寿命/d
1								
2								
3								

实验三　棉铃虫半人工饲料的配制及其饲养

（一）实验目的

通过本实验，学习、掌握配制半纯饲料和半人工饲料及饲养昆虫的基本知识和基本方法。

（二）实验背景

棉铃虫 *Helicoverpa armigera*（Hubner），异名 *Heliothis armigera* Hubner，属鳞翅目，夜蛾科，别名棉铃实夜蛾，广泛分布于我国及世界各地，我国棉区和蔬菜种植区均有发生。棉区以黄河流域、长江流域受害重。该虫是我国棉花种植区蕾铃期害虫的优势种，为害猖獗。本实验利用前人报道（耿济国等，1992；卓乐姒等，1981）的已知配方配制其饲料，并根据棉铃虫的生物学特性设计其饲养、观察方案。

（三）实验材料

恒温培养箱，粉碎机，天平，养虫笼，干燥器，玻管，培养皿，量筒等，昆虫的主要营养成分（表 2-5），如维生素、无机盐、酵母粉、防腐剂（山梨酸、甲醛、对羟基苯甲酸甲脂等）、琼脂、大豆粉、蚕豆泥等，准备好实验昆虫棉铃虫。

（四）操作步骤

1. 配制 2 种饲料的成分及用量（表 2-5）

表 2-5　棉铃虫半人工饲料和粗饲料配方（吴坤君和李明辉，1993）

成分	半人工饲料配方/g	粗饲料配方/g
麦胚粉*	55	—
大豆粉(脱脂)**	15	—
蚕豆泥(湿重)***	—	200
威氏盐****	1.9	—
复合维生素*****	0.076	—
维生素 C	1.4	0.66
酵母粉	4	5

续表

成分	半人工饲料配方/g	粗饲料配方/g
尼泊金(对羟基苯甲酸甲酯)	0.8	0.5
山梨酸	0.4	0.33
甲醛(10%)	0.8	0.9
琼脂	5	4
水	186	100

*麦胚粉是用洗净的小麦种子,浸水催芽,在小麦胚芽露白后晒干磨粉。

**大豆粉(脱脂)是用干净大豆种子,磨粉后加适量乙醚(乙醚用量以浸透豆粉,并超出粉面2~3cm为度),用玻棒搅拌,等沉淀后倒出剩余的乙醚液,再加入新乙醚重新搅拌,2或3次后,用滤纸滤去乙醚油液,再将滤干的豆粉摊平至无乙醚气味为止。

***蚕豆泥是用净蚕豆种泡水催芽,至露芽后,剥去种皮,随后在碾钵中碾烂称重备用。

****威氏盐为预先将各种盐类按下列比例称重后均匀混合备用。

NaCl	10.5g	KCl	12.0g
KH_2PO_4	81.0g	$Ca_3(PO_4)_2$	14.9g
$CaCO_3$	21.0g	$MgSO_4$	9.0g
$Fe_3(PO_4)_2 \cdot H_2O$	14.7g	$MnSO_4$	0.2g
$K_2AlPO_4 \cdot 2H_2O$	0.009g	$CuSO_4 \cdot 5H_2O$	0.039g
NaF	0.057g	KI	0.005g

*****复合维生素是指各种维生素的总称,按下列用量,随配随用。

烟酰胺	3.26mg	叶酸	0.82mg
泛酸钙	3.26mg	生物素	0.82mg
维生素 B_1	0.82mg	维生素 B_{12}	0.02mg
维生素 B_2	1.64mg	肌醇	65.24mg
维生素 B_6	0.82mg		

2. 配制方法

(1) 半人工饲料

将麦胚粉、大豆粉、酵母粉、威氏盐称重放在一大容器中,充分拌匀,加总水量的40%,调成匀浆,再将维生素、防腐剂称重,放入小烧杯中加入总水量的10%,搅匀后倒入上述匀浆中,再充分搅匀,将琼脂称重,放入剩余50%总水量中,烧开并至完全溶解,待稍冷却后(约70℃,高于70℃会使维生素和酶遭到破坏),倒入上述匀浆中,随倒随拌,充分搅匀,随即分别倒入大培养皿中(琼脂在32~39℃以下凝固)在室温下冷却至凝固后,储藏在冰箱中备用。

(2) 粗饲料

将研碎的蚕豆泥称重,放入大容器中,将酵母粉、维生素C、防腐剂称重倒入烧杯中,加入总水量的50%,充分搅匀后倒入蚕豆泥中,再充分搅匀,将琼脂称重,加入总水量的50%,烧开并至完全溶解,稍冷却后(约70℃),倒入上述蚕豆泥中,随倒随拌,充分拌匀,随即分别倒入大培养皿中,在室温下冷却至凝固后,储藏在冰箱中备用。

3. 饲养昆虫

(1) 成虫羽化、交尾和产卵

1) 羽化:取上一代棉铃虫的蛹,区别雌、雄,分别放在盛有锯木屑的无盖大培养皿中。锯木屑是用来吸收成虫羽化时所排泄的蛹粪，以干燥环境有利于初羽化成虫的展翅。蛹放在养虫笼中，置于25℃左右的条件下，每天观察羽化数量。

2）交尾：每天捕捉当天羽化的雌雄成虫，集体放在大养虫笼或温箱中（15～20对），性比为1∶1或雄性多于雌性，笼或箱内放置几盆玉米或棉花，成虫饲喂10%的蜂蜜水。温湿条件要求控制在25℃和相对湿度80%以上，光照为12～14h/d，在此条件下，经过2d，一般交尾率可达60%～80%。

3）产卵：在以上条件下第三天捉出雌雄成虫，放在大玻璃瓶或马灯罩中，上面扎以纱布，瓶内仍放置10%蜂蜜水，温湿度、光照条件同上，成虫即开始在纱布上产卵。每天收集和更换纱布，便可得到多批当日产的卵。

（2）卵的孵化

把当天收集的卵放在密封的大培养皿中，在25℃时约3d即可孵化。湿度和光照条件对其影响较小。

（3）幼虫接种处理

当天检查孵卵情况，取当天孵化的幼虫，放在密封的大培养缸中，喂以新鲜的棉叶、苕子叶或豌豆叶，幼虫便随即开食，约2d后便发育到1龄后期，约5～7d发育到3龄初期，开始接虫处理。幼虫都接种在大玻璃管中，管中预先放入人工饲料1～2g，每管接1头，管口用棉花塞紧。每个处理各50头。整个处理期间，如果饲料被吃完或干缩时，加新鲜饲料1或2次。各处理如下：

1）初孵化未开食的幼虫。

2）孵化后开食新鲜叶片的1龄后期幼虫。

3）3龄初期幼虫。

（4）化蛹检查

当6龄幼虫开始停食，身体缩短，体内可透见白色脂肪体增多时，表明幼虫开始进入预蛹期。将其移到装有细土的大玻管中，土深3～4cm，仍放在25℃环境下，2～3d便化蛹。化蛹后，移出放在垫有锯木屑的大培养皿中（因为蛹长期在土中易感病而死亡），继续观察羽化情况。

（5）观察记载

每天检查1次，记载以下项目：

1）幼虫死亡日期和龄期。

2）预蛹以及化蛹日期、死亡数。

3）羽化日期及羽化情况。

4）交尾率（或成虫死亡的当天立即解剖检查）。

5）平均产卵数及平均孵化率。

（五）注 意 事 项

1）准备好的大豆粉、蚕豆泥等应是新鲜无霉变的材料。

2）实验用棉铃虫蛹可从棉田采集幼虫到室内用自然饲料饲养，让其在室内化蛹。

（六）思 考 题

1. 昆虫的主要营养物质对昆虫生长发育有何影响？

2. 昆虫的全人工饲料、半人工饲料和粗人工饲料有何区别？

3. 分析两种人工饲料幼虫接种处理的结果，其幼虫死亡率、化蛹率、羽化率及交配产卵情况有何差异？为什么？

附：常用维生素混合物的组成

范氏维生素混合物（mg/100g 饲料）：

烟酰胺	1	泛酸钙	1	维生素 B_1	0.25
维生素 B_2	0.5	盐酸吡哆醇	0.25	叶酸	0.25
生物素	0.02	维生素 B_{12}	0.002		

二、大量昆虫的饲养方法

大量昆虫的饲养属于生产饲养，其的目的在于：要以尽可能低的成本和尽可能简单的方法，获取尽可能多的虫体生物量，以便能获得尽可能大的经济效益。生产饲养也叫规模饲养（mass rearing）或大量饲养。不同种类的昆虫，生产饲养的难度不一样，有的昆虫生产饲养比较困难，而另一些昆虫进行生产饲养比较容易，主要原因在于它们对环境条件要求的严格程度不一样。一般来说，适合于生产饲养的理想种类应具备 4 个基本条件：①生活史比较简短；②潜在的生物量较大；③食料来源较容易；④对环境的适应性较广。

然而，在实际中，许多具有重大利用价值的昆虫（如天敌昆虫、药用昆虫、食用昆虫、工业原料昆虫、观赏昆虫等）往往不具备这些条件，人类为了利用它们，不得不对它们进行艰苦的、长期的研究工作，以便寻找出能够满足它们生存、繁殖，人类又能控制的适宜的条件，从而达到生产饲养的目的。所以，不断创造和改进人工大量繁殖饲养昆虫的技术，是昆虫资源利用研究中一个永恒的课题。人类在养蜂业和养蚕业中取得的巨大成功和积累的丰富经验为昆虫养殖业的发展提供了典范。然而，就是对于这样一类古老而广泛的昆虫养殖业，在改进它们的饲养技术、提高其产量和质量方面，人类也从来没有停止过研究和探索，因此，任何 种现成的哪怕是十分成功的饲养方法，都只能是经验的积累和改进的基础或向导，其中的一些最基本的原理或原则及经验，对其他昆虫的饲养具有借鉴作用。

实验一　大量饲养夜蛾类昆虫的方法

（一）实验目的

学习斜纹夜蛾、甜菜夜蛾、银纹夜蛾、粉纹夜蛾和棉铃虫 5 种夜蛾科昆虫的人工大量饲养技术。

（二）实验背景

陈其津等（2000）经过多年的筛选与改进，成功地研制了一种不含植物叶粉的简易人工半合成饲料。目前，利用该饲料不仅实现了工厂化饲养斜纹夜蛾 *Spodoptera litura*（Fabricius），而且还可以大量饲养甜菜夜蛾 *Spodoptera exigua*（Hiibner）（李广宏等，2002；李腾武等，2001）、银纹夜蛾 *Argyrogramma agnata*（Staudinger）、粉纹夜蛾 *Thchoplusia ni*（Hiibner）和棉铃虫 *Hellcoverpa armigera*（Hubner）等夜蛾科昆虫，这为大量饲养多种活体昆虫奠定了良好基础。

（三）实验材料

1. 虫源

5 种昆虫均采自田间，经严格饲养和检查为健康的虫种。

2. 饲料配方

表 2-6 饲养 5 种夜蛾科昆虫的简易人工饲料配方

饲料成分	用量
大豆粉（过 100 目筛）	100g
酵母粉（过 100 目筛）	40g
L-维生素 C	60g
麦麸粉（过 100 目筛）	4g
尼泊金	2g
山梨酸	2g
胆固醇	0.8g
琼脂	16g
水	1000 mL

（四）操作方法

1. 饲料配制

将一定量的黄豆粉、麦麸粉、酵母粉用 550 mL 水调匀，另用 400mL 水加热溶解琼脂（剩余的 50 mL 水灭菌后用于溶解维生素 C 等成分），将溶化的琼脂倒入上述调好的糊状物中，混匀，在 1.05kg/cm^2 压力下消毒 30min，取出后立即加入防腐剂，并不断搅拌，待温度降为 60℃左右时，加入胆固醇以及用无菌水溶解的维生素 C 溶液，充分搅拌后，迅速倒入盛饲料的容器内，冷却至室温，然后储藏于 4℃ 的冰箱中备用。

2. 饲养方法

卵消毒及孵化：在卵孵化的前 1 天，放 5%（*V*/*V*）的甲醛溶液中消毒 15min，用无菌水漂洗干净，晾干，然后放在塑料盒（13cm×4cm）中孵化。记录卵孵化率。

幼虫饲养：将 30 头初孵幼虫接入塑料盒（13cm×4cm）中，等幼虫生长到 2 龄时，将斜纹夜蛾、银纹夜蛾和粉纹夜蛾分接到 2 个塑料盒（18cm×18cm×3.5cm）内饲养，甜菜夜蛾分接在 2 个塑料盒（13cm×4cm）内饲养，而棉铃虫则放在小塑料盒（3cm×5cm）中单头饲养，待幼虫接近化蛹时，将斜纹夜蛾、甜菜夜蛾和棉铃虫的老熟幼虫转入装有湿沙的饲养盒中化蛹，记录幼虫存活率、幼虫历期、化蛹率等指标。实验重复 3 次。

3. 成虫产卵

在蛹羽化的前 2 天，将 5 种昆虫的蛹从沙内或茧内取出，区分雌、雄后称重，然后分别随机抽取 5 对蛹，成对放入 5 个内壁附有白纸的玻璃瓶（7cm×10cm）中羽化，剩余蛹也分别在羽化笼（25cm ×25cm×30cm）内集中羽化、交配，统计羽化率和交配率。而瓶中蛹羽化后，立即加入 10%的蜂蜜供成虫补充营养，成虫产卵后，每日取出产有卵块的白纸，统计产卵数及雌、雄成虫寿命等。

（五）注 意 事 项

前人报道的有关斜纹夜蛾的人工饲料，均为含有“叶因子”的半纯饲料，而且一些配方的组分复杂，难以适应工厂化饲养斜纹夜蛾的要求。本研究筛选的不含“叶因子”的人工饲料不仅原料来源广、成本低，而且饲养效果良好，连续继代数可达 30 代以上。利用该饲料可以工厂化大批量饲养斜纹夜蛾及甜菜夜蛾等 5 种夜蛾科昆虫以获得成批虫量。

（六）思 考 题

用上述方法分别连续饲养斜纹夜蛾、甜菜夜蛾、银纹夜蛾、粉纹夜蛾和棉铃虫 5 种夜蛾 2 或 3 代，每代不少于 100 卵，观察记载各代卵、幼虫及蛹的发育历期、存活率、成虫产卵量（或卵块数）及成虫寿命等。将结果（含平均数和标准差）整理记入表 2-7 中。

表 2-7 人工饲料饲养 5 种夜蛾科昆虫的结果（样表） 第 代

观察记载内容	斜纹夜蛾	甜菜夜蛾	银纹夜蛾	粉纹夜蛾	棉铃虫
孵化率/%					
卵期/d					
幼虫存活率/%					
幼虫期/d					
化蛹率/%					
蛹重/mg					
蛹期/d					
羽化率/%					
产卵前期/d					
成虫寿命/d					
产卵量/粒					
世代历期/d					
性比					
饲养条件					

实验二 大量饲养家蝇的方法

（一）实 验 目 的

学习、掌握家蝇的大量饲养方法。

（二）实验背景

家蝇 *Musca domestica* L. 属双翅目 Deptera，蝇科 Muscidae，世界性分布种，家蝇是一种重要的卫生害虫，传播多种疾病，令人厌恶。然而，蝇蛆的营养成分全面，尤以粗蛋白含量较高。无论从原物质（15.62%）或干粉（60.88%）都与鲜鱼、鱼粉及肉骨粉相近或略高，脂肪及糖类等含量均高于鱼粉；同时，蝇蛆体内还含有钾、钠、钙、锌、镁、铁、铜、锰、磷、硒、锗、硼等多种生命活动所必需的微量元素。

家蝇易于人工饲养，大量饲养家蝇不仅可生产大量蛋白质，还可同时生产出脂肪、抗菌素、凝集素、几丁质等产品。养殖家蝇的饲料来源广泛，如畜禽粪便、工业废渣（如酒糟、醋糟等）、农作物残体（秸秆、麦麸等）和发酵的腐殖质稍加处理即可成为家蝇的优良饲料，生产成本极低，可在室内进行工厂化生产，养殖过程无需化学药物、添加剂等，因此开展家蝇的大量养殖不仅具有较大的经济效益，而且具有较深远的环境效益和社会意义。

美国、日本、德国、朝鲜、匈牙利等许多国家先后开展了利用动物粪便大量饲养家蝇的试验推广工作。目前俄罗斯、朝鲜有许多养殖场都建立了养蝇车间，以解决动物蛋白饲料的不足。我国也先后开展了不同规模的蝇蛆生产，并取得了一定的成效。关于蝇蛆养殖方法的文献较多（鲁汉平和钟昌珍，1993；文礼章，2001；何凤琴，2006），现综合各家报道内容简要介绍养殖蝇蛆的一般方法。

（三）实验材料

蝇房，蝇笼，育蝇设备，育蛆设备，成蝇饲料，幼蝇（蛆）饲料。

（四）饲养操作技术

1. 成蝇养殖

国内目前养殖成蝇的方式有两种，即笼养和房养。两种养殖方式各有所长，笼养隔离较好，比较卫生，能创造适宜的饲养环境，但房舍利用率不高；房养则可提高房舍利用率，且设备简单，省工省本，比较适宜大规模连续生产，但不易管理，成蝇易逃逸。

1）蝇房设计：新建蝇房应为一排坐北朝南的单列平板房舍。北面设封闭式走道，中间有一操作间，前后开门。两边蝇房北面开门，由工作间后门通向走道进入，南面为 1.7m×1.8m 玻璃窗，每间容积 38.5m^3（2.5m×5.5m×2.8m），设纱门、纱窗、排风扇和地下火道。这种蝇房开间大小合适，利用率高，阳光充沛，通风良好，北面封闭式走道能有效地阻止成蝇外逃，冬季还能缓冲北风侵袭，利于室内保温。

2）蝇笼设计：蝇笼系用木条或 6.5mm 钢筋制成 65cm×80cm×90cm 的长方形骨架，然后在四周蒙上塑料纱或铁纱或细眼铜纱，同时在蝇笼一侧下脚安装一个布套开口，以便喂食、喂水，取放产卵垫。蝇笼宜放置在室内光线充足且不直射阳光之处。每个蝇笼中，还应配备 1 个饲料盘、1 个饮水盘和 1 个用于装产卵垫的小瓷盘。

3）成蝇饲养密度：人工养殖蝇蛆应最大限度地利用养殖空间，以达到高产目的。由于受到环境、季节、房舍及养殖工具等的影响，其养殖密度也不尽相同。通过实验表明：蝇笼饲养每只种蝇最佳空间为 11～13cm^3，每立方米饲养 8 万～9 万只成蝇为宜。

房养的成蝇密度，春秋季节每立方米空间可养2万～3万只成蝇，密度过大会导致摄食面积不足，室内空气不畅，人员操作不便，饲料更换频繁而使成蝇逃逸死亡等问题发生。成蝇放养密度过低，又会影响产量。夏季高温季节，以每立方米放养1万～2万只成蝇为宜，如果房舍通风降温设施完善，还可适当增加饲养密度。

4）蝇群结构：蝇群结构是指不同日龄种群在整个蝇群中的比例。种群群体结构是否合理，直接影响到产卵量的稳定性、生产连续性和日产鲜蛆量的高低。控制蝇群结构的主要方法是掌握较为准确的投蛹数量及投放时间。实践表明，每隔7天投放一次蛹，每次投蛹数量为所需蝇群总量的1/3；这样，鲜蛆产量曲线比较平稳，蝇群也相对稳定，工作量小，易于操作。

5）成蝇饲料：种蝇同其他动物一样也需要足够的蛋白质、糖和水以维持生命和繁殖力。成蝇的饲料配方有以下几种。

奶粉50%＋红糖50%；

鱼粉糊50%＋白糖30%＋糖化发酵麦皮20%；

蛆粉糊50%＋酒糟30%＋米糠20%；

蛆浆糊70%＋麦麸25%＋啤酒酵母5%＋甲硫氨酸90mg；

蚯蚓糊60%＋糖化玉米糊40%；

糖化玉米粉糊80%＋蛆浆糊20%。

在生产中，以奶粉、红糖等作饲料成本太高，常用蛆浆糊；加上糖化面粉糊配制，糖化面粉糊是将面粉与水以1∶7比例调匀后加热煮成糊状，再按总量加入10%“糖化曲”，置60℃中糖化8h即成；以这种饲料喂养成蝇，饲养效果好，成本低。

6）成蝇产卵垫与卵的收集：诱集成蝇产卵的物质，一般有4种，即麦麸、米糠、鸡粪、猪粪。麦麸是比较稳定可靠的优良产卵垫，但成本高。经试验证明，以笼养雏鸡新鲜鸡粪作产卵垫，其集卵效果很好。蝇蛹羽化后不久即交配产卵，所以在羽化后3d就要在蝇房或蝇笼中放入产卵垫盘集卵。产卵垫盘可以是不透明的塑料筒、塑料碗或盘、瓷盘等，若以麦麸作产卵垫，可加入1/10 000的碳酸铵水，将麦麸拌湿，使其含水量在60%左右。成蝇产卵时间一天多在8:00～15:00，每天可收集卵2次。收集卵时，可将产卵垫盘中的产卵垫及蝇卵一并倒入幼虫培养基中培养。空盘洗净后加入新鲜产卵垫，再重新放入成蝇笼或蝇房中集卵。

7）成蝇室的管理：成蝇室的温度以23～30℃为宜，不能低于20℃或高于35℃，相对湿度以60%～80%为宜。将家蝇蛹接入养虫笼或蝇房后，一般经4d左右即可羽化，此时应及时供给饵料、清水，饵料的量应控制在当天吃光为准。温度较低时，可在每天上午将饲料盘取出清洗并添加新的饲料，同时更换清水；夏季高温季节，每天上午、下午各喂一次饵料。

家蝇产卵期一般可持续25d左右，产卵高峰在第15天之前，一般羽化后的成蝇饲养20d后就要淘汰。淘汰时可将笼中饲养盘、饮水器、产卵垫盘等全部取出清洗，将成蝇杀死并清除干净，再将蝇笼用来苏儿稀液或稀碱水清洗冲净后晾干备用。成蝇房养时，在淘汰成蝇后也应彻底清洗地面及四周壁面，用紫外线消毒2～3h。

2. 幼蝇（蛆）饲养

1）饲养设备：室内育蛆的设备可用缸、箱、池、多层饲养架等。缸养宜选口径大的缸，上面必须加盖，适于小规模饲养。箱养时可用食品箱、木箱等，上面加活动纱盖，可置于多层饲养架上，适于用配合饲料饲养；池养是用火砖在房两侧砌成边高为40cm，面积为1.5m^2的长方形池，中间设一人行走道，便于操作管理，适于室内以动物粪便饲养。

为适应周年饲养需要，室内育蛆应备有加温、保温设备，如电炉、红外线加热器、油灯等。室外育蛆主要是建立一个育蛆棚。即在室外选择向阳背风且较干燥的地方，挖一个长4.6m、宽0.6m、深0.8m的坑，其上面用竹子、薄膜搭成长5m、宽1.2m、高1.5m的棚盖，北面用塑料薄膜密封起来，南面留有一个小门，便于操作，四周开好排水沟，防止雨水浸入。这种装置适于室外粪便养蛆。

2）幼虫饲料：蝇蛆饲料可分两类。一类是农副产品下脚料，如麦麸、米糠、酒糟、豆渣、糖糟、屠宰场下脚等配制的；一类是以动物粪便，如牛粪、马粪、猪粪、鸡粪等经配合沤制发酵而成的。前一类主要是掌握好各组分的调配比例，控制含水量在60%左右，基质在接卵前应经过12h左右的发酵过程。后一类基质则要求原料短、细、鲜、含水量70%左右，使用前，将两种或两种以上基质按比例混匀堆好，上盖塑料薄膜沤制，发酵48h以上方可接卵；其pH要求为6.5～7.0，过酸可用石灰调节，过碱可用稀盐酸调节；每平方米养殖池，倒入基质40～50kg，接入蝇卵20～25g。

3）饲养管理：幼虫室应保持较为黑暗的条件。室内以粪便池养的幼虫，能消耗相当体重10倍的食物。粪料起初含水量高，有臭味，在幼虫不断取食活动下，粪料逐渐变得松散，臭味减少，含水量降低，体积大大减小，因此，应注意及时补充新鲜粪料，以免粪料不足时幼虫爬出池外。室内以农产品下脚料箱养的幼虫，也应加强管理，随时添加饲料，防止幼虫外逃。

4）幼虫的分离采收：采收幼虫时，可利用幼虫的负趋光性，在分离箱中将幼虫从培养基质中分离出来。分离箱分别由筛网、暗箱和照明部分组成，筛目一般用8目（用农产品下脚料饲养则用更细的筛网），筛网上设有强光灯。分离箱一般长、宽、高各为50cm。分离时把混有大量幼虫的培养基质放在筛板上，打开光源，人工搅动培养基质，幼虫见光即下钻，不断重复，直至分离干净；最后将筛网下的大量幼虫与少量培养基质，再用16目网筛振荡分离，即可达到彻底分离干净之目的。以农副产品下脚料作培养基质，除用分离箱分离幼虫外，还可用盐水法分离。

3. 蝇蛆加工

蝇蛆不经加工，可以鲜蛆直接喂养小鸡、鸟类、牛蛙、蝎子、特种鱼、对虾、黄鳝、貂、蛤蚧等。以鸡粪或农产品下脚料作培养基质饲养的蝇蛆，可连同培养基一并烘干，并经灭菌、粉碎，加工成蝇蛆蛋白复合粉，作为精饲料按5%～10%添加到鸡的配合饲料中，具有很好的饲养效果。将分离干净的纯蛆经高温干燥、灭菌、粉碎加工成干蛆粉，纯蛋白质含量60%左右，可用以代替秘鲁鱼粉添加到各种配合饲料中去。以人工配合饲料饲养的蝇蛆，通过一系列的化学提取、喷雾干燥，可获得营养价值极高的食用蛋白粉。

（五）注意事项

1）家蝇的生活环境充满各种病菌，幼虫（蝇蛆）很少感病，但成蝇则偶感白僵病，特别是在持续低温和阴雨天气易发病。感病初成蝇停食、腹部逐渐膨大变白，而后逐渐死亡，死后不久体内充满菌丝、体表覆盖白色的孢子粉。病死家蝇多攀附在笼顶及四壁纱网上或饲养室墙壁上和玻璃窗上，正常死蝇则掉落地面或笼底。应保持饲养室和饲养笼的清洁，每淘汰一批成蝇后多应对饲养笼（室）进行清洗和消毒，在低温阴雨天气应注意加温和补充光照，若发病应及时隔离、淘汰感病蝇，对饲养笼和饲养室喷洒杀菌剂彻底消毒。

2）本实验所介绍的家蝇“饲养操作技术”为规模饲养技术，难以在实验室完成其全部操作流程，建议选择其中能在实验室完成的部分内容进行饲养操作实验，有条件的，还可组织学员去家蝇养殖场或其他昆虫（如黄粉虫、蚂蚁等）养殖场参观学习。

思考题

1. 了解饲养成蝇和幼蝇在设备和饲料方面的不同要求？

2. 根据本实验介绍的内容及你的实验条件，设计一套能在实验室进行少量饲养的成蝇和幼蝇的设备及方法，并开展饲养，记载饲养过程，总结和分析饲养结果。

3. 了解饲养成蝇和幼蝇在设备和饲料方面的不同要求？

参考文献

白耀宇，程家安．2003. 我国黄粉虫的营养价值和饲养方法．昆虫知识，40（4）：317～319

陈其津，李广宏，庞义．2000. 昆虫知识，37（6）：325～327

陈思源，曾玲，梁广文．1999. 玉带凤蝶人工饲料初步研究．华南农业大学学报，20（1）：13～16

崔为正，张国基，王洪利等．1998. 蚕桑人工饲料加工调制工艺对饲料质量的影响．蚕桑通讯，29（1）：15～18

崔为正，张国基，王洪利等．1998. 以玉米粉为成型剂的稚蚕人工饲料的研究．蚕业科学，24（4）：210～214

傅强，张志涛，胡萃．2001. 同翅目昆虫人工饲料饲养技术．昆虫知识，38（2）：98～104

耿济国，张建新，张孝羲. 1992. 昆虫生态及预测预报实验指导，北京：农业出版社

何凤琴．2006. 蝇蛆养殖与利用技术．北京：金盾出版社．118

黄春霞，朱丽梅，倪铨萍等．2002. 甜菜夜蛾的饲养方法介绍．昆虫知识，39（3）：229～231

姜兴印，王开运，仪美芹．2000. 棉铃虫人工饲料概述．昆虫知识，37（3），183～185

李飞，韩召军．2001. 棉蚜饲养技术——笼罩法．昆虫知识，38（3）：225～227

李广宏，陈其津，庞义．1998. 甜菜夜蛾人工饲料的研究．中山大学学报（自然科学版），37（4）：1～5

李广宏，庞义，陈其津等．2002. 一种饲养效果更佳的甜菜夜蛾人工饲料．中国生物防治，18（3）：132～134

李腾武，杨崇珍，何将绪等．2001. 甜菜夜蛾人工饲料及饲育技术研究．昆虫知识，38（5）：383～386

鲁汉平，钟昌珍．1993. 蝇蛆养殖技术的研究．华中农业大学学报，12（3）：231～236

莫美华，庞雄飞．1999. 利用半合成人工饲料饲养小菜蛾的研究．华南农业大学学报，20（2）：13～17

汪世泽．1996. 昆虫研究法．北京：中国农业出版社

王安皆，宋洪燕，张亚平等．2000. 稚蚕低成本人工饲料的改进——配方中蔗糖删除的效果试验，北方蚕业，21（2）：13～14

王延年．1990. 昆虫人工饲料的发展应用和前途．昆虫知识，27（5）：308～312

文礼章．2001. 食用昆虫养殖与菜谱．北京：中国农业出版社．99～104

吴坤君．1985. 棉铃虫的紫云英一麦胚人工饲料．昆虫学报，28（1）：22～29

吴坤君，龚佩瑜，李秀珍．1990. 烟青虫人工饲料的研究．昆虫学报，33（3）：301～308

吴坤君，李明辉．1993. 棉铃虫营养生态学研究：取食不同蛋白质含量饲料时的种群生命表．昆虫学报，36（1）：21～28

忻介六．1976. 昆虫的人工饲料．昆虫知识，13（2）：62，63

忻介六，邱益三．1986. 昆虫、螨类和蜘蛛的人工饲料（续篇）．北京：科学出版社
忻介六，苏德明．1979. 昆虫、螨类和蜘蛛的人工饲料．北京：科学出版社
杨峰山，张友军，张文吉等．2004. 用甘蓝苗连续饲养小菜蛾的技术．昆虫知识，41（5）：483～486
朱丽梅，倪钰萍，曹晓字等．2001. 斜纹夜蛾的人工饲养技术．昆虫知识，38（3）：227，228
卓乐如，黄月兰，杨家荣．1981. 棉铃虫人工饲料的研究．昆虫学报，24（1）：108～110
Singh P，Moore R F. 1985. Handbook of Insect Rearing. Amsterdam：Elsevior Science Publication. Netherlands

（文礼章　　杨中侠）

第三章　昆虫摄影技术

导读：摄影是进行生命科学研究的必备手段。本章主要介绍相机的结构、工作原理、使用方法以及光学显微摄影、电子显微摄影、近距摄影和微距摄影等技术。

第一节　光学相机摄影技术

生物种类极其繁多，分布甚广。许多动植物，尤其是蝴蝶、蜜蜂和蜻蜓等昆虫，具有美丽动人的形态和色彩，如能拍下它们各种漂亮身影，则有很大的观赏价值。在科学实验中，拍下昆虫产卵、孵化、羽化和脱壳等变化，对科学研究具有重大意义。要掌握摄影技术首先必须了解光学相机的结构、性能和使用方法。

一、普通相机简介

普通相机一般可分为两大类：一类是传统的胶片照相机，另一类为数字照相机，即平常所说的数码照相机。由于科学技术的高速发展，使照相器材发生了质的飞跃，传统胶片相机已逐渐被数码相机所取代，但在某些专业摄影领域中传统相机仍然具有一定的优势，所以，本节对传统相机的基本结构和使用方法仅作简要的介绍。

传统相机的种类很多，根据不同的分类标准有不同的分类方法。按其取景方式可分为旁轴取景式相机和摄轴取景式相机；按结构分为折叠式相机、双镜头反光式相机、单镜头反光式相机和平视取景相机等；按快门分为中心镜间快门相机、中心镜后快门相机、焦平面帘幕快门相机及焦平面钢片快门相机；按底片尺寸分为大型画幅相机、120相机、135相机、126相机和110相机；按自动化程度分为手动曝光相机、半自动曝光相机、自动曝光相机、自动卷片相机和自动对焦照相机。以下所提到的相机，如没有特别说明，均指135单镜头反光式照相机（陈楠，2003）。

单镜头反光式相机通过镜头取景（按下快门时反光镜弹起，取景器内会暂时变黑），看到的画面与实际拍到的影像基本一致，取景基本无误差，这是该类相机设计较为先进之处；其另外一优点是，只要接口匹配，使用者就可以方便地按自己的需要更换不同的镜头。由于单镜头反光式相机有着这两大优点，深受广大摄影爱好者的喜爱。

照相机的品种繁多，结构各异，但其主要结构和原理基本相似。普通相机的组成如下。

（一）主要部件

1. 镜头

镜头是照相机的“眼睛”，是照相机最重要的部件。照相机之所以能成像，是因为镜头有汇聚光线的作用。镜头常安装在照相机的前端，可分为固定式和可拆式两种。

2. 快门

快门为用于控制曝光时间长短的装置。快门一般可分为帘幕式快门和中心快门及钢片快门三种，其中帘幕式快门又可分为纵走式帘幕快门、横走式帘幕快门。钢片快门可以达到更高的速度（目前最高快门速度可达 1/12 000s 以上）。镜间叶片式快门的最高速度一般不超过 1/500s，但镜间叶片式快门的最大优点是拍摄时产生的噪声极低，极利于偷拍，并可以实现全速范围内同步闪光。

3. 光圈

光圈是装在镜头中间，可以开大或缩小的金属薄片。它用来控制光线透过镜头，进入机身内感光面的光量。表达光圈大小通常是用 f 值，光圈 f 值＝镜头的焦距/镜头口径的直径。光圈 f 值越小，在同一单位时间内的进光量便越大，即光圈越大。它的作用包括以下三点。

1）调节进光量：由于光圈控制镜头进光量的作用，在暗弱的光线下拍摄，需要使用大光圈镜头，以获得更多的光量；而在明亮的场合，则使用小光圈以防止曝光过度。通过光圈的大小调节，可实现准确曝光。

2）控制景深：光圈的作用除了控制进光量外，另外一个很重要的作用是控制拍摄画面的景深。

3）改善像质：摄影镜头在全开光圈时拍摄的像质并不是最佳的，如果收缩光圈，像质就有明显的改善。

4. 机身

它既是照相机的骨架，又是照相机的暗室。不同类型照相机的机身形状有所差异。

5. 取景器

取景器是摄影者用以观察被摄景物的部位、调节被摄景物的焦距、确定拍摄范围的装置。根据取景方式不同，取景器可分为旁轴取景器和摄轴取景器两类。旁轴取景器多用于简易相机，拍摄时有视差；摄轴取景器多用于单镜头反光式相机，拍摄时无视差。

6. 卷片结构

它是把已曝光的底片移开，同时将未曝光的胶片送到焦平面的装置。通常有三种连接方式：一种是卷片与快门上弦连动；另一种是不与快门连动，只有卷片结构；还有一种是焦平面插入式的，如照相机的大型座机。

7. 闪光连动装置

闪光连动装置即照相机上使闪光与快门连动的装置。它是用电线、插座把照相机与闪光灯连接起来的。当按动快门钮时，相机插座内的接触点即把线路接通，在开启快门的同时，引起闪光，使感光片感光。在光线很弱、达不到曝光要求或在特技摄影需要时使用闪光灯。

（二）相机附件

1. 辅助镜头

1）广角镜头，即视角大、拍摄范围广的镜头。它具有长景深的优点，最适于拍摄宽广的建筑外景、工厂车间或场面大又不能拉得太远的场合；另外，还经常用它进行快速拍摄。

2）远摄镜头。其最大特点是焦距长，一般为 90～1000mm。用于拍摄不能近距离拍摄而又要得到较大影像的景物，如运动员、野生动物或抓拍人物神态等。

2. 遮光罩

它是附加在镜头上的一个筒状罩子，一般用轻金属或塑料制成，内壁涂有无光泽的黑漆或刻有细密条纹，以免反光。它可以防止四周杂乱光线向镜头里反射，以免感光片感光时产生雾翳或光晕现象。在拍摄逆光或侧光景物时，更需要遮光罩（姚荣，2000）。

3. 三脚架

三脚架是用来固定照相机、避免拍摄时摇动的金属支架。它是保证成像清晰的重要拍摄工具。其构造简单，套筒式的腿可以伸缩，携带方便。

4. 快门线

它是安装在快门钮上用来开启快门的部件。如用较慢的快门速度或使用慢门作长时间感光时，除了将照相机架在三脚架上外，还要使用快门线，以防机身晃动。

5. 近摄镜

安装于镜头前面，又称半身镜。它可缩短拍摄距离，拍摄超过 1∶9 比例的影像。近摄镜的体积小，重量轻，使用方便。使用近摄镜时不需要曝光补偿。

6. 近摄接圈

近摄接圈结构简单，是连接在镜头与相机机身之间的金属接环，其作用是加长镜头与胶片之间的距离，有助于对很近的景物进行有效的调焦，以拍摄形态很小的景物。它利用一个金属拨杆进行镜头与机身的光圈联动，以实现曝光控制。由于近摄接圈连接在镜头与机身之间，延伸了它们之间的距离，因而增加了像距，进而获得了更高的放大倍率。

近摄接圈也有不同的型号，通过组合这些不同的接圈，可以提供不同的延伸长度，因而也可获得不同的放大倍率。

使用近摄接圈会减少到达胶片的曝光量，因而要作曝光补偿。曝光补偿量可由下列公式求出：

$$\text{应增加的曝光倍数}=(\text{原镜头焦距数}+\text{接圈长度})^2/\text{原镜头焦距数}^2$$

7. 近摄皮腔

与近摄接圈一样，它也是连接在相机机身和镜头之间的一种装置，依靠延伸它们之间的距离来达到增加像距的目的。与近摄接圈相比，近摄皮腔有一个很重要的优点，就是能够自由地伸长和缩短，进行无限级调焦，不需更换接圈也能作超过原物大小许多倍的放大摄影。近摄皮腔与近摄接圈一样，在曝光时需要作曝光补偿，补偿方法与近摄接圈一样。

近摄皮腔实际上是一套完整的硬件体系，由多个配套的部件所组成。有些 135 单镜头反光式相机就有皮腔，专用于近摄。要注意地是，在使用近摄皮腔时，一定要使用三脚架来保持机身的稳定。

8. 可变前置附加镜

可变前置附加镜又名前置微距变焦镜，是一种结构较为复杂、焦距可变的近摄镜。用它可拍摄比例为 1∶9～1∶2 的景物，基本能满足各种近摄要求。

二、基础摄影技术

由于数码相机的操作简单、易学，现在，数码相机使用者越来越多，而使用普通光学相机的人相对少一些。限于本章篇幅，作者就不在这里赘述，请读者参阅有关书籍。

三、照相机的维护

照相机是精密的光学成像工具，其结构复杂，价格昂贵。为了保持照相机良好的工作状态，延长使用寿命，必须精心加以维护；如果保养不当，照相机就很容易受损，不能正常工作。要维护好照相机，务必做到防震、防潮、防晒、防热和防尘。具体说来，应从以下几个方面加以维护（刘金河，1988）。

（一）适当使用

在卷片、装卸镜头、调焦变焦时，用力要适中。在卷片、倒片时遇到阻滞甚至扳不动时，应及时检查原因，切忌用力过猛或强行扳动，以免损坏相机。一旦照相机出现故障，应及时维修，不能继续强行使用，以免加重故障。在使用、携带的过程中注意避免剧烈震动。照相机在使用之后，要松开快门和自拍机的弹簧，避免弹簧因疲劳而影响其机器性能。没有特殊需要，不要经常使用快速连续摄影，这样做既不利于相机，也费胶片。尽量少用 1/125s 以上的快门进行自拍，以免损伤弹簧。使用自拍应先合上自拍开关，再按快门，大约持续 15s 快门会自动打开曝光，所以，拍摄对象必须在 15s 内归位。

（二）正确存放

照相机用完后，要放置阴凉、干燥、通风外，还要防震、防磁、防霉、防热、防晒、防尘，以免造成损坏。长时间不用的照相机，应把照相机和皮盒分开，取出电池（如果相机装有电池），然后用干燥箱或完好的塑料袋加干燥剂密封保存。有条件的可保存在专用的照相器材储存柜里。

（三）保持清洁

镜头是照相机主要的部件，绝不能用手触摸镜头或取景目镜，也不能随便用手擦拭。尽量避免灰尘、水滴、指印弄脏镜头，不用的时候最好随时加镜头盖保护。如果有灰尘，可以吹气球鼓风吹掉。在万不得已时，要选用优质镜头纸轻轻擦拭。各种镜头清洁剂都是溶液，防止其流入镜头里，否则溶液会溶解镜头层间黏合物或形成霉斑。擦拭镜头前要吹去灰尘，因为灰尘中含有一些硬度较大的微粒，能划伤镜片。

（四）避免在不良环境中使用

如果在不良的条件下使用照相机，会对照相机造成不同程度的损坏。在 40℃以上的酷暑或－20℃以下的严寒中要尽量避免照相机长时间暴露在外进行拍照；雨天拍照应在雨伞下，同时相机外套上一个塑料袋，以防相机进水受潮；在海岸边摄影要特别注意海上的雾气，以防腐蚀相机。冬季携带照相机进入温暖的室内，如果立刻打开照相机，镜头表面会生成一层微小的水珠，温差越大，水珠也越多。在这样的情况下，只能让镜头水珠自然挥发干净，而不能在火炉或暖气旁烘烤，也不能擦拭。长期在严寒地区摄影，最好使用适合低温气候的机器快门照相机，并考虑选用耐寒的锂光电池测光，以保证正常工作。

第二节　数码相机摄影技术

数码相机是一种应用数控技术系统，将照相机与摄影机有机组合的新型影像设备，能将拍摄的影像信息直接以数字形式存储，所以又称为数字照相机（迈克尔·贝塞尔，2003）。

一、数码相机的特点

数码相机与传统照相机的最大区别是记录影像的手段不同。传统相机使用化学感光材料记录影像，而数码相机使用磁卡记录影像。数码相机把拍成的影像以数字形式存储于自己的内存磁卡中，能输入计算机进行处理后，再用打印机打出照片。数码照相机主要具有以下特点。

（一）图像存储量大

数码相机是通过电荷耦合器（CCD）进行光电转换，图像被转换成数字信号保存、输出。其转换过程为：当透过镜头的光线入射在CCD的面板上时，经CCD的光电转换作用，图像以数字信号输入到闪存盘中（储存能力一般可达200 MB)。硬盘可储存未压缩的图像158幅，或已压缩的图像600幅。

数码相机存储容量的大小决定所能拍摄的照片数量，在经济条件允许的前提下，存储量越大越好。目前，多数相机可配套使用移动式存储卡，它给容量的扩充带来方便，能像底片一样，拍完后换上另一个存储卡继续拍摄，大大增加拍摄照片的数量。数码影像从硬盘上删除后，相机可以重新拍摄图像。

（二）自动变焦

早期的数码相机类同于低档的傻瓜相机，聚焦精度差，曝光方式单一且范围窄。近年来越来越多的数码相机采用了CCD、TTL（通过镜头，through the lens）自动聚焦方式，进一步提高了聚焦精确度，使画面质量有了较大的提高；在曝光模式上，快门先决式自动曝光、光圈先决式自动曝光、手动曝光模式均有，摄影者可根据习惯、爱好及自身摄影要求来选择。

目前大多数数码相机都采用了内置变焦镜头，并在镜面中使用了非球面镜片，光圈的档位数也由2或3档提高到6档左右；镜头的口径也明显加大，变焦镜头已有多种产品，使拍摄的灵活性和成像质量有了较大提高；有的相机还具有电子变焦功能，可提高超远拍摄能力，对野外科考人员特别适用。

（三）图像传递快捷

数码相机既能在监视器屏幕上直接显示影像，又能通过输出设备——打印机——直接打印出清晰的图片，还可通过因特网、电话线或卫星将图像远距离传送。

（四）后期加工方便

数码相机拍摄的图像可通过计算机进行多种形式的后期加工。化学暗房所能创造出的任何图像效果，都能在计算机中创造出来，而且更加方便、快捷。

（五）影像色彩丰富

当数码相机只装配CCD时，拍摄的图像就是黑白图像；如果再加装R、G、B滤光镜时，即可拍摄彩色图像。

（六）自动曝光校正

使用数码相机拍摄，当曝光不足时，相机不会提示；而曝光过度时，相机会发出警告。这是因为在后期加工时，可对曝光不足的画面进行校正，而对曝光过度的画面则难以调整。

二、工作原理

数码相机是以电子存储设备作为摄像记录载体，通过光学镜头在光圈和快门的控制下，实现在电子存储设备上的曝光，完成被摄影像的记录。数码相机记录的影像，不需要进行复杂的暗房工作就可以非常方便地由相机本身的液晶显示屏或由电视机或计算机再现被摄影像，也可以通过打印机完成拷贝输出。与传统摄影技术相比，数码相机大大简化了影像再现加工过程，可以快捷、简便地显示被摄画面。

数码照相系统由输入、处理和输出三个部分组成。输入部分包括数码相机和图像扫描仪，处理部分为计算机，输出部分包括视屏印像机、胶片记录仪、分色印刷机等。

数码照相系统的工作原理见图3-1，其工作程序：第一，数码相机的图像直接转为数字信号输入计算机，或用图像扫描仪把胶片或图片上的影像扫描化成数字信号，再输入计算机；第二，利用计算机对图像进行加工处理。

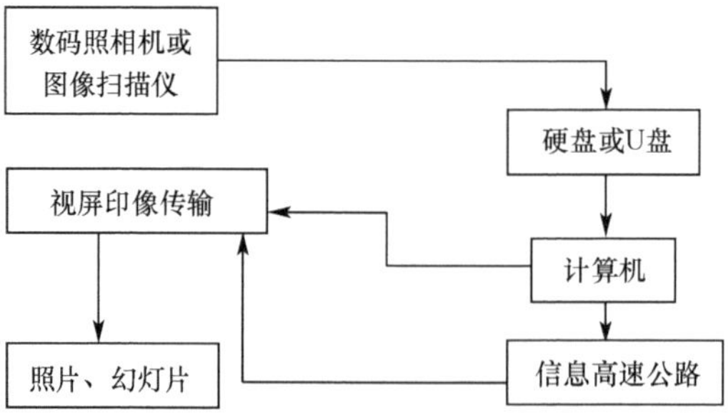

图3-1　数码照相系统的工作原理

图像处理计算机就相当于一个电子暗房。数码相机或扫描仪的图像数字信号输入计算机后，计算机可对图像进行任意加工，如删除或增加画面部分图像、改变画面亮度和反差色彩、制造传统暗室特技效果（如中途曝光效果、色调分离效果、浮雕效果等）。通过计算机处理、加工图像是非常方便、快捷的，而且容易掌握，这是传统暗房技术望尘莫及的。计算机配备特定的软件，如 Photoshop 等，才能加工处理数码影像。

通过计算机处理、加工后的图像，可通过与计算机相连的输出设备，如视屏印像机打印成 20.3cm×30.5cm 的高质量彩色照片，也可通过胶片记录仪打印成幻灯片等。

三、数码相机的选择

数码相机的成像质量，除镜头质量的因素外，很大程度上取决于成像芯片的像素水平。像素点数目越多，像素水平就越高，图像的分辨率也就越高，被摄画面也就越细腻、清晰，层次也越分明。低档数码相机的像素水平一般较低，像素点只有 200 万；中高档数码相机的像素水平较高，像素点大都在 500 万以上。像素水平和分辨率越高，相机的档次与价位也就越高，成像质量也就越好。

数码相机的价格随其像素水平和分辨率的不同，价格悬殊，少到两三千元，多至十余万元。在选购数码相机时，在财力允许的情况下，分辨率越高当然越好。但也不要一味追求高分辨率，而应根据用途量力而行。一般来说，如果拍摄是用于在计算机屏幕上显示，或应用在网页上设计，那么选择 300 万像素的经济实用型相机就可以了；如果想输出影像，要求照片相对清晰、逼真，则应选择中档以上分辨率的相机（如 500 万像素以上的机型），而专业摄影师或编辑记者，对图片质量要求较高，则应选择高分辨率的相机（如 800 万像素的机型）。

目前，数码相机已有近百个品牌，国内市场上常见的品牌有柯达（KODAK）、奥林巴斯（OLYMPUS）、佳能（Canon）、卡西欧（CASIO）、索尼（SONY）、富士（Fujifilm）、尼康（Nikon）、里光（Ricoh）、三星（SAMSUNG）和松下（Panasonic）等，而最常见的产品应为柯达的 DC 系列和卡西欧的 QV 系列了。如果要进行生物摄影、新闻采访或摄影创作，可购买柯达 DC40 或 DC50；如果是用来家用的，则购买经济一点的品牌，如索尼即可。

四、数码相机的使用

（一）熟悉各种按键的功能

以柯达 DC20 数码相机为例来介绍拍摄方法。

相机上部有三个按键：电源开关（power）、快门按钮（shutter）和消除键（erase）。相机后部有三个指示灯，绿色为电源指示灯，黄色为工作指示灯，红色为储满指示灯。按一次快门，在黄灯停止闪烁后，再拍摄下一张照片。当红色指示灯亮时，说明相机闪存卡（盘）（compact flash card）已储满，必须把已存影像转移到计算机硬盘或其他闪存盘后才能继续拍摄。

（二）对　　焦

数码相机一般都有自动对焦功能，方便实用，但手动对焦毕竟自由度更大，在近摄时尤其需要。除了专业数码相机，普通数码相机中能提供手动对焦的机型太少了，只有索尼 FD-7、柯达 DC260 等。与传统相机的自动对焦一样，数码相机的自动对焦也有主动与被动之分。主动式对焦，就是相机主动地发射红外线，根据目标的反射对焦；被动式对焦，就是相机不发射任何射线，根据目标的成像对焦。一般来说，主动式对焦较容易实现，但拍摄者不能观察对焦的情况，且较易产生误对焦；被动式对焦让拍摄者可以观察到对焦的全过程，不过可能比较慢。选择对焦点总的原则是突出所拍摄影像的主体部分。例如，进行昆虫整体摄影时，对焦点应该选择落在昆虫的复眼上，因为是在进行微距摄影，这一点非常重要。

（三）取景构图

与传统相机相比，除光学平视旁轴取景和单镜头反光式 TTL 取景之外，数码相机的一大特点就是一般均带有一可供取景的液晶显示屏，这样的确方便不少，从原理上讲这其实也可算是一种 TTL 取景方式。TTL 取景较之平视取景，没有取景视差，在近拍时几乎是必需的。除了拍摄特写，一般昆虫摄影应把主体放在画面的 1/3 处，同时尽量避开杂乱的背景，选取特定生态视角来拍摄，充分捕捉昆虫的形态与习性，利用一些植物绿叶或花草的背景构图，使整体画面看上去更为艳丽、生动。另外，要善于运用二维的眼光观察，因为摄影只有二维空间，它通过透视关系（即光和影的造型效果为参照物）来表现立体感，不同于从两个不同角度观察事物的三维人眼。

（四）输出图像

由于相机闪存盘的容量有限，加上液晶屏较小，如果要保存或观察影像则要将图像输到计算机里。操作程序如下。

1）将照相机一侧的孔皮盖掀起，把传输线插入插孔。

2）连通计算机，进入 Windows 程序管理器。

3）启动相机所用软件的程序项，双击 Photo 图标，在文件（File）菜单中选 Photo Enhamer Express ……

4）单击 Photo Center 选框。

5）单击 Go to DC20 Camera 选框。

这时，照相机里存储的照片就以黑色缩微方式显示在屏幕上，你就可以进行预选了。然后单击 Camera，进行正式的图像传输。输完以后，你可把满意的照片存盘。

如果对拍摄的图像不满意，可在计算机上直接将它删去，方法是：直接按下相机上的消除键，等黄灯闪烁后再松开手。黄灯熄灭后，即完成删除。

利用 Photoshop 之类的图像处理软件，可以对拍摄的照片进行修补和叠加汉字，还可以用这些软件的暗房技术，进行各种各样的特技处理，使之更加完美。如果计算机配备高分辨率的彩色喷墨打印机，可直接打印输出照片。

第三节　显微摄影技术

拍摄显微镜中所观察到的影像称为显微摄影。它是利用显微技术和摄影技术将显微镜下所观察到的生物体局部形态特征或组织细胞拍摄下来作为永久性记录以便分析研究。显微摄影不仅让更多的人认识神奇的微观世界，而且在医学、生物学、地质学及冶金学等方面有着广泛的应用，已成为当今世界传递科技信息最有效的工具。特别是在昆虫发育生物学、病理学、细胞学等学科的科研工作中，它是不可缺少的一种常用技术方法。对从事昆虫学的科研人员来说，显微摄影是必须掌握的最基本技能之一，它主要包括光学显微摄影、显微图像计算机分析摄影和电子显微摄影。

一、光学显微摄影技术

光学显微摄影是通过普通光学显微镜进行摄影的一种技术。光学显微摄影系统包括三个组成部分，即显微镜、相机和光源。专业用的显微照相装置辅助设备很多，如各种型号的感光片、聚光器等，可以利用它们拍摄各种标本的切片及整体装片。

（一）显微镜的相机

利用光学显微镜摄影，图像的质量取决于显微镜和相机二者的质量。因此，不是所有的相机都可以跟显微镜配合进行摄影。镜头可拆卸的相机应该说在光学显微镜中用途最广。随着数码技术的发展，数码相机几乎替代了传统的胶片相机，广泛用于显微摄影中。

1. 显微摄影的镜头

复消色差镜头最适合与显微镜搭配拍摄彩色照片，这类镜头经过专门校正，适应整个可见光谱，所拍摄出来的影像能取得最佳的原色效果。另外，这类镜头的球面相差和色差校正度也很高，具有极高的解像力，能拍出高质量的影像。

2. 胶片

胶片是传统显微摄影相机中所需的感光材料，它包括黑白胶片和彩色胶片。彩色胶片可以得到精细的颗粒度，获得清晰的影像，逼真的色彩。市场上有专门用于显微摄影的各类胶片，这类胶片具有非常好的解像力，能分辨出 5μm 左右层次的线条。

随着数码技术的发展，数码相机几乎替代了传统的胶片相机，广泛用于显微摄影中，所以胶片在显微摄影中已无用武之地。

3. 滤光镜

对显微镜来说，通常会用到滤光镜，包括色温滤光镜、色彩补偿滤光镜、紫外线滤光镜。色温滤光镜可以改变光源的色温，使之与胶片的色温一致。色彩补偿滤光镜一方面可以校正偏色，另一方面可以提高色彩反差。由于某些光源能反射紫外线，导致标本切片偏蓝，可使用紫外线滤光镜加以校正。

4. 光源与照明

（1）光源

由于显微摄影的光源主要是人工光源，所以显微镜的光源对拍摄效果有非常重要的作用。选择光源（孙占全，1987）要明确几点：第一，灯泡的功率要足以产生适合拍摄的照度；第二，光源的光质要均匀，否则会影响拍摄效果；第三，色温适宜，选用的光源色温必须与胶片的色温一致，拍摄出来的图片才能不偏色。常用的光源有如下几种。

1）低压灯泡：低压灯泡的电压为 6 V，功率为 30～100 W，通过小型电源变压器变压，改变供电电压来改变色温。

2）钨丝灯泡：钨丝灯泡有多种型号，可以选用不同的电压，要注意与灯光型的胶片配合使用，才可以得到恰当的还原色彩。

3）超电压灯泡：超电压卤钨灯泡的光线强，释放的热量多，注意不要长时间使用。

4）锆弧光灯：锆弧光灯的亮度较大，比钨丝灯大10倍，色温为3200K，是比较理想的彩色显微摄影光源，同样需要使用灯光型胶片。

5）闪光灯：电子闪光灯发光短促，适合拍摄动态中的微生物。使用闪光灯时需使用日光型的胶片。

6）光导纤维冷光源（图3-2）：光导纤维冷光源可提供柔和、连续和高亮度的光。灯泡的色温为3200K。可接环形光线或分支光线，为各种工作位置需要提供光源。

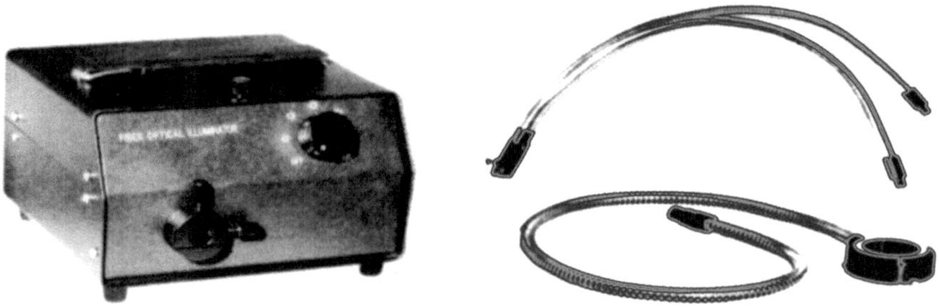

图3-2　光导纤维冷光源

（2）照明

显微镜的照明方式有两类：一类为透射光照明，即光线透过拍摄对象进入物镜；另一类为落射光照明，光线从正面投射拍摄对象的正面，物镜接受的是从反面来的光。

1）使用透射光的基本要求：①电源稳定，最好可以调压，在对焦、寻视野时用低电压，在拍照时则将电压提高；②光束直径适当，光束的直径不能小于聚光器光阑的直径，不能小于所拍摄对象视野的直径，否则将出现照度不匀的现象；③光线均匀，拍摄前要先用低倍物镜进行校验，再调至适当的物镜倍数进行拍摄。光照不匀会造成影像的色彩偏差以及底片薄厚不一。

2）使用落射光照明的基本要求：①拍摄的对象不透明，如人和动物的体表皮肤、植物的表面及微小的生物等；②要求落射光与物镜之间的角度越小越好。现在的显微镜摄影装置的落射光大都与物镜合轴，几乎平行。

（二）摄影程序

1. 胶卷的选择

选择显微摄影胶卷，应根据标本的颜色和用途而定。一般的，拍摄无色或单色标本，选用ASA 50～100的快速全色黑白胶卷；拍摄暗背景的标本，由于曝光时间长，可选用高感光度的胶卷；拍摄彩色标本，应选用彩色胶卷。但要注意彩色胶卷分为日光型和灯光型两种，一般市售胶卷多为日光型，电影负片多为灯光型。所用光源的色温应与片型相符，如不相符必须加用色温滤色片校正，否则会使照片偏色。

2. 装胶卷

按普通照相机的装卷方法，将带暗盒的胶卷装入相机内即可，但片头一定要装牢，盖好相机后盖后将片盒内的胶片卷紧，按动“Button of Winding”（卷片按钮）两次，每次按动时必须见到相机卷片轴转动；如不转动，说明胶卷没有装牢，需要打开相机重新装卷。

3. 调整控制台

拍摄前应调整好控制台上的所有旋钮。

1）感光度：调到与胶卷感光度相符的位置，如所用胶卷为 ASA 50，应将指针调在“50 ”处。

2）画幅：调到“35”的位置，指拍摄用的是 35mm 的照相机。

3）胶卷倒易律失效补偿钮：调节不同类型胶卷的倒易律失效补偿指数（见控制台底座下的卡片），通常置于“4”。

4）曝光模式：通常置于“Auto”（自动）位置。

5）曝光钮：按此钮完成曝光。

6）曝光调节钮：调节曝光补偿指数，应根据标本组织所占画面面积的百分比来确定。如果标本分布均匀，无论是平均测光还是点测光，都不需要曝光补偿，通常置于“1”，但视野背景太亮或太暗，均需适当增、减曝光量。

7）曝光锁定钮：锁定曝光时间，按下此钮，指示灯闪烁红光，说明进入锁定状态；如不需要锁定时，只要再按一下此钮，又恢复到原来的自动曝光状态。

8）记忆钮：按此钮可读出上一次的曝光时间。

9）卷片钮：按此钮相机仅过卷不曝光。

4. 光源的调节

光源调节对显微摄影来说十分重要，因为光源能直接影响标本反差的大小。用过显微镜的人都知道，从灯泡至标本，多数显微镜有两个光阑，下边一个称为“视场光阑”，上边一个为“孔径光阑”。视场光阑的作用有两个：一是根据不同的物镜倍率给予不同直径的光束面积；二是起着增减影像反差的作用。所以，在调节光源时，要适当收缩视场光阑。如果视场光阑不收缩，照射到标本上的光有反射和不规则的散射，造成影像反差的损失；如果收缩太小，图像的四角将被切去。视场光阑合适的位置应比照相机取景框稍微大一些。孔径光阑安装在聚光镜中，它的作用是使图像的分辨率、反差、景深处在最佳状态。孔径光阑一般调节到物镜孔径的 60%～80%的位置。例如，40× 物镜上标有“0.65”字样，则将光阑置于 0.4 或 0.5 的位置，聚光器的位置一般升到最高处(以视场光阑黑边清晰为准)，如用低倍物镜（4×、10×）可适当降低聚光器的位置。

5. 滤色片的使用

黑白摄影时，为使不同颜色的标本有不同的反差，必须加用滤色片。加用滤色片的原则是凡要减弱某处颜色，就加与该颜色相同的滤色片；凡要加强某种颜色，就用与该颜色相反（相补）颜色的滤色片。

对于用苏木精（hematoxylin，HE）染色的标本（细胞核呈现蓝色，细胞质为粉红色），加黄绿色滤色片可增加反差。无色活细胞加用绿色滤色片，能提高照片的反差和清晰度。彩色摄影必须加用“色温”滤色片，使用日光型彩卷加用 LBD-2N 滤色片，使用灯光型彩卷加用 LBT-N 滤色片。

在各种不同染色的标本中需要增加反差时，可参考使用下列滤色片。

1）染成蓝色的标本使用红滤色片。

2）染成绿色的标本使用红滤色片。

3）染成红色的标本使用绿滤色片。

4）染成黄色的标本使用蓝滤色片。

5）染成棕色的标本使用蓝滤色片。

6）染成紫色的标本使用绿滤色片。

7）染成蓝-紫色的标本使用黄滤色片。

6. 色温调节

黑白摄影不需要调节色温，但彩色摄影时，绝不能忽略调节色温。日光型胶卷将色温调至5400K，灯光型胶卷调至3200K，还要注意两点：一是调节色温时要将物镜移至没有标本但有盖玻片的位置；二是要调节灯泡亮度，以黄色指示灯亮为准。

7. 取景与对焦

先从取景目镜中找到需要拍摄的景物，如果视野中的标本不适合构图，应调整景物方向，常用的方法是转动显微镜载物台或相机，使景物的方向与取景框相一致，然后转动对焦塔的外圈，直到视野中的双十字线调清晰为止（双十字线是校正拍摄者视力误差的）。如果拍摄景物调焦还有轻微不准，可用显微镜微调进行调节。

8. 拍摄

完成以上程序后即可进行拍摄，轻轻按动操作台上的绿色按钮，从开快门、定时曝光、关快门、上胶卷等动作全部自动完成。拍完一张后关掉操作台电源开关，待找到下一张标本时再打开拍摄，以免烧坏机器。如听到机器出现蜂音警报声，说明胶卷已用完。倒胶卷时，一定要将倒片按钮扳到倒片的位置，否则易损坏胶卷。

9. 拍摄完毕后

取下相机，按下倒片按钮，按箭头方向旋转倒片轴，至猛然感觉阻力消失，则胶卷已倒入暗盒，打开相机后盖，取出胶卷。

（三）拍摄技巧

使用固定镜头的相机拍摄时，要将相机正确地与显微镜连接起来。需要注意的是，如果是手动调焦的相机，要将距离调到无限远位置上，因为调焦是用肉眼透过显微镜观察被摄物体进行的，影像被认为是在无限远处。

有些相机上有连接显微镜的位置，而有的则要用专用连接部件连到显微镜上。在使用连接器时，先把镜头从相机上卸下来，在镜头位置接上延伸筒或接一个可调节的皮腔，把显微镜的连接器接到延伸筒或皮腔上，目镜接到连接器的另一端后再插到显微镜筒顶端的正常位置。这样相机与显微镜就融合为一体了。通过调节显微镜的焦距，会在某一距离上得到一个实像，可从取景毛玻璃屏上看到这个实像。

显微镜摄影装置安装完毕后，还要注意以下一些问题，以获得高质量的图像。

1. 注意正确曝光

显微镜摄影装置均有自动测光或自动曝光系统，只需输入恰当的胶片感光度就行了。

在显微摄影中，测定曝光量时一定要注意以下问题：

1）一般情况下，自动曝光控制系统都对亮部敏感，如果画面中亮处所占面积超过一半以上，则所摄标本的影像容易曝光不足。因此，如果所摄标本的主体处于亮背景中，所占面积很小，则应适当增加曝光。

2）图像亮度较弱时，要使用点测光方式对被摄主体测光；图像亮度特别强时，会出现测光表所示曝光时间小于相机的最大快门速度的现象，此时要求使用中灰滤光镜降低图像亮度。

3）不同胶片的测光不同。使用彩色负片时，由于负片对曝光不足的宽容度很小，要小心防止曝光不足；在使用彩色反转片时，则要注意避免曝光过度，因为反转片对曝光过度的宽容度很小。

2. 增加相机的稳定性

显微拍摄的标本非常微小，相机的任何抖动都会对拍摄效果带来不利的影响，因此保持相机的稳定性对于显微摄影来说意义重大。有些显微镜的连接器允许把相机接到一个稳固的台架上，以便相机能脱离显微镜而保持稳定。单反相机具有预升反光板，以减轻反光镜引起的震动。使用快门线或遥控装置则可以减少手按快门造成的抖动。总之，尽量减少相机的抖动是拍摄高质量图像的重要前提。

3. 注意反差

反差包括影调差和亮度差。影响图像反差的因素很多，主要有标本本身性质、胶片质量、照明效果以及显影盖玻片和载玻片的厚度等。就标本而言，如果染色对比暗淡，又与感光片的感色性不相适用，它的反差就小；反之，反差就大。如果标本太陈旧或退色，会降低反差。标本的盖玻片或载玻片较厚且有水纹会降低反差。就照明而言，照明太亮或太暗都会影响反差。

显微摄影的反差略强些好，但不能认为反差越大越好，因为反差太大必然损失细部结构。反差的大小还要根据图像的最后用途而定，如果是印刷制板，反差应该强些；如果仅供观看，反差就应略弱些。

二、显微图像计算机分析摄影

显微图像计算机分析摄影（郭艳民，2002；李兴国，1998）将先进的显微镜技术、光电转换技术和计算机图像处理技术完美地结合在一起，把组织细胞、微小形态结构等微观目标先经显微镜（如体视显微镜）进行光学放大后，再经摄像机进行电子放大并输入计算机，由计算机对图像进行调节、处理、统计分析、编辑、存储、打印和再现等一系列的操作。

（一）系 统 组 成

显微图像计算机分析系统（图 3-3）由显微镜、照明系统、摄像系统、图像采集及 A/D 转换系统、计算机系统、软件分析系统和图文打印机等组成。

图 3-3　显微图像计算机分析系统

（二）主 要 特 征

1）借鉴 Windows 的界面特征，各操作选择都有图标方式和下拉菜单两种方式，从而使操作简便易行。各项工作操作方便，多数只用鼠标即可完成。

2）智能化功能提示，随时引导用户进行系统操作。

3）测量精度高，图像清晰、逼真（图 3-4）。

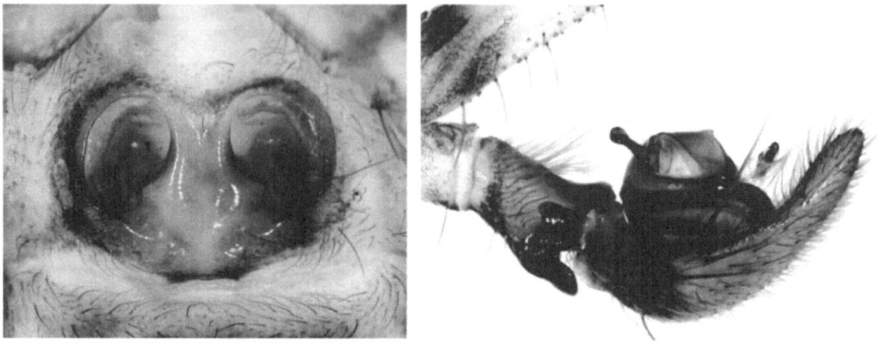

a　　　　b

图 3-4　利用显微图像计算机分析系统处理后的狼蛛外生殖器显微照片

a. 雌；b. 雄

（三）主要操作步骤

1）按上述系统组成示意图（图 3-5）将各个硬件安装好。

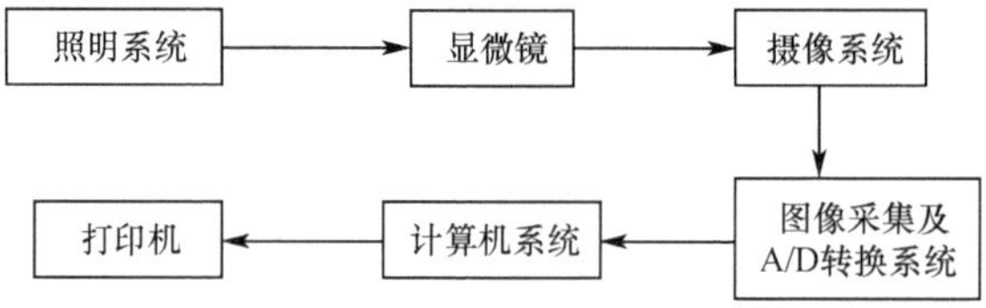

图 3-5　显微图像计算机分析系统示意图

2）将有关软件安装在计算机里。

3）把所要拍摄标本放在显微镜的载物台上，按照显微镜的操作程序找到拍摄目标。

4）打开计算机软件的下拉菜单，激活其中的“View”（观察项），点击下面的“Capture”（抓图）后，视野中的图像就会出现在计算机显示屏上，操作显微镜的微调找到所要拍摄部位的精确部位，确认后再把图像储存起来备用。

三、电子显微镜摄影

电子显微镜一般配备多种规格的摄影装置。胶片的种类较多，一般有 16mm、35mm、70mm 等规格。如果要降低颗粒，拍摄时就要尽可能使用大规格底片。电子显微摄影是电子显微镜操作中最重要的工作之一。它是全自动曝光的，拍摄起来很方便。随着数码照相系统的诞生，有些电子显微镜已经具备了数码拍摄功能，实现了数码格式下的显微摄影，它可以直接将显微镜所观察到的影像存储成电子文件，输送到计算机里，更便捷地获得显微图像（图 3-6 和图 3-7）。

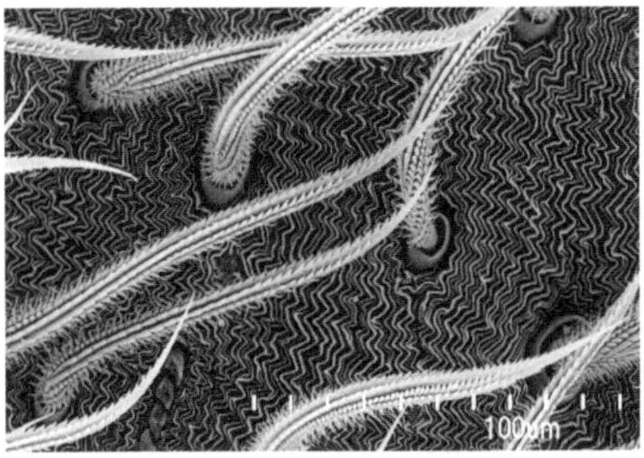

图 3-6　蜘蛛体毛的电镜扫描图

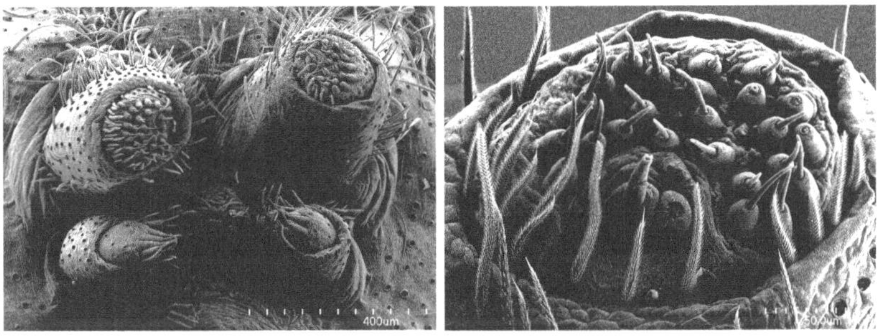

图 3-7　蜘蛛纺器的电镜扫描图

第四节　特殊摄影技术

特殊摄影（北京摄影函授学院教材编写组，2005；徐光春，1982）是指利用专门的摄影器材或利用特殊的技术手段来拍摄影像（图 3-8 和图 3-9）。随着人类社会的发展，特殊摄影越来越占据着重要的地位。它为人们提供了各种各样的重要信息，在生物、医学和航空等领域有着非常广泛的应用。尤其是在昆虫学领域内人们借助生物摄影技术漫游昆虫世界，领略其用肉眼观察不到的多姿多彩的生命现象。

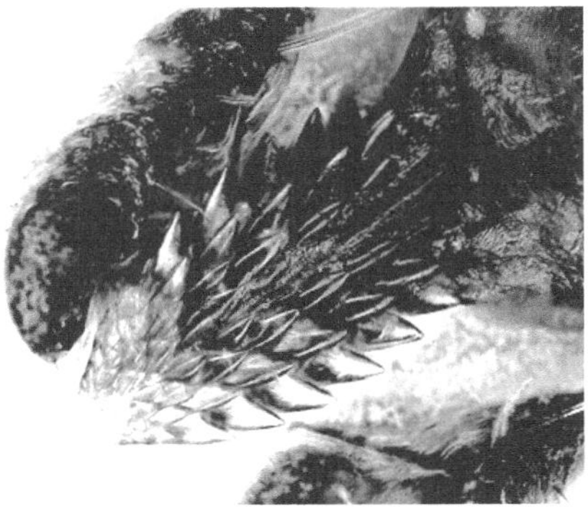

图 3-8　蜱螨的假头（齿）

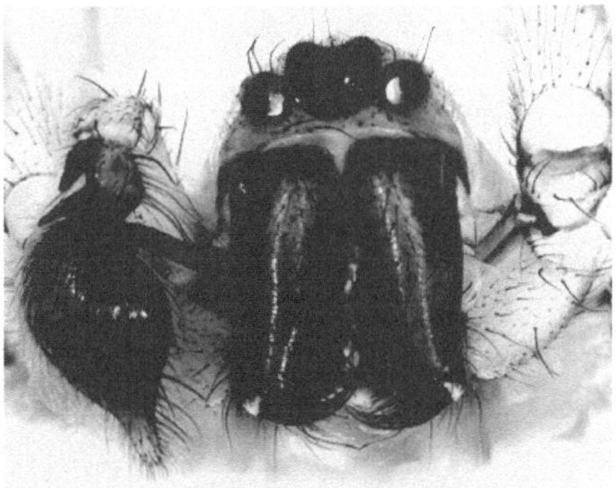

图 3-9　蜘蛛的头部（眼、螯肢和触肢）

特殊摄影涵盖的范围非常广泛，主要包括近（微）距离摄影、显微摄影等。近（微）距离摄影可以把一些肉眼可能看不清的个体加以拍摄，在胶片上获得比较大的图像，因而得到出人意料之外的效果；而显微摄影则借助显微镜将肉眼无法分辨的微小细节放大，把人们引入一个神奇的微观世界。显微摄影主要用于科学研究领域，在生物学、医学、地质和冶金等方面有广泛的应用。

一、近距摄影与微距摄影

由物体成像原理可知，当物距（镜头与被摄对象的距离）和像距（镜头与感光材料平面的距离）调整到一定的比例关系时，被摄对象在感光材料（胶片或感光器）上能形成清晰的图像。一般而言，每部相机都有一个最近拍摄距离。因为拍摄距离（物距）越小，像距也随着增大，当物距小到无法成像时，就到了所谓的近摄“死点”。此时，被摄对象的影像大小已被确定。如果要得到更大的影像，就要借助各种专门的器材，如近摄镜、近摄接圈、增距镜等，这种摄影方式就是近距摄影（图 3-10）。

图 3-10　近距摄影可将虞美人花蕊的形态及排列清晰地展现出来

微距摄影是指拍摄出来的图像大小比拍摄对象本身大小要大得多的摄影方式，一般二者之间的比例大于1∶1。微距摄影是近距摄影的扩展，它把像距拉得更长，待物距与像距相等时（两倍焦距处），影像就和实物大小一样（1∶1）。如果继续拉长，等到像距大于物距时，影像得到了真正的放大。因此，近距摄影和微距摄影（王崎，1999；颜志刚，1998）在本质上是没有什么区别的，都可以为人们展现平时被肉眼所忽略的细小个体或个体的某一局部特征，目的是拍摄肉眼不能分辨的个体表面微细结构（图 3-11）。

图 3-11　微距摄影示蚂蚁头部的复眼

进行微距拍摄，调节镜头同影像之间的距离要比调节镜头同拍摄对象之间的距离重要得多，对于光学相机来说，微距摄影一般都要使用专业附件来实现，如利用放大器等对实物进行放大。微距昆虫摄影需要更多的技巧，过程也很有趣。例如，你能拍摄到轰炸机一样的蜻蜓是如何飘动捕食的；在草丛中缠绵浪漫的蝴蝶是怎样交配的；花丛中穿梭忙碌的蜜蜂是如何采集花粉的，以及阳光下昆虫身上发出金属一般的光泽或如燃烧般的火焰。大自然时刻都在描绘神奇、美丽而感人的画面，拍摄昆虫是接近大自然的绝佳途径，在镜头中感悟生命的真谛与动人是昆虫摄影带给人们的最大收获之一。

（一）器材选择

使用相机近距离拍摄进行调焦时，要增加镜头至感光材料平面的距离（像距），一般通过转动前部分镜头，也可以转动整个光学镜头来进行操作。

根据物体成像原理可知，像距与物距成反比关系。要拍摄较大的影像，镜头必须靠近被摄物体。但是，当调焦环推进到一定的距离时，会发现影像模糊不清。在一般情况下，相机只能拍摄 10 倍焦距以外的对象，例如，35mm 相机，其标准镜头为 50mm，其最近拍摄距离通常为 50cm 以上。如果超过这个距离，相机将无法调焦，影像也不清晰。为了能在较近的距离拍摄，人们发明并使用各种附件，如近摄镜片、近摄皮腔、近摄接圈、镜头反接环和增距镜等，还有专门用于微距摄影的微距镜头，来调整这种关系。

1. 近摄镜片

近摄镜片的作用是改变镜头的光线路径，缩小物距，从而提高影像的放大倍率。它安装在镜头的前端，是类似于放大镜的镜片，其正面向外凸起，背面微微凹进。近摄镜片的使用方法非常简单，加装在镜头前就可以了。如果镜头口径与近摄镜片口径不一样，就用转接环进行连接。近摄镜片有不同的曲率，配合不同的放大镜头可以达到不同的放大倍率，镜头焦距越大，放大倍率越高。

近摄镜片的特点是，结构简单、价格低廉，可以单片使用，也可将多个近摄镜片叠加使用（在一定限度内），以获得更高的放大倍率。使用近摄镜片不需要进行曝光补偿，因为镜头的通光量没有变化。当影像放大倍率低于或等于 1 时，可以加用近摄镜片进行拍摄；如果要得到放大倍率大于 1 的影像，则要使用一到多个近摄镜片进行拍摄。

如果在镜头前加装近摄镜，特别是叠加近摄镜片，影像的质量就会受到影响，许多近摄镜都有这种现象。特别是使用大光圈时，镜头无限远点无法合焦，成像较差。因此，一般使用小光圈来消除相差，保持一定的景深。

在近距离使用旁轴取景器的相机拍摄时，会出现明显的视差问题，在取景框中看到的影像与胶片记录的实际影像在位置上有一定偏移，而且相差会随相机靠近被摄物体而增大。因此，应当根据取景框与镜头的相对位置对视差进行校正。使用单镜头反光式相机可以很好地解决视差问题。在使用单反相机近距离拍摄时，摄影者可以通过观察取景框毛玻璃上结成的影像直接调节焦距。

2. 近摄接圈

见本章第一节光学相机摄影技术（二）相机附件相关内容。

3. 近摄皮腔

见本章第一节光学相机摄影技术（二）相机附件相关内容。

4. 镜头反接环

可以利用镜头反接环将镜头反接在相机机身，使镜头的有效焦距变短，从而获得较高的影像放大倍率。这个方法只适用于能够自由拆卸镜头的相机。例如，将 50mm 标准镜头反接，就可以提供 1∶1 的微距放大倍率。

镜头反接环连接在机身的镜头卡口与镜头的滤光镜螺纹之间。装上镜头反接环的相机，光圈不能连动，调焦环不起作用，调焦要靠前后移动机身来进行，在使用大光圈时会有明显场曲和枕形畸变现象。

5. 增距镜

增距镜与近摄接圈的使用方式基本一样，都是加装在镜头与机身之间，外观相似，但二者的内部结构根本不同。近摄接圈是一个中空的金属筒，没有光学结构，而增距镜的内部通常有多组光学镜片，结构相对复杂。

在普通摄影镜头与机身之间使用增距镜，可以增大镜头焦距，其相应的增大倍数计算公式为

组合镜头焦距＝镜头焦距×增距镜倍率

例如，使用 2 倍增距镜，镜头焦距为 50mm，则 50mm×2＝ 100mm，组合镜头焦距就是 100mm。

加用增距镜后，镜头实际的通光量会减少，组合镜头的光圈的计算公式为

组合镜头的光圈＝镜头光圈×增距镜倍率

例如，镜头的最大光圈为 $f/4$，使用 2 倍增距镜，则 $f/(4\times 2)=f/8$，组合镜头的最大光圈就是 $f/8$。

在微距摄影中，既可以单独使用增距镜，也可以将其与近摄接圈配合使用，以获得更大的放大倍率。

增距镜与近摄接圈的组装方式有两种：一种是先将近摄接圈装在机身上，然后加装增距镜、镜头；另一种是先将增距镜连接在机身上，然后再加装近摄圈、镜头。一般情况下，后者能获得更高的放大倍率。不过，要注意的是，尽管使用增距镜可以得到更长的焦距，但是也会引起镜头解像力和影像反差的下降。

6. 微距镜

微距摄影与近距摄影的原理基本一样，就是把像距拉得更长。一般来说，微距镜的调焦距离相当于镜头焦距的两倍，能够拍出跟实物大小一样的影像。相对其他近摄方式，微距镜具有更强的解像能力。

近距摄影其实是把微小的个体照原样清晰地展现在画面中，而微距摄影则开始深入肉眼所不能分辨的个体细节之中，将肉眼看不到的细节完整地展现出来，大大延伸了人类的视觉。

7. 闪光灯

在高倍率微距拍摄的情况下，镜头的有效光圈显著缩小，相应的快门速度也大幅下降，借助自然光一般不能满足拍摄的要求，必须借助闪光灯。

闪光灯的种类很多，但适用于近距离拍摄的不多。闪光灯主要有下列类型。

（1）环形闪光灯

环形闪光灯的灯头与控制电路分开，专门用于近距离拍摄。闪光灯管连接在镜头前

端，控制电路部分则插在机身热靴上，中间通过软线连接。这类闪光灯的优点在于控制闪光方便，曝光比较均匀。

（2）机身闪光灯

机身闪光灯就是相机自带闪光灯，但机身闪光灯并不适合近距离拍摄。因为灯头是固定的，距离太近不仅会影响曝光控制，镜头还可能遮挡闪光灯发出的光线，导致画面曝光不均匀。

（3）外接闪光灯

外接闪光灯一般安装在机身顶部，也不太适宜微距拍摄，但如果闪光灯灯头是可以摆动，也可以用于放大倍率不高的微距摄影，但有时也会出现镜头遮挡的问题。

（4）离机闪光灯

离机闪光灯是利用闪光灯导线与相机连接，专用于微距拍摄。

8. 数码相机的微距功能

数码相机的 CCD 的尺寸要比胶片小得多，因而其焦距要比传统相机小多了。数码相机一般大都具有微距拍摄功能（图 3-12）。使用数码相机进行近距拍摄，摆脱了各种摄影器材的困扰，大大方便了摄影者。

许多数码相机可以在距被摄物体的距离小于 10cm 的地方拍摄，甚至可以把距离缩小到 2cm 拍摄。不同的数码相机具有的微距拍摄功能也不一样，可根据摄影者的专业要求来选定相应结构和功能的相机。

图 3-12　使用数码相机微距拍摄蜜蜂采蜜

（二）拍摄技巧

1. 景深调控

微距摄影的拍摄对象都很小，因此，画面景深的调控是进行微距摄影的关键问题。画面的景深随物距的变化而变化，物距越小，景深也越小。特别是当画面放大倍数很大时，景深只有几毫米，这就要求对焦必须十分准确。

近距摄影和微距摄影的景深大小同样与光圈有关。使用大光圈的画面景深会比较小，而使用小光圈可获得较大的景深。

要获得比较大的画面景深，就要缩小光圈，而光圈大小与快门速度成反比关系：光圈小，使用的快门速度就要慢；反之亦然。要注意的是，使用慢速拍摄时，一定要用三脚架来稳定相机。另外，可以选择感光度较高的胶片来获得较高的快门速度，提高影像的稳定性。

2. 光线控制

户外的云彩或者阴天发出的漫射光可以使拍摄对象得到比较均匀的亮度，有利于拍摄。遇到光照不够或者有阴影时，可另加小型反光板作为补充光源，使光线集中反射到拍摄对象上。为了消除镜头加长造成的影像平淡感，可以使用反差较大的照明光线。

室内拍摄需要把光线集中在较小的面积上，可使用光束窄的光源，如聚光灯；或者使用束光筒产生窄光束。

近距离拍摄昆虫等运动中的个体时，要尽量使用环形微距闪光灯，这样可以用较快的快门速度和较小的光圈进行拍摄。

3. 曝光调节

在相机机身与镜头之间安装近摄接圈或皮腔，由于加长了镜头焦距，必须相应增加曝光量。近摄时，曝光补偿倍数的计算公式为

$$\Delta E=(m+s)^2=(s/f)^2=[(f+x)/f]^2$$

式中，m 为摄影时的影像放大率；s 为摄影时的像距；f 为摄影镜头的焦距；x 为近摄接圈或近摄皮腔的长度。

具有内测光功能的相机内测光系统能测出实际照射进来的光线强度，从而可得到精确的曝光值，就不需要再考虑增加曝光量的问题了。如果镜头焦距加长太多，同时又使用较小的光圈，就会导致曝光时间拖长，出现倒易律失效的现象，这时要根据实际情况来调节曝光。

数码相机由于已经具备全自动化功能，不必进行上述操作。

4. 保持相机稳定

微距摄影的影像放大倍率很高，因此必须保持相机的稳定；否则，任何轻微的抖动都将影响成像质量，导致拍摄失败。专业摄影人员一般都会选用重型的三脚架作为支撑设备，同时预先升起反光镜，锁定可调部分，使用快门线触发，以减少相机抖动带来的负面影响。

二、昆虫生态摄影

昆虫生态摄影（郑国锠，1978）是指拍摄记录自然状态下的昆虫行为、习性，从而获得相关的、完整的、具有科研价值的资料。昆虫生态摄影在将昆虫独特的生活方式和行为展示出来的同时，让人们领略了自然界绚丽多彩的生命现象。拍摄肉眼看不清的微小昆虫、植物种子的发芽过程等，一般采用近距、微距摄影方法，这进一步延伸了摄影机的功能，为此，需要在相机镜头前装上有关的摄影附件，才可以达到拍摄的目的，帮助人们认识、了解微观世界，以便更好地征服大自然，造福人类社会。

（一）器材配备是保证

昆虫个体一般都比较小，大多数体长为 2～5cm，世界上最大的昆虫也只有 30cm 长，用普通的相机将它们拍出来会显得更小，因此必须借助其他照相器材的支持才能实现这一摄影过程。器材配备与特殊摄影基本相同。

野外环境复杂多变，不可预见的干扰因素很多，大大增加了野外拍摄的难度。在拍摄大小不等的昆虫时，为了摄影构图的完美，常常使用金属微距接环，虽然拆装起来很麻烦，但金属微距接环却很坚固，不会像伸缩皮腔那样容易产生震动；另外一种办法就是加装镜头反接环，主要用于对微小昆虫的放大摄影。在必要时还可以加一个金属微距接环，以取得更高的放大倍率。现在市场上有很多微距镜头，都能使 135 单镜头反光相机达到 1∶1 的比率，拍摄蜻蜓、蚱蜢、天牛、蝴蝶等昆虫绰绰有余，但拍摄更小的昆

虫，如蚂蚁、蚜虫、小蝇类等就要考虑以上办法了。

在明媚的阳光下，昆虫异常活跃，只要用较高的快门速度、合适的光圈就可拍出满意的照片，但一旦使用接环就会出现另一种问题：由于主体的反射光到达底片的通道随之延长，光量会成大幅度递减，就会使自然光无法满足正常曝光的要求，这就需要小型电子闪光灯或环形闪光灯作为补充光源，它可以克服感光不足的缺点，获得充足的曝光。

常用的器材有玛米亚 RB67 中幅相机、90mm 镜头和 140mm 微距镜头，附件有一号和二号近摄微距金属接环、银燕 BY18 闪光灯。

（二）了解昆虫是基础

作为一名昆虫摄影者，首先，应该掌握一定昆虫形态学、系统学、生物学和生态学知识；其次，积累一定的野外工作经验，了解摄影区域内与昆虫分布相关的地理、环境知识，才能顺利发现拍摄的目标。例如，昆虫喜欢呆在什么地方，主要取决于昆虫的生活习性，根据这些习性就可以轻而易举地找到它们。许多昆虫的体色和斑纹与其生活环境保持高度适用。同是半翅目昆虫的蝽类，黾蝽、划蝽、螳蝽等在水面上或水下捕食小生物，而缘蝽、盲蝽、猎蝽、姬蝽等则在植物枝叶间活动。膜翅目昆虫经常在花间叶下出没。蜻蜓目昆虫常在池塘边飞来飞去等。掌握相关的知识越多，越有利于拍摄好昆虫。

（三）灵活机动是关键

昆虫生态摄影不同于标本摄影和人像摄影，在昆虫面前，你既不是导演也不是指挥者，根本不能对其发号施令，你只能顺从它，透过取景器观察并耐心等待它给你的机会；反之，会越搞越糟。通常可采用以下方法来拍摄。

1. 搜寻法

在某个时期进入繁殖期的同类昆虫，经常在同一寄生植物中生活。如果这只昆虫没有给你拍摄机会，你可以寻找另一只同类，等到理想的机会来临，立即抢拍。

2. 跟随法

昆虫的一生要经过卵、幼虫、蛹、成虫等一系列生长发育过程，在同一植物及生态环境内可以根据其规律定时、定期地去拍摄。

3. 守候法

很多野花能招引蝴蝶、蜂类及蝇类，它们在花上忙碌不停地吸食花粉和花蜜，你可以站在花丛中找好角度，等待时机拍摄它们的取食行为（图 3-13）。

4. 诱引法

利用昆虫的生物学特性捕捉拍摄的最佳时机。例如，用灯光诱引趋光性的昆虫，用某种食物招引贪吃的昆虫前来觅食。

图 3-13　艳丽的菊花招引彩蝶

5. 引导法

昆虫生态摄影绝不能采用“强制手段”，

即使半点失误也会带来极大的影响。这种摄影本身比较脆弱，同时又有惊险性。要学会引导昆虫尽情地给你表演，例如，给一片叶子让慌张乱跑的昆虫爬上来，然后把它放到另一片叶子上面；可以给螳螂等捕食性昆虫一只小虫子作为“礼品”，它会把整个“吃态”表演给你看。

6. 模拟法

在室内模拟自然环境来拍摄昆虫与环境之间的关系也是一个绝招，但不能把整个自然环境搬进室内，可以将休眠期间越冬的、蛹期的或即将羽化的昆虫带入室内，模拟自然生境布置背景及植物，等待时机拍摄昆虫的生活史或行为过程。

（四）巧用技巧

微距昆虫生态摄影成功的关键是拍摄主体的高清晰度，这是初学者的难点，主要涉及对焦的问题。在微距摄影中相机的自动对焦是不可靠的，必须使用手动对焦。所以，第一步就是学会熟练地掌握数码相机的手动对焦。就目前一般的数码相机而言，手动对焦都非常别扭，要过好这一关，就要花时间去慢慢摸索，积累经验，只有这样你才能在捕捉精彩镜头时处变不惊。

对焦时焦点应该落在昆虫的眼睛上（图 3-14），配合昆虫头部的点测光，因为这是微距摄影，这一点非常重要。在日常的摄影中，通常会采用锁定对焦，然后平移相机重新构图的办法，但在微距摄影中即使极小的位移都可能造成失焦，引起整幅照片的失败，因此要尽量避免，在一般情况下宁愿采取后期裁切的方法。一般数码相机几乎都没有真正的光学单反镜头，电子取景器受分辨率的限制，经常会骗过你的眼睛。因此，如果昆虫乐于“配合”的话，一定要充分利用机会，尽量多拍几张。

图 3-14　微距摄影示锯粉蝶（*Prioneris thestylis*）在沙滩上的吸水行为

为了突出主体、虚化杂乱的背景，通常使用大光圈与高倍变焦。至于曝光补偿、使用闪光灯等技巧应该具体问题具体分析，不再详谈。

（五）注意事项

1. 适时补光

为了解决好景深与快门速度之间的矛盾，在自然光条件下，不少人宁可舍去景深而只想把昆虫“凝固”下来，结果把主体与背景混在一起无法突出。但如果开启闪光灯，利用闪光灯的补光很容易造成“黑天”的效果背景，则突出了主体。

2. 优选角度

依据昆虫的形态可以采用不同的角度拍摄，身体扁平的昆虫要尽量俯拍，对于直翅目昆虫和鳞翅目特别是蝶类则要采用侧位拍摄（图 3-14），并可能与镜头平行，防止形成此虚彼实的画面。

3. 耐心等待

拍摄昆虫照片，一般不是采用微距拍摄，就是采用放大拍摄。当放大倍率达到 1∶1 时，景深只有几毫米大小。随着放大倍率的提高，快速聚焦有一定难度。失之毫厘，谬以千里。哪怕是一丝震动，都很难实现准确聚焦，因此耐心等待、寻找机遇是获得最佳拍摄效果的前提。

4. 抓住良机

大多数昆虫都有一套防卫本领及应急方法，例如，甲虫常以装死或喷气来逃避天敌的伤害；竹节虫和尺蠖利用拟态躲过天敌捕食；蝽类不仅利用臭腺发出异味，还会进行反击；蜂类的产卵器（尾刺）具有攻击性；鳞翅目幼虫有毒的毛刺会刺痛你的皮肤等。因此，拍摄昆虫时，摄影者要尽心旁观守候，伺机诱导，抓住良机拍摄它们的瞬间“自然表演”。如果采取一些强制措施，不仅会影响拍摄效果，而且还因伤害昆虫而破坏了珍贵的昆虫资源。

思考题

1. 什么是近距摄影和微距摄影？近距摄影与微距摄影有哪些异同？
2. 近距摄影需要哪些器材？
3. 对昆虫光学显微摄影的器材有什么要求？进行光学显微摄影应注意哪些问题？
4. 昆虫生态摄影有几种方法？
5. 昆虫生态摄影应注意哪些操作事项？

参考文献

北京摄影函授学院教材编写组．2005．特殊摄影．北京：中国摄影出版社

陈楠．2003．摄影．南昌：江西美术出版社

郭艳民．2002．摄影构图．北京：北京广播学院出版社

李兴国．1998．摄影构图艺术．北京：北京师范大学出版社

刘金河．1988．摄影爱好者实用手册．武汉：湖北科学技术出版社

迈克尔·贝塞尔．2003．数码相机拍摄技巧．陈继良，丘文译．广州：广东科技出版社

孙占全．1987．摄影用光．北京：中国摄影出版社

田信之，徐景奇，任永华．2004．摄影基础．天津：南开大学出版社
王崎．1999．实用摄影技术指南．北京：中国摄影出版社
徐光春．1982．摄影特技．合肥：安徽科学技术出版社
颜志刚．1998．摄影百科辞典．长沙：湖南大学出版社
姚荣．2000．顺光、侧光、逆光摄影．上海：上海人民美术出版社
郑国锠．1978．生物摄影技术．北京：人民教育出版社

（颜亨梅　刘　金）

第四章　科技文献检索及科技论文写作

导读：本章重点介绍科技文献的获取与处理方法以及研究型、综述型及英语科技论文的写作方法。

第一节　科技文献的获得及阅读

人类社会几千年来的发展，积累了极为丰富宝贵的科学文化知识。当今世界，科学和社会的发展，每时每刻都有大量的科技信息产生，信息量迅速增长，大约每4年翻一番。为了将这些知识继承和传播开来，人们用文字、图形、符号、声频、视频等手段将其记录下来，写成文字印在纸上、晒在蓝图上、摄在感光片上、录在唱片或磁带上，用这些手段记录下来的科技知识，就构成科技文献（朱国奉，2003）。

一、概　　述

科技文献根据加工程度的不同，可分为：①一次文献，又称原始文献，是研究者的原始创作，主要包括期刊论文、研究报告、会议文献、学位论文、专著、专利说明、报纸、辞典、百科全书、年鉴等；②二次文献，在一次文献的基础上，经过加工整理而形成的系统文献，如目录、题录、索引、文摘，一般是为研究者提供方便的检索；③三次文献，是以二次文献为工具，检索、筛选、分析一次文献内容而编写成的，如专题论述、文献指南、动态综述和教科书等。

根据信息载体形式的不同，科技文献又可分为：①印刷型文献，主要包括图书、期刊及其他类型出版物；②视听型文献，如录像带、唱片、录音带、电影、幻灯片等；③光盘型文献，是将文献资料存储在光盘中出版，需要时由计算机输出；④网络型文献，文献资料存储在因特网的计算机上，可通过因特网去查询，如文献数据库、电子期刊、专业网站等。随着近年来网络技术的飞速发展，因特网已经成为新一代的信息资源，网络型文献将会占越来越重要的地位。

二、昆虫学重要文献

在生物科学中，以昆虫学的文献最多。昆虫学文献主要包括昆虫学的重要著作、昆虫学期刊、进展、年评、会议会刊、文摘和索引以及学位论文的总结报告等。

（一）国内重要昆虫学著作举例

1. 丁岩钦．1980. 昆虫种群数学生态学原理与应用．北京：科学出版社
2. 中国农业百科全书总编委员会．1996. 中国农业百科全书（昆虫卷）．北京：中国农业出版社
3. 中国科学院动物志编辑委员会，杨惟义，朱弘复等．1959～. 中国经济昆虫志（记载和总结我国经济昆虫种类的大型志书，按分类系统分册编排，目前已出版55分册）．北京：科学出版社
4. 中国科学院动物研究所．1980. 中国蛾类图鉴（Ⅰ）．北京：科学出版社

5. 中国科学院动物研究所，浙江农业大学．1980．天敌昆虫图册．北京：科学出版社
6. 中国科学院动物研究所业务处．1983．英拉汉昆虫名称．北京：科学出版社
7. 尹文英，宋大祥，杨星科．2008．六足动物（昆虫）系统发生的研究．北京：科学出版社
8. 戈峰，宋大祥，杨星科．2002．现代生态学．北京：科学出版社
9. 文礼章．1998．食用昆虫学原理与应用．长沙：湖南科学技术出版社
10. 文礼章．2001．食用昆虫养殖与菜谱．北京：中国农业出版社
11. 王子清．1980．常见介壳虫鉴定手册．北京：科学出版社
12. 王保海，黄复生，覃荣．2006．西藏昆虫分化．郑州：河南科学技术出版社
13. 王荫长．2000．昆虫生物化学．北京：中国农业出版社
14. 北京大学生物系昆虫教研室．1981．昆虫生态学．北京：人民教育出版社
15. 北京农业大学．1980．昆虫学通论（上、下册）．北京：中国农业出版社
16. 田大伦．2008．高级生态学．北京：科学出版社
17. 任国栋，于有志．1999．中国荒漠半荒漠的拟步甲科昆虫．保定：河北大学出版社
18. 刘巨元，张生芳，刘永平．1997．内蒙古仓库昆虫．北京：中国农业出版社
19. 刘崇乐，朱弘复，钦俊德等．1962，英汉昆虫学辞典．北京：科学出版社
20. 华南农学院．1981，农业昆虫（上、下册）．北京：农业出版社
21. 吕鸿声．1982．昆虫病毒与昆虫病毒病．北京：科学出版社
22. 朱弘复，王林瑶，方承莱．1979．蛾类幼虫图册．北京：科学出版社
23. 张汉鹄，谭济才．2004．中国茶树害虫及其无公害治理．合肥：安徽科学技术出版社
24. 张青文．2000．昆虫遗传学．北京：科学出版社
25. 忻介六，夏松云．1978．英汉昆虫俗名词汇．长沙：湖南人民出版社
26. 忻介六，杨庆爽，胡成业．1985．昆虫形态分类学．上海：复旦大学出版社
27. 李成章，罗志义．1979．农业昆虫一百种鉴定图册．上海：上海科技出版社
28. 汪世泽．1990．昆虫研究法．北京：科学出版社
29. 邹钟琳．1980．昆虫生态学．上海：上海科技出版社
30. 陈永林．2007．中国主要蝗虫及蝗灾的生态学治理．北京：科学出版社
31. 陈晓明，冯颖．1999．中国食用昆虫．北京：中国科学技术出版社
32. 陈常铭，宋慧英．1987．水稻害虫天敌．北京：科学普及出版社
33. 周尧．1980．中国昆虫学史．西安：昆虫分类学报社
34. 周尧．1994．中国蝶类志（上、下册）．郑州：河南科学技术出版社
35. 孟紫强．2006．生态毒理学原理与方法．北京：科学出版社
36. 庞雄飞，梁广文．1995．害虫种群系统的控制．广州：广东科技出版社
37. 南开大学，中山大学，北京大学等五校．1980．昆虫学（上、下册）．北京：人民教育出版社
38. 南京农业大学．1985．昆虫生态及预测预报．北京：农业出版社
39. 洪晓月，丁锦华．2007．农业昆虫学．北京：中国农业出版社
40. 赵修复．1976．中国姬蜂分类纲要．北京：科学出版社
41. 徐汝梅．2005．昆虫种群生态学——基础与前沿．北京：科学出版社
42. 彩万志，庞雄飞，花保祯等．2001．普通昆虫学．北京：中国农业大学出版社
43. 彭建文，刘友樵，赵建铭等．1992．湖南森林昆虫图鉴．长沙：湖南科学技术出版社
44. 夏松云．1957．中俄拉丁名对照经济昆虫学名录．长沙：湖南省农业科学研究所
45. 程家安，唐振华．2001．昆虫分子科学．北京：科学出版社
46. 韩召军，杜相革，徐志宏．2001．园艺昆虫学．北京：中国农业大学出版社
47. 福建农学院．1982．害虫生物防治．北京：农业出版社
48. 蒲蛰龙．1978．害虫生物防治的原理和方法．北京：科学出版社
49. 管致和．1983．英汉农业辞典（昆虫学部分）．北京：农业出版社
50. 理查兹．O．W．1982，依姆斯昆虫学纲要．管致和，常玉珍译．北京：科学出版社

51. 蔡邦华.1956. 昆虫分类学（上册）. 北京：中国财政经济出版社
52. 蔡邦华.1973. 昆虫分类学（中册）. 北京：科学出版社
53. 蔡邦华.1985. 昆虫分类学（下册）. 北京：科学出版社
54. 薛万琦，赵建铭.1996. 中国蝇类（上、下册）. 沈阳：辽宁科学技术出版社

（二）国内涉及昆虫重要期刊举例

1. 中国水稻科学，1986年创刊，双月刊. 中国水稻科学编委会编辑出版
2. 中国生态农业学报，1993年创刊，季刊. 生态农业研究编辑委员会编辑出版
3. 中国生物防治，1985年创刊，原名《生物防治通报》，1995年改为现名，季刊. 中国生物防治编辑部编辑出版
4. 中国昆虫科学 英文版（*ENTOMOLOGIA SINICA*），1993年9月创刊，季刊. 中国昆虫学会编. 中国科学院动物研究所编辑出版
5. *Insect Science*，1994年创刊，双月刊，中国昆虫学会编. 中国科学院动物研究所编辑出版
6. 生态学报，1981年创刊，月刊. 中国生态学会编. 科学出版社出版
7. 动物分类学报，1964年创刊，1966年停刊，1979年复刊，季刊. 中国动物学会编. 科学出版社出版
8. 动物学杂志，1957年创刊，双月刊. 中国动物学会编. 科学出版社出版
9. 动物学报，1957年创刊，双月刊. 中国动物学会编. 科学出版社出版
10. 动物学研究，1980年创刊，双月刊. 云南动物学会编. 云南人民出版社出版
11. 华东昆虫学报，1992年创刊，季刊. 华东昆虫学报编委会编辑出版
12. 应用生态学报，1990年创刊，月刊. 应用生态学报编辑委员会编辑出版
13. 昆虫分类学报，1979年创刊，季刊. 昆虫分类学报社编辑并发行
14. 昆虫天敌，1979年创刊，季刊. 自2008年1月起《昆虫天敌》更名为《环境昆虫学报》（*Journal of Environmental Entomology*）. 广东昆虫学会编辑出版
15. 昆虫学报，1950年创刊名为《中国昆虫学报》，季刊. 1952年改为现名，双月刊. 中国昆虫学会编. 科学出版社出版
16. 昆虫知识，1955年创刊，双月刊. 中国昆虫学会编. 科学出版社出版
17. 植物保护，1963年创刊，双月刊. 中国植物保护学会编. 中国农学会出版部出版
18. 植物保护学会会刊，1959年创刊，季刊. 台湾中华植物保护学会编印
19. 植物保护学报，1962年创刊，季刊. 中国植物保护学会编. 中国农学会出版部出版

（三）国外重要昆虫学期刊

1. SCI核心版收录的昆虫学及相关期刊名录（彩万志，2002；黄玲巧，1998；沈林，2005）

序号	英文刊名	中文刊名	出版地	刊期
1	*Advances in Insect Physiology*	昆虫生理学进展	美国	年刊
2	*Annals of the Entomological Society of America*	美国昆虫学会年鉴	美国	双月刊
3	*Annual Review of Entomology*	昆虫学年评	美国	年刊
4	*Apidologie*	蜜蜂世界	法国	双月刊
5	*Applied Entomology and Zoology*	应用昆虫学和动物学	日本	季刊
6	*Aquatic Insects*	水生昆虫	英国	季刊
7	*Archives of Insect Biochemistry and Physiology*	昆虫生化与生理纪录	美国	月刊
8	*Australian Journal of Entomology*	澳大利亚昆虫学杂志	澳大利亚	季刊
9	*Bee World*	蜜蜂世界	英国	季刊
10	*Biocontrol*	生物防治	美国	季刊
11	*Biocontrol Science and Technology*	生物防治科学和技术	英国	双月刊
12	*Biological Control*	生物防治	美国	季刊
13	*Bulletin of the Entomological Research*	昆虫学研究公报	英国	双月刊

续表

序号	英文刊名	中文刊名	出版地	刊期
14	*Canadian Entomologist*	加拿大昆虫学家	加拿大	双月刊
15	*Ecological Entomology*	生态昆虫学	英国	季刊
16	*Entomologia Experimentalis et Applicata*	实验与应用昆虫学	荷兰	月刊
17	*Environmental Entomology*	环境昆虫学	美国	双月刊
18	*European Journal of Entomology*	欧洲昆虫学杂志	捷克	季刊
19	*Experimental and Applied Acarology*	实验和应用蜱螨学	荷兰	月刊
20	*Florida Entomologist*	佛罗里达昆虫学家	美国	季刊
21	*Insect Biochemistry and Molecular Biology*	昆虫生物化学和分子生物学	英国	月刊
22	*Insect Molecular Biology*	昆虫分子生物学	英国	季刊
23	*Insectes Sociaux*	昆虫社会	瑞士	季刊
24	*International Journal of Insect Morphology and Embryology*	昆虫形态学和发育学国际杂志	英国	季刊
25	*Journal of Agricultural and Urban Entomology*	农业和城市昆虫学杂志	美国	季刊
26	*Journal of Applied Entomology*	应用昆虫学杂志	德国	月刊
27	*Journal of Economic Entomology*	经济昆虫学杂志	英国	双月刊
28	*Journal of Entomological Science*	昆虫科学杂志	美国	季刊
29	*Journal of Insect Physiology*	昆虫生理学杂志	英国	月刊
30	*Journal of Medical Entomology*	医学昆虫学杂志	美国	双月刊
31	*Journal of Pesticide Science*	农药科学杂志	日本	季刊
32	*Journal of Stored Products Research*	储藏物研究杂志	英国	季刊
33	*Journal of the American Mosquito Control Society*	美国蚊虫防治学会杂志	美国	季刊
34	*Journal of the Kansas Entomological Society*	堪萨斯昆虫学会杂志	美国	季刊
35	*Journal of Vector Ecology*	传媒生态学杂志	美国	半年刊
36	*Medical and Veterinary Entomology*	医学和兽医昆虫学	英国	季刊
37	*Pest Management Science*	害虫管理科学	英国	季刊
38	*Pesticide Biochemistry and Physiology*	农药生物化学和生理学	美国	月刊
39	*Physiological Entomology*	生理昆虫学	英国	季刊
40	*Sociobiology*	社会生物学	美国	双月刊
41	*Southwestern Entomologist*	西南昆虫学家	美国	季刊
42	*Systematic Entomology*	系统昆虫学	英国	季刊
43	*Acta Chimica Sinica*	化学学报	中国	月刊
44	*Acta Pharmacologica Sinica*	中国药理学报	中国	月刊
45	*Botanical Bulletin of Academia Sinica*	台湾研究院植物学汇刊（英文版）	中国台湾	季刊
46	*Chemical Journal of Chinese Universities-Chinese*	高等学校化学学报	中国	月刊
47	*Chinese Journal of Chemistry*	中国化学（英文版）	中国	月刊
48	*Chinese Medical Journal*	中华医学杂志（英文版）	中国	月刊
49	*Chinese Science Bulletin*	科学通报（英文版）	中国	半月刊
50	*Science in China Series B-Chemistry*	中国科学 B 辑-化学（英文版）	中国	双月刊
51	*Science in China Series C-Life Sciences*	中国科学 C 辑-生命科学（英文版）	中国	双月刊
52	*Zoological Studies*	动物学研究（英文版）	中国台湾	季刊

2. SCI外围收录的昆虫学及相关期刊名录（彩万志，2001）

序号	英文刊名	中文刊名	出版地	刊期
1	*Acarologia*	蜱螨学	法国	季刊
2	*African Entomology*	非洲昆虫学	南非	半年刊
3	*American Bee Journal*	美国蜜蜂杂志	美国	月刊
4	*Annales de la Societe Entomologique de France*	法国社会昆虫学年鉴	法国	季刊
5	*Anzeiger für Schandlingskunde (Journal of Pest Science)*	昆虫科学杂志	德国	双月刊
6	*Coleopterists Bulletin*	鞘翅目昆虫学家公报	美国	季刊
7	*Deutsche Entomologische Zeitschrift*	德国昆虫学报	德国	半年刊
8	*Entomologia Generalis*	基础昆虫学	德国	季刊
9	*Entomologica Fennica*	芬兰昆虫学	芬兰	季刊
10	*Entomologica Scandinavica*（2000年起改为 *Insect Systematics & Evolution*）	昆虫系统与进化	瑞典	季刊
11	*Entomological News*	昆虫信息	美国	双月刊
12	*Great Lakes Entomologist*	大湖昆虫学家	美国	季刊
13	*International Journal of Pest Management*	害虫管理国际杂志	英国	季刊
14	*Journal of Apicultural Research*	养蜂研究杂志	英国	季刊
15	*Journal of Arachnology*	蛛学杂志	美国	3年刊
16	*Journal of Insect Behavior*	昆虫行为学杂志	美国	双月刊
17	*Journal of the New York Entomological Society*	纽约昆虫学会杂志	美国	季刊
18	*Odonatologica*	蜻蜓学报	荷兰	季刊
19	*Oriental Insects*	东方昆虫	美国	年刊
20	*Pan-Pacific Entomologist*	泛太平洋昆虫学家	美国	季刊
21	*Proceedings of Entomological Society of Washington*	华盛顿昆虫学会会议记录	美国	季刊
22	*Transactions of the American Entomological Society*	美国昆虫学会论文集	美国	季刊
23	*Acta Biochimica et Biophysica Sinica*	生物化学与生物物理学报	中国	双月刊
24	*Acta Botanica Sinica*	植物学报	中国	月刊
25	*Biomedical and Environmental Sciences*	生物医学和环境科学（英文版）	中国	季刊
26	*Chemical Research in Chinese Universities*	高等学校化学研究（英文版）	中国	季刊
27	*Chinese Chemical Letters*	中国化学快报（英文版）	中国	月刊
28	*Chinese Journal of Analytical Chemistry*	分析化学	中国	月刊
29	*Chinese Journal of Organic Chemistry*	有机化学	中国	月刊
30	*Chinese Journal of Physiology*	生理学报（英文）	中国台湾	季刊
31	*Chinese Journal of Structural Chemistry*	结构化学（中文与英文版）	中国	双月刊
32	*Progress in Biochemistry and Biophysics*	生物化学与生物物理进展	中国	双月刊
33	*Progress in Natural Science*	自然科学进展（英文版）	中国	月刊
34	*Entomological Science*	昆虫科学	日本	季刊
35	*Insect Systematics & Evolution*	昆虫分类与进化	丹麦	季刊
36	*Neotropical Entomology*	新热带昆虫学	巴西	双月刊

（四）评 述 文 献

评述文献主要包括进展（advance）和年评（annual review）。进展专门汇集某一学科在一定时期内（一年或数年）的进展或成就的综述性论文；年评是每年一册，就本学科中某些特殊性问题进行综述。评述文献经过作者广泛收集，全面研究，消化精炼与提高，从而做出准确的评价。它能很快地传递各种有价值的情报，起到最新综合报道最新文献的作用。同时还能指导读者了解当前的动态及进展，从而获得重要的情报。由于评述文献后都附有某一专题的大量参考文献，可使读者很快了解文献资料近况，节省查阅文献的时间（朱国奉．2003)。

1. 评述文献的类型

（1）评述性期刊

评述文献主要刊登有关评论、综述的论文，如

生物科学动态，双月刊，中国科学技术情报研究所重庆分所编辑

科学（*Science*)，1983 年创刊，周刊．美国科学促进协会编辑出版

昆虫学家（*Entomologiste*)，1944 年创刊，双月刊．出版者 A. villiers，45 bis rue de Buffon F-75005 Paris. France

（2）评述连续出版物

评述连续出版物是专门刊登评述论文，既具期刊性质（但不定期)，又具图书特征的文献类型。一般以进展（Advances in……)、年评（Annual Review of……）作为题目，如

昆虫生理学进展（*Advances in Physiology*)，1963，年刊，英文．出版者 Academic Press. 24-28. Oval Road，London NWI TDX，England（英国）

钦俊德主编，昆虫生理学进展（1～5 集)，科学出版社

昆虫学年评（*Annual Reviews of Entomology*)，1956～　　，年刊，英文．出版者 Annual Reviews 4139 EL Camino Way，Palo Alto，California 94306，USA

（3）期刊文献

期刊刊登的论文也有部分评述性论文，分散在各种期刊内，国内刊物，如昆虫学报、昆虫知识、生态学报、植物保护等也刊登评述性文献资料。

2. 科学评论索引

科学评论索引（*index to scientific review*，ISR)，1974 年创刊，每年出版 1 次，内容涉及自然科学、工程技术、医学的评述文献，辑录 2900 多种期刊和评述性出版物，年报道量 28 000 多篇论文，并有详尽的检索。

（1）著录格式

包括作者姓名；论文题目；期刊名称；卷、期；页数；年代（用后两数表示)；参考文献；工作单位、地址。

（2）使用方法

使用来源索引（source index）检索，来源索引按作者姓名排列，因此具有著者索引作用，检索人员如未知作者，可以通过轮排主题索引检索；用轮排主题索引（permuterm subject index）检索，主题词编排采取轮排方式，即配对轮排确定一个主题，其他词为配合词，索引不标出题目。从轮排索引查出作者，再由作者查来源索引，了解有关文献题目及出处；用团体索引（corporate index）检索，包括地区和机构两部分，通过地区及机构名称来检索。

（五）会议文献

会议文献是指在学术与专业会议上宣读的论文和报告。学术会议及其发表的文献是科

技情报的重要来源。据美国科学情报学会的估计，每年全世界约有10 000个学术会议。学术会议往往宣读最新的研究成果，因此便于工作与交流情报及经验，同时对某一学术问题研讨，有利于掌握动态，会议文献具有以下特点：①比期刊平均早一年；②灵活；③新兴专业文献集中；④许多会议文献不在期刊上发表。

会议文献包括会前文献、会间文献和会后文献三类。会前文献是指会议论文预印本或会议文章摘要；会间文献是指会议期间散发的论文或论文摘要或会议的开幕词、闭幕词及会议决议；会后文献是指会议结束后才正式发表的会议录、会议论文集、会议论文汇编、会议报告等。

如需了解国际会议情况及查找有关会议文献，可参考如下检索工具：

1)《世界会议预报》(*World meetings*)(季刊)。

2)《近期会议论文题目》(*Current Programs*)(月刊)。

3)《科学会议》(*Scientific meetings*)(季刊)。

4)《会议文献出版指南》(*Directory of Published proceedings*)(每年10期)。

5)《国际科学技术会议和国际展览会预报》，中国科技情报所出版。

(六) 学位论文

学位论文是指高等学校或研究机构的研究生为获得学位所撰写、提交的论文。学位论文多具有独特见解，对研究工作有一定参考价值。学位论文属于特种文献，收集难度大，需要耐心和沟通各种渠道索取。

查找学位论文的检索刊物有《国际学位论文文摘，B(科学与工程)》(*Dissertation Abstracts International*，B(*The science and engineering*)。该刊物收集了美国、加拿大等450多个科学单位100多所大学的博士论文文摘，B辑按学科分为5个部分包括生物科学、地理科学、卫生与环境科学、物理科学和心理学。目前还有中国知网的中国优秀博硕士学位论文全文数据库，万方数据资源系统的中国学位论文数据库，全国各大学图书馆均有各校的博硕士学位论文数据库，各数据库都收集了每年博硕士学位论文、文摘，可上网查找。

(七) 科技报告

科技报告或称研究报告。它是研究课题进展情况的实际记录，反映各阶段的研究成果和最后的总结报告，包括技术备忘录、札记、通报等。它不同于一般图书，也不同于期刊。它是研究的记录和成果，代表着国家和专业的研究水平，因而有较大的参考价值。这一类文献一般属于保密性文献。例如，我国文化大革命前由国家科学技术委员会出版的《科学技术研究报告》及现在由科技文献出版社出版的《科技成果报告》及《出国参观考察报告》等均属这类文献，科技报告均为内部发行，且都有统一编者按号。例如，

1)《科学技术成果报告》(编号0153，内部)，赤眼蜂繁殖和利用技术研究。

2)《出国参观考察报告》：

(编号(75)006，内部)美国昆虫激素研究概况；

(编号(75)010，内部)瑞典、加拿大害虫生防概况；

（八）科技档案

围绕着科研和生产的过程，必不可少地会形成许多技术文件，如规划、计划、方案、任务书、协议书、技术指标、批件、工程设计、工艺流程、技术鉴定、经济核算、发明记录、地质图、地形图等，作为科技文献的一个分支，它具有重要的参考价值。

（九）昆虫学重要文献期刊

昆虫学文献期刊主要指昆虫学方面的二次文献，如目录、文摘、索引等，它们是检索原始论文的线索。昆虫学主要文献期刊有（刘树生，1998；王雁，2004；吴焰玉和汪家社，2001；徐广等，2000；叶维平和黄原，2002；赵中华等，1998；邹武，2002；袁德成，2001；袁德成，2002）：

1）上海市外文新书联合目录（自然、技术科学部分），月刊．上海图书馆等联合出版

2）国外科技资料馆藏目录，生物学，双月刊．中国科学技术情报研究所出版

3）中国昆虫学会学术期刊目录汇编（1950-1983），昆虫学报、昆虫知识、动物分类学报编辑部编印

4）害虫生物防治文献资料索引（1～4 集）．福建农学院植保系生防室编印

5）中国农业文摘，植物保护，双月刊．中国农科院科技文献信息中心编印

6）农业昆虫学文摘，双月刊，1984 年创刊．中国农业科学院科技文献信息中心编印

7）昆虫学文摘，*Abstracts of Entomology*，1970～，月刊，英文．出版者：Biosciences Information Service（BIOSIS），2100 Arch Street，Philadelphia，Pennsylvania 19103，USA

8）养蜂文摘，*Apicultural Abstracts*，1950～，季刊，英文．出版者：International Bee Research Association，Hill House，Gerrards Cross，Buckingghamshire SL9 ONR England（黄玲巧，1998）

9）植物保护文摘，*Bibliographie der Pflanzenschutzliteratur*，1914～，季刊，英文．出版者：Verlag Paul Parey（Berlin），Lindenstr，44～47，D-1000 Berlin 61，Federal Republic of Germany

10）农业文摘，*Bibliography of Agriculture*，1942～，月刊，英文．出版者：Oryx Press，Suite 106，2214 North Central at Encanto，Phoenix，Arizona 85004，USA.

11）现刊目录，*Current Contents*，1959～，年出 52 期，英文．出版者：Institute for Scientific Information，3501 arket Street，University City Science Center，Philadelphia，Pennsylvania 19104，USA

12）昆虫学文摘，*Entomology Abstracts*，1969～，月刊，英文．出版者：Information Retrieval Inc.，Suite 815，Fisk Building，250 West 57th Street，New York，NY10019，USA

13）应用昆虫学文摘，A 组（农业），*Review of Applied Entomology*，*Series* A（*Agriculture*）．1913～，月刊，英文．出版者：Commonwealth Institute of Intomology，56 Queen's Gate，London SW7 5JR，England

14）动物学记录，昆虫纲，*Zoological Record*，*Insecta*（原名《动物学文摘记录》*Re-*

cord of Zoological Literature)，1864～，不定期．出版者：Biosciences Information Service (BIOSIS)，2100 Arch Street，Philadephia，Pennsylvania 19103，USA

（十）昆虫学网络资源文献

随着信息时代的迅速发展，网络资源越来越多，查找也越来越方便，昆虫学相关的外文文献也可在许多网络数据库中查阅和下载，为及时收集昆虫学相关资料提供了信息平台，如

1）AGRICOLA Plus Text 数据库由 ProQuest 出版，其收录的全文期刊目前达到 331 种。该库收录的“年评”类学术期刊较多，其学术地位及影响力较高，对于从多领域开展昆虫学研究很有参考价值。其中 Annual Review of Entomology 是与昆虫学最为密切相关的年评期刊，它是历年来 SCI 影响因子最高的昆虫学期刊。

AGRICOLA 收录的与昆虫学相关的期刊还有：

（1）*Canadian Entomologist*；2003～

（2）*The Florida Entomologist*；2002～

（3）*Journal of Animal Science*；1997～

（4）*Pest Control*；*Cleveland*；1998～

2）Elsevier SDOS 全文数据库是由全球最大的出版商——荷兰 Elsevier Science 公司出版的在线电子期刊全文数据库，收录了 1995 年以来 1000 多种电子期刊全文，其中大多数期刊都是国际公认的高水平核心期刊。Elsevier SDOS 收录的昆虫学电子期刊有：

（1）*Insect Biochemistry and Molecular Biology*；1995～

（2）*Journal of Insect Physiology*；1995～

（3）*Biological Control*；1995～

（4）*International Journal of Insect Morphology and Embryology*；1995～1999

（5）*Arthropod Structure and Development*；2000～

（6）*Journal of Stored Products Research*；1995～

3）EBSCO 是美国一家大型出版公司。EBSCO ASP 数据库提供 7373 种期刊自 1975 年以来的索引及文摘（其中近 4000 种学术期刊提供 PDF 全文）。EBSCO ASP 收录的昆虫学期刊有：

（1）*Molecular Biology*；1998～

（2）*Systematic Entomology*；1998～

（3）*Ecological Entomology*；1998～

（4）*Physiological Entomology*；1998～

（5）*Entomologia Experimentalis et Applicata*；2003～

（6）*Biocontrol Science and Technology*；1998～

（7）*International Journal of Pest Management*；1997～

（8）*Australian Journal of Entomology*；1998～

（9）*Journal of Applied Entomology*（*Eitschrift fur Angewandte Entomologie*）；1998～

（10）*Aquatic Insects*；1997～

4）荷兰 Kluwer Academic Publisher 是具有国际性声誉的学术出版商，它出版的图书、期刊一向品质较高，备受专家和学者的信赖和赞誉。Kluwer Online 是 Kluwer 出版的 800 余种期刊的网络版，专门基于互联网提供 Kluwer 电子期刊的查询、阅览服务。Kluwer Online 收录的昆虫学期刊有：

（1）*Experimental and Applied Acarology*；1997～

（2）*Pesticide Biochemistry and Physiology*；1997～

（3）*Biocontrol*；1998～

5）德国 Springer-Verlag 是世界上著名的科技出版集团，它通过 Springer LINK 系统提供学术期刊及电子图书的在线服务。目前 Springer LINK 提供 439 种的全文电子学术期刊。Springer LINK 收录的昆虫学期刊有：*Insectes Sociaux*；1997～

6）Wiley Interscience（http://www3. interscience. wiley. com）是 JOHN WILEY & SONS，INC. 的一个网站，始建于 1997 年，免费提供 1000 多种期刊、参考工具、在线图书、最新的实验室手册草案以及数据库等一系列有组织的专业性资源，主题范围包括 Business；Chemistry；Computer Science；Earth and Environmental Science；Engineering；Life Sciences；Medicine；Physics and Astronomy；Polymers and Materials Science；Psychology。例如，在 Life Science 主题下有电子书 49 种；参考工具书 6 种（如 Encyclopedia of Molecular Biology）；电子期刊 84 种。

Wiley Interscience 免费提供的昆虫学全文期刊有：

（1）*Archives of Insect Biochemistry and Physiology*；1997（V. 34）～

（2）*Pest Management Science*；2000（V. 56）～

并提供先于印刷版期刊公布的 Early Review 论文全文。

7）PEST CABWEB（http://pest. cabweb. org/Journals/BER/Berpapr. htm）是 CABI（Center for Agriculture and Bioscience International）的一个涉及昆虫学、线虫学及杂草科学的专题网站，该网站免费提供一些 CABI 电子版期刊。例如，*Bulletin of Entomological Research*；1996（v. 86，no. 6）～1998（v. 88，no. 6），1999 年及以后的电子版期刊被 Ingenta 电子出版商购买，不再免费提供。

8）Biocontrol news & information 免费提供 1996 年至今的部分 *News* 和 *Review Article* 全文。

9）Florida Entomologist（http://www. flaentsoc. org/fe. html）由 Florida Entomological Society 主办，它同时发行印刷版及电子版期刊，其电子版是最早的自然科学类在线期刊，免费提供 1994 年以来的电子版全文。

10）美国爱荷华（IOWA）州的昆虫学站点 http://www. ent. iastate. Edu/-list/complete html

11）中国植物保护网 www. ipmchina. cn. net

三、如何获得昆虫学文献

在长期的科学实践中，科技人员积累了大量的查阅科技文献的经验和方法，归纳起来有三种：追溯法、常用法和分段法。

（一）文献资料检索的方法（林延生等，2001）

1. 追溯法

它是以科技文章后面所附的参考文献名称为基础去查找其他相关的文献资料。在查找到的文献后面又附有参考文献，就像滚雪球一样扩大积累所需要的文献。其优点是不需任何检索工具，也能查获一些必需的文献；缺点是所查获的文献资料不够全面，因利用的文献资料在数量上毕竟是有限的。

2. 常用法

它是利用检索工具查找文献资料的方法。这是目前科技人员经常采用的一种方法。一般可采取两种方法：顺查法和例查法。顺查法是由远到近逐年逐月顺序检索，边查边筛选，从而获取所需的文献。倒查法是由近而远，边查边筛选，适用查找最新的科技资料。若围绕特定主题普查一定时期内的全部文献，宜用顺查法。

3. 分段法

分段法是以追溯法和常用法两种方法交替使用的一种综合方法。既利用检索工具，又利用文献资料后所附的参考文献进行追溯，分期分段地交替使用，不断追踪下去。

（二）利用馆藏目录查找昆虫学著作

图书馆是各种书刊资料的集中地。图书馆里的图书资料是按其内容分类编排收藏的，把同类文献汇集在一起。我国的图书资料分类是按《中国图书分类法》，采用汉语拼音字母和阿拉伯数字相结合的方法，以字母顺序反映大类的序列，字母后数字顺序表示大类下各类目的划分，三位数字后加小圆点作分隔号以便于读记。昆虫学著作归类在“Q 生物科学”大类下。在大类下，用阿拉伯数字（0～9）表示该类下类目的划分，最后一数字为前一数字的一个分支，并使用小数制，如

QQ_{00}昆虫学

QQ_{001}昆虫进化与发展

QQ_{002}昆虫细胞学

图书目录是按一定的原则和方法编排的，使其成为查找利用的工具。按其形式有如下几种。

1）卡片式目录。这是一种常用方式。一本书一张卡片（卡片大小为 7.5cm×12.5cm）。卡片的著录格式：著者　书名　卷数　页数　图表数　价格　简介和注解　出版者　出版地　出版年月等。卡片在上角注明书号（由分类号和著者号组成）。

2）书本式目录。即把所有图书资料按一定的系统登记在一本簿册上。

3）通报性目录。即定期编印或张贴新入藏的书目，称为“新书通报”，有的按科研和生产需要，把某一类图书资料编成“专题目录”。

图书目录，按其编制方法，又可以分为以下几种。

1）书名目录。是按图书资料名称组织的目录。中文按汉字笔划或拼音字母顺序排列，外文按字母顺序排列。著录格式、书名在第一行，著者姓名在第二行。

2）著者目录。是按图书著者、编者或译者姓名编排的目录。卡片著录格式，著者姓名第一行，书名列第二行。

3）主题目录。按资料内容主题编排的目录，即把某一主题有关的图书资料集中在一起。这样更便于人们查阅。主题目录卡的格式：主题列第一行，著者姓名列第二行，书名第三行。

当我们熟悉了图书馆图书资料的编排规律后，便可根据需要，利用各种目录卡片查找到所需要的图书资料。

（三）利用检索工具书查找昆虫学文献

1. 几种重要的检索工具简介

1）《全国报刊索引》是检索国内公开发行的报刊论文的一种检索工具。该刊收集中央和省（自治区、直辖市）出版的论文资料，以题录形式报道。通过这个索引，基本上能查到国内报刊上的科技论文资料。其报道时间比原文迟 2～3 个月。检索途径单一，只能从分类途径查找，没有年度索引。涉及昆虫的有关大类为：

Q. 自然、科学技术总沦

T. 生物科学

V. 农业、林业

2）《国外科技资料馆藏目录》为中国科技情报所编，是检索国外科技报告和政府出版物的工具。该刊著录范围仅限于中国科技情报所收藏的文献，报道面不太广，目录上查找到的文献都可到该所查阅或复制。该刊现按学科分为 16 个分册，其中，②农业、林业、水产；⑤生物学；⑥环境污染与保护。文献的著录格式：分类号、资料中文名、在本目录中的顺序号、资料原名、出处、页次、文种、馆藏索取号。

3）《动物学纪录》（*The Zoological Record*）创刊于 1864 年，伦敦动物学会出版，第 13 部分是昆虫，目前这一部分又分为 A～F 分册。通过《动物学记录》的查阅，可以知道 1863 年以后需查内容的国际研究动态，包括的文献很全面。其著录格式：作者姓名、题目、期刊名称、卷期、页码、图、表等。动物学记录有作者索引、主题索引、地理索引、系统分类索引。

4）美国《生物学文摘》（*Biological Abstracts*，BA）（吴坤君等，2003），创刊于 1926 年，由美国生物科学情报服务社编辑出版。其前身为《细菌学文摘》（*Abstracts of Bacteriolog*，1917～1925）和《植物学文摘》（*Botanical Abstracts*，1918～1926），1926 年 12 月合并后创立本刊。美国《生物学文摘》是世界上大型报道有关生物科学和农学方面文献的文摘刊物之一。它收集并报道世界范围内 110 多个国家和地区特别是欧美国家有关生物学、医学和农学方面的文献，收录期刊 9000 多种。它是一种报道性文摘刊物，文摘内容比较详细，对科研、生产和教学有较大的参考价值。

BA 现为半月刊，每年两卷，每卷 12 期。每期文摘后均附有索引，每年有年度累积索引。为了适应专业的需要，除出综合本外，从 1939 年开始陆续出了 12 个分册，其中包括《昆虫学文摘》(AE)。1964 年开始创刊姐妹刊《生物研究索引》，1980 年改名为《生物学文摘/报告、评论、会议》（*Biological Abstracts/Report*，*Reviews*，*Meetings*，BA/RRM)。BA/RRM 为半月刊，每年二卷，年报道文献 10 万篇以上。它是题录性检索刊物，没有文摘内容，只给出文献标题和内容的关键词。这套文摘专门报导与生物科学有关的科技报告、评论和会议论文，是一种题录索引性刊物，半月刊，每年两卷，每卷 12 期。这两套文摘的总体结构、分类、编排以及它们的各种索引完全相同。另外，还出版有《BIOSIS 数据库期刊来源》（*Serial Sources for the BIOSIS Data Base*），缩微胶卷和机读磁盘等。除了两套综合本外，还先后出版过 13 个专业分册，其中 4 个早已停刊，它们的内容都是 BA 及 BA/RRM 的抽汇。

根据生物学中的特点，BA 与 BA/RRM 侧重从生物学角度进行存储与检索，这是它不同于其他检索工具的地方，特别是类属索引。BA 由文摘和索引两大部分组成，BA/RRM 由题录和索引两大部分构成。它们的索引种类完全相同，文摘的题录的编排与格式不同。

5）美国《昆虫学文摘》（*Abstracts of Entomology*，AE）的检索。创刊于 1970 年，月刊，内容主要报道世界范围内的昆虫、蜘蛛及杀虫剂的研究成果，包括 30 多个项目，如生物化学、生物防治、生理、生态、经济昆虫学、进化、遗传、储藏物害虫、毒理学等。每一期文摘内容，从 BA 连续两期中获得，内容提要则从 BA/RRM 中获得。昆虫学文摘后面有 5 种辅助索引，即作者索引、生物分类索引、类属索引、概念索引和主题索引。索引的编排格式及使用方法均与《生物学文摘》相同。

6）《昆虫学文摘》（袁德成，2001）——昆虫学文献索引检索途径介绍（1）。

《昆虫学文摘》（*Abstracts of Entomology*，AE）为昆虫学综合性检索刊物，在内容和形式上与《昆虫学文摘》（*Entomology Abstracts*，EA）基本相同，但编辑和出版者不同。该刊由负责编辑发行《生物学文摘》（*Biological Abstracts*，BA）的 BIOSIS 文献机构编辑发行，其收录文献来源与 BA 相同，为 BA 的学科分卷。该刊始于 1970 年，每年 1 卷 12 期，按月出版，年终出年度总索引 1 册，至 2000 年已出版 31 卷。各年第 1～12 期除文摘内容外，还提供 3 种索引：作者索引（author index）、生物索引（organism index）和主题词索引（subject index）。其中，生物索引是按当前普遍采纳的分类系统编排的生物分类名称。年度总索引（cumulative index）为当年 1～12 期各期索引的汇总，由作者索引、生物索引两部分组成。BIOSIS 的网址：E-mail:info@mail.biosis.org;URL:http://www.biosis.org。该刊也具有检索和出版周期快的特色。另外，该刊除收录论文和专著外，还收录会议论文集。国内下列图书馆或研究机构订有该刊，可供查阅：湖北省图书馆、中国农业科学院文献中心、中国林业科学研究院图书馆、北京大学图书馆、中国农业大学（西校区）图书馆、北京师范大学图书馆、福建农业大学图书馆、郑州粮食学院图书馆、广西农业科学院情报所图书馆、中国科学院文献情报中心、中国科学院动物研究所、中国科学院上海昆虫研究所及中国科学院昆明动物研究所等。

7）《昆虫学文摘》（袁德成，2001）——昆虫学文献索引检索途径介绍（2）。

《昆虫学文摘》（*Entomology Abstracts*，EA）为昆虫学综合性检索刊物，内容涉及昆虫分类、生理、生态和遗传等各个方面。该刊始于 1969 年，每年 1 卷，每卷 12 期，按月出版，至 2000 年已出版 31 卷。该刊由设在美国马里兰州的剑桥科学文摘社（*Cambridge Scientific Abstracts*）编辑发行，收录范围目前包括世界各地约 5000 种源期刊及其他内容相关的出版物。各年第 1～11 期为正刊，收录文摘按下列栏目顺序编排：总论、系统学、技术、形态、生理、解剖、组织学和生物化学、生殖和发育、行为、生物学和生态学、遗传学、进化、地理和现生区系、化石类型和区系，并附作者索引（author index）、主题词索引（subject index）和分类索引（taxonomic index）；第12期为年度索引（annual index），汇总全年1～11期的作者索引、主题词索引和分类索引，自2000年开始有光盘版年度索引（CD-ROM）。除印刷版外，该刊现也有网络版（internet edition），供订户上网查询，详情可按下列网址咨询：E-mail:journals@csa.Com;URL:http://www.csa.com。该刊的特色在于检索和出版周期快，当年出版的源期刊或出版物也可被收录。另外，该刊文摘内容分栏目编排，可方便读者查阅了解某一学科领域或相关学科领域整体动态和相关文献。该刊是从事昆虫学研究方便、有效和快捷的文献检索途径。国内下列图书馆或研究机构订有该刊，可供查阅：中国科学院文献情报中心、中国科学院动物研究所及中国科学院上海昆虫研究所等。

8）昆虫学文献索引检索途径介绍（3）（袁德成，2001）：《CAB文摘数据库》。

CABI（或CAB INTERNATIONAL）是设在英国的国际组织——国际农业和生物科学中心（Centre for Agriculture and Biosciences International）的简称，其原名为英联邦农业局（Commonwealth Agricultural Bureaux），成立于1929年，1985年更名为国际英联邦农业局（Commonwealth Agricultural Bureaux International），1993年改为现名。其主要任务是为农业、生物信息与科研提供服务。由该中心提供的《CAB文摘数据库》（CAB ABSTRACTS database）是世界上最重要的农业文献数据库，内容涵盖农业、林业、环境、动物科学、生物技术、自然资源管理和人类健康等诸多方面，现提供印刷版、光盘版和互联网接入等出版和服务形式，并可按用户的要求提供特定内容的打印或电子查询报告。该数据库每年新增数据记录超过15万条，数据选自世界范围出版的各种期刊（超过1万种）、专著和会议论文集等。目前数据库已收录1973年以来文摘数据记录超过三百万条。1973年以前CAB的文摘数据仍只有印刷版，共有三百万条文摘记录。我国现为CAB INTERNATIONAL成员国，读者可通过设在国内的农业信息光盘网络查询《CAB文摘数据库》光盘（CABCD），该网络现有的光盘检索点包括中国农业科学院及所属研究所、中国动植物检疫总所、部分省（自治区、直辖市）农业科学院、中国农业大学等。该检索途径具有涵盖面广、时效快及研究和技术应用内容并收等特点。CABI的网址：http://www.cabi.org；文献服务部的E-mail地址：biblioserv@cabi.org。

9）昆虫学文献索引检索途径介绍（4）（袁德成，2001）：《动物鉴定：文献指南》。

《动物鉴定：文献指南》（*Animal Identification：A Reference Guide*）共有3卷，1980年英国伦敦大英自然博物馆（BMNH）出版，第1卷《海洋和微咸水动物》（Vol.1：*Marine and Brackish Water Animals*，111页）和第2卷《陆地和淡水动物（不包括昆虫）》（Vol.2：*Land and Freshwater Animals*（*not insects*），120页）由R. W. Sims编著，第3卷《昆虫》（Vol.3：*Insects* 160页）由D. Hollis编著。当今动物学文摘繁多，该书编著的意图是从专家的层次为非分类专业人士鉴定世界任何地方的动物种类，提供基本的、精选的文献指南。多位专家参与了该书的编著，他们被要求为非分类专业人士选列出最适合的、最有用的分类鉴定参考文献。这些文献或者可直接用于分类鉴定，或者含有重要的可利用文献的出处。各条文献参照有关分类系统按类群汇集编排，分门、纲、目、科等分类级别顺序排列。对应每个门、纲、目、科，相关文献按一般文献（general）和各动物地理大区分别编排。书中采纳的世界动物地理大区划分各卷略有不同。第 1 卷按海洋划分；第 2 卷采纳传统的 7 大区划分；第 3 卷对大洋洲和太平洋岛屿一带作了更进一步划分。共包括：古北区（Palearctic），非洲热带区（Afrotropical），东洋区（Oriental），大洋洲-东洋区（Australo-Oriental），大洋洲区（Australasian），波利尼西亚区（Polynesian），新北区（Nearctic），新热带区（Neotropical），南极区（Antarctic）。其中第 3 卷在昆虫纲（insecta）条目下列举了一般教科书（general text）、一般分类文献（general bibliographies）、专类文献（special aspect）、地区动物志类文献（regional faunas and bibliographies）、文摘类期刊（abstracting journal）和命名法规（nomenclature）。对广大昆虫分类工作者均有重要参考价值。第 3 卷还附有类群名称索引，方便检索。该书虽然出版距今已有 20 多年，但所包含的大部分信息并未过时，仍可作为各方面专业和非专业人士进行动物鉴定和分类研究的入门向导。中国科学院动物研究所图书馆收藏有全部 3 卷，可供查阅。

2. 利用检索工具查找昆虫学文献的程序

利用检索工具，按照一定的步骤、方法、途径，查找并获得自己所需的文献。利用检索工具检索文献的流程，如图 4-1 所示。

（1）分析研究课题

了解和熟悉所提出的课题要求，进行主题分析，明确主题内容。

（2）确定检索范围和检索标志

首先应该明确研究课题的专业范围，是属于昆虫生态还是害虫生物防治，其次确定检索的标志，是应用分类法还是主题法，如是分类法，要找出分类号或类目等；如是主题法，则要找出主题词。

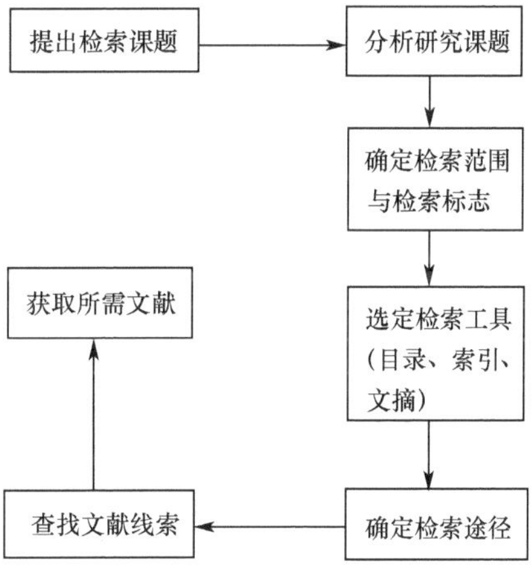

图 4-1　利用检索工具检索文献流程图

（3）选定检索工具

利用何种题录索引或何种文摘，是提高检索准确性的一个关键问题。若检索的范围只限于国内，可查阅“中国昆虫学会学术期刊目录汇编”、“中国农业文摘植物保护”以及近期昆虫学刊物卷末论文题录。若检索范围涉及世界范围，则可查阅“美国昆虫学文献”，文摘收集了全世界 110 多个国家 8000 多种期刊有关昆虫学的文章，且有 5 种辅助索引可供利用。

（4）确定检索途径和方法及具体查找过程

对检索工具除了像查阅期刊那样一期一期、一页一页地进行查阅外，更主要的是利用它的各种检索途径来查找文献（图 4-2）。这种方法是利用检索工具查找文献所必须遵循的基本方法。一旦选定了检索工具并确定了具体的检索途径后，那么查找文献的准确率与速度就取决于我们对检索工具熟悉的程度。

（5）提供原始文献

从检索工具中查找到文献线索后，欲查原文，可根据资料出处，分别在有关资料入藏部门查询，或联系借阅，或进行复制。

要了解原始资料入藏地点，可借助全国性的书本式联合目录、有关的馆藏目录、新

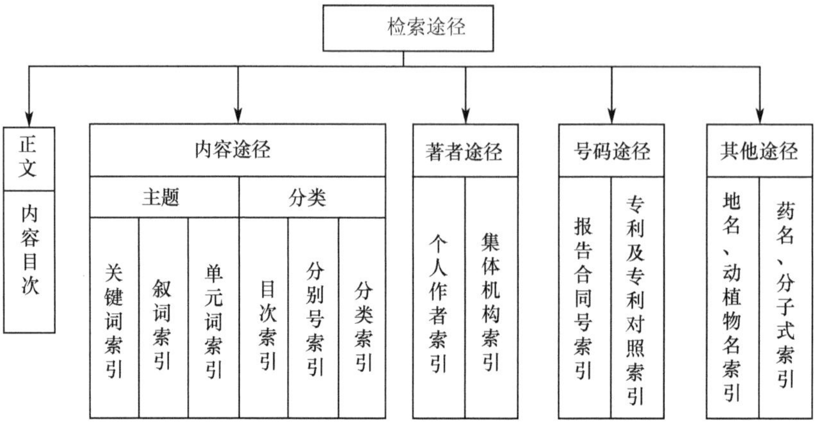

图 4-2　检索途径示意图

书报道等工具。

（6）文献的检索策略

1）先国内后国外。先利用国内检索工具或用中文编辑的收录外文的检索工具入手检索。这样，检索者可以从自己熟悉的本国文字很快掌握有关问题的概貌，并可从中选择出切题的关键词，为进一步查找外文检索工具提供方便。

2）掌握检索工具中的标识特征。各种检索工具选择表征文献主题实质意义的词语作标志，或选择能表示文献某种特征的其他标志（如符号）作标志。由于各种检索工具所适用的范围不同，服务对象不同，因此，所选标志的重点存在不同程度的差异。例如，有的检索工具以事物名称作主题词，有的则以事物方式过程作主题词，有的以表示事物性质、现象和状态的名词作主题词，还有的以商品名、文献类型名称作主题词等。弄清检索工具中标志的规律及其特征，检索时就能对症下药，避免走弯路。

3）多设同义词、近义词。文献语言复杂多变，作者使用的词语不尽一致，检索时为避免漏掉相关文献，可多设几个与课题相关的词语。

4）调整上、下位词的关系。若要查全与某一课题有关的资料，可先借助主题词表，弄清与课题有关的上、下位词关系，再确定范围。例如，要查找“神经系统”方面的资料，它在词表中的上、下关系如下：

A. 解剖学

　A1　身体各部位

　A2　肌肉骨骼系统

　A3　消化系统

　A4　呼吸系统

　A5　泌尿系统

　　⋮

　　⋮

　　⋮

　A8　神经系统

中枢神经系统　A8.186

　脑　A8.186.211

　脑干　A8.186.211.132

为了避免只取上位词造成误检，或只取下位词造成漏检，检索时可根据需要，不断变换和调整上、下位词的关系。

5）力戒从字面出发选择检索词。对检索课题分析正确与否，直接影响检索的成败。有些问题在检索工具中查不出来，在排除其他原因之外，应首先考虑是否选词得当，是否选择了非技术性名词，是否仅仅选择了篇名词语等，以避免有关问题由于选词不当而被埋没。

6）利用标题注释提高检索的准确性。标题之后的括号注解，一般用于多义词的限定。标题的范围注释，列举该项目所包括的主题范围，所涉及的相关词语等。检索时，应将它们与标题结合起来理解，提高检索的准确性。

7）注意交换词序。某些课题，在检索中反复查找而没有结果时，应考虑倒置词序的可能。倒置标题是将起修饰作用的形容词置于名词之后，使内容相关的主题集中一处，克服字母顺序分散相关标题的缺陷。

8）利用参见系统，扩大检索范围。检索工具中的参见（See also）参照，将内容有关的主题联为一体，以展现族性关系。绝大多数主题索引中都列有参见参照，检索时分别查找各有关的标题，以获取某一课题的全部信息。

9）各种索引配合使用。熟悉检索工具的各种索引的结构、特点、款目内容及功能，对检索至关重要。

10）利用检索工具中的附表解决缩写问题。检索中往往碰到国别、期刊、技术名词术语的缩写，欲查全称，可利用检索工具中的附表，或查有关专业缩略语词典。

3. 如何利用电子计算机查找昆虫学文献

利用计算机查找资料，用户主要应了解文献数据库品种、收录学科范围、索引种类，选择合适的数据库，然后再开始查找。其检索步骤如下。

（1）选定检索词语

用户在查找资料前，应根据自己的问题，填写检索提问单，在检索提问单上填写好：用户姓名、单位、住址、职务，检索课题的中、英文名称，所属学科范围，检索途径，著者、文献出处等项。同时也应尽可能详细地列出与课题有关的同义词、近义词或相关词的中、外文名称，所需资料的年限、文种等。为了准确无误地检出自己所需要的资料，用户应力求表达提问用词的准确性与通俗性。且提问必须采用计算机“词表”所限定的词汇，提问语句必须符合特定“词表”所规定的句法规则。

（2）编写检索逻辑提问式

提问过程中仅仅罗列所有相关词，并不能完全使检索效果达到满意程度，而应该将课题编写成计算机能执行的逻辑算式，表达各种复杂情报需求，使提问与系统中存储的文献标志之间匹配。逻辑式一般由系统工作人员编写。

利用计算机检索文献资料，可以大大提高工作效率，加快科学研究步伐，正在得到广泛应用。

（3）如何获取原始文献

从各种检索工具中查出文献线索（文摘、题录、简介），可根据文摘中提供的文献出处，按不同的文献类型，分别查找图书情报单位馆藏目录、联合目录、新书报道和各种馆藏目录卡片，电子文献全文数据库，索取原文。

索取图书，利用资料单位新书通报和图书目录卡。例如，《各专题图书联合目录》（各图书专业单位编辑。全国图书联合目录编辑组出版），提供全国图书收藏地点，从而利用期刊目录索取期刊。

（4）邮递表

邮递表（mailing list，又称 listserver）为某一领域有关人员交流信息提供了一种有效的方式。第一个邮递表有其电子邮件（E-mail）地址，是一种将电子邮件按一定规则转发的服务，任何发送到这一电子邮件地址的信件会立即转发到该邮递表中所有的电子邮件地址，故用户可以借此交换和讨论共同关心的问题，或要传播的新的信息可通过国际互联网在几秒至一天内传到该邮递表中所有用户。

国际互联网中已有许多邮递表，依据美国艾奥瓦州立大学昆虫学系 John VanDyk 在万维网（World Wide Web）中所提供的目录及 McEwen（1996）所提供的目录，按英文字母顺序，介绍部分与昆虫学、害虫综合治理有关的邮递表及其内容和联系方法。

1）ACAROLOGY

内容：蜱螨学领域的信息交流。

邮递表管理人：Zhi-Qiang Zhang（z. zhang@nhm. ac. uk）（括号内为其电子邮件地址）

加入方法：给“listserv@nhm. ac. uk”（引号内为该邮递表服务器的电子邮件地址）发一封电子邮件，正文为“subscribe acarology”，末行打上“end”，末端挂上你的“签名”（即你的姓名、单位、通讯地址、电话及传真号码等）。

2）BEE-L

内容：养蜂学，主要包括蜜蜂的社会生物学、行为学、生态学、分类学、生理学、授粉活动、养蜂技术等。

管理人：Mary Jo Orzech（mjo@brocklp. binet）

加入方法：给“listserv@uacsc2. albany. edu”发一封电子邮件，正文为“Subscribe BEE-L”。

3）Bug-Net

内容：应用分子生物学方法，尤其是聚合酶链反应（PCR）技术研究昆虫分类学和种群生物学，促进 PCR 引物、分子生物学技术方面的信息交流。

管理人：Berni Crespi（crespi@sfu. ca）

加入方法：先与管理人联系。

4）CHEMECOL

内容：化学生态学。

管理人：Clecio Fermando Klitzke（clecio@iqm. unicamp. br）

加入方法：给“listserv@iqm. unicamp. br”发一封电子邮件，正文为“subscribe chemecol Sheng-Ming”（引号内 Sheng-Ming 为加入者的真实姓名），“Subject”一栏可不填写。

5）Entnet

内容：①有关美国昆虫学会（ESA）年会组织工作的每周一次的最新报道，包括已收论文的最新目录；②ESA 期刊目录；③部分待发表论文的目录；④《美国昆虫学会通讯》（ESA Newsletter）每周最新电子版；⑤ESA 出版物的目录及摘要等。

加入方法：给“listmgr@entsoc. org”发一封电子邮件，正文名为“Subscribe Entnet Sheng-Ming Your E-mail address”（引号内 Your E-mail address 为你的电子邮件地址）。

6）ENTOMO-L

内容：昆虫学各个领域的信息交流、问题讨论、新闻等，还包括会议通知、招聘广告等。

加入方法：给“listserv@listserv. uoguelph. ca”发一封电子邮件，正文为“Subscribe entomol-L Sheng-Ming”。“Subject”一栏不用填写。邮件发出后，你会很快收到一条欢迎信息。本目录信息量大，为许多昆虫学者青睐。该邮递表还存有通讯档案备查。

7）Leps-L

内容：鳞翅目昆虫。

加入方法：给“listserv@yalevm. cis. yale. edu”发一封电子邮件，正文为“Subscribe Leps-L Sheng-Ming”。该目录备有通讯档案可查。

8）Mosquito-L

内容：蚊子分类学、生物学、生态学、行为学、生理学、病理学、取样方法、蚊传疾病等。

加入方法：给“mosquito-l-request@iastate. edu”发一封电子邮件，正文为“subscribe”，另起一行，写上“end”。“Subject”一栏不用填写，末端挂上你的“签名”，该目录备有通讯档案可查。

9）PARASITE-GENOME

内容：寄生昆虫基因数据库和基因研究技术方面的信息。可询问探针、实验技术，发表新闻，提供可共享的资源，告诫可碰到的问题，及发布招聘广告等。

管理人：英国 Mark Blaxter 和 Mara Melville。

加入方法：给“mailbase@mailbase. ac. uk”发一封电子邮件，正文为“Subscribe parasite-genome”。“Subject”一栏不用填写。

10）PESTCON

内容：害虫综合治理方面的讨论。

管理人：美国艾奥瓦州立大学 Dave Jackson。

加入方法：给“pestcon-request@uiowq. edu”发一封电子邮件，在“Subject”一栏填上“Subscription request”，正文为“subscribe”，末行为“end”。

不同的邮递表加入方法略有不同，由于申请邮件是通过邮递表服务器自动处理的，你申请时必须按各邮递表所要求的格式发电子邮件，方能注册加入，获取信息。

四、参考文献的处理方法

（一）阅读参考文献资料的方法

阅读书籍与文献应分为精读与泛读两种。现代科学技术发展如此迅速，科技文献浩如烟海，而人的精力都是有限的，我们不可能对每一本书，每一篇文献都仔细认真地阅读。学习某一学科，首先要精读一本较好的教科书，以获得本学科的全面知识，其次泛读较多的同类书籍，以了解不同的观点和见解。作为昆虫学的教科书，*Imms'General Textbook of Entomology* 是一本很好的教学参考书，无论对昆虫解剖生理、发育变态以及昆虫各科目的分类与系统发育各方面都有非常充实的材料，1925 年初版问世以来，一直深受世界各国昆虫学者的欢迎。

阅读一本参考书籍，首先应细读目次，看一看序言或封里页的内容提要，以获得对此书全部内容的粗略概念。其次浏览正文中的大、小标题，了解材料叙述的顺序。最后根据自己的需要和时间确定精读或泛读。但无论采取何种阅读方式，都应理解书中的重要范例并记住主要的事实材料，尽可能对重要的材料做一些读书笔记或摘录。

阅读单篇的科学论文，首先应认真阅读论文题目，看是不是自己感兴趣的内容或与自己的研究方向有关的内容。其次阅读正文前或正文后的摘要或结论，大体了解全文的内容。若内容合乎自己的要求，再仔细阅读原文的前言、材料和方法、结果、讨论等，即使这样还可根据自己更深一步的要求，对文中各部分区别对待，例如，若对文中研究方法更感兴趣，则阅读的重点应放在材料与方法部分，其他部分则可一带而过。阅读完一篇论文最好要做一些简单的摘录，这样更有利于知识的积累。

（二）文献资料利用的原则

1）充分掌握必要的文献。广泛收集，详细地占有资料，然后加以科学地分析和综合利用。现代科学技术的任何一种新的发明创造，都是在前人或他人已取得成果的基础上所进行的新的探索。尤其是分类学的研究，离开文献就寸步难行。

2）要创造性地利用文献。不要让文献束缚了自己的思想，对有价值的文献只能是借鉴，而绝不可以照搬。

3）要厚今薄古，充分利用近期文献。科学技术迅速发展而使文献寿命加速缩短，应有目的地收集关键性文献，收集方法是由近及远，对古老的文献最好不利用或少利用，因为它的内容早已被以后的文献所概括。

4）明确文献资料在科研总结报告中的作用。当研究结束后，应在报告或论文的结尾列出所引用、参考过的文献目录，并且在科学报告中应把引用文献中的方法、结论、观点与自己的研究、见解、创新等区别开来，以便让后来的研究者明确该项科学研究的发展情况。

（三）如何制作昆虫学文献卡片

文献卡片是科学资料，从事科学研究，应随时把查找到、阅读过的文献资料做成文字卡片或电子卡片，归类保存，电子卡片则可编写目录，便于查找。日积月累，会感到极大的便利。卡片制作常用的方法有三种。

1. 索引卡片

以研究对象为题材，如昆虫分类学卡片，以科、属、种等阶元为标题，第一属或种制作一张卡片，第一卡片包括种名、定名者、书刊名称、页号、图版、出版年代，并可附俗名、异名、分布、习性等。做好这样一套卡片，就知道这个类群在全国、古北区域或全世界已知种的数目及分类轮廓。

卡片规格　75mm×125mm

卡片记录格式如下：

银纹夜蛾

Argyrogramma agnata (Staud.)

Plusia agnata Staudinger, 1892, in Romanoff: Mem. Lep, 6: 547

Phytometra chalcytes Hampson, 1913, Cat. Lep. Brit. Mus., 13: 484 (nec. Espec. 1789) (partim)

Argyrogramma agnata Kostrowicki, 1961, Acta Zool, Cracoviensia. Ⅵ (10): 391

分布：华北、华东、乌苏里、朝鲜、日本

寄主：大豆

2. 文献目录卡片

首先依文献目录的内容归类整理（如分类、生物防治、生态、生理等），在各类卡片中又依作者姓名排列，或按姓氏笔划或按拼音字母顺序，每一篇文章一张卡片。

卡片规格同前

卡片记录格式：

肖采瑜　1978

几种重要花蝽的识别　昆虫知识 15 (2): 51-53

3. 摘要卡片

摘要卡片是把原作者论文中的证据、结论的大意简要地摘录下来，它不是直抄原作的“摘要”，而是经过理解消化后，用自己的文字表录出来的。

卡片规格　100mm×150mm 或 130mm×180mm

卡片记录格式如下：

周尧等　1988　木蠹蛾一新属一新种（鳞翅目：木蠹蛾科 昆虫分类学报 10 (3-4): 225-228

作者在整理木蠹蛾科标本时，发现木蠹蛾亚科（Cossinae）一新属新种：叉钩木蠹蛾属（*Bifiduncus*）对其形态特征作了描述，它与马达加斯加的 *Pseudocessus* 属相似而有区别。江西木蠹蛾（*Bifiduncus longispinalis*）新种与其近似种黑袖木蠹蛾作了形态比较，前者触角双栉齿状，后者单栉齿状，雄性外生殖器钩形突分叉，后者不分叉，基刺突极长，后者仅为一极短的片状物，阳茎无角状突，后者阳茎端腹上有两个三角形骨片。标本保存于江西农业大学昆虫博物馆。

（四）文献中常用的缩写字

由于文献中的缩写字很多，包括语种、国名、期刊、术语等，这里仅介绍部分常见的缩写字。

abs. 摘要

bibliog. 文献目录

bul, bull.，杂志，会报

cat. 目录

ind. 索引

jour. 杂志

proc. 会报、会刊

rev. 评论

rep. 报告

rerhandl. 会刊（德）
zeitschr. 杂志
mag. 杂志
trans. 会报
mem. 纪念刊
ann. 年刊、年的
boil. 生物学
hist. 历史的、自然
nat. 自然的、自然
ins. 昆虫
entom. 昆虫学
geol. 地理学、地理的
syst. 系统
sci. 科学
tech. 技术
zool. 动物学
pathol. 病理学

acad. 科学院
expt. 试验
inst. 研究所
micros. 显微的
mus. 博物馆
soc. 学会
Afr. 非洲
Eur. 欧洲
Eng. 英国
Fr. 法国
Ger. 德国
Jap. 日本
e. g. 例如
cf. 比较
et. al 其他
etc. 等

n. s. 新系
n. g，n. gen 新属
p.，pp. 页
n. sp.，nov. sp. 新种
Ser. 系、丛书
sp. spp. 种
vid. 见、参阅
ed. 版
et. seq. 如下
ff. f 见下页
ibid. 同上、同处
p. c. 百分数
tom. 卷
vol. 卷
div. 部
no. 期、码号

第二节　研究型科技论文的写作

一、概　　述

科学技术论文是科技发展及现代化建设的重要科技信息源，是记录人类科技进步的历史性文件，简称科技论文。它一般包括报刊科技论文、学年论文、毕业论文、学位论文（又分学士论文、硕士论文、博士论文）。科技论文是在科学研究、科学实验的基础上，对自然科学和专业技术领域里的某些现象或问题进行专题研究、分析和阐述，揭示出这些现象和问题的本质及其规律性而撰写成的文章。也就是说，凡是运用概念、判断、推理、论证和反驳等逻辑思维手段，来分析和阐明自然科学原理、定律和各种问题的文章，均属科技论文的范畴。科技论文主要用于科学技术研究及其成果的描述，是研究成果的体现，有助于成果推广、信息交流、促进科学技术的发展。科技论文的发表标志着研究工作的水平为社会所公认，载入人类知识宝库，成为人们共享的精神财富。科技论文还是考核科技人员业绩的重要标准。

（一）科技论文的特点

1. 科学性

科学性是科技论文在方法论上的特征，使它与一切文学、美学、神学等的文章区别开来。它描述的不仅仅是涉及科学和技术领域的命题，更重要的是论述的内容具有科学可信性。科技论文不能凭主观臆断取舍素材或得出结论，它必须根据足够的和可靠的实验数据或现象观察作为立论基础。所谓“可靠的”是指整个实验过程是可以复核验证的。

2. 首创性

首创性是科技论文的灵魂，是有别于其他文献的特征所在。它要求文章所揭示的事物现象、属性、特点及事物运动时所遵循的规律，或者这些规律的运用必须是前所未见的、首创的或部分首创的，必须有所发现、有所发明、有所创造、有所前进而不是对前人工作的复述、模仿或解释，即科技论文是在基础研究和应用研究方面具有创造性的，高水平和有重要意义的最新研究成果。

3. 逻辑性

逻辑性是文章的结构特点。它要求论文脉络清晰、结构严谨、前提完备、演算正确、符号规范、文字通顺、图表精致、推断合理、前呼后应、自成系统。不论文章所涉及的专题大小如何，都应该有自己的前提或假说、论证素材和推断结论。通过推理、分析、提高到学术理论的高度，不应该出现无中生有的结论或一堆堆无序数据、一串串原始现象的自然堆砌。

（二）科技论文的分类

从不同的角度分析，科技论文有不同的分类结果，为此，暂时可对科技论文作如下的分类。

1. 论证型

它是对基础科学命题的论述与证明的文件，如对数学、物理、化学、天文、地理、生物等基础学科及其他众多的应用性学科的公理、定理、原理、原则或假设的建立、论证及其适用范围、使用条件的讨论。

2. 科技报告型

根据国标 GB7713-87，科技报告是描述一项科学技术研究的结果或进展或一项技术研究实验和评价的结果；或者论述某项科学技术问题的现状和发展的文件。

记述型文章是它的一种特例。许多专业技术、工程方案和研究计划的可行性论证文章，也可列入本类型。这样的文章一般应该提供所研究项目的充分信息。原始资料的准确与齐备，包括正、反两方面的结果和经验，往往使它成为进一步研究的依据与基础。科技报告型论文占现代科技文献的多数。

3. 发现、发明型

记述被发现事物或事件的背景、现象、本质、特性及其运动变化规律和人类使用这种发现前景的文件。

阐述被发明的装备、系统、工具、材料、工艺、配方形式或方法的功效、性能、特点、原理及使用条件等的文件。

4. 计算型

提出或讨论不同类型（包括不同的边值和初始条件）数学物理方程的数值计算方法，其他数列或数字运算，计算机辅助设计及计算机在不同领域的应用原理、数据结构、操作方法和收敛性、稳定性、精度分析等。它往往是计算机软件进一步开发的基础。

5. 综述型

这是一种比较特殊的科技论文，与一般科技论文的主要区别在于它不要求在研究内容上具有首创性。一篇好的综述文章也常常包括有某些先前未曾发表过的新资料和新思想，它要求撰稿人在综合分析和评价已有的资料基础上，提出在特定时期内有关专业课题的发表演变规律和趋势。

综述文章的题目一般较笼统，篇幅允许稍长，它的写法通常有两类：一类以汇集文献资料为主，辅以注释，客观而少评述。某些发展较活跃的学科的年度综述属此；另一类则着重评述。通过回顾、观察和展望，提出合乎逻辑的，具有启迪性的看法和建议。这类文章的撰写要求较高，具有权威性。往往能对所讨论学科的进一步发展起到引导作用。

二、科技论文的编写格式

（一）章、条、条、条的编号

按国家标准《标准化工作导则第 1 单元：标准的起草与表述规则第 1 部分：标准编写的基本规定》的规定，科技论文的章、条的划分、编号和排列均应采用阿拉伯数字分级编写，即一级标题的编号为 1，2，…；二级标题的编号为 1.1，1.2，…，2.1，2.2，…；三级标题的编号为 1.1.1，1.1.2，…，等等，详细参见 GB/T1.1-93 和 GB7713-87。

国标规定的这一章条编号方式对著者、编者和读者都具有显著的优越性。

（二）题名（篇名）

题名是科技论文的必要组成部分。它要求用最简洁、恰当的词组反映文章的特定内容，把论文的主题明白无误地告诉读者，并且使之具有画龙点睛，启迪读者兴趣的功能。一般情况下，题名中应包括文章的主要关键词。总之，题名的用词十分重要，它直接关系到读者对文章的取舍态度，务必字字斟酌。题名像一条标签，切忌用冗长的主语、谓语、宾语结构的完整语句逐点描述论文的内容，以保证达到“简洁”的要求；而“恰当”的要求应反映在用词的中肯、醒目、好读好记。当然，也要避免过分笼统或哗众取宠所谓简洁，缺乏可检索性，以至于名实不符或无法反映每篇文章应有的主题特色。

题名应简短，不应很长，国际上不少著名期刊都对题名的用字有所限制。对于我国的科技期刊，论文题名用字不宜超过 20 个汉字，外文题名不超过 10 个实词。使用简短题名而语意未尽时，或系列工作分篇报告时，可借助于副标题名以补充论文的下层次内容。

题名应尽量避免使用化学结构式、数学公式、不太为同行所熟悉的符号、简称、缩写以及商品名称等。

（三）著　　者

著者署名是科技论文的必要组成部分。著者系指在论文主题内容的构思、具体研究工作的执行及撰稿执笔等方面的全部或局部上做出主要贡献的人员，能够对论文的主要内容负责答辩的人员，是论文的法定主权人和责任者。署名人数不宜太多，对论文涉及的部分内容作过咨询、给过某种帮助或参与常规劳动的人员不宜按著者身份署名，但是可以注明他们曾参与了哪一部分具体工作，或通过文末致谢的方式对他们的贡献和劳动表示谢意。

合写论文的诸著者应按对论文工作贡献的多少顺序排列。著者的姓名应给出全名。科技论文一般均用著者的真实姓名，不用变化不定的笔名。同时还应给出著者完成研究工作的单位或著者所在的工作单位或通信地址，以便读者在需要时与著者联系。

[示例]：

熊易群[1]，贾改莲[2]，钟小锋[1]，刘建君[1]

(1 陕西师范大学教育系，陕西西安 710062；2 陕西省教育学院教育系，陕西西安 710061)

（四）摘　　要

摘要是现代科技论文的必要附加部分，只有极短的文章才能省略。它是解决读者既要尽可能掌握浩瀚的信息海洋，又要面对自身精力十分有限这一对矛盾的有效手段。

根据 GB6447-86 的定义，摘要是以提供文献内容梗概为目的，不加评论和补充解释，简明确切地记述文献重要内容的短文。

摘要有两种基本写法：报道性摘要——指明一次文献的主题范围及内容梗概的简明摘要（也称简介）；指示性摘要——指示一次文献的陈述主题及取得的成果性质和水平的简明摘要；介乎其间的是报道/指示性摘要——以报道性摘要形式表述一次文献中信息价值较高的部分，而以指示性摘要形式表述其余部分的摘要。一般的科技论文都应尽量写成报道性摘要，而对综述性、资料性或评论性的文章可写成指示性或报道/指示性摘要。

摘要应简明，它的详简程度取决于文献的内容。通常中文摘要以不超过 400 字为宜，纯指示性摘要可以简短一些，应控制在 200 字上下（GB6447-86 规定：报道性摘要和报道/指示性摘要一般以 400 字为宜；指示性摘要一般以 200 字左右为宜。GB7713-87 规定：中文摘要一般为 200～300 字；外文摘要不宜超过 250 个实词。如遇特殊需要字数可以略多）。对于使用英语、俄语、德语、日语、法语以外文种书写的一次文献，它们的摘要可以适当详尽一些。学位论文等文献具有某种特殊性，为了评审，可写成变异式的摘要，不受字数的限制。摘要的编写应该客观、真实，切忌掺杂进编写者的主观见解、解释和评论。如果发现一次文献有原则性错误，可加注“摘者注”。

摘要应具有独立性和自明性，并拥有与一次文献同等量的主要信息，即不阅读文献的全文，就能获得必要的信息。因此摘要是一种可以被引用的完整短文。

编写摘要的注意事项：

1）排除在本学科领域方面已经成为常识的内容。

2）不得简单地重复文章篇名中已经表述过的信息。

3）要求结构严谨，语义确切，表述简明，一气呵成，一般不分或力求少分段落；忌发空洞的评语，不作模棱两可的结论。没有得出结论的文章，可在摘要中作扼要的讨论。

4）要用第三人称，不要使用“作者”、“我们”等作为摘要陈述的主语。

5）要采用规范化的名词术语。尚未规范化的，以采用一次文献所采用的为原则。若新术语尚无合适的中文术语译名，可使用原文或译名后加括号注明原文。

6）不要使用图、表或化学结构式，以及相近专业的读者尚难于清楚理解的缩略语、简称、代号。如果确有必要，在摘要首次出现时必须加以说明。

7）不得使用一次文献中列出的章节号、图号、表号、公式号以及参考文献号等。

8）必要提及的商品名应加注学名。

当然，应该使用法定计量单位以及正确地书写规范字和标点符号。摘要的书写要求详细见国标 GB6447-86。

（五）关　键　词

为了便于读者从浩如烟海的书刊中寻找文献，特别是适应计算机自动检索的需要，GB3179/T-92 规定，现代科技期刊都应在学术论文的摘要后面给出 3～8 个关键词。关键词的标引应按 GB3860-83《文献主题标引规则》的规定，在审读文献题名、前言、结论、图表，特别是在审读文献的基础上，逐篇对文献进行主题分析，然后选定能反映文献特征内容，通用性比较强的关键词。首先要选取列入《汉语主题词表》、《MeSH》等词表中的规范性词（称叙词或主题词）。对于那些反映新技术、新学科而尚未被主题词表录入的新产生的名词术语，也可用非规范的自由词标出，以供词表编纂单位在修订词表时参照选用。要强调的一点：一定不要为了强调反映文献主题的全面性，把关键词写成是内容“全面”的短语。

（六）引　　言

引言（前言、序言、概述）经常作为论文的开端，主要回答“为什么研究”（why）这个问题。它简明介绍论文的背景、相关领域的前人研究历史与现状（有时也称这部分为文献综述），以及著者的意图与分析依据，包括论文的追求目标、研究范围和理论、技术方案的选取等。引言应言简意赅，不要等同于摘要，或成为摘要的注释。引言中不应详述同行熟知的，包括教科书上已有陈述的基本理论、实验方法和基本方程的推导；对学位论文，为了反映著者的学业等，允许有较详尽的文献综述段落。如果在正文中采用比较专业化的术语或缩写词，最好先在引言中定义说明。

（七）正　　文

正文是科技论文的核心组成部分，主要回答“怎么研究”（how）这个问题。正文应充分阐明论文的观点、原理、方法及具体达到预期目标的整个过程，并且突出一个“新”字，以反映论文具有的首创性。根据需要，论文可以分层深入，逐层剖析，按层设分层标题。

正文通常占有论文篇幅的大部分。它的具体陈述方式往往因不同学科、不同文章类型而有很大差别，不能牵强地做出统一的规定。一般应包括材料、方法、结果、讨论和结论等几部分。

实验与观察、数据处理与分析、实验研究结果的得出是正文的最重要部分，应该给予极大的重视。要尊重事实，在资料的取舍上不应该随意掺入主观成分，或妄加猜测，不应该忽视偶发性现象和数据。

写科技论文不要求有华丽的词藻，但要求思路清晰、合乎逻辑，用语简洁准确、明快流畅；内容务求客观、科学、完备，要尽量让事实和数据说话；凡是用简要的文字能够讲解的内容，应用文字陈述。用文字不容易说明或说起来比较繁琐的内容，应由表或图（必要时用彩图）来陈述。表格或图形要具有自明性，即其本身给出的信息就能够说明欲表达的问题。数据的引用要严谨确切，防止错引或重引，避免用图形和表格重复地反映同一组数据。资料的引用要标明出处。

物理量与单位符号应采用《中华人民共和国法定计量单位》的规定，选用规范的单位和书写符号；不得已选用非规范的单位或符号时应考虑行业的习惯，或使用法定的计量单位和符号加以注解和换算。

教科书式的撰写方法是撰写科技论文的第一大忌。对已有的知识避免重新描述和论证，尽量采用标注参考文献的方法；对用到的某些数学辅佐手段，应防止过分注意细节的数学推演，需要时可采用附录的形式供读者选阅。

（八）结　论

结论（或讨论）是整篇文章的最后总结。尽管多数科技论文的著者都采用结论的方式作为结束，并通过它传达自己欲向读者表述的主要意向，但它不是论文的必要组成部分。

结论不应是正文中各段小结的简单重复，主要回答“研究出什么”（what）。它应该以正文中的实验或考察中得到的现象、数据和阐述分析作为依据，由此完整、准确、简洁地指出：

1）由对研究对象进行考察或实验得到的结果所揭示的原理及其普遍性。

2）研究中有无发现例外或本论文尚难以解释和解决的问题。

3）与先前已经发表过的（包括他人或著者自己）研究工作的异同。

4）本论文在理论上与实用上的意义与价值。

5）对进一步深入研究本课题的建议。

（九）致　谢

致谢一般单独成段，放在文章的最后，但它不是论文的必要组成部分。它是对曾经给予论文的选题、构思或撰写以指导或建议，对考察或实验过程中做出某种贡献的人员，或给予过技术、信息、物质或经费帮助的单位、团体或个人致以谢意。一般对例外的劳动可不必专门致谢。

（十）参考文献

文后参考文献是现代科技论文的重要组成部分，但如果撰写论文时无参考文献也可以不写。它是反映文稿的科学依据和著者尊重他人研究成果而向读者提供文中引用有关资料的出处，或为了节约篇幅和叙述方便，提供在论文中提及而没有展开的有关内容的详尽文本。任何不重视参考文献，甚至于使用“文后参考文献从略”的编辑处理方法都是错误的。

被列入的参考文献应该只限于那些著者亲自阅读过和论文中引用过，而且正式发表的出版物，或其他有关档案资料，包括专利等文献。私人通信、内部讲义及未发表的著作，一般不宜作为参考文献著录，但可用脚注或文内注的方式，以说明引用依据。国内外对文后参考文献的著录方法历来很多，但自从国际标准化组织（international organization for standardization，ISO）制订国际标准以来已有渐趋一致的动向。目前，我国文献工作标准化技术委员会已经根据国际标准化工作发展趋势，制订出自己的国家标准——GB7714-87《文后参考文献著录规则》，明确规定我国的科技期刊采用国际上通行的“顺序编码制”和“著者-出版年制”。前者根据正文中引用参考文献的先后，按著者、题名、出版事项的顺序逐项著录；后者首先根据文种（按中文、日文、英文、俄文、其他文种的顺序）集中，然后按参考文献著者的姓氏笔画或姓氏首字母的顺序排列，同一著者有多篇文献被参考引用时，再按文献出版年份的先后依次给出。

文后参考文献的著录形式还是比较复杂的，具体执行时请随时查阅 GB7714-87 的规定。参考文献著录的条目以小于正文的字号编排在文末。其格式：

专著、论文集、学位论文、报告—［序号］主要责任者．文献题名［文献类型标识］．出版地，出版者，出版年，起止页码（任选）。

［示例］：

［1］周振甫．周易译注［M］．北京：中华书局，1991.

［2］陈 崧．五四前后东方西文化问题论战文选［C］．北京：中国社会科学出版社，1985.

［3］陈桐生．中国史官文化与《史记》［D］．西安：陕西师范大学文学研究所，1992.

［4］白永秀，刘 敢．任保平．西安金融、人才、技术三大要素市场培育与发展研究［R］．西安：陕西师范大学西北经济发展研究中心，1998.

期刊文章—［序号］主要责任者．文献题名［J］．刊名，年，卷（期）：起止页码。

［示例］：

［5］何龄修．读顾城《南明史》［J］．中国史研究，1998，(3)：167-173.

论文集中的析出文献—［序号］析出文献主要责任者．析出文献题名［A］。

原文献主要责任者（任选）．原文献题名［C］．出版地：出版者，出版年．析出文献起止页码。

［示例］：

［6］瞿秋白．现代文明的问题与社会主义［A］．罗荣渠．从西化到现代化［c］．北京：北京大学出版社，1990，121-133.

报纸文章—［序号］主要责任者．文献题名［N］．报纸名，出版日期（版次）。

［示例］：

［7］谢希德．创造学习的新思路［N］．人民日报，1998-12-25（10）.

国际标准、国家标准—［序号］标准编号，标准名称［S］。

［示例］：

［8］GB/T 16159-1996，汉语拼音正词法基本规则.

电子文献—［序号］主要责任者．电子文献题名［电子文献及载体类型标识］-电子文献的出处或可获得地址，发表或更新日期/引用日期（任选）。

［示例］：

［9］王明亮．关于中国学术期刊标准化数据库系统工程的进展［EB/OL］．http://www.cajcd.cn/pub/wml.txt/980810-2.html，1998-08-16/1998-10-04.

［10］万锦坤．中国大学学报论文文摘（1983-1993）．英文版［DB/CD］．北京：中国大百科全书出版社，1996.

各种未定类型的文献—［序号］主要责任者．文献题名［z］．出版地：出版者，出版年。

［示例］：

［11］张永禄．唐代长安词典［z］．西安：陕西人民出版社，1980.

（十一）附　　录

附录是论文的附件，不是必要组成部分。它在不增加文献正文部分的篇幅和不影响正文主体内容叙述连贯性的前提下，向读者提供论文中部分内容的详尽推导、演算、证明、仪器、装备或解释、说明，以及提供有关数据、曲线、照片或其他辅助资料如计算机的框图和程序软件等。

附录与正文一样，编入连续页码。

第三节　综述型科技论文的写作

一、概　　述

综述型科技论文是对某一方面的专题搜集大量情报资料后经综合分析而写成的一种学术论文，它是科学文献的一种（汪世泽，1993）。文献综述反映当前某一领域中某分支学科或重要专题的最新进展、学术见解和建议，它往往能反映出有关问题的新动态、新趋势、新水平、新原理和新技术等。

通过文献综述的写作，至少有以下好处：①通过搜集文献资料过程，可进一步熟悉昆虫学文献的查找方法和资料的积累方法；在查找的过程中同时也扩大了知识面；②查找文献资料、写文献综述是科研选题及进行科学研究的第一步，因此学习文献综述的撰写也是为今后科研活动打基础的过程；③通过综述的写作过程，能提高归纳、分析、综合能力，有利于独立工作能力和科研能力的提高；④文献综述选题范围广，题目可大可小，可难可易，可根据自己的能力和兴趣自由选题。

文献综述与“读书报告”、“文献复习”、“研究进展”等有相似的地方，它们都是从某一方面的专题研究论文或报告中归纳出来的。但是，文献综述既不像“读书报告”、“文献复习”那样，单纯把一级文献客观地归纳报告，也不像“研究进展”那样只讲科学进程，其特点是“综”。“综”是要求对文献资料进行综合分析、归纳整理，使材料更精练明确、更有逻辑层次；“述”就是要求对综合整理后的文献进行比较专门的、全面的、深入的、系统的论述。总之，文献综述是作者对某一方面问题的历史背景、前人工作、争论焦点、研究现状和发展前景等内容进行评论的科学性论文。

写文献综述一般经过以下几个阶段：选题、搜集阅读文献资料、拟定提纲（包括归纳、整理、分析）和成文。

二、选题和搜集阅读文献

撰写文献综述通常出于某种需要，如为某学术会议的专题、从事某项科研、为某方面积累文献资料等。所以，文献综述的选题，作者一般是明确的，不像科研课题选题那么困难。文献综述选题范围广，题目可大可小，大到一个领域、一个学科，小到一种害虫、一个方法、一个理论，可根据自己的需要而定，初次撰写文献综述，特别是实习同学所选题目宜小些，这样查阅文献的数量相对较小，撰写时易于归纳整理，否则，题目选得过大，查阅文献花费的时间太多，影响实习，而且归纳整理困难，最后写出的综述大题小作或是文不对题。

选定题目后，则要围绕题目搜集与文题有关的文献。关于搜集文献的有关方法，前面的有关章节已经介绍，如看专著、年鉴法、浏览法、滚雪球法、检索法等，在此不再重复。搜集文献要求越全越好，因而最常用的方法是用检索法。搜集好与文题有关的参考文献后，就要对这些参考文献进行阅读、归纳、整理，如何从这些文献中选出具有代表性、科学性和可靠性大的单篇研究文献十分重要，从某种意义上讲，所阅读和选择的文献的质量高低，直接影响文献综述的水平。因此在阅读文献时，要写好“读书笔记”、“读书心得”并做好“文献摘录卡片”。用自己的语言写下阅读时得到的启示、体会和想法，将文献的精髓摘录下来，不仅为撰写综述提供有用的资料，而且对于训练自己的表达能力，阅读水平都有好处，特别是将文献整理成文献摘录卡片，对撰写综述极为有利。

三、格式与写法

文献综述的格式与一般研究性论文的格式有所不同。这是因为研究性的论文注重研究的方法和结果，而文献综述要求向读者介绍与主题有关的详细资料、动态、进展、展望以及对以上方面的评述。因此文献综述的格式相对多样，但总的来说，一般都包含以下四部分：前言、主题、总结和参考文献。撰写文献综述时可按这四部分拟写提纲，再根据提纲进行撰写。

前言部分，主要是说明写作的目的，介绍有关的概念及定义以及综述的范围，扼要说明有关主题的现状或争论焦点，使读者对全文要叙述的问题有一个初步的轮廓。

主题部分，是综述的主体，其写法多样，没有固定的格式。可按年代顺序综述，也可按不同的问题进行综述，还可按不同的观点进行比较综述，不管用哪一种格式综述，都要将所搜集到的文献资料归纳、整理及分析比较，阐明有关主题的历史背景、现状和发展方向，以及对这些问题的评述，主题部分应特别注意代表性强、具有科学性和创造性的文献引用和评述。

总结部分，与研究性论文的小结有些类似，将全文主题进行扼要总结，对所综述的主题有研究的作者，最好能提出自己的见解。

参考文献虽然放在文末，但却是文献综述的重要组成部分。因为它不仅表示对被引用文献作者的尊重及引用文献的依据，而且为读者深入探讨有关问题提供了文献查找线索。因此，应认真对待。参考文献的编排应条目清楚，查找方便，内容准确无误。关于参考文献的使用方法，录著项目及格式与研究论文相同，不再重复。

四、注意事项

由于文献综述的特点，致使它的写作既不同于"读书笔记"、"读书报告"，也不同于一般的科研论文。因此，在撰写文献综述时应注意以下几个问题。

1）搜集文献应尽量全。掌握全面、大量的文献资料是写好综述的前提，否则，随便搜集一点资料就动手撰写是不可能写出好综述的，甚至写出的文章根本不成为综述。

2）注意引用文献的代表性、可靠性和科学性。在搜集到的文献中可能出现观点雷同，有的文献在可靠性及科学性方面存在着差异，因此在引用文献时应注意选用代表性、可靠性和科学性较好的文献。

3）引用文献要忠实文献内容。由于文献综述有作者自己的评论分析，因此在撰写时应分清作者的观点和文献的内容，不能篡改文献的内容。

4）参考文献不能省略。有的科研论文可以将参考文献省略，但文献综述绝对不能省略，而且应是文中引用过的，能反映主题全貌的并且是作者直接阅读过的文献资料。

5）篇幅不宜太长，一般为3000～5000字。

总之，一篇好的文献综述，应有较完整的文献资料，有评论分析，并能准确地反映主题内容。

第四节　英文科技论文的写作

如何在世界水准的学术期刊上发表文章已成为中国学者经常面临的问题。然而，许多国内作者由于缺乏相应的知识与经验，因而在向国际期刊投稿中遇到了诸多困难。根据外文期刊的特点及要求，介绍英文科技论文的写作（Ferguson，2003），以期对国内的学者和学术编辑们有所裨益。

一、国际学术期刊的现状

虽然国际学术期刊一直在发展，但仍无法满足投稿者的需求。由于投稿数量的不断增加，在版面不变的情况下，大多数期刊采取了高退稿率的办法（通常高于50%）。除了应付投稿量大的压力外，这也是保证刊登文章的质量及时效的需要，文章的质量是期刊成功的保证。此外限制文章篇幅也是常用手段之一。另外，期刊的订阅量并未随期刊的发展同步增长。相反，许多图书馆减少了图书杂志的订数以缓解经费不足的压力。这使得期刊出版经费短缺，期刊的发展受到限制。版面费成为许多期刊重要的经费来源。投稿量大与经费短缺的压力，使得在著名期刊上发表文章的难度越来越大。文章发表与否，取决于审稿人及编辑对稿件的评价。这些评价包含了两个方面：首先是文章的内在构思，如设想、创新等；其次是文章的外在写作，如表达、结构等。因此，在撰写科技论文时，文章必须做到"make referees happy，make editors happy"，才有可能顺利发表（黄玲巧，1998）。以下部分将介绍期刊通常对稿件若干方面的要求。

二、文章的框架

（一）格式的要求

各期刊对稿件格式都有一定的规范，投稿时稿件应该符合这些要求，尤其是文章中图表、文献等部分内容。作者可以通过参阅最新期刊而了解相应格式要求。对于已建立网站的期刊，这些规范通常也会在网页上发布。尽管格式规范通常并不复杂，但许多作者对此却往往忽视，常常懒于阅读规范并依此写作。这种作法对作者是很不利的，许多编辑会将不符合要求的稿件未经审读便立即退还作者。表象的低劣自然使人怀疑其内在质量。更何况当投稿量很大时，编辑不太可能为某个稿件花费大量精力。

对中国作者来说，在国际期刊上发表文章的一个重大困难是语言。在写作英语文章时，应尽量避免使用自己不熟悉或没有把握的语法结构、英语词汇。一个复杂的句子可以用几个简单的句子来替代，一个生僻的单词也常常可用其他词组来表述。写作的目的是使别人了解所做的工作，而不是欣赏文章的文采。稿件在投出前最好先让外国朋友或英语熟练的人阅读一遍，以校正语法错误。虽然许多英语期刊的编辑对母语非英语的作者持有相当的同情，但时间及出版的压力使他们不可能花费大量时间来改正稿件的语法错误。换言之，英语表达不佳的稿件必定将被“枪毙”。

（二）设想的目标

所有的研究工作都有目的与设想，即使像大规模数据采集分析这样的研究也不例外。但许多作者竟不明白准确地将其表达出来。设想与目标都需要在文章的摘要及前言中简要说明，否则会使人认为实验本身盲目。论文发表时常导致文章中仅有无意义的数据，而缺少充分的论点论据。显然，这样的文章越来越难发表。

（三）文献的完整性

过去，除了少数大城市，在中国查阅国际文献是一件很困难的事。但随着期刊的上网及搜索工具的广泛利用，这种状况已大为改善。然而，仍有许多作者在写作时未列出已发表的相关文献，而这也是退稿的主要原因之一。科技文章必须指出相关领域哪些工作已经实现，以使读者能够了解这个领域的整体发展情况。有些时候，文献的缺乏并不仅仅是文章本身的问题，许多人在科研前就没有对已发表的工作作充分的了解。

（四）创新的重要性

众所周知，创新是科技论文发表的必要条件。科研的目的在于发现新事物、新原理、新方法，产生新结果。但需要注意的是，不是所有的新实验都能称为创新。在生物学领域，经常有人将已做过的实验在其他生物种类上进行重复。如果不能给出重复的理由，也没有取得独特的结果，这种实验是没有价值的。

三、文章的写作

读者对论文各部分的关注是有所不同的，首先也是最多的是摘要或概述，其次极可能是结论，最后是方法。而最易忽视的似乎是前言与讨论部分。这些次序实际上也应该是写作时的重点所在。尤其是，论文要先获得审稿人的首肯，然后才可能被其他科研人员阅读。因此在构思论文时，应先预想一下审稿人的阅读感受。以下是文章各部分的一些关键。

（一）标　　题

文章中各段落的标题应是简洁的、描述性的。切勿在标题中出现论文中不会涉及的内容。英文文题一般为短语结构，常由名词性短语构成，如果出现动词，多为分词或动名词形式，而不用句子。文题应简洁，略去不必要的“Study on”、“A preliminary study on”、“Research on”等套语，尽量少用冠词。由于题名比句子简短，并且无需主语、谓语、宾语，因此词序就也变得尤为重要。如果词语间的修饰关系使用不当，就会影响读者正确理解题名的真实含意。例如，Isolation of antigens from monkeys using complement-fixation techniques 可使人误解为“猴子使用了补体结合技术”，应改为：Using complement-fixation techniques in isolation of antigens from monkeys 即“用补体结合技术从猴体分离抗体”。

（二）摘要或概述

大多数期刊对摘要的字数有着严格的限制，写作时应该遵照。英文摘要是作者和国际同行进行交流的必经之路，是国外各大数据库进行检索收录的主要依据，有时也是他人了解你的工作的唯一途径，因此规范英文摘要的编写显得尤为重要。摘要部分必须包括：研究所依据的基本原理，对所作工作的描述，以及所获结论的概述。用一句概述作结尾能使人更准确地把握文章主题。许多学报是综合性期刊，涉及专业广泛，编辑对稿件的领域往往一无所知。因此，在摘要中应突出表明研究的领域，以使编辑能更准确地指定审稿人。摘要的基本要求：

1）一篇好的英文摘要应该是独立、完整的短文，应包含正文的要点，即研究对象（目的）、研究方法（所用的设备、材料）、结果和结论。文中的创新之处或重要结论是文章的亮点，决不可因翻译困难而丢弃。

2）在不遗漏主题概念的前提下，摘要应力求简洁，尽可能删去课题研究或为同行所熟悉的背景信息。作者研究工作的未来计划不能纳入摘要。应尽量简化措词和重复的单元，摘要第一句避免和文题重复。摘要的长度适度，以表述明白所做工作为准。

3）摘要中不可添加正文中不存在的内容，也不可补充正文内容。最好不要出现图形、表格以及公式等内容。

4）英文摘要除了遵守语法规则，保证句子通顺流畅外，最好长短句结合使用，避免句型单调。主谓要完整，缺乏主语的祈使句等句型不宜使用。

5）用过去时态叙述作者的工作和研究方法，而用现在时态叙述结论，不要用将来时态。

6）文词要朴实无华，不用武断性的、文学性的以及个人色彩性的描述。英文拼写最好用美式拼写，而且要全文一致。

7）关键词的数目和内容应与中文完全一致，不可添加或遗漏。

（三）引　　言

引言不能仅仅是对此研究方向的一个回顾。由于许多读者可能对此主题已经非常熟悉，因此，引言中仅需要列出与研究密切相关的参考文献。引言应明确说明研究的目标和意义，以及它与已发表的研究成果间的联系。

1. 引言部分总的要求

The purpose of an introduction is to bring the reader into the general area of your study and then state the specific area of study（move from the general to the specific). The introduction shows the scope of your investigation efforts. 即说明研究的总体范围和目的。具体内容包括以下几点。

1）背景：说明所研究问题的目前总体情况或历史（statement of general area or history of problem)。

2）意义：说明研究的意义或必要性（statement of importance or need)。

3）进展：说明有关该问题的先有发现、报告或研究（statement of previous findings，reports or studies)。陈述这部分内容时一般要有引文（citations)。

4）目的：说明本研究的目的（statement of purpose of current study)。

5）范围：说明要研究问题的具体范围（statement of specific area of problem to be studied)。

2. 基本要求

1）尽量准确、清楚且简洁地指出所探讨问题的本质和范围，对研究背景的阐述做到繁简适度。

2）在背景介绍和问题的提出中，应引用“最相关”的文献以指引读者。要优先选择引用的文献包括相关研究中经典、重要和最具说服力的文献，力戒刻意回避引用最重要的相关文献（甚至是对作者研究具某种“启示”性意义的文献)，或者不恰当地大量引用作者本人的文献。

3）采取适当的方式强调作者在本次研究中最重要的发现或贡献，让读者顺着逻辑的演进阅读论文。

4）解释或定义专门术语或缩写词，以帮助编辑、审稿人和读者阅读稿件。

5）适当地使用“ I ”、“ We ”或“ Our ”，以明确地指示作者本人的工作，如最好使用“ We conducted this study to determine whether...”，而不使用“ This study was conducted to determine whether...”。叙述前人工作的欠缺以强调自己研究的创新时，应慎重且留有余地。可采用类似如下的表达：To the author's knowledge...；There is little information available in literature about...；Until recently，there is some lack of knowledge about...，等等。

3. 写作要点与时态运用

1）叙述有关现象或普遍事实时，句子的主要动词多使用现在时，如“ little is known about X ”或“ little literature is available on X ”。

2）描述特定研究领域中最近的某种趋势，或者强调表示某些“最近”发生的事件对现在的影响时，常采用现在完成时，如“ few studies have been done on X ”或“ little attention has been devoted to X ”。

3）在阐述作者本人研究目的的句子中应有类似“This paper”，“The experiment reported here”等词，以表示所涉及的内容是作者的工作，而不是指其他学者过去的研究。例如，“ In summary，previous methods are all extremely inefficient. Hence a new approach is developed to process the data more efficiently. ”就容易使读者产生误解，其中的第二句应修改为：“In this paper，a new approach will be developed to process the data more efficiently. ”或者“ This paper will present （presents） a new approach that process the data more efficiently. ”。

（四）材料与方法

对实验的检验在于别人能否根据论文中所提供的细节重复实验过程，这是论文正确的重要保证。有时实验采用的一些方法可以方便地从文献中查阅到，那么文章中可以仅列出文献，而不必对这些方法作具体介绍。总的要求：Readers must be able to reproduce your results，evaluate the validity of your results and the soundness of your methods，and follow the logic in the paper. 即结果的可重演性、方法的可行性以及前后的逻辑性。

1. 写作要点

1）对材料的描述应清楚、准确。材料描述中应该清楚地指出研究对象（样品或产品、动物、植物等）的数量、来源和准备方法。对于实验材料的名称，应采用国际同行所熟悉的通用名，尽量避免使用只有作者所在国家的人所熟悉专门名称。

2）对方法的描述要详略得当、重点突出。应遵循的原则是给出足够的细节信息以便让同行能够重复实验，避免混入有关结果或发现方面的内容。如果方法新颖且不曾发表过，应提供所有必需的细节；如果所采用的方法已经公开报道过，引用相关的文献即可（如果报道该方法期刊的影响力很有限，可稍加详细地描述）。

3）力求语法正确、描述准确。由于材料和方法部分通常需要描述很多的内容，因此通常需要采用很简洁的语言，故使用精确的英语描述材料和方法是十分重要的。需要注意的方面通常有：①不要遗漏动作的执行者，如“ To determine its respiratory quotient，the organism was... ”。显然，the organism 不能来 determine，又如“ Having completed the study，the bacteria were of no further interest. ”。显然，the bacteria 不会来 completed the study；②在简洁表达的同时要注意内容方面的逻辑性，如“ Blood samples were taken from 48 informed and consenting patients... the subjects ranged in age from 6 months to 22 years ”，其中的语法没有错误，但 6 months 的婴儿能表达 informed consent 吗？③如果有多种可供选择的方法能采用，在引用文献时提及一下具体的方法，如“ cells were broken by as previously described”不够清楚，应改为：“cells were broken by ultrasonic treatment as previously described”。

2. 时态与语态的运用

1）若描述的内容为不受时间影响的事实：用一般现在时，如 A twin-lens reflex camera is actually a combination of two separate camera boxes。

2）若描述的内容为特定、过去的行为或事件，则采用过去式，如 The work was

carried out on the Imperial College gas atomizer, which has been described in detail elsewhere。

3）方法章节的焦点在于描述实验中所进行的每个步骤以及所采用的材料，由于所涉及的行为与材料是讨论的焦点，而且读者已知道进行这些行为和采用这些材料的人就是作者自己，因而一般都习惯采用被动语态。例如，用“The samples were immersed in an ultrasonic bath for 3minutes in acetone followed by 10minutes in distilled water.”而非“We immersed the samples in an ultrasonic bath for 3minutes in acetone followed by 10minutes in distilled water”。

4）如果涉及表达作者的观点或看法，则应采用主动语态，如用“For the second trial, the apparatus was covered by a sheet of plastic. We believed this modification would reduce the amount of scattering.”或“For the second trial, the apparatus was covered by a sheet of plastic to reduce the amount of scattering.”而非“For the second trial, the apparatus was covered by a sheet of plastic. It was believed that this modification would reduce the amount of scattering”。

（五）结　论

结论部分的内容应准确、精练。如果这部分内容不是结论与探讨的综合，通常应尽少或不出现注释与文献。

1. 写作要点

1）可根据需要建议作者是否合并“结果”（result）与“讨论”（discussion）。

2）对实验或观察结果的表达要高度概括和提炼，不能简单地将实验记录数据或观察事实堆积到论文中，尤其是要突出有科学意义和具代表性的数据，而不是没完没了地重复一般性数据。

3）数据表达可采用文字与图表相结合的形式。如果只有一个或很少的测定结果，在正文中用文字描述即可；如果数据较多，可采用图表形式来完整、详细的表述，文字部分则用来指出图表中资料的重要特性或趋势。切忌在文字中简单地重复图表中的数据，而忽略叙述其趋势、意义以及相关推论。

4）适当解释原始数据，以帮助读者的理解。如果论文中还包括独立的“讨论”章节，应将对于研究结果的详细讨论留到该部分，但“结果”中应该提及必要的解释，以便让读者能清楚地了解作者此次研究结果意义或重要性。

5）文字表达应准确、简洁、清楚。避免使用冗长的词汇或句子来介绍或解释图表。为简洁、清楚起见，不要把图表的序号作为段落的主题句，应在句子中指出图表所揭示的结论，并把图表的序号放入括号中。例如，“Figure 1 shows the relationship between A and B”不如“A was significantly higher than B at all time points hecked（Figure 1）”。又如，“It is clearly shown in Table 1 that nocillin inhibited the growth of N. gonorrhoeae.”不如“Nocillin inhibited the growth of N. gonorrhoeae（Table 1）”。

2. 时态的运用

1）指出结果在哪些图表中列出，常用一般现在时，如 Figure 2 shows the variation in the temperature of the samples over time。

2）叙述或总结研究结果的内容为关于过去的事实，所以通常采用过去时，如 After flights of less than two hours，11％ of the army pilots and 33％ of the civilian pilots reported back pain。

3）对研究结果进行说明或由其得出一般性推论时，多用现在时，如 The higher incidence of back pain in civilian pilots may be due to their greater accumulated flying time。

4）不同结果之间或实验数据与理论模型之间进行比较时，多采一般现在时（这种比较关系多为不受时间影响的逻辑上的事实），如 These results agree well with the findings of Smith，et al。

（六）表　与　图

表与图的标题应能够独立于正文。它们应含有足够的信息让人明白图、表的含义，而不需要频繁地参阅文章中的句子。图、表同时应具有良好的可读性。图的尺寸在期刊中可能会被缩小，因此在设计符号、线条及标题时，应保证它们在期刊上能被清晰印刷，至少当图、表占据整个通栏时。

（七）讨　　论

讨论部分不能只是对结论的简单重复，而应从结论推广而来，其段落通常位于结论之后。切记这部分内容不能变成文献综述。其重点在于对研究结果的解释和推断，并说明作者的结果是否支持或反对某种观点、是否提出了新的问题或观点等。因此撰写讨论时要避免含蓄，尽量做到直接、明确，以便审稿人和读者了解论文为什么值得引起重视。讨论的主要内容包括：

1）回顾研究的主要目的或假设，并探讨所得到的结果是否符合原来的期望；如果没有的话，为什么？

2）概述最重要的结果，并指出其是否能支持先前的假设以及是否与其他学者的结果相互一致；如果不是的话，为什么？

3）对结果提出说明、解释或猜测；根据这些结果，能得出何种结论或推论？

4）指出研究的限制以及这些限制对研究结果的影响；并建议进一步的研究题目或方向。

5）指出结果的理论意义（支持或反驳相关领域中现有的理论、对现有理论的修正）和实际应用。

（1）写作要点

1）对结果的解释要重点突出，简洁、清楚。为有效地回答研究问题，可适当简要地回顾研究目的并概括主要结果，但不能简单地罗列结果，因为这种结果的概括是为讨论服务的。

2）推论要符合逻辑，避免实验数据不足以支持观点和结论。根据结果进行推理时要适度，论证时一定要注意结论和推论的逻辑性。在探讨实验结果或观察事实的相互关系和科学意义时，无需得出试图去解释一切的巨大结论。如果把数据外推到一个更大的、不恰当的结论，不仅无益于提高作者的科学贡献，甚至现有数据所支持的结论也受到怀疑。

3）观点或结论的表述要清楚、明确。尽可能清楚地指出作者的观点或结论，并解释其支持还是反对早先的工作。结束讨论时，避免使用，如“Future studies are needed”之类苍白无力的句子。

4）对结果科学意义和实际应用效果的表达要实事求是，适当留有余地。避免使用“For the first time”等类似的优先权声明。在讨论中应选择适当的词汇来区分推测与事实。例如，可选用“prove”、“demonstrate”等表示作者坚信观点的真实性；选用“show”、“indicate”、“found”等表示作者对问题的答案有某些不确定性；选用“imply”、“suggest”等表示推测；或者选用情态动词“can”、“will”、“should”、“probably”、“may”、“could”、“possibly”等来表示论点的确定性程度。

（2）时态的运用

1）回顾研究目的时，通常使用过去时，如 In this study，the effects of two different learning methods were investigated。

2）如果作者认为所概述结果的有效性只是针对本次特定的研究，需用过去时；相反，如果具有普遍的意义，则用现在时，如 In the first series of trials，the experimental values were all lower than the theoretical predictions. The experimental and theoretical values for the yields agree well。

3）阐述由结果得出的推论时，通常使用现在时。使用现在时，作者得出的是具普遍有效的结论或推论（而不只是在讨论自己的研究结果），并且结果与结论或推论之间的逻辑关系为不受时间影响的事实，如 The data reported here suggest（These findings support the hypothesis，Our data provide evidence）that the reaction rate may be determined by the amount of oxygen available。

四、审稿人与编辑的关系

如果一篇稿件被一个审稿人接受，却被另一个审稿人拒绝时，它通常不会被录用。对稿件的一个负面评价，即使有些过分苛刻，仍然能使编辑产生足够的怀疑来拒绝它。特别是当投稿量大，质量要求高的情况下，这是极其显然的。有些时候，如果感到评审意见不公，编辑也会否决审稿人的意见。例如，当编辑觉得审稿不够严格时，他们会拒绝一篇评价良好的论文。如果确信对稿件的某些评价不正确，可以就此与编辑辩论，编辑会接受合理的意见。在某些特殊情况下，当审稿人与作者之间存在矛盾或竞争时，也可要求不将某个科学家列入审稿人，编辑通常会接受这个要求。稿件在审稿后通常被分为接受、需修改、退稿几种情况。而修改又分为一般性修改与重大修改两种。由于出版的压力，许多期刊现在一般不接受需作重大修改的稿件，可见文章发表的标准与门槛不断在提高。

思　考　题

1. 昆虫学外文文献主要有哪些？怎样查找昆虫学文献？
2. 结合实际，就昆虫学的某一方面写出一篇文献综述。
3. 怎样提高外文论文的投稿命中率？

参 考 文 献

彩万志 . 2001. SCI 源期刊昆虫学杂志简介 . 昆虫知识，38（1）：76～79

彩万志 . 2002. 国际上影响最大的十种昆虫学期刊 . 昆虫知识，39（4）：320

黄玲巧 . 1998. 国际上重要昆虫学英文期刊简介 . 昆虫知识，35（5）：305～308

林延生，沈坤发，蒋家淡等 . 2001. 昆虫分类学文献检索与利用的概述 . 青海农林科技，（1）：27～29

刘树生 . 1998. 昆虫学者如何利用国际互联网 . 昆虫知识，35（5）：308～313

沈林，彩万志. 2005. 接受昆虫分类文章的 SCI 昆虫学源期刊名录 . 昆虫分类学报，27（3）：238～240

汪世泽. 1993. 昆虫研究法. 北京：农业出版社

王雁，沈佐锐. 2004. 昆虫学相关电子期刊资源简介 . 昆虫知识，41（5）：495～497

吴坤君，盛承发，龚佩瑜. 2003. 昆虫学期刊英文刊名的缩写 . 昆虫知识，40（6）：570～573

吴焰玉，汪家社 . 2001. 简体中文昆虫学国际互联网站介绍与评述 . 昆虫知识，38（3）：236～237

徐广，郭予元，宋福平 . 2000. 利用 E-mail 检索 Inter 网上的昆虫基因信息 . 昆虫知识，37（4）：255

叶维萍，黄原 . 2002. 昆虫学研究的 Internet 资源 . 昆虫知识，39（5）：397～400

袁德成 . 2001. 昆虫学文献索引检索途径介绍（4）：《CAB 文摘数据库》. 昆虫知识，38（4）：319

袁德成 . 2001.《昆虫学文摘（AE）》——昆虫学文献索引检索途径介绍（3）. 昆虫知识，38（3）：239

袁德成 . 2001.《昆虫学文摘（EA）》——昆虫学文献索引检索途径介绍（2）. 昆虫知识，38（2）：136

袁德成 . 2002. 昆虫学文献索引检索途径介绍（5）：《动物鉴定：文献指南》. 昆虫知识，39（1）：66

赵中华，沈佐锐，张星 . 1998. 因特网与昆虫学研究的信息资源 . 昆虫知识，35（2）：114～119

朱国奉. 2003. 科技应用文写作. 南京：东南大学出版社

邹武 . 2002. 浅谈昆虫学网络资源的利用 . 武夷科学，18：294～297

Ferguson I B. 2003. Publishing papers in international journals. Journal of Zhejiang University Science，4（2）：1～4

（曾爱平）

第五章　昆虫分类的方法与技术

导读：昆虫分类研究的质量主要取决于三个条件：标本、文献和研究经验。本章分别从昆虫分类基本原理及程序，昆虫的特征及描述、绘图等方面介绍昆虫分类方法与技术。

昆虫是世界上种类最多的生物类群，据估计，全世界已知昆虫种类有100万种（彩万志等，2001），分别占所有生物种类的1/2和所有动物种类的3/4以上，而实际种类可能超过1000万种。我国昆虫种类约占世界昆虫种类的1/10，按这个比率，我国昆虫应超过100万种，而目前我国已记载的昆虫仅45 000余种，仅占实际种类的3%左右。因此，识别、描述和确定种类对昆虫分类工作者仍是一项极其艰巨的任务。

要正确认识如此繁多的昆虫，必须有一个科学的分类方法。通常，形态特征可作为亲缘关系主要指标，是昆虫分类的重要依据。昆虫分类的实践过程为：先将昆虫个体按形态特征差异性大小依次分为亲缘关系远近不同的类群，对照有关文献和标本分别归为昆虫不同的目、科、属和种等，有些种类分类地位难以判断，需请教有关方面专家或通过饲养杂交等其他途径加以确定。目前，一些昆虫类群已有分类系统，但很多昆虫科以下的分类还没有深入系统的研究，缺乏基本的分类资料。因此，需加紧研究并建立尚未研究或研究不充分的昆虫类群的分类系统。

实际上，分类研究一般不仅是提出种名和方便应用的分类系统，而且还希望最终所建立的分类系统尽可能地符合进化实际过程。因为这样的系统既是一个信息存取系统，又是一个历史总结系统，具有很大的科学预见性。以现代科学技术为手段，综合研究各个分类单元的系统发育，揭示其亲缘关系和进化历史，可以更好地帮助我们建立能够反映生物进化实际过程的分类系统。

昆虫种类繁多，形态各异。这种多样性是昆虫长期演化过程中适应复杂多变的外界环境的结果。另外，由于起源和系统发育上的联系，昆虫躯体基本结构具近似性，不同的变异类型，只不过是其基本类型的特化。找出昆虫形态结构的同源关系是研究昆虫形态学的重要任务之一。研究结构的同源关系，必须追根溯源，研究昆虫的祖先或有亲缘关系的一些别的节肢动物，甚至环节动物等。

昆虫体躯各个构造之间，不论其外形或功能，也都存在着不可分割的相互依赖关系。所以研究昆虫形态不能孤立地研究某一构造，必须以整体的概念去分析局部构造的成因和功能。昆虫形态学的发展同昆虫分类学的发展互为因果，研究昆虫的形态特征，分析比较其共同性和特殊性，这是昆虫经典分类的基础。

昆虫分类研究的质量主要取决于三个条件：标本、文献和研究经验。

本章分别从昆虫分类基本原理及程序，昆虫的特征及描述、绘图等方面介绍昆虫分类主要方法与技术。

第一节　昆虫分类的基本原理与方法

一、昆虫分类的基本原理

自然界中的昆虫种类繁多，要正确地识别它们，就必须根据其形态特征、地理分布、生物学特性、生态要求等加以分析归纳，找出其亲缘关系进行系统分类。昆虫在长期的进化过程中，形成了彼此间有亲缘关系和历史渊源的大小不同的自然类群。所以，昆虫分类的任务除鉴别种类和确定名称外，还要研究昆虫种的渊源及系统发生，以探讨物种的起源、种群的形成、分布、进化与变异以及整个昆虫区系的形成、发展与演替，建立符合客观的分类系统。

在鉴定昆虫种类时，通常需按分类系统，依次（由高到低）鉴别所属阶元。正确鉴定昆虫种类，不仅对生物进化和生物多样性等方面研究具有理论意义，而且对害虫防治和益虫的利用，具有重要的实践意义。因为在种类繁多的昆虫中，种间差异有时是极其细微的，若稍有疏忽，就会造成失误。

此外，昆虫分类还是植物检疫、昆虫资源与区系调查、天敌昆虫的引进与利用等研究的重要基础。

（一）分类的阶元

动物分类的基本阶元为门、纲、目、科、属、种，另外其下还有亚门、亚纲、亚目、亚科、亚种等，其上还有总目、总科、族、亚族等。

现以东亚飞蝗（*Locusta migratoria manilensis* Meyen）为例，表示昆虫的分类地位和阶元。

界（Kingdom）：动物界（Animalia）
　门（Phylum）：节肢动门（Arthropoda）
　　纲（Class）：昆虫纲（Insecta）
　　　亚纲（Subclass）：有翅亚纲（Pterygota）
　　　　目（Order）：直翅目（Orthoptera）
　　　　　亚目（Suborder）：蝗亚目（Locustodea）
　　　　　　总科（Superfamily）：蝗总科（Locustoidea）
　　　　　　　科（Family）：蝗科（Locustidae）
　　　　　　　　亚科（Subfamily）：蝗亚科（Locustinae）
　　　　　　　　　属（Genus）：飞蝗属（*Locusta*）
　　　　　　　　　　种（Species）：飞蝗（*migratoria*）
　　　　　　　　　　　亚种（Subspecies）：东亚飞蝗（*manilensis*）

（二）昆虫的命名和命名法规

1. 学名

学名（scientific name）是指用拉丁文或拉丁化的文字组成的生物名称和分类单元。昆虫命名一般用双名法（binominal nomenclature），即属名＋种名，最后加上命名人的姓氏或缩写，如家蚕为 *Bombyx mori* Linne。有亚种的学名用三名法（trinominal nomenclature），即属名＋种名＋亚种名，后面加命名人的姓氏或缩写，如东亚飞蝗 *Loncusta migratoria manilensis*（Meyen）。移属的学名为重新组合，即种错置在其他属中，更正后，原命名人的姓加括号，更正人置于后或不写，如三化螟 *Tryporyza incertula*（Walker），即是由原来的 *Schoenobius* 属移到了 *Tryporyza* 属。

一种昆虫经科学工作者第一次作为新种公开发表以后，即确定为科学上发现的新种，如果没有特殊理由，不能随意更改其学名。一种昆虫只能有一个学名，凡后人将该种昆虫定为别的学名的，按国际动物命名法规的规定，应作为“异名”（synonym）而不被采用。同样一个学名，只能用于一种昆虫，如果用作另一种昆虫（或动物）的名称，就成为“同名”（homonym），也不为科学界所承认。无论是异名还是同名，后人都有权修订。因此，科学上采用最早发表的学名，这叫作“优先权”。优先权的最早有效期公认从林奈的《自然系统》（*Systema Naturae*）第十版出版的时间（1758 年 1 月 1 日）开始。

学名的写法：学名的第一个字母及命名人姓氏的第一个字母要大写；排版时学名要斜体，命名人姓氏需正体；抄写时学名下要划一横线，以示与其他文字的区别。昆虫学名中的属名，在前面已经被提到的情况下，可以略写。例如，上述的三化螟即可写作 *T. incertula*（Walker）。

2. 模式标本

在发表新种时，第一次用于描述和记载新种所用的标本，叫作模式标本（type）。在一批同种的新种标本中，选出的其中一个最为典型的标本，即原描述所主要依据的标本，称为正模（holotype）；另选出的一个与正模不同性别的标本，称为配模（allotype）；而同时所参考的其余同种标本，统称为副模（paratype）。

模式标本是建立一个新种的物质根据，通过模式标本可以提供鉴定昆虫种类的参考标准。在鉴定种类的过程中，如对原记载发生疑问，或记载不详尽时，若能核对模式标本，可避免误定。因此，模式标本必须妥为保存，以供长期参考使用。在发表新种时，必须指明模式标本存放地点，以供需要时进行查对。模式标本是科学上的宝贵财富。

各级分类阶元都应有其模式，建立一个新属，必须同时指明据以建立该新属的一个模式种的名称。同样，建立一个新科须同时指明其模式属。

3. 分类检索表

分类检索表（identification key）是鉴定昆虫种类的工具，它广泛应用于各分类阶元的鉴定。检索表的编制是用对比分析和归纳的方法，从不同阶元（目、科、属或种）的特征中选出比较重要、突出、明显而稳定的特征，根据它们之间的相互绝对性状，作成简短的条文，按一定的格式排列而成。检索表的编制和运用，是昆虫分类工作的重要基础，学习和研究昆虫分类，必须熟练掌握检索表的制作和使用。

检索表的形式，常用的有双项式、单项式（连续式）和包孕式（退格式）三种，其中以前两种最为常见。现以弹尾目、缨尾目、直翅目、鞘翅目、半翅目和同翅目 6 目昆虫为例，说明检索表的制作方法（表 5-1）。

表 5-1 弹尾目等 6 目昆虫分类特征*

目名	口器	翅	其他特征
弹尾目	咀嚼式	无	腹末有跳器
缨尾目	咀嚼式	无	腹末有 1 条中尾丝和 1 对尾须
直翅目	咀嚼式	前翅皮质，后翅膜质	后足跳跃式，或前足开掘式
鞘翅目	咀嚼式	前翅鞘翅，后翅膜质	
半翅目	刺吸式	前翅为半鞘翅，后翅膜质	喙着生于头部前端
同翅目	刺吸式	前后翅均膜质，或前翅略加厚	喙着生于头部腹面后端

* 弹尾目和缨尾目现已分别提升为弹尾纲和缨尾纲。

双项式检索表制作如下：

1. 无翅 …………………………………………………………………………… 2

   有翅 …………………………………………………………………………… 3

2. 腹末有跳器 ……………………………………………………………… 弹尾目

   腹末无跳器，腹末有 1 条中尾丝和 1 对尾须 ……………………………… 缨尾目

3. 口器咀嚼式 ……………………………………………………………………… 4

   口器刺吸式 ……………………………………………………………………… 5

4. 前翅皮质，后翅膜质；后足跳跃式，或前足开掘式 ………………………… 直翅目

   前翅鞘翅，后翅膜质 ……………………………………………………… 鞘翅目

5. 前翅为半鞘翅，后翅膜质；喙着生于头部前端 ……………………………… 半翅目

   前后翅均膜质，或前翅略加厚；喙着生于头部腹面后端 …………………… 同翅目

双项式检索表的特点：每一条包含两项对应的特征，所鉴定的对象符合哪一项，就按哪一项所指示的条数继续向下检索，直至检索到其名称为止，总条数为所含种类数减 1。

单项式检索表制作如下：

1（4）无翅

2（3）腹末有跳器 …………………………………………………………… 弹尾目

3（2）腹末无跳器，腹末有 1 条中尾丝和 1 对尾须 ………………………… 缨尾目

4（1）有翅

5（8）口器咀嚼式

6（7）前翅皮质，后翅膜质；后足跳跃式或前足开掘式 ……………………… 直翅目

7（6）前翅鞘翅，后翅膜质 ……………………………………………… 鞘翅目

8（5）口器刺吸式

9（10）前翅为半鞘翅，后翅膜质；喙着生于头部前端 ……………………… 半翅目

10（9）前后翅均膜质，或前翅略加厚；喙着生于头部腹面后端 ……………… 同翅目

单项式检索表的特点：每一条仅含一项，与其后所指示的特征相对应，所鉴定的对象若符合，就继续向下检索，若不符合，就检索其后括号中的序号，总条数为所含种类数的 2 倍减 2。

二、昆虫分类的指导思想和原则

分类学中有以两种截然不同的指导思想建立的分类原则。

其一是根据表型特征识别和区分物种，并按照表型相似的程度逐级归类，建立易于检索的分类系统，这就是表型分类原则（phenetic principle of classification）。表型分类的典型代表“数值分类学”（numerical taxonomy）建立了一套能减少主观任意性的、能比较客观、定量地反映分类对象之间的表型相似性或表型距离的分类原则和方法（Sokal and Sneath，1963）。根据这种原则的分类不涉及进化。生物与非生物被等同对待；生物的任何表型特征原则上都可作为分类依据而不必对这些特征进行分析和区别对待；按照表型相似的程度或相异程度（表型距离）逐级归类，所建立的分类系统以易于检索和实用为目的，而不必反映生物的进化谱系。

其二是以建立进化谱系为目的的谱系分类原则（phylogenetic principle of classification），遵循这种原则的分类方法被称为谱系分类。谱系分类的代表就是“分支系统学”（cladistic systematics），它主张以进化中的分支作为识别和区分分类单元的标准和确定各分类单元谱系关系的依据，以所谓的共祖近度（recency of common ancestry）来衡量不同分类单元之间的亲缘关系，并确定其在谱系中的地位，最后建立的分类系统是反映系统发生历史的进化谱系（周明镇等，1983）。换句话说，谱系分类的基本原则是分类系统与进化谱系相符合。谱系分类只适用于生物，不能用于非生物分类（张昀，1998）。

大多数情况下，表型分类与谱系分类能得出相同或相近的结果，但在某些情况下会得出不同的结果。

三、昆虫分类的本质与方法

（一）昆虫分类的本质

1）研究区分和确定昆虫中的各个物种，并予以命名，加以描述，提供正确辨别昆虫种类的知识和资料。

2）根据物种之间的异同，确定所属分类阶元层次，制订各物种的分类系统。

3）探寻物种之间的亲缘关系，追溯其进化过程。

简要概括为鉴定（identification）、分类（classification）和系统发育（phylogeny）三个阶段，从分类工作水平这一范畴考虑，三个阶段也可以称为：

α 分类阶段：种类区分、鉴定、命名。

β 分类阶段：将物种排列于适当的分类阶元中，建立分类系统。

γ 分类阶段：种内变异分析，种下阶元及其进化研究。

（二）昆虫分类的方法

通过对一定数量的昆虫进行对比分析，分析其性状的相似性和差异性，并根据其特征和亲缘关系归纳成科学的系统。一般可分两步进行：①寻找和估量其不同点；②发现其相似点。

通常，现存各种昆虫类型结构的复杂性程度及其功能完善程度上的差异乃是进化改变的速度和程度不同所致。若将其结构的各层次作比较，再按结构的复杂性程度和相似性（或差异性）程度排列成序列，可将这个序列作为推断进化历史的依据。但在性状选择和比较方面难以避免主观因素，分支系统学（cladistics）改进了比较分析的方法，能比较客观地反映进化中的历史联系。

第二节　昆虫鉴定、分类的程序与技术方法

一、昆虫鉴定和分类的程序

除了标本和文献外，昆虫分类鉴定工作的质量主要依赖于分类工作者的工作经验，只有长期从事昆虫分类研究，尤其是对某一类群的深入系统研究，才能使分类研究更全面、客观并富有成果。

昆虫鉴定方法和步骤，先要进行目和科的初步检索，确定大类，这一工作借助昆虫分类学教科书或目科检索表等一般即可完成。查到一个标本的所属目科后，则需寻找有关专著，鉴定出某些科、属的常见已知种类，而有些种类不易鉴定，需作进一步深入研究。如无有关专著，或专著出版年代过久，就要查考有关这个类群的近期名录。名录提供了至名录发表时为止所有种类的名称和记述新种的文献，或很完备的文献、同物异名以及地理分布，有助于鉴定，并可循着它提供的线索找寻其他必要的参考文献。专著或名录发表之后的文献资料，需根据动物学记录获得有关文献目录，最后根据文献目录搜寻和查阅文献资料。原始记载和研究专著中提供的描述对鉴定种类是十分重要的。根据以上程序核查过所有有关文献还不能鉴定出标本的种类名称，一般说来该标本就是新种。这里研究经验十分重要，对初学者来说，如何理解特征并不容易，往往出现鉴定不正确的情况，严格来讲，还应该向有关单位借用近似种的模式标本，以最后确认新种是否成立。经过鉴定的标本，无论是已知种类还是新种均应加上鉴定标签，写上种名和定名人姓名及鉴定日期。

二、昆虫分类的技术方法

（一）文献资料的收集利用

昆虫分类学研究是继承性很强的工作，必须阅读有关的文献资料，深入了解前人所作的工件，才能在前人研究的基础上有新的发现。通过参阅文献资料，可以知道前人研究的方法和研究材料的来源，了解前人研究工作的方向、范围、重点和已经达到的水平。此外，还可以从文献资料的“参考文献”扩大文献范围。

文献一般指正式印刷出版的书籍和刊物，资料则包括油印、打印或印刷的非正式出版物。根据出版形式可以分为单行本、刊物等，根据文献资料的内容，分为纲要、评论、订正、专著、图谱、目录、分类名录、手册和指南等。

当提出一项分类研究课题时，应先从已有的专著，如《中国经济昆虫志》等入手，再根据已有专著，由易到难，由近及远，逐步扩大文献资料的范围，如无专著等可以依据，则需系统查阅动物学记录 *Zoological Record*（第 13 部，昆虫部分），掌握全世界该分类单元研究情况，制作文献卡片，通过购买或向国内外有关专家索取或交换等方法获取文献资料。

分类工作一旦离开文献资料便寸步难行，昆虫分类文献收集主要靠平时积累。昆虫类群很多，收集文献时要有重点且目的明确。收集时一般是由近及远，有些古老的早期

文献一般记录简单，也不易找到，若已为后人所订正或补充，可以先行利用，不必收集齐全（袁锋等，2006）。同时，利用文献要谨慎，不盲目迷信，应取其精华，去其糟粕。在利用他人文献时应把别人文献中的内容和自己的见解及有关内容区分开来，文章末尾还应附上参考文献目录。

（二）标本的收集利用

昆虫标本是昆虫分类研究的起点和基础，因此，标本的采集与制作便成为昆虫分类研究的基本技术。昆虫种类繁多，生活习性各异，必须有一套得心应手的采集工具，才能得到完整、理想的研究材料，制成合乎要求的昆虫标本。

1. 采集工具

种类很多，根据用途和原理可分为捕捉用和利用昆虫的各种趋性诱集用两大类。

1）捕虫网是采集昆虫最常用的工具，按其用途和结构可分为 3 类。目前市售的捕虫网的网杆一般用铝合金，网圈用粗钢丝制成。网杆一般由 3 节旋接组成，可以收缩，网圈也可以对折，便于携带。网杆也可用木杆或竹竿制成，网袋一般用珠罗纱或尼龙纱制成。捕捉水生昆虫可用铜纱网。

2）诱虫灯用于采集有趋光性的夜出性昆虫，长期固定的诱虫灯常用黑光灯管，固定在灯架上，周围有挡板，灯架下设有漏斗和毒瓶，诱到的昆虫由漏斗掉进毒瓶内被毒死。如需采活虫，则可在漏斗上接一纱笼。

外出采集须常携带黑光灯泡（沈阳东陵公园白炽灯泡厂产，200 W，需交流电源），也可用晶体管黑光灯（20 W，可用电池或交流电源），不带灯架，只需带一大块白布（幕布），黑光灯位于幕布中央稍上方（但应离开幕布一定距离），诱集到的虫子落在幕布上，可用毒瓶或吸虫管收集。幕布不宜悬空，下面约 30cm 接于地面固定为好。

3）吸虫管是利用吸气形成的气压差将昆虫吸入瓶内。一般把吸气管插入口中，直接用口吸气，也可用吸气球吸气。用于采集蚜虫、蓟马、红蜘蛛等微小昆虫，也常与捕虫网配合使用，吸取网中采到的小型昆虫，如叶蝉、飞虱等。在吸气管的瓶内一端应包上尼龙纱或铜纱，以免将虫子吸入口内。

4）毒瓶或氨水瓶用于毒杀采到的昆虫。一般用磨口广口瓶制成，也可用其他封口严实的广口瓶制作。制作方法是先在瓶底放一层氰化钾（KCN）或氰化钠（NaCN），压实，其上铺一层锯末，压实后再铺上一层煅石膏粉，压平压实，然后用毛笔蘸水均匀地涂布使石膏硬化，结成整块。也可直接在 KCN 或 NaCN 上压上一层泡沫塑料板。最后再铺上一层吸水纸或硬纸板。较简便的方法是，用双层纱布包些 KCN 或 NaCN 直接塞入瓶内，压实，上面压一扎有小孔的硬纸板，使用时上面再放些吸水纸。这样万一毒瓶被打破，可将纱布包的毒物放入备用的瓶内，继续使用。毒瓶的容积依需要而定，使用时注意鳞翅目成虫不能与其他昆虫放在一个瓶内，以免损坏鳞翅，或污染其他昆虫标本。大甲虫不能放入已有标本的毒瓶内，以免甲虫未毒死前爬动损坏其他昆虫标本。毒瓶要保持清洁、防潮，瓶内铺的纸要常更换，平时塞紧瓶塞，使用时面部不要直接对住瓶口，避免中毒。若毒瓶破裂或丢失瓶盖，必须在远离水源的地方深埋或采取其他措施妥善处理。

氨水毒杀，将少量氨水倒入装有海绵或棉花的密封瓶内，氨水用量以湿润海绵或棉花为准并留少许液体，干后适当添加。该法毒杀昆虫迅速且安全，但要注意脸部不能直接对准瓶口。

5）活虫采集盒常用铁皮或铝皮制成，盖子上装上透气的铜纱，并开一小孔，以装入昆虫或食物。

6）其他常用的采集工具有采集袋（箱）、标本盒、三角纸、指形管、剪刀、镊子、放大镜、记录本等。对于地下害虫还需携带挖土工具，采集幼虫须备有浸渍液。

2. 采集方法

各类昆虫习性、生活环境不同，采集的方法也多种多样。用捕虫网采集是最常用的采集方法之一，网捕到虫子后立即甩动网袋将虫子集中于网底，并将网底甩到网圈上，以免虫子逃逸，然后把毒瓶送入网内，将采到的虫子收入毒瓶中。用吸虫管吸虫时不宜在一个管内收集过多的标本，应及时换管或将虫子取出。有的昆虫有假死习性或拟态等特点，可先用网杆等敲震寄主，待震落或飞起后再行捕捉。灯光诱集时，应选背光地方设灯，闷热、无风、无月的夜晚效果最好。此外，还可利用昆虫的趋性用食物（如糖、醋液诱蛾）、性诱剂、黄板或黄盘（可用于诱蚜）等引诱昆虫。对于生活于土壤中的地下昆虫，要挖土搜寻。采集潜叶或蛀干的昆虫时还需剖开叶片或树干才能采到。腹部肥大、柔软的昆虫，如螳螂、螽斯等，不易干燥，腹部容易腐烂，采后应及时从腹侧膜区剪一小口，取出内脏并用脱脂棉填充成原形。

采集时要保质保量、全面采集，注意尽量采集不同虫态的标本，保证所采标本的完整性，并作好采集记录，详细记载采集时间、地点、海拔高度、寄主名称及为害情况等。

所采标本包在三角纸内，或放于脱脂棉层包内，写上日期、采集地点。

长时间外出采集，应将标本分批寄回，寄前应将标本晾干，以免发霉。邮寄时标本装入木箱或纸箱，用软纸或泡沫塑料填充空隙，以免震动毁坏标本。此外，箱内还应放入樟脑丸，并严密封口，以防蚂蚁等危害标本。应按计划分别在不同地点、时间进行标本采集。

（三）制作方法

采回的标本一般都已干燥，不仅容易毁损，而且无法整理，在制作标本前需还软。还软的方法是在干燥器底部放入干净的湿沙，加入清水，再滴入几滴碳酸或甲醛溶液（以防标本发霉），即制成还软器，将昆虫标本放在瓷隔板上，数日后软化。有时也将标本置于潮湿的布层中还软。标本还软后即可进行针插、整姿或展翅。

1. 针插标本

制作针插昆虫标本时，应根据虫体大小，选用合适的昆虫针。昆虫针由粗到细依次为0、1、2、3、4、5号。制作小型昆虫标本可用昆虫针先插好三角台纸，用黏虫胶把昆虫胶黏在三角台纸的端部，三角台纸尖端指向左边，虫体向前。为避免破坏鉴定特征，制作针插标本时昆虫针在虫体上的位置是有规定的。鳞翅目、蜻蜓目、膜翅目、双翅目等昆虫插在中胸中央稍偏右（勿插在胸部中线上），鞘翅目昆虫插在右鞘翅左上角，半翅目、同翅目昆虫要插在小盾片中线右侧，直翅目昆虫插在前胸背板中线右侧。

标本及标签在昆虫针上要求位于一定的高度。定位方法是将插有昆虫标本的昆虫针倒置，插入三级台最低一级小孔，使虫体背面紧贴台面，标签的位置则根据标签数目多少确定。

鳞翅目昆虫插针后还需用展翅板展翅，展翅板用软木或泡沫塑料板制成，以便插针，将昆虫翅展开后压上纸条用针固定好，待干燥后即可定形。展翅时需注意二个前翅后缘要成一直线，并压住后翅前缘。

2. 浸制标本

幼虫标本一般用75％的乙醇、4％的甲醛溶液或专门的浸渍液浸制，有些小型或柔软的昆虫成虫也用浸制法保存，如蚜虫、蓟马及茧蜂等。

3. 玻片标本制作

永久性玻片标本制作步骤：①杀死和固定，用75％乙醇或毒瓶杀死，也可用沸水杀死固定；②净化，用10％KOH或NaOH浸泡，气温低时可用水浴方式间接加热（约5min）；③漂洗，经碱液处理过的标本，须用清水漂洗多次至标本干净为止；④脱水，由低浓度到高浓度乙醇脱水，30％→50％→70％→85％→90％→95％→无水乙醇（根据标本大小，5～10min）；⑤透明；用二甲苯透明（5min）；⑥整姿，将透明好的标本取出，快速将姿势整好，使成自然状态；⑦滴胶，滴一滴适度大小的中性树胶胶滴；⑧盖片，用一干净盖玻片盖好；⑨贴标签，按载玻片大小贴一定大小的标签；⑩干燥，放在平而干燥的盒或其他容器中阴干。

4. 标本标签

采集到的任何昆虫标本，包括针插标本、浸渍标本和玻片标本，均应附上采集标签，写明采集时间、地点、海拔高度、寄主植物、采集人姓名。没有标签的标本对昆虫分类工作是没有科学价值的。经过专家鉴定的标本还应附上鉴定种名标签。标签字迹要清楚，通常不可变动。

5. 昆虫标本的保藏

制作好的昆虫标本，是科学研究工作的重要材料，必须妥善保存，以免发霉或生虫，除有专用标本室和必要的保藏设备外，还需有专人负责、定期检查、防潮防虫。

针插标本保存于昆虫标本盒内，盒底用软木或泡沫塑料板铺妥，以便插针，盒的四角应放置卫生球或樟脑。标本盒应置于专门的标本柜内保存。制作好的标本在放入标本室前应连同标本盒一起用磷化铝熏蒸，有的还要干燥。此外，还应定期对标本室进行熏蒸防虫。

浸渍标本如需长期保存，应在浸渍液表面加一层液体石蜡，以防浸渍液挥发。

玻片标本的保存比较容易，但制作时质量要求较高，置于玻片标本盒中保存即可（袁锋等，2006）。

（四）新技术在昆虫分类上的应用

昆虫分类学虽然是一门古老的学科，但随着科学技术的发展，许多新技术也逐渐应用到昆虫分类工作中。例如，电子显微镜的应用出现了超微形态学，使昆虫分类进入了超微水平；电子计算机的应用产生了数值分类学；生物化学技术的发展，使氨基酸顺序测定法、血清反应法、电泳法等应用于昆虫分类，昆虫分类深入到了分子水平，形成了化学分类学；细胞学技术的发展，使染色体、精子超微结构的特征应用于昆虫分类，形成了细胞分类学。

总之，昆虫分类研究技术在不断发展，需要不断学习掌握新技术，才能提高分类研究水平（袁锋等，2006）。

第三节 昆虫的特征类型与特点

生物都有一定的躯体结构和生命活动性状，原则上生物所有的特征或性状都可用于分类，但分类实践中一般都有所选择，通常将用来进行类下分类和类上归类的性状称为分类特征（taxonomic character）。分类特征在分类上有着双重作用，即既是特定分类单元的鉴别指标，又是系统发育亲缘关系的指标。当代昆虫分类应用的特征，大体划分为以下类型：形态特征、生态学特征、地理学特征、行为特征和细胞学特征等。

一、形态特征

形态特征指昆虫身体构造上的性状特征，包括一般外部形态、外生殖器和内部特征。

（一）一般外部形态

属身体外部整体的或局部的形态特征，一般能直接用眼睛或借助光学显微镜观察到，如形状、大小、色泽、斑纹和刻纹等。由于昆虫和其他节肢动物一样具有坚硬的外骨骼，体壁由缝划分为不同形状的骨片，又有沟、脊、毛、刺等外长物，还有足、触角等附肢，一般还有特殊的飞翔器官——翅，能够制成标本，永久保存，并且容易观察，因此外部形态特征成为昆虫分类最基本和可靠的特征，至今仍是昆虫分类上应用最多的特征。

（二）外生殖器

外生殖器（genitalia）是昆虫生殖系统的体外部分，是对交配、授精和产卵器官的统称，主要由腹部生殖节上的附肢特化而成。生殖隔离是物种存在的必要保证。昆虫的外生殖器具有明显的种间差异，且特征十分稳定，昆虫纲的许多类群中，外生殖器的差异是划分鉴别物种的最终诉庭。Dufour 等甚至提出，在具有骨化生殖器的种中，雄雌交配结构之间存在着钥与锁的关系。昆虫分类研究实践证明，外生殖器结构是一些类群种、属的重要鉴别特征。

（三）内部形态

内部形态指虫体内部器官的形态结构。由于要通过解剖才能观察到，应用比外部形态特征麻烦，故较少用于分类研究，常用来补充外部形态特征的不足，如马氏管的数目和卵巢小管的数目等，主要用于目、总科等高级分类阶元的划分。

此外，还可用幼期形态特征进行分类研究。

胚胎期　不同昆虫胚胎期羊膜和浆膜的有无、胚动的不同方式是目级分类阶元的特征，如弹尾纲和双尾纲都无羊膜和浆膜，胚动的方式也不同于其他目昆虫。

卵期　常用的特征是卵的形状、卵孔的位置、卵壳的构造及表面的分泌物等。卵壳是由滤胞细胞分泌的，卵壳的构造间接地反映了滤胞细胞的构造。因此，由卵壳表面构造建立的分类系统，有时反映出成虫的分类体系。

幼虫期　全变态类幼虫期与成虫期形态结构和生活方式完全不同。昆虫分类学的实践证明，根据幼虫期特征和成虫期特征建立的分类系统，在一些类群基本一致，在一些类群又不一致，有的甚至相差甚远。综合幼虫期和成虫期两个方面的分类研究结果，建立的分类阶元和分类系统会更加完善。幼虫期分类特征主要是形状、大小和斑纹，头部结构和形状，胸部和腹部附肢的对数、构造和着生位置，体壁外长物，如刺、毛、隆起的形状和排列等。

蛹期　蛹期的分类研究比幼虫期更少。完全变态类昆虫的蛹期，其外部形态，如头、口器、触角、胸部、腹部和足等比较接近成虫期的构造，但又和幼虫有联系，蛹期还有自身的形态特征。蛹期分类特征主要是形状和大小、外被物、胸腹部的突起、附肢的位置等。

二、生态学特征

生态学特征是昆虫与其所处环境因素相互作用的各种性状。下述特征在昆虫种类鉴别上作用较大。

（一）生　态　位

每种昆虫都要求一定的生活环境，存在于一定的生态系统，在自然界占有一定的生态位。有些形态相似的种类，其生活环境等不同，如中华按蚊 *Anopheles sinensis* Wicdcmann，以前根据形态特征认为是 ·个种，后来根据幼虫的生活环境、成虫越冬和传播疾病的情况，经过细致的观察分析，发现它实际上是 8 个近缘种（sibling species）。

（二）食　　性

同域分布的近缘种，食性选择及取食方式、取食行为、取食部位都有着明显的差别，如叶甲科的委陵跳甲 *Altica* sp.、蛇莓跳甲 *A. fragasiae* 和地榆跳甲 *A. sanguisorbae* 三种虽为同域分布，但寄主不同，行为有别，生境各异，因此为三个独立种。

（三）寄　生　物

寄生昆虫对寄主的选择往往因种而异，而不同的寄主其寄生物区系也不尽相同。因此，近缘种的寄生物区系可作为鉴别寄主种类的指标。

三、地理学特征

每种昆虫都由一定居群组成，都有一定地理分布范围。居群的同域性或异域性，对决定不同居群能否同种有着重要意义。同域分布和异域分布在分类上的应用可由表 5-2 看出。只要了解所鉴定标本的形态是否相同，有无生殖隔离、同域分布还是异域分布，利用表 5-2，就不难判断是居群、亚种，还是不同种。

表 5-2　识别表格

形态	分布区域	无生殖隔离	生殖隔离
形态相同	同域分布	①同一居群	⑤近缘种
	异域分布	②同一亚种	⑥近缘种
形态不同	同域分布	③同一居群中的个体变异	⑦不同种
	异域分布	④不同亚种	⑧不同种

四、行为特征

行为特征指昆虫行为表现出来的各种性状。通常能观察到的昆虫行为主要包括趋性、反射、本能和学习 4 种类型。前三种是先天性的行为，后一种是后天获得的行为。在昆虫分类研究中常用到的行为特征有鸣声、气味信息和交配行为等。

（一）鸣　　声

鸣声是昆虫之间的一种信息传递行为。不同的声音代表了不同的心理状态，如蝗虫一般可发出 5 类鸣声：呼唤声、求偶声、交配声、攻击声和报警声。共同的鸣声类型即是呼唤声，人们直接可以听到，还可以录音。不同种类的声音有其种的特异性。20 世纪中叶以来，分类学家把鸣虫类，如蟋蟀、蝗虫、蝉类等的鸣声，用录音机记录下来，在示波器上显示出音调结构，经摄影制图，进行鸣声的时域、频域和声谱分析，可找出种间差异。鸣声在鉴别近缘种上有一定价值。但是，鸣声在分类研究上有一定局限性：首先，不是所有昆虫均有鸣声，不能根据鸣声建立完整的分类系统；其次，发出的鸣声受发育阶段的影响；最后，同种个体鸣声有时随时间、地点等条件不同而异。所以，目前鸣声只能作为一种辅助特征应用于昆虫分类。

（二）气　　味

这是昆虫与昆虫、昆虫与植物之间信息传递的另一种方式。这种信息传递依靠化学物质来实现。例如，昆虫在求偶、觅食、定向栖息场所、受到侵扰时告警同伴等行为中均散发出一些气味。引起同种昆虫其他个体反映的这些化学物质称为种内信息素，如性信息素、报警信息素、集合信息素等。引起其他种昆虫产生行为反应的称为种间信息素，如利他素、利己素、协同素等。目前分类上应用较广的为性信息素，又称性外激素。例如，欧洲玉米螟 *Ostrinia nubilalis*（Hübner）和亚洲玉米螟 *O. furnacalis*（Güuenée）形态上难以区分，但二者性信息素结构不同，前者为顺-11-十四烯醇乙酸酯或反-11-十四烯醇乙酸酯，后者为顺-12-十四烯醇乙酸酯或反-12-十四烯醇乙酸酯。

（三）交　　配

交配行为为昆虫近缘种或种下分类研究提供了可靠依据。例如，B. E. Herdy 根据形态特征将夏威夷产的 400 多种果蝇分为 8 属 19 个亚属，Spieth 等根据交配行为结合内部解剖分析，将夏威夷果蝇分为 2 个属，果蝇属（*Drosophila*）的雄虫活动具巢域性，它们聚集并占据一定区域，建立保护求偶场所，以引诱雌虫，交配在该场所内，经过一番复杂的夸耀行为后才能实现；*Scaptomyza* 属种类交配是在食物基础上进行的一种简单攻击型。在此基础上，建立了较为符合客观实际的夏威夷果蝇分类系统。

五、细胞学特征

由于电子显微镜技术的发展，当前国内外对昆虫超微结构进行了一定的研究。昆虫超微结构的实质就是细胞学，其内容涉及昆虫体壁、气管、消化道、唾液腺、丝腺、血球、脂肪体、神经、肌肉、生殖系统、感觉器管等。在分类上应用最多的为染色体、精子、体壁表面及感觉器官的特征。细胞学特征不仅对属、种，尤其是近缘种的鉴别有意义，而且在系统演化研究方面也有一定意义。

（一）染　色　体

只有在细胞分裂中染色体才适用于光学显微镜观察。在昆虫分类中主要是研究染色体的组成及其行为。

1. 染色体组成

染色体组成主要是核型或称染色体组型（karyotype），它是染色体数目、类别、形态、结构等方面性状的总和。

染色体数目：植物和动物染色体数（n）2～200 不等，动物的染色体数目相对较少。记载染色体需注明是单倍体（n），还是二倍体（$2n$）。例如，德国小蠊 *Blattella germanica*（L.）雄虫 $2n=23$，雌虫 $2n=24$。还应注明常染色体数目和性染色体系统情况。例如，蜚蠊目昆虫的性染色体为 XO 型，即雄虫有 1 条 X 染色体，雌虫具有 2 条 X 染色体。因此，德国小蠊的染色体数还可记为 $2n=23+XO$。

染色体类别：包括常染色体和性染色体。

染色体形态：动物染色体的形状多为棍棒状，长短不一，或椭圆形、圆球形等。按照着丝粒的位置分为中部着丝粒染色体、亚中部着丝粒染色体、端部着丝粒染色体、全着丝粒染色体。

染色体带型：自 1969 年开始发展起来的一系列染色技术，可使染色体一定部位显示出着色不同的横置带纹，称为带型（banding pattern）。按分带技术有 A-带、C-带、D-带、G-带、Q-带、N-带、R-带、T-带、银染以及经过处理的混合带，如 SCD＋R-带、SCD＋G-带、Brol U-带等。新近发展的还有限制性内切核酸酶分带。

2. 染色体的行为

染色体的行为包括细胞有丝分裂和减数分裂的特点及染色体在分裂过程中的变化，如呈正常状态还是呈着色很深的异染状态；染色体在不同时期的排列，散布的方式及向两极移动的情况；倒位和易位的情况等。这些在种下分类和物种分化研究中均有意义。

据报道，中国 25 种角蝉染色体的数目、大小以及在减数分裂过程中的行为，是种与属级的分类特征。角蝉科昆虫的染色体数目变异在 $n=5$～12，众数为 $n=11$，另外 $n=10$的种类也较普遍。绝大多数种类的性别决定机制为 XO 型，个别种类为 XY 型。角蝉科染色体的研究也解决了一些疑难属的分类地位问题。例如，二刺角蝉属 *Hemicentrus* 过去曾被放在犁胸蝉科 Aetalionidae，但它的染色体为 $2n=20+XO$，若虫有后突起，证明它属于角蝉科 Membracidae，露盾角蝉亚科 Centrotrinae，弧角蝉族 Leptocentrini（袁锋和周尧，2002）。

（二）精　　子

一般来说动物精子是一个带鞭毛的细胞，在漫长的进化过程中由于动物生境和生活方式的改变，导致精子结构上的多样性。从比较精子学的研究结果来阐明昆虫的系统分类，多数与经典的形态分类学相吻合，但有些比较特殊。尹文英（1983）对原尾虫精子的超微结构进行了研究。根据动物精子从有鞭毛精子进化为无鞭毛精子的一般规律，从比较精子学的角度阐述了六足总纲的进化过程：从弹尾纲精子的鞭毛横切面显示微管蛋白对偶体为通常的 9+2 型，顶体双层的线粒体分散的原始形式，经双尾纲、昆虫纲衣鱼目达 9+9+2 型，从分散的线粒体到集中为 2 个线粒体衍生物，最后衍化为含有蛋白质结晶体的线粒体衍生物的有翅昆虫类型，然后分支向高等昆虫进化。但原尾纲昆虫精子不同：蚖科的精子呈螺旋体状，鞭毛的微管蛋白对偶体的排列方式为 12+0 型或 14+0型，缺中心微管；古蚖科的精子已发展为不活动的圆盘状，既无鞭毛，又无顶体，只包括扁平的核和线粒体。据此并结合其他特征，认为原尾虫在节肢动物中应单独作为一个类群，并认为有气管的古蚖不是原始类群，而是高度特化的类群，提出了与前人不同的原尾纲分类系统，在原尾纲分类方面作出了杰出贡献（袁锋等，2006）。

六、分子生物学特征

传统的生物分类和谱系树的建立是基于生物表型特征的比较分析，表型特征主要指形态学的特征，也包括某些生理的、生化的以及行为习性的特征。表型是基因型与环境相互作用的产物，基因型相同的个体在不同环境条件下发育，可能出现显著的表型差异，给分类和谱系分析带来很多困难和不确定性，所以有人主张直接将基因型特征用于分类和系统学研究。所谓基因型特征是指基因和基因产物的分子结构特征。

20 世纪 80 年代以来，随着分子生物学的迅速发展，快速分析蛋白质和 DNA 结构成为现实，从基因密码直接探讨生物的进化历史已成为可能，分子系统学（molecular systematics）应运而生（郑乐怡和归鸿，1999）。核苷酸可用来获取更多的特征，用于系统发育的推断，核糖体被发现适于很多昆虫类群的系统发育重建。分子遗传标记突破了表型标记的局限性，生物体直接来源于 DNA 序列的差异具有稳定性，受环境条件的影响小，信息量大，不同层次和类群之间广泛可比等优越性，在揭示生物遗传变异研究中发挥着独特作用。

目前用于昆虫分类研究中的分子生物学技术有以下几种。

（一）限制性片段长度多态性分析

限制性片段长度多态性分析（restriction fragment length polymorphism，RFLP）是 20 世纪 80 年代发展起来的研究生物 DNA 多态性的技术。基本原理是由于进化过程中的各种原因引起种、属间同源 DNA 中核苷酸的数量和排列顺序发生改变，当这种改变涉及限制性内切核酸酶识别位点时，利用限制性内切核酸酶将 DNA 切割成不同长度的限制性片段，从而产生多态性的 DNA 图谱。根据群体间 DNA 限制性片段的相似程度计算遗传距离，再根据遗传距离矩阵重建系统发育。此方法既可以进行近缘种及种内群体间的比较，同时，也可以进行远缘物种的比较，主要应用于构建基因组连锁图谱及确定物种间的亲缘关系。但是，由于细胞核 DNA 相对分子质量极大，不同属种生物的差异较大，采用一种或几种限制性内切核酸酶几乎很难切割 DNA。因此，目前国内外普遍进行的是生物线粒体 DNA（mtDNA）多态性的研究。因为 mtDNA 相对分子质量较小，处于限制性内切核酸酶的分析范围，并且分子结构简单，遗传上具有自主性，呈母系遗传特点，进化程度快，便于进行结果分析。目前，也有采用 RFLP 与 PCR 相结合的方法，先选用特定引物将某一片段进行 PCR 扩增、纯化和克隆，然后再进行 RFLP 分析。RFLP 分析通常只用于种类鉴定或种内种群间的遗传进化研究，很少用于种上高级分类单元的系统发育分析。

（二）随机扩增多态性 DNA 分析

随机扩增多态性 DNA（randomly amplified polymorphic DNA，PAPD）。RAPD 是由美国杜邦公司的 Williams 和加利福尼亚生物研究所的 Welsh 领导的两个研究小组于 1990 年几乎同时提出的一种新的遗传标记法，即利用随机引物寻找多态性 DNA 片段的 DNA 分子标记技术。RAPD 技术建立在 PCR 基础上，利用随机合成的寡聚核苷酸序列为引物（一般为 10 个 bp），分别与 DNA 的两条单链结合，在 DNA 聚合酶的作用下，对基因组的特定区域进行 PCR 扩增。扩增的多态性 DNA 可通过电泳后片段数目变化来检测，称 RAPD 图谱，反映了基因组相应区域的多态性。RAPD 分析的基本假设是用同一引物扩增的 DNA 片段（带），如果长度相等，则被视为属同一基因座（同源）。大量的研究证明 RAPD 具有个体、群体、亚种、种等各层次水平的特异性，且这种变异是按孟德尔规律遗传的，因而是一种优良的遗传标记。RAPD 分析的优点：①快速、简便，整个实验能在 24h 内完成，而且只需具备分子生物学实验的基本条件就可进行，无需昂贵的试剂及仪器设备；②反应灵敏；③对遗传背景不清楚的材料也能进行；④可扩增干制或固定标本。缺点：反应过于灵敏，极易受外源 DNA 的污染，可重复性低。RAPD 在系统发育分析上的应用，还有一定的争论。

（三）DNA-DNA 杂交技术

DNA-DNA 杂交技术又称探针杂交技术。基本原理是具有一定同源性的两条核酸单链，在一定的条件下（适宜的温度及离子强度等）可按碱基互补原则退火形成双链，杂交过程是高度特异性的。用于杂交的双方是待测核酸序列和探针。用带有标记的已知核苷酸片段作为探针，来检测目的基因或 DNA 片段的存在及变异情况。按探针来源分为人工合成和天然 DNA 克隆两类。按探针的特异程度分为特异性探针与非特异性探针。种的特异性探针从一个种的基因文库中选出，只与该种个体的 DNA 杂交的探针，是一种诊断性 DNA 片段，多应用于小型昆虫，如按蚊等种的鉴定。有些特异性探针也可与近缘种 DNA 杂交，杂交信号强弱与亲缘关系成正比。此技术应用于昆虫近缘种和复合种的鉴定效果较好。探针杂交技术的另外一个优点是能利用干制或浸泡标本进行鉴定。探针杂交技术要求对研究类群的遗传背景有一定的了解，而且探针的制备也较麻烦。

（四）DNA 指纹图谱技术

理论上两个动物个体基因组 DNA 片段具有完全相同的碱基排列序列的概率是无限小的（除同卵双胞胎外），所以，每个个体的 DNA 经酶切后，电泳分离，用标记的 DNA 探针杂交和放射自显影后，形成的带纹分布应该是有区别的，具有个体、群体和物种的特异性，这些带纹就称 DNA 指纹（DNA fingerprint，DNAfp）。这种分析 DNA 变异的方法称 DNA 指纹图谱法。动物个体的 DNA 指纹图谱中的每一条带除了偶然发生的突变之外，都可以从其父母双方的 DNA 指纹中找到，因而 DNAfp 特别适用于亲代与子代血缘关系的鉴别、个体识别、群体及种间关系的研究。DNAfp 是和 RFLP 密切相关的一种技术，是用特异性探针杂交来检测基因组中某些序列的 RFLP。自 1985 年 Jeffreys 等从人的肌红蛋白位点获得第一个多位点探针，并用于检查人类基因可变数目串联重复序列（variable numble of tandem repeats，VNTR）以来，由于各种高水平探针，如微卫星探针、寡聚核苷酸探针的相继问世，使 DNA 指纹技术在遗传疾病的诊断、基因图谱的绘制、遗传标记的寻找及法医学等方面得到了广泛应用，充分表现了此技术的优越性。在昆虫研究中，利用 M13 噬菌体 DNA 探针和珠蛋白基因重组序列探针研究苜蓿切叶蜂 *Megachile rotundata* 的生殖方式，证明了雌性与单一雄性交配等（陈青，2004）。

（五）DNA 序列测定

核酸不仅是主要的遗传物质，同时，也是生物进化史的重要记录者。核酸序列分析是指通过测定核酸一级结构中核苷酸序列组成来比较同源分子之间相互关系的方法。这一技术是建立在高分辨率变性聚丙烯酰胺凝胶电泳技术基础上的。变性聚丙烯酰胺凝胶电泳能分离长度达 300～500bp 的单链寡聚核苷酸，而差别仅一个碱基。对一个待测的 DNA 片段，需要使其转变为一系列相差仅一个碱基的连续末端。在测序的 4 种反应体系中，寡聚核苷酸分别终止于不同位置的 A、T、C 或 G 碱基。4 种反应体系的寡聚核苷酸产物，在变性聚丙烯酰胺凝胶电泳中上样于相邻的加样孔中电泳分离，由于全部可能产生的不同大小寡聚核苷酸都可存在 4 种体系中，从放射显影后的 4 种末端寡聚核苷酸梯形图谱中，就可以直接读出 DNA 的顺序。DNA 序列分析是通过直接比较不同类群个体同源核酸的核苷酸排列顺序，构建分子系统发育树，并推断类群间的系统演化关系，它是目前进行分子进化及系统发育研究最有效、最可靠的方法。但序列分析耗资较大，也很费时，所以不适宜大群体的遗传进化研究。但随着生物技术的不断提高，药品试剂盒及酶制剂越来越廉价，此方法将会得到广泛应用。目前大多数序列测定是针对 mtDNA 片段、基因组 DNA 片段以及微卫星扩增序列进行的。其中 mtDNA 序列较适用，先后有雅果蝇 *Drosophila yakaba*、飞蝗 *Locusta migratoria* 等昆虫的线粒体全序列被测定。DNA 序列测定在蝴蝶分类研究中应用较多。

（六）扩增片段长度多态性技术

扩增片段长度多态性（amplified fragment length polymorphism，AFLP），是 1992 年由荷兰科学家 Zabeau 和 Vos 发展起来的一种检测 DNA 多态性的方法。该技术的基本原理是对基因组 DNA 限制性酶切片段的选择性扩增，使用双链人工接头与 DNA 的酶切片段相连接，作为扩增反应的模板，接头与接头相邻的酶切片段的 12 个碱基序列作为引物的结合位点，选择碱基延伸到酶切片段区，这样就只有那些两端序列能与选择碱基配对的限制性酶切片段被扩增，扩增片段在高分辨率的顺序分析胶上进行电泳，多态性即以扩增片段的长度不同被检测出来。由于接头和引物是人工合成的，所以，在不需要事先知道 DNA 序列信息的前提下，就可以对酶切片段进行 PCR 扩增。AFLP 是 RFLP 和 RAPD 的结合，既有 RFLP 的可靠性，又具有 RAPD 的方便性，被认为是迄今为止最有效的分子标记。它可应用于一般分子标记的所有应用范围，如遗传多样性和种质鉴定、基因定位、基因追踪、连锁图的构建等。但是，该技术对 DNA 的纯度和内切核酸酶的质量要求较高，实验费用昂贵，很难在普通实验室广泛应用。

（七）SSCP 和 DSCP 分析

SSCP 即单链构象多态性（single-strand conformational polymorphism），DSCP 即双链构象多态性（double-strand conformational polymorphism）。SSCP 和 DSCP 是近年来发展的新的 DNA 检测技术。两种方法原理相同，由于突变，引起 DNA 分子双螺旋构象的改变，导致它们在聚丙烯酰胺凝胶电泳中速度发生改变。通过 SSCP 和 DSCP 分析，可检测 DNA 特定片段的分子变异情况。此方法的优点：快速、简便、经济，如同 RAPD 及 RFLP 一样，实验只需基本的分子生物学实验设备就能进行，但较 RAPD 稳定，由于使用保守引物进行 PCR 扩增，扩增的条带稳定，可重复性高，而且较 RFLP 能得到更多的标记，因而是得到分子标记的一条快捷的途径，把有变异的条带进行克隆测序，比全序列测定节约经费。此方法的缺点：①有些突变不引起 DNA 弯曲，分子构象不改变，就不能被 SSCP 和 DSCP 检测出来，所以，并非所有的 PCR 产物均能用 SSCP 和 DSCP 分析；②虽然从已知序列可对 DNA 的弯曲做出合理的推断，但很多 DNA 序列可产生相同的电泳带型，所以，由于潜在序列的差异不能估计，SSCP 和 DSCP 不能用于系统发育分析，但 SSCP 和 DSCP 确实是一种快速有效的分子标记方法，主要用于昆虫种群遗传和进化生物学的研究。

此外，实时荧光定量 PCR 技术，即在 PCR 反应体系中加入荧光基团，利用荧光信号积累实时监测整个 PCR 过程，最后通过标准曲线对未知模板进行定量分析，目前已得到广泛应用。其他生理特征、生化特征等在分类中也有应用。

第四节　昆虫形态特征的描述方法

昆虫形态特征的描述是为了便于后人参阅鉴定，好的描述无需参看模式标本即能完成种类鉴定。

第一，应对所记载、描述的类群具有深透的知识，特别是比较形态学方面的知识。第二，应具备昆虫形态结构和科学名词方面的知识。因为任何一种形态结构都有其演化上的溯源关系，并已给予特定的名称，不应随意更改。即使是方位性的描述也应遵循规定的法则，否则便会上下颠倒、谬传信息。第三，应具有分析相似和相异特征的能力，要求研究者具备广泛的感性知识和抽象概括的能力。否则，不能正确辨识特征，文字描述会不中肯、不确切。第四，应具备选择重点的能力。形态结构多种多样，研究者应细心观察比较，从分类系统关系上寻找重点。第五，正确运用文字表达和逻辑推理。形态特征的描述既要真实、可信、准确，又要生动、新颖。

一、种级阶元描述

种的记述是最基本、最经常性的记述，应当简明扼要，突出重点，字斟句酌。记述时应依头、胸、腹的顺序由前向后，由背面向腹面依次记述。

一个种类的记述，一般包括以下几项内容。

种的学名：中文名、拉丁名；

种名出处：已知种包括作者、年份、文献名称、卷、期、页码；

种的同物异名：有同物异名的已知种；

记述：形态、生物学、寄主、地理分布等；

观察标本（已知种）或模式标本（新种）：标本的采集时间、地点、采集人姓名和标本保存地点；

鉴别特征：在新种描述的最后，要把重要特征总结、归纳出来，以便于后人使用；

拉丁学名词源等：新种；

插图：整体图或重要分类特征图；

外文摘要：英文、法文、德文、意大利文、拉丁文，除全文使用的文字外；

参考文献：中文、日文、英文、法文、德文、意大利文、俄文等顺序；

致谢：包括研究项目、经费来源和有关指导及帮助者等，常用脚注形式。

二、种上分类阶元

目前分类学上最低阶元是亚种，代表物种分化的一定阶段。分类阶元的层次一般为17级，分别为界、门、亚门、纲、亚纲、总目、目、亚目、总科、科、亚科、族、亚族、属、亚属、种和亚种，种以上的分类阶元，如亚属、属、亚族、族……均为种上分类阶元，有时属与亚属之间还有属团，种与亚种之间还有种团，都属于种上分类阶元。但分类研究中主要用属、科、目3级。

三、原始描述

对新分类单元的首次记述称作原始描述或原始描记。

昆虫种的模式标本是分类学家记述一个新种或多个新种的标本，是新种描述的依据，此时的描述称为原始描述，是按公认的或作者自设的一定次序对各个特征进行记载，应能反映出该物种的整体形象，也应准确表达该物种的特点。主要包括学名、形态特征（包括变异范围、异性标本不同特征）、标本采集信息、分布范围、生物学（可无）、词源（种本名构成）、模式标本保存处、与近似种（或与近似单元）相区别的特征（鉴别特征）、附图、摘要等。

四、补充描述

依据一个性别或型而发表的新种，原始描述发表后，如果对以后这一类群的识别留下了问题，其后研究者发现了更为经常使用的性别或型，或大量已知种类的原始记载或早期描述过于简单，在鉴别上作用不大，在修订工作中常需对已知种类进行补充描述，补充描述以前没有发现或没有描述的性别或型，其作用不亚于原始描述。

五、再度描述

在原始描述发表以后，有时需进行再度描述或绘图，所用的标本可以是原来的模式标本。一般而言，1800 年以前发表的种类描述过于简单，特征的应用未必适当，实际应用困难。后来的研究者可以补充更为重要的特征，增加附图或鉴别特征，其意义与原始描述同样重要。

六、记载文体

要注意描述文体、标点及次序等。形态描述记载文体应像电报稿一样简明扼要，标点符号需使用正确，而且陈述要依循一定的逻辑次序。不同分类阶元有不同分类、鉴别特征，如种有种征、属有属征等。对于种一级的描述一般不应列入较高阶元的性状，但应尽可能包括雌雄差异、幼虫性状以及生物学和生态学方面的资料。因为近缘种形态近似，需参考其他方面资料。

七、性状的次序

性状的次序主要取决于记载目的。在鉴别性的记载中，通常按性状在鉴别上的重要性依次记述，以便于识别。而完整的记载，则按一定的标准顺序进行，通常由前到后、由背到腹，便于对照查找，如头、胸、翅、足、腹、生殖器等。

八、记载的方位

为描述虫体各部分的相对位置，一般以一定的体躯部分作为定向的基础，主要分 6 个基本体向，即头向（cephalic）、尾向（caudal）、侧向（lateral）[包括左向（sinistral）和右向（dextral）]、中向（mesal）、背向（dorsal）和腹向（ventral）（图 5-1）。

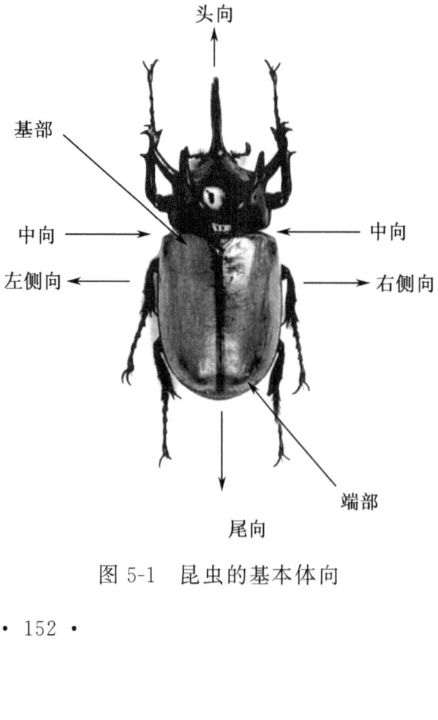

图 5-1 昆虫的基本体向

由于许多体躯构造和斑纹在体上的方向为斜向，往往位于上述两个或三个有关方向之间。例如，昆虫的触角可能既是头向又是侧向或背向，按其具体位置可记述为头—侧向或头—背向，以此类推。

除了上述 6 个基本方向之外，有时也常用到下列部位及名称。

近基部（proximal）和末端（distal）：昆虫的附器和外长物，其靠近虫体的部分为近基部，其远离虫体的部分为末端。前胸背板的后方为近基部，前方为末端。而甲虫类的鞘翅则以靠近前胸的部分为近基部，远离前胸的部分为末端。

外边（ectal）和内边（intal）：昆虫的体部和附器，凡与体躯纵轴接近的一边称为内边，与体轴较远的一边为外边。

前缘（anterior）和后缘（posterior）：昆虫的体部和附器与体躯纵轴垂直的部分，离头部较近的一方为前缘，离头部较远的一方为后缘。

纵或长（length）、横或阔（width）：昆虫的体躯和附器凡与体躯纵轴平行的称纵或长，与体躯纵轴垂直的称横或阔。

九、数字资料

体长记载以头顶至腹末为准，不应包括触角及尾须。翅展一般记录一对前翅的拉伸宽度。身体的宽度应写明度量的位置，是胸部还是腹部。除体长和前翅长以绝对数字表示外，其他部位的长度和宽度一般用相对比例表示。

由于数字资料是一类连续性的测量性状，需用测量工具。大型昆虫测量，可用两角规与尺（分度为 mm）；中型昆虫测量，则可用两角规与游标卡尺（最小分度 0.2mm），或用手持的读数放大镜测量；微小虫体度量则用实体显微镜的目镜测微尺测量，并用台尺校准。数量性状在同种昆虫个体间有差异，应尽可能多测量一些个体，并记载其伸缩范围。目前有一种测量、读数、记载的显微镜，对于测量群体数量性状非常方便，可一边测量一边打印。

国产仪器中可选购浙江苍南电子仪器厂生产的 CMSD 系列，测微目镜数显仪/数显打印仪。该仪器能与国际标准 Φ23.2mm 和 Φ30mm 二种接口的显微镜镜筒相匹配。可以将显微镜下测量的数据作数字显示，表明被测物的实际微米值，免除了过去目镜测微尺的换算。如果待测物是一组资料，还可将测量结果打印出来。

Porter S. D. 设计了一种测量蚂蚁头宽的简单而精确的设备，颇具启发性。将两个标有相同刻度的尺，平贴于一个板上。中间留出一个尖楔形的缝（或沟）。沟之一端距离为 0，另一端距离为 a（mm），沟之长度为 L。于是在楔形沟的任一位置可以找到精度很高的从 0 到 a 的任意测量值。

十、颜色记载

在许多类群中，颜色是重要的鉴别性状之一。为求得记载的一致，应以新鲜标本为准，并参考国家标准色谱（中国科学院）给予描述。因为颜色深浅是一种连续特征，记载时可粗可细，也可记为颜色范围。这些都需根据鉴别的要求，灵活掌握。

第五节　昆虫形态特征的绘图方法

从事昆虫学形态分类研究除了文字描述方法以外，还必须掌握绘图方法和要领。文字描述范围宽广，既可描述标本静态特征，又可表述其动态变化以及其他非形态学的内容。绘图则形象、逼真，有时可达“一图胜千言”之效。实际研究工作中，往往两种方法结合运用，“图文并茂”更有助于加深理解。

生物学绘图以科学性为标准，要求形体、比例及色彩正确，要有真实感，同时要求画面精美、整洁，还要符合制版要求。

一、绘图工具

绘图纸：用16开白色道林纸和硫酸纸。

绘图铅笔：中软（HB）、硬（3H或4H）铅笔各一只。

绘图钢笔和墨水：绘图钢笔、绘图墨汁或碳素墨水。

其他：透明直角或三角尺、九宫格、两脚规、方格测微尺、放大镜或双管镜、刀片及橡皮等。

二、绘图方法

绘局部图要突出特征。注意选好角度安插和摆放标本，以最佳角度观察、描绘要表现的特征。局部特征图一般要绘一个以上。此外，有时还需画整体图，为了节省时间，可先画一边，然后整合并图，但要特别注意完整、对称及比例正确。

绘图步骤如下。

1. 起稿

大型标本可直接目测起稿，小型标本及玻片标本等可在放大镜或双目镜下起稿。标本放妥后，在绘图纸上决定图形的大小和各部分的排列。为了达到比较好的最终效果，图画应按比例适当绘大一些，一般为实际印刷版面的2～4倍。动笔前仔细观察分析标本各部分之间的形状、位置、大小比例及排列关系，做到“胸有成竹”，才能画出满意的特征图。初稿画完后即注上种名，并将原图与标本对照，反复修改，力求正确、真实。

2. 上墨

初稿完成后即可上墨，上墨分勾线和衬阴两步。

1）勾线：线条可表现昆虫的轮廓、层次、质地及明暗等特点。钢笔画线时要用力均匀，行笔流畅自然，一气呵成，避免中间顿滞。长线条可分段完成，但要注意衔接准确、不留痕迹，防止接头错位及粗细不均。线条主要有长、短、粗、细、曲、直及颤线等类型，要注意合理使用，如直线可表达硬、骨化强、整齐、均匀等性质，曲线则可表示柔软、粗糙、凹凸不平的属性及表面的皱褶、毛、刺等，粗线给人强壮的感觉，细线易于表达层次丰富、细微复杂的结构等。使用线条要求简练，避免杂乱烦琐。

2）衬阴：衬阴可用点来表现，点还可用来表现色斑、质地及虚实。使用点时，每个点要圆润光洁、墨色饱满，安排上要疏密适当、过渡自然，打点要起落干净，每个点的边界要清晰完整，避免出现钉头、条形、分叉等形状，点与点之间不宜重叠。

3. 修改

上墨完成后要进行适当修改，可用刀片仔细刮去多余的墨迹及不均匀的点、线，或用广告色涂改。对刮毛的地方用干净橡皮擦匀，然后用指甲磨光，必要时再用钢笔轻轻描匀。着墨不足处也可用细钢笔适当加工。

实验作业绘图，不要求上墨和衬阴。起稿完成后，用HB软铅笔描出均匀、光滑的实线，画出一张清晰、整洁的图即可。

除了绘图以外，也可以照相，特别是翅面照相效果较好，但照相与绘图各有所长，可互为补充而不能取代。另外也可用复印机复印翅脉代替绘图。

三、图版布局与标注

分类学论文附图可以分散插排在正文中有关地方，编列序号，在正文中加以对照说明。附图也可集中排成图版，附于文末，在图版右上角注明分图编号，在图版的下面或合适位置，对照分图编号写一个图版说明（正文中适当位置亦加以注明）。

第六节　昆虫分类论文的策划与发表

一、论著发表的策划

一项分类研究工作完成后，需将研究结果以一定形式整理发表，研究工作才算真正结束。

二、文献和资料引证

研究结果的整理，一定要引证文献与资料。

1）新种、新属的描述。一般是对该类群整个分类工作已具备一定的认识和经验，充分占有该类群有关种类的必要资料，描述时引证过去已发表过的文献和资料，才能完成此项工作。

2）某一类群的修订。任何类群的旧有分类处理方法往往不够完善，在拥有新资料的情况下，以新的观点和方法对一个类群的分类进行重新研究和修订，通过修订纠正一些错误，为系统发育提供依据。整理过程中势必引证一些文献和资料，提出新的看法和结论。

三、学术作品的种类与特点

分类学研究论文主要有以下 7 种类型。

1）新种及其他新分类单元的记述，是分类学论文最常见的类型之一，其写作方法可参阅本章第三节“种的记述”。此外，还需有参考文献目录和外文摘要（一般用英文，也可用法文、德文、意大利文等）。高级分类单元的记述方法和种的记述相似，但应将模式标本改为模式种（新属）、模式属（新科等）等即可。

2）订正，根据自己的研究，对一个分类单元进行修订，提出自己的新观点和见解，澄清一些问题，纠正一些错误，记述新的种类，是分类研究中最受重视的工作。研究结果根据篇幅大小，以论文或专著的形式发表，一般包括研究历史、比较形态学研究、个体发育记载、系统发育关系、地理分布、生物学和生态学、全面完整的种类记述及检索表等。

3）检索表，一般作为分类学研究论文内容之一，包含在有关的论文中，也有的单独成文或成书。

4）动物志（或地方志），以某一特定地区为单位，进行某一类群动物相记载，重在该地区内种类及其分布的研究和记载，常提供有检索表，并进行区系分析。

5）系统发育分析，对某一类群的亲缘关系，系统发育规律的专门深入研究，可单独成文或包括在修订文章或专著中。

6）名录，是一个类群的所有名称及其出处，还常包括分布地及寄主资料。

7）地理分布、分布图、研究简报及其他等。

四、文稿准备

一般而言，一篇完整的分类研究论文应包括以下几个方面。

1）标题：选用合适的题目（注明所研究的分类单元的所属目、科）。

2）作者姓名及单位详细地址（包括邮政编码）。

3）中文摘要。

4）关键词。

5）正文：研究目的意义、文献综述、材料与方法、插图或图表、研究结果（包括新分类单元的记述和新的理论观点讨论等）。

6）致谢（也可用脚注的方式致谢）。

7）参考文献。引用顺序为：中文、日文、英文、法文、德文、意大利文及俄文等。

8）外文摘要：英文或德文、法文、意大利文。

9）常以脚注的方式说明研究项目及经费来源，如国家自然科学基金资助项目。

论文稿件中文和外文应用打印机打印，写好后应将稿件投给公开出版发行的专业刊物，如《昆虫分类学报》、《动物分类学报》、《昆虫学报》等，稿件经审查后一般还要再行加工修改，最后正式刊出。如果是研究专著，则应同有关出版社联系，列入出版计划，由出版社编辑、出版、发行。无论是发表论文还是出版专著，在正式出版后均赠送给作者一定数量的论文抽印本或样书。

思考题

1. 物种的定义，结合物种的定义谈谈你对物种的认识。

2. 昆虫分类鉴定的主要步骤有哪些？

3. 昆虫分类的特征有哪些？这些特征各有何优势与劣势？

4. 检索表编制有几种方法？试编制直翅目、半翅目、鞘翅目、鳞翅目、双翅目、膜翅目分目检索表。

5. 近年来在六足总纲系统发育研究方面有哪些进展？

参考文献

彩万志，庞雄飞，花保祯等．2001．普通昆虫学．北京：中国农业大学出版社

陈青．2004．RAPD技术在昆虫学中的应用．世界农业，297（1）：49

尹文英．1983．原尾虫系统发生新概念及其起源与分类地位的探讨．中国科学（B辑），8：697～706

袁锋，张雅林，冯纪年等．2006．昆虫分类学．第二版．北京：中国农业出版社

袁锋，周尧．2002．中国动物志　昆虫纲（第二十八卷　同翅目　角蝉总科　犁胸蝉科　角蝉科）．北京：科学出版社

张昀．1998．生物进化．北京：北京大学出版社

郑乐怡，归鸿．1999．昆虫分类（上册）．南京：南京师范大学出版社

周明镇，张弥蔓，于小波等．1983．分支系统学译文集．北京：科学出版社

Sokal R R，Sneath P H A．1963．Principles of Numerial Taxonomy．San Francisco：Freeman

致谢：在撰写本章过程中得到河北大学任国栋教授的热情指导。

（宋东宝）

第六章　昆虫生物学特性的研究方法

导读：生物学特性（bionomics），又称个体生态学或生活史学，包括昆虫生长发育（从卵发育、幼虫生长、脱皮、化蛹至成虫生殖等）各阶段的生命特征以及昆虫在一年中的发生过程，即它们的年生活史和发生世代等。本章介绍昆虫生长、发育、繁殖、变态、世代、年生活史、休眠、滞育、食性、趋性、飞行与迁飞特性等方面的观察研究方法。

第一节　昆虫生长发育特性的研究方法

一、概　　述

昆虫生长发育包括卵发育，幼虫生长、脱皮、化蛹至成虫生殖等各阶段的生命特征。任何一种生物的个体，总要有序地经历发生、发展和死亡等时期。一生物体从发生到死亡所经历的过程称为生命周期（life cycle）。昆虫的生命周期，要经过昆虫卵受精发育，然后孵化进入幼虫期，幼虫经过数次脱皮（少的 3 或 4 次，多的 30 多次，一般 5 或 6 次）后变成蛹，最后由蛹再脱皮变为成虫（较低等的昆虫由幼虫经过数次脱皮后直接变为成虫）等阶段。昆虫生物学特性（bionomics）包括昆虫卵发育（development）、幼虫生长（growth）、脱皮变态（metamorphosis）、化蛹至成虫生殖（reproduction）等各阶段的生命特征以及昆虫在一年中的发生过程，即它们的年生活史和发生世代等。

认识、揭示昆虫卵发育、幼虫生长、脱皮、化蛹及成虫生殖特性等生命活动的客观规律，不仅可用于更有效地开展害虫防治和益虫利用，而且在仿生学、航空航天乃至刑事侦破等领域也有巨大的应用价值，如人们已根据蜜蜂的访花规律试制电子蜜蜂以引导真实的蜜蜂为农作物授粉；根据蜜蜂的定向行为机制制成了偏光天文罗盘应用于航海航空，使驾驶员在阴天时也能准确判定方向；还有人利用尸体上昆虫的种类与发育情况准确推断罪犯作案的时间与地点，从古至今，不乏其例。

二、原　　理

昆虫卵发育、幼虫生长、脱皮、化蛹及成虫生殖特性是昆虫生命活动中的必然现象，有时交叉或重叠在一起。如在正常的情况下，昆虫幼体每生长到一定时期就要脱一次皮，而脱了最后一次皮就变成了蛹或成虫。生长是量变，是基础，变态是局部的质变，而发育则是器官或整体有序的一系列的量变与质变。一般认为，发育包含生长和变态，如卵的发育，包括卵细胞的分化和幼虫器官的形成和生长；幼虫的发育包括了幼虫各部分的生长和蛹或成虫器官的形成等。这是因为发育必须在生长和变态的基础上才能进行，没有生长和变态，就不能进行有序的发育，没有生长、变态和发育，就没有生殖器官的形成和生长，也就不能繁殖后代。

研究昆虫卵发育、幼虫生长、脱皮、化蛹及成虫生殖特性的基本过程是“观察、描述、比较和实验论证”等。“描述”是通过对昆虫活动的反复观察，由浅入深，由粗至细，在时间和空间连贯的事实中认识昆虫活动的全貌和属性，描述时必须以观察事实为基础，真实记述。“比较”是分析昆虫不同个体、不同种类或同一个体不同发育阶段，同一种类不同性别或不同个体间生命现象或生命活动之间的异同和内在的联系的基本方法。通过比较，从个体间或性别间或不同时空阶段的异同中揭示昆虫生长发育各时期的普遍性特征和特殊性特征。“实验”是对观察、描述、比较结果进行检验的过程，同时，通过实验，又可探索更为可靠更为细致的规律，从而进一步揭示其普遍性特征。研究昆虫生物学特性的最好方法是实验观察，常将其作为一个整体进行观察、描述、比较和实验，必要时也可进行单项（如研究成虫的产卵量，某一虫态的发育历期等）的观察研究。

三、方　　法

（一）基本程序

1）明确研究目的和研究内容：包括确定虫种及其个体数量、提出需要解决的问题和需要观察、记录、测量、计数、统计、分析的具体内容。

2）设计饲养条件：包括饲养场所、温、湿度的调控、食料的选择以及为了完成上述研究内容所需要的其他设备条件等。

3）获取研究对象昆虫：从野外捕捉或从其他实验室或养殖场获取虫源，并进行饲养（文礼章，2001）。

4）定期观察、测量、记录昆虫卵发育、幼虫生长、脱皮、化蛹及成虫生殖特性的过程及各种生命现象。

5）比较分析同种昆虫不同个体、不同性别或同一个体不同发育阶段的生命现象或生命活动之间的异同之处，总结出所观察昆虫生长发育各阶段的普遍性特征和特殊性特征。

（二）方　　法

目前用来研究昆虫生长发育特性的主要方法与技术，除了开展野外系统调查和人工直接观察外，更多的是通过室内人工饲养（参见第二章相关内容）进行系统观察。在饲养、观察、描述过程中，可借助相关仪器设备（如人工气候室或温湿度控制箱、温湿度计或自动温湿度记录仪、体视显微镜、显微测量器、电子天平、数码照相机或摄像机、夜视观察仪等），使饲养、观察、描述更为方便，其结果更为真实可靠。

1. 昆虫变态的观察

昆虫在一生的生长发育过程中，要经过一系列的形态变化（如卵、幼虫或若虫、蛹、成虫），这些变化叫作“变态”。昆虫的变态可分为全变态（complete metamorphosis）和不全变态（incomplete metamorphosis）。后者可包括增节变态（anamorphosis）、表变态（epimorphosis）、原变态（prometamorphosis）、渐变态、半变态等。

（1）完全变态

完全变态的特点是昆虫个体在发育过程中要经过卵、幼虫、蛹和成虫 4 个阶段。幼虫的形态、生活习性以及内部器官等都和成虫截然不同。例如，鳞翅目幼虫没有复眼，腹部有腹足，口器为咀嚼式口器，翅在体内发育，幼虫经过若干次脱皮后，变为外形完全不同的蛹，蛹经过相当长时期后羽化为成虫。

（2）不完全变态

不完全变态是昆虫在个体发育过程中，只经过卵、若虫和成虫三个阶段。其特点是成虫和若虫的形态特征分化不是很大，翅在体外发育。该变态按生活习性的差异又可分为渐变态和半变态。

渐变态：这类变态的幼期称为若虫。其特点：成虫与若虫不仅形态上相似，而且生活习性上也基本相同，如直翅目和半翅目昆虫。

半变态：这类变态的幼期称为稚虫。稚虫和成虫不仅在形态上有比较明显的分化，而且在生活习性上也有较大的差异，如蜻蜓目昆虫，稚虫水生，成虫陆生。

2. 昆虫卵发育的观察

对于卵生昆虫而言，卵（egg 或 ovum，复数 ova）是个体发育的第一个虫态，又是一个表面不活动的虫态。观察卵的发育包括卵的外部形态、产卵方式、卵的保护物、卵的内部结构及卵的发育历期等。

（1）卵形状的描述

昆虫的卵通常很小，卵的形状因种类而异，常见的有椭圆形（如蝼蛄的卵）、半球形（如小地老虎的卵）、桶形（蝽象的卵，其形状像一腰鼓）、瓶形（如菜粉蝶和瓢虫的卵，其端部紧缩而近中段处最膨大，底部多平扁）、柄形（如草蛉的卵，卵的本身是长圆形的，但卵的下端有丝状长柄，用以固定在植物上）、圆筒形（如蝗虫的卵）、纺锤形（如豆芫菁的卵，其两端均匀地缩小，呈纺锤形）等。

（2）产卵方式的描述

昆虫的产卵方式也因种类而异，有些昆虫单粒或多粒散产，有些昆虫则多粒产在一起成为卵块。多粒产在一块的卵排列又有所不同，如椿象的卵粒规则地排列成行，而家蚕的卵粒不规则地聚集成块，二化螟的卵粒则是不规则地聚集成鳞片状。有的昆虫产在寄主或猎物或其他物体的表面，有的则产在隐蔽的场所，如土中、石块下、树皮下、缝隙中、寄主组织中等。

（3）卵的保护物的描述

许多种类的昆虫，在产卵的同时形成了对卵的有保护作用的构造，如螳螂的卵鞘（由附腺分泌物硬化而成的囊），蝗虫的卵囊（产卵时由附腺分泌物与土缀合而成），三化螟、斜纹夜蛾及甜菜夜蛾等昆虫卵块上覆盖的茸毛（产卵时留下的一层褐色鳞毛而形成的保护物）。

（4）卵的基本结构（观察卵结构的方法请参阅本书第八章有关内容）

昆虫的卵是一个大型细胞。最外面是起保护作用的卵壳（chorion 或 egg shell），卵壳里面的薄层称卵黄膜（vitelline membrane），围着原生质、卵黄及核。丰富的卵黄充塞在原生质网络的空隙内，但紧贴着卵黄膜内的原生质中无卵黄，这部分原生质特称周质（periplasm）。未受精的卵，卵细胞核一般位于卵之中央。这种卵称为中黄式卵（centrolecithal egg）。卵有基部与端部之分。其端部常有一个或若干个贯通卵壳的小孔，称为卵孔（micropyle），受精时精子可通过此孔进入卵内，因此卵孔又被称为精孔或受精孔。有些昆虫还具有几个至几百个呼吸孔（aeropyle）。精孔附近常有各种各样的刻纹。大部分半翅目昆虫卵的端部还有卵盖（operculum 或 egg-cap）。卵的基部常较粗，内部有生殖质，负责以后发育过程中生殖器官的形成。

（5）卵历期的观察

卵历期是指卵从母体产出开始至孵出幼虫止所经历的时间，一般以“天”表示。

3. 昆虫幼体生长发育的观察

（1）生长、脱皮的观察

昆虫生长主要发生在幼体期（含幼虫、若虫或稚虫等）。昆虫幼体生长与脱皮交替进行，在正常的情况下，昆虫每生长到一定时期就要蜕一次皮。初孵化的若虫，体壁的外表皮逐渐形成，但随着虫体的快速生长，其表皮逐渐限制其生长发育，故经过一定时间，要重新形成新的表皮而将旧的表皮蜕去，这个过程称脱皮（moulting），脱下的旧表皮称蜕壳（exuvia）或皮蜕。脱皮分为生长脱皮和变态脱皮。生长脱皮伴随着若虫的生长过程，经一次脱皮后便从低龄期虫态向高一龄期转化。变态脱皮则伴随着形态特征变化，如幼虫的最后一次脱皮后变为蛹，蛹脱皮后变为成虫，称之为变态脱皮。

从孵化至第一次脱皮以前的幼虫或若虫叫第 1 龄幼虫或第 1 龄若虫，第 1 次脱皮后的幼虫或若虫叫第 2 龄幼虫或第 2 龄若虫，其余依此类推。幼体生长进程常用“虫龄（instar）”表示，如 1 龄幼虫（若虫）、2 龄幼虫（若虫）等，有时也用体重、体长或生长率（rate of growth）等指标来描述昆虫幼体的生长量。昆虫幼虫的最大体重通常用预蛹前（老熟幼虫）的体重值表示，昆虫个体生长率通常用幼体前后两龄间或前后两日间的比差表示。一般认为，昆虫各部分的生长为非匀速生长，各器官的长度、宽度的对数与整体长度、宽度的对数成正比关系，在双对数坐标中呈直线关系。

观察昆虫幼体生长、脱皮的情况，通常是取出当天孵化的一龄幼虫（或若虫）进行单头饲养，然后定期（每时、每日等）观察或测量，并进行详细记载（包括大小、形态、外表附属物的变化情况以及脱皮日期、脱皮时间、脱皮次数等各种可能的情况），直至化蛹。

（2）昆虫幼体虫龄的测定方法

此处所述“虫龄”（instar）特指昆虫幼体所处的发育阶段，如 1 龄幼虫、2 龄幼虫等（目前，在有些出版物中，将“虫龄”称之为“龄期”，后者容易与虫龄发育经过的时间即“虫龄的发育历期”相混淆）。昆虫幼体虫龄的确定是进一步研究发生规律、生物学习性、预测预报以及制定综合防治技术的基础。幼体虫龄决定于幼体的脱皮次数，即虫龄等于脱皮次数加 1，因此，掌握脱皮次数是判定昆虫幼体虫龄的直接证据。

然而，在许多情况下（如钻蛀性昆虫和幼期结茧结苞取食的昆虫），要直接观察到它们的脱皮次数是很困难的。下面介绍两种间接测定龄期的方法。

第一种是头宽几何级数虫龄测定法。1890 年 Dyar（北京农业大学，1996）通过对 28 种鳞翅目幼虫头壳宽度的测量发现各龄间头宽是按一定的几何级数（常为 1.2～1.4）增长的，这一现象被称为戴氏法则（Dyar’s rule）或戴氏定律（Dyar’s law）。

Dyar 的数据虽然不能适应所有种类，但可以帮助我们从不连续或不完整的脱皮资料中推断出某种昆虫的实际脱皮次数，从而判定其幼体所经历的龄数。

例如，已知大菜粉蝶 *Artogeia*（*Pieris*）*brassicae*（L.）的第 1 龄幼虫头宽为

0.4mm，最后 2 龄的头宽分别为 1.8mm 和 3.0mm，根据戴氏法则推断出各龄的头壳增长率为 1.8∶3.0＝0.6，从而推知其他各龄的大致头宽为

第 5 龄头宽：3.0（mm），（实测）。

第 4 龄头宽：3.0×0.6＝1.8（mm），实测 1.8 mm。

第 3 龄头宽：1.8×0.6＝1.08（mm），实测为 1.1mm。

第 2 龄头宽：1.08×0.6＝0.65（mm），实测为 0.72mm。

第 1 龄头宽：0.65×0.6＝0.39（mm），实测为 0.4mm。

从而可判定大菜粉蝶幼体所经历的龄数为 5 龄。

从经过多代饲养的食物残渣中拣出米缟螟 *Aglossa dimidiata* 全部幼虫脱下的头壳及死亡幼虫的头壳（共收集 537 个），在解剖镜下进行显微测量，记录各个头宽值，按 0.1015 mm 的组距分为 25 组得出幼虫头宽值频数分布图，结果发现有 5 个明显的集中区和高峰，根据戴氏定律，推断出米缟螟幼虫分为 5 龄（各龄的头宽值及其标准差列于表 6-1），经对 1～5 龄的实际头宽值与计算头宽值进行 *F* 测验，表明二者之间无显著差异。

表 6-1　米缟螟 *Aglossa dimidiata* 各龄幼虫头宽值及标准差（文礼章等 2002）　（单位：mm）

	参数	1 龄	2 龄	3 龄	4 龄	5 龄
计算值	测定头数	46	147	125	118	101
（按集中区推算）	平均头宽值	0.5470	0.8649	1.2174	1.5865	1.9945
	标准差	0.0050	0.0137	0.0066	0.0135	0.0382
实测值	测定头数	30	30	25	32	34
测前已知虫龄	平均头宽值	0.5397	0.8531	1.2253	1.5978	2.0116
	标准差	0.0032	0.0241	0.0103	0.0245	0.0300

第二种是综合特征虫龄测定法。魏书军等（2006）采用田间取样和室内孵化的方法收集柑桔爆皮虫 *Agrilus auriventris* Saunders 各龄幼虫，测量了幼虫头部口上片最大宽度（*Y*1）、尾部钳状突最大宽度（*Y*2）、钳状突最大长度（*Y*3）、钳状突左侧侧缘最大长度（*Y*4）共 4 个形态特征。根据所测数据的频次分布图以及戴氏定律推测柑桔爆皮虫幼虫分为 5 龄。运用 Crosby 生长法则和线性回归的方法进行分析，发现口片最大宽度是幼虫分龄的最佳指标。1～5 龄幼虫口上片宽度（mm）分别为 0.1196±0.0013、0.2008±0.0030、0.3304±0.0041、0.5150±0.0049 和 0.7844±0.0040。口上片宽度和幼虫龄数的最佳线性回归方程为 $y=-0.0766+\exp(-1.9883+0.3675x)$（$R^2=0.9876$）。

（3）幼虫形态的观察

昆虫种类繁多，生境、食性、习性等差别很大，特别是全变态类昆虫幼虫的形态远比若虫、稚虫等复杂。根据足的多少及发育情况可把幼虫分为四大类。

1）原足型幼虫：原足型幼虫（protopod larvae）在胚胎发育的原足期即已孵化，有的连腹部的分节也没完成，胸足只是简单的突起，神经系统和呼吸系统简单，器官发育不全；幼虫为寄生性，浸浴在寄主体液或卵黄中，通过体壁吸收寄主的营养，如膜翅目细腰亚目 Apocrita 锥尾组 Terebrantia 的种类。

2）多足型幼虫：多足型幼虫（potypod larvae）除具胸足外，腹部尚有多对附肢，如大部分脉翅目、广翅目、部分鞘翅目、长翅目、鳞翅目和膜翅目叶蜂类等的幼虫。

3）寡足型幼虫：寡足型幼虫（oligopod larvae）见于鞘翅目、毛翅目及部分脉翅目昆虫，其胸足发达，但无腹足；其形态变化较大。

4）无足型幼虫：无足型幼虫（apodous larvae）又称蠕虫型幼虫（vermiform larvae），其显著特点是胸部和腹部无足，见于双翅目、蚤目、部分膜翅目及鞘翅目等昆虫。

（4）幼体历期的观察

幼体包括全变态昆虫的幼虫和不全变态昆虫的若虫，其中幼虫历期是指幼虫从卵孵出至化蛹所经历的时间，而若虫历期则是指若虫从卵孵出至羽化为成虫所经历的时间，一般以“天”（d）表示。有些营孤雌生殖的昆虫，其若虫直接从母体产出，这时若虫历期则是若虫从母体产出至羽化为成虫所经历的时间。

由于昆虫幼体生长与脱皮交替进行，且幼体生长进程常用“虫龄”表示，因此，也常用“龄期”表示相邻两次脱皮所经历的时间，如某昆虫第 1 次脱皮与第 2 次脱皮间经过 5d，则该虫的第 2 龄幼虫或若虫的龄期（又称历期）为 5d。

4. 蛹的观察

蛹是全变态类昆虫的一个不食不动的特殊发育阶段。

1）化蛹场所：老熟幼虫在化蛹前常寻找适当的隐蔽场所，有的则吐丝作茧或以土及其他杂物、碎屑、本身的毛或丝等粘在一起作茧化蛹等。

2）蛹重：蛹重是评价昆虫生长状况或昆虫饲料优劣的重要指标之一，蛹重常以化蛹后第 2 天称量的体重为准。

3）蛹的形态：常根据蛹壳、附肢、翅与身体主体的接触等情况，将蛹描述为 3 类：

离蛹（exarate pupae）：又称裸蛹，其附肢和翅不贴附在身体上，可以活动，腹节间也能活动，如脉翅目、鞘翅目、毛翅目、长翅目、膜翅目蛹以及鳞翅目中轭翅亚目的蛹。在脉翅目和毛翅目昆虫中，蛹甚至还可爬行及游泳。

被蛹（obtect pupae）：体壁多坚硬，附肢和翅紧贴在蛹体上不能活动，腹部各节不能扭动或仅个别节能动，蚊类和某些蚋的被蛹能在水中游动就是靠腹节的扭动，如大多数鳞翅目、鞘翅目中的隐翅甲科、双翅目直裂亚目的蛹。

围蛹（coarctate pupae）：蛹体本身是离蛹，只是蛹体被第 3 龄、第 4 龄幼虫所脱的皮共同构成的蛹壳所包围，如双翅目环裂亚目昆虫的蛹及部分捻翅目昆虫的雄蛹。

4）蛹的发育分级：蛹在其发育过程中常会发生体色的变化，在害虫测报上，常利用其体色变化规律，对蛹发育进度进行分级，并据此可准确地预测出发蛾高峰期。

5）蛹历期：蛹历期是指蛹从老熟幼虫脱皮（化蛹）而出至羽化为成虫所经历的时间，一般以“天”（d）表示。

5. 成虫的观察

成虫是昆虫个体生长发育史中的最后一个虫态，成虫从它的前一虫态脱皮而出的过程被称为羽化（emergence）。成虫是唯一具有飞行能力的虫态。成虫的一切生命活动基本上都与生殖有关。成虫期生物学特性的观察内容包括雌雄二型现象、多型现象、交配特性（交配前期、交配次数等）、产卵特性（产卵前期、产卵期、产卵量、产卵习性等)、行为特性（迁飞、扩散、趋性)、补充营养特性（食性)、成虫寿命、成虫体重（常以羽化当天的体重为准）等。成虫期的生物学特性比较复杂，有关内容安排在本章后续各节分述。

四、综合实验

（一）实验目的

通过实验室饲养，观察黑胸大蠊 *Periplaneta fuliginosal* 的生长发育生物学特性（吴仕筠等，2005)，掌握研究昆虫生长、变态、发育、繁殖特性的方法。

（二）实验背景

黑胸大蠊属蜚蠊目 Blattaria 蜚蠊科 Blattidae 大蠊属 *Periplaneta*。在城市生态系统中，蜚蠊目昆虫进入居室，污染生活环境和食物、传播并引起疾病，给人们的生活带来了严重危害，已上升为仅次于蚊、蝇的有害昆虫之一，长期以来，蜚蠊一直作为“病媒昆虫”被加以防治。然而，随着对蜚蠊研究的深入，其药用价值也越来越多地受到人们的关注，人们对蜚蠊开发、利用的规模逐渐扩大。开展对蜚蠊生长发育过程及生物学特征观察可为蜚蠊的室内饲养及药用价值研究提供依据。蜚蠊为不全变态类昆虫，其生活周期中有卵、若虫、成虫三种虫态。本实验在室内条件下对黑胸大蠊生长、变态、发育、繁殖过程进行观察。

（三）实验材料

黑胸大蠊采用广口瓶诱捕法诱捕，经品种鉴定后，进行饲养、繁殖传代；饲养缸为自制玻璃缸（35cm×25cm×35cm 等规格）及塑料容器等；辅助材料还有木架、木块、纸筒、折叠纸等；采用兔饲料或鼠饲料饲养。

（四）实验方法

1. 虫种品系的纯化

捕获的虫种经鉴别确认为黑胸大蠊后，雌雄成虫配对，单缸饲养，待雌虫产卵后取出卵鞘，将同一个雌虫所产卵鞘放入同一孵化瓶中，孵化后将若虫移至饲养缸喂养，当若虫脱皮羽化为成虫时，再次鉴定虫种，若确定为黑胸大蠊，即为纯化品种。以后再交配、产卵、孵化，得到纯化的后代。

2. 单缸或混合饲养法

根据不同的饲养目的可将试虫进行单缸饲养或混合饲养，单缸饲养（每缸只饲养 1 头）的目的是为了观察试虫的生长发育史、生活习性、生物学特性等，以便观察生长、变态过程，记录实验数据；混合饲养是以繁殖试虫为目的，将同批卵鞘孵化出的若虫放入同一饲养缸内混合饲养。根据不同发育阶段的虫态，将试虫分别饲养在不同的饲养缸内，如孵化缸（瓶)、小若虫缸、中若虫缸、成虫缸。每缸的虫口密度应适当，虫口过密，影响食物摄取，可导致试虫生长发育障碍及相互蚕食。在缸内适当增加木块、纸筒、折叠纸等物可增加饲养面积。

3. 不同发育虫期的饲养

若虫时期为蜚蠊发育过程中重要阶段，其历期最长。在此阶段，若虫需经多次脱皮最后羽化为成虫，其体内代谢相当活跃，需要大量营养物质，此时食物的摄取量约为越冬期的10倍。因此，在饲养时应勤加食、水，勤换饲缸，保证充足的食物、饮水供应及提供良好的生长环境。同时注意保护处于脱皮时段的若虫，防止其他虫的啃食。

成虫阶段处于生殖产卵期，在成虫缸内要注意调节雌雄成虫的比例，需有1/3雄虫，才利于交配，产生受精卵。雌虫产卵前，应增喂饵料，补充蛋白质饲料，可以提高产卵量。密切注意雌虫产卵情况，在雌虫产下卵后，及时收集卵鞘，以防被食。将相近时间段的数十枚卵鞘置于一较大孵化缸内混合饲养。

观察产卵数目、卵鞘孵化率等现象，要采用单缸饲养。收集的卵鞘表面若附有排泄物、食物碎屑等污物时，用蒸馏水清洗，必要时用1/5000高锰酸钾浸泡1min，消毒后晾干放入孵化缸。缸口用双层纱布遮盖并用橡皮筋扎紧，防止寄生蜂等天敌的入侵。观察卵鞘孵化情况，待有若虫孵出时应投以食物和饮水，取出空卵鞘。

11月至次年3月，蜚蠊进入越冬期，其生长发育因气温降低而放缓，虫态以若虫和卵鞘为主，期间应加喂高蛋白食物，增强抗寒能力，减少越冬死亡率，这对翌春生长繁殖影响很大。越冬期，试虫食量很小，食物的投放量和次数也相应减少，但要保持饮水的供应。对于越冬的卵鞘，要作表面消毒处理，干燥后保存于孵化盒内，保持适当湿度与温度。

4. 饲养缸的设置

饲养缸经消毒液浸泡后清洗、晾干，内置木架、木块和方型纸筒，为试虫提供栖息、隐藏、产卵之地，同时放入食盒、水盒。对于小龄若虫来说，水盒中应放入适当脱脂棉以防其溺毙。在饲养缸口的内侧沿壁涂上凡士林，缸口用双层纱布遮盖并用橡皮筋扎紧，或用特制的纱盖盖住缸口，防止试虫逃逸以及天敌的侵袭。

5. 食物与饮水供给

蜚蠊杂食性，喜食多种动植物性饵料及甜食，可以兔及鼠饲料为主，辅以其他食物，如豆粉、奶粉、糕点等。每日饲喂一次，投食量以大部分吃光而略有剩余为宜，以免剩食变质。饮水，为普通自来水，每日更换、补充，保证水源充足、洁净。

6. 饲养缸的清理

定期或根据具体情况清理饲缸。每天或隔天清理一次饲缸，清除试虫的排泄物、残余食物、死虫尸体、皮蜕等，保持缸内清洁。1～2周换缸一次，将试虫移入经消毒处理的清洁缸内，缸内木架、木块、折纸、食盒、水盒等均需更换。

7. 生物学特性观察方法

取卵鞘若干枚，单缸饲养观察其形状、大小、含卵数、孵化率等指标。采用单缸饲养法观察黑胸大蠊若虫脱皮、羽化，成虫产卵过程。观察生长发育的同时观察生活、行为习性等生物学特性。

（1）卵鞘观察

黑胸大蠊雌虫产下的卵鞘，一般呈钱袋形或肾形，大小不一，平均长约10.74mm（测纵中线长）；卵鞘产下前常附着于雌虫腹部末端尾毛间（1～2天）；纵放，齿脊（或鞘齿）向上，初时为浅褐色，以后颜色逐渐加深，为深褐色，最后为黑褐色。卵鞘上缘为锯齿状线，称龙骨线，也称鞘齿，两侧面有突起的卵床，称鞘肋。据此可推测卵鞘含卵数。卵在卵鞘中呈白色，半透明，垂直地排列成两行。卵鞘中含卵数因蠊种而异。据观察，黑胸大蠊卵鞘含卵数为 20～28 粒，但一般随着雌虫产鞘次数的增加，卵鞘中卵数逐渐减少。

（2）卵历期观察

卵历期指卵产出后在鞘内发育成熟至孵化为若虫所经历的时间。卵历期的长短与雌虫产卵次数、产卵的时间及温度有关。随着雌虫产卵次数的增多而延长，3～5 月（产下的卵鞘）气候转暖温度逐渐升高，有利于卵的发育，此时段产下的卵历期较短，平均为 45.6d。6～8 月气温较高，适合卵发育，平均卵历期为 47.2d。9 月以后所产卵鞘，一部分当年孵化为若虫，还有一部分需要越冬，至翌年才孵化，故此阶段卵历期范围波动大，平均卵历期延长至 115.3d。另外，对于生殖产卵期的雌虫来说，其前后产卵的含卵数、卵鞘长度、重量等经历着低→高→低的变化过程。

（3）卵的孵化

只有经受精的卵在适宜的条件下才能孵化为若虫，若虫的孵出是凭借虫体节律性的蠕动，顶开卵鞘上缘齿状线，同时借助此缝隙，突破包裹在虫体上的一层被膜脱壳而出。被膜白色，常附着于卵鞘齿状线处。刚孵出的若虫身体呈白色、半透明、质地柔软，头部有一对黑色复眼，以后颜色逐渐转变为浅灰、深灰色、黑褐色，历时约 4h。

（4）若虫形态学观察

若虫从卵鞘孵出后发育良好，在整过发育过程中一般很活跃。初孵化的若虫通体白色，身体细长，5～6mm，其体壁的外表皮尚未形成，故身体透明柔软，随着时间延长，体色逐渐转为浅灰、深灰，约 4h 后变成黑色，虫体变粗、短、扁平成为 1 龄若虫。1 龄若虫还有独特的形态学特征：触角鞭节末端 4 节为白色，其余为黑褐色；中胸背板白色，略透明，第 2 腹节背板两侧白色，体黑色至黑褐色。1 龄虫体特征常作为黑胸大蠊辨识的重要标志。

2 龄若虫体色变为黄褐色，上述白色部位逐渐消失；颜色变深，为浅褐色，虫体深褐色。3 龄以上若虫白色标志消失，体色逐渐加深，为赤褐色或黑褐色。5 龄期以上若虫形态特征：前、中、后胸背板两侧均有近似“▲”黑斑；虫体红褐色或暗红色。

每次脱皮后的若虫与孵化时的若虫相似，全身为白色，身体柔软，以后颜色渐渐加深，形成上述各龄期形态特征。每经历一次脱皮若虫身体变大、重量增加，历经 7 或 8 次脱皮后即发育为成虫。

低、中龄期的若虫雌雄难以分辨，当发育至老熟若虫时，雄若虫腹部末端两侧可见一对尾刺，而雌虫腹部末端饱满，无尾刺。

（5）脱皮过程观察

若虫脱皮前通常要寻找适当的场所，往往选择远离其他蜚蠊、相对僻静的地方，如饲缸内木架或其他栖息物上部，饲缸壁等处。此时的若虫行动缓慢，反应迟钝，在选好的位置上，往往采取头朝下的姿式用后足攀附住物体，停止取食和行动，不久便开始脱皮。脱皮时若虫身体前后伸缩蠕动，使前、中、后胸背板正中纵向裂开成缝，若虫的头部先从胸部的裂口外伸，随着身体伸缩幅度与力度的加大，裂口渐大，若虫身体逐渐脱出。整个过程需 10～15min。脱皮后的若虫往往停留在原地或附近静止一段时间，以伸展肢体和完成体壁硬化。此时的若虫由于不能行动，往往成为被同类残食的对象。刚脱皮的若虫除一对复眼为黑色外，全身白色，虫体柔软细长，其身体比脱皮前长约1/3，但数分钟后虫体开始逐渐变粗、短，体色渐次变为浅褐、深褐，约经两天，体态、体色恢复正常，出现各龄期相应特征，体积、体重较脱皮前增加。

（6）羽化过程的观察

羽化的过程也就是若虫经最后一次脱皮而发生变态成为成虫的过程，刚羽化的成虫前后翅芽清晰可见，虫体白色而柔软，停留在原地或附近，静止40～50min以完成翅的充分伸展和体壁的硬化。以后开始活动自如，体色逐渐加深，约2d后转变为正常成虫体色。黑胸大蠊在自然条件下的羽化期一般从4月中旬开始，6～7月达羽化高峰，8月下旬至9月上旬左右逐渐结束。

（7）成虫形态学观察

黑胸大蠊成虫为大型蜚蠊，成虫黑褐色，有较强光泽。头黑色，前胸背板黑色或深赤褐色，略呈三角形，后缘缓弧形，中部稍隆起，表面平整。前后翅赤褐，略长于身体。

雄虫体长23～28cm，腹部背板第1节前缘有一淡褐色长圆形毛茸。肛上板基部宽，端稍狭，呈长方形，后缘中部略向前凹或平直，中央有小切口。肛下板横短，后缘中部凹入作缓弧形，最末腹板有1对尾刺（与雌虫区别之一）。

雌虫体长24～30cm，肛上板前宽后狭，略呈三角形，中线隆起成脊，两侧倾斜，后缘呈三角形切口，形成左、右两片；下生殖板大型，前宽后狭略呈三角形，中线隆起如船底，在产卵期，此处常夹带一卵鞘。

（8）产卵情况的观察

黑胸大蠊以有性生殖、卵生的方式进行繁殖。

将刚完成羽化的雌雄成虫1∶1配对，单缸饲养，观察产卵情况，结果显示：羽化、交配后的雌虫平均产卵前期为13.8d，产卵历期范围为66～171d，平均为128d；每雌产卵鞘数12～22枚，平均18枚。另外，将羽化结束的雌虫单独饲养，可见产出外形正常的卵鞘，但未见孵出若虫，说明黑胸大蠊为有性生殖而非孤雌生殖。

雌虫产卵时，将卵鞘夹持在尾部，齿状缘朝上，纵放，1～2d后产下，初生卵鞘为淡褐色，以后转变为黑褐色。黑胸大蠊对产卵位置有一定的选择性，一般很少在平面上产卵，而喜在有棱角的地方产卵，尤其是凹凸不平的拐角、突出或凹陷处，饲缸角落、木架和折纸等夹缝中，也有产在食盒内的，还喜欢将卵产在阴暗隐蔽的地方。雌虫产下卵鞘后吐出黏性分泌物，将卵黏附固定。

（五）注意事项

1）蜚蠊为不全变态昆虫，一个世代（generation）需经历卵、若虫、成虫三个虫态，约需一年时间，各虫态有不同的生物学特点和生活行为习性。

2）温度、湿度是影响昆虫各虫态发育历期的主要因素，在不同温度、湿度、食料条件下饲养黑胸大蠊会有不同的发育历期，因此，在饲养观察过程中应记载温度、湿度。

3）采用分缸混养法，收集同龄（期）若虫或成虫于同一饲养缸，注意虫口密度不宜过大，饲养缸中应多设木架、纸筒、折纸板等以增加饲养面积，提供蜚蠊栖息、隐藏活动、产卵之场所。

（六）思　考　题

1）记录饲养观察的结果，将黑胸大蠊各虫态历期及相关数据填入表6-2。

表 6-2　黑胸大蠊各虫态历期及相关数据统计表（样表）

单缸（或混缸）编号	卵历期/d	若虫历期/d	成虫产卵前期/d	成虫寿命/d	羽化率/%	产卵量		雌虫数	雄虫数
						卵鞘数/♀	卵粒数/卵鞘		
1									
2									
3									
⋮									
n									

2）比较你所观察的与本实验所描述的黑胸大蠊的有关生物学特性方面的异同点，并解释存在差异的原因。

3）昆虫生物学特性包括哪些内容？研究昆虫生物学特性有何科学意义？

4）何谓戴氏定律（Dyar's law）？如何利用戴氏定律测定昆虫幼虫的虫龄及龄数？

第二节　昆虫生活史的研究方法

一、概　　述

昆虫生活史（life history）是昆虫在一定时间阶段的发育史，其中在1年内的发育史称为年生活史或生活年史（annual life history），而完成一个世代的发育史称为代生活史（generational life history）。年生活史包括某种昆虫在某地1年内发生的世代数，各世代中各虫态出现的始期、盛期、末期，越冬虫态及其始、终时间，发生与寄主植物或猎物等的协同进化关系等。代生活史包括某种昆虫从卵开始，经过幼虫、蛹到成虫性器官成熟并能繁殖后代或成虫死亡为止所经历的全部生长、变态、发育、繁殖等过程。因此，昆虫生活史包括了昆虫生长发育特性。研究昆虫的年生活史或代生活史对于掌握防治害虫和保护益虫的最佳时期具有重要的实际意义（彩万志，2001）。

二、原　　理

昆虫生活史是昆虫个体或群体（种群）在不同时间的生长、发育、繁殖、衰老以及死亡的综合过程。要了解一种昆虫的代生活史或年生活史，必须对该虫进行继代或周年系统饲养、观察、调查、记载和分析。饲养昆虫，可用室内饲养、室外饲养、室内外相结合饲养、田间系统调查结合室内饲养等方法。对某些具有趋光性或趋化性的昆虫，可用灯光或诱杀液诱集虫量变化规律来掌握成虫的发生期。

三、方　法

（一）昆虫生活史的观察

1. 昆虫个体编号

要观察和记载昆虫的生活史，在采得活的标本以后先应把所有的昆虫分类、编号，最好是同一种昆虫先给一个统一的号目，这个号目在饲育工作中便可替代这种昆虫的学名。如果要把某种昆虫的个体分开饲养，每一个虫再给一个号码。如果要把少数个体集合在一起饲养，应该尽量把发育期完全相同的凑在一起再给一个号码。

给号码的方法可以随各人的喜好而不同，但是在饲养工作中应该前后一致，这样才不致混淆。例如，在某次采集中采到了三种可以饲养的幼虫，这三种昆虫便可用罗马数字Ⅰ、Ⅱ、Ⅲ来表示。每种幼虫中可能有好几个个体，要进行分别饲养，这时每一个体可编一个阿拉伯数字，和罗马数字连在一起便可以说明哪一种虫的哪一个体。例如，Ⅱ-4 是第二种幼虫的第四个体。

2. 观察内容

在正式开始记录生活史之前，应先记录采集的地点和日期、被害的植物和被害的情况，还要记采集者的姓名，这样可以使每次采集到的昆虫得以分开。

昆虫生活史的观察实际上是对昆虫生长、变态、发育、繁殖过程的观察。观察时要充分考虑其已知的生物学、生态学特性，注意尽可能详细记载可以观察到的各种生物学现象，如各世代各虫态的存活率、发育历期、雌雄性比、雌虫产卵量、成虫寿命、成虫交尾、产卵行为的时辰节律以及当时的各种环境值（如地理位置、季节、日期、时间、温度、湿度、食料、光强、光质、光周期等）。

1）成虫期：成虫在什么日期和什么时候羽化，羽化的经过是怎样的，羽化后经过多少时间才交配，交配的时间和交配的情况是怎样的，雄的一生交配几次，雌的一生交配几次。交配后过多少时间产卵，每次产卵多少，产卵的经过是怎样的，是白天产卵还是夜间产卵，不经交尾是否也能产卵，产卵期的长短怎样。雌雄成虫的寿命长短怎样，雌雄成虫的比例怎样，取食行为和活动怎样，雌雄个体有些什么不同，等等。

2）卵期：卵产在什么地方，卵的颜色和形状及产出以后在这方面的变化，卵是分散的还是聚集成团的，外面有无掩盖物，有无附着在其他物体上的物质，卵经多少时间孵化，孵化率高低怎样，未经交配的雌虫所产卵是否也能孵化，孵化的经过是怎样的，等等。

3）幼虫期：幼虫在什么时间和在怎样的情况下孵出最多，孵化后经过多少时间开始取食，喜欢吃怎样的食料和哪些植物的哪些部分，幼虫孵出后颜色的改变是怎样的，幼虫有无群集的习性，幼虫隔多少时间脱皮，脱皮的经过怎样，一生共脱皮几次，每次脱皮后幼虫大小和在形态上的改变怎样，幼虫在行动方面有些什么特点，对光的反应怎样，有什么天敌，等等。

4）蛹期：生长成熟的幼虫是否结网或入土化蛹，它们在形态上有些什么改变，它们是怎样脱皮化蛹的，蛹的形状是怎样的，化蛹以后颜色有什么改变，蛹的活动情形怎样，蛹期多长，等等。

5）越冬经过：是生活史中哪一个时期越冬，在什么地方越冬，越冬期多长，越冬从什么时候开始到什么时候为止，等等。

3. 观察记载表的设计

记录昆虫的生活史，可以利用普通的笔记本。但最好是制成一定的表格形式，这样看起来也方便。此外还可打印成单张的表格，称为生活史的记录表。这有两种形式（表6-3，表6-4），在饲养某一种类的昆虫时，这两种记录表可以同时并用。

表 6-3　单个昆虫生活史记录表（样表）　　页

虫名：	寄主：	编号：
月　日		
……	……	
年	记录人：	

表 6-4　多个昆虫生活史记录表（样表）*　　页

虫名：						世代：			寄主：					编码：						
月	日	昆虫个体编号																温度	湿度	光期
		1	2	3	4	5	6	7	8	9	10	11	12	13	14	15	16			
…	…	…	…	…	…	…	…	…	…	…	…	…	…	…	…	…	…	…	…	…
年　月　日																记录人				

* 为简化记录，可用下列符号代表各虫态：●卵；一幼虫或若虫；♯脱皮；△蛹；＋成虫；×死亡。温度:℃；湿度（相对湿度）%；光期（光周期）：一日内的光照时数。

表 6-3 中除了记载昆虫的名称、寄主植物、饲养号码、年份、记录人姓名外，还按不同的日期记录生活史中各阶段的生活和活动情况，以及观察材料的来源等。表 6-4 和表 6-3 一样，在表中可以记录昆虫的名称、寄主植物等，但是它在很大程度上是可以记录个别昆虫的生活史，如孵化、脱皮、化蛹、羽化、产卵或死亡等，表中对分别饲养的个体各给一个号码。

如果把这两种记录表合起来看，一方面能够从表 6-4 中知道每一个体发育各时间的长短；另一方面又能从表 6-3 中知道变化的经过和其他有关生活习性的情形。

4. 记录结果的总结

1）归纳出所饲养的种类在所饲养的地区一年之中发生的时间和代数。掌握该种昆虫的生活习性，如它们的产卵和化蛹场所、幼虫食性等。

2）了解外界环境对昆虫生长发育的影响。如果在饲养时记录了每日温度，便可知道昆虫在气温较高时生长发育快，气温较低时生长发育慢，昆虫的活动性也减小。此外，有些种类的昆虫能够耐干，有些种类必须在湿度较高的环境中才生长得好。有些种类是喜好日光的，多数种类却有躲避日光的习性。不过多数昆虫在光线过分暗弱的地方活动会减少，因此生长不正常。

3）了解同一种类中不同个体的生长发育在同一条件下也有差异，尤其是雌虫和雄虫。一般雌虫生长时期较长，个体较大，成虫出现较晚；而雄虫则常常相反。

4）认识某种昆虫和我们的经济关系。例如，蝗虫喜欢吃禾本科植物，因此是粮食作物的重要害虫。它的食量大，活动能力强，所以为害也严重。但是它在幼蝻时期比较脆弱，我们可趁机消灭它。也有许多肉食性昆虫，如螳螂是以其他昆虫为食，它们能帮助消灭害虫，应加以保护。

5. 注意事项

1）世代的划分：常见的有两种划分法，一是从卵产出至成虫产卵为止；二是从卵产出至成虫死亡为止。对于成虫寿命短的昆虫（如鳞翅目昆虫）二者相差不大，对于成虫寿命长的昆虫（如部分鞘翅目昆虫），则二者相差悬殊。因此，在描述世代历期时，必须标明所采用的世代划分的方法，以免出错。

2）滞育和休眠：对于滞育和休眠现象，除了在一般生活史研究中进行观察外，还应进行专题研究。只有通过试验，取得系统的数据，经过分析比较才能得出可靠的结论。

3）世代重叠的分析：大多数多世代的昆虫世代发生重叠，其主要原因是越冬出蛰有先后、成虫寿命长短不一、雌性成虫产卵历期较长、卵孵化和幼虫发育不整齐以及有休眠、滞育习性等，应根据实际情况进行具体分析。

4）昆虫生活史与环境的关系：任何一种昆虫的生活史（代生活史或年生活史）都会随所处的环境条件不同而发生变化，如在不同温度条件下，昆虫的发育历期就显著不同（参阅有效积温法则理论）。因此，在研究昆虫生活史时，必须记录当时的各种环境值（如温度、湿度、食料、季节、地理位置等），必要时，应设置不同的环境条件进行实验观察或在不同季节不同地区开展调查研究。

（二）昆虫生活史的表述

为了表述昆虫的年生活史，除了用文字记载外，还可以用各种图解的方式绘制成生活史图。生活史图还可以配上寄主植物的生育期，这样，害虫发生期与寄主植物之间的关系便可一目了然。

1. 文字描述法

昆虫生活史的文字描述法是早期昆虫学研究中常用的方法，也是现在大多数应用昆虫学教科书或专著中常用的方法，大体文字描述内容如下（以棉绿盲蝽 *Lygus lucorum* Meyer 为例）。

1）一年发生世代数：在河南省安阳地区 1 年 5 代为主，有的年份发生 3 或 4 代。

2）越冬虫态及场所：以卵在苜蓿、苕子、蒿类等植物的茎秆中或苜蓿割口顶端茎髓内及表皮组织内越冬，卵在翌年 4 月孵化。

3）一年内各世代成虫的出现时间：第 1 代成虫 5 月出现，第 2～5 代成虫分别于 6

月上旬、7 月中旬、8 月中旬、9 月下旬出现。

4）一年内各虫态不同世代的发育历期：卵历期第 1 代为 7～16d，平均 10d；第 2 代为 5～10d，平均 8d；第 3 代为 6～9d，平均 7d；第 4 代为 7～12d，平均 10d。

若虫历期第 1 代 30d，第 2 代 18d，第 3 代 12.5d，第 4 代 12d，第 5 代 20d。

成虫寿命第 1 代雌虫平均 44d，雄虫平均 52d；第 2 代雌虫平均 41d，雄虫平均 48d；第 3 代雌虫平均 40d，雄虫平均 37d；第 4 代雌虫平均 56d，雄虫平均 36d；第 5 代雌虫平均 50d，雄虫平均 48d。

成虫产卵前期 6～7d，产卵期 30～40d。

用文字描述法表达昆虫生活史，常常由于研究工作者所侧重的方面或研究的详略不同而表达的风格或内容不尽相同。

2. 公式法

公式法即用类似数学分式的形式表达昆虫的生活史，分子部分为卵（用●表示）和幼虫或若虫（用一表示），分母部分为蛹（用△表示）和成虫（用＋表示），月份用阿拉伯数字表示，月中的旬分别用上、中、下或 A（anterior ten days of a month）、M（middle ten days of a month）、P（posterior ten days of a month）来表示。其基本样式为

$$\frac{\bullet\text{卵}-\text{幼虫或若虫}}{\triangle\text{蛹}+\text{成虫}}$$

例如，小地老虎 *Agrotis ypsilon* Rottemberg 在某地的年生活史，用样式表示为

第一代	第二代	第三代	第四代
$\frac{\bullet 3\text{下}/4\text{下}-4\text{中}/6\text{上}}{\triangle 5\text{下}/6\text{中}+6\text{上}/6\text{下}}$	$\frac{\bullet 6\text{上}/6\text{下}-6\text{下}/7\text{下}}{\triangle 7\text{中}/8\text{上}+7\text{下}/8\text{中}}$	$\frac{\bullet 7\text{下}/8\text{中}-8\text{上}/9\text{上}}{\triangle 8\text{上}/9\text{上}+9\text{中}/10\text{上}}$	$\frac{\bullet 9\text{中}/10\text{上}-9\text{下}/4\text{下}}{\triangle 3\text{上}/4\text{中}+3\text{上}/4\text{下}}$

虽然公式法较为简便，但对于世代重叠严重和 1 年发生 5 代以上的昆虫，用此法表达生活史有一定的局限性。

3. 图示法

图示法是用各种各样的图把昆虫的生活史表示出来。简单的图可以用文字、线条及昆虫形态示意图勾绘出昆虫生活史的轮廓（图 6-1），复杂者可将害虫的发生危害与寄主植物的生育期、被害状等结合起来，直观明了。在一些专著及科普类读物常用此法。

4. 表格法

表格法是最常用的昆虫生活史表达方法，其类型主要有两种。第一种是以月为列，以虫态为行，将各代各虫态发生的时间范围在表中标出；第二种是以月为列，以虫态和代次为行，用不同的符号或字母表示不同的虫态，并将各代各虫态发生的时间范围在表中标出（表 6-5）。

各虫态的表示方法有符号或字母两类。卵常用符号“●”或字母 E（egg）来表示；幼虫和若虫常用符号“—”或分别用字母 L（larva）和 N（nymph）表示；蛹常用符号“△”或字母 P（pupa）表示；成虫常用符号“＋”或字母 A（adult）表示；越冬虫态可用括号“()”代表符号或字母括起来表示。第二种方法特别适合表达多化性昆虫的

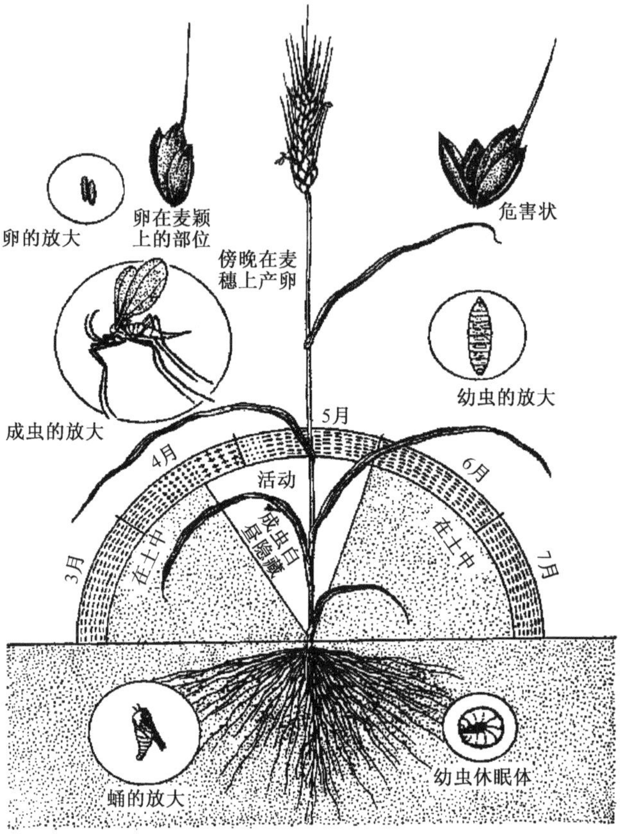

图 6-1 麦红吸浆虫 *Sitodiplosis mosellana* Gehim 年生活史（彩万志，2001）

生活史，使人一目了然，不少期刊中常用此法。

表 6-5 烟草甲 *Lasioderma serricorne*（Fabricius）在某地的年生活史（样表）

	月	4	5	6	7	8	9	10	11 至翌 3
	旬	上中下	上中下	上中下	上中下	上中下	上中下	上中下	上中下
虫态	越冬代 （三代）	（—） — —	——— △△△ + + +	△ + + +	+				
	一代		●● —	●●● ———	● ——— △△△ +++	——— △△△ +++	++		
	二代				●● —	●●● ——— △	●●● ——— △△△ +++	——— ++	— （—） （—）
	三代 （越冬代）						●● ——	●● ———	— （—） （—）

四、综合实验

实验一　观察美洲斑潜蝇的生活史及主要习性

（一）实验目的

通过观察美洲斑潜蝇的生活史及主要习性（李洪奎等，2001），掌握研究昆虫生活史的方法。

（二）实验背景

美洲斑潜蝇（*Liriomyza sativae Blanchard*）是国际检疫对象，1993年该虫在我国海南省首次被发现。1996年该虫蔓延到全国12个省（自治区、直辖市）。作物受害后，一般减产30%～50%，严重者绝收。因此虫为害，1995年四川省损失2.4亿元，山东省损失11亿元，给我国的农业生产构成严重的威胁。研究美洲斑潜蝇的生活史及其主要习性，可为它的防治提供理论依据。

（三）实验材料

小型饲养室：用直径6.5cm、高10.5 cm的无色玻璃瓶，内放用清水湿润的棉球，瓶的顶盖刺有若干小孔。

大型饲养室：在小钵内种植棉苗和南瓜苗，用直径24.0cm、高40.0 cm的玻璃钟罩隔离，钟罩顶端的通气孔用双层细纱布封严。为了给成虫提供充足的营养，在罩内配置10%的蜜糖水。饲养室内的相对湿度为80%。

美洲斑潜蝇虫源：定期在其寄主上套袋，获得其蛹。

（四）实验方法

把蛹分别置入小型饲养室和大饲养室，每室1头，分别观察、记载蛹的发育历期及成虫羽化时间、死亡时间，确定成虫的寿命。把在小饲养室内饲养的大量成虫转入大饲养室，让其交尾、产卵。24 h后，排除所有成虫。随后定期观察不同寄主上的幼虫显现期和活动期，计算卵和幼虫的发育历期。

将老熟幼虫分别置于光照强度0.0lx（黑暗）、335.6 lx（弱光）和1972.0lx（强光）条件下，观察它们的化蛹时间，每次处理虫量10头。将蛹平放在盛有湿润土壤的培养皿（直径14.5cm，高2.5cm）内，覆土1.5cm，模拟自然降雨，使之形成0.7cm的板结层，以观察土壤板结对害虫羽化的影响。

于10月上旬从田间采集高龄幼虫，待其化蛹后，放入一端用尼龙纱封闭、一端加盖的小塑料管（每管含蛹20头，重复3次）内，将管直立埋入（尼龙纱封闭端朝下）室内（常温条件）土盆中（深度1.5 cm），定时补水，保持土壤湿润，此模拟冬季蔬菜储藏条件。于次年5月，将蛹取回，在室内进行羽化试验，判明越冬蛹在以上环境下的存活率。另外，将秋季所采的蛹在13℃条件下预处理5d后，放入光照培养箱内，在(0±1)℃ 条件下，处理5 d、10 d和15 d后，检查死亡率。每次处理蛹量20头，重复3次，以相同蛹在28.5℃条件下培养为对照。

（五）实验结果及分析

1）设计两种（表 6-3，表 6-4）昆虫生活史记录表，并将观察结果记录于两表中。

2）采用不同的表示昆虫生活史方法（文字描述法、公式法、表格法和图示法），分别描述美洲斑潜蝇的生活史情况。

3）分析内容：光强对美洲斑潜蝇幼虫化蛹的影响；土壤板结对美洲斑潜蝇蛹羽化的影响；越冬蛹的存活情况；美洲斑潜蝇蛹抗低温（0±1）℃能力。

实验二　观察果蝇的生活史

（一）实验目的

果蝇在近一个世纪以来的生物学舞台上占有举足轻重的地位。各个领域的广泛应用使其成为一种理想的模式生物，不论过去、现在和将来，都将为人类探索生命科学的奥秘作出不可磨灭的贡献。通过本实验（卢龙斗和常重杰，1996），掌握果蝇饲料（培养基）的配制及其饲养管理方法，了解果蝇的生活习性，鉴定果蝇的雌雄性别和突变性状。

（二）实验背景

黑腹果蝇（*Drosophila melanogaster*），又称普通果蝇，为双翅目昆虫，具完全变态。用果蝇做实验材料有许多优点：生长迅速，每 12d 左右即可完成一个世代；繁殖能力强，每只受精的雌蝇可以产卵 500 个左右，因此在短时间内即可获得大量的子代，便于用做科研材料；果蝇饲养容易，以玉米粉等做饲料就可以生长繁殖；加之突变性状多达 400 以上，且多数是形态变异，容易观察，所以在遗传分析中普遍使用。因此掌握果蝇的饲料方法具有重要的科学意义。

（三）实验材料

1. 生物材料

野生型果蝇及几种常见的突变型果蝇。

2. 实验器具和药品试剂

生化培养箱，双筒解剖镜，镊子，锑锅，电磁炉，高压灭菌器，电热恒温干燥箱，培养瓶，棉花塞，烧杯，玻棒，棉签，滤纸。乙醚，乙醇，丙酸，苯甲酸，酵母粉，琼脂，玉米粉，白糖。

（四）实验内容和步骤

1. 果蝇饲料的配方及配制方法

（1）配方

琼脂 1.5g、白糖（或红糖）13.5g、玉米粉（或米粉、面粉）10g、苯甲酸 0.2g、蒸馏水 75mL、95%乙醇溶液少量。

（2）配制方法

将 1.5g 琼脂放入 50mL 蒸馏水中，煮沸，直到琼脂完全溶解，再加入 13.5g 红糖或白糖，调匀，继续加热。另把10g玉米粉加入25mL蒸馏水混合后，倒入正在加热的琼脂糖溶液中，并加入溶解在少量95%的乙醇溶液中的0.2g苯甲酸，均匀搅拌，煮沸2～3 min成糊状，并趁热注入到洁净、干燥、消毒过的培养瓶中，使培养基在瓶底的厚度约为3cm（注意瓶口和瓶壁上不要被培养基污染）。可把一洁净纸片的一端插到糊状的培养基里，以扩大果蝇活动的场所。待培养基稍冷却后，在瓶口加棉塞，以免积水。棉塞一定不要塞得太紧，以便空气流通。培养基冷却成固体后，即可用来饲养果蝇。

2. 果蝇代生活史的观察

（1）果蝇生活史的观察

果蝇各虫态持续时间的长短随温度的高低而不同。在20℃条件下从卵到成虫约为8d。蛹期为6d左右，整个生活史15d即可完成；若在25℃条件下，从卵到幼虫约5d，蛹期4.2d左右，整个生活史约10d。20～25℃是果蝇生活的适宜温度，温度过高（30℃以上）会引起果蝇不孕或死亡，温度过低（10℃条件下）时，生活史可长达57d，又会使果蝇生活力降低。果蝇一般培养在恒温箱内，盛夏时要注意降温。雌性成体一般能生活4周，雄性成体寿命较短，一对果蝇能产生几百个后代。

卵：羽化后的雌蝇一般在12h后开始交配，交配后2d开始产卵。当卵经过子宫时，精子可由卵前端的锥形突出部的小孔或卵孔进入其中，虽然有很多精子进入卵，但一般情况下只有一个精子与卵发生受精作用。其他多余的精子被雌体储藏起来（所以杂交实验时必须选取处女蝇）。受精卵被排出体外发育或胚胎早期就在子宫内进行。用解剖针将附有卵的培养基取少许涂于载玻片上，或用解剖针轻压雌果蝇腹部后部把卵挤在载玻片上，用低倍镜观察。果蝇的卵约0.5mm长，椭圆形，腹面稍扁平，在背面的前端伸出一对触丝，其作用是使卵附在培养基表面而利于发育。

幼虫：卵孵化成幼虫后经过两次脱皮发育成为三龄幼虫。三龄幼虫体长约5mm，头部稍尖、位于头部的口器为肉眼可见的一小黑点。口器后面有一对透明的唾液腺，通过体壁可见到一对生殖腺位于身体后半部的上方两列。精巢较大，为一明显的黑色斑点，卵巢较小。

蛹：幼虫生活7～8d准备化蛹，化蛹之前从培养基中爬出，附着在干燥的瓶壁或插在培养基的滤纸上逐渐形成一个梭形的蛹，在蛹前部有两个呼吸孔，后部有尾芽，起初蛹壳颜色淡黄柔软，经3～4d后变成深褐色，表示要羽化了。

成虫：刚从蛹壳里羽化出的果蝇虫体较长大，翅还没有展开，体表也未完全几丁质化，呈半透明乳白色。不久蝇体变为粗短椭圆形，双翅伸展，体色加深，如野生型果蝇由开始的浅灰色转为灰褐色。果蝇成虫腹部背面有黑色环纹，腹面有腹片，外生殖器在腹部末端，全身有许多体毛和刚毛。

（2）果蝇雌雄性鉴别

利用果蝇做杂交实验时，必须准确地识别性别。雌雄成蝇的区别有许多方面，可用放大镜、显微镜（低倍）、双筒解剖镜或直接从外形上加以辨认。

雌、雄果蝇的主要区别（图6-2）如下。

体型：雌果蝇体型较大，雄果蝇较小。

腹部末端：雌性腹部椭圆，末端稍尖，雄性末端钝圆。

腹部背面：雌性有明显 5 条黑色条纹，雄性有 3 条，前 2 条细，后 1 条宽，延至腹面，肉眼看其腹部末端呈现一明显黑点。

腹部腹面：雌性有较明显的 6 个腹片，雄性有 4 个腹片。

性梳：性梳的有无，是鉴别雌雄性果蝇的明显标志之一。雄性第一对足的跗节基部外侧有黑色鬃毛状性梳（图 6-3），雌性则无。

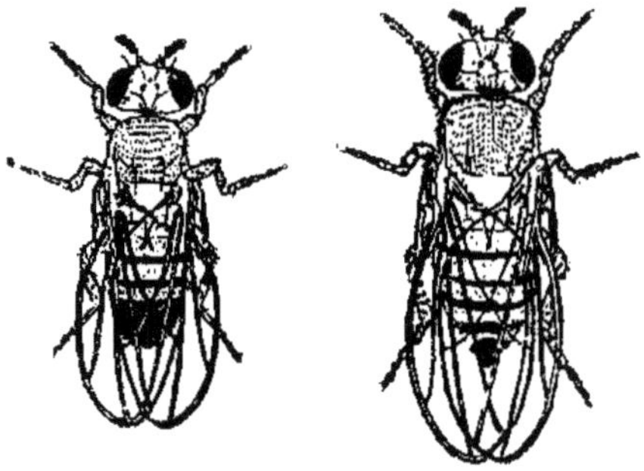

图 6-2　雌雄果蝇的比较

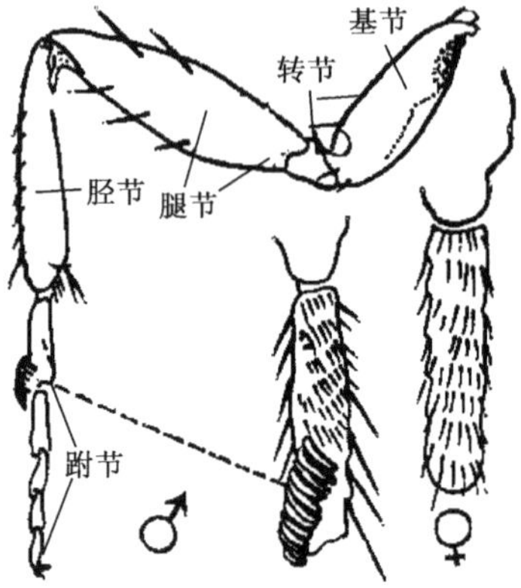

图 6-3　雌雄果蝇第一对足的跗节基部外侧的比较

a. 雄性果蝇的左前足；b. 雄果蝇跗节基部的性梳；c. 雌果蝇跗节基部（无性梳）

3. 果蝇几种突变类型的观察

果蝇的突变性状一般情况下用肉眼观察，也可用放大镜在培养瓶外观察或在解剖镜下观察。主要有以下稳定而明显的特征（表 6-6）。

表 6-6　果蝇几种突变类型的观察特征

突变名称	基因符号	性状特征
白眼	*w*	复眼白色
残翅	*vg*	翅全退化，部分残留不能飞
黄体	*y*	全身呈浅橙黄色
黑檀体	*e*	身体呈乌木色，黑亮
焦毛	*Sn*	刚毛卷曲如烧焦状
小翅	*m*	翅短仅长至腹端

4. 果蝇的麻醉

对于成蝇和果蝇突变性状的观察以及果蝇的杂交实验分析，都必须先将果蝇麻醉使其处于静止状态后方可进行。取一麻醉瓶（如可用 200mL 的广口瓶），瓶口应与培养瓶大小相仿，取一棉花塞，在塞入瓶口的一面滴加 3 滴乙醚，将果蝇转入麻醉瓶内，翻转麻醉瓶使其瓶口朝上，迅速将滴有适量乙醚的棉塞盖住麻醉瓶口，约 1min 果蝇倒卧于瓶底（注意：过度麻醉将导致果蝇死亡），即可将果蝇倒出进行操作。操作时，将其倾倒在用乙醇擦过的白瓷砖上，用毛笔轻轻拨动进行观察。当在白瓷砖上的果蝇即将苏醒时，可在麻醉瓶的棉塞上滴加乙醚，扣在白瓷砖上进行第二次麻醉，麻醉的程度随实验需要而定。麻醉后果蝇翅外展与身体呈 45°角时，表示已麻醉过度，不能复苏。把不需要的果蝇倒入盛有乙醇的瓶中。

（五）思 考 题

1. 绘果蝇的生活史图。
2. 绘雌雄果蝇第一对足外形图（示性梳）。
3. 表示昆虫年生活史的方法有哪些？它们各有何优缺点？

第三节 昆虫休眠与滞育特性的研究方法

一、概 述

昆虫的生命活动受环境条件的制约，极端的环境条件（如高温、低温、干旱、食物缺乏等）会影响其正常生活，也威胁昆虫种群和个体生命的维持。为度过不良环境条件，许多昆虫具有休眠或滞育的特性。休眠和滞育都是昆虫的发育停滞现象，都是昆虫对不良环境的一种适应性表现，是昆虫长期适应不良自然环境而获得的一种生存本领。休眠和滞育可以发生在昆虫生命过程中的任何一个阶段，其意义在于使昆虫度过不良环境，维持种群和个体生存，保证种的繁衍。

休眠的可塑性较大，即当引起休眠的不良环境条件一旦消除时，便能迅速结束休眠而继续生长发育。滞育则是一种稳定的遗传特性，即一旦进入滞育前期（生理准备阶段），滞育期（新陈代谢降低到相当低的水平）就相继发生，并需通过滞育后期（恢复期），滞育才能解除，即昆虫进入滞育后即使在适宜的环境条件下，仍不能迅速解除滞育。

研究昆虫休眠和滞育特性的目的，在于掌握其发生原因及其解除机制，进而设置某些适宜的环境条件，人为促成或打破昆虫的休眠或滞育，从而减缓或加速某些昆虫的生长发育速度，为害虫防治或益虫利用服务。例如，我国蚕农用浸种的方法打破蚕卵滞育（滞育的卵用酸处理），又如将进入滞育的天蚕蛾蛹，立刻给以 6 周 3～5℃的低温处理，再放回室温中则会逐渐发育而变为成虫。

二、原 理

影响昆虫休眠与滞育的外界环境条件有光周期（photoperiod）、温度、水分、食物等。在温带和寒带地区光照和温度常起主要作用，而光照周期的变化常常是滞育产生的信号（于毅，1998）。因此，常通过测定或控制温度和光周期来研究昆虫的滞育特性。

光周期是一天中光照时数与黑暗时数变化的节律，通常以光照时数来表示。每一种昆虫对于进入或解除滞育所需的光周期是有一定界限的，引起昆虫种群 50%个体进入滞育的光照周期界限称“临界光照周期”，如南京三化螟滞育的临界光照周期为 13h 45min（每日 10h 15 min 黑暗）。引起昆虫 50%个体进入滞育的感应光照周期虫态（或虫龄），对每一种昆虫来讲，也是有一定的界限的，称为“临界光照虫态”，如褐飞虱为 4 龄若虫，玉米螟为老龄幼虫。

关于研究昆虫滞育的方法，所涉及的范围广、领域深，因而方法各异。从温度、湿度、光照、食物等外部环境因素到对昆虫体内感受器、生物钟以及神经内分泌系统的研究；从昆虫外部行为特点的变化到其内部复杂、综合的作用；从田间试验的观察、对虫体内部的解剖到对虫体的结扎，以及器官、组织的摘除、移植和培养等。

目前，对昆虫滞育研究的热点是对其脑神经肽的研究，除昆虫滞育激素（DH）和促前胸腺激素（PTTH）外，还有促咽侧体激素（AT）、抑咽侧体激素（AS）以及抑前胸腺激素（PTSH）等。AT首先在大蜡螟中发现并被纯化，它具有强烈刺激体外培养的儿茶酚胺（CA）分泌保幼激素（JH）的活性。同一期内，AS也从各种昆虫中分离鉴定。以往认为昆虫以PTTH调节前胸腺分泌蜕皮激素（MH）的这一经典原则，被最近发现的丽蝇（*Calliphora vicina*）脑中存在的一种具有抑制MH生物合成活性的PTSH因子而动摇。此外，昆虫以利尿素和抗利尿素来调节水分代谢，以及最近从美洲棉铃虫的雄性生殖腺中分离纯化出一种抑制信息素生物合成的神经肽（PSP）与信息素生物合成激活神经肽（PBAN），又形成了一对调控性信息素合成分泌的因子。随着昆虫神经内分泌调节机理的进一步研究，昆虫滞育的调节机制理论也将更加完善。

三、方　　法

研究昆虫的滞育特性，实际上是要研究影响昆虫滞育的内、外条件及其影响规律。不同物种的昆虫或同一物种不同地区的昆虫种群，其滞育特性有一定的差异。关于研究昆虫滞育的方法，正如前述，因涉及的范围广、领域深，因而方法各异，到目前为止，还未见有一套专门针对研究昆虫滞育特性的特定方法与技术。研究昆虫的滞育特性，首先要根据研究目标，选择适合的研究范围，并借助昆虫生态学方法（研究滞育的物候条件）和昆虫生理学方法（研究滞育的生理生化基础）设计出研究方案，然后开展系统的调查、观察或实验。下面介绍影响昆虫滞育的常见物候条件和已知的某些生理生化基础，可为确定研究目标和选择研究内容与研究方法提供理论依据。

（一）影响昆虫滞育的物候条件

1. 光周期

（1）短日照滞育型（长日照发育型）

在短日照下进入滞育而在长日照下发育的昆虫种类通常称为短日照滞育型，或称为长日照发育型，如冬滞育的昆虫属于短日照滞育型。

（2）长日照滞育型（短日照发育型）

在长日照下进入滞育而在短日照下发育的昆虫种类通常称为长日照滞育型，或称为短日照发育型，如夏滞育的昆虫属于长日照滞育型。

（3）长、短日照滞育型（中日照发育型）

有些昆虫的种群同时存在长日照和短日照的关系，例如，黑纹粉蝶（*Pieris melete*）蛹滞育，夏滞育和冬滞育分别被较长日照（>LD 13：11）和短日照（<LD 11：13）诱导，而非滞育（发育）仅出现在一段较短的中性光周期范围（LD 12：12左右）。也有研究表明，诱导摇蚊（*Dasyneura brassicae*）幼虫滞育的原因是当其受太阳辐射累计<71（kW·h）/m时发生滞育，而与光周期无关。

（4）对光周期的敏感性

昆虫滞育对光周期的反应是一个动态的过程。有些昆虫，如北美草蛉（*Chrysopa oculata*），一旦被诱导滞育，很快便失去对光周期的敏感性；而另一些种群，如普通草蛉（*C. carnea*），是在滞育的过程中逐渐失去对光周期的敏感性；豆娘（*Lestes disjunctus*）只有在进入滞育后，才对光周期敏感；另外还有一些昆虫，如豆蜂缘蝽（*Riptortus clavatus*）滞育的整个过程受光周期的调节。光周期对昆虫滞育时间的长短也起着重要的作用，如在23℃的环境中，短日照（＜LD12∶12）诱导地中海灯蛾（*Cymbalophora pudica*）幼虫滞育的时间较长（约88 d），而长日照（＞LD14∶10）诱导地中海灯蛾幼虫滞育的时间则较短（约52d）。

2. 温度

温度是影响昆虫滞育的另一重要因素，如家蝇（*Chortophila brassicae*）幼虫在低于15℃的环境中发育时，蛹进入滞育；蝗虫（*Locustana pardalina*）卵滞育与环境中高温持续的时间相关。温度常与光周期相互作用起着诱导昆虫滞育的作用。在大多数的昆虫种群中，光周期与温度之间的关系表现为随着温度的改变，昆虫的临界光周期发生变化，如烟青虫在24℃时的临界光周期为791min，而26℃时则为724min。一般来讲，在冬季进入滞育的昆虫中，日照逐渐缩短，温度逐渐降低是诱导其滞育的主要因素，而在夏季滞育的昆虫则相反。

3. 食物

在温度和光周期变化都不明显的赤道地区，影响昆虫滞育的主要因素是食物。例如，饲养在11℃黑暗环境中丽蝇（*Calliphora vicina*）的幼虫，当食物充足时，进入滞育；但在幼虫成熟之前停止供给食物，幼虫不能滞育而直接化蛹。同时寄主植物的生理状态（成熟程度）也影响昆虫滞育。例如，水稻成熟程度与稻螟（*Rupela albinella*）的滞育率密切相关，稻螟取食老熟水稻后的滞育率远高于取食其他发育状态水稻的滞育率，但水稻成熟程度与稻螟滞育率之间化学物质的联系尚不清楚。

食物对昆虫滞育的影响还表现在与光周期及温度等因素的共同作用。当给马铃薯甲虫（*Leptinotarsa decemlineata*）饲喂特别嫩的或特别老熟的马铃薯叶子时，在原本能够诱导其滞育光周期的环境条件下，马铃薯甲虫不能进入滞育；幼虫期的食物本身对诱导棉红铃虫（*Pectinophora gossypiella*）进入滞育几乎没多大的影响，但当棉红铃虫的幼虫饲养在诱导滞育的短光周期条件下，含丰富的脂类物质的食物可以提高滞育率以及滞育的持续时间。

4. 密度

昆虫密度或拥挤对诱导一些群居性或栖境有限的昆虫种类进入滞育起主导作用。例如，拥挤以及拥挤条件下幼虫取食产生的残余物均可诱导干果粉斑螟（*Ephestia cautella*）幼虫滞育。这有可能说明，拥挤诱导滞育的因子，并不一定是个体间的相互作用，而可能是一种高度集中的性外激素。密度对滞育的调节还表现在与光周期和温度的相关性。例如，印度谷螟（*Plodia interpunctella*）在低温（20℃）和短光周期条件下进入滞育，此时幼虫种群的密度对其滞育无任何影响；然而当环境气温达30℃，早期的幼虫种群密度较大时，一些幼虫个体进入密度决定性的滞育。

（二）影响昆虫滞育的生理生化基础

昆虫在滞育期间，体内产生一系列的生理生化变化，许多研究涉及这个领域，成为目前的热点之一。

1. 代谢物质的积累

在前滞育期，许多昆虫经历一个迅速取食或延长取食时间的阶段，这些取食不是全部用于昆虫的生长与发育，而是通过不同的代谢途径将部分能量储存起来，用于昆虫滞育期和后滞育期的发育。例如，在成虫前滞育期，卵巢发育和卵黄形成均受到抑制，昆虫机体开始积累储存脂类、蛋白质以及其他的糖类。这种能量积累的过程可能包括机体一些组织的损坏，翅肌肉、卵巢、睾丸、卵均被重吸，脂肪体和其他的储存组织则过度生长，血淋巴也积累了大量的蛋白质、脂类以及糖类。

2. 能量代谢的降低

昆虫滞育后，其代谢活动也逐渐降低至一个很低的水平，且维持至滞育结束。因此，在滞育的过程中，几乎所有昆虫的耗氧量呈“U”形曲线变化；但也有例外，如隐翅虫（*Atheta fungi*）在滞育期间氧的消耗速率同发育阶段氧的消耗没什么差别。其呼吸代谢的一个重要特征是滞育期呼吸代谢速率几乎不受周围环境温度的影响，如鞭角华扁叶蜂（*Chinolyda flagellicornis*）滞育预蛹，在25℃时的耗氧量与30℃时的耗氧量相等。

不同种类的滞育昆虫物质代谢的速率及方式各有特点，如棉红铃虫以脂类为主要能量物质，但脂肪酸的相对含量保持不变；环喙库蚊（*Culex tarsalis*）和按蚊（*Anopheles freeborni*）脂肪酸的相对含量在滞育期发生变化；柞蚕（*Antheraea pernyi*）滞育期间体内存在糖原与多元醇之间相互转化的现象，并与气温密切相关。

3. 抗寒性

为了避免在滞育期间极端低温对机体的损伤，昆虫从滞育一开始，便在体内进行了抗寒性的代谢调整。虽然抗寒的精确机制目前还不清楚，但可以明显地看出，多元醇（包括甘油、甘露醇、山梨糖醇、苏糖醇等），以及一些糖类（包括海藻糖、蔗糖、果糖、葡萄糖等）的积累，可以降低冰点和过冷却点而提高昆虫的耐寒能力，当多元醇的浓度达到极点时，昆虫具有耐寒能力。

4. 耐干旱性和耐高温性

对昆虫耐干旱性和耐热性与滞育关系的研究还较缺乏。一般的，昆虫通过行为上（如挖洞或寻找隐蔽的地点等）、生理上（如覆盖蜡层分泌的增加、降低含水量、脂肪含量升高、间歇打开气门等）以及形态上的改变来调节机体对干旱和高温的忍耐度。烟草天蛾（*Manduca sexta*）、披肩黏虫（*Mamestra configurata*）冬滞育蛹均产生大量的蜡质；家蚕的冬滞育卵刚产下时，其卵膜便变得几乎不透气。

5. 滞育关联蛋白质

一些幼虫和成虫的脂肪体或血淋巴有一种或几种蛋白质，在滞育昆虫中保持着较高的浓度，且随着滞育的终止而逐渐消失，它被认为与滞育的发生有关，称为滞育关联蛋白（DAP），而在非滞育昆虫中无此蛋白质或极微量。已证实DAP存在于在马铃薯甲虫、玉米茎蛀褐夜蛾（*Buesseola fusca*）、酸模叶甲（*Gastrophysa atrocyanea*）、棉红铃虫、南方玉米杆草螟（*Diatraea crambi doides*）以及小遮杆草螟（*Diatrea saccharalis*）等滞育机体内；而滞育棉铃虫蛹中不含有 DAP。但 DAP 在滞育昆虫中的作用机制还不清楚。有些研究也涉及滞育期间保护酶活性的变化，如黑纹粉蝶滞育蛹的超氧化物歧化酶（*superoxide dismutase*，SOD）和过氧化氢酶（*catalase*，CAT）活力明显低于同期的非滞育蛹；鞭角华扁叶蜂滞育预蛹 3 种保护酶活力在滞育期间也呈降低的趋势，并与环境温度相关。

四、综合实验

实验三　观察棉铃虫的滞育特性

（一）实验目的

通过对棉铃虫 *Helicoverpa armigera*（Hubner）滞育特性的观察了解昆虫滞育和休眠的特性，掌握测定昆虫滞育特性的基本原理和测定昆虫临界光照〈温度〉虫态、临界光照〈温度〉值的方法。

（二）实验原理

温带和寒带地区光照周期的变化常常是滞育产生的信号，本实验（耿济国等，1992）通过控制温度不同光周期条件来研究棉铃虫的滞育特性。

（三）实验材料

恒温培养箱，音片定时开关钟，解剖镜，放大镜，培养皿，1cm×5cm 玻管，锯木屑等；准备好棉铃虫及新鲜虫卵。

（四）操作方法

1. 处理项目

取同一天孵化的棉铃虫 1 龄幼虫，接种在盛有小块半人工饲料的大玻管中，每管接 1 头，每处理 30～50 头，在恒温培养箱 23℃条件下饲养。处理如下：

1）整个幼虫期处于每天 16h 光照，8h 黑暗。

2）整个幼虫期处于每天 10h 光照，14h 黑暗。

3）1～3 龄幼虫处于每天 16h 光照，8h 黑暗；4～6 龄幼虫处于每天 10h 光照，14h 黑暗。

4）1～3 龄幼虫处于每天 10h 光照，14h 黑暗；4～6 龄幼虫处于每天 16h 光照，8h 黑暗。

2. 观察记载

棉铃虫的滞育虫态为蛹期，临界光照虫态为幼虫期，滞育蛹发生在蛹前期。确定滞育与非滞育蛹的标准要系统观察。自化蛹起在 25℃条件下经 6～7 天，仍处于蛹前期〈眼点期〉者为滞育蛹，继续发育到蛹中期者为非滞育蛹（表 6-7）。

表 6-7 棉铃虫蛹的发育分级（样表）

蛹分级	形态特征
蛹前期	复眼上都有 4 个褐色眼点排成一列，透过蛹壳可见小块状的脂肪体
蛹中期	复眼上的眼点消失，复眼逐渐隆起并变褐色，身体为褐色透光，蛹壳可见原小块状的脂肪体连接成大片状
蛹后期	复眼黑色，翅芽及头胸、足等变黑色

将上述各处理项目的幼虫，在化蛹后放在垫有锯木屑的大培养皿中，置于 25℃条件下 6～7d 后，逐日检查并区分滞育蛹和非滞育蛹的数量。

3. 分析结果

1）依据各处理项目，汇总观察记载的资料，对棉铃虫的滞育特性进行总结分析，进一步理解临界光照周期和临界光照虫态的含义。

2）依据观察记载的结果，分析滞育蛹和非滞育蛹的比例与环境因子的关系。

（五）思　考　题

1. 昆虫的滞育和休眠有何区别？举例说明。
2. 结合实验结果分析棉铃虫的滞育特性。
3. 简述测定临界光照周期和临界光照虫态的方法。
4. 研究昆虫滞育和休眠的一般方法有哪些？
5. 光周期和温度对昆虫滞育的影响机理有何不同？

第四节　昆虫食性与趋性的研究方法

一、昆虫食性的研究方法

（一）概　　述

食性（feeding habit）是指昆虫在自然情况下的取食习性。昆虫在长期演化过程中，对取食食物的种类形成了特定的选择性。不同种类的昆虫，取食食物的种类和范围不同，同种昆虫的不同虫态也不完全一样，有的甚至差异很大（汪世泽，1996）。昆虫识别和选择食物的方式是多种多样的，但多以化学刺激作为决定择食的最主要因素，如植食性昆虫通常以植物的次生物质作为信息化合物或取食刺激剂；捕食性或寄生性昆虫则多以猎物或寄主的气味作为刺激取食的因子。通过对昆虫食性的研究，可以了解昆虫食物的种类和范围，对害虫的防治和益虫的利用都是非常重要的。

（二）实验材料和仪器

打孔器，培养皿，叶面积测定仪，人工气候箱，养虫笼，量筒，玻璃试管，塑料杯，解剖剪等。

（三）研究方法

1. 食叶性昆虫（如蝶、蛾类幼虫等）食性的研究

（1）室内测试

常用叶碟法（图 6-4）或称培养皿圆叶法。

1）供试昆虫的挑选：根据不同昆虫，选择适宜的供试虫龄或虫态，挑选发育一致刚蜕皮或羽化进入适龄的幼虫或成虫，饥饿 12～24h 作为被测试虫。

2）供试植物处理：根据不同昆虫，采集适宜部位的植物叶片，用蒸馏水冲去叶片表面的异物，晾干表面水分。用打孔器将植物叶片打成一定直径的小圆片，用于昆虫对不同植物的取食实验（董钧锋等，2005）。

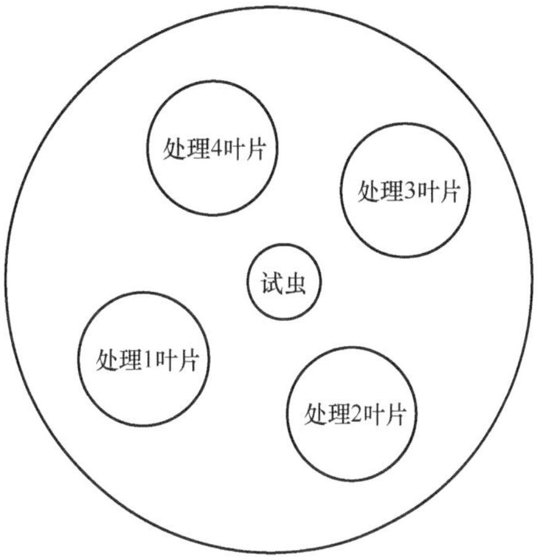

图 6-4　叶碟法选择性取食试验示意图

3）实验方法：根据实验昆虫虫体的大小，选择直径适中的培养皿（或培养盘），培养皿内放 1 张湿润的滤纸，保持皿内一定的湿度以防止植物叶片萎蔫。分别取 2 个或 2 个以上供试植物圆叶片相间放置在培养皿中的滤纸上，所有圆叶片与培养皿中心保持最大距离，且各相邻圆叶片之间的距离均相等。试虫放入培养皿中央（图 6-4），每皿 1 头，把培养皿盖好，然后将培养皿置于关闭灯光的人工气候箱中，根据测试对象，调整适当的温度、湿度。2～6h 后将幼虫从培养皿中取出，检查并用叶面积测定仪测定幼虫取食前、后各植物叶片的面积，两者之差即为被取食的叶面积。重复 10 次（董钧锋等，2005）。

4）数据处理和计算：采用被取食的叶面积比率来比较昆虫对不同植物叶片的择食（董钧锋等，2005）。叶面积比率的具体计算方法如下：

$$\text{某植物叶片被取食的叶面积比率}=\frac{\text{某一培养皿中被取食的该植物叶片的面积}}{\text{该培养皿中所有被取食的叶面积之和}}\times 100\%$$

对获得的数据进行方差分析和差异显著性分析。

（2）田间试验

在室内实验的基础上，试验观察田间自然情况下昆虫对不同植物的选择。根据供试植物植株的大小和种类的多少，制作大小适宜的养虫笼，把供试植物移植于养虫笼中，供试植物的大小、高低基本一致。每种植物之间的距离保持相等，每笼接入 10～20 对刚羽化的成虫，性比为 1∶1，重复 3 次。观察记载每个养虫笼中每种植物上的昆虫的取食和生长发育情况及产卵量。结合室内实验，评价昆虫的适宜取食植物。

2. 刺吸性昆虫（蚜虫、飞虱、椿象等）食性的研究

选择网眼适当大小的尼龙纱，根据供试植物种类的多少和植株的大小，制作大小适宜的养虫笼，网眼的大小以试虫不能通过为宜，笼子下方的尼龙纱要埋入土中踏实，在笼子的正上方留一可开闭的窗口用于投放试虫。将供试植物移植于同一养虫笼中，植株

之间的距离保持相等。将在室内饲养若干代的有翅试虫饥饿 24h，然后从投虫窗口投入，投入试虫后即开始观察，记载供试昆虫在每种植物上的降落次数、停留时间、刺吸次数和累计刺吸时间，连续观察 12h 以上。每个笼子中的投虫数量依供试昆虫的种类而定。试验至少重复 4 次。最后对数据进行方差分析和差异显著性分析，评价昆虫的适宜取食寄主。试验可在实验室内进行，也可在田间进行。

3. 钻蛀性昆虫（天牛、吉丁虫等）食性的研究

试验方法：采用试管木段饲养研究法。于每年的 5～9 月在养虫室室温下进行，模拟树体内条件予以遮光，室内设置水盆补充湿度。每种树木选取同龄、同部位，粗细相近的木段，挑选个体大小、重量相近的幼虫作试虫，每玻璃管内养 1 头幼虫，管口用消毒棉塞堵塞。8～10 头虫为一组，重复 3～5 次。饲养过程中，每 7 天换一次饲料，同时测量记录木段的被取食量；每 14 天用快速称量天平称量 1 次供试幼虫的体重。更换饲料时，同时更换经高压、高温消毒的棉塞。每日观察，及时清理死亡幼虫，补充重量相近的幼虫，记录死亡原因（杨雪彦等，1995）。

取食量测量方法：采用排水法测得。放新鲜木段时，用 50mL 量筒量 30mL 水，放入木段后立即读取刻度，减去 30mL，即为新鲜木段的体积。换木段时，将取食过的木段取出，用上法得到取食后木段的体积，二者的差值即为木段被取食的量（杨雪彦等，1995）。

综合幼虫的体重、死亡率和取食量，评价其最适取食植物。

4. 捕食性天敌昆虫（瓢虫、步甲）食性的研究

从野外采集捕食性天敌昆虫成虫配对饲养，让其产卵，待孵化后取同一发育进度的初孵幼虫，或饲养一代后取同日龄成虫，分装到各食料组（昆虫或其他小动物）培养皿内，每皿 5 头左右，每日定时给足食料，观察记载各组幼虫或成虫的捕食数量和生长发育情况，重复 3～5 次。幼虫老熟后让其化蛹，待羽化后观察其性比。各食料组取 5 或 6 对成虫（交配）饲养，观察成虫寿命、雌虫产卵前期和产卵量等情况。

在室内研究的基础上，配合野外观察，分别在春、夏、秋季随捕食对象的转迁观察天敌昆虫的活动情况。

综合室内实验和田间调查，评价天敌昆虫的捕食对象和捕食能力。

5. 寄生性天敌昆虫食性的研究

从野外采集或室内饲养待测寄主昆虫，同时室内饲养寄生性天敌昆虫，实验时，取两种或两种以上寄主昆虫的两种或两种以上虫态，用适宜的饲料饲养于养虫笼中（笼的大小视待测寄主昆虫的多少、个体大小和寄生性昆虫的种类而定），然后向笼中释放一定数量的寄生性天敌昆虫，观察记载寄生性天敌昆虫在每种寄主或虫态上的产卵情况和每种寄主或虫态的被寄生率。

在室内实验的基础上，结合田间调查，采集不同寄主昆虫和同一昆虫的不同虫态室内饲养，让其自然羽化，观察寄生性天敌昆虫对不同寄主昆虫或虫态的寄生情况和寄生率，结合室内实验，评价寄生性天敌昆虫的食性范围。

6. 水生昆虫食性的研究

从水塘采集表层水，在室内用双层纱布过滤后分装入塑料杯中。将丝藻、水绵、死水草、活水草、死鱼、活鱼和池塘底泥等分别投放入盛水的塑料杯中，用纱布扎住杯口。从野外采得待测昆虫的成虫或高龄若虫，分别接入各塑料杯中，每杯 4 头，重复 3 次，并以过滤水和自来水作对照。每日观察 1～5 次，记录各处理昆虫的死亡进度，并解剖每只死亡的昆虫，观察其消化道残留物颜色，以昆虫存活时间、消化道残留物颜色和供试食物形态变化（如丝藻是否断裂或破碎）3 个指标判断供试昆虫的适宜取食食物（李传仁和邹丽珍，2005）。

（四）注意事项

1）在用叶碟法测试食叶性昆虫对不同食物的选择实验时，各相邻圆叶片之间的距离必须相等。所有圆叶片与试虫之间的距离也应相等。

2）在用笼罩法研究刺吸式口器昆虫的食性时，投放的试虫状态应尽量一致，植物的生育期也应基本一致，笼子不能有空隙，避免投入的试虫逃逸。

3）在进行钻蛀性昆虫食性研究时，每种树木木段所选树龄、部位，粗细必须相等或相近，挑选的试虫个体大小、重量也应相近。

（五）思考题

1. 如何研究食叶性和钻蛀性昆虫的食性？
2. 在进行食叶性昆虫和刺吸性昆虫食性研究时，怎样才能保证实验数据的准确性？
3. 如何研究捕食性和寄生性天敌昆虫的食性？

二、昆虫趋性的研究方法

（一）概述

趋性（taxis）是指昆虫对某种刺激所产生的定向行为。根据反应的方向，可将趋性分为正趋性和负趋性（背向）两类。利用昆虫的趋性可将分散于空间环境中的昆虫集于一处或驱离，也可以研究某种昆虫对不同刺激源的反应行为和强度。这种方法主要用于诱集、驱避或测试能飞善跳的昆虫种类。在昆虫趋性的研究中，以趋化性、趋光性和趋色性最多。

趋化性是昆虫通过嗅觉器官对化学物质的刺激所产生的行为反应，这对于昆虫的觅食、求偶、避敌以及寻找适当场所产卵等皆有重大意义。根据昆虫的趋化特性，可以通过嗅觉定向（olfactory orientation）实验观察昆虫对挥发性化学物质或寄主挥发物的行为反应（阎凤鸣，2003）。

趋光性是指昆虫通过视觉器官对光的刺激所产生的行为反应。许多昆虫都有向光源运动的行为，即称之为正趋光性。也有不少昆虫有逆向光源运动的行为，即称之为负趋光性。在黑暗环境中能对昆虫视觉产生刺激的“光亮物体”必须具备两个条件，即光色和光强。前者是指光的波长，后者是指光的明亮程度。昆虫眼的敏感光波偏向短波光，但对 250nm 以下的光波无视觉反应。一般来说，不能被感知的光波（如极短的光波），其光强再大，依然是视而不见。如果光波长度恰好在视觉器官接受敏感区，但强度很弱，未超过反应阈值，仍不能产生向光运动的行为。所以，昆虫的向光运动，是对光波和光强的综合反应。不同种类的昆虫，甚至同种的不同性别或虫态对光波长和光强度的反应不同。因此，通过设置不同的光源，可以研究昆虫对不同光波长和光强度的行为反应。

任何有颜色的物体都是对阳光中某种光谱的反射表现。对于日出性且活动较强的昆虫，可以研究其对不同颜色的趋性。昆虫的趋色反应，可能与其生物学行为有关，不过有些反应是先天遗传的，有些则是后天学习的。从实质上讲，色与光是一样的，只不过研究昆虫对不同颜色的趋性是在白天进行。

研究和了解昆虫的趋性，可以帮助我们管理昆虫，如利用昆虫的趋光性采集标本、检查检疫性昆虫、进行害虫的预测预报、诱杀害虫等。

（二）实验材料和仪器

打孔器，培养皿或圆磁盘，30W 日光灯，不同类型嗅觉仪，95%乙醇，风洞，触角电位仪，正己烷，乙醚，二氯甲烷，气相色谱仪，单细胞记录仪，诱虫灯具，暗箱，干涉滤光片等。

（三）研究方法

1. 昆虫趋化性的研究

测定昆虫对某种化学物质或寄主植物是否具有趋性，常用以下几种方法。

（1）网测法

对鳞翅目幼虫等步行昆虫，可在昆虫和待测挥发性化学物质或寄主植物之间置一张网，以微风从化学物质或寄主植物的一侧吹向另一侧，直接观察昆虫的行为或者一定时间后观察昆虫的分布，来判断昆虫对此化学物质或寄主植物是否具有趋性（阎凤鸣，2003）。

（2）步测法

对小蠹虫等白天活动的昆虫，可以在灯光下测试其对挥发性化学物质或寄主植物的反应。根据 Zhang 等（1999）的实验方法，室内温度设定为 24～25℃，光照强度为 200lx。空气用活性炭过滤，速度约为 1m/s。在桌子上放一张白纸，纸上画两个半径为 2cm 的小圆圈，一个在上风口，一个在下风口。两个小圆圈外面再画一个大的圆圈。上风口圆圈内放气味源（挥发性化学物质或寄主植物），另一个圆圈内每次放 10～20 头云杉八齿小蠹（*Ips typographus*）成虫。观察记录昆虫的行为反应。在 3min 内进入气味源所在圆圈的视为有反应；走出大圆圈向其他方向的则视为没有反应，实验重复 3 次。最后，根据有反应昆虫占总测试昆虫的比例，来评价昆虫对挥发性化学物质或寄主植物的趋性（阎凤鸣，2003）。

（3）嗅觉仪测定

嗅觉仪（olfactormeter）实际上就是一根或几根管子，将待测昆虫放在适当位置，借此观察昆虫的嗅觉定向和行为反应。嗅觉仪可以根据实验目的和待测昆虫的行为习性进行设计。最简单的是一根管子，将昆虫放在管的一端，另一端放挥发性气味源，空气从气味源端吹向昆虫，可以观察昆虫的定向运动和行为反应。Y 形嗅觉仪最为常用，可以进行昆虫的两项选择实验。步行和飞行昆虫都可利用 Y 形嗅觉仪进行偏好性测试（阎凤鸣，2003）。将 Y 形嗅觉仪置于一个前方敞开的半透明长方橱内，在其后方约

25cm 处水平放置 2 只 30W 日光灯平衡照明。Y 形管两臂分别通过 Teflon 管与味源瓶相连。在气流进入味源瓶之前，先经过活性炭过滤器，以净化空气（陈华才等，2002）。Y 形管的一侧臂通过气流带入待测气味，另一侧臂带入对照气味或清洁空气（阎凤鸣，2003），昆虫放在主臂的入口处，可把侧臂管划分成若干等份，观察昆虫在管中的移动距离并评价其对气味的反应强度。

四臂嗅觉仪（four-arm olfactometer）主要用于同时测定昆虫对多种气味物质或一种气味的不同浓度的行为反应。四臂嗅觉仪主要由空气过滤器（包括硅胶、活性炭、高分子多孔吸附剂组成的 3 级空气过滤器）、流量计、空气压缩机、聚四氟联结软管、红外录相设备和空气加湿器等部分组成。空气压缩机给经过滤的干净空气以恒定的压力和流速通过诱集瓶，在诱集瓶内信息气味物质与干净空气混合形成带有不同气味的气味流，通过 4 个臂进入到中央活动室混合后，由顶端出气口流出。在测试前，将生理指标一致的待测试昆虫由出气口放入中央活动室，当气路开通时，测试昆虫在中央活动室与带有信息物质的气味湍流接触，而后逆风飞行进入特定的臂内，再沿着气味的浓度进入只能进不能出的诱集瓶内。测试一定时间后，检查各诱集瓶内测试昆虫的数量，按下列公式即可计算出反应率及选择系数（郭予元，1998）。

$$\text{反应率} = \frac{\sum \text{各诱集瓶中测试昆虫的数量}}{\text{总的测试昆虫数量}} \times 100\%$$

$$\text{选择系数} = \frac{\text{处理诱集瓶中的数量} - \text{对照诱集瓶中的数量}}{\text{诱集瓶中测试昆虫的总数}} \times 100\%$$

（4）风洞测定法

风洞（wind tunnel）一般包括鼓风装置、观察昆虫行为的工作部分、排出废气的排气装置 3 个部分。根据空气运动的方向，风洞分垂直和水平两大类，现在多使用水平风洞。

风洞的大小、形状有许多种。长方形有机玻璃风洞现在用得比较多，也有可同时产生垂直和水平气流的风洞。过滤的清洁空气通过蜂巢状板吹入风洞，在工作区中心或下风口释放昆虫，记录昆虫对气味反应的各种指标。可在风洞底部用传送带使一些图案运动，为昆虫提供视觉参考，以减少昆虫的视动反应。也可以用不同大小、颜色的圆形纸片摆放在风洞底部，也能达到同样的效果。可以将摄像镜头安装在风洞的侧面和顶端，与计算机相连，在试验时自动记录昆虫的行为和三维飞行轨迹，以便实验后做进一步分析（阎凤鸣，2003）。

实验前要做好充分准备。至少在实验前 1h 打开风洞，使空气流通，将照明设置到实验的状态。进行蛾类昆虫的实验，测试时间要和昆虫饲养的明暗期相一致，特别要在昆虫对挥发性化学物质反应最灵敏的时间进行。待测昆虫要在测试前 0.5～1h 转到风洞所在的房间，使之适应测试环境。秒表、记录纸、铅笔等也要事先放在方便取用的位置。如果使用摄像头和计算机，要提前开机，整个实验环境要保持安静，避免人为干扰（阎凤鸣，2003）。

实验开始时，将待测样品放在风洞的上风口，将昆虫放在下风口。去掉玻璃管两端的脱脂棉，让昆虫自由运动，观察、记录昆虫的反应。可以根据不同的昆虫种类和待测挥发性化学物质的性质，设计不同的观察指标，如通过蛾类昆虫性信息素，可以观察昆虫是否有兴奋、振翅、飞行等行为，是否降落在气味源，飞行轨迹等。对同级量的化学物质，一般要试验至少 20 头昆虫。当遇到实验结果不正常时，如怀疑化学物质的成分或浓度是否适当，昆虫反应是否正常时，可以使用正在求偶的雌虫作为对照，以检验待测雄虫是否有正常的行为反应（阎凤鸣，2003）。

在研究昆虫对植物挥发性化学物质的反应时，由于昆虫对化学物质的反应不像信息素一样具有特异性，所以，可以首先使用植物作为气味源，在下风口释放 10 头左右的昆虫，观察昆虫是否向植物定向飞行，5min 或 10min 后检查待测植物和对照植物上的昆虫数量（阎凤鸣，2003）。

（5）触角电位技术

触角电位技术（electroantennography，EAG）是一项很有用的直接检测昆虫对挥发性化学物质反应的电生理学方法。可以从一系列的化学物质中筛选出昆虫有生理反应的部分化合物。

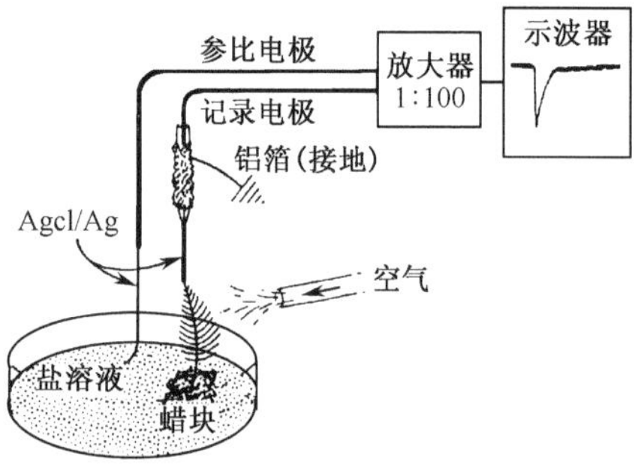

图 6-5 触角电位仪原理示意图

触角电位技术的工作原理（图 6-5）：当一股气流吹到触角上时，就可以记录到触角端部和基部电位的变化。如果触角感器被激活，其累加的电信号是一个 1～20mV 的平缓去极化（depolarization）的直流信号。所记录的并不是累加的活动电位，而是无数个感受神经元累计的电位变化，因此，EAG 电位是许多化学感器被气体分子激活的一种相对量度。触角电位反应的振幅随刺激物浓度的增加而增加，直至达到饱和。在有些情况下，EAG 电位并不能代表昆虫的行为反应，这是因为，去极化依赖于许多受刺激的神经元的反应，并不能区分抑制作用（inhibitory effect）或增效作用（synergistic effect）；另外，小部分神经元可能起主要反应作用。EAG 只能检测触角对化合物的生理反应，还要通过行为实验才能得知昆虫对该化合物是否具有行为活性（阎凤鸣，2003）。

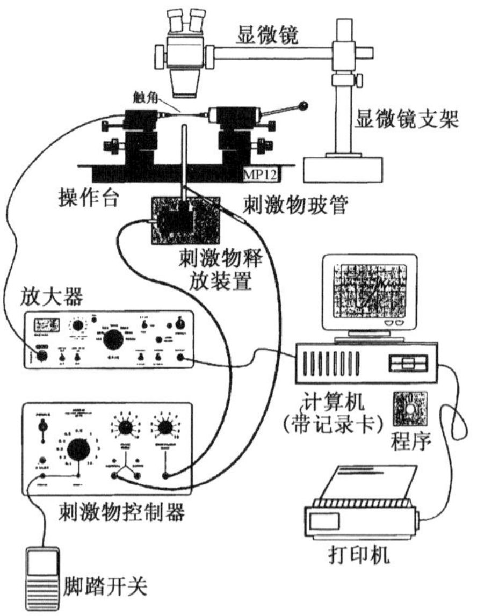

图 6-6 触角电位仪（EAG）装置

（引自阎凤鸣，2003）

EAG 包括电极、高阻抗的放大器（$10^{12}\Omega$）、记录装置等。电极一般用玻璃毛细管银-氯化银电极、玻璃毛细管微电极及钨丝电极。盐溶液一般用 NaCl（7.5g/L）、$CaCl_2$（0.21 g/L）、KCl（0.35 g/L）、$NaHCO_3$（0.20g/L）或 KCl（3mol/L）。触角电位仪的工作原理如图 6-5 所示。目前通用的是荷兰 Syntech 公司生产的 EAG 装置（图 6-6）（阎凤鸣，2003）。

EAG 可以使用离体的触角，也可以使

用仍然着生在昆虫头上的触角。离体触角可以保持几个小时甚至一天的活力，不离体触角甚至可以使用几天。触角的基部放在一个蜡块上，将触角的顶端切去一部分，连接记录电极，另一只电极与触角的基部连接，称为参比电极或无关电极。把 2cm×0.5cm 的滤纸条事先纵折一下，以方便用镊子拿取。将待测化合物用正己烷、乙醚或二氯甲烷稀释成一系列的浓度，用微量注射器吸取一定的量滴在滤纸条上，放入玻璃移液管内，管外标记化合物名称、剂量、日期等，用铝箔包好，放入冰箱备用（可储存 0.5～1 年）（阎凤鸣，2003）。

实验时，将移液管的粗端套至气泵的胶皮管上。荷兰 Syntech 公司生产的仪器，其气泵为脚踏式开关，与记录系统相连，迅速踩踏气泵，一股瞬间气流吹入玻璃管，将化学物质的气味吹到触角上，同时启动记录程序，触角对该化合物的反应信号就被记录在计算机上，以供实验后分析。气流的持续时间和强度可以调节。触角电位图的相对振幅可以认为是触角对化合物的反应程度。但振幅受温度、气流速度、气流到达触角的角度及昆虫是否事先接触过该化合物等因素的影响，因此，为保持结果的可比性，一定要保证实验条件的一致性。为排除环境条件的影响，可以用同一根触角从最低的剂量开始测定一系列的化合物。对每一种化合物，可以测定触角对一系列剂量的反应，画出剂量-反应曲线（dosage-response curve）。曲线图的横坐标为剂量的对数值。同一化合物的同一剂量一般要重复 10 次以上（阎凤鸣，2003）。

（6）触角电位-气谱联用技术

EAG 通常和气相色谱（GC）一起使用，称为触角电位-气谱联用仪（gas chromatography-electroantennographic，GC-EAG），是筛选和鉴定生物活性物质的有效方法。其原理是，从气相色谱柱分离的气体成分被分离器（Y 形连接管）分成均匀的两股，一股进入气相色谱检测器（detector），另一股汇入清洁气流中流向昆虫触角（图 6-7）。这样，气相色谱的波峰就和 EAG 的波峰对应起来。收集的化学混合物就因此被迅速筛选，没有 EAG 反应的成分可以不予考虑，不必对每一部分化学成分都进行详细分析（阎凤鸣，2003）。

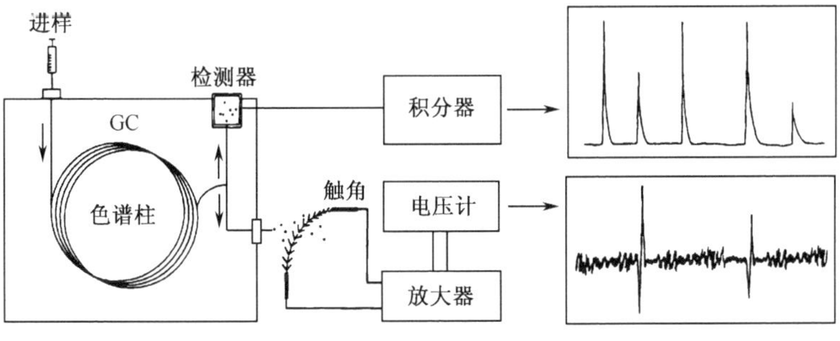

图 6-7　GC-EAG 组成示意图（引自阎凤鸣，2003）

（7）单细胞记录技术

一般来说，EAG 主要记录嗅觉反应，记录的是大量化感器的综合电位变化，可以用于研究昆虫对生物活性化学物质的反应。而单细胞记录（single-cell recording，SCR）技术不仅可以用于测定嗅觉感受器，而且可以单独测定一个化感器的电位变化，很容易观察到对特定成分的反应。将 GC 和单细胞记录装置相结合，记录单细胞的反应，称为气相色谱-单细胞记录技术（GC-SCR）。研究触角对化学物质的反应时，应以 GC-EAG 为主，以 GC-SCR 作为补充（阎凤鸣，2003）。

单细胞记录技术的原理：将一根电极与感器内部的神经原细胞接触，给予一定的刺激，记录电极就将神经元电位变化记录下来，信号经放大、过滤，储存到磁带中或者计算机中。感觉细胞的整个反应过程均以示波器检测，记录的资料使用专门的计算机软件进行分析。单细胞记录的装置如图 6-8 所示（阎凤鸣，2003）。

在研究嗅觉感受器时，记录电极与感觉细胞的接触方法有两种（图 6-9）：一种方法是顶切技术（tip-cutting technique），即用玻璃刀将感觉器的顶端切除，将充满电解质溶液的电极与去顶的感器联结（图 6-9a）；另一种方法是用极细的钨丝电极从感觉毛基部一侧插入，使电极顶端和感觉细胞内部接触（图 6-9b）。这两种方法均需要用参比电极连接到昆虫身体的某个部位以形成回路（阎凤鸣，2003）。

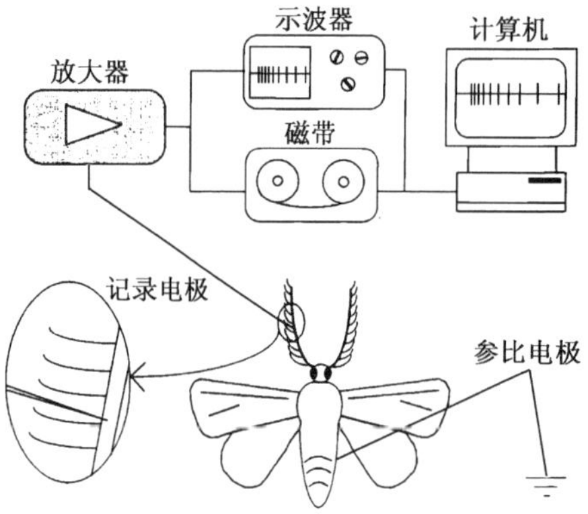

图 6-8　单细胞记录技术示意图
（引自阎凤鸣，2003）

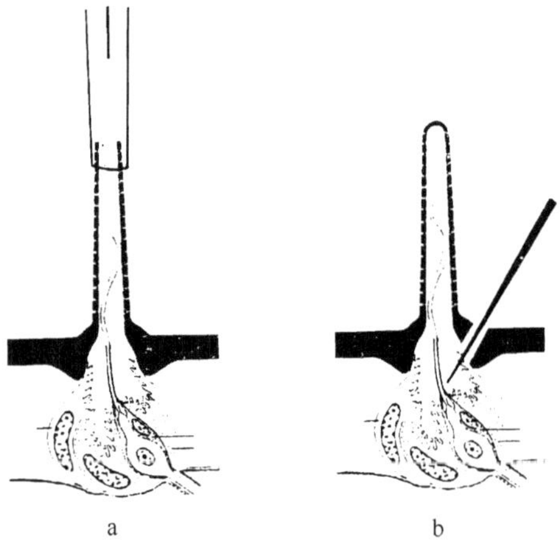

图 6-9　单细胞记录中电极与感觉神经元的两种连接方式（引自阎凤鸣，2003）

2. 昆虫趋光性的研究

研究昆虫对灯光是否具有趋性，一般于昆虫的发生期，在昆虫的发生地设置不同的诱虫灯具，灯具下设毒瓶或其他的捕虫设备，每晚 7 时开灯，次日早 8 时关灯，并当即观察、记录诱虫数量，有时根据实验要求，还要观察记载雌雄比，有必要时还要在解剖镜下观察雌虫抱卵情况等。

许多夜出性昆虫有辨别不同波长光的能力，而且对各种光波的敏感程度也有很大的差别，不同波长的光对各种昆虫的诱集力也大不相同。因此，有时除了了解昆虫对不同的光源有无趋性外，还需观察昆虫对不同光波的反应。

研究昆虫对不同光波的反应一般在室内进行，所用设备包括风洞、暗箱、干涉滤光片、光源等。风洞用有机玻璃制成，有控光和风速装置，实验温度、风速和观察时间依不同昆虫而定，暗箱置于风洞中，暗箱上设有滤光片装置，干涉滤光片，如德国产的有 313nm、340nm、365nm；长春光学精密机械与物理研究所生产的有 350nm、375nm、410nm、430nm、454nm、474nm、499nm、530nm、550nm。光源可选用如高压汞灯等不同灯具，将其放在暗箱中，用中性滤光片和调整距离的方法将不同波长滤光片的光调整到能量相同（杨桂华和王蕴生，1995）。

实验前，将羽化1～2d的雌雄昆虫按一定比例放入小笼中，根据虫体大小，每小笼装5～20头，将装有昆虫的小笼放入风洞中暗适应30min左右，然后打开光源，在开光源的同时轻轻打开小笼的笼门，小笼门朝向光源，以便昆虫飞向光源，然后观察记录昆虫飞向光源处的多少及活动情况。观察至少持续5min（杨桂华和王蕴生，1995）。

3. 昆虫趋色性的研究

从市场购买白色泡塑纸板（厚5mm），裁成40cm×40cm规格。塑纸板用毛刷子均匀涂抹上不同颜色的油漆，晾干后再均匀涂上一层机油。选择试虫发生严重的地块，将诱虫板插于田间，随机排列，重复4次，诱虫板的高度依昆虫种类和作物的高度而定，一般高出作物20cm左右，48h后统计粘在板上的试虫数量。连续观察3～5次。每次调查后用镊子除去诱集的试虫及其他昆虫。各色板机油每隔7天加涂1次，以保持表面黏性。最后对调查结果进行方差分析和差异显著性分析（傅建炜等，2005）。

（四）注意事项

1）在进行嗅觉仪测定时，每测定一定数量的试虫后，要调换嗅觉仪方位一次，并用95%乙醇清洗嗅觉仪后用热风吹干、冷却。当更换处理时，要用去污粉清洗整个装置，并用95%乙醇清洗、吹干。

2）在研究昆虫的趋化性时，应注意夜出性昆虫多少都有趋光性，所以，一定要尽量减少光源亮度、位置和角度对昆虫的影响。对夜间活动的昆虫，可以使用小瓦数的红色灯泡，而对白天活动的昆虫，可把灯吊在正上方，用白色的布遮挡，使光线变得柔和均匀。

3）在风洞测定时，风洞中的风源应用风扇送风，并能保持空气清洁、没有污染。

4）在进行触角电位-气谱联用仪进行测定时，必须注意以下几点：①必须防止洗脱出的成分进入冷的毛细管内，吹到触角的化学物质出口必须加热；②气体出口到触角之间的距离必须很短（几厘米），以减少样品的散失和出口管壁对样品的吸附；③要测量气体出口处空气的温度，如果大于25℃，有必要使气体冷却，以防止触角干燥；④ GC-EAD一般要连续运行30～60min，通常会出现基线漂移的问题，这可以通过使用高通量的过滤器来解决，例如，荷兰Syntech公司生产的Murphy Developments AMS-025放大器，每12s纠正一次基线漂移（Bjostad，1998）。

如果出现问题，可以采取以下措施：①更换旧的玻璃电极，即使它们看起来干净；②清洁金丝；③更换放大芯片（Bjostad ，1998）。

5）对于性引诱活性的测定，除了测定上述趋向行为外，由于大多数种类的昆虫都是在受性诱剂分子刺激后，从静止状态转为兴奋状态（表现为触角摇动，张翅振动，飞翔，找寻刺激源），到达刺激源后，作出交尾行为。因此，可将是否激起试虫兴奋和产生交配行为作为有无性引诱活性的标志。最简单而有效地测定性引诱活性的方法，是用一个带橡皮头的滴管插入待测样品溶液中，将吸入的样品溶液排挤出，然后将滴管对准未交配过的雄或雌成虫，手捏橡皮头，使产生的空气流吹向试虫。如果观察到试虫触角举动、双翅振动、作出交尾状，则可认为有性引诱活性。要注意的是，不同的昆虫有不同的敏感时间节律，一般在早晨1～5时为宜。

（五）思　考　题

1. 研究昆虫对某种化学物质或寄主植物是否具有趋性常见哪几种方法？请分别说明其原理。

2. 进行昆虫触角电位-气谱联用仪测定时，应注意哪些问题？

3. 如何研究昆虫对不同颜色是否具有趋性？

第五节　昆虫飞行与迁飞特性的研究方法

一、概　　述

昆虫的迁飞行为是经过长期自然选择而遗传下来的适应于生活环境的生物学特性，它是一种特殊的复杂行为。作为一种迁飞昆虫，它本身必须具备适应于飞行的形态功能、组织结构、生理机制和生化反应以及飞行行为和生物学上的适应性等，并需在一定的生态条件配合下，才能实现整个迁飞过程（陈若篪等，1989）。因此，迁飞昆虫的研究是一项多学科综合性的研究工作，其研究方法包括飞行能力研究和迁飞规律研究两个方面。

昆虫飞行能力的测定都是在室内控制条件下，应用特定的悬吊飞行仪器进行。可通过举力、振翅频率、飞行时间及距离和速度等方面来测定昆虫的飞行能力。在研究工作中，常根据不同的实验要求，比较不同虫龄、营养状况、温湿度、光照、风速等条件对昆虫飞行能力的影响以及迁移飞行的行为和生理机制等（陈若篪等，1989）。

关于昆虫迁飞规律的研究，要研究证实昆虫有关的迁飞特征，如野外是否观察到大量昆虫向一定方向飞行；飞行昆虫种群数量有无突增突减现象；在原先不可能存在的地方（远海、大洋和高山雪地等）是否发现飞行昆虫；在飞行昆虫发生以外的季节是否发现该虫的其他虫态；标记释放的标本是否能在异地得到回收；雌虫产卵前期的长短和卵巢的发育级别如何。因此，有关以上内容的研究方法都可用于研究昆虫的迁飞规律。

二、实验材料和仪器

飞行秤，诱虫灯，试管，烟鼓，悬吊飞行磨，乙醚或二氧化碳气体，喷漆，水彩颜料，黏虫胶，解剖剪，双目解剖镜，手持扩大镜，各种类型捕虫网，飞机，标染液，昆虫雷达等。

三、研究方法

（一）昆虫飞行能力的研究方法

1. 举力的测定

1）原理：昆虫飞行中的举力是通过翅的运动提供一个足以与体重抗衡的上升力。因此，举力越大，昆虫飞翔的能力应该越强。室内测定举力一般用特定设计的飞行秤，测定结果以体重百分率来表示（陈若篪等，1989）。

2）飞行秤的一般构造：用一根长的细钢丝或合金钢丝安放在一个精巧的轴承支点上作为吊臂和平衡臂，细钢丝的长度和直径视虫体大小而定，供小型昆虫，如飞虱等的测定，一般长度为25cm，直径为26cm标准线规。飞行秤安放在一个适当大小的有机玻璃罩内，在罩的一壁固定一面带有刻度尺的镜子，以便在平衡臂偏转时，直接从镜子中读出其偏转的刻度。在平衡臂上装有一小的力偶以保持臂的平衡，使重心处于支点下，虫体固定于吊臂末端，飞行时使吊臂上抬，秤的灵敏度可以用已知不同重量的砝码吊置于悬吊臂末端，求出不同重量与平衡臂偏转度的线性关系，以表明该飞行秤的应用范围，一般偏转度的误差应在5%以内（陈若篪等，1989）。

3）测定方法：将供试昆虫的成虫固定在飞行秤吊臂末端，在飞行开始前读出昆虫未飞行时平衡臂的偏转度。飞行开始以后，按不同时间间隔读出平衡臂偏转度并记录。测试结束后，再重复测定停止飞行后平衡臂的偏转度。然后移去昆虫，并读出无负载状态下的偏转度，按下列公式计算举力（陈若篪等，1989）。

$$举力=\frac{未飞行时的偏转度-飞行时的偏转度}{未飞行时的偏转度-无负载状态下的偏转度}\times 100$$

2. 翅负荷的测定

1）原理：昆虫翅负荷的高低是确定迁飞种的重要度量。对迁飞种类来说，如果每单位面积翅的负载保持最小值，则可预期它们的相对翅负荷较低。当翅负荷最小时，往往飞翔能力最强，因此，可以通过测定昆虫个体翅的负荷状况来衡量其飞行能力（耿济国等，1992）。

2）测定方法：使用灯光诱捕器或其他方法收集有翅成虫于试管内，用纱布扎口；先将收集到的雌雄成虫逐一标号、秤重，精确到0.1mg，置于60℃烘箱内干燥至最轻；然后从近翅基剪下前后翅膀，逐一在绘图纸上摊平，画下轮廓，准确地剪下四周，将剪下的4张翅型纸一起称重，精确至0.1mg；再准确地剪一张已知面积的绘图纸秤重，计算每平方厘米绘图纸重量（mg），最后计算翅面积和每头成虫的翅负荷：

$$翅面积（cm^2）=\frac{4张翅型纸总重（mg）}{1cm^2 绘图纸重（mg）}$$

$$翅负荷（mg/cm^2）=\frac{虫体鲜（干）重（mg）}{翅面积（cm^2）}$$

每种昆虫测定不少于30头（耿济国等，1992）。

3. 振翅频率的测定

1）原理：振翅频率是昆虫飞行能力的指标之一，雌雄性别和不同的生态条件对振翅频率都有很大的影响（陈若篪等，1989）。振翅频率越高，昆虫的飞翔能力越强。所以，可以通过测定振翅频率来判断昆虫的飞翔能力。

2）测定方法：将待测虫体粘在一垂直焊于一根钢丝中的昆虫针上，钢丝端部与一烟鼓接触。当虫体振翅飞翔时，钢丝即轻微振动，其振翅数即在烟鼓上被记录下来，单位时间内烟鼓上波纹数目即为振翅频率（陈若篪等，1989）。

4. 飞行时间、距离和速度的测定

昆虫持续飞行的时间、距离和速度是其飞行能力的3个基本参数。这些参数一般通过悬吊飞行磨的测试结果获得（陈若篪等，1989）。

1）悬吊飞行磨装置的基本构造：飞行磨、光电信号转换、信号放大、计数和计时

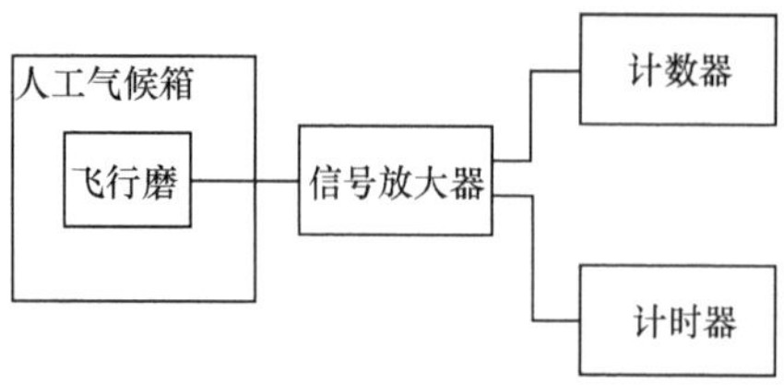

图 6-10　悬吊飞行装置示意图
（仿陈若篪等，1989）

器等部件（图 6-10）。为了便于控制测试时的环境条件（温度、湿度、光、风等），另外还要配有一人工气候测定箱（陈若篪等，1989）。

飞行磨由悬臂、转轴和轴承构成。悬臂可采用质硬而重量轻的细钢丝制成，长度视虫体大小而定。悬臂中央焊接一末端尖细的钢质转轴，将悬臂分成悬吊臂和平衡臂两部分。在平衡臂中央粘贴一长方形薄纸片（15mm×6mm）作为挡光片。轴承可采用钟表钻石摆螺丝或其他摩擦系数小的材料（如四氟乙烯塑料）制成（陈若篪等，1989）。

光电信号转换和放大装置由光源、光电二极管和信号放大器组成。光源可采用 6～8V 的 4W 红色指示灯泡，一般需经过一定聚焦装置，将光源发出的平行光束聚集成一点，以增强光电二极管的光电效应，并有利于飞行磨悬臂转动时的遮光效应。当飞行磨悬臂转动时，平衡臂的遮光片每转一周即切断光源一次，使光源间断地投射于光电二极管上，使信号三级放大器线路中的三极管发生饱和、通导和截止效应，从而使继电器及相连的计数和计时装置动作或不动作（陈若篪等，1989）。

计数器可采用直流电磁计数器，当继电器有电流通过时，即带动计数器动作。飞行磨悬臂每转动一周，计数器自动计数一次。计数器的数码即为昆虫飞行转动周数。计数器也可用小型电子计数器改装。改装后将在显示屏上直接读出飞行圈数（陈若篪等，1989）。

计时器由用自计温度计改装的计时鼓、计时笔和一个 6V 电磁铁组成。当继电器有电源输出时，电磁铁吸动计时笔在转动的计时鼓上向下划竖线。在遮光无输出电流时，计时笔又跳回原处。因此，当昆虫连续飞行时，计时笔在计时纸上连续上下划动可形成一致密的宽带。若停止飞行，则计时笔停止上下跳动，在计时纸上仅划一水平细线。可根据实验中计时纸上宽带的长度，测算出昆虫持续飞行的时间（陈若篪等，1989）。

2）测试方法：将置于试管内的待测昆虫用乙醚或二氧化碳气体麻醉，尔后立即取出。鳞翅目成虫用镊子或小毛笔去除前胸背板上的鳞片。把昆虫用喷漆（同翅目飞虱类）、水彩颜料（蚜虫类）、黏虫胶（中、大型蛾子）少许粘住昆虫的前胸背板，然后固着于悬吊臂末端，并使悬吊臂与虫体背中线垂直，使昆虫飞行时能以轴为圆心，以臂长为半径，作切线方向圆周运动（耿济国等，1992）。根据飞行期间计数器和计时器获得的数据，即可算出持续飞行时间 t、飞行距离 S 和飞行速率 V（陈若篪等，1989）：

$$S = 2n\pi R（n 为飞行圈数，R 为圆周飞行的半径，即悬吊臂长度）$$

$$V = S/t$$

（二）昆虫迁飞规律的研究方法

1. 雌虫卵巢解剖

卵巢解剖是昆虫种群动态预测预报的重要方法之一，是明确昆虫虫源性质的重要手段。根据昆虫迁飞的一般规律，迁飞均发生在成虫幼嫩阶段的后期，即卵巢发育尚未成熟也未交配时。因此，迁出区雌虫卵巢发育均处于一级初期和二级初期，交配率低，而且雌多雄少；而迁入区则大多发育到三级以上，即将进入产卵盛期。根据这一特征，应用雌虫卵巢解剖技术，了解群体的卵巢发育进度，即可判断虫源的迁出和迁入情况（陈若篪等，1989；郑祖强等，2000）。

（1）雌虫卵巢解剖方法

1）取样方法：取样工作要定期进行，其间隔天数依虫种而定。小地老虎、棉铃虫、黏虫、稻纵卷叶螟要求每天或隔天进行，稻飞虱一般每 3～5 天取样一次。每次取样的雌虫数不得少于 20 头。

2）解剖方法：小型昆虫，如飞虱类、稻纵卷叶螟的解剖在双目解剖镜下进行，大、中型昆虫，如黏虫、小地老虎可徒手操作或借助放大镜观察。解剖时，剪去头胸部，将截下的腹部背面向上固定在蜡盘中并放少许水，用眼状镊轻轻拨开腹部，清除消化系统；从腹部末端找到交配囊、中输卵管和侧输卵管，然后从下到上将卵巢小管慢慢拉直并轻轻与体壁剥离；用清水稍微清洗一下，再用镊子将脂肪体清除，最后将解剖好的卵巢小心移入盛有清水的另一培养皿中，将卵巢小管拉直并固定好，用数码解剖镜成像供以后用于分析及分级标准的划分（韩兰芝等，2004）。

（2）卵巢分级标准

主要农业昆虫卵巢分级标准参见《昆虫卵巢发育与害虫预测预报》（李汝铎等，1987）和《迁飞昆虫》（陈若篪等，1989）。

2. 网捕观察

（1）高山网捕

高山网捕是在一些高山和海岛上通过设置一种大型捕虫网来捕捉在空中运行的迁飞昆虫。通过高山网捕，能够捕获很多种属于迁飞性或具有迁飞能力的昆虫；能确定某地有关迁飞昆虫早春迁飞虫源的方向；并能观测我国地域上空有关迁飞昆虫的全年迁飞动向和昆虫在空间迁飞过程中的有关行为。我国使用的高山捕虫网有单网式和八面网式两种。

单网式要求网身能随风向的变化而转动，网口始终保持与风向垂直，其网身可分固定网身和活动网身两类。前者一般用圆钢（ϕ12mm）或角钢焊接成圆锥形或矩形骨架，上下方的中部用圆钢（ϕ12mm 以上）连接轴承，固定在网架上，骨架尾部上方焊接一块风向舵板。网袋缝合或嵌合在网身骨架上，网口直径 1.0～1.5m，长 2.0～2.5m；后者一般用圆钢（ϕ12～16mm）焊接一个网口圆圈，网袋缝合在网圈上，网口直径 1.5m，网长 3.0m。上、下方各用一个叉棍安装轴承固定在网架上。网架可用 4 根木材作成井字网架固定，也可用较粗的一根钢管埋入地下支撑（陈若篪等，1989）。

八面网式按东、东南、南、西南、西、西北、北、东北 8 个方位各架设固定的网，排成一个水平网圈。每一网口为 1m^2，网口向外，网袋向内（陈若篪等，1989）。

使用高山网捕观察昆虫时，一般应每天观察 2 次或 3 次，若有特殊要求，可增加观察次数。单网式高山捕虫网，每次观察还要记录风向（陈若篪等，1989）。

（2）海面网捕

海面网捕是利用船只在海（洋）面上捕捉昆虫以证实昆虫迁飞的现象和规律。对黏虫、小地老虎等夜蛾科昆虫，可在船上设置糖醋液诱集盆。对其他的迁飞性昆虫一般采用网捕和灯诱相结合的方法，即在轮船甲板的一侧安装一个捕虫网，网口直径 1.5m，网兜长1.55m，网用60筛目透明尼龙纱制成，网口可随风自动转动，使网口始终与船上的风向相对，捕虫网距海面大约15m，周围无障碍物阻挡，网口中心安装一盏20W黑光灯。另在顶甲板的后舱设灯光诱捕，白天网捕，夜间网捕和灯诱相结合。白天每隔2h观察一次，从天黑至天明每小时观察一次。观察时将所有的昆虫都收集制成标本带回。如需要解剖观察卵巢发育级别的在当时进行。同时，还要观测和记载航向、船位、风力、温度等，以备日后对资料进行综合分析（陈若篪等，1989）。

（3）飞机网捕

飞机网捕是应用飞机在空中网捕昆虫，以了解昆虫在空间的飞行动态和种群密度的变化。在飞机的腹部中间安装的捕网为活动式捕虫装置，由捕虫网、活动支架和支撑杆三部分组成。捕虫网网口面积为27cm×110cm，网长70cm，用20筛目的锦纶纱制成，内套为一个白纱布网，借以减少虫体落网时的撞击程度，保持虫体完整。滑动支架用支撑杆固定在机腹外圆窗口的下部，使用时将虫网套入滑动支架的滑道，滑到机体外捕虫。在航行中按所需的时间换网，换网时将原网收回机舱内取虫（陈若篪等，1989）。

应用网捕计算空中虫口密度的方法如下：

$$\text{空中虫口密度}(\text{虫数}/10^3\,\text{m}^3)=\frac{\text{单位时间内的捕虫量}}{\text{单位时间飞行距离}(\text{m})\times\text{网口面积}(\text{m}^2)}\times 1000$$

航捕时除了计算迁飞昆虫在空中的水平分布和垂直分布的密度外，还需记录航线和有关天气气象资料（陈若篪等，1989）。

3. 标记释放回收

应用各种方法对昆虫进行标记释放回收是研究昆虫种群动态、有关生物学特性和迁飞规律的一种方法。我国在研究迁飞性农业害虫的迁飞规律时，通常使用的是群体染色标记释放回收的方法（陈若篪等，1989）。

标染液一般由溶剂（如乙醇）、生物染料（如龙胆紫、碱性品红、碱性品蓝、碱性品绿等）和黏着剂（如虫胶片）组成。配制时，先把染料和虫胶片分别溶解于95%的乙醇内，然后再加水稀释到所需要的乙醇浓度即可。使用前，对不同配方的染液要先进行击倒率、着色率、褪色程度和虫体饲养观察等实验，以便确定最合适的配方比例（陈若篪等，1989）。

标放方法依害虫的种类和生活习性而定。黏虫的标放可采用自然诱集标放法，即选择较空旷的地点，插立1.5m左右高的竹竿等，竿间相距2～3m，呈直线排列，然后在竿上挂上枯草把，每竿一把。草把下端距离地面高约1m，于傍晚成虫飞行觅食前10～15min在草把上涂刷糖醋诱液，借以吸引成虫取食，趁机用喷雾器把标染液喷到虫体上，任其自由飞走。标放稻飞虱时，可选择虫量大的1000m^{2}左右的田块，于每天日落前，待飞虱从稻丛基部上升至上部叶片静伏待飞时，用竹竿振动稻丛，促使飞虱起飞，并立即用喷雾器把染液对准起飞的虫群快速喷雾。也可以直接喷在静伏待飞的叶片上，惊动飞虱起飞，这种标记方法的着色部位一般在体背。也可人工收集大田虫子集中放入设置在稻田的纱笼内，待飞虱起飞爬上笼时，在纱笼外用标染液快速喷雾，随即揭开纱笼，任其飞走。稻纵卷叶螟的标放可在蛾盛期，选择蛾多的田块，将蛾顺风赶至四角或田边集中标色。每次标记时，调查或目测标记虫量（陈若篪等，1989）。

对标放虫子的回收，可在标放前，根据虫子迁飞路线的可能范围，发函通知各有关单位组织回收。回收方法可采用诱虫灯或糖醋液诱捕器等诱集，对诱集的虫体进行着色检查。对成虫期有补充营养习性的昆虫，如黏虫，可发动群众于傍晚在各种蜜源植物上捕捉。凡发现可疑的着色虫体都应妥善保存。对回收的着色标本，采用目测的方法或在双目解剖镜下鉴定。对使用荧光素作暗标记的标本，则需进一步作薄层层析检验（陈若篪等，1989）。

4. 雷达监测

昆虫雷达是经过专门改进或设计的一种雷达，用以对昆虫在空中的迁飞或扩散行为进行观察和研究。应用雷达进行昆虫监测的原理是，由于雷达波恒速、可定向传播、遇障碍物后可产生反射，而昆虫体液可以反射雷达波。当一束狭仄的雷达波射向空中迁飞的昆虫，昆虫身体会向四周反射雷达波，反射的能量就好像是从昆虫发射出来的一样，部分雷达波会返回到雷达所在的方向，如果反射的雷达波能量足够大，就可以被雷达接收器所接收，从而在显示器上产生一个雷达回波信号。所以，应用雷达可以发现昆虫目标，测定其距离和方位。到目前为止，应用昆虫雷达可监测迁飞昆虫的方位、高度、迁飞速度、移动方向和昆虫在一定体积内的密度（程登发等，2005），以及根据测定振翅频率等方法，可以辨认昆虫种类。

根据工作方式、装载方式和波长，昆虫雷达常见以下几种类型。

1）扫描雷达（scanning radar）：其天线为抛物面天线，可以以不同仰角作360°旋转，监视空中昆虫的迁飞情况。其显示器为平面位置指示器，可以显示昆虫目标的方向、距离和高度等。此类雷达的天线能朝任一方向作上下摆动，并可对同一方向不同高度作扇形扫描，从而获得昆虫的“迁飞层”。当昆虫密度较低时，一个重约200mg的蛾类昆虫可以在距扫描雷达2km左右的地方被检测到，高密度的昆虫可在距雷达10km的地方被检测到（程登发等，2005）。

2）垂直雷达（vertical looking radar）：其固定天线可将雷达波束指向空中的垂直方向，当昆虫通过该波束时，飞行昆虫的距离和高度与相应的时间被显示在雷达屏幕上。该类雷达无法估计昆虫在空中某一范围的分布密度（程登发等，2005）。

3）跟踪雷达（tracking radar）：该雷达示波器能显示雷达到昆虫之间的距离和从昆虫反射回来的雷达信号的振幅，一旦一个或一群昆虫进入该雷达波束，昆虫与雷达的方向、距离和高度就被显示和记录，这些数据经计算后控制其天线跟踪目标来连续追踪该昆虫，便可记录和分析昆虫的运行轨迹和各种飞行参数（程登发等，2005）。

4）机载雷达（air-borne radar）和船载雷达（ship-borne radar）：将雷达安装在飞机和轮船上，以便监测和研究处于特殊地理位置的昆虫。机载雷达的天线安装在飞机上，并使雷达波束朝向地面，以监测在飞机下方迁飞的昆虫；船载雷达的天线直立向上，用于监测在海面上迁飞的昆虫（程登发等，2005）。

5）调频连续波雷达（frequency-modulated continuous wave radar，FMCWR）：该雷达发射经调制的连续波，所以具有非常高的灵敏度，可在迁飞昆虫密度非常高的情况下分辨单个昆虫（程登发等，2005）。

6）毫米波雷达（millimetric radar）：该雷达是近几年才发展起来的，一般工作在8mm波长左右，适用于监测稻飞虱、蚜虫等微小昆虫的迁飞（程登发等，2005）。

（三）注意事项

1）对昆虫进行染色标记释放回收时，使用的染料和溶剂不能对被标记的昆虫有任何毒害作用，也不能影响昆虫的飞行活动、趋性、取食和交配产卵习性等；标记的颜色要清晰、容易辨认，不易被雨、雾等冲刷或日光照射而褪色；标记的颜色应与霉菌寄生等所产生的类似颜色相区别。

2）进行高山网捕时，捕虫网应安装在当地较高的山头上，四周数千米范围内开阔，无高山和树林阻挡，与当地作物田的高度差至少要在100m以上。网架安装要牢固，能经受10级左右的大风和冰雹的袭击，如安装八面网必须用指南针定位。

（四）思考题

1. 研究昆虫的飞翔能力常用哪几种方法？其原理各是什么？
2. 如何测定昆虫翅负荷的大小？
3. 为什么说昆虫的卵巢解剖是昆虫种群动态预测预报、明确昆虫虫源性质的重要方法？
4. 进行高山网捕时，捕虫网的安装应注意哪些事项？
5. 利用飞机进行昆虫网捕时，如何计算昆虫的空中虫口密度？
6. 对昆虫进行染色标记释放回收时，对使用的染料和溶剂有什么要求？
7. 应用昆虫雷达进行昆虫监测的原理是什么？常用的昆虫雷达都有哪些类型？各适用于监测哪类昆虫或昆虫的哪些行为指标？

参考文献

北京农业大学. 1996. 昆虫学通论（上册）. 北京：农业出版社

彩万志. 2001. 昆虫生活史的科学记述方法. 昆虫知识，38（3）：229～232

彩万志. 2001. 普通昆虫学. 北京：中国农业大学出版社，244

岑伊静，叶峻铭，徐长宝等. 2005. 柑橘木虱对几种非嗜食植物挥发油的趋性反应测定. 华南农业大学学报，26（3）:41～44

陈华才，娄永根，程家安. 2002. 二化螟绒茧蜂对二化螟及其寄主植物挥发物的趋性反应. 昆虫学报，45（5）：617～622

陈若篪，丁锦华，谈涵秋等. 1989. 迁飞昆虫学. 北京：农业出版社，359～405

程登发，封洪强，吴孔明. 2005. 扫描昆虫雷达与昆虫迁飞监测. 北京：科技出版社，2～4

董钧锋，周梅先，郭予光. 2005. 铃夜蛾属2近缘种幼虫食性的遗传基础研究. 安徽农业科学，33（8）：1376，1377

傅建炜，徐敦明，吴玮等. 2005. 不同蔬菜害虫对色彩的趋性差异. 昆虫知识，24（5）：532～533

耿济国，张建新，张孝羲. 1992. 昆虫生态及预测预报实验指导. 北京：农业出版社，58～60，61～63

郭予元. 1998. 棉铃虫的研究. 北京：中国农业出版社，110～114

韩兰芝，翟保平，戴率善等. 2004. 江苏丰县甜菜夜蛾田间种群虫源性质分析. 生态学报，24（7）1388～1398

李传仁，邹丽珍. 2005. 3种划蝽食性的初步研究. 长江大学学报（自然科学版），2（5）：33～34

李洪奎，潘云平，李居平等. 2001. 美洲斑潜蝇生活史观察. 华东昆虫学报，10（1）：96～97

李汝铎，王金其，苏德明. 1987. 昆虫卵巢发育与害虫预测预报. 上海：复旦大学出版社

卢龙斗，常重杰. 1996. 遗传学实验技术. 合肥：中国科学技术大学出版社，262

汪世泽. 1996. 昆虫研究法. 北京：农业出版社. 85～90

魏书军，郑宏海，皇甫伟国等．2006．柑桔爆皮虫幼虫龄期的划分．昆虫学报，49（2）：302～309
文礼章，李有志，沈佐锐．2000．米缟螟的生物学特性．昆虫知识，39（3）：206～210
文礼章．2001．食用昆虫养殖与菜谱．北京：中国农业出版社，99～104
吴仕筠，汪世平，徐绍锐．2005．黑胸大蠊的实验室饲养及发育生物学观察．文礼章，黎家文．华中昆虫研究（第三卷），长沙：湖南科学技术出版社．229～236
徐卫华．1999．昆虫滞育的研究进展．昆虫学报，42（1）：101～108
阎凤鸣．2003．化学生态学．北京：科学出版社，133～169
杨桂华，王蕴生．1995．亚洲玉米螟雌雄蛾对不同光波的趋性．玉米科学，（增）：70～71
杨雪彦，周嘉喜，王福贵等．1995．两种星天牛幼虫对不同树种的食性研究．西林学院学报，10（2）：1～6
于毅，严毓骅．1998．光周期和温度对东亚小花蝽滞育形成和解除的影响．华东昆虫学报，7（1）：65～70
郑祖强，张孝羲，谢俊英等．2000．棉铃虫飞行能力和兼性迁飞的初步研究．应用生态学报，11（4）：603～608
Bjostad L B. 1998. Electrophysiological methods. In：Millar J G，Haynes K F etal. Methods in Chemical Ecology-Chemical Methods. Chapman & Hall，339～374
Zhang Q H，Schlyter F，Anderson P. 1999. Green leaf volatiles interrupt pheromone response of spruce bark beetle，Ips typographus. J Chem Ecol，25（12）：2847～2861

（文礼章　　罗梅浩）

第七章　昆虫生态学研究方法与技术

导读：本章系统介绍了昆虫生态学研究方法与技术的原理和操作步骤，包括温度等非生物因素对昆虫生长发育的影响、昆虫的种群生长、种群生命表、种群的空间格局、昆虫的种间关系、生态位、节肢动物群落的多样性和稳定性、昆虫的繁殖策略和社群行为以及昆虫与植物的化学联系等。

第一节　非生物因素对昆虫生长发育的影响

一、有效积温和发育起点温度

（一）概　　述

1. 有效积温与发育起点温度

昆虫生长发育需要一定的温度（热量）条件。在昆虫生长发育所需要的其他条件均得到满足时，在一定温度范围内，气温和发育速度呈正相关，并且要积累到一定的温度总和才能完成其发育期，这个温度的积累数称为积温。积温有两种，即活动积温和有效积温。每种昆虫都有一个生长发育的下限温度（或称生物学起点温度），这个下限温度一般用日平均气温表示。低于下限温度时，昆虫便停止生长发育，但不一定死亡。高于下限温度时，昆虫才能生长发育。我们把高于生物学下限温度的日平均气温值叫做活动温度，而把昆虫某个生育期或全部生育期内活动温度的总和，称为该昆虫某一生育期或全生育期的活动积温。

活动温度与生物学下限温度之差，叫作有效温度，也就是说，这个温度是昆虫某生育期内有效温度的总和，就叫作该昆虫这一生育期或全生育期的有效积温。

有效积温法则的主要含义：每种昆虫在生长发育过程中，需从外界摄取一定的热量才能完成其某一阶段的发育，而且，昆虫各个发育阶段所需要的总热量是一个常数。可以用下面的公式来表示：

$$K = NT$$

式中，N 为生长期中所需时间，称为发育历期；T 为发育期的平均温度；K 为一个常数，即总积温。由于昆虫的发育不是从 0℃ 开始的，而是在某一特定的高于 0℃ 的温度开始进行，这一温度称为发育起点温度 C（即最低有效温度）。则上述公式可修改为

$$K = N(T - C)$$

即 $T=C+K/N=C+KV$，其中，发育速率(V)是发育历期(N)的倒数。

一般测定 K 和 C 的方法是通过实验得出不同温度(T)时的相应发育速度(V)，然后推算求得 K、C 值。目前，常用的方法有人工恒温法、多级人工变温法和自然变温法。无论根据哪种方法饲养昆虫，都可以知道不同的实验温度(T)、在不同实验温度下的发育历期(N)和发育速率(V)。因此，可以根据公式：$T=C+KV$，应用最小二乘法计算参数 C 和 K，即

$$C=\frac{\sum_{i=1}^{n}V^2\sum_{i=1}^{n}T-\sum_{i=1}^{n}V\sum_{i=1}^{n}VT}{n\sum_{i=1}^{n}V^2-\left(\sum_{i=1}^{n}V\right)^2},K=\frac{n\sum_{i=1}^{n}VT-\sum_{i=1}^{n}V\sum_{i=1}^{n}T}{n\sum_{i=1}^{n}V^2-\left(\sum_{i=1}^{n}V\right)^2} \tag{7.1}$$

式中，n 为饲养昆虫时的实验温度组数。

发生期的预测是基于积温公式 $K=N(T-C)$，因此，可以将公式转化为发育天数 $N=K/(T-C)$，也就可以通过已知的总积温(K)，各代卵、幼虫、蛹或成虫的发育起点温度(C)，以及环境的平均温度(T)计算出发育天数(N)，从而预测出各个虫态的发生期。

2. 有效积温法则的应用

1）推测昆虫的地理分布界限和在不同地区可能发生的代数(M)：

$$M=\frac{K_1}{K}$$

式中，K 为某种昆虫完成一代所需的有效积温；K_1 为某地全年的有效积温；M 为某地可能发生的世代数。

一般一种昆虫完成一代的发育起点温度(C)和有效积温(K)是可以测定的，知道 C 和 K 后，再根据气象记载计算出该地一年内可以提供的有效积温 K_1。

$$K_1=\sum_{i=1}^{12}N(T_i-C)$$

式中，T_i 为 1～12 月的各月的平均温度；N 为各月的天数；C 为发育起点温度。

如果 $N<1$，说明该地全年有效积温总和不能满足该虫完成一代的积温，即该虫一年内不能完成一代，故该虫不能在这一地区发生。

2）预测昆虫的发生期：$N=\dfrac{K}{T-C}$

3）确定繁殖天敌适温：$T=\dfrac{K}{N}+C$

4）预测昆虫来年的发生程度。

有的昆虫严格以固定的虫态越冬，如三化螟只能以老熟幼虫越冬，若以其他虫态越冬则死亡率极大，来年发生基数小，发生趋势就轻。例如，广州地区，当夏季温度较高，其有效总积温超过三化螟完成 4 代的有效积温时，当年可发生 5 代，但第 5 代三化螟幼虫常常来不及发育到越冬虫态，故越冬虫口大量死亡，来年发生的虫口基数小，发生趋势轻。

（二）实例：叶螨卵的发育起点温度和有效积温的测定

1. 实验材料

朱砂叶螨（*Tetranychus cinnabarinus*）卵或二点叶螨（*T. urticae*）卵，培养箱，双目解剖镜，滤纸，直径 8 cm 培养皿和 0.5 cm 厚海绵，黑色塑料薄膜，试剂瓶，滴管，橡皮筋等。

2. 操作步骤

1）用小室饲养叶螨卵时，在每个小室底板上平放 3 或 4 张滤纸，滤纸大小与底板相同，纸中央铺朱砂叶螨寄主植物叶片，叶面向上，摆上小室板后两端用橡皮筋扎紧。每只小室内移入 20 头左右雌成螨，操作时应特别注意避免造成损伤，松开橡皮筋后加小室盖扳，重新扎紧。用滴管沿缝隙从叶柄端向滤纸加水。温度在 25℃以下时，加水 0.5～1 管，30℃以上加水 1.5 管。用培养皿饲养时，海绵剪成直径略小于皿底的圆盘置于皿底，加半培养皿自来水。海绵上平铺大小相同的黑色塑料薄膜，将植物叶片平放于薄膜中央。用脱脂棉制一纱绳，一端系于叶柄，另一端沉入皿底的水里，使叶片保鲜。约 20 头雌成螨移于叶片后加盖。把已加雌成螨小室或培养皿置于 30℃温箱。

2）隔 4～8 h 在解剖镜下检查小室或培养皿，待每小室或每个皿有卵 20 粒左右即挑去雌成螨。把小室或培养皿分放于 6 个培养箱培养，每个培养箱内放 2 个小室或培养皿。培养箱温度各为 10℃、15℃、20℃、25℃、30℃、35℃，相对湿度 75%左右，光照 12L∶12D。

3）1～3d（高温时隔 1d，低温时隔 3d）后，每隔 8 h 观察、记载卵孵化情况 1 次，并挑去已孵幼螨。每天给小室加水 1 次。观察至卵全部孵化。

4）整理实验结果，求出各个实验温度下朱砂叶螨卵的平均发育历期（$\overline{N}$）及其标准误差（$S_{\overline{N}}$），计算发育速率，记入表 7-1。

表 7-1　不同温度下叶螨的发育历期

参数	10℃	15℃	20℃	25℃	30℃	35℃
平均历期 $\overline{N}$/ d						
标准误 $S_{\overline{N}}$						
发育速率 V						

检验变量 T 和 V 的相关显著性。

$$\text{相关系数：} r = \frac{\sum_{i=1}^{b} TV - \left(\sum_{i=1}^{b} T\right)\left(\sum_{i=1}^{b} V\right)/n}{\sqrt{\left[\sum_{i=1}^{b} T^2 - \left(\sum_{i=1}^{b} T\right)^2/n\right]\left[\sum_{i=1}^{b} V^2 - \left(\sum_{i=1}^{b} V\right)^2/n\right]}} \tag{7.2}$$

如果 $r > r_{0.05}(df = n-2 = 4) = 0.881$，则 T 与 V 存在显著的线性相关关系，可根据公式 7-1 计算有效积温 K 和发育起点温度 C，并利用下列公式计算其标准差 S_K 和 S_C。

$$\text{有效积温标准误：} S_K = \sqrt{\frac{\sum_{i=1}^{b} (T - \overline{T})^2}{(n-2)\sum_{i=1}^{b} (V - \overline{V})^2}} \tag{7.3}$$

$$\text{发育起点温度标准误：} S_C = \sqrt{\frac{\sum_{i=1}^{b} (T - \overline{T})^2}{n-2}\left[\frac{1}{n} + \frac{\overline{V}^2}{\sum_{i=1}^{b} (V - \overline{V})^2}\right]} \tag{7.4}$$

3. 注意事项

1）应根据昆虫的生物学特性设置最低温和最高温度，温度梯度间隔适宜，设置的温度的个数(n)不能太少($n \geqslant 5$)。

2）方程 $T = C + KV$ 并不代表任何生物学意义，只是便于计算显著的线性相关关系。

二、过冷却特性

（一）概　　述

昆虫低温死亡的重要原因是其体液冰结。在通常情况下昆虫体液中因为含有大量的蛋白质、脂肪和糖类等有机物质及一些无机化学物质，在体温降至0℃以下并不结冰，这就是昆虫过冷却现象。过冷却现象可归纳在耐寒性的概念之中，也是寒温带昆虫的一个重要适应。

如图7-1所示，把昆虫从室温条件置于−20℃低温，体温会随之下降。当体温下降至0℃（N_1）时，体液并不结冰，开始进入过冷却过程；体温继续下降到T_1时，体温会突然跳跃式上升。T_1称为过冷却点（supercooling point），表示体液开始结冰。由于结冰时放热，体温回升。体温上升到某一温度后，体温有一短暂的稳定时期，以后再度下降。这时的温度即称为体液结冰点（N_2），表示体液开始大量结冰。此后体温继续下降，直至与环境温度相同（T_3）。体温第一次下降至T_1之前，虫体处于昏迷状态，如果环境温度回升，一般可恢复正常的生命活动。当第二次体温下降时，在一定范围内如环境温度回升，虫体仍可能复苏，但在体温降至某一点（T_2）时，即造成不可恢复的死亡，因而称该点（T_2）为死亡点。不同种类的昆虫，同种不同虫态和性别的个体，同种不同季节，其过冷却点、死亡点均可能不同。

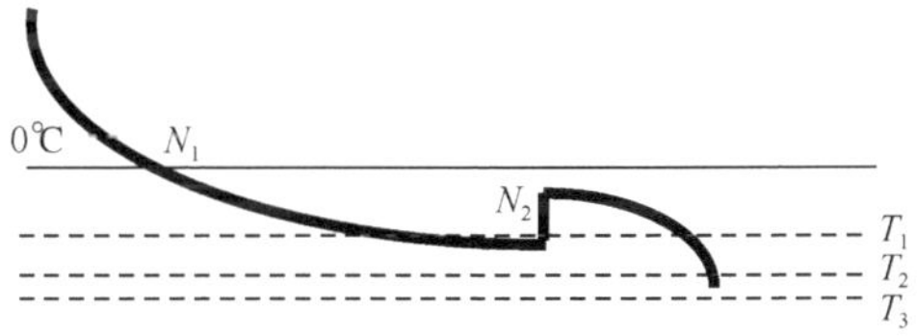

图7-1　昆虫的过冷却过程

（二）实例：蝗虫卵的过冷却特性

1. 实验材料

飞蝗（*Locusta migratoria* L.）卵或越北腹露蝗（*Fruhstorferiola tonkinensis* Will.）卵块采自野外，测定仪器为过冷却点仪（uR100，Model 4152，Yologama Elect. Co，Seoul，Korea）（图7-2）。

2. 操作步骤

卵块用装有采集地沙土的储物箱（45cm × 32cm × 25cm）按照其野外的深度（2.5～3cm）保存。实验时从储物箱土内挖出蝗虫的卵块，用毛笔轻轻分离出每一卵粒，防止卵表皮的损伤。每次过冷却点测定需40粒以上的卵。

每隔一定的时间从不同的卵块中取出卵粒，利用为过冷却点仪测定卵的过冷却点。具体方法：将卵固定于热敏测温探头上，置于低温冰箱[（−36 ± 0.5）℃]，以0.5℃/min的速度使冰箱内温度下降，温度的变化导致探头电阻值的变化而得到一个变化的电压降，经过冷却点测定仪采集输入计算机，计算机自动记录、分析蝗卵表面温度的变化，并绘制出变化曲线图。由于卵在冻结的瞬间要释放出凝结热，使体表温度骤然升高，此时在计算机显示屏上的温度变化曲线图上会出现一个明显的回折，该回折对应的值就是卵的过冷却点（图 7-3），每粒卵的过冷却点记录于表 7-2。

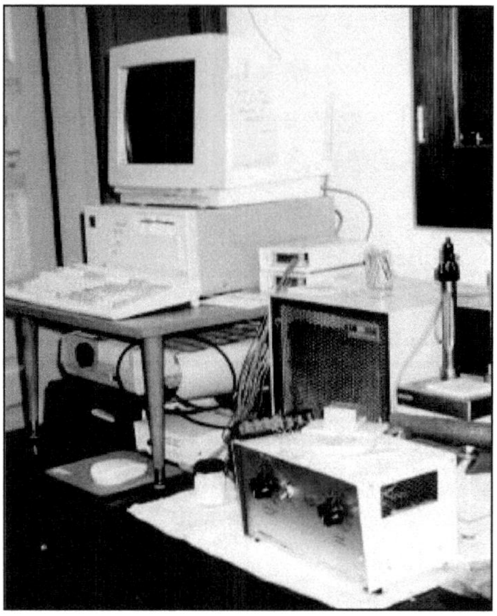

图 7-2　昆虫过冷却点测定装置

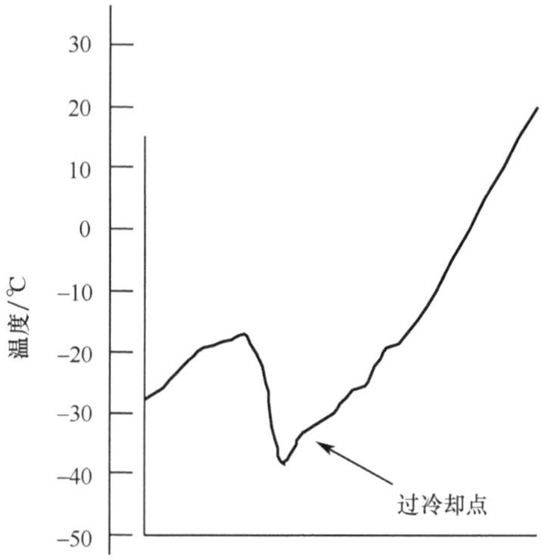

图 7-3　蝗卵过冷却点测定记录图

表 7-2　蝗卵过冷却点测定记录表

卵粒编号	1	2	3	…	最大值	最小值	平均值（±*SE*）
过冷却点							

第二节　种群生态学研究方法

一、种群的增长

（一）概　　述

世代重叠的种群在无限环境中的增长方式为无限增长，表现为指数式增长过程。当瞬时增长率保持恒定时，其数学模型可描述为 $\mathrm{d}N/\mathrm{d}t=\mathrm{r}\mathrm{N}$。

但在现实生态环境中，种群不可能长期而连续的按几何级数增长，往往受到环境资源和其他必要的生活条件限制，至一定时候，种群增长率随着密度的上升而下降。增长的数值，如以图表示则呈现为 S 形曲线。种群在有限环境条件下的连续增长的表现形式很多，其中最简单的形式为逻辑斯蒂增长（logistic growth）。数学模型为

$\mathrm{d}N/\mathrm{d}t = rN(K-N)/K$，其积分式为 $N_t = \dfrac{K}{1+\exp(a-rt)}$

逻辑斯蒂增长模型基于以下两点假设。

1）设想有一个环境条件所允许的最大种群值，称为环境容纳量或负荷量

(carrying capacity)，通常以 K 表示。当种群大小达到 K 值时，将不再增长，即 $dN/dt=0$。

2）设想使种群增长率降低的影响是最简单的，即其影响随着密度上升而逐渐地、按比例地增加。

（二）实例：草履虫种群的增长

1. 实验材料

纯培养的草履虫，波氏固定液（饱和苦味酸清液 75mL，加 25mL 福尔马林，加 3mL 冰乙酸，混匀即可），稻草提取液：15～20g 稻草段放于 1L 水中煮沸 10min，至煎出液呈黄棕色，冷却后待用。

2. 操作步骤

1）250mL 烧杯中加入约 150mL 稻草培养液备用。

2）取一小培养皿倒入适量草履虫培养液，置于解剖镜下吸取约 100 只草履虫，转移至步骤 1 的烧杯中，液面处标记。

3）在 1mL 浮游生物计数框内加 1 滴波氏固定液。混匀烧杯中草履虫培养液，取 1mL 滴入计数框内，盖上盖玻片，显微镜下计数。重复 3 次，取平均值为第 0 天草履虫种群密度。加稻草提取液补到标记处，用清洁纱布蒙口，18～20℃恒温箱培养。

4）随后每天对烧杯中的草履虫计数，每天计数前后注意补液。同时记录过去 24h 内最高最低温度。至种群数量达到平衡状态后即停止计数实验。

5）K 值估测：种群增长达到平衡状态后，以每天观测的数据（表 7-3）绘制散点图，求出 K 值。若曲线平稳，可直接目测得出 K 值。若波动较大，可以最大值后几天的观测值的平均值为 K 值。

表 7-3　草履虫在培养液中增长数据统计分析表

培养天数/t	观测虫数（N）/(头/mL)	$(K-N)/N$	$\ln[(K-N)/N]$	逻辑斯蒂方程估计的 N 值
1				
2				
3				
4				
5				
6				
7				
8				
9				
10				

6）求 a，r 值：将积分式变形为 $\ln(K-N)/N=a-rt$，线性拟合后即可得出 a 和 r 值。

7）种群增长曲线的拟合：a、r 代入积分式中，计算各时间的 N_t 理论值，绘制出的曲线即为逻辑斯蒂曲线。

3. 注意事项

1）草履虫在 18～20℃环境中，每天分裂一次。实验种群在培养液有限时，其个体的分裂即受到限制，种群增长趋缓，最终达到密度饱和状态。如果不补充培养液，种群密度即会下降。

2）活的草履虫在显微镜下计数比较困难，因此需要先将其固定。

二、特定时间生命表

（一）概　　述

生命表是记录种群的生存数目和死亡数目，以及死亡原因的完整资料一览表。生命表已有 300 多年历史，Graunt（1964）首先提出设想，Halley（1693）用于人寿保险而得到发展。Pearl 和 Parker（1921）最早将生命表用于昆虫（果蝇 *Drosophilia* 的实验种群）；Morris 和 Miller（1954）首次把生命表引入昆虫自然种群变动的研究：云杉卷叶蛾 *Choristoneura fumiferana* 在加拿大 New Brunswick 1952～1953 年的世代生命表。生命表已成为种群生态学研究的重要手段。

生命表一般可分为两个基本类型：特定时间生命表（time-specific life table）和特定年龄生命表（age-specific life table）。特定时间生命表是在昆虫种群年龄组配稳定的前提下，也就是假设种群是静止的，同时不同年龄级的个体在出生时数量是相等的情形，以特定时间为单位间隔（如天等）系统调查记载在时刻 x 期间死亡的数量。在这类生命表中，也包括表示各时间间隔内每一雌性的平均产雌数量（m_x）。特定时间生命表中，获得的种群在特定时间内死亡率和出生率，可用以估算种群在一定环境条件下繁殖潜能（reproductive potential）的重要种群参数：内禀增长率（intrinsic rate of increase，r_m），以及相应的周限增长率（finite rate of ncrease，λ）、净增殖率（net reproductive rate，R_0）和世代平均历期（generation time，T）。可利用马尔萨斯（Malthus）的指数增长公式预测未来时间种群数量变化或用 Leslie 矩阵建立种群数量的预测模式。特定时间生命表多用于实验种群的研究，特别是用于比较不同的环境条件（如温度、食物等）对昆虫实验种群生长发育和繁殖的影响。特定时间生命表的结构见表 7-4。

表 7-4　特定时间生命表的结构

x（时间）	l_x（存活率）	m_x（平均每雌产雌量）	$l_x m_x$	$x l_x m_x$
⋮	⋮	⋮	⋮	⋮
			$\sum_{i=1}^{n} l_x m_x$	$\sum_{i=1}^{n} x l_x m_x$

实验种群参数可利用表 7-4 中的 x、l_x、m_x 和计算（Andrewartha and Birch，1954）。

净增殖率：$R_0 = \sum_{i=1}^{n} l_x m_x$；世代平均历期：$T = \dfrac{\sum_{i=1}^{n} x l_x m_x}{\sum_{i=1}^{n} l_x m_x}$；内禀增长率：$r_m = \dfrac{\ln R_0}{T}$；

周限增长率：$\lambda = \exp(r_m)$

（二）实例：不同温度下甘蓝蚜的特定时间生命表

1. 蚜虫的饲养

从田间采集的甘蓝蚜（*Brevicoryne brassicae*）于盆栽白菜上饲养，盆栽白菜置于温度（25±1）℃，相对湿度（75±10）%，光照 16∶8（L∶D）（3550 lux）的培养箱内。甘蓝蚜饲养 2～4 代后供试。

2. 若虫的发育和存活率

将无翅成蚜移至和上述条件相同的盆栽白菜上，待若蚜出生后在 24 h 内将其用毛笔小心接入准备好的置有白菜叶片的培养皿内，每个皿接入若蚜 30 头，白菜叶片以棉球保湿，培养皿以纱布覆盖。把已接若蚜的培养皿放入温度为 10℃、15℃、20℃、25℃、30℃、(35±1)℃的培养箱内（相对湿度和光照设置同上），每个培养箱置 4 个皿。每天观察蚜虫的脱皮和死亡情况。培养皿内的白菜叶片每 2 天更换 1 次直至蚜虫全部死亡。

3. 成虫的寿命和繁殖

当成虫进入繁殖期时，每天记录产仔数和死亡率并移走产出的若蚜直至成虫全部死亡。

4. 数据分析

内禀增长率 r_m 利用原始数据(r_{all})计算，不同温度下 r_m 值的显著性差异利用由 Jack knife 法（Meyer et al.，1986）估计的方差进行检验。基本算法如下：假设有一实验种群，其供试的雌性个体数量为 n，并设 r_m 为根据 Lotka 方法计算的该种群的内禀增长率精确值：

$$\sum_{i=1}^{n} \exp(-r_m x) l_x m_x = 1 \tag{7.5}$$

设 r_i 为依次从试验种群中去除第 i 个个体时，再根据余下的($n-1$)个个体计算得到的种群的内禀增长率（$i=1，2，\cdots，n$），n 个样本的 Jack knife 拟似值（Pseudo-Values）r_j 由以下公式计算：

$$r_j = nr_{all} - (n-1)r_i \tag{7.6}$$

对每温度处理的($n-1$)个 Jack knife 拟似值的平均数进行方差分析（ANOVA），并以 LSD 法进行多重比较。

5. 注意事项

1）必须注意 r_m 为每雌产雌量。

2）由 Jack knife 所产生拟似值 r_j 必须具正态性，如果 r_j 不具正态性，则可考虑采用 Bootstrap 法来进行估计推断（Meyer et al.，1986；Maia et al.，2000）。

三、特定年龄生命表

（一）概　　述

特定年龄生命表，是以种群的年龄阶段（如虫期或龄期）作为划分时间的标准，系统观察并记载不同发育阶段（生活史各虫态）的个体数、死亡数量、死亡原因以及成虫阶段的繁殖数量。在建立的生命表中，只记载某一发育阶段（或年龄组配）的个体数与死亡数，而不像在特定时间生命表中，在同一时间存在各种年龄或不同虫期个体的组合。特定年龄生命表注重的不是个体的生命期望而是特定年龄组（或虫期）中的死亡原因，分析影响种群数量变动的重要因子（important factor）和关键因素（key factor），估算种群趋势指数（population trends index）和建立预测模型。此类生命表适用于世代隔离清楚的昆虫，应用于研究自然种群动态者为多。

1. 重要因子分析

种群趋势指数(I)是指在一定条件下，下一代或下一虫态的数量与上一代或上一虫态的虫量的比值，常用 Morris 和 Watt 的方法计算，即

$$I = S_E S_{L1} S_{L2} \cdots S_P S_A P_{♀} F P_F \tag{7.7}$$

式中，I 为种群趋势指数；S_E、S_{L1}、S_{L2}、⋯、S_P、S_A 分别为卵、各龄幼虫、蛹、成虫的存活率；F 为标准产卵量；P_F 为达标准产卵量百分比；$P_{♀}$ 为性比。

庞雄飞等（1979，1990，1995）提出的以作用因子组建的生命表，其 I 值公式为

$$I = S_1 S_2 S_3 \cdots S_k P_{♀} F P_F \tag{7.8}$$

式中，S_1、S_2、S_3、⋯、S_i、⋯、S_k 为各作用因子相对应的存活率，其余同式（7.7）。种群控制指数（IPC）（庞雄飞和梁广文，1995）是对种群数量发展趋势控制的一个指标，以被作用的种群趋势指数(I')与原有的种群趋势指数的比值表示，即 $\mathrm{IPC} = \dfrac{I'}{I}$。

在实验中，常采用各作用因子 i 相对应的存活率（S_i）来表示其控制作用的大小，即第 i 个作用因子的控制指数 $\mathrm{IPC}(S_i) = \dfrac{1}{S_i}$。

2. 关键因子分析

关键因子是影响种群年度间数量动态的因子，需要利用多年的历史资料和相应的方法进行分析。常用的方法有 K 值图解法（Varley and Gradwell，1960）和回归分析法（Morris and 1959）。

（1）*K* 值图解法

设 S_1、S_2、S_3、⋯、S_k 为各作用因子相对应的存活率，令 $k_i = \lg(S_i/S_{i+1}) = \lg S_i - \lg S_{i+1}$，$K = \sum_{i=1}^{n} k_i$，以历年的资料作图（图 7-4），与 K 的趋势一致的作用因子 i 即为关键因子。

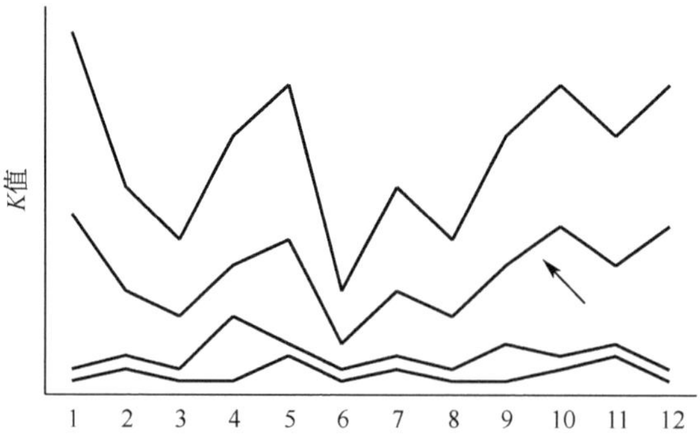

图 7-4　*K* 值图解

（2）回归分析法

计算 $\ln K$ 与 $\ln k_i$ 的相关系数，相关系数最大所对应的作用因子 i 即为关键因子（图 7-5）。

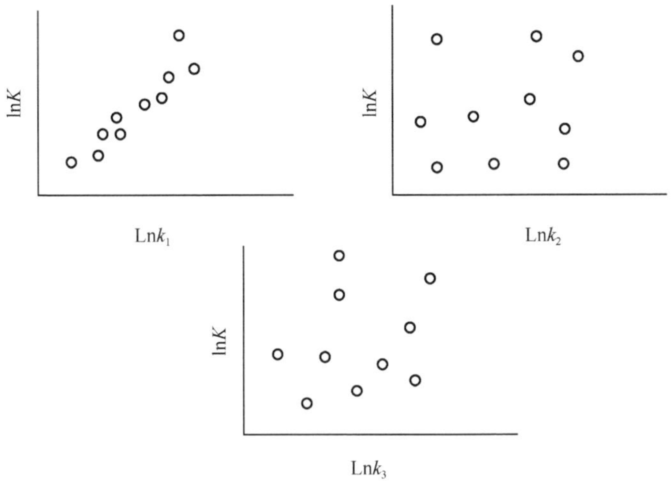

图 7-5　$\ln K$ 与 $\ln k_i$ 的相关关系

（二）实例：以作用因子组建的褐稻虱自然种群生命表

1. 调查方法

褐稻虱（*Nitaparvata lugens* stal）是水稻的重要害虫。根据已掌握的褐稻虱的生物学和生态学特性，其特定年龄自然种群生命表主要是以田间调查的数据建立。

1）卵期：褐稻虱卵历期 7 天，产后前 3 天乳白色透明，后 4 天出现红色眼点，以卵粒组成粒数不等的成排卵块，在稻茎叶鞘外有明显的褐色产卵痕。卵期的主要寄生性天敌是缨小蜂（*Anagrus* spp.），偶见食卵金小蜂（*Penstenon* spp.）。被缨小蜂寄生的卵在第 4 天呈橙红色，一头食卵金小蜂幼虫可取食一个卵块的所有的卵。卵期的主要捕食性天敌为黑肩绿盲蝽（*Cyrtorhinus lividipennis* Reuter），被黑肩绿盲蝽吸食后的卵壳皱缩（注意要和已孵化的卵壳区别）。调查时以平行跳跃式每点一兜取样（吴伟坚等，1990），每 4 天调查 1 次，每次调查 100 兜，每兜在边缘选取一蘖，中央选一蘖，随机解剖镜检 100～200 产卵痕（庞雄飞等，1992），记录卵粒数、被缨小蜂寄生的卵粒数和被黑肩绿盲蝽捕食的卵粒数，计算寄生率和捕食率。

2）若虫和成虫：褐稻虱若虫和成虫期的主要寄生天敌为两索线虫（*Amphimermis nilaparvata*）、多索线虫（*Agamermis* sp.）等索线虫和稻虱红螯蜂（*Haplogonalopus japonicus* Esaki et Hashimoto），被索线虫和螯蜂寄生的若、成虫极易观察。若、成虫期的捕食性天敌一般多达数十种，主要类群有蜘蛛、步甲、隐翅虫、瓢虫和黾蝽等。调查可采用平行式拍盆法取样（吴伟坚和庞雄飞，1990），每 4 天调查 1 次，每次调查 100 兜，全部带回室内镜检，记录褐稻虱 1～2 龄、3～5 龄若虫和成虫的数目（注意区分褐稻虱和白背飞虱），由于被索线虫和红螯蜂寄生的飞虱并不致死，因此作用因子统一为“捕食及其他”。

2. 数据分析

一个世代系统调查和辅助试验后的数据可记于表 7-5。

表 7-5　褐稻虱系统调查记录表（样表）

日期	卵				1～2 龄若虫		3～5 龄若虫		成虫	
	总数	捕食	寄生	不孵	总数	寄生	总数	寄生	总数	寄生
…										
…										
合计 N_i										
估计值 $\hat{N}_i$										
起始虫数										
存活率 S_i										

因为各虫态的历期不等，各期的密度合计(N_i)可按该期的历期(d_i)调整，系统调查为每 4 天一次，因此各期密度的估计值($\hat{N}_i$)为 $\hat{N}_i = 4N_i/d_i$ 。褐稻虱是世代重叠较严重的昆虫，自然种群生命表组建的关键问题是解决每虫期的起始虫数，庞雄飞等(1992)认为，卵的密度估计值($\hat{N}_i$)即为其起始密度($\bar{N}_i$)，卵的起始密度减去卵期死亡数为卵末期密度，而卵末期密度即为 1～2 龄若虫的起始密度。但 3～5 龄若虫和成虫的情况则较为复杂，由于死亡后并不留残骸，调查时记录的个体可能属于该虫期起始至末期中的任一日龄，这时可假设每日的死亡率相等，则 3～5 龄若虫和成虫的密度估计值可以近似为该虫期中期的密度而按图 7-6 计算其起始密度。

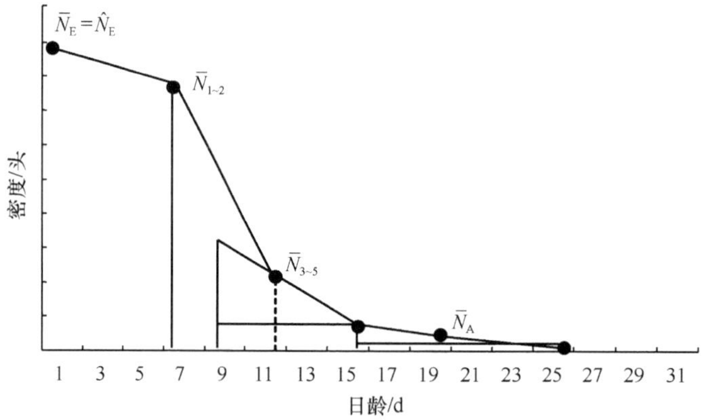

图 7-6　密度计算

各虫期的存活率为卵 $S_E = \bar{N}_{1\sim2}/\bar{N}_E$ ；1～2 龄若虫 $S_{1\sim2} = \bar{N}_{3\sim5}/\bar{N}_{1\sim2}$ ；3～5 龄若虫 $S_{3\sim5} = \bar{N}_A/\bar{N}_{3\sim5}$ 。因为成虫产卵后全部死亡，成虫期的存活率为 0，因此在生命表中并不列出成虫期的死亡率，但成虫的非正常死亡对其卵量影响很大，需计算其逐日死亡率 $S_{Ai} = (\bar{N}_A/\hat{N}_A)^{1/i}$ ，i 为成虫起始至中期的天数。

设标准卵量为 F，从试验中得出的每雌卵量可计算其达标卵量百分比 P_F，结合田间的性比调查估计成虫的繁殖参数 $P_♀FP_F$ 。成虫的每日卵量可按以下模型模拟（吴伟坚和庞雄飞，1990）。

$$P_i = \frac{(i-h)^{k/2}\mathrm{e}^{-(i-h)/2}}{r}$$

式中，P_i 为第 i 天卵量占总卵量的百分比；h 为产卵前期；k 为产卵高峰日；r 为待定系数。

因为成虫逐日死亡，故其下代卵量可按下面的方程计算：

$$N_E' = P_{♀} F P_F P_i S_{Ai} \tag{7.9}$$

3. 注意事项

1）对于世代重叠严重的昆虫，特定年龄生命表的研究是较为困难的，对不同的昆虫必须根据其特有的生物学特性采取独特的调查和分析方法。

2）特定年龄生命表虽然可反映生境内生物和非生物因素对目标昆虫种群的综合影响，但生命表一旦建立，反映的只是历史而非未来，所以多年生命表资料的积累是必须的。

3）对于生物因素对昆虫种群的作用，辅助的室内外实验是不可缺少的。

四、种群的空间分布

（一）概　　述

由于生物种群内个体间的相互作用以及种群对环境的适应，使得不同种群、同一种群在不同的环境条件下表现出不同的空间分布格局（周国法和徐汝梅，1997）。对昆虫种群的空间分布研究，不仅可以揭示种群内和种群间的空间结构，而且还可以为抽样方法和制定害虫防治指标提供较好的依据。研究昆虫种群空间分布的方法有经典的生物统计方法（徐汝梅，1987）和地学统计方法（王政权，1999）。

1. 经典生物统计学方法

经典生物统计学的研究对象必须是纯随机变量，前提是假设不同位置的样本相互独立，各样本间不存在空间位置差异（周强等，1998）。经典生物统计学方法包括聚集强度指数的测定和离散分布的理论拟合。

1）聚集强度指数的测定：聚集强度指数有很多种，如扩散系数 C、扩散型指数 I_δ、平均拥挤度 m^*、C_A 指数和负二项分布 k 等，这些指数之间实际上是有关联的，所以不必把所有的聚集强度指数都计算出来，如选择计算最简明的扩散系数 C 即可说明生物种群空间格局的基本情况。

$C=S^2/m$，式中，S^2 为样本方差；m 为样本平均数。以 $t=\dfrac{C-1}{\sqrt{2/(n-1)}}$（$df=n-1$）检验 C 与“1”的差异的显著性，当 $C=1$ 时为随机分布；$C>1$ 时为聚集分布；$C<1$ 时为均匀分布。

如果有多次取样的数量资料，可采用平均拥挤度与平均数的回归分析方法（Iwao，1971）：$m^*=\alpha+\beta m$；或 Taylor 幂法则：$S^2=am^b$ 进行分析，前提是 m^* 和 m、$\lg S^2$ 和 $\lg m$ 之间要存在显著的线性相关关系。

2）离散分布的理论拟合：将调查获得的数据列成频数分布表，进行频数分布检验，分别计算。

二项分布（均匀）：$P(x=r)=\dfrac{n!}{r!(n-r)!}p^r q^{n-r} \quad \left(p=\dfrac{m}{n}, q=1-p\right)$

Poisson 分布（随机）：$P(x=r)=\mathrm{e}^{-m}\dfrac{m^r}{r!} \quad$（$m$ 为平均数）

奈曼 A 型分布（核心）：$P(x=0)=\exp\{-m_1[1-\exp(-m_2)]\}$

$$P(x=k+1)=\frac{m_1 m_2 e^{-m_2}}{k+1}\sum_{t=0}^{k}\frac{m_2^t}{t!}P(x=k-t)$$

负二项分布（嵌纹）：$P(x=r)=\dfrac{(k+r-1)!}{r!(k-1)!}p^k(1-p)^r, x=0,1,2,\cdots$

的理论频数 $NP(x)$，与实际频数进行 χ^2 检验，确定其所属分布型。式中 $m_1=\dfrac{m^2}{S^2-m}$，$m_2=\dfrac{S^2-m}{m}$，$t=0$，1，2，…，k。$p=\dfrac{S^2}{m}-1$，$k=\dfrac{m^2}{S^2-m}$。

2. 地学统计学方法

在实际中，任何一个变量都不是纯随机变量，都是具有随机性和结构性的。地学统计学是在地质分析和统计分析互相结合的基础上形成的一套分析空间相关变量的理论和方法，它以区域化变量理论为基础，以半方差函数为主要工具，研究那些在空间分布上既有随机性又有结构性的自然现象的科学，它能最大限度地利用野外调查所提供的各种信息，并充分利用稀疏的或无规律的空间数据，揭示周期性和非周期性生态参数本质（Rossi et al.，1992）。

（1）半方差函数

半方差函数表示分隔距离为 h 的两点 x 和 $x+h$ 的区域化变量 $z(x)$ 和 $z(x+h)$ 之间的变异，可以其增量 $[z(x)-z(x+h)]$ 平方的数学期望表示：

$$r(h)=\frac{1}{2N(h)}\sum[z(x_i)-z(x_i+h)]^2 \tag{7.10}$$

式中，$r(h)$ 为半变异函数；$N(h)$ 为间隔为 h 的样本点的对数。

半方差函数中有 3 个最重要的参数：块金常数（nugget）、基台值（sill）和变程（range）（周国法和徐汝梅，1999）。块金常数是指变异函数曲线被延伸到间隔距离为零时的截距，它反映了区域化变量内部随机性的可能程度。基台值是指达到平衡时的变异函数值，它反映了变量变化幅度的大小。变程是当变异函数的值达到平衡时的间隔距离，它反映了区域化变量影响范围的大小（图 7-7）。

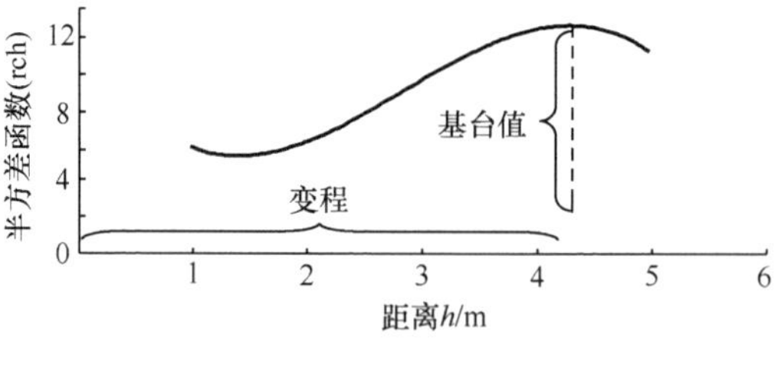

图 7-7 半变异函数曲线

（2）变异函数理论模型的拟合

地统计学中用来拟合实际变异曲线图的理论模型有很多种，如球状模型、指数模型、高斯模型、线性有基台值模型和线性无基台值模型等（周国法和徐汝梅，1999）。在拟合过程中，需要根据判断最优拟合模型的方法，首先考虑决定系数 R^2 的大小，其次考虑残差 RSS 的大小，最后考虑变程和块金值的大小来判断不同理论模型在拟合实际变异曲线图时的优劣程度（周国法和徐汝梅，1998）。一般情况下，球形半变异函数说明所研究的种群呈聚集分布，其空间结构：当样点间隔距离达到变程之前时，样点的空间依赖性随样点间距离增大而逐渐降低；指数型与球型模型类似，但其基台值是渐近线（周强等，2001）；非水平状线型的半变异函数表示种群为中等程度的聚集分布，其空间依赖范围超过研究尺度，如果是随机分布，则 $r(h)$不随距离变化而规律性变化；完全随机或均匀的数据，半变异函数曲线表现为纯块金变异图（pure nugget variogram），r（h）呈水平直线或稍有斜率，表明在抽样尺度下没有空间相关性（周强等，1998）。通过变异函数值与曲线的形状，可以揭示种群的多种空间特征（石根生和李典谟，1997）。

（3）统计学的插值方法

克里格（Kriging）法是一种估计观测样点间内插值的地学统计学方法。它基于区域化变量理论，当获得了某个变量的半变异函数的模拟模型后，可利用样点观测值对研究区域上未取样点的区域化变量值进行最小误差估计。Surfer 8 地学统计学软件可以将原始调查数据通过克里格法绘制成反映调查样点与样点之间，以及生物种群分布和环境因子之间关系的图形（吕昭智等，2003）。种群密度等值线图可由 Surfer 8 地学统计学软件生成（陈强等，2007）。

（二）实例：越北腹露蝗若虫的空间格局动态

1. 调查方法

从 4 月开始（越北腹露蝗孵化高峰期），选取一块未喷施化学农药的桑田进行全面调查，面积为 6 m×18m，样地内植株数为 6×24＝164 株，行间距 0.64m，株间距 1m。调查期间桑树株高为 1～1.5m。为防止蝗蝻逃出样地以及附近桑田的蝗蝻进入样地，用纱网围绕调查地。以植株为单位，逐株调查每棵桑树上的蝗蝻数目，各龄若虫分别调查 1 次。

2. 聚集强度指数

根据调查结果分别计算各龄若虫的聚集强度（表 7-6）。

表 7-6　越北腹露蝗各龄若虫的聚集度

龄期	平均数（m）	方差（S^2）	扩散系数（$C=S^2/m$）	t	P
1					
2					
3					
4					
5					

3. 离散分布的理论拟合

根据离散分布的理论拟合判断若虫的空间分布型（表 7-7）。

表 7-7　离散分布的拟合

龄期	临界 χ^2 值（$\alpha=0.05$）	χ^2 值		适合类型
		奈曼 A 型分布	负二项分布	
1				
2				
3				
4				
5				

4. 地学统计学分析

通过越北腹露蝗若虫各龄期的调查结果计算出的若虫种群半变异函数值 $r(h)$（表7-8），再对其种群空间结构进行分析。如果1～5龄的若虫种群半变异函数最优拟合模型均为球形：$r(h)=a_0+a_1h+a_2h^2+a_3h^3$，其中 a_0、a_1、a_2、a_3 为参数，表明不同龄期越北腹露蝗若虫的空间分布均为聚集型（表7-9）。

表7-8　越北腹露蝗1～5龄若虫半变异函数 $r(h)$

龄期	距离/m				
	1	2	3	4	5
1龄					
2龄					
3龄					
4龄					
5龄					

表7-9　越北腹露蝗1～5龄若虫的理论半变异函数模型参数

龄期	理论模型	a_0	a_1	a_2	a_3	R	变程/m	空间格局
1龄								
2龄								
3龄								
4龄								
5龄								

第三节　群落生态学研究方法

一、种间竞争

（一）概　　述

种间竞争是指两种和两种以上物种共同利用同一资源而产生的相互妨碍作用。竞争结果主要体现于竞争种群的个体数量和生长状况两个方面。

高斯假说（竞争排斥原理，competitive exclusion principle）认为，竞争的结果，两个相似的物种不能占有相同的生态位（niche），而是以某种方式彼此取代，每种各具食性或其他生活方式上的特点。简言之，完全的竞争者不能共存（Hardin，1960）。

种间竞争的经典案例：Gause（1934）以大草履虫和双小核草履虫混合培养，双小核草履虫生长快于大草履虫，结果到实验第16天时，大草履虫被完全排斥。其结果在生物学上有普遍意义。

如将两种昆虫按不同比例混合饲养，观察记录不同发育时期各种的个体死亡率、实验结束时测定其个体的平均鲜重等，经对比分析，并在坐标纸上绘图，便可得出两个种的种间竞争强度。

Lotka-volterra 的竞争方程

单种饲养：$\frac{dN_1}{dt}=\frac{r_1N_1(K_1-N_1)}{K_1}$；$\frac{dN_1}{dt}=\frac{r_2N_2(K_2-N_2)}{K_2}$　　(7.11)

混合饲养：两个物种为共同的资源而竞争。定义为 α 为 N_2 对 N_1 的转换当量，即 N_2 对 N_1 抑制系数；β 为 N_1 对 N_2 的转换当量，即 N_1 对 N_2 抑制系数：

$$\frac{dN_1}{dt}=\frac{r_1N_1(K_1-N_1-\alpha N_2)}{K_1};\frac{dN_2}{dt}=\frac{r_2N_2(K_2-N_2-\beta N_1)}{K_2} \tag{7.12}$$

物种 1 有两种极端情况：①物种 1 有 K_1 个的个体，$N_2=0$；②物种 2 有 K_1/α 个个体，$N_1=0$，其连线为不同 N_1 与 N_2 组合下的 $K_1/dt=0$ 的等值线。两个物种同时考虑时，当系统在平衡状态时，由于 $dN_1/dt=dN_2/dt=0$，则：$K_1-N_1-\alpha N_2=0$，$K_2-N_2-\beta N_1=0$。

平衡数量分析：

1）若 $K_1>K_2/\beta$，$K_2<K_1/\alpha$，则：$N_1>0$，$N_2<0$，种群发展方向为物种 1 获胜，物种 2 灭绝，平衡数量为 $N_1=K_1$，$N_2=0$。

2）若 $K_1<K_2/\beta$，$K_2>K_1/\alpha$，则：$N_1<0$ ，$N_2>0$，种群发展方向为物种 2 获胜，物种 1 种群灭绝，平衡数量为 $N_1=0$，$N_2=K_2$。

3）若 $K_1<K_2/\beta$，$K_2<K_1/\alpha$，则：$N_1=(K_1-\alpha K_2)/(1-\alpha)$，$N_2=(K_2-\beta K_1)/(1-\beta)$种群发展方向为两种群稳定共存。

4）若 $K_1>K_2/\beta$，$K_2>K_1/\alpha$，则：$N_1=(K_1-\beta K_2)/(1-\beta)$，$N_2=(K_2-\alpha K_1)/(1-\alpha)$种群发展方向为两种群不稳定平衡，胜败取决于两物种的初始密度。

（二）实例：淡色库蚊和白纹伊蚊的种间竞争

1. 调查方法

白纹伊蚊（*Aedes albopictus*）不仅是凶猛的吸血骚扰蚊种，而且是登革热的主要媒介，淡色库蚊（*Culex pipiens pallens*）则是我国班氏丝虫病的主要传播媒介，两种蚊的幼虫可共存于轮胎积水（于虹等，2000）。随机抽取积水轮胎 30 个，每个轮胎以吸管取水样 100mL，采获幼虫分装带回实验室，进行种类鉴定（库蚊：呼吸管粗短；伊蚊：呼吸管细长）和点算数量。在雨季开始时进行第 1 次调查，每 10 天调查 1 次。

2. Lotka-volterra 种间竞争模型参数的计算

令 dt 为时间增量 Δt，且使 $\Delta t=1$，则淡色库蚊 dN_1 经历 Δt 后的种群增量为 ΔN_1，且 $\Delta N_1=y_1$，则 Lotka-volterra 种间竞争模型的积分形式为（景晓等，1998）

$$y_1=r_1N_1-\frac{r_1}{K_2}N_1^2-\alpha\frac{r_1}{K_1}N_1N_2 \tag{7.13}$$

令 $r_1=a$，$r_1/K_2=b$，$-\alpha r_1/K_1=c$，且 $x_1=N_1$，$x_2=N_1{}^2$，$x_3=N_1N_2$，代入式 7.13 得

$y_1=ax_1+bx_2+cx_3$，解以下正则方程组可求得 a、b 和 c。

$$\begin{cases}a\sum_{i=1}^{n}x_1^2+b\sum_{i=1}^{n}x_1x_2+c\sum_{i=1}^{n}x_1x_3=\sum_{i=1}^{n}x_1y_1\\ a\sum_{i=1}^{n}x_1x_2+b\sum_{i=1}^{n}x_2^2+c\sum_{i=1}^{n}x_2x_3=\sum_{i=1}^{n}x_2y_1\\ a\sum_{i=1}^{n}x_1x_3+b\sum_{i=1}^{n}x_2x_3+c\sum_{i=1}^{n}x_3^2=\sum_{i=1}^{n}x_3y_1\end{cases}$$

从而可计算出 r_1、K_1 和 α，同理可计算 r_2、K_2 和 β。

二、功能反应：Holling 圆盘实验

（一）概　　述

Holling 把捕食者对猎物密度变化的功能反应划分为三型：第Ⅰ型为线型，其特点是随着被食者密度增加，捕食量呈直线上升，到达上部平坦部分时表示捕食者已经饱享。水生滤食性甲壳类取食藻类时可能属于这种类型，它们的被食者随机地分布于水体中，随着后者的密度增加，每个滤食性捕食者（filter-predator）捕获的猎物数目也就按比例增加。第Ⅱ型为无脊椎动物型，是 C 型反应，如，螳螂捕食家蝇。螳螂积极地搜索家蝇，因此在家蝇密度增加的初期，被捕食的数量上升很快，以后逐渐变慢而到充分饱享不再上升。第Ⅲ型为脊椎动物型，即“S”形，例如，鹿鼠捕食叶蜂茧和其他替代性被食者。被食者稀少时，鹿鼠发现它的概率低，捕食量很少，随着被食者密度上升，被捕食的数量逐渐增加，然后如“S”形曲线逐渐变慢，达到充分饱享不再上升。这种“S”形的功能反应具有替代性食物的那些捕食者的特点，被食者在中密度时捕食率最高，被食者密度低或高时捕食率都比较低。

功能反应Ⅱ型不呈直线上升的主要原因，可能是捕食者饱享问题。因逐步饱享导致 Holling 所谓的“处理时间”（handling time）发生变化。一个真正捕食者的“处理时间”，包括对被食者的控制时间、取食时间、消化停顿等。在处理猎物时，寻觅活动停止。当被食者密度增加，一个捕食者可能捕获更多的猎物，从而处理时间增加，又影响其寻觅、捕食更多的猎物，即寻觅效率降低。这就是Ⅱ型表现在高密度时有更多的被食者被取食，但消耗增长率下降的主要解释。

Holling 在实验室里，以蒙眼人为“捕食者”，砂纸圆盘为“猎物”，模拟捕食者与猎物关系。Holling 认为结果呈非线性的原因是随着圆盘密度增加，用于取走圆盘的时间（处理时间）占寻觅时间的比例增加。

利用功能反应方程可以评价捕食者的最大捕食量及其搜索时间。

（二）实 验 材 料

100cm×100cm 木板 8 块；直径 4cm 的砂纸圆盘 398 个；蒙眼布、秒表、绘图纸、米尺、装沙纸盘的容器。

（三）操 作 步 骤

1. 实验准备

用米尺按照下列数字，将木板均匀划格：4、9、16、25、36、64、100、144。每个格中放一只砂纸圆盘，砂面向上。

2. 分组实验

每两人一组，其中一人作“捕食者”，另一人为记录员。任选一块木板，放在蒙眼“捕食者”前面的实验台上，“捕食者”用一个手指在木板上面点触，碰到砂纸盘时，把它移入容器中，再继续搜索。每块木板的总搜索时间为 1min。同一“捕食者”对每种

沙纸盘密度都进行一次 1min 的“捕食”。

（四）数据分析

Holling Ⅱ型功能反应即圆盘方程为 $N_a = \dfrac{aN}{1+abN}$，式中，N_a 为被捕食的猎物数；N 为猎物密度；a 为瞬时发现率；b 为捕食处理时间。

以 $N_a/N = a - abN$ 把上式线性化（吴伟坚和梁广文，1989）：$y=A+Bx$（令：$y=N_a/N$；$x=N$；$A=a$；$B=-ab$）

以公式 $r = \dfrac{\sum\limits_{i=1}^{n} xy - \dfrac{\sum\limits_{i=1}^{n} x \sum\limits_{i=1}^{n} y}{n}}{\sqrt{\left[\sum\limits_{i=1}^{n} x^2 - \dfrac{\left(\sum\limits_{i=1}^{n} x\right)^2}{n}\right]\left[\sum\limits_{i=1}^{n} y^2 - \dfrac{\left(\sum\limits_{i=1}^{n} y\right)^2}{n}\right]}}$ 计算 x 与 y 的相关系数 r，如果 $r>r_{0.05}(\mathrm{d}f=n-2)$，则 x 与 y 存在显著的线性相关关系，这时再以下列公式计算 A 和 B：

$B = \dfrac{\sum\limits_{i=1}^{n} xy - \dfrac{\sum\limits_{i=1}^{n} x \sum\limits_{i=1}^{n} y}{n}}{\sum\limits_{i=1}^{n} x^2 - \dfrac{\left(\sum\limits_{i=1}^{n} x\right)^2}{n}}$；$A = \bar{y} - B\bar{x}$，因此可得到瞬时发现率 $a = A$；捕食处理时间 $b = -B/a$。

（五）注意事项

1）“捕食者”只能点触木板，不能用手掌扫木板。

2）实验结果可能不一定适合 Holling Ⅱ型功能反应即圆盘方程，如出现这种情况可检查是否严格按照实验步骤进行。

三、生态位分离

（一）概　　述

1. 生态位的定义

很多学者对生态位（niche）的概念给出过定义，如 Grinnell（1917）认为是用于对栖息地再划分的空间单位（空间生态位）；描述物种对资源的利用状态，表示该种在群落中的位置和作用 Elton（1927）（营养生态位）；考虑有两个独立的环境变量 x_1 和 x_2，并可以在直角坐标上测定和表达。设允许物种 S_1 存活和繁殖的极限值对 x_1 和 x_2 分别是 x_1'，x_1''和 x_2'，x_2''。这样就确定了一个区域（面积），此面积中的各点为允许物种长期存在的环境状态。若引入另一个环境变量 x_3，则同样可以确定一个三维空间中的体积。再加入 x_4，x_5，…，x_n 直至与 S_1 有关的所有的生态因子，这时就限定了一个 n

维的超维体，这个超维体中的各点就是允许物种无限生存的环境状态组合，由此导致了一维、二维、三维、…、n 维生态位的概念（Hutchinson，1957）（n 维生态位）；马世骏（1990）则定义：在生态因子变化范围内，能够被生态元实际和潜在占据利用或适应的部分称为生态元的态位，其余部分称为生态元的非生态位（non-niche）。生态因子是时间因子和环境因子的统称。从基因到整个地球所有的生物组织层次是具有一定生态学结构和功能的单元，称为生态元（ecological unit，ecounit）。所有的生态元均具有相应的生态位。

2. 基础生态位和实际生态位

在一定的时间和空间中存在的生态位，有些被生物利用着，有些却没有被利用。另有一些生态位存在于其他时间、空间内，这些存在但没有被利用的生态位是生态位的潜在形式，即潜在生态位。

生物群落中，能够为某一物种所栖息或利用的最大空间（广义空间）称作基础生态位（fundamental niche），而物种实际占有的生态位称为实际生态位（realized niche）。

3. 生态位的描述方法

1）生态位宽度（niche breadth）：是生物利用资源的多样性。Levins 生态位宽度指数 B（Levins，1968）：

$$B = \frac{1}{\sum_{i=1}^{n} p_j^2} \tag{7.14}$$

式中，p_j 为某物种利用资源 j 的个体的比率。

2）生态位重叠（niche overlap）：表明某物种与竞争种共存的极限相似性。生态位重叠的估计采用 Pianka（1973）对 MacArthus & Levens 指数修正后的 Pianka 生态位重叠指数 O：

$$O_{jk} = \frac{\sum_{i=1}^{n} p_{ij} p_{ik}}{\sqrt{\sum_{i=1}^{n} p_{ij}^2 \sum_{i=1}^{n} p_{ik}}} \tag{7.15}$$

式中，O_{jk} 为物种 k 对物种 j 的生态位重叠；p_{ij}、p_{ik} 为物种 k 或物种 j 利用资源系列中第 i 种资源的比例；n 为资源总数。

（二）实例：几种十字花科蔬菜害虫的生态位分离

1. 调查方法

小菜蛾（*Plutella xylosella* L.）、黄曲条跳甲［*Phyllotreta striolata*（Fabricius）］、菜粉蝶（*Pieris rapae*）和小猿叶甲（*Phaedon brassicae* Baly）可利用的食物资源仅为十字花科的芥菜（*Brassica juncea*）、菜心（*B. parachinensis*）、白菜（*B. chinensis*）、大白菜（*B. camperstris*）、萝卜（*Raphanus sativus*）、西洋菜（*Nasturtium officinale*）、芥蓝（*Brassica alboglabra*）和椰菜（*B. oleracea*）。以随机取样的方法调查上述 8 种蔬菜中 4 种十字花科害虫的密度。每次调查每种蔬菜取 5 点，每点调查 4 株，每 2 天调查 1 次，共 10 次。

调查菜心和椰菜上 4 种昆虫的密度，取样方法同上，每 7 天调查 1 次，计算每种虫的月平均密度。其间同时调查上述 4 种昆虫的垂直分布，取样方法同上，黄曲条跳甲卵采用卵分离器（张茂新和梁广文，2000）调查，幼虫的调查采用 Tullgren 分虫装置（张茂新等，2000）。

2. 分析方法

在营养、时间、空间三维资源序列中，小菜蛾、菜粉蝶、黄曲条跳甲和小猿叶甲的 Levins 生态位宽度指数可整理为表 7-10。4 种害虫的营养生态位、时间生态位和空间生态位 Pianka 生态位重叠指数计算结果见表 7-11。

表 7-10　4 种昆虫的生态位宽度指数

物种	营养生态位 B_1	时间生态位 B_2	空间生态位 B_3	生态位体积 $B_1 \times B_2 \times B_3$
小菜蛾				
黄曲条跳甲				
菜粉蝶				
小猿叶甲				

表 7-11　4 种害虫的生态位重叠指数

物种	营养生态位	时间生态位	空间生态位
小菜蛾-黄曲条跳甲			
小菜蛾-菜粉蝶			
小菜蛾-小猿叶甲			
菜粉蝶-黄曲条跳甲			

四、节肢动物群落的结构及多样性

（一）概　　述

自 Fisher 等（1943）提出生物多样性的概念后，生物群落的物种组成、丰富度和多样性一直是生态学重点研究的内容之一，节肢动物群落的结构是进一步研究群落的性质与功能的基础。

生物多样性（biological diversity or biodiversity）是指基因、物种、群落或生态系统及它们生存的景观的丰富度和差异（variety and abundance）。它包括所有的动物、植物、微生物物种以及所有生态系统和它们形成的生态过程，是一个描述自然界多样化程度的内容广泛的概念（McNeel，1990）。所以生物多样性在不同等级水平上包含有遗传多样性（genetic diversity）、物种多样性（species diversity）、群落或生态系统多样性（ecosystem diversity）和景观多样性（landscape diversity）4 个层次。

自 20 世纪 50 年代以来，生态学家陆续提出了各种多样性指数（Simpson，1949；Hurlbert，1971；Pielou，1975，1978）。广泛被使用的是香农-维纳信息论指数以及 Simpson 指数。生态学家们曾应用不同的指数对各种生物集合进行多样性格局分析，探讨多样性所能反映出的群落生态学特性（MacArthur，1961；Heyer and Berven，1973；Hurtubia，1973；Pfadt，1982）。这些研究表明多样性取决于群落中的种类数和均匀性，反映了群落中物种的富集度、变异程度以及不同的地理、自然环境条件与群落的发展。廖崇惠等（1993，2003）指出，Shannon-Winner H'指数只能用来测度分类范围不大、生态功能比较接近的种类所组成的群落，只宜于说明群落本身多样性可能达到什么程度，而不能作群落间的比较。对土壤动物分类范围广泛，生态功能各有差异的群落采用 DG 指数比较。

生物多样性与生态系统功能关系的研究可以追溯到达尔文时代（Hector and Hooper，2002），但直到近年来，随着全球性的物种灭绝速度加快，生态系统中物种的减少会对生态系统造成什么影响，生物多样性（物种多样性）与生态系统功能的关系则成为当前生态学领域内的一个重大科学问题。多数研究结果（Naeem et al.，1994；Tilman and Downing，1994；Tilman et al.，1996；Hector et al.，1999）表明，多样性导致更高的群落生产力、更高的系统稳定性和更高的抗入侵能力。但生态系统中不同种的作用是有差别的（马克平，1997）。其中有这样一些种，它们可能是群落中的普通种，也可能是稀有种，可能是群落中的优势种或建群种，也可能只是伴生种，但它们的灭绝将导致群落中大量物种的丢失，甚至引起整个生态系统的崩溃（王献溥，1990）或是通过各种相互交织的方式对生态系统具有更深远的影响，并成为其他物种生存的基础（许再富，1995）。也就是说，它们的存在对维持群落的物种组成、生态系统的功能和物种多样性等比其他的物种更为重要，这些就是群落生态系统中的关键种（keystone species）（Paine，1966）。一般认为，除关键种外生态系统中还有一类物种，它们与其他一些物种具有类似的功能，也就是说，它们在功能上是冗余的，它们的丢失对生态系统的功能没有影响或影响不大，这就是所谓的“冗余种”（redundancy species）。

有关物种多样性与生态系统功能关系的假说有 4 种。

1）MacArther 等（1961）提出的多样性-稳定性假说（diversity-stability hypothesis）：多样性与稳定性成呈正相关，稳定性随物种丰富度的上升而增加。

2）P. R. Ehrlich 和 A. H. Ehrlich（1981）提出的铆钉假说（rivet hypothesis）：系统中所有物种对系统功能维持都具有虽然小但重要的作用，就像一架飞机上的一个个铆钉。物种（铆钉）灭绝，生态系统将受损，灭绝超过一定的限度将导致系统（飞机）发生突然灾难性的崩溃。

3）冗余种假说（redundancy hypothesis）（Walker，1992；Lawton and Brown，1993）：生态系统中存在一些对系统功能表现为冗余作用的物种，它们只需一个最小的量来维持生态系统的功能，当系统的多样性高于此下限时，物种数的增加或减少对系统功能没有多少影响。因此，该类物种中的大多数物种是冗余的。

4）Lawton（1994）提出的不确定假说（idiosyneratic hypothesis）：认为是物种的属性而非物种丰富度对系统功能起着关键的作用。所以当系统中物种丰富度减少时，生态系统功能可能会发生不可预见的变化，即物种丰富度与系统功能之间不存在简单的单调关系或不确定关系。

如今，人们更加细致地探讨物种多样性对系统生产力和稳定性的影响及其作用机制。人们开始运用已有的知识揭示更大时间、空间尺度上的物种多样性与生态系统功能之间的关系；而非生物因素与多样性-生产力的交互关系则吸引了许多生态学家开展试验研究；营养级相互关系对多样性效应的影响也受到越来越多的重视（张全国和张大勇，2003）。

（二）实例：荔枝树冠节肢动物多样性

1. 调查方法

选择荔枝（*Litchi chinensis*）的树龄约 7 年的生态果园，每隔 15 天调查 1 次，采用梅花形五点取样法，每株树按东、西、南、北、中五方位，分上、下二层次，先环绕树一周目测 2min，检查在树冠上活动性大的节肢动物，然后检查树上活动的节肢动物。对不同种类的节肢动物采用不同的取样方法，如蛀果类害虫，每株树检查 150 个荔枝果，统计卵果数与虫果数；调查蚧虫与螨类时，每株树不同方位检查 12 个叶片（共 120 个叶片/株），记载蚧虫与螨类的种类与数量；对枝杆与食叶类节肢动物，则在不同方位各选 50 cm 长的 4 个一年至二年生的枝条，统计其上的节肢动物种类与数量。鉴定主要依据可参考相关的分类学著作及请有关专家帮助鉴定，尽量鉴定到种，部分鉴定到科、属。调查历时至少一年。

2. 分析方法

（1）生物多样性主要指数及其计算方法

1）Margalef（1958）丰富度指数(R)：$R=(S-1)/\lg(n)$

式中，S 为物种数；N 为全部种的种群数量。

2）Berge-Parker 优势度指数 d：$d=N_{\max}/N_{\mathrm{T}}$

式中，$N_{\max}$指群落中优势种的数量；N_{T} 为全部种的种群数量。

3）物种相对丰盛指数(P_i)：$P_i=N_i/N_{\mathrm{T}}$

式中，N_i 指物种 i 的个体数；N_{T} 为总个体数。

4）集中优势度指数（Simpson，1949）(C)：$C=\sum_{i=1}^{s}P_i^2$

式中，P_i 为第 i 个种的个体数的占节肢动物群落总个体数的概率；S 为物种数。

5）香农-维纳指数（Shannon-Wiener）(H')：$H'=-\sum_{i=1}^{s}P_i\ln P_i$

式中，P_i 为第 i 个种的个体数的占节肢动物群落总个体数的概率；S 为物种数。

6）均匀性指数(J)：$J=H'/\ln(S)$

式中，S 为群落的物种数。

7）Simpson 指数(D)：$D=1-\sum_{i=1}^{s}P_i^2$

式中，P_i 为第 i 个种的个体数的占节肢动物群落总个体数的概率；S 为物种数。

8）Brillouin 指数(H)：$H=\frac{1}{N}\ln\left(\frac{N_i}{n_1!n_2!n_3!\cdots n_i!}\right)$

式中，N 为总个体数；n_i 为第 i 个物种的个体数。

9）McIntosh 指数(D_{mc})：$D_{mc}=\left(N-\sqrt{\sum_{i=1}^{s}n_i}\right)/(N-\sqrt{N})$

式中，N 为总个体数；n_i 为第 i 个物种的个体数；S 为物种数。

10）群落稳定性的分析方法

高宝嘉等（1992）提出用 S/N（S 为物种数，N 为个体数）以及 S_n/S_p（S_n 为天敌种数，S_p 为植食性昆虫种数）两指数反映群落稳定性。S/N 数值大说明物种数相对较多，而个体数相对较少，反映种类间数量上的制约作用。S_n/S_p 数值大说明天敌所占比例较大，反映食物网络关系的复杂性及相互制约程度大，从而使稳定性增强。从建国（1997）提出用一年中多样性指数的变异系数（$CV=S/m$）来描述群落稳定性，式中，S 为多样性指数的标准差；m 为平均值。如果 CV 较小，则在相同外界干扰下群落抗外界干扰能力较强，群落较稳定。

（2）荔枝树冠节肢动物的类群结构

按食性将荔枝树冠上节肢动物种类分为植食性类群（取食植物的节肢动物）、肉食性类群（主要取食荔枝上植食性节肢动物）和杂食性类群，具体的组成可归纳为表 7-12，并可附一节肢动物名录。根据优势种指数 $d_i=n_i/N$（n_i 为物种 i 的个体数，N 为群落个体总数），将调查到的节肢动物分为优势种（dominant species）（$d_i>0.1$）、随从种（subordinate species）（$0.1>d_i>0.01$）和偶栖种（accidental species）（$d_i<0.01$）。

表 7-12　荔枝树冠节肢动物群落的物种结构（样表）

	缨翅目	等翅目	半翅目	鳞翅目	鞘翅目	双翅目	膜翅目	同翅目	螳螂目	脉翅目	蜘蛛目	蜱螨目	合计
植食性类群													
科数													
比例/%													
种数													
比例/%													
肉食性类群													
科数													
比例/%													
种数													
比例/%													
杂食性类群													
科数													
种数													
合计													
科数													
比例/%													
种数													
比例/%													

（3）荔枝树冠节肢动物多样性的时间动态

计算表 7-12 所列的群落结构指数，按调查时间列于表 7-13，或以图形表示。如有多种类型群落，变异系数 CV 可比较群落的多样性。

表 7-13　荔枝树冠节肢动物结构的时间动态

时间	S	N	D	H'	H	D_{mc}	J	R	d	C
⋮	⋮	⋮	⋮	⋮	⋮	⋮	⋮	⋮	⋮	⋮
m										
S										
CV										

（4）节肢动物群落结构的主成分分析

利用群落结构指数 D、H'、H、D_{mc}、J、R、d、C 对节肢动物群落结构进行主分量分析，得到荔枝园节肢动物类群相关系数矩阵（内积矩阵）（表 7-14）和初始因子载荷矩阵（表 7-15），并得出 10 个主分量的特征值及其贡献率（表 7-16），如果主分量的降维效果好，满足主分量二维排序的条件，根据荔枝园节肢动物群落结构的特征向量矩阵可确定节肢动物群落结构。例如，如果第一主分量 D、第二主分量 H'和第三主分量 H 的贡献率都较高，说明多样性指数是衡量群落结构水平的关键参数，多样性是群落结构最本质的特征，其中 H'是最适合分析群落多样性的指标，同时丰富度、均匀性指数物种多度和集中优势度指数等在群落结构分析中也有较重要的作用。

表 7-14　相关系数矩阵

相关因素	多样性指数(D)	多样性指数(H')	多样性指数(H)	多样性指数 D_{mc}	均匀性指数(J)	丰富度指数(R)	物种多度指数(d)	集中优势度指数(C)
D								
H'								
H								
D_{mc}								
J								
R								
d								
C								

表 7-15　方差分解主成分提取分析*

成分	初始特征值			因子荷载平方和		
	特征值	方差贡献率/%	累计贡献率/%	特征值	方差贡献率/%	累计贡献率/%
1						
2						
3						
4						
5						
6						
7						
8						

* 因子提取方法：主成分法。

表 7-16　初始因子载荷矩阵*

相关因素	成分		
	1	2	3
多样性指数（D）			
多样性指数（H'）			
多样性指数（H）			
多样性指数（D_{mc}）			
均匀性指数（J）			
丰富度指数（R）			
物种多度指数（d）			
集中优势度指数（C）			

*因子提取方法：主成分法。

思　考　题

1. 简述有效积温法则，评述其意义和局限性。

2. 柑桔木虱卵的历期和温度的关系实验数据如下：

温度/℃	10.2	20.0	22.7	25.0	27.0	30.0	31.0	32.5
卵历期/d	12.5	7.9	5.8	4.1	3.7	3.2	2.9	3.6

柑桔木虱卵的历期和温度是否有显著的线性相关关系？如果有，请计算有效积温和发育起点温度。

3. 试述过冷却点与昆虫耐寒性的关系。

4. 自然界的种群是否可能无限地增长？为什么？

5. 逻辑斯蒂增长模型能否作为种群增长的普遍性模型？为什么？

6. 根据功能反应实验结果绘制出的曲线，你能否说明它属于哪类反应曲线？Holling 圆盘方程所描述的功能反应能否产生密度制约的死亡率？为什么？

7. 根据实验，你能否谈一下 Holling 模型有哪些假设？Holling 模拟捕食者捕食的试验有何缺陷？如何改进？

8. Holling 模型在理解捕食者与被捕食者的关系上和在实际应用中有何意义？

9. 试述群落的多样性与稳定性的关系。群落的稳定性是否有更好的描述方法？

第四节　昆虫行为生态学

行为生态学（behavioural ecology）是行为学和生态学的交叉学科，主要研究生态学中的行为机制和动物行为的生态学意义和进化意义，即研究动物的行为功能、存活值（survival value）、适合度（fitness）和进化过程（尚玉昌，1998）。

行为生态学是生态学中最年轻的一个分支学科，渊源于 20 世纪 60 年代，Krebs 和 Davies（英国）于 1978 年出版了第一本行为生态学论文集 *Behavioural Ecology—an Evolutionary Approach*；1981 年，出版了 *An Introduction to Behavioural Ecology*，这是第一本比较全面系统地介绍行为生态学理论和内容的专著，对于推动行为生态学的进一步发展发挥了重要作用。

行为生态学与行为学是两个既有密切联系、又有各自侧重点的学科。行为生态学探讨动物行为与环境的关系，研究不同动物类群如何适应不同生态环境和生态环境的变化，揭示动物如何以行为来适应生态环境，重点在于行为的功能研究。行为生态学有三条基本公理：效率最优原理、进化稳定原理和行为结构最优化原理。而行为学则研究动物做什么，怎样做，为什么表现这种行为，侧重于行为的描述和行为的机制探索（Gould，1982；蒋志刚，2004）。

我国昆虫行为生态学的研究工作始于20世纪60年代的黏虫迁飞研究，包括黏虫迁飞途径、迁飞能力、迁飞高度以及迁飞和气象因子的关系，70年代开展了稻飞虱和稻纵卷叶螟迁飞规律的研究，80年代研究亚洲玉米螟的扩散行为和迁飞规律，90年代研究棉铃虫的种群行为生态学，明确了棉铃虫在我国的扩散规律。这些研究属于经典的描述性质的研究，目前行为生态学的主要研究领域包括繁殖策略（性选择、精子竞争和交配制度）、生存策略（栖息地选择和觅食策略）、社群行为（社会行为和集群行为原则）、行为与种群密度周期的关系、行为策略进化的稳定性以及行为机制等（蒋志刚，2004）。

行为生态学的研究分4个步骤：仔细观察，提出假设，检验假设，预测未来的行为。

一、昆虫的繁殖策略

（一）概　　述

昆虫的繁殖策略包括性选择（sex selection）、精子竞争（sperm competition）和交配行为（copulation behavior）。昆虫对配子和后代投入存在差异，有效性比（指一个群体中性活跃雄性个体与性活跃雌性个体之比）（Emlen et al.，1977；Kynaston et al.，1994）偏雄，雄性个体之间争夺与雌性个体的交配机会，而雌性个体则选择交配对象，以免浪费繁殖投资，这种现象称之为性选择（蒋志刚，2004）。

许多昆虫都有多次交配行为，雌虫与不同雄性个体交配后，精子被较长时间地储存在雌虫的受精囊内，当卵子受精时，就会发生不同雄虫精子间的竞争，为雌虫提供有效的性选择方式（Parker，1970；Singh and Singh，2001）。在多次交配的昆虫中，不同雄虫精子的受精概率并不相同，精子竞争的差异一般用P_2值（最后交配雄虫后代占子代的比率）表示。根据P_2值把多次交配昆虫的精子竞争分为3种类型（Birkhead and Hunter，1990；朱道弘，2004）。

1）最先雄虫精子优先（first male sperm precedence）：卵子与最先交配雄虫精子受精的比例显著偏高，后交配雄虫的精子几乎或完全不受精（P_2值低）。

2）最后雄虫精子优先（last male sperm precedence）：卵子与最后交配雄虫精子受精的比例很高，P_2值一般为88%～100%，大多数昆虫表现为最后雄虫精子优先。

3）非雄虫精子优先（no male sperm precedence）：精子与卵子的受精与雄虫交配次序无关。与雌虫交配的次数越多，雄虫有可能留下越多的后代。

昆虫的抱对行为可分为交配前抱对（precopulatory mounting）和交配后抱对（post-copulatory mounting）。交配前抱对行为一般认为是为了获得潜在的交配对象。长时间交配前抱对行为具有延长交配时间，增加 P_2 值的功能。交配后抱对行为一般认为是一种交配后保护行为，目的是阻止其他雄虫与雌虫的再交配，以保护自己的精子不被置换（Alcock，1994；Zhu and Tanaka，2002；朱道弘，2004）。

（二）研究方法

1. 实验材料要求

选取两种亲缘关系很近的昆虫，交配后能像种内交配一样顺利实现精子传送，并能产生形态介于两种之间的杂种后代。

饲养两种试虫至羽化，雌、雄成虫分别饲养于不同的容器中，取性成熟后的成虫进行各种交配实验。

2. 实验方法

（1）精子受精有效期限的确定方法

取性成熟的试虫雌、雄成虫配对饲养，一次交配确认后 24h 移去雄虫，让每雌产 4 块卵，分别调查其孵化率，计算试虫精子受精的有效期限。

（2）精子竞争测试方法

试虫种内和种间配对饲养，一次交配确认后 24h 分别移去雄虫，雌虫产下 1 块卵后，再分别与异种或同种雄虫配对饲养，二次交配确认后 24h 分别移去雄虫，每雌分别获取 2 卵块。之后分两组进行。

1）对卵孵化后饲养的成虫进行形态特征鉴别，统计杂种后代和试虫后代的比例，计算试虫的 P_2 值。

2）让雌虫分别与第一次交配的同种雄虫再交配一次，每雌获取 2 块卵。对卵孵化后饲养的成虫进行形态特征鉴别，统计杂种后代和试虫后代的比例，分析试虫的 P_2 值的变化情况。

（3）交配和抱对行为观察

取性成熟的雌、雄试虫配对饲养，记录试虫的交配和抱对行为开始及结束的时间，连续纪录 3 天，统计一次交配及抱对所需的时间（朱道弘，2004）。

3. 注意事项

1）通常选择近缘种的种间杂交，或种内不同亚种的昆虫，而且交配后能像种内交配一样顺利实现精子传送，并能产生形态介于两种之间的杂种后代。例如，小翅稻蝗（*Oxya yezoensis* Shiraki）与中华稻蝗台湾亚种（*Oxya chinensis formosana* Shiraki），杂种后代可通过雌成虫腹部第 3 节背板后侧角的小刺突和雄成虫交配器的形态加以判别。

2）杂种后代可通过明确可辨的形态特征加以鉴别，杂种的孵化率、羽化率与种内交配也无显著差异。

3）实验前应掌握所测试昆虫成虫羽化到性成熟开始交配所需的时间、交配行为发生的时间、产卵特性（如产卵场所的选择、产卵时间和产卵量大小等）。

思考题

1. 讨论不同类型精子竞争对于昆虫的适应性意义。

2. 分析昆虫交配前或交配后抱对行为的功能意义。

二、昆虫的社群行为

社会性昆虫包括两组：等翅目（白蚁）和膜翅目（蜂、蚁），社会性昆虫具有社会等级的分化和劳动的分工，蜜蜂群有蜂王、雄蜂和工蜂之分；白蚁群分蚁后、蚁王、工蚁和兵蚁。群体内的成员有不同的职能，工蚁和工蜂占群体的大部分，从事筑巢、觅食、饲幼、防御等活动。职能分工的出现和互相学习导致生活技能的不断改进，这大大提高了取食、御敌等行为的效率。

有关社会性昆虫筑巢的行为生态学研究，主要涉及筑巢过程中工蚁（蜂）间信息的传递机制、营巢行为调节机制，蚁（蜂）巢空间结构及巢穴位置选择等与环境因子的关系等；觅食行为涉及觅食对策、觅食范围和偏嗜性，以及觅食过程中工蚁间信息的信息传递与相互配合机制等；育幼行为涉及卵和幼体的空间排列、育幼护理的有效时空分配以及育幼过程中工蚁（蜂）的信息传递机制等。其中，筑巢和觅食行为的研究，以野外实验和调查为多，限于篇幅，仅介绍育幼行为。

社会性昆虫群体内或群体间具有独特的营养交换体系，称之为交哺（trophallaxis）。交哺行为对社会性昆虫的生存、繁衍具有重大意义（张建华等，1994）。

（一）昆虫种内的交哺（育幼）行为研究——家白蚁工蚁的交哺行为

在家白蚁群体中，工蚁是白蚁群体的营养供应者，兵蚁和幼蚁依赖于工蚁的喂食。大（老）龄工蚁是群体中其他各品级营养食物的主要供应者。家白蚁群体中，在没有蚁王、蚁后的情况下，营养交哺等级序列应是兵蚁居于首位，若蚁次之（刘源智等，2002）。

家白蚁工蚁个体的年龄是通过测微尺在显微镜下测量其头宽的大小来划分的（刘源智等，2003），分为三个年龄阶段：幼龄工蚁［W1：头宽为（0.72±0.08）mm］，中龄工蚁［W2：头宽为（0.90±0.08）mm］，大龄工蚁［W3：头宽为（1.06±0.08）mm］。

直观观察拌有黑色素（食用黑色素）的营养物质从不同年龄家白蚁的工蚁肠道传入兵蚁肠道的现象；确定群体中，作为其他各品级营养食物的主要供应者的工蚁的年龄；根据肠道的着色速率确定家白蚁若蚁、兵蚁在营养交哺中所处的地位；分析年龄对家白蚁交哺行为的影响及家白蚁群体中各品级间的营养交哺等级序列。

不同年龄工蚁交哺行为能力：将工蚁分为 W1、W2、W3 三个年龄组，每个实验组由 20 只同一年龄的工蚁和 3 只兵蚁组成，放入培养皿（高 2cm，直径 10cm，培养皿内有细沙粒形成的半湿润环境）内，同时放入晾干的黑色素滤纸作为工蚁的食物饵料，观察兵蚁肠道着色情况，记录兵蚁肠道着色的时间及个体数。每个年龄组设立 5 重复，温度为 25℃。

家白蚁群体中营养交哺等级序列：将 20 只工蚁、3 只兵蚁、3 只幼蚁和 1 只若蚁共同放入 ϕ10cm 培养皿中（皿内有细砂粒形成的半湿润环境）组成一个实验组，同时放入晾干的黑色素滤纸作为工蚁食物饵料，观察拌有黑色素的食物从工蚁肠道传入兵蚁、幼蚁和若蚁肠道的着色情况及各品级个体营养不良的情况，白蚁个体腹部呈现萎缩是营养不良的标志。设 5 重复，实验温度为 25℃（由于实验组内工蚁个体不是很多，这样在营养供应紧张的条件下比较容易观察到营养交哺等级序列)。

(二) 昆虫种间的交哺行为研究方法——蜜蜂的交哺行为

蜜蜂的工蜂辨认卵、幼虫和蛹是靠幼虫辨认信息素。不同种蜜蜂之间存在遗传生殖隔离，其幼虫辨认信息素和保幼激素间存在着一定的差异，从而辨别并对自己的卵和幼虫进行哺育。

饲养 2 种蜜蜂的 3 个实验蜂群，分别从每个实验群里提出 1 张具有卵、小幼虫、大幼虫和蛹的子脾，放入对应的不同蜂种的蜂群里，另交换王台一张，进行蜜蜂交哺行为研究。蜂群在调脾后 17h 开始检查，每隔 3h（分别是9:00、12:00、15:00、18:00）开箱检查并记录巢脾上卵、幼虫、工蜂封盖蜂房和王台幼虫的数量变化，连续记录 16 天（谭垦等，2003）。

注意事项

1. 实验中测试的白蚁必须来自同一蚁巢，尤其是同一实验组中的白蚁必须来自同一蚁巢，避免不同来源的白蚁相互残杀，影响实验结果。

2. 蜂群调脾在16:00左右比较合适，在调脾后 17h，即第二天9:00开始第一次调查记录结果。

思 考 题

根据家白蚁营养交哺等级序列和蜜蜂种间交哺行为的实验结果，分析该行为对社会性昆虫的功能意义。

第五节 昆虫与植物联系的化学生态学研究方法和技术

化学生态学（chemical ecology）属于化学和生态学的交叉学科，是研究生物间化学联系及其机制，并在实际中加以应用的一门学科（阎凤鸣，2003)。昆虫化学生态学主要以现代分析手段研究昆虫种内、种间以及与其他生物之间的化学信息联系、作用规律以及昆虫对各种化学因素的适应性等，是昆虫的神经生理和感觉生理、生物化学及生态学的交叉学科，也是当前国际昆虫学界最活跃的研究领域之一（杨振德等，2003)。

化学生态学的早期研究，主要是关于昆虫性信息素的分离、鉴定、合成和应用，其中研究最多应用最广的是鳞翅目昆虫信息素，该研究技术已成熟并进入商业化阶段，在农林和果园害虫的预测预报、交配干扰和大量诱捕方面，效果显著。目前化学生态学的研究，更多地集中在植物和昆虫的相互关系、植物诱导抗性、植物—植食性昆虫—天敌的三级营养关系、植物他感作用和转基因作物的化学生态学等方面。

昆虫和植物从远古起就因生存的需要而生活在一起，植物为昆虫提供营养物质和庇护场所，昆虫为植物传花授粉，双方为了营养、繁殖、保护、防卫、扩散等需要而发生了密切的关系，相互依存、相互作用、彼此影响，并通过变异和特化而彼此相互适应，以对方为强有力的进化选择因素作条件，持续地但又有步骤地调节制约，形成协同进化(co-evolution)。植物在与昆虫漫长的协同进化过程中，为了抵御昆虫的取食为害，发展了一系列的防御机制，如群体数量的竞争，时间、空间上的躲避，防卫性的形态结构和生理生态机制，以及以次生物质为主的化学防御，其中最重要的是化学防御（康乐，1995；杜家纬，2001），植物的次生物质在植物-昆虫相互作用中发挥着重要作用，它既是植物赖以抵御昆虫的手段，也是昆虫需不断克服的化学屏障，因而是植物-昆虫协同进化的联系纽带。植物的各个分类单元（科、属、种）中存在特有的次生化合物，这些次生化合物对昆虫的寄主专化起着关键作用，同时，对大多数昆虫和其他生物起着化学防御的作用，如产生能引起昆虫忌避或抑制其取食的物质，使产卵和觅食昆虫避开或阻碍取食中的昆虫取食；产生阻碍昆虫对食物消化和利用的化学物质；产生使昆虫中毒、死亡，或延迟其生长发育，降低繁殖率，使植物本身免于蒙受更大损害的物质（钦俊德，1995，1987；王琛柱和钦俊德，1998）。对植物和植食性昆虫相互关系的研究和探索，促进了现代昆虫化学生态学的发展（Chapman，2000）。研究植物与昆虫之间的化学联系并应用于害虫的防治，是目前化学生态学研究的重要内容之一（朱麟和古德祥，2000）。

昆虫化学生态学研究的方法和技术包括化学分析方法和生物测定方法。

化学分析方法（如 CO_2 超临界萃取法、水蒸气蒸馏法、固相微萃取法、有机溶剂提取法、柱色谱法、薄层色谱法、气相色谱、气相色谱-质谱联用和高压液相色谱）和化合物的鉴定方法，具体可参阅有机化学实验技术方面的书籍和有关天然化合物提取分离方法的网络和文献资料，如《化学文摘》（*Chemical Abstract*）、《天然产物杂志》（*Journal of Natural Products*）、《植物化学》（*Phytochemistry*）、《植物化学分析》（*Phytochemical Analysis*）、《农业和食品化学杂志》（*Journal of Agricultural and Food Chemistry*）等，限于篇幅和避免重复，本节着重介绍昆虫与植物化学生态联系研究的生物测定方法和技术。

一、植物次生物质对昆虫寄主选择和产卵行为的影响

植食性昆虫有一定的寄主范围，而决定植物是否能成为寄主的主要影响因素是植物体内的次生物质。

昆虫寻找寄主植物的行为过程有一个固定的顺序，一个接着一个，直至接受某一寄主植物。一旦发现某植物（或植物某一部分）不适合其取食或产卵，昆虫就会返回到先前的某一行为，再按顺序进行行为过程，直到找到合适的寄主植物或产卵场所，称"反应行为链"（reaction chain）（Takins，1998）。昆虫对寄主植物进行选择，一般要经过三个阶段，即远距离确定寄主所在的生境，降落在植物上，最后决定是否接受该植物。拒绝或接受虽然取决于来自植物的视觉信息、昆虫的生理状况（饥饱程度、性成熟度、卵成熟度等）（Barton，1993）以及昆虫中枢神经系统中储存的经验等（Dethir，1982），但来自植物的嗅觉和味觉信息起着非常重要的作用。通过特定的化学感觉机制，昆虫可感知来自种内和种间以及无机环境中的各种化学信息，并由此而做出相应的行为反应。昆虫的化学感受器分为味觉和嗅觉两种，化学分子通过感受器的开口进入孔内，并向神经原树状突膜内渗透，结果引起膜电位的变化，产生动作电位，再经神经轴突将冲动传递到中枢神经系统。不同的感受细胞接受不同的化学物质，并对化学物质的质和量进行编码，再由中枢神经进行解码，并根据外部和内部其他信息，综合后发出指令，使肌体产生行为反应，从而为其自身寻找适宜的食物、配偶以及生存与繁殖场所（如躲

避天敌、避免或减少竞争等）提供方便，达到最大的繁殖成功（王荫长，2002）。

昆虫产卵是其生命活动过程中一个极为重要的环节，在一定程度上，它规定了植食性昆虫对植物利用的策略。在影响昆虫产卵的诸多因素中，植物源昆虫产卵忌避异种化感物（insect oviposition deterring allelochemics，ODA）是很重要的一方面，是许多植物为防御昆虫产卵，通过自身的次生代谢途径，产生一系列忌避昆虫产卵的化学物质。ODA 可以有效地忌避害虫在植物上或植物周围产卵，从而使植物免遭危害（Guan，1992）。

植物源昆虫产卵忌避次生物质的研究，可以采取离体法或活体法。离体的植物次生物质通过化学分析方法分离、提纯获得，通过混匀、浸渍或喷雾处理食料或寄主后供试；活体法采用整株植物盆栽供试，往往用于寄主植物的确定或挥发性植物次生物质的研究。

研究植物次生物质对植食性昆虫的寄主选择和产卵行为的影响，依据实验目的、要求和实验对象的不同，可以采用嗅觉仪、风洞技术、叶碟法、笼罩法、网室法和田间调查法等。

（一）嗅 觉 仪

适用于挥发性植物次生物质的研究（具体原理和方法参见本书第六章第四节）。

（二）风 洞 技 术

适用于挥发性植物次生物质的研究。在昆虫的寄主定位过程中，寄主发出的挥发性气味化学物质传递着有关取食、产卵及其他活动的可行性信息，对昆虫的行为导向起重要作用。目前，昆虫的嗅觉行为的研究，大多借助于风洞技术和嗅觉仪（四臂、Y 型）技术。

（三）叶 碟 法

适用于挥发性不强和非挥发性植物次生物质的研究，试虫的成虫个体较小。

1. 植物次生物质对蚜虫寄主选择行为的影响

打孔器将植物叶片裁成 ϕ 20mm 的圆形，置于 Potter 喷雾塔下喷雾，叶正面和叶反面分别喷 1mL 药液（或在配制好的相应药液中浸渍 2s），将叶碟放入培养皿中，每皿 4 片，相同处理的叶碟在培养皿内呈对角排列，并在中间留出直径为 4cm 的圆形区域作为接虫区。用描笔轻轻将大小相近的 30 头蚜虫挑入接虫区内，用保鲜膜封皿口，再用昆虫针在保鲜膜上扎多个通气孔。在室温下放置 2h 后，记数每皿各叶碟上停留的蚜虫数，统计蚜虫对寄主和非寄主植物的选择率（周琼等，2007）。重复 6 次。根据实验目的不同，放置不同的叶碟。

1）蚜虫对寄主和非寄主植物的选择性：皿中为 2 片寄主和 2 片非寄主植物叶碟。

2）植物次生物质对蚜虫寄主选择行为的影响：皿中为 2 片经植物次生物质处理的寄主叶碟（处理）和 2 片对照的寄主叶碟。

2. 植物次生物质对小菜蛾产卵行为的影响

以打孔器将小白菜叶片裁成 ϕ 20mm 叶碟，在相应药液中浸渍 2s，溶剂挥发后，将叶碟放入玻璃罐中，罐底垫湿润滤纸。选择性忌避试验，在玻璃罐中放入处理和对照叶碟各 2 枚，交错排列，其中一枚叶面朝上，另一枚叶背朝上；非选择性忌避试验仅放 2 枚处理叶碟，对照放入另一个玻璃罐中。接入 3 对羽化不久的成虫。用纱布封口，以 10%蜂蜜水小棉球置于纱布上供营养。每罐为一重复，设 5 个重复。25℃饲养，24h、48h 和 72h 时检查叶碟上小菜蛾的落卵量，计算产卵忌避率（崔德君等，1998；周琼等，2006）。

以产卵忌避率（oviposition deterrent index，ODI）计算实验结果，公式为

$$选择性产卵忌避率\ ODI = 100(C-T)/(C+T)$$

$$非选择性产卵忌避率\ ODI = 100(C-T)/C$$

式中，C 为对照的着卵量；T 为处理着卵量。

注意事项

1）挑取蚜虫时动作宜轻，注意勿损伤附肢。

2）记数叶片上停留的蚜虫时，叶片的正面和背面均应计入。

3）供生测的小菜蛾成虫应选择羽化后两天，羽化时间过短或过长，成虫的产卵量变化较大，影响实验效果。

4）由于离体的叶片易萎蔫干枯，叶碟可用 2%琼脂（约 50℃）贴在培养皿底部，以保鲜和固定叶碟，接虫后将培养皿倒扣在透明塑料圆筒（下口用 50 目筛网封口，保持通气）的上口，其余方法同上，在 25℃条件下可使叶碟保鲜数天（周琼等，2007）。

（四）笼　罩　法

适用于挥发性和非挥发性的植物次生物质的测试。

根据实验需要，选择生长一致（一般 6 或 7 片真叶）、形状相似的盆栽植株，用手动喷雾器将药液均匀喷于植株上，喷药 5mL，将处理和对照株等距相间排列移入养虫笼中，养虫笼大小根据测试需要设计，一般为 50cm×50cm×50cm，四面为 40～50 目的防虫筛网，在笼子的正上方留一可开闭的窗口用于投放试虫，笼内悬挂一小瓶 10%蜂蜜水，供其补充营养。每笼为一重复，设 5 个重复。寄主选择行为测试时，需连续详细记录试虫每次起飞到着落的时间、在每个植株上停留的时间、停留时试虫对植物叶面的判断行为（如触角、足、口器、腹端的行为过程）直至最后确定合适寄主植物。繁殖量测试时，1 天后计数每棵植株上的落卵量或产仔量（吴文伟等，1998）。

测试次生物质对昆虫产卵的影响时，也可选用滤纸或其他支撑物供试虫产卵，支持物固定在养虫笼中，处理和对照支撑物设在笼中的对应位置，一定时间后，记录支撑物上的落卵量（方宇凌和张钟宁，2002）。

注意事项

1）供实验用的盆栽苗应在温室或网室、养虫笼中育苗和种植，在生长过程中不施用任何农药。

2）测试对寄主的喜嗜性时，供试盆栽苗为不同种植物。

3）依试虫种类和实验目的，每次接入的试虫量以不相互干扰，便于观察为宜：作为寄主选择行为和产卵行为观察、需要记录各个行为步骤的具体过程时，接入量不宜过大，分次接入；而进行定居量和落卵量测试时，试虫量宜适当大，如有翅蚜成虫 15～

20 头，小菜蛾成虫 6 对等。

4）产卵或产仔量测试时，应选取新近羽化的成虫，避免各试虫间产卵量过于悬殊，以及已有的产卵经历对实验结果影响。

5）为避免光线对试虫寄主选择行为的影响，应保持养虫笼四周光线强度的一致性，或者用黑布包蒙养虫笼。

6）为使实验条件更接近于植株的自然生长状态，可将笼罩法实验在田间进行，盆栽或直接种植在土壤中，用纱网罩住植株，固定网罩并将部分纱网埋入土中。

（五）网　室　法

适用于挥发性和无挥发性的植物次生物质的测试。

实验方法与笼罩法相似，植株可以盆栽或直接种植在土壤中，由于环境条件与田间或温室环境更接近，能较好地反映自然状况下昆虫的选择行为。在网室内划分不同的地块小区，种植无虫植物，分别设置为对照和处理小区，一般各设 3 个小区，在处理小区喷施药剂，对照小区喷施相应的溶剂和清水，然后释放大量处于盛卵期的试虫。一定时间后，采摘处理和对照植株相同测试部位到室内调查落卵量。产卵忌避率计算方法同上（吴文伟等，1998）。

注意事项

1）喷施药物时，需用塑料薄膜把对照小区的植物覆盖，避免被喷施上药剂；喷施药剂时，应尽量喷施均匀。

2）调查落卵量，应选择相同部位或全株将植物采摘到室内计数，避免调查的同时仍有试虫产卵。

以上几种方法均在人工控制的条件下进行，排除其他影响因素，包括其他昆虫、天敌、种植条件以及气候变化因素的影响。

（六）田间调查法

适用于挥发性和无挥发性的植物次生物质的测试。

研究自然状况下，不同植物或喷施药剂对植食性昆虫寄主选择和产卵行为的影响。设置不同的对照和处理小区，研究方法与网室相似，但需在施药前调查初始卵量，可随机调查或定株调查。根据寄主植物种类和昆虫空间分布方式的不同，采用不同的调查方法，如随机调查法、五点法、“Z”字形调查法和隔行调查法等，具体可参阅昆虫种群生态和群落生态学研究方法。

注意事项

试验应选择试虫盛发期进行，如果田间虫量不够，可采取人工大量释放试虫成虫的办法补足。

二、植物抗虫性拒食物质

植食性昆虫的个别种适应于植物分类单元（科、属、种）的化学防御物质，形成食性行为的专门化。对于形成食性专门化的植食性昆虫，把取食对象的次生物质作为引诱、刺激取食物质，形成解毒机制，以至利用一些次生化合物合成自身的激素或防御物质。植食性昆虫的食性取决于其对植物次生物质的适应性。在48万种植食性昆虫中，每种仅能取食30余万种植物中的极少数，不取食的植物，植物次生物质的化学防御起着重要作用（庞雄飞，1999）。

昆虫拒食剂可定义为一种抑制昆虫取食但不直接杀死昆虫的化合物。昆虫在处理的植物材料上由于不能取食，很可能被饿死。但另一个更明确的定义是通过昆虫外围神经改变昆虫行为（即直接作用于化学感受器），引起昆虫取食过程受阻的物质称为拒食剂。也即拒食剂可抑制味觉感受器而影响昆虫对嗜好食物的识别，或刺激昆虫对食物表现出拒食反应的感受器（Koul，1995）。根据昆虫对拒食剂引起的行为反应及相应的时间因素，可将其分为两种类型：①绝对性拒食剂。昆虫对其表现出持续性问题，最后因饥饿而死；②相对性拒食剂。在一定的时间内可抑制昆虫的取食（Koul，1984），但当受试昆虫饥饿到一定程度则又开始取食。

昆虫的取食行为取决于从化学感受器来的感觉信号的输入，只有阻断对取食刺激物有反应的感受器的信号输入或刺激特异性抑制型感觉细胞，才能使取食行为受到抑制。拒食剂作用于鳞翅目幼虫口器中的化学感受器，主要作用于下颚须栓锥感受器，对下颚瘤状体栓锥感受器也有抑制作用，从而导致取食刺激传递受到破坏而中断，同时，对昆虫取食行为的抑制作用也可以是间接的，即影响了昆虫的体内环境（包括血淋巴及其组分、激素等），从而改变了昆虫化学感受器的反应性（廖春燕和赵善欢，1986；李云寿等，1999）。有的昆虫每两次取食活动之间有持续时间较长的取食间隔，取食间隔的次数和时间，以及取食量的测定，均可作为评价植物对昆虫的寄主适合性以及拒食剂作用效果的重要指标。

对昆虫拒食化学物质的研究，要结合室内和田间实验综合判定。本节主要介绍室内测试方法。

（一）叶碟法（leaf disc）：适用于咀嚼式口器的食叶昆虫

对昆虫的拒食测试中，叶碟的处理方法与寄主选择和产卵实验同。选择性实验时，同一培养皿中处理和对照（或不同植物）叶碟相间等距排列，非选择性实验时，每皿放置同种植物叶碟或相同处理的叶碟。每皿接入试虫一头，8～10头为一组，设3～5个重复。

观察化学物质或不同寄主植物对昆虫取食活动影响时，夜间观察在暗红灯下进行。观察记录试虫在24h内取食开始和停止的时间，数据整理成取食活动和取食间隔的次数和时间，用透明方格纸或叶面积测定仪统计取食面积。并通过下述公式分析寄主植物的适合程度或化学物质对试虫取食量的影响（黄彰欣，1993；李云寿等，1999；张业光等，2000）。

$$\text{寄主适合度}(\%)=\frac{\sum(\text{取食活动次数}\times\text{取食活动时间})}{\sum(\text{取食间隔次数}\times\text{取食间隔时间})}\times 100$$

寄主适合度大小因寄主和昆虫种类而异。

$$\text{非选择性拒食率}(\%)=\frac{\text{对照组叶碟的被取食面积}-\text{处理组叶碟的被取食面积}}{\text{对照组叶碟的被取食面积}}\times 100$$

$$选择性拒食率(\%)=\frac{对照组叶碟的被取食面积-处理组叶碟的被取食面积}{对照组叶碟的被取食面积+对照组叶碟的被取食面积}\times 100$$

（二）滤纸或木段法：适用于钻蛀性昆虫

滤纸（或木段）烘干称重后，用测试药剂浸渍一段时间，取出，晾干，置于玻璃管中，取试虫饥饿处理并称重后，接入管中，用消毒棉团堵塞管口。每玻璃管内接入的试虫量依据试虫的大小和习性而定，8～10 头虫为一组，设 3～5 个重复。用电子天平称量木段重量和试虫的体重。依据滤纸（或木段）和试虫实验前后的重量变化，结合滤纸被取食面积和木段被啃咬情况，评价试虫的最适取食植物或化学物质的拒食效果。

（三）固体饲料法：适用于咀嚼式口器（食叶性和钻蛀性）昆虫

将测试化学物质混合在人工饲料中喂养试虫，测试前后分别称量饲料和试虫重量。这种方法可以排除其他化学物质的干扰，定性、定量地研究化学物质对咀嚼式昆虫的作用。

（四）蜜露法：适用于可排出蜜露的同翅目昆虫

此法可间接判断试虫的取食量大小。

色斑法：将滤纸用 0.1%茚三酮丙酮（或 0.5%溴甲酚绿乙醇）溶液浸渍后晾干，置于测试小室内，试虫分泌的蜜露在滤纸上形成大小不一的紫红色（或蓝色）斑点。24h 取出滤纸，用透明方格纸测量蜜露色斑面积。根据蜜露斑面积判断试虫的取食量大小（刘光杰等，1999；周琼等，2004），蜜露斑面积大者取食量大。

称重法：将半透膜小袋称重后套入测试植物，在小袋中接入试虫，24h 取下小袋，称重。根据排出的蜜露重量判断试虫的取食量大小（Pathak et al.，1982），蜜露量大者取食量大。

（五）刺探痕法：适用于刺吸式昆虫

稻飞虱的取食痕（刺探痕）一直被认为是水稻品种或材料抗虱性评价的一个重要指标。在寄主非自由选择条件下取食痕多少与水稻抗虱性相关，即取食痕多者为抗虱性高（Sogawa and Pathak，1970）。

接虫后 48h 移去试虫，分别取各材料的外叶鞘于 1% 曙红 Y 溶液中染色 12h。染色后用清水漂洗叶鞘、风干，再置显微镜下分别考查褐飞虱于稻株不同部位（按比例等分成上、中、基部）因取食而留下的洋红色口针刺痕数（朱麟等，2002）。

（六）液体食物法：适用于刺吸式口器的昆虫

液体食物法（fluid diet test）适用于刺吸式昆虫对化学物质的取食习惯行为的研究。将待测化学物质混合在液体人工饲料中，滴在半透膜上，用另一层半透膜覆盖（图 7-8）。这种方法可以排除其他化学物质的干扰，定性、定量地研究化学物质对蚜虫等刺吸式昆虫的作用。也可以将待测物质涂在半透膜的外表面，昆虫取食时会首先接触到化学物质（阎凤鸣，2003）。

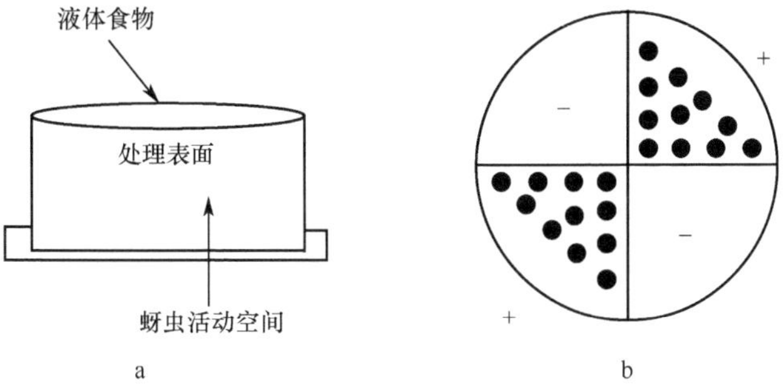

图 7-8　蚜虫取食的表面选择实验设计（仿 Rahbé et al.，2000，引自阎凤鸣，2003）

a. 纵剖面：人工饲料用两层半透膜包裹，蚜虫接触到的表面用化学物质处理；

b. 待侧物质（＋）和对照（－）在膜表面上的分布

注意事项

1）测试的植物叶碟和木段应尽量选取相同年龄、相同部位，且保证厚薄或粗细一致或相近。

2）试虫的龄期一致、大小相近，测试前经过短期饥饿；拒食测试以 24h 为宜，测试时间不宜过长；每处理的试虫总量应不低于 25 头。

3）实验过程中保持恒定的室温，通常 25℃。

（七）刺吸电位技术：适用于刺吸式口器的昆虫

刺吸电位技术（electrical penetration graph，EPG，刺吸行为电图）是一种专门用于研究刺吸式植食性昆虫在宿主植物上刺探、取食行为的一种电生理技术。该技术发展成熟于 20 世纪 80 年代末（Tjallingii，1978；Lei et al.，1998），是在 Mclean 和 Kinsey（1964）设计、制造的取食监测仪（electrical feeding monitor）基础上发展起来的。该技术还可用于植物的抗虫性物质的测定（罗晨等，2005）。

1. 原理

将一信号放大器的 2 个电极分别与供试昆虫和植物连接，当昆虫口针刺入植物组织时，即形成一个回路。基于回路中昆虫和植物两者电阻和电生理特性的变化，通过系统输出端的不同信号（EPG 波形）来清晰地反映昆虫的行为，其时间精度可达 0.01s。根据昆虫在刺探过程中不同的行为，在系统的输出端则可以得到一系列不同的信号，称之为刺探电位波形。刺探电位波形因昆虫种类及口针在植物组织内部的位置而异。灵敏、高效、准确的特性使 EPG 技术特别适用于与刺吸式植食性昆虫取食行为有关的研究，如取食过程、传毒机理、传毒昆虫与宿主植物的关系，刺吸式昆虫对寄主植物的选择性，以及植物抗性机制、内吸性农药的测定等众多领域。

2. 方法

先用导电胶（water-based silver paint）将粉虱雌虫的胸部背板与昆虫电极的自由端相粘合。电极的自由端是一根直径为 10μm，长约 2cm 的金丝。粘合过程中，为避免粉虱飞走，把粉虱成虫放于一简易真空吸泵装置上，既能限制粉虱的活动，又不损伤昆虫。整个操作过程在实体显微镜下进行。粉虱粘合好后，小心地把连有粉虱的电极插入放大器的输入探头，然后利用一微量调节器（具上下、前后、左右三个方向的调节）把整个输入探头抬升至黄瓜叶的下表面，最后让粉虱雌虫接触叶表面。因金丝很细软，粉虱仍能在一定范围内自由移动。放大器的植物电极（直径约 2mm，长约 10cm 的铜棒）则插在黄瓜植物的盆栽土壤里。处理粉虱的幼虫的步骤略有不同，因其营叶面固着生活。先把输入电极插入探头，电极的金丝只需 1cm 左右，然后利用微量调节器把电极的金丝自由端调至接触幼虫的背部，最后在垂直方向上把金丝自由端又调离幼虫。用镊子尖端挑取少量导电胶，迅速涂在电极金丝的自由端，然后立即用微量调节器把带有导电胶的金丝垂直向上调至接触幼虫背面。整个过程亦在实体显微镜下进行。刺探电位波形的信号用计算机接收并记录（图 7-9）。负责把从输入探头传来的电信号转成数字信号的是一块 A/D 卡（DAS-800，Metrabyte），该卡插在 PC 机内。支持软件为 STY-LET2.1。刺探电位信号首先记录、保存在计算机硬盘上，然后显示在屏幕上，由实验者来识别、分析波形。一只粉虱成虫只用于一个记录，每次记录 12h。幼虫的记录时间为 16h（雷宏和徐汝梅，1996）。

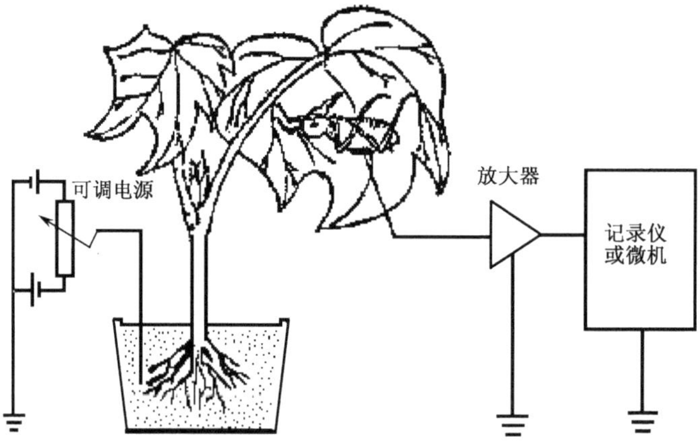

图 7-9　EPG 研究记录电路示意图（引自严福顺，1995）

3. 蜜露钟记录

粉虱的蜜露分泌是用来判断粉虱口针是否到达取食部位并开始取食的一个简易方法，一旦开始取食，接着就分泌蜜露。蜜露钟（honeydew clock）由一周长为 20cm、高度为 2cm 的中空铝质圆柱和一节 5 号电池驱动的 24h 制的石英钟组成。蜜露钟装置放在已用导电胶粘合好的粉虱成虫或幼虫的正下方。圆柱的表面环绕一条 20cm 长、2cm 宽的薄层色谱用的硅胶纸（Merck，60F254）。硅胶纸事先已用 0.2％正丁醇乙酸茚三酮混合液处理。因粉虱蜜露中的氨基酸成分的作用，滴落在硅胶纸上的蜜露滴显示出紫红色。每次蜜露分泌开始和终止的时间被准确标记，并与同步记录的 EPG 波形相对照（雷宏和徐汝梅，1998）。

（八）其他测试方法

除以上列举的直接测试方法外，根据试虫的生活习性，还可采用间接的体重法、粪重法以及注射法。

一般来说，在同一发育阶段中昆虫的体重增加和干粪量是与其取食量呈正比。对于一些体重增加明显，可以用人工饲料培养，或不宜用叶碟法测定的昆虫（如玉米螟等），则可用体重法进行拒食活性的测定。该法是在处理前后分别称试虫的体重，获得试虫的净增体重，以增重抑制率表示拒食活性的大小（赵博光和杨雪云，1999）。

粪重法适合于一些食量大，排干粪的咀嚼式口器昆虫，如蝗虫、天蛾幼虫、天牛幼虫等。

注射法：试虫饥饿处理后，用微量点滴仪将测试药液从虫体胸部侧面注入体腔，然后将虫放回培养皿中让其正常取食。一定时间后测量取食的叶面积（廖春燕和赵善欢，1986）。

注意事项

1）运用该两种方法测试昆虫的拒食活性时，应注意选择同龄期和初始体重较为一致的试虫，以减少个体生长速率差异带来的误差。

2）由于昆虫体重的增加除主要与取食量有关外，还与昆虫对食物的消化吸收能力有关，因此，体重法和粪重法的使用都存在一定局限性，如果能将两者综合考虑，可能可以较为真实地反映拒食活性的测定结果。

三、植物诱导性抗虫物质对害虫天敌的影响

植物被昆虫取食后，会产生引诱昆虫天敌的挥发性次生物质，对于该类信息化合物的研究，有助于对植物—昆虫—天敌的三级营养关系的理解，并在害虫综合治理中加以应用，也是目前化学生态学研究的热点之一。

天敌（包括寄生性和捕食性天敌）在寄主搜索的过程中，环境中的信息化合物起着重要的导向作用，它们可利用寄主植物的信息化合物、植食性昆虫的信息化合物以及植食性昆虫取食寄主后所诱导产生的信息化合物来寻找寄主。

植物诱导性抗虫物质对天敌的引诱作用的室内活性测试，通常采用嗅觉仪、风洞技术和笼罩法；虫害诱导挥发物的获取，可采用顶空进样技术和固相微萃取技术；挥发物的成分分析鉴定采用气相色谱-质谱联用技术；活性化合物的确定，需将挥发物中的不同成分以及不同配比的化合物进行生物测定而确定。研究还需结合田间调查结果综合分析。

固相微萃取（solid phase micoextraction，SPME）技术是活体植株挥发性物质的捕获技术，由加拿大 Waterloo 大学 J. Pawliszyn 研究小组于 1990 年提出的一种新型无溶剂样品预处理技术，它通过吸附/脱吸附技术，富集样品中的挥发性和半挥发性成分，具有不需要有机溶剂、所需样品量少、灵敏度高、操作简单、方便快捷等特点；此外，固相微萃取技术还可方便地与 GC-MS 联用，集采样、萃取、浓缩、进样为一体，大大提高了分析速度和分析方法的灵敏度。

顶空进样技术原理是将待测样品置入一密闭的容器中，通过加热升温使挥发性组分从样品基体中挥发出来，在气液（或气固）两相中达到平衡，直接抽取顶部气体进行色谱分析，从而检验样品中挥发性组分的成分和含量。使用顶空进样技术可以免除冗长繁琐的样品前处理过程，避免有机溶剂对分析造成的干扰、减少对包谱柱及进样口的污染。该仪器可以和气相色谱仪相连接，将样品中的挥发性组分直接导入气相色谱仪进行分离和检测。

实例：不同损伤植物挥发物对小菜蛾寄生蜂寄主选择行为的影响

（一）材料准备

1. 寄主植物的处理方法

将甘蓝播种于温室内，2 或 3 片真叶时移栽至花盆中，待长到 5～7 片叶（5～6 周）时供试验用。

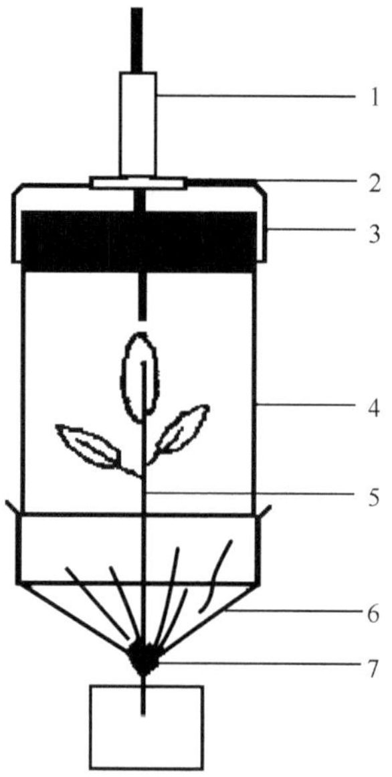

图 7-10　固相微萃取挥发物收集装置示意图（引自魏明等，2004）

1. 固相微萃取头 SPME；2. 密封橡胶垫；3. 玻璃管帽；4. 玻璃管；5. 活体植株；6. 保鲜膜；7. 封口膜

完整植株：取具有 5～7 片叶的健康植株供试。

机械损伤植株：取具有 5～7 片叶的健康植株，供试前 10min 用 ϕ 2mm 的打孔器打孔 20 个，然后供试。

虫损伤植株：试验前 24h 将 30 头 3 龄小菜蛾幼虫移到完整植株上，让其取食，试验前 10min，将小菜蛾幼虫及丝、虫粪去除后供试。

小菜蛾-植株复合体：试验前 24h 将 30 头 3 龄小菜蛾幼虫移到完整植株上，让其取食，试验时不移走小菜蛾幼虫、丝及虫粪。

将上述 4 种处理的植株，每次取 2 个不同植株构成一个组合，比较测定两者挥发物对雌蜂的引诱力。

2. 挥发物收集装置

固相微萃取挥发物收集装置由玻璃管身（直径 10cm，高 20cm），带密封橡胶垫的磨口玻璃管帽（直径 10cm，高 8cm）组成（图 7-10）。

3. 寄生昆虫及其卵的收集方法

小菜蛾在人工气候养虫室内或 55cm×55cm×55cm 的养虫笼内，供以甘蓝让其产卵孵化、幼虫取食直至化蛹，实验时取 3 龄幼虫。卵的大量获取方法是将细针打孔后的小塑料袋内装 1 或 2 片新鲜甘蓝或白菜叶，袋口扎紧挂在养虫笼内，以吸引成虫产卵于塑料袋外上。每天上午取出，用毛笔收集塑料袋上的卵，及时换新袋和新叶（李广宏等，1995）。

4. 寄生蜂的准备

将羽化后 2～3 天，并已交配过的寄生蜂成蜂引入养虫笼内，供以甘蓝饲养的小菜蛾 2～3 龄幼虫让其产卵寄生直至结茧，然后将茧收集于小养蜂盒内，将盒置于人工气候培养箱内，让其羽化，待其羽化后供以 10%的蜂蜜水，取羽化后 2～3 天，并已交配过的雌蜂供试。

（二）测试方法

1. 活体植株挥发物的获取和成分分析——固相微萃取和 GC-MS 技术

将供试植物样品的活体植株置于挥发物收集装置中，玻璃管下端开口以保鲜膜包裹，再以封口膜紧紧缠绕在植株茎干上，形成封闭系统（图 7-11）。系统平衡 5min 后，由玻璃管帽顶部橡胶垫的进针孔处插入 SPME，顶空萃取规定时间。然后取出萃取头，立即插入 GC 或 GC-MS 进样口内，热解吸 5min，进行 GC 分析，并利用 GC－MS 初步鉴定挥发物组成。最后比较初步鉴定出的挥发物成分的标准样品在相同条件下与检测到的挥发物成分的色谱峰保留时间，从而最终确定挥发物的成分。

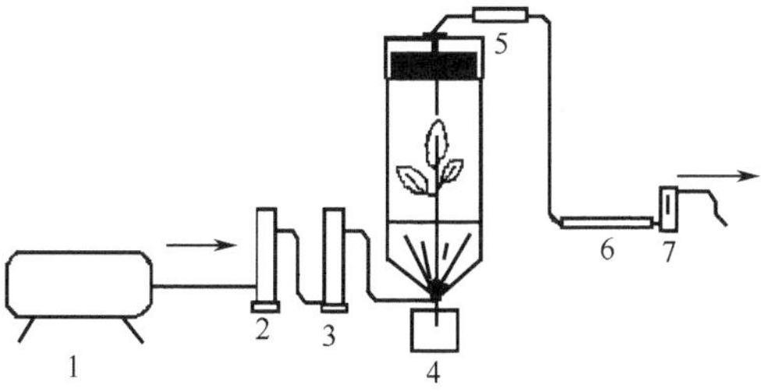

图 7-11　通气吸附挥发物收集装置示意图（引自魏明等，2004）

1. 空压机；2. 硅胶填充垫；3. 活性炭填充柱；4. 玻璃管；5. 无水硫酸钠；6. 吸附管；7. 转子流量计

通过转子流量计控制通气吸附系统中空气流速为 300mL/min，在收集装置中放入样品植株，在吸附管中装入 0.12gTenax 树脂。连续通气 2h 后，取下吸附管，用 5mL 重蒸正己烷洗脱所吸附的化合物，并用氮气将洗脱液吹扫浓缩至 50μL，用微量注射器取 2μL 上述浓缩液进行 GC 分析。

不在收集装置中放入植株样品，分别使用上述两种方法作系统的空白对照实验。

使用 SPME 萃取装置对番茄活体植株分别萃取 0.5h、2.0h 及 8.0h，并进行气谱分析。

使用 SPME 萃取装置对番茄活体植株重复萃取 6 次，每次萃取 0.5h，并进行气谱分析。

数据分析采用 Microcal Origin6.0（Microcal Software，Inc）软件完成（魏明等，2004；张序等，2005）。

2. 不同处理甘蓝对寄生蜂的引诱作用——采用 Y 型嗅觉仪测定技术

嗅觉仪的 Y 管臂长 20cm，内径 4.0cm，两侧臂夹角为 75°，接口均为标准 24 号磨口，两侧臂的上方 50cm 处放置两只 40W 日光灯，灯的下方用半透明的纸隔开，以供给均匀的光照。每侧臂均用硅胶管与玻璃缸相连，两只玻璃缸分别放置甘蓝不同处理的植株。进入玻璃缸的空气先经过活性炭过滤，抽气口连接在 Y 管主臂释放蜂处，抽气速度调节为 400mL/min。生测时将每头供试雌蜂用一小管由释放口引入，待蜂从小管爬出后计时，若 5min 内进入侧臂 10cm 以上，并停留 1min 以上者记为选择，否则为无选择，每个处理至少测试 30 头蜂（李欣和刘树生，2004）。

3. 不同处理甘蓝植株对雌蜂搜索行为的影响——笼罩法

将不同处理的供试植株分别置于 55cm×55cm×55cm 养虫笼的中央，供试雌蜂从笼的一角释放，观察雌蜂在不同处理寄主上的搜索行为，用秒表记录测试蜂在植株上所停留的时间，每处理 10 头雌蜂（李欣和刘树生，2004）。

4. 注意事项

1）测试对寄生蜂的引诱作用时，每测定 10 头蜂时调换一下 Y 管两臂的方向，以消除管臂位置对雌蜂行为可能产生的影响，每次处理完毕用洗涤剂彻底清洗生测装置，100℃烘干，以消除不同处理间残留气味的影响。生测时间安排在 09：00～15：00 进行，室内的温度为25℃；

2）笼罩实验最好在（25±1)℃、RH 60%～80%、光照强度＞1000lx、空气基本静止的室内进行。

思考题

根据不同处理植株的挥发物的成分测定和寄生蜂的行为选择结果，分析不同损伤植株对寄生蜂引诱作用的原因，说明植物—害虫—天敌三营养层之间的信息联系。

参考文献

陈强，吴伟坚，张振飞等．2007．越北腹露蝗若虫空间格局的地学统计学分析．应用生态学报，18（2)：467～470

陈伟，吴伟坚，刘婷等．2006．越北腹露蝗卵的过冷却特性．昆虫知识，43（4)：479～481

丛建国．1997．鲁中山地侧柏林区蜘蛛群落的研究．蛛形学报，6（1)：26～30

崔德君，赵善欢，刘新清．1998．万寿菊粗提物对小菜蛾产卵忌避作用的研究．农药，37（6)：31～35

杜家纬．2001．植物-昆虫间的化学通讯及其行为控制．植物生理学报，27（3)：193～200

杜永均，严福顺．1994．植物挥发性次生物质在植食性昆虫寄主植物和昆虫天敌关系中的作用机理．昆虫学报，37（2)：233

方宇凌，张钟宁．2002．植物气味化合物对棉铃虫产卵及田间诱蛾的影响．昆虫学报，45（1)：63～67

高宝嘉，张执中，李镇宇．1992．封山育林对昆虫群落结构及多样性、稳定性影响的研究．生态学报，12（1)：1～7

郝乃斌，戈巧英．1999．中国植物源杀虫剂的研究与应用．植物学通报，16（5)：495～503

蒋志刚．2004．动物行为原理与物种保护方法．北京：科学出版社

康乐．1995．植物对昆虫的化学防御．植物学通报，12（4)：22～27

雷宏，徐汝梅．1996．EPG一种研究植食性刺吸式昆虫刺探行为的有效方法．昆虫知识，33（2)：116～120

雷宏，徐汝梅．1998．温室白粉虱取食行为的刺探电位（EPG）研究．昆虫学报，41（2)：113～123

李广宏，梁东瑞，孟小林等．1995．收集小菜蛾卵的新方法．昆虫知识，32（3)：172～173

李欣，刘树生．2002．植物挥发物及寄生经历在半闭弯尾姬蜂寄主搜索行为中的作用．浙江大学学报（农业与生命科学版)，28（3)：293～297

廖崇惠，李健雄，杨悦屏．2003．海南尖峰岭热带林土壤动物群落——群落结构的季节变化及其气候因素．生态学报，23（1)：139～147

廖崇惠，李耀泉，林少明．1993．马占相思林冠蜘蛛群落的结构分析．动物学报，39（4)：374～384

刘光杰，郑宜才，桂林琴等．1999．水稻品种抗稻飞虱坚定方法的比较研究．浙江农业科学，11（6)：306～310

刘向东，张立建，张孝羲等．2002．棉蚜对寄主的选择及寄主专化型研究．生态学报，22（8)：1281～1285

刘源智，彭心赋，唐国清等．2002．黑胸散白蚁幼期不同品级的发育和分化．昆虫学报，45（4)：487-493

卢光美，范贤林，魏岑．1999．棉铃虫人工饲料的改进与应用．植物保护，25（4)：53～54

吕昭智，包安明，陈曦等．2003．地统计学软件在害虫管理中的应用．生态学杂志，22（6)：132～136

罗晨，岳梅，徐洪富等．2005．EPG技术在昆虫学研究中的应用及进展．昆虫学报，48（3)：437-443

马克平．1997．生态系统多样性．见：蒋志刚，马克平，韩兴国．保护生物学．杭州：浙江科学技术出版社，34～50

马世骏．1990．边际效应与边际生态学．马世骏．现代生态学透视．北京：科学出版社，43～45

庞雄飞，侯任环，包华理．1992．褐稻虱自然种群生命表的组建方法．华南农业大学学报，13（1)：1～5

庞雄飞，梁广文．1990．昆虫种群系统的研究概述．生态学报，4（1)：46～56

庞雄飞，梁广文．1995．害虫种群系统的控制．广州：广东科技出版社，22～24

庞雄飞．1979．害虫种群数量控制和防治效果的评价问题．广东农业科学，(4)：36～40

庞雄飞．1999．植物保护剂与植物免害工程——异源植物次生化合物在害虫防治中的应用．世界科技研究与发展，21（2)：24

钦俊德．1987．昆虫与植物的相互关系．北京：科学出版社

尚玉昌. 1998. 行为生态学. 北京：北京大学出版社
石根生，李典谟. 1997. 马尾松毛虫空间格局的地学统计学分析. 应用生态学报，8（6）：612～616
谭垦，余玉生，周丹银. 2003. 东方蜜蜂和西方蜜蜂交哺行为的研究. 蜜蜂杂志，18（8）：8～9
王献溥. 1990. 广西亚热带山地针阔混交林群落学特点. 武汉植物学研究，18（3）：243～253
王荫长. 2002. 昆虫生理生化学. 北京：中国农业出版社
王政权. 1999. 地质统计学在生态学中的应用. 北京：科学出版社
魏明，邓晓军，胡文利等. 2004. 应用固相微萃取技术分析番茄与天竺葵活体植株的挥发物. 生态学杂志，23（4）：184～187
吴伟坚，梁广文. 1989. Holling 圆盘方程拟合方法概述. 昆虫天敌，11（2）：96～100
吴伟坚，庞雄飞. 1990. 褐稻虱种群生命系统的研究. 见：曾士迈，庞雄飞. 系统科学在植物保护研究中的应用. 北京：农业出版社，250～278
吴伟坚. 2003. 几种十字花科蔬菜害虫生态位的研究. 昆虫知识，40（1）：42～45
吴文伟，陈建新，管致和. 1998. 番茄枝叶提取物对菜粉蝶的产卵忌避作用. 昆虫学报，41（增刊）：55～59
徐汝梅. 1987. 昆虫种群生态学. 北京：北京师范大学出版社，7～31
许再富. 1995. 生态系统中关键种类型及其管理对策. 云南植物研究，17（3）：331～335
阎凤鸣. 2000. 芥子油苷在甘蓝蚜寄主部位选择行为中的作用. 昆虫学报，43（3）：297～304
阎凤鸣. 2003. 化学生态学. 北京：科学出版社
于虹，赵彤言，陆宝麟. 2000. 北京市轮胎积水滋生蚊虫的调查. 中国媒介生物学及控制杂志，11（2）：107～109
张建华，李栋，饶绮珍等. 1994. 蚂蚁营养交换的研究进展. 昆虫天敌，16（4）：188～195
张建华，王文龙，李文健等. 2003. 家白蚁交哺行为的分析. 华中师范大学学报（自然科学版），37（1）：90～92，98
张茂新，梁广文，庞雄飞. 2000. 黄曲条跳甲自然种群生命表的组建与分析. 华南农业大学学报，21（2）：21～23
张茂新，梁广文. 2000. 黄曲条跳甲卵分离器的设计和应用. 昆虫知识，37（3）：173～174
张全国，张大勇. 2003. 生物多样性与生态系统功能：最新的进展与动向. 生物多样性，11（5）：351～363
张序，姜远茂，彭福天等. 2005. 顶空固相微萃取-气相质谱联用技术分析甜樱桃芳香成分. 分析实验室，24（11）：51～53
周国法，徐汝梅. 1997. 生物地理统计学. 北京：科学出版社
周强，张润杰，古德祥. 1998. 地理统计学方法及其在昆虫种群空间结构研究中的应用. 动物学研究，19（6）：482～488
朱道弘，Yoshikazu A. 2004. 稻蝗属三近缘种间的生殖隔离机制及其进化意义. 昆虫学报，47（1）：67～72
朱道弘. 2004. 小翅稻蝗的精子竞争及交配行为的适应意义. 生态学报，24（1）：81～88
朱麟，古德祥，张古忍等. 2002. 褐飞虱和白背飞虱在抗褐飞虱水稻品种上的行为反应. 植物保护学报，29（2）：145～152
朱麟，古德祥. 2000. 昆虫对植物次生性物质的适应策略. 生态学杂志，19（3）：36～45
Andrewartha H G，Birch L C. 1954. The Distribution and Abundance of Animals. Chicago：Univ of Chicago Press，782
Barton B L. 1993. Physiologically induced changes in resource oriented behavior. Annu Rev Entomol，（38）：1～25
Dethir V. 1982. Mechanisms of host plant recognition. Entomol Exp Appl，（31）：49～57
Ehrlich P R，Ehrlich A H. 1981. Extinction：The Causes and Consequences of the Disappearance of Species. New York：Random House
Fisher R A，Corbet A S，Williams C B. 1943. The relation between the number of individuals and the number of species in a random sample of an animal population. J Anim Ecol，12：42～48
Gould J L. 1982. Ethology，the Mechanisms and Evolution of Behavior. New York：W W Norton and Company
Graunt. 1964. Natural and political observations mentioned in a following index，and made upon the bills of mortality. Reprinted in the Journal of the Institute of Actuaries，1662，90：4～62
Grinnell J. 1917. The niche relationships of the California thrasher. Auk，21：364～382
Guan Z H. 1992. Chemical ecology in insect pest management. Korean Journal of Aplied Entomology，

31 (3):276～288

Hector A, Schmid B, Beierkuhnlei C, et al. 1999. Plant diversity and productivity experiments in European grassland. Science, 286: 1123～1127

Hector A, Hooper R. 2002. Darwin and the first ecological experiment. Science, 295: 639, 640

Heyer W R, Berven K A. 1973. Species diversity of herpetofaunal samples from similar microhabitats at two tropical sites. Ecology, 54: 642～645

Hurtubia T. 1973. Trophic diversity measurement in Sympatric predatory species. Ecology, 54: 885～891

Koul O. 1984. 植物质昆虫拒食剂. 张兴译. 农药译丛, 6 (5): 24～35

Koul O. 1995. 植物杀虫剂和拒食剂. 新来源及展望. 曾鑫年译. 农药译丛, 17 (3): 21～24

Lawton J H. 1994. What do species do in ecosystem. Oikos, 71: 367～374

MacArthur R H. 1961. On bird species diversity. Ecology, 42: 594～599

Maia A H N, Luiz A J, Campanhola C. 2000. Statistical inference on associated fertility life table parameters using jackknife technique : computational aspects. J Econ Entomol, 93 (2): 511～518

Meyer J S, Ingersoll C G, McDonald L L, et al. 1986. Estimating uncertainty in population growth rates: jack knife vs. bootstrap techniques. Ecology, 67: 1156～1166.

Morris R F, Miller C A. 1954. The development of the life table for the spruce budworm. Can J Zool, 32: 283～301

Morris R F. 1959. Single-factor analysis in population dynamics. Ecology, 40: 580～588

Naeem S, Tompson L J, Lawler S P, et al. 1994. Declining biodiversity can alter the performance of ecosystems. Nature, 368: 734～737

Paine R T. 1969. Food web complexity and species diversity. Nature, 100: 65～75

Pathak P K, Saxena R C, Heinrichs E A. 1982. Parafilmsachet for measuring feeding activety of Nilaparvata lugenson on rice varieties. Philippine Entomology, 11: 85～90

Pearl R, Parker SL. 1921. Experimental studies on the duration of life. I Introductory discussion of the duration of life in Drosophila. American Naturalist, 55: 481～509

Pfadt R E. 1982. Density and diversity of grasshoppers in an outbreak on Arizona Rangeland. Environ. Entomol, 11: 600～694

Rahbé Y, Febvay G, Delobel B et al. 2000. Amino Acids and proteins as cues in interactions of aphids (Homoptera: Aphididae) and plants. In: Walker G P, Backus E A. Principles and Applications of Electronic Monitoring and Other Techniques in the Study of Homopteran Feeding Behavior. Thomas Say Pulication in Entomology, Entomological Society of America, Lanham, MD, 212～236

Rossi R E, Mulla D J, Journel A G, et al. 1992. Geostatistical tools for modeling and interpreting ecologyical spatiall dependence. Ecological Monographs, 62: 277～314

Sogawa K, Pathak M D. 1970. Mechanism of brown planthopper resistanc in Mudgo varieth of rice. Applied Entomology & Zoology, 5: 145～158

Tanaka S, Zhu D-H. 2003. Phase-related differences in mating strategy of a locust (orthoptera: acrididae) . Ecology and Population Biology, 96 (4): 498～502

Takins M D. 1998. Introduction to Insect Behavior. NewYork: Macmillan

Tilman D, Downing J A. 1994. Biodiversity and stability in grassland. Nature, 367: 363～367

Tilman D, Wedin D, Knops J. 1996. Productivity and sustainability influenced by biodiversity in grassland ecosystems. Nature, 379: 718 ～720

Varley G C, Gradwell G R. 1960. Key factors in population studies. J Anim Ecol, 29: 399～401

Walker B H. 1992. Biodiversity and ecological redundancy. Conservation Biology, 6: 18～23

Zhu D-H, Tanaka S. 2002. Prolonged precopulatory mounting increases the length of copulation and sperm precedence in Locusta migratoria (orthoptera: acrididae) . Arthropod Biology, 95 (3): 370～373

（吴伟坚　周　琼）

第八章　昆虫生理学与生物化学研究方法与技术

导读：昆虫生理学和生物化学的研究方法和成果是昆虫学众多研究内容的基础。本章介绍了昆虫器官解剖、昆虫组织学、超微结构观察、昆虫取食量及食物利用率测定、昆虫蛋白质与脂肪的分离和测定等研究技术和方法。

第一节　昆虫解剖学实验方法

通过对昆虫内、外部器官及卵的解剖，主要阐明不同器官的构造及其功能、卵的发育过程中的变化特征。

一、昆虫内部器官解剖

（一）成虫解剖

1. 材料和工具

新鲜的供试昆虫成虫标本，双面刀片，眼科剪，蜡盘，4 号昆虫针，尖头镊子，手持放大镜等。

2. 实验步骤

1）用眼科剪剪去试虫的翅和足。

2）用双面刀片轻轻削去标本颅顶表皮（注意不要削深，以免损坏脑组织）。

3）用眼科剪自肛门开始，沿背中线右侧 1～2mm 处向前剪开，至头部（注意不能沿背中线剪开，否则会损坏循环系统的背血管）。

4）将剪开的标本放入蜡盘中，用镊子从头、胸部开始至腹末轻轻向两侧拉开，并用昆虫针（倾斜 40°～45°）将体壁固定于蜡盘（拉开应先从胸部开始，因为胸部体壁坚硬，此部分固定后，其他部分较易固定，且有利于标本保持完好）。

5）向蜡盘中注入清水，以刚刚浸没标本为宜。

6）进行器官位置和结构的观察。

（二）幼虫解剖

1. 材料和工具

新鲜的供试昆虫幼虫标本（内部器官的观察以 4 龄幼虫为好，高龄幼虫因丝腺或脂肪发达不便于观察），工具同成虫解剖。

2. 实验步骤

从成虫解剖的第 2 步开始，顺序进行。

二、昆虫卵巢解剖

（一）原　　理

成虫羽化后，卵巢即开始发育，现代昆虫学将成虫从羽化至死亡发育过程中的卵巢划分为5个级别，即乳白透明期、卵黄沉积期、成熟待产期、产卵盛期和产卵末期。通过卵巢解剖可以对迁飞性昆虫的迁飞性进行验证，虫源性质进行确定，预测昆虫发生期，了解雌虫交配次数等，为害虫防治提供依据（李汝铎等，1987）。

（二）材料与工具

不同羽化时期的新鲜试虫标本，眼科剪，尖头镊子，蜡盘或培养皿，手持放大镜或双筒解剖镜。

（三）实验步骤

1）用眼科剪沿试虫胸腹部交界处小心横向剪开体壁（注意应紧贴体壁作横向环剪，以免损坏内部器官的构造）。

2）手拿住胸腹部，用镊子夹住腹末慢慢向后轻拉使胸腹部分离，将腹部放入蜡盘或培养皿中。

3）将腹部材料用眼科剪从二侧板处纵向剪开至腹末（注意紧贴体壁进行）。

4）用镊子小心取下背侧板和腹侧板体壁，此步骤应小心轻拉，从前至后慢慢进行，至腹末时，用眼科剪轻轻剪开，以保持器官的完整。

5）向器皿中注入清水，以刚浸没器官为宜。

6）用镊子慢慢剔除附着在卵巢表面的肌肉等组织。

7）用手持放大镜或置于双筒解剖镜下观察卵巢发育的级别和交配次数。

附昆虫卵巢分级标准

一级：乳白透明期。卵巢管细而短，乳白透明，卵粒分辨不清，腹腔内充满脂肪体。尚未交配或产卵。

二级：卵黄沉积期。卵巢管逐渐伸长变粗，卵粒中卵黄逐渐沉积，其色泽从乳白透明变为一半黄色，一半乳白透明，由透明变为不透明，卵粒逐渐清晰可辨。卵巢管柄和侧输卵管中仍无卵粒。腹腔内脂肪体丰富。极少个体开始交配。未产卵（李乾君和龚和，1995）。

三级：成熟待产期。卵巢管很长，其下部卵粒随着卵壳的形成已经成熟，并进入卵巢管柄和输卵管。卵粒排列紧密，相互间无缝隙，常在近卵巢管柄处出现重叠。脂肪体开始减少。已开始交配。正处在产卵前夕或刚开始产卵。

四级：产卵盛期。卵粒大量成熟，并大量产出。中输卵管和阴道内有许多成熟卵粒。由于大量产卵，卵巢管内的卵粒之间会出现空隙。交配1或2次以上，腹腔内脂肪体少而易于剥离。

五级：产卵末期。卵巢管短而萎缩、管壁松弛。成熟卵已基本产完，或尚有少数卵粒稀疏排列在卵巢管内。交配囊内精包多数已经空瘪。腹腔内脂肪体成丝状，基本上没

有饱满的脂肪体。(周祖琳，1989)

三、昆虫雄性外生殖器解剖

(一) 原理和意义

物种是生物存在的基本阶元，种间存在着生殖隔离，随着分类学研究的深入，尤其是近缘种间的分类，越来越多地依据雄性外生殖器官构造的差异来进行，如白背飞虱、褐飞虱、拟褐飞虱和伪褐飞虱等的种类鉴定标准是阳茎侧突的形状；朱砂叶螨、截形叶螨和土耳其斯坦叶螨等种类的鉴定标准也是依据阳茎的形状。

通过 NaOH 溶液加热后的分解作用，除去昆虫体内的蛋白质、脂肪等物质，仅留下表皮的几丁质部分，即可较清楚地观察雄性外生殖器各部分。(陈长琨等，1988，1998)

(二) 材料和工具

供试昆虫成虫雄虫标本，眼科剪，尖头镊子，双筒解剖镜，烧杯，10%NaOH 溶液或 10%KOH 溶液，酒精灯，酒精灯支架，石棉网，培养皿。

(三) 实验步骤

1) 将供试昆虫自胸腹部交界处横向剪下，丢去头、胸部，保留腹部待用(微小型昆虫可以不需此项，以完整虫体待用)。

2) 将待用部分投入盛有适量 10%NaOH 溶液或 10%KOH 溶液的烧杯中。

3) 将烧杯置于酒精灯上加热，煮沸 5～10min(时间视材料大小和体壁坚硬程度而定)。

4) 将加热煮沸后的材料移入清水中冲洗 3 或 4 次，置于解剖镜下观察。

四、昆虫卵的解剖和整体染色透明技术

通过解剖和染色透明，明确昆虫卵胚胎发育的阶段和各阶段的形态，为昆虫胚胎发育的研究提供方法。

(一) 昆虫卵的解剖方法

1. 材料和工具

昆虫的卵，冰箱，502 胶，毛笔，载玻片，眼科手术刀，尖头镊子，解剖镜。

2. 实验步骤

1) 通过卵巢解剖收集不同发育阶段的卵，以及产出体外不同日龄的卵各若干，分别编号后置入 4～5℃的冰箱中冷藏备用。

2) 将载玻片洗净擦干后，用毛笔均匀地涂上一薄层 502 胶。

3) 将要解剖的卵迅速整齐地卵孔朝上粘在载玻片上，静置 1～2min，使卵牢固黏着。

4) 将载玻片固定于解剖镜视野内，用眼科手术刀刀尖沿卵的周边轻轻划开卵壳，

划开的深度以不损伤胚胎为宜。

5）小心去掉划开的卵壳，用刀尖挑出卵黄及胚胎置于解剖镜下观察。

（二）昆虫卵的整体染色透明技术

1. 材料和方法

昆虫卵，冰箱，无水乙醇，透明剂（水杨酸甲酯、吡啶或二甲苯），苏木精，氢氧化钾，镊子，培养皿，解剖镜。

2. 实验步骤

1）通过卵巢解剖收集不同发育阶段的卵，以及产出体外不同日龄的卵各若干，分别编号后置入4～5℃的冰箱中冷藏备用。

2）水杨酸甲酯整体染色透明程序：昆虫卵⟶100℃质量浓度为200mg/L KOH浸7～8s⟶充分冲洗⟶无水乙醇浸泡10min⟶质量浓度为20mg/L苏木精染色1h⟶充分冲洗脱色⟶体积分数为0.95的乙醇浸泡2～4h⟶无水乙醇浸泡12h⟶水杨酸甲酯：无水乙醇（1：1）（V/V）浸1h⟶水杨酸甲酯浸泡18～24h⟶观察⟶拍照。

3）吡啶整体染色透明过程：昆虫卵⟶100℃的质量浓度为200mg/L KOH浸7～8s⟶充分冲洗⟶无水乙醇浸泡10min⟶质量浓度为20mg/L苏木精染色1.5～2h⟶充分冲洗脱色⟶体积分数为0.95的乙醇浸泡2～4h⟶无水乙醇浸泡12h⟶吡啶浸泡1～2h（中间换液一次）⟶观察。

4）二甲苯整体染色透明程序：昆虫卵⟶100℃的质量浓度为200mg/L KOH浸7～8s⟶充分冲洗⟶无水乙醇浸泡10min⟶质量浓度为20mg/L苏木精染色1.5～2h⟶充分冲洗脱色⟶体积分数为0.95的乙醇浸泡2～4h⟶无水乙醇浸泡12h⟶二甲苯浸泡2～4h（中间换液一次）⟶观察。

三种透明剂透明的胚子，染色透明效果对于不同种类的卵是有差异的，水杨酸甲酯整体染色透明效果最好，透明度高，反差大，胚子形态清晰，立体感强，但透明时间长，程序较复杂；吡啶的整体染色透明的效果次之，胚子形态较清晰，且所需时间短，能快速透明，但由于有淡黄褐色的底色出现，反差不理想；二甲苯是一种经典的制片透明剂，一般情况下可以使用，且效果好，但对人体有一定的毒性，要注意防护。具体的实验中使用何种透明剂应根据实际情况确定（刘春莲，1999）。

第二节　昆虫组织学实验方法

昆虫组织学的研究，广泛应用于昆虫组织形态结构、生理、病理、毒理和生态学的各个方面，是昆虫研究的重要技术手段，本书介绍较为通用的石蜡切片和Spurr's包埋技术。

一、昆虫组织石蜡切片技术

（一）原　　理

昆虫组织层切片染色后，切片可以长期保存和使用。通过切片可以观察昆虫组织、细胞的形态结构及生理、毒理变化以及组织和细胞中某些化学物质的变化等。

石蜡切片一般有以下步骤及要求。

1）固定：利用毒瓶或沸水快速杀死成虫，取下所需组织，放入固定液，以保持组织形态结构和内部化学物质的原始性。

2）冲洗：用水将组织中的固定液冲洗干净。

3）脱水：脱去组织中的水分。利用乙醇与水具有强亲和力的特点，配置不同浓度的乙醇溶液，将组织材料从低浓度到高浓度的顺序依次投入乙醇溶液（脱水剂）中，一般配制 4 或 5 个浓度级差。

4）透明：组织经脱水后，可以进行透明，因石蜡不能与脱水剂混合，因此必须进行透明，用透明剂取代脱水剂，以便于浸蜡。

5）浸蜡：组织透明后，用石蜡取代组织中的透明剂。

6）包埋：将浸蜡后的组织材料浸在石蜡中，制成一定形状的包埋块，便于切片。

7）切片和贴片：将包埋块切成一定厚度的薄片（5～7μm）并用粘片剂将切片平整地粘于载玻片上。

8）染色：组织经染色后，才可以显示出细胞结构及其变化，便于观察，此步应根据所使用固定液的种类、组织的类别和研究需要选择的染色剂，以提高染色效果和区分度。

9）封片：用适宜的封藏剂进行封片，以便长期保存使用。

（二）材 料 工 具

供试昆虫材料，SQKC-Ⅲ型生物制片快速处理仪，切片机，切片刀，磨刀石，载玻片，盖玻片，尖头镊子，培养皿，包埋框，染色框，染色缸，毛笔，解剖刀，酒精灯。

（三）试剂及配剂

1）布安氏（Bousin’s）固定液：苦味酸饱和溶液 75mL，福尔马林 25mL，冰乙酸 5mL。此液稳定，配制后可长期使用。昆虫组织固定 3 天，也可在此液中长期保存，固定后可直接移入 70％乙醇中，再加几滴氨水或碳酸锂去除黄色，固定液与组织的体积比例是 100∶1。

2）卡诺氏（Carnoy’s）固定液：冰乙酸 10mL，无水乙醇 60mL，三氯甲烷 30mL。此液常用于细胞学，尤适用于固定细胞核和组织的碳水化合物和核酸的染色。固定时间一般为 20～40min，大型材料不超过 3～4h，固定时间太长会使组织产生膨胀或硬化作用。

3）乙醇溶液：30％、50％、70％、80％、90％、95％、100％乙醇系列溶液。

4）二甲苯。

5）石蜡：熔点为 50～60℃（一般 50～55℃为软蜡，55～60℃为硬蜡），软材料用软蜡，硬材料用硬蜡；切片较薄的用硬蜡，较厚的则用软蜡。

6）埃利希氏（Ehrlich’s）苏木精：苏木精 1g，95％乙醇 50mL，冰乙酸 5mL，甘油 50mL，硫酸铝钾（钾矾）约 5g（饱和量），蒸馏水 50mL，碘酸钠 0.2g。

将苏木精溶于约 15mL 无水乙醇中，再加冰乙酸后搅拌，以加速其溶解；当苏木精溶解后即将甘油倒入并摇动容器，同时加入其余无水乙醇；将钾钒溶解于热水中，然后再将温热的钾钒溶液一滴一滴地加入上述染色剂中，并随时搅动，此液混合完毕后，加入 0.2％的碘酸钠。

7）伊红：95％乙醇溶液，加几滴冰乙酸酸化（配制 300mL 染液加冰乙酸 1mL）。

8）明胶粘片剂：明胶 1g，加蒸馏水 100mL，在 30℃下慢慢溶解，再加入苯酚 2g 和甘油 15mL。

9）40％甲醛溶液，0.5％盐酸溶液，氨水或碳酸锂。

10）中性树胶或加拿大树胶。

（四）操作步骤（王进忠和丁建云，1996）

1）固定：供试材料用 Carnoy's 液固定 15min。

2）软化：将固定后的材料置于 Diaphanol（用二氧化氯溶于冰乙酸中形成的饱和溶液，王凤振，1953）中 1min。

3）脱水及透明：软化的卵依次放入 80％乙醇、90％乙醇、95％乙醇、100％乙醇（Ⅰ）及 100％乙醇（Ⅱ）中各 5min，然后分别投入 2/3 无水乙醇＋1/3 二甲苯、1/2 无水乙醇＋1/2 二甲苯及纯二甲苯中各 7min。

4）浸蜡：透明后的黏虫卵依次置于 1/2 二甲苯＋1/2 石蜡，石蜡（Ⅰ），石蜡（Ⅱ），石蜡（Ⅲ）各 10min。

5）包埋：①将包埋用蜡倒入包埋框内，镊子在酒精灯上微微加热后，将浸蜡的组织块轻轻放入框内，并埋入标签；②待框内蜡表层凝成薄蜡后，迅速将包埋框浸入水中；③待蜡块完全冷却后，从水中取出待用。

6）切片：将包埋好的蜡块进行修整，贴在小木块上，在常温下进行切片。

7）贴片：用粘片剂使切片平铺在载玻片上，将载玻片置于染色框中，在 40℃恒温箱保温 12h。

8）染色：采用苏木精-伊红染色，贴片浸入二甲苯中脱去石蜡，依次移入 100％乙醇、95％乙醇、85％乙醇、70％乙醇、50％乙醇中，最后置于蒸馏水中进行复水，各步骤需 3min。将复水的贴片没入苏木精染色液，置于生物制片快速处理仪中室内常温 15min，再用自来水冲洗 5～10min，浸入 0.5％盐酸乙醇 30s 取出置于 0.5％碱性乙醇 2～3h，再用 1％伊红复染 30s，迅速提出后，依次移入 70％、80％、90％、95％（Ⅰ），95％（Ⅱ）、100％（Ⅰ）、100％（Ⅱ）乙醇中各 2～3min，再移入二甲苯中透明 10min。

9）封片：经二甲苯透明的切片，滴一滴加拿大树胶加盖玻片封固，贴上标签，置于恒温箱 35℃烘干。

注：第 3）、4）步骤各过程均在 SQKC-Ⅲ型生物制片快速处理仪中进行。

对于特殊的组织和化学成分，染色应采用特殊的试剂，下面介绍两种特殊组织的染色方法。

1. 神经分泌细胞染色法

（1）试剂及配制

1）0.25％亚硫酸氢钠。

2）0.3%高锰酸钾和0.3%硫酸混合液。

3）乙醇乙酸混合液-95%乙醇中含有0.2%乙酸。

4）三聚乙醛-品红染液（RF）：酸性品红0.5g，三聚乙醛1mL，盐酸1.5mL，60%乙醇100mL；静置48h，待染液“成熟”后使用，仅能使用5天。

5）复染混合染料：亮绿0.4g，变色素（chromotrope 2R）0.5g，橘黄G（orange G）1.0g，磷钨酸0.5g，冰乙酸1mL，水100mL。

（2）染色步骤

切片脱蜡后经各级递减浓度的乙醇再到水→高锰酸钾硫酸混合液1min→亚硫酸氢钠1min→水洗5min→30%乙醇1min→50%乙醇1min→70%乙醇1min→PF染液2～4min→95%乙醇2min→镜检（在紫色细胞出现清晰、明亮的背景时，中断染色）→95%乙醇1min→85%乙醇1min→70%乙醇1min→50%乙醇1min→30%乙醇1min→水1min→复合染料1min→乙醇乙酸混合液1min→95%乙醇2min→无水乙醇1min（两次）→二甲苯1min（两次）→封片。

2. 糖的化学染色法

（1）试剂及配制

1）席夫试剂（Schiff's）：将0.5g碱性品红倒入100mL煮沸的蒸馏水中，继续煮5min，并随时搅拌，待冷却到50℃过滤，装入具塞的棕色试管瓶中，加入1mol/L盐酸10mL，冷却到25℃时，加偏重亚硫酸钠1g，振荡，用玻璃塞盖紧，放于暗处、过夜。次日取出（呈淡黄色），加中性活性炭0.25g，剧烈振荡1min，过滤后备用。

2）偏重亚硫酸钠液：10%偏重亚硫酸钠5mL，1mol/L盐酸5mL，水100mL。

3）0.5%过碘酸溶液。

4）0.1%快绿乙醇溶液。

（2）染色步骤

切片脱蜡后经各级递减浓度的乙醇再到水→过碘酸5min→流水5min→席夫试剂10min→偏重亚硫酸钠2min（二次）→流水5min→乙醇逐级脱水至95%乙醇（各2min）→快绿2min→100%乙醇2min（两次）→二甲苯2min（两次）→封片。

结果多糖、黏多糖蛋白均表现为PAS阳性，呈红色，细胞为绿色。

二、Spurr's包埋法实验技术

对于直翅目、螳螂目、鞘翅目等体壁坚硬的昆虫，观察体壁的感受器等组织时，可采用Spurr's包埋法。（林育真和岳巧云，1994）

Spurr's包埋法的基本操作程序为取样→固定→脱水→渗透→包埋→切片→染色→封片。

（一）材料与工具

供试昆虫，眼科解剖刀，切片机，切片刀，磨刀石，载玻片，盖玻片，尖头镊子，玻璃镊子，恒温箱，锥形瓶，通风橱，吸管，培养皿，旋转振荡器，冰箱，包埋槽，电热台，染色缸，胶皮手套等。

（二）化学试剂及配制

1. 可力丁缓冲液

将5.34mL可力丁（2，4，6-trimethylpyridine）溶于100mL蒸馏水中，在酸度计测量下加入约18mL 1mol/L HCl，并加蒸馏水使总体积达200mL，再加入6g蔗糖（磁力搅拌）即为pH 7.4，0.2mol/L 3%蔗糖的可力丁缓冲液。

2. 戊二醛固定液

将16mL纯度为25%戊二醛倒入量杯，加入上述可力丁缓冲液至100mL即可。

3. 磷酸缓冲液

母液A：17.80g Na_2HPO_4 溶于500mL蒸馏水中（振荡溶解）

母液B：6.24gNaH_2PO_4 溶于200mL蒸馏水中（振荡溶解）

在酸度计测量下将19mL母液B缓慢加入81mL母液A中，使pH为7.4，再加3g蔗糖。

母液A、B均保存于冰箱中。

4. Spurr's包埋剂

将一洁净玻瓶置于天平上，分别称取26g环氧固化剂NSA（noenyl succinic anhydride；agar scientific LTD. U. K.），10g双官能环氧树脂基稀释剂ERL4206以及8g环氧树脂DER736混合均匀。另取一小玻瓶称量0.2g S-1（Sigma Chemical Co.），全部以吸管吸入并将此带有S-1的吸管插入盛有上述混合液的玻瓶底部，将S-1缓慢加入并混匀。

此配方供包埋中等数量试样块所用，如试样块较多或较少，配方可按比例增或减。

5. 染液

用以配制染液的染料有苯胺蓝（aniline blue）、亮绿（light green）、酸性品红（acid fuchsin）和橘黄G（orange G）等。可根据实验目的选用一种或多种染料配制染液。

复染染液的配制：将0.5g亮绿（或苯胺蓝）、1g橘黄G和3g酸性品红溶于100mL蒸馏水中，加热至完全溶解，加入2mL冰乙酸。配制过程磁力搅拌，过滤后室温保存备用。

（三）操作步骤

1）取材：将昆虫标本置解剖镜下观察器官所处位置，以确定剪切剖位和拟剪取试样块的适宜长度。用手术剪在所需观察部位剪下，试样块不可留得过长，以免无效工作及由于包埋槽大小的限制而带来麻烦；若固定后需再修剪，宜用精细手术剪，剪时留有余地，以免剪口裂纹波及器官部分。

2）固定：剪好的试样块随即分别放入盛有5mL 4%戊二醛有编号的洁净小玻瓶中，摇动使之下沉；如有漂起者，可驱除试样块表面气泡或抽气使之沉入瓶底，置冰箱过夜即可。固定时间最长可延至2～3天，但应尽量避免。固定液可以重复使用2或3次。

3）清洗：将固定好的试样块取出，放入洁净的小玻瓶中，用磷酸缓冲液冲洗3次，每次5min。置换溶液务必使用吸管，不可用嘴吸取。每个步骤均在通风橱中带塑胶手套操作完成。

4）脱水：梯度乙醇和对二噁烷 1，4-Dioxane（$C_4H_8O_2$）作为脱水剂。将固定好的试样块从磷酸缓冲液移入另一洁净玻瓶中，注入适量 30%乙醇，脱水 20～30min；然后吸去 30%乙醇换入 50%乙醇，再行脱水 45min；吸去 50%乙醇换入 70%乙醇，又经 45min。再以两级 100%的 Dioxane 脱水，每步历时 1h。以上各步均在旋转器中振动完成。

5）渗透：将大致等量的 Spurr's 包埋剂（Resin）加入到第二级 100%的 Dioxane 中混合，在旋转器中渗透 90min；移去瓶中约一半混合液，加入等量的树脂 Resin，使 Resin∶Dioxane 约等于（V/V）3∶1，置旋转器中再渗透 90min。而后将试样块移入纯 Resin 中，室温下置于旋转器振荡过夜。次日还要将试样块移入纯 Resin 中，在旋转器中又经 3h，以便充分渗透，这一步骤略短于 3h 也可。

6）包埋：将试样块逐一放入硅酮橡胶包埋槽中，然后分别注满 Spurr's 包埋剂，注意使包埋剂液面略凸出于槽面，否则聚合后包埋块表面可能下凹，影响切片质量。试样块的摆放位置对于获取理想切片至关重要，故包埋时应在双筒镜下仔细调整摆正试样块的位置。注意将有关试样块的系列号、编号、性别等资料，与包埋槽号对应起来，登记在专门设计的包埋块档案纸上。

Spurr's 包埋剂在聚合前有毒，人体不可直接接触或吸入，渗透与包埋各步骤均在通风橱内带塑胶手套完成。

7）聚合：将整个硅酮橡胶包埋槽板小心平置于 70℃恒温箱中聚合 16h。取出包埋块按序号用胶带纸粘于上述包埋块档案纸上，供切片时选用。

8）修块：为获取理想切片并节省切片用玻璃刀，切片前应修整包埋块。最好用锉刀或磨石进行修块，一般将包埋块修成楔形，底部较宽大，以便牢固地被钳夹于切片机件上，顶部（其内有器官部分）周围多余的包埋剂可修去，切片过程中仍可根据需要适当修块。

9）切片与展片：为使切片牢固粘贴于载片上，切片前将拟放置切片的载玻片以明胶（chromalaun gelatine）溶液浸过，自然干燥备用。

为进行光学显微镜分析用，以 5～7μm 的厚度进行连续切片，切片速度因材料而异，连续切片力求完整不丢失。每一载玻片依序分 3 行，每行放 6 片，每一载玻片共放 18 个切片，以钻石笔在载玻片右侧刻写序号、片号等，以便分类排列及光镜分析之用。展片所用水滴以双蒸水为佳；展片置于约 70℃电热台上完成，干燥后即可染色。

10）染色与封片：将带有切片的载玻片放入侧壁有隔挡的染缸中，避免切片相互摩擦受损。染色时间一般为 24h，取出载片，先以自来水冲洗，最后用蒸馏水冲净，自然干燥。

染色时间的长短与染液浓淡程度有关。一缸染液可重复使用；经多次使用后如果染液变淡，可直接添加染料以补色；如遇过染，可水浸分色；如染液中出现沉淀，可过滤再用。

染好的片子镜检合用，即可用中性树胶或加拿大树胶封片。每片封盖所用树胶要适量；以滴管吸取树胶时应插入树胶装瓶深部，以免吸入空气；封盖时亦应注意避免封进气泡，保证切片图像的质量，制作好的切片，存放备用。

Spurr's 包埋法在直翅目昆虫足感受器研究中的应用取得了优良的效果，而 Spurr's 包埋剂的配制是实验成功的关键，与常规使用的包埋剂及包埋技术（如石蜡切片法）相比较，这一方法的显著优点是，低黏度包埋剂可贯通几丁质外壳，对组织具有良好的渗透作用，切片时试样块中所有器官组织均保存良好，表皮、真皮及其内部各器官结构部分都表现清晰的微观结构。

整个操作过程中其他化学药剂及操作方法的配合使用对实验的成功也起到一定的作用。例如，可力丁缓冲液的戊二醛固定液与其他固定液相比（如 Cacodylate 缓冲液）具有更好的缓冲作用以及与 Spurr's 包埋剂一致的聚合作用。另外，这一技术由于使用了梯度乙醇和两级 1，4-Dioxane 作为脱水剂，使几丁质表皮的特性发生改变，从而使 Resin 穿透表皮的渗透作用加强；与单独使用乙醇或 Dioxane 相比较，可消减组织的收缩作用。另外整个渗透过程中不停地旋转振动有利于充分渗透。例如，三色复染法的使用，可使表皮、气管、具橛感器甚至各结构部分，如支持带，感橛头等呈现不同的颜色，有利于光镜的分析和辨认。

综上所述，Spurr's 包埋法具有程序规范化、操作简便、切片完整性好、图像清晰度高等优点。如能按照方法要求、掌握操作要领，便能充分发挥这一方法的优点，取得良好的研究成果。

第三节　昆虫超微结构实验方法

电子显微镜的问世，使生物组织、细胞超微结构的研究成为可能，通过组织固定和超薄切片或导电胶粘样和镀膜在投射电镜下观察，较普通光学显微镜提高数十倍至数百倍的组合超微构造。

一、昆虫组织、超薄切片电镜观察方法

昆虫组织超薄切片电镜观察一般应用于昆虫内部组织，如气管、马氏管、背血管、腺体组织、生殖系统等的观察，其基本操作步骤：取样→固定（一般应进行戊二醛和锇酸双重固定）→脱水→包埋→超薄切片→染色→上镜观察等步骤（陈长琨等，1991）。下面介绍几种昆虫组织超薄切片电镜观察方法。

（一）昆虫精细胞的超微结构观察（卢中建等，1993）

叶恭银等（1999）报道了天蚕精子的超微结构观察的方法，其操作步骤：取化蛹第 16 天的雄蛹及羽化第 1 天的雄蛾在生理盐水（NaCl、KC1、$CaCl_2$ 和 $NaHCO_3$ 含量各为 0.88%、0.02%、0.03%和 0.002%）中解剖取出睾丸，自雄蛾体中取出储精囊、射精管和附腺，用 2.5%戊二醛和 1%四氧化锇（锇酸）双重固定，前者固定 3h，后者固定 2h，乙醇系列脱水，Epon 812 环氧树脂包埋；在 Reichert-Jung Ultracut-E 型超薄切片机上超薄切片；经乙酸双氧铀和柠檬酸铅复染色后，在 JEM-1200EX 型透射电镜下对真核和无核精子各部位结构进行系列观察、拍照。

从雄蛾体中取出并撕破储精囊，与一定量生理盐水混匀制得精子悬浮液。尔后将精子悬浮液滴于有 Form var 膜的铜网上，经 2%磷钨酸（PTA）复染后，置 JEM-

1200EX 型透射电镜下观察精子整体形态。

（二）昆虫前胸腺超微结构观察

甘雅玲和郭中伟（2004）报道了油松毛虫前胸腺超微结构的实验方法，其操作步骤为：在解剖镜下解剖取出前胸腺，用4%戊二醛固定3h，0.2mol/L二甲砷酸钠缓冲液洗涤3次，每次30min。然后用1%锇酸固定2h，0.2mol/L二甲砷酸钠缓冲液洗涤3次，每次30min，乙醇梯度脱水，Epon812环氧树脂包埋。然后用LKB-V超薄切片机切片，H-300型透射电子显微镜进行观察。

（三）昆虫器官和生殖附腺等超微结构观察

李怡萍等（2002）、陈长琨等（1998）分别报道了昆虫气管系统、雄性附腺超微结构的观察方法，其他方法，如排泄系统的马氏管，背血管、神经原细胞等超微结构观察亦适用于此方法，操作如下：

在解剖镜下解剖，取样所需要组织，迅速投入4%戊二醛溶液中固定3h，然后转入1%锇酸（四氧化锇）溶液固定2h；将固定后的样品依次放入50%、70%、80%、90%、100%的丙酮中脱水（此步骤也可以在70%、80%、90%、95%、100%的乙醇中脱水）；用Epon812环氧树脂包埋，在35℃、45℃、60℃温度下各聚合1d；包埋后的样片在LKBV型超薄切片机上切片；用乙酸铀和柠檬酸铅双重染色后上镜观察。

二、电胶粘样和镀膜扫描电镜观察方法

此种方法多应用于昆虫体壁及其附属物、外长物，如体毛、刺、棘、鳞片等，触角、足、翅、复眼、口器等构造的超微结构观察。一般步骤为取样→消化→清洗→脱水→干燥→粘样→镀膜→扫描电镜观察。

1）取样：选取所需观察标本的器官部位，用解剖剪剪下备用。

2）消化：将所剪取的样本投入8%～10%NaOH溶液中煮沸5～10min（视样本大小，厚度及坚硬程度而定，此步是为了消解组织上所含有的蛋白质、脂肪等物质，仅留下几丁质结构部分）。

3）清洗：用蒸馏水多次清洗样本上残存的NaOH。

4）脱水：将清洗后的样本，从低至高浓度方向，依次投入70%乙醇、80%乙醇、90%乙醇、95%乙醇、100%乙醇（脱水剂）溶液中（也可以丙酮作为脱水剂）脱水，彻底脱水样本组织中所含有的水分。

5）干燥：将脱水后的样本置入60℃恒温箱中干燥2h，也可自然干燥（注意在干燥过程中，防止灰尘等污染样本）。

6）粘样：采用导电胶带纸粘样，也可用银导电胶粘样，采用后者粘样对于体积较小的样本可能出现污染样品表皮的现象。

7）镀膜：样品粘合后，于IB-S离子溅射仪或HUS-SGB真空喷镀仪镀膜（对于昆虫触角、尾须、下颚须、下唇须等分节的样本，由于各节连接处有较大的缝隙，易造成金属导电层不连续，电镜观察时充电现象较严重，应适当增加镀层厚度，用真空喷镀仪镀金属膜时，由于均匀性较差，不适宜用于上述组织的样品镀膜。为解决触角表面金属

镀层不连续的问题，可使用一种扫描电镜专用的放电防止液，在触角粘合后滴加一滴放电防止液，自然干燥后再镀金。也可在观察图像发现有充电现象时，取出样品滴加放电防止液，再上机观察，可有效地防止因导电不良产生的充电效应）。

8）电镜观察：镀膜后的样品置于在 KYKY-1000B 或日立 S-450 型扫描电镜下观察。由于许多感觉器呈毛形，尖端效应显著，电镜加速电压不易过高，选择 5～20kV 不等；一些感觉器数量少，形状小，有的被掩盖，应从不同角度仔细观察寻找；感觉器的长度和直径测量时必须确认观察物处在视野平面上，若形成一定的角度会造成数据不准。此两种扫描电镜均可连续描述，并具有同步拍摄功能，可取得样本的连续电镜照片。

第四节　昆虫取食量及食物利用率的测定方法

昆虫是异养生物，其从外界摄取的食物，一部分被吸收，转化、利用或固定为自身生命活动的物质，另外一部分不能或未被吸收利用，作为代谢产物排泄出体外，而被吸收和固定的那一部分物质之中的一定量被用来固定为构成虫体的生物量，另外的一些被当作昆虫生命活动的维持（能）物质，在生命活动过程中被利用和消耗。研究昆虫的取食量及其对食物的转化利用率，对于昆虫取食行为、生长发育、生物学、生态学等的研究均具有指导意义，在害虫的危害损失、抗药性测定、毒力测定、有益昆虫的饲养利用等诸多方面均有直接的应用。

昆虫在长期对自然环境的适应和演化过程中，其取食器官——口器的构造也分化出相应的类型。最为常见的昆虫口器构造为咀嚼式和刺吸式，这两种口器的取食方式是完全不同的，前者使用坚硬的上颚直接咬食固态的食物，吞咽入食道后，将食物消化吸收，而后者是利用上下颚口针刺入寄主组织，先进行体外消化，将寄主的组织液分解为小分子的化学物质后再吸入消化道进一步消化和吸收，因此这两类口器的取食量及食物利用率的测定方法也不相同。

一、咀嚼式口器昆虫取食量的测定

（一）质量测定法

1. 原理

不论是天然的、人工的、半天然的材料，在昆虫取食后均应有一定数量的组织物质的损失，可以认为食物的初始供应量和剩余量的差额就是昆虫的取食量。可由下式表示：

$$\text{昆虫取食量(g)}=\text{食物初始量(g)}-\text{食物剩余量(g)}$$

此种方法应用较广，对叶、花、果、根、茎等多个植物器官均适用。

注意：取食时间的划分，可以为一天，也可连续饲养测定昆虫同一虫态或某虫龄的幼（若）虫的总食量。

食物质量的测定，由于在昆虫饲养的过程中食物由于失水会造成测定结果的偏差，因此在此测定中应设立空白对照，即设立相同饲养条件处理的食物，测定同一时期的自然损失量，计算校正取食量。

食物自然损失(g) ＝对照初始食物质量(g)－对照食物质量(g)

校正昆虫取食量(g)＝食物初始量(g)－食物剩余量(g)－食物自然损失量(g)

2. 用具和仪器

电子天平，养虫盒（培养皿、养虫管等），镊子，毛笔等。

3. 测试步骤

1）饲养方式的确定：根据食物的性质和饲养方法，确立饲养环境。一般情况下，对于食量较大或有自残习性的昆虫采用单头饲养，食量较小的可以采取群体饲养，但以5头为宜。

2）初始食物定重：用电子天平称取一定质量的食物，应设置空白对照和重复，重复不应少于3次，以5个重复较好。

3）饲养：饲养有自然条件和人工控制条件（如温度、湿度、光照等）不同的方式，(具体参见第二章昆虫饲养方法与技术相关内容)。

4）取食量的测定：用电子天平分别称取对照食物质量和饲养后食物的剩余量，计算校正昆虫取食量。

（二）面（体）积测定法

1. 原理

咀嚼式昆虫取食寄主后，多在取食部位留下孔洞、缺刻，通过测定取食的寄主组织的面积，确定昆虫取食量是可行的，此种方法多应用于取食叶面的昆虫，也广泛应用于昆虫抗药性、农药毒力的测定中（如药碟法）。

2. 用具和仪器

叶面积测定仪或方格叶面积测定表（一般为1mm×1mm的透明塑料方格胶片），培养皿，米尺，镊子，毛笔等。

3. 测定步骤

1）饲养方式的确定：同质量测定法相关部分。

2）食物面积的确定：测定供试食物的面积，如果是人工饲料应测定食物的体积(表面积和厚度)。

3）饲养：同质量测定法。

4）取食量测定：饲养一定时间后，用叶面积测定仪或方格叶面积测定表测量被昆虫取食的面积，如人工饲料应同时测定取食厚度，计算出食物被食用的体积。由于昆虫食物利用率和食物转化指数的测定多采用质量计算，因此可将取食面（体）积转化为取食量，此法非常简单，剪取取食相同的面积叶片或切取同等体积的食料，在电子天平上称取质量则可。

二、刺吸式口器昆虫取食量的测定

1. 原理

刺吸式口器的昆虫，如飞虱、叶蝉、蚜虫等，进行体外消化后取食，因此直接测定其取食量是非常困难的，目前通用的方法是通过测定此类昆虫的排泄物（蜜露）来表达其取食量。蜜露量的测定较常用的方法是单位时间排泄的蜜露质量或面积指标。

2. 工具和仪器

取食室（一般为 2cm×3.5cm 石蜡薄膜袋，其体积可根据饲养昆虫的种类进行调节），尖头镊子，毛笔，万分之一天平，0.3%溴甲酚氯乙醇处理的滤纸，$1mm^2$ 的透明塑料方格表。

3. 测试步骤

1）用万分之一电子天平称量取虫室质量。

2）将取虫室固定于昆虫取食的寄主组织。

3）将待测昆虫接虫于取食室内。

4）一定时间后，取下取虫室，在天平上称取质量，用下式计算蜜露量：

蜜露质量(mg)＝取食后取食室质量(mg)－取食前取食室质量(mg)

如果用蜜露面积进行测量，可先在取食室底部放入 0.3%溴甲酚氯乙醇处理的滤纸，取食结束后，取出滤纸，用透明塑料方格表测定蜜露的面积（刘光杰报道飞虱的蜜露在此处理中，呈现出中央为白色，边缘为蓝色的圆斑）。

三、昆虫食物利用率的测定

昆虫食物利用率是表达昆虫取食后，对营养物质的固定和利用的相对量指标，一般可用下面几个公式予以计算和测定（公式中的各项均可在昆虫的饲养和取食量等的测定中取得，在此不做赘述）。

1）$\text{消化系数（食物利用率）}=\dfrac{\text{消耗的食物干重}-\text{排泄物干重}}{\text{消耗的食物干重}}\times 100\%$

2）$\text{营养比率}=\dfrac{\text{可被消化的糖类}+\text{可被消化的脂肪}\times 2.25}{\text{可被消化的蛋白质}}$

式中，可消化脂肪的系数 2.25，表示每克可消化脂肪的总能约为可消化糖类的 2.25 倍。

3）$\text{食物转化率}=\dfrac{\text{昆虫增加的体重（干重）}}{\text{取食食物的质量（干重）}}\times 100\%$

有人将食物转化率又称为食物转化指数。

4）$\text{单位虫体重量取食量}=\dfrac{\text{总取食量}}{\text{实验前虫体质量}}$

5）$\text{虫体重量增长指数}=\dfrac{\text{实验末虫体重量}-\text{实验初虫体重量}}{\text{实验初虫体重量}}\times 100\%$

第五节　昆虫蛋白质的分离和测定方法

一、昆虫蛋白质分离

（一）储存蛋白的分离

蛋白质是昆虫生物体物质的重要组成成分，也是昆虫生命活动过程中生理生化反应的重要参与物质和能源的主要提供者，分离测定昆虫体内蛋白质的含量及氨基酸的成分、含量，对研究考察昆虫的生理、生态、营养成分及迁飞行为等均有指导意义（王荫长，2001）。

储存蛋白（storage protein，SP）是一类特异性血淋巴蛋白，这类蛋白质在幼虫或若虫期的脂肪体内合成后释放到血淋巴中，化蛹时又被脂肪体摄取，在细胞内形成蛋白质颗粒，当再次进入血淋巴时，为成虫器官发育和新组织的形成提供原料。值得注意的是储存蛋白的含量随昆虫发育而变化，有性别差异并受激素调节（Andersen et al.，1997；Chapman，1998）。

甘明等（2003）报道SP的分离纯化步骤如下：用含1mmol/L EDTA、1mmol/L DDT、1mmol/L PMSF、0.1g/L苯基硫脲、50mmol/L Tris-HCl（pH8.0）的取样缓冲液将蚜虫在冰浴中匀浆。匀浆液在4℃以10 000r/min离心10min，上清液透析冻干后为粗样。取200mg粗样溶于0.02mol/LTris-HCl（pH7.1）缓冲液中，上样到用同样缓冲液平衡的DE52纤维素柱（3cm×25cm）上，梯度洗脱（A液与平衡液相同，B液为含0.8 mol/LNaCl的平衡液），12%SDS-PAGE检测，将含目的蛋白的吸收峰合并，透析冻干。将30mg冻干品溶于0.02mol/LTris-HCl（pH8.0）缓冲液中，上样到用相同缓冲液平衡的Sephadex G150柱（2cm×100cm）中洗脱。将含目的蛋白的吸收峰收集并透析冻干。将3mg冻干样品溶于Mili Q级纯水中上样到FPLCQ-Sepharose柱上，梯度洗脱（A液与平衡液相同，B液为含0.8mol/LNaCl的平衡液），将含目的蛋白的吸收峰合并，透析冻干后保存于－20℃。

永田昌男和小林正彦（1994）报道了家蚕幼虫SP的提取方法：将血液收集于含少量苯硫脲的试管中，离心去血细胞。脂肪体及其他器官的解剖在磷酸缓冲液中进行（NaCl 137mmol/L，$Na_2H_2PO_4$ 1.28mmol/L，pH7.4，脂肪体及其他器官中储存蛋白的提取采用5倍或10倍体积的磷酸缓冲液进行）。解剖出后用磷酸缓冲液冲洗三遍，滤纸吸水，每次分析取5～10头蚕的器官。整个虫体用等量的含苯硫脲的磷酸缓冲液搅匀，以20 000g离心20min，上清液于－60℃下保存备用。

（二）脂蛋白的分离

迁飞昆虫的飞翔活动主要动用脂肪体内的脂类。在脂肪体内三酰甘油酯（TG）在TG酯酶作用下降解成二酰甘油酯（DG）和脂肪酸（FA）进入血淋巴，由脂类的载体蛋白携脂蛋白（lipoprotein）运送到飞翔肌。

脂蛋白分离步骤如下：

1）血淋巴的收集：于末龄幼虫腹部节间膜处扎一小洞，然后轻压腹部，将流出的血淋巴置于小玻璃管内，每毫升血淋巴加5μg分子的苯基硫脲，防止酪氨酸酶引起的黑化。

2）脂蛋白的分离与纯化：取收集的血淋巴进行离心（4000r/min，20min，20℃）除去血细胞和组织碎片，然后在上清血浆内加入乙二胺四乙酸二钠盐（EDTA）（1mg/10mL血浆）。取1.0～1.5mL血浆仔细地铺在装有密度梯度的NaBr盐溶液5mL离心管的顶层。在日立Gp-70超速离心机（Rp50SZ转头）上离心8h（39 000r/min，15℃）（Marcu and Locke，1998）。

（三）蛋白质的水解分离方法

1. 材料及试剂

昆虫，盐酸（化学纯），701 弱碱性阴离子树脂。

2. 工艺流程

昆虫 $\xrightarrow{\text{干燥、粉碎}}$ 虫粉 $\xrightarrow{\text{脱脂}}$ 脱脂虫粉 $\xrightarrow{\text{酸解}}$ 水解蛋白液 $\xrightarrow{\text{过滤}}$ 滤液 $\xrightarrow{\text{浓缩、静置、过滤}}$ 滤液 $\xrightarrow{\text{精制}}$ 精制液 $\xrightarrow{\text{浓缩、干燥}}$ 成品（水解昆虫蛋白质）

3. 操作步骤

脱脂：干虫粉用 120# 汽油置脂肪提取器中脱脂 2h 或将干虫粉浸入 120# 汽油浸泡 12h，分离虫粉，回收汽油即得脱脂虫粉。

水解：称取脱脂虫粉 500g 置 5000mL 圆底烧瓶中，加水 3000mL、盐酸 20mL，加热至 100℃，烧瓶附回流冷凝，进行回流水解 10～15h，此时水解液 pH 回升到 4～4.5，取少量水解液，测定氨基酸，氨基酸测定值最大时即可出料。

精制：水解液过滤，滤液减压 80℃浓缩至 800mL；在 0～5℃静置 24h 过滤，滤液加 3%的活性炭加热至 90～100℃，保温 1h 进行脱色，过滤，滤液加 701 弱碱性阴离子交换树脂，同时搅拌，待 pH 上升至 5.5 时迅速过滤除去树脂，滤液减压浓缩至糖浆状，置瓷盆中 80℃真空干燥得淡黄色水解蛋白粉。

（四）蛋白质的盐、碱提取法

在科学研究和生产实践中，一直常用的蛋白质提取方法是碱提取和盐提取法，现有的报道见于家蝇、蚕蛹、豆天蛾、蚂蚁、多种蝗虫、蝉、黄粉虫等体蛋白的提取（Izumi，1994）。

李广宏等（1996）以蝇蛆为对象研究分析了考察蛋白质的盐提取法、碱提取法和盐碱两步提取法，并比较了抽提温度、昆虫原料的处理方法（蛆浆过不同筛目的干粉）、离子浓度、沉淀时间等对提取率及蛋白质质量的影响，提出用蛆浆离心前静置沉淀 2h 和降低抽提温度等可提高蛋白质提取率。其给出的蛋白质抽提方法流程见图 8-1。

人们也从不同的目的出发，在传统的盐、碱提取法基础上进行改进，下面具体介绍两种蛋白质的提取方法。

1. 家蝇幼虫蛋白质提取程序（图 8-2）

具体步骤如下：

第一步：索氏（sixhlet）脂肪抽提法浸提蝇幼虫油脂

准确称取样品放入抽提纸筒内，然后将滤纸和样品置于索式抽提器的提取管中，在已冷却、干燥、称重的磨口烧瓶（接受瓶）中注入 150mL 石油醚，然后将烧瓶连接到索氏提取器的提取管和冷凝器上，在 95℃的 HH. S11-4 电热恒温水浴锅上水浴加热，大约每 5min 能产生 1 次虹吸现象，4h 后，用玻棒蘸取少许提取管中的液体滴在毛玻璃上检验脂肪是否已提取完全，然后取出滤纸筒，利用提取器回收石油醚，取下烧瓶，在 100～105℃烘箱中烘干、冷却、称重、计算。

$$\text{脂肪}(\%) = W_1 - W_0 W \times 100\%$$

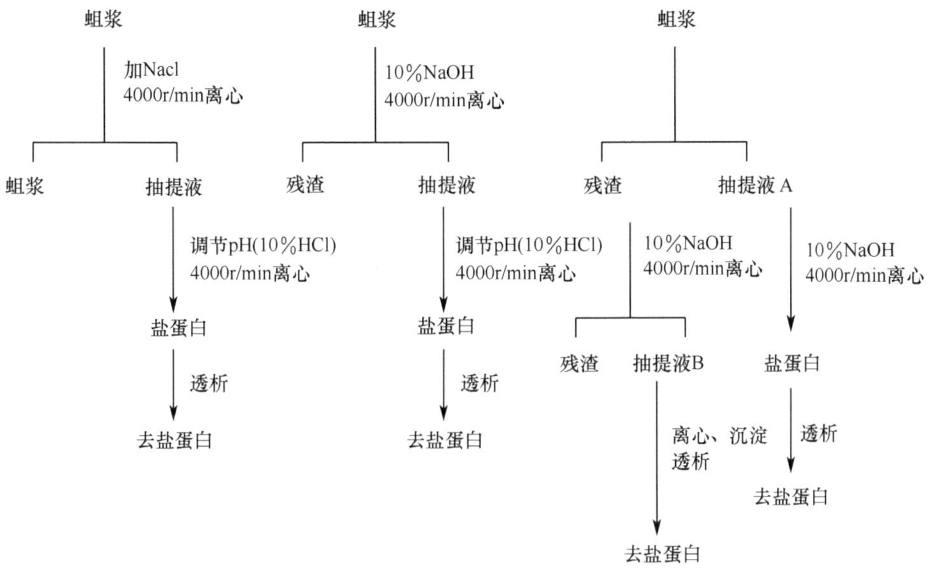

盐提法工艺流程图　　碱提法工艺流程图　　盐、碱二步法工艺流程图

图 8-1　蛋白质抽提方法

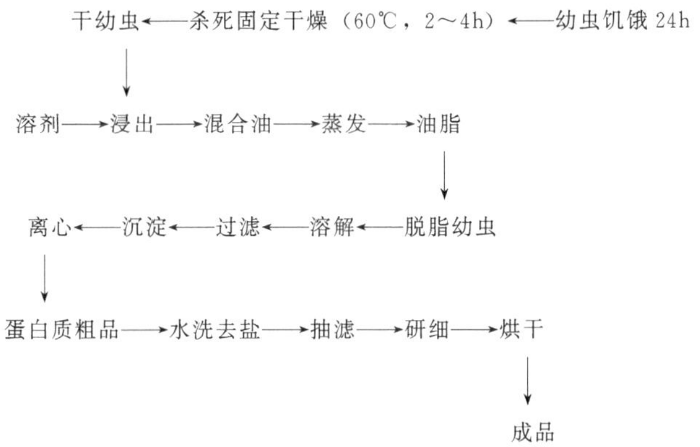

图 8-2　家蝇幼虫蛋白质提取流程图

式中，W 为样品质量；W_1 为接受瓶和脂肪质量；W_0 为接受瓶质量。

第二步：加稀碱溶解蝇幼虫蛋白质

准确而快速称取 1g NaOH 固体溶解，注入 100mL 容量瓶中配成 1%稀碱溶液，把脱脂幼虫与稀碱按一定比例浸于烧杯中，在 DF-101B 集热式恒磁力搅拌器上均匀搅拌，待蝇幼虫蛋白全溶于碱液后，取多层纱布过滤。

第三步：用稀酸滴定至蝇幼虫蛋白等电点

用含量 36%～38%的分析纯 HCl 配成稀 HCl，用已知浓度 2.00mol/LNaOH 溶液滴定稀 HCl，测其浓度为 1.46mol/L，将上述滤液倒入锥形瓶，边摇匀边缓慢加入 1.46mol/L 稀 HCl 溶液，调节 pH 至出现大量沉淀，用 pH 计测定，一般等电点控制在 pH4.0～4.4，不断搅拌，使蛋白质包裹的碱液完全析出，pH 稳定在 4.1 左右，这时滤液中出现大量细而小的淡黄色絮状沉淀，静置，得到蛋白质粗品。

第四步：水洗去盐

把得到的蛋白质粗制品离心水洗，离心速度为4000 r/min，时间15min，重复几次至上清液无色无味。

第五步：抽滤烘干

据有关资料表明，用喷雾干燥效果较好。也可先抽滤，后在电热恒温培养箱内烘干2h，冷却后取出称重，研细，得到纯幼虫蛋白质。

2. 蚂蚁蛋白质提取工艺流程

整形蚂蚁→研磨→过筛40目→取样调浆→溶剂萃取→离心分离（去渣）→提取液调等电点→离心分离（去上清液）→含盐蛋白→洗涤中和→去盐蛋白→干燥→产品。

操作步骤：

每次称取一定量已研磨的原料，分别按表8-1设计的条件参数并按工艺流程进行试验，所得产品称重后，再测定其蛋白质含量（鲁晓翔等，1999）。

表8-1　蚂蚁蛋白质单因素提取试验条件参数

固液比（W/V）	1∶10	1∶15	1∶20	1∶25
pH	7	8	9	10
盐浓度/%	0.25	0.5	1.0	2.0
温度/℃	13	25	35	45
时间/h	1	2	4	8

其他，如蝗虫、蚕蛹、蝉、豆天蛾幼虫等昆虫体蛋白质的提取方法也可参考此法进行。

二、蛋白质测定

蛋白质含量可以从它们的物理化学性质，如折射率、相对密度、紫外吸收、染色等测定而得知；或用化学方法，如凯氏（Kjeldahl）定氮、双缩脲反应、Folin-酚试剂反应等方法来测定。其中，凯氏定氮法是蛋白质定量的经典方法，但操作繁琐。Folin-酚试剂法和染色法是一般实验室中经常使用的方法。这类方法操作简便、迅速、不需要复杂和昂贵的设备，又能适合一般实验室要求，若做一般测定较为适宜（王福荣，2005）。

（一）凯氏定氮法（郭郛和忻介六，1988）

该方法分常量、半微量和微量三种，其原理和操作步骤基本相同，所不同的是它们适于测定范围分别为15～40mg氮、2～5mg氮和0.05～1mg氮，此外在碱化后常量法采用直接蒸馏法，半微量法和微量法采用水蒸气蒸馏法。以七星瓢虫卵黄蛋白质为例。

1. 样品和试剂

1）制备卵黄蛋白质待测样品。

2）浓硫酸-过氧化氢-水混合液（2∶3∶1）：在100mL水中缓慢加入浓硫酸200mL，冷却后再加入30%过氧化氢300mL，混合备用。此液存放阴凉处可保存一个月。

3）混合指示剂储备液：取50mL 1g/L溴甲酚绿无水乙醇溶液与200mL 1g/L甲基红无水乙醇溶液混合，储于棕色瓶中备用。

4）硼酸-指示剂混合液：取 100mL 20g/L 硼酸溶液，滴加混合指示剂储备液，摇匀后溶液呈紫红色即可（约加 1mL 指示剂）。

5）混合催化剂：硫酸铜（$CuSO_4 \cdot 5H_2O$）10g，硫酸钾 100g，硒粉 0.2g，在研钵中研细，使通过 40 目筛，混匀后备用。

6）0.01mol/LHCl 标准溶液。

7）400g/LNaOH 溶液。

2. 测定步骤

1）消化：准确称取经研钵磨成粉末的试样 0.2g 置入 100mL 凯氏烧瓶中，加混合催化剂 1g，同时加硫酸-过氧化氢-水混合液 3～5mL，稍加振摇，斜置于电炉上，在通风橱内加热进行消化。开始时用低温加热，勿使瓶中泡沫超过瓶肚 2/3，待泡沫减少和烟雾变白后再增加温度保持微沸。消化到溶液呈浅蓝绿色的透明状时，再继续加热沸腾 10min，取出，冷却至室温后，将消化液转入 100mL 容量瓶中，用 70～80mL 水洗涤凯氏烧瓶，冷却至室温后加水稀释至刻度，摇匀。同时做一空白，除不加试样外，其他操作相同。

2）蒸馏：在凯氏定氮仪的蒸馏瓶中，加入 5mL 稀释消化液和 10mL 水，再加入 10mL 400g/L NaOH 溶液，立即开始蒸馏，接收三角瓶中加 20mL 硼酸-指示剂混合液。待蒸馏瓶沸腾后蒸馏 5min。

3）滴定：用 0.01mol/L HCl 标准溶液滴定三角瓶中的吸收液，滴定至溶液由绿色变成浅紫红色为止。

吸取 5mL 空白消化液，按上述操作步骤进行操作。

3. 计算蛋白质含量

$$卵黄粗蛋白质含量（干重,\%）=(V-V_0)\cdot c\cdot 0.0140\cdot K\cdot \frac{1}{m}\cdot 100\cdot \frac{1}{1-X}$$

式中，V 为滴定试样时消耗 HCl 标准溶液的体积（mL）；V_0 为滴定空白时消耗 HCl 标准溶液的体积（mL）；c 为 HCl 标准溶液的浓度（mol/L）；K 为氮换算成卵黄粗蛋白质的系数，一般取 6.25；m 为称取试样质量（g）；X 为试样水分含量（%）；0.0140 为消耗 1mL 1mol/L HCl 标准溶液相当于氮的质量（g）。

4. 非蛋白氮的测定

取一定量样品加蒸馏水在 30℃恒温水浴中浸泡过夜，然后加入 20%TCA（三氯醋酸）使蛋白质沉淀，然后离心，取上清液再过滤，沉淀再用 TCA 溶液洗涤，合并收集滤液至一定体积，再按上法定氮。

5. 注意事项

1）七星瓢虫卵黄蛋白质样品需经冷冻后方可长期保存。

2）消化过程中，若硫酸-过氧化氢-水混合液损失过多时，可酌量补加，勿使瓶内干涸。消化液加水稀释后，应及时进行蒸馏，否则应保存消化液，临用时加水稀释。

3）蒸馏过程中切忌火力不稳，否则将发生倒吸现象。

4）混合指示剂在 pH5.2 时为紫红色，pH5.4 时为暗灰色；pH5.6 时为亮绿色，变色点 pH 为 5.4，指示剂变色范围很窄，灵敏度高。

（二）紫外吸收法（王福荣，2005）

1. 样品及试剂

1）制备的昆虫蛋白质待测样品。

2）60%碱性乙醇溶液（称取 NaOH 2g，溶于少量 60%乙醇溶液中，然后用 60%乙醇溶液稀释至 1000mL）。

3）300g/L NaOH 溶液。

2. 测试步骤

取一定量的试虫组织放入匀浆器中，加 60%碱性乙醇溶液（称取 NaOH 2g 溶于少量 60%乙醇溶液中，并用乙醇定容至 1000mL）3mL，研磨 5min。然后用 60%碱性乙醇溶液将研磨好的样品浸入 25mL 容量瓶中，定容。摇匀后静置片刻，取部分浸提液离心 10min（3500r/min）。吸取上清液 1mL 于 25mL 容量瓶中，用 60%碱性乙醇溶液稀释并定容，摇匀。同样，按以上操作做试剂空白试验。于 280nm 和 260nm 波长，用 1cm 比色皿，以试剂空白为对照分别测定样品的吸光度。

3. 计算

$$\text{蛋白质含量}(\%) = (1.45A_{280\text{nm}} - 0.74A_{260\text{nm}}) \cdot n \cdot \frac{1}{m} \cdot \frac{100}{1000}$$

式中，$A_{280\text{nm}}$为试样与空白在 280nm 处测得的吸光度差；$A_{260\text{nm}}$为试样与空白在 260nm 处测得的吸光度差；n 为待测试样稀释倍数；m 为称取试样质量（g）；1000 为将 mg 换算成 g。

4. 注意事项

不同蛋白质酪氨酸的含量有所差异，蛋白质溶液中存在核酸或核苷酸时会影响紫外吸收法测定蛋白质含量的准确性，尽管利用上述公式进行了校正，但由于不同样品中干扰成分差异较大，致使 280nm 紫外线吸收法的准确性稍差。

（三）Folin-酚试剂法（南京农业大学，1991）

1. 样品及试剂

1）制备甜菜夜蛾血淋巴蛋白待测样品。

2）Folin-酚试剂甲：①40g/L 碳酸钠溶液；②0.2mol/LNaOH 溶液；③10g/L 硫酸铜溶液；④20g/L 酒石酸钾钠溶液。

临用前将①与②等体积混合。③与④等体积混合。然后将这两种试剂按 50∶1 的体积比例混合即成。临用前混合配置，1 天内有效。

3）Folin-酚试剂乙：称取钨酸钠（$NaWO_4 \cdot 2H_2O$）100g，钼酸钠（$Na_2MoO_4 \cdot 2H_2O$）25g，置入 2000mL 磨口回流装置内，加蒸馏水 700mL，85%磷酸 50mL 和浓盐酸 100mL。充分混匀，小火回流 10h。回流结束后加入硫酸锂（Li_2SO_4）150g，水 50mL 及数滴液体溴至溶液呈金黄色，开口继续煮沸 15min，以除去多余的溴。冷却后溶液呈金黄色（如仍呈绿色，需再重复滴加液体溴的步骤）。将溶液稀释至 1000mL，过滤，置棕色瓶中保存。使用时用水（1∶2）体积比稀释。

4）标准蛋白溶液：用已知含量的牛血清蛋白或酪蛋白配制成 500μg/mL 溶液。

2. 测定步骤

绘制标准曲线：取 7 支干燥洁净的试管编号，并按表 8-2 加入试剂。

表 8-2　绘制标准曲线所用试剂

管号	0	1	2	3	4	5	6
标准蛋白溶液/mL	0	0.1	0.2	0.4	0.6	0.8	1.0
蛋白质含量/μg	0	50	100	200	300	400	500
蒸馏水/mL	2.0	1.9	1.8	1.6	1.4	1.2	1.0

每支试管中分别加入 Folin-酚甲试剂 5mL 充分摇匀，室温放置 10min。再各加入 Folin-酚乙试剂 0.5mL，立即摇匀，30min 后以 0 号管作为空白对照，在 500nm 波长处测定各管吸光度。以吸光度为纵坐标，标准蛋白质量（μg）为横坐标绘制标准曲线。

取待测试虫，使用蒸馏水将虫体冲洗干净，并用滤纸吸干水分，再用昆虫针刺破腹足，然后用定量毛细管或血色素吸管定量吸取 10μL，放入盛有 1.99mL 蒸馏水的小试管中，摇匀待用。再准确吸取血淋巴稀释液 0.5mL，加蒸馏水 1.5mL，其余测定步骤同标准曲线。

3. 计算

$$\text{血淋巴蛋白质含量}(\mu g/mL)=\frac{\text{实测量}(\mu g)}{\text{取样量}(mL)}\times\text{稀释倍数}$$

4. 注意事项

Folin-酚乙试剂在酸性条件下较稳定，而甲试剂是在碱性条件下与蛋白质作用生成碱性的铜-蛋白质溶液。当乙试剂加入后，应迅速摇匀，使还原反应产生在磷钼酸-磷钨酸试剂被破坏之前。

（四）双缩脲比色法（冯慧，1989）

1. 样品与试剂

1）制备的昆虫蛋白质待测样品。

2）双缩脲试剂：在 500mL 容量瓶中，依次加入 40g/L 硫酸铜溶液 30mL 和 25g/L 酒石酸钾钠溶液 100mL，再慢慢加入 5mol/LKOH 溶液 30mL，最后用水稀释至刻度。

3）酪蛋白标准液：用 0.05mol/LNaOH 溶液配制成 1.5mg/mL 的酪蛋白标准溶液。

2. 操作步骤

绘制标准曲线：取 7 支试管，分别加入 0mL，0.5mL，1.0mL，1.5mL，2.0mL，2.5mL，3.0mL 的酪蛋白标准溶液，并分别补水至 3mL。各加入 2mL 双缩脲试剂，摇匀，在 60℃恒温水浴中显色 5min，于 540nm 波长下，以 0 号管为空白，测定吸光度。以蛋白质质量（mg）为横坐标，吸光度为纵坐标绘制标准曲线。

样品处理与测定：准确称取固体样品 0.1000g（样品经粉碎后通过 40 目筛），放入干燥的试管中，并放几粒玻璃珠，加入 3mL 水和 2mL 双缩脲试剂，在 60℃恒温水浴振荡 5min，随后以 4000r/min 离心 10min。取上清液于 540nm 波长处以试剂空白为对照测定吸光度。从标准曲线上查出相应的蛋白质质量（mg）。

液体试样：取 3mL 经适当稀释的试液，加 2mL 双缩脲试剂，直接显色测定。

3. 计算

$$蛋白质含量(\%) = m' \times \frac{1}{1000} \times \frac{1}{m} \times 100 \times 稀释倍数$$

式中，m'为由标准曲线查得酪蛋白的质量（mg）；1000 为将 mg 换算成 g；m 为试样称取质量（g）。

4. 注意事项

1）对含脂肪高的样品溶液与双缩脲试剂混合后，若有雾状沉淀，需让其静置 2h 以上再离心，取其清液比色。

2）显色反应受温度影响颇大，在常温（20～25℃）下需 1h，40℃需 15min，60℃需 5min。显色后若出现浑浊，则离心后取清液比色测定。

（五）考马斯亮蓝染色法（王福荣，2005）

1. 样品与试剂

1）制备的昆虫（蛋白质）待测样品。

2）考马斯亮蓝试剂：称取 100mg 考马斯亮蓝 G-250 溶于 50mL95％乙醇中，加入 100mL 85％磷酸，用水稀释至 1000mL。最终试剂中含 0.1g/L 考马斯亮蓝 G-250，47g/L 乙醇，85g/L 磷酸。

3）标准蛋白质溶液：用已知含量的结晶牛血清蛋白或酪蛋白配制成 1000μg/mL 标准溶液。

2. 测定步骤

绘制标准曲线：取 9 支试管，分别加入 0mL、0.2mL、0.4mL、0.6mL、0.8mL、1.0mL、1.2mL、1.4mL、1.6mL 的 1000μg/mL 标准蛋白溶液，补水至 2mL。另 9 支试管，分别加入 0.1mL 以上溶液，然后各加入 5mL 考马斯亮蓝试剂，充分振荡混合，2min 后于波长 595nm，以 0 号管为空白，测定各管的吸光度。以标准蛋白质浓度 μg/ml 为横坐标，吸光度为纵坐标绘制标准曲线。

样品制备：取一定量的试虫组织放入匀浆器中，加 2mL 水研成匀浆，转移到刻度离心管中，再用 6mL 水分次洗涤研钵，洗涤液收集于同一离心管中，加水至 10mL 刻度。放置 30～60min 后，以 3500r/min 离心 20min，将提取液稀释至蛋白质 0.1～0.8mg/mL。

样品测定：吸取提取液 0.1mL 于试管中，加入 5mL 考马斯亮蓝试剂，充分混合，放置 2min，以试剂空白为对照，波长 595nm 下比色，测定吸光度。从标准曲线上查出相应的蛋白质质量（μg）。

3. 计算

$$蛋白质含量(\mu g/g) = m' \times \frac{1}{0.1} \times V \times \frac{1}{m}$$

式中，m'为试样吸光度从标准曲线上查得的蛋白质质量（μg）；0.1 为吸取提取液体积（mL）；V 为提取液总体积（mL）；m 为称取试样质量（g）。

4. 注意事项

1）比色测定应在试剂加入后 5～20min 测定吸光度，因为在此时间内颜色稳定。

2）测定中，蛋白质与染料复合物会有少部分吸附于比色杯壁上，实验证明此复合物的吸附量是可以忽略的。测定完后可用乙醇将比色杯洗干净。

三、昆虫酶蛋白质分析

1. 中肠消化酶的定性分析（南京农业大学，1991）

1）酶液制备：将试虫饥饿24h后，以6V直流电（正极与口器接触，负极碰触肛门数下）刺激消化道，收集呕吐的消化液备用。试虫少或不宜收集呕吐液的虫种，可解剖出中肠，在生理盐水中剔除洗净内含物，置匀浆器或研钵中匀浆，每条中肠加1mL 20%甘油，离心取上清液备用。

2）淀粉酶测定：取4只试管，分别加入0.1%淀粉溶液1mL。而后取其中1只试管加蒸馏水4～5滴做对照，其余3只分别加入三种试虫的消化液4～5滴，并做标记。立即摇匀后放入37℃水浴中温育，每隔10min分别从4只试管中吸取1滴温育液，滴在白瓷板上，加1滴碘试剂，观察颜色反应，并记录3只加入消化液的试管出现红色和无色所需的时间范围。

3）转化酶测定：取4只试管，各加入5%蔗糖溶液2mL。而后取其中1只试管加蒸馏水4～5滴做对照，其余3只分别加入三种试虫的消化液4～5滴，摇匀放入37℃水浴中温育1h。取出后分别加入Benedict试剂2mL，然后放入沸水浴中煮数分钟，观察各试管的颜色变化（有无砖红色沉淀及沉淀的多少）。

4）脂肪酶测定：取4只试管，每只分别加入中性油脂1mL、乳化剂0.5mL、生理盐水0.8mL，混合均匀。再加溴麝香草酚少许作为指示剂，如液体呈黄色，可用2%氢氧化钠溶液慢慢调至蓝色。随后取其中一只加入蒸馏水4～5滴作对照，其余3只分别加入三种试虫的消化液4～5滴，摇匀后分别加入1滴甲苯防腐，置37℃温育24h，观察各试管内的颜色变化。

5）类胰蛋白酶的测定：取4只试管，分别加入白明胶溶液4.5mL，然后取其中一只加0.5mL蒸馏水作对照，其余3只分别加入三种试虫的消化液0.5mL，摇匀后置37℃温育24h，再分别加入中性甲醛1.5mL，摇匀后用精密pH试纸（pH3.8～5.4）测试各管液体的pH，并观察反应液的凝结程度。

6）注意事项：本实验应严格按要求配制试剂。测定淀粉酶时，应根据酶活力大小，适当调节淀粉溶液浓度和检测时间间隔，便于观察到逐步水解过程。脂肪酶的检测应控制好温育液体的pH。

2. 昆虫肠道蛋白酶活力测定（郭郛和忻介六，1988）

1）酶液制备：试虫的反吐肠液以15 000r/min离心20min去除食物颗粒，取上清液。整个中肠或围食膜与食物糜则可加等量的0.05mol/LTris-HCl缓冲液（pH8.3），在组织研磨器中在0℃研磨10min，然后15 000r/min离心20min；取上清液10mL，徐徐加入三倍体积的冷的丙酮，边加边搅拌，然后4000r/min离心20min，取沉淀于5mL的0.05mol/LTris-HCl缓冲液（pH8.0）中，即粗提酶液；将上述粗提酶液作为上柱样品以Sephadex G-75葡聚糖凝胶层析（柱规格42cm×3cm；床高38cm）；以pH8.0，0.05mol/LTris-HCl缓冲液平衡并脱硫；流速15mL/h；每管收集3mL；5℃进行层析；分别测定每管收集物的蛋白含量及酶活力；酶活力峰分别合并，装入透析袋放在固体蔗糖中浓缩，即为部分提纯酶。可以用聚丙烯酰胺凝胶电泳检验酶蛋白。

2）酶活力的测定：用 Folin -酚试剂法。Folin -酚试剂为磷钨酸和磷钼酸的混合物，在碱性溶液中极不稳定，易被酚类化合物还原为蓝色化合物（钼蓝和钨蓝混合物）。蛋白质中含具有酚基的氨基酸，用蛋白酶水解酪蛋白（底物），生成含酚基的氨基酸与 Folin -酚试剂呈蓝色反应，可以从蓝色的深浅得知酶活力的大小。

3）标准蛋白曲线的测定：精确称取烘干的酪氨酸 50mL，先加少量 0.2mol/L 的盐酸，然后定容至 100mL。分别配成 0～100mg/mL 的不同浓度的酪氨酸溶液，取不同浓度的酪氨酸溶液各 1mL，加入 2mL 在 37℃预热 5min 的 0.5%酪蛋白，在 37℃水浴中反应 15min，然后加入 3mL 10%的三氯乙酸中止反应，以 4000r/min 离心 10min 或过滤除沉淀。取上清液 1mL，加 0.55moL/L 碳酸钠溶液 5mL，再加福林试剂 1mL 并摇匀。在 37℃水浴中显色 15min，然后用分光光度计以 680mm 波长比色测光密度。以光密度读数为纵坐标，酪氨酸的质量为横坐标（μg），绘制标准曲线。

4）样品测定：以适当稀释的待测蛋白质酶液代替酪氨酸，以下操作同标准蛋白曲线的测定，并作对照。在 37℃每分钟水解酪蛋白产生 1μg 酪氨酸定为一个酶活力单位。

$$样品中含蛋白酶活力单位=A/15\times F$$

式中，A 为由样品测定光密度查标准曲线得酪氨酸的质量（μg），F 为酶液的最终稀释倍数，15 为反应时间（min）。

3. 神经毒性酯酶（NTE）活性的测定（伍一军等，2005）

1）酶液制备：试虫饥饿处理后解剖，取其头部、中肠和脂肪体后，放置在预冷的 TE 缓冲液（50mmol/L Tris，0.2 mmol/L EDTA，pH8.0）中，用微量匀浆器匀浆。500*g*，4℃离心 10min，取上清做酶活测定。

2）酶活力的测定：反应体系的总体积为 300μL，除对照组外，另设 3 个试验组，其反应体系为：①对氧磷（40μmol/L）＋氟丙胺磷（50μmol/L）；②对氧磷（40μmol/L）＋待测样品；③对氧磷（40μmol/L）＋ 氟丙胺磷（50μmol/L）＋待测样品。所有体系在 37℃保温 20min 后加入戊酸苯酯分散液（1 倍体积的 15mg/mL 戊酸苯酯溶液和 30 倍体积的 0.03%Triton X-100 混合液）启动反应，30min 后加入终止液［1%（*W*/*V*）SDS/0.025%（*W*/*V*）4-氨基氨替比林］终止反应，最后加入 0.4%铁氰化钾显色 5min 后，以对照组为空白，测定 3 个试验组在 510nm 处的光吸收值。以第 2 组和第 3 组分别减去第 1 组的光吸收值后的差值所对应的酚含量表示 NTE 对戊酸苯酯的水解量，NTE 的活力表示为每毫克蛋白质每分钟水解底物产生的酚的量（nmol/min/mg）。

3）酚标准曲线的制作：将国产分析纯苯酚经重蒸后用 TE 缓冲液制成 0～1 mmol/L 的浓度梯度，参照 NTE 的测定体系测定 510nm 光吸收值，以 OD 值为纵轴，酚含量为横轴绘制标准曲线。

4. 谷胱甘肽 s-转移酶（GSTs）活性测定

在冰盘上解剖出试虫黏虫中肠（拉掉围食膜）供试，将供试的中肠组织于预冷的玻璃匀浆器中按 5 头/mL 加入 Tris-HCl 缓冲液（0.1 mol/L，pH 8.9，含 10mmol/L 还原型谷胱甘肽），在冰浴中匀浆，所得匀浆液于 10 000 *g* 冷冻离心 15 min，上清液即为待测酶液。酶活力测定参照 Brooth 等的方法进行，以每毫克蛋白质每分钟 D 值的变化量作为酶活性单位［ΔD/（min·mg)］。

5. 磷酸酯酶活性测定

分别取试虫 20 头，4℃下以相应缓冲液（ACP，0.2 mol/L，pH 4.6 醋酸缓冲液；AKP，0.04 mol/L，pH 9.6 巴比妥钠盐酸缓冲液）冰浴匀浆，定容至 4mL，4000*g* 冷冻离心 15min，上清液即为酶源。酶活性测定方法参照 Besseyt 的方法进行，根据制作的标准曲线和酶原蛋白含量的测定结果，将 A 值换算成比活力（μmol/mg/30min）。

6. 酚氧化酶活性测定

在 2 mL 的测活体系中，包含终浓度为 0.1mol/L 磷酸缓冲液（pH 6.9），1 mmol/L L-DOPA，加入 100 μL 酶液，振荡 5 s，于紫外分光光度计（UV.2201）475 nm 下测定 30 min 光密度随时间变化的增长曲线，每 1 min 记录 1 个吸光度值。以 OD_{475}/mg/30min 来表示酶活力。

7. 细胞色素 P450 O-脱甲基活性测定

在冰盘上解剖出试虫中肠（拉掉围食膜），将供试的中肠组织于预冷的玻璃匀浆器中按 5 头/mL 加入 0.1 mol/L，pH 7.2 的 PBS 缓冲液，在冰浴中匀浆。所得匀浆液于 10 000*g* 冷冻离心 15min，上清液作为酶源。酶活性测定方法参照 Hensen 和吴承春等的方法进行，以每毫克蛋白质每 30min 催化生成的对硝基苯酚的量表示酶的比活力[μmol/（mg·30min）]。

四、蛋白质降解产物（氨基酸）的测定

蛋白质在一定条件下，完全水解可得到 α-氨基酸混合物，适度水解即不完全水解可得到各种水解中间产物及 α-氨基酸混合物。测定昆虫体内氨基酸的种类和数量，是昆虫生理生化研究中的主要内容之一。氨基酸的定量测定多数用化学法和比色法，而多种氨基酸含量的测定则选用高效液相色谱法。下面介绍几种昆虫体内常见氨基酸含量的测定方法（王福荣，2005）。

实验一　游离 α-氨基氮的测定

（一）甲醛滴定法

1. 样品与试剂

1）制备的昆虫待测样品。

2）中性甲醛溶液：将试剂级甲醛（36%）调到 pH7.0 或在 50mL 36%甲醛中加入 1mL 1g/L 酚酞乙醇溶液，然后用 0.2mol/L NaOH 溶液滴定到微红（使用前需重新中和）。

3）酚酞指示剂：1g/L 酚酞的 50%乙醇溶液。

4）0.01mol/L NaOH 标准溶液：用邻苯二甲酸氢钾标定。

5）10%（体积分数）异丙醇。

2. 测定步骤

1）样品处理：称取一定量的试虫组织（精确至 1mg），置入研钵中匀浆，加 1mL 6mol/L盐酸溶液在 110℃水解 20h，将水解液置于沸水浴上去除盐酸，而后溶解于 1mL 10%异丙醇中。

2）样品测定：在三角瓶中加入 1mL 稀释样品滤液，加水 2mL 和 3 滴酚酞指示剂，摇匀后用 0.01mol/LNaOH 标准溶液滴定到微红色。然后加入 2mL 中性甲醛溶液，摇匀，放置片刻，再用 0.01mol/LNaOH 标准溶液滴定回到微红色终点，记下甲醛加入后样品消耗 NaOH 标准溶液的体积。同样，取 3mL 水按以上操作做空白实验。

3. 计算

$$\alpha\text{-氨基氮含量}(\%)=\frac{(V-V_0)}{1000}\times c\times 14.008\times\frac{1}{m}\times 100\times\text{稀释倍数}$$

式中，V 为加甲醛后样品消耗 NaOH 标准溶液体积（mL）；V_0 为加甲醛后空白消耗 NaOH 标准溶液体积（mL）；c 为 NaOH 标准溶液的浓度（mol/L）；14.008 为消耗 1mol NaOH 标准溶液相当于氮的质量（g）；m 为称取试样质量（g）。

4. 注意事项

1）此法滴定结果为氨基酸理论含量的 90%。

2）甲醛法中除氨态氮外别的氮也能起反应（如铵盐、酰胺等），故误差较大。另外由于各种氨基酸的等电点不同，故确定一个合适的滴定终点较为困难。

3）脯氨酸与甲醛作用后，生成不稳定化合物，致使滴定结果偏低，酪氨酸含有酚基，滴定时要消耗一些碱，可使滴定结果偏高。溶液中若有氨存在也可与甲醛反应，使结果偏高。

（二）茚三酮比色法

1. 样品与试剂

1）制备的昆虫待测样品。

2）茚三酮试剂：称取 1.2g 茚三酮，加 15mL 正丙醇，摇动使其溶解。然后加入 30mL 正丁醇、60mL 乙二醇，混匀。再加入 9mLpH4.5 的乙酸缓冲液，仔细混匀。保存于棕色瓶中，置于冷凉处。试剂适用期限为 10d。

3）4mol/LpH4.5 乙酸缓冲液：称取 27.2g 乙酸钠（NaAc・$3H_2O$）于烧杯中，加 80mL 水溶解。在电炉上加热至沸，冷至室温后，用冰乙酸调至 pH4.5，然后用煮沸冷却水稀释至 100mL。

4）氨基酸标准液：准确称取在 80～90℃下烘至恒重的亮氨酸 46.8mg 或 α-丙氨酸 31.8mg，加 10%异丙醇溶解，并定容至 100mL，摇匀。使用时，取此溶液 5mL，用水稀释至 50mL，即成 5μg 氮/mL 标准溶液。

5）10g/L 维生素 C 溶液（制备液仅用 1 天）。

2. 测定步骤

绘制标准曲线：取 7 支具塞试管，分别加入氨基酸标准液 0mL、0.2mL、0.4mL、0.8mL、1.2mL、1.6mL、2.0mL，各管均加水至 2mL，再加 3mL 茚三酮试剂，0.1mL10g/L 维生素 C 溶液，混匀。置沸水浴中加热 15min。取出后在间歇摇动下冷却 15min。加热时形成红色茚满酮在冷却和摇动时被空气中的氧氧化而褪色，而茚三酮与氨基酸形成的蓝紫色化合物变得更加鲜明。以 60%乙醇补充溶液体积至 5mL，摇匀。于 580nm 波长下测定吸光度。以氨基氮质量（μg）为横坐标，吸光度（表 8-3）为纵坐标绘制标准曲线。

表 8-3 在 pH4.54 下，氨基酸与改良茚三酮试剂显色值（占亮氨酸显色值）

氨基酸	显色值/%	氨基酸	显色值/%	氨基酸	显色值/%
缬氨酸	105	α-丙氨酸	100	谷氨酰胺	96
正缬氨酸	105	精氨酸	100	色氨酸	95
谷氨酸	104	α-酪氨酸	100	苏氨酸	92
甘氨酸	102	亮氨酸	100	酪氨酸	91
异亮氨酸	102	组氨酸	99	天冬酰胺	94
正亮氨酸	102	苯丙氨酸	99	半胱氨酸	33
赖氨酸	102	胱氨酸	99	β-丙氨酸	27
甲硫氨酸	102	γ-酪氨酸	99		
丝氨酸	101	天冬氨酸	99		

1）样品处理：参照甲醛滴定法。

2）样品测定：吸取稀释样品 2mL 滤液于具塞试管中，其余按标准曲线制作方法操作。

3. 计算

$$氨基氮含量(mg/100g) = m' \times \frac{1}{1000} \times \frac{1}{m} \times 100 \times 稀释倍数$$

式中，m'为由标准曲线查得氨基氮质量（μg）；1000 为 μg 换算成 mg；m 为称取试样质量（g）。

实验二　混合液中各种氨基酸含量的分离测定

（一）氨基酸自动分析仪法

1. 仪器和试剂

日立 835-50 型氨基酸自动分析仪，旋转蒸发仪，真空泵，氮气瓶；磷酸缓冲液，茚三酮显色液，标准氨基酸溶液，制备的昆虫蛋白质水解试样。

2. 测定步骤

待测蛋白质样品必须进行水解，常用的是酸法和碱法水解。

1）酸法水解：取一定量的试虫组织，经匀浆后放入小安瓿中，加 6mol/LHCl 溶液 2mL 巯基乙醇 2 滴，抽真空，封管，置 110℃烘箱中水解 24h。冷却后打开试管，用 1mL0.01mol/LHCl 洗涤，转移到圆底烧瓶中，于旋转蒸发仪上蒸干，加 0.02mol/LHCl1mL 溶液，稀释定容，作为测试样液。

2）碱法水解：取一定量的试虫组织在研钵中匀浆，加 3mg 淀粉（作为抗氧化剂），放入特氟隆管中加 2mL2.5mol/L 的 NaOH，混匀，充氮，盖好瓶塞，110℃烘箱中水解 20h。冷却后开盖，用 1mL2.5mol/L HCl 洗涤，转移到圆底烧瓶中，于旋转蒸发仪上蒸干，加 0.02mol/LHCl1 mL 溶液，稀释定容，作为测试样液。

3）酶法水解：蛋白酶按水解底物的部位可分为内肽酶和外肽酶，前者水解蛋白质中间部分的肽键，后者则自蛋白质的氨基或羟基末端逐步降解氨基酸残基。因试虫及蛋白酶比活存在差异，具体视情况而定。

4）上机分析：日立 835-50 型分析仪的操作过程大体为，配制洗脱液，即 No.1、

No. 2、No. 3、No. 4 四种不同 pH 的磷酸缓冲液各 1 瓶、茚三酮显色液 1 瓶、再生用缓冲液 1 瓶分别置入分析仪主机中，接好连接管。分别取标准氨基酸溶液和样品溶液各约 0.5mL，依次放入自动取样器的各个样液杯中。接通电源，调整仪器处于起始状态；将分析程序卡插入阅读器中，执行分析程序。加热水浴将柱温预热至所需温度，待记录纸上基线稳定，分析开始。

先由自动取样器取 50μL 样液上柱，依次由 No. 1 至 No. 4 缓冲液洗脱；与茚三酮反应显色，比色，由记录仪自动记录吸收峰，最后由数据处理机计算并打印出分析结果。

3. 数据处理和分析

自动分析仪的数据处理一般采用外标法，以标准氨基酸的浓度和峰值作为校正，因此进入分析程序的第一个试样是 17 种氨基酸的标准液，根据标准液浓度（μmol/mL）和所得峰面积可以确定未知样品中各种氨基酸的浓度。待测样液中各氨基酸浓度与标准氨基酸有下列关系式：

$$氨基酸含量\ (g/100g) = A_i \times \frac{C}{A} \times M \times n \times \frac{1}{10^6} \times \frac{1}{m} \times 100$$

式中，A_i 为样品中第 i 个氨基酸的峰面积；A 为标准氨基酸的峰面积；C 为标准氨基酸的浓度（μmol/mL）；n 为样品稀释倍数；M 为氨基酸的相对分子质量；m 为称取试样质量（g）。

4. 注意事项

1）酸法水解。酸法水解蛋白质所得到的氨基酸为 L-氨基酸，大多数氨基酸在煮沸的酸中是稳定的，天门冬酰胺和谷酰胺分别转化为天门冬氨酸和谷氨酸，色氨酸全部破坏。

2）碱法水解。碱法水解会使 L-氨基酸转变成 D 型，惟色氨酸不被破坏，故此水解液专用于测定色氨酸含量。

3）蛋白质的水解样品若含大量杂质时，需做除盐、除糖、脱脂等处理。一般情况下干扰不大，无需处理。

（二）柱前衍生高效液相色谱法

1. 试剂与仪器

1）A 液：25mmol/L KH_2PO_4，pH=6.6。

2）B 液：乙腈∶甲醇=70∶30。

3）样品水解液：0.1mol/L $NaHCO_3$。

4）衍生液：磺酰氯二甲胺偶氮苯（DABS-Cl，2.67mg/mL 由 Supecol 公司提供）

5）样品稀释液：70%乙醇。

6）Varian Prostar HPLC 产品：230 三元梯度泵、330 二极管系列检测器、410 自动进样器。

7）制备蚕蛹提取物。

2. 测定步骤

1）样品水解：精确称取 25mg 蚕蛹提取液置于 100mL 容量瓶中，用样品水解液充分溶解并定容，摇匀后用 0.45μm 滤纸过滤。

2）衍生：精确吸取滤液 100μL 置具塞玻璃试管中，加入 100μL 衍生试剂，70℃水浴反应 10min 取出，置真空干燥箱干燥，干燥固体用适量稀释液溶解，并转移至 1mL 离心管中定容，离心，上清液过 0.45μm 滤膜，即可进样分析。

色谱条件：柱温 35℃；波长 436nm，0.1AUFS；YMC-Pack ODS-A 柱（C_{18}，4.6mm×250mm，5μm），流动相梯度程序如表 8-4 所示。

表 8-4　流动相梯度程序

时间/min	流速/（mL/min）	A 液（体积分数）/%	B 液（体积分数）/%	曲线号
开始～4.0	1.5	80	20	+5
4.0～14.0	1.5	75	25	0
14.0～15.0	1.5	68	32	0
15.0～21.0	1.5	68	32	0
21.0～28.0	1.5	60	40	0
28.0～37.0	1.5	40	60	0
37.0～45.0	1.5	25	75	0
45.0～50.0	1.5	25	75	0
50.0～52.0	1.5	80	20	0
52.0～60.0	1.5	80	20	0

3. 数据处理和分析

采用方法同氨基酸自动分析仪法。

第六节　昆虫脂类的分离和测定方法

昆虫体内含有丰富的脂类物质，昆虫能够从乙酰辅酶 A 合成长链饱和脂肪酸和单不饱和脂肪酸，不能合成多不饱和脂肪酸其可直接从食物中固定。研究显示虫体脂肪（干重）含量普遍高于 10%，一般在 30%左右，高达 77.16%，Julieta. Ramos. E 博士分析了墨西哥 86 种食用昆虫的营养成分，其脂肪的平均含量（26.77±16.04）%。

昆虫脂肪对昆虫生命活动有重要意义，如提供能源、代谢中的水源，构成活动调节和信息传递的物质等。

近年来人们将更多的研究和开发置于昆虫资源的利用方面，如食用、药用、饲用、工业原料等昆虫的开发利用，分析了大量的昆虫体内营养成分，为昆虫的开发利用及昆虫功能性物质的人工合成提供了依据。

一、昆虫脂类的分离和提取

1. 粗脂肪的提取——索氏抽提法

脂肪不溶于水，可溶于有机溶剂中，常用于脂肪提取的有机溶剂为乙醚、石油醚、氯仿等。

索氏提取是经典的粗脂肪提取方法。

（1）材料与试剂

昆虫，索氏（Soxhlet）脂肪提取器（60mL 或 150mL），有机溶剂（无水乙醚或石

油醚或氯仿等）

（2）抽提步骤

昆虫干粉制备：将昆虫饥饿24h，杀死干燥后粉碎，过40目筛备用。

装样：取直径15cm的定性滤纸，卷成直径约2cm的圆筒，用脱脂细线扎住，将滤纸一端折入筒内，压紧成筒底，并置入少量脱脂棉，装入昆虫干粉，上层放一薄层脱脂棉，将顶端折入封住筒口，保持筒柱高4cm左右。

抽提：索氏脂肪抽提器的抽提瓶中加入约占全瓶2/3高的有机溶剂，将装有昆虫干粉的滤纸筒浸入浸取管中，于70～80℃水浴中抽提6～8h，抽提速度5min回流一次。滤纸筒高度不能超过浸吸管，否则上部脂肪不能提尽而造成误差。

有机溶剂回收：抽提完毕后，将抽提瓶中的有机溶剂蒸发或蒸馏回收，再置于(105±2)℃烘箱中干燥1h，冷却即得到昆虫脂肪粗提物。在烘箱中干燥时，时间不能过长，以防止极不饱和的脂肪酸受热氧化而增加质量。

2. 溶剂浸出萃取法

此法是大量昆虫脂肪提取的方法。此法可用于工业化大批量生产，出油率高，但产品中的溶剂残留较难控制，对产品油脂纯度有一定影响。

3. 超临界流体萃取法（SFE法）

此法是在溶剂浸出萃取法基础上的改进，可有效地降低提取过程中营养成分和生物活性物质的破坏，缩短生产时间，无有机溶剂残留，不污染环境，萃取率高，提高生产效率和产品质量纯度等优点，步骤如下。

1）制备昆虫干粉。

2）装入萃取釜，并置于超临界设备中。

3）调节温度、压力，向泵中填充CO_2后，开动设备萃取。

二、脂肪和脂肪酸含量的测定

（一）粗脂肪含量的测定

1. 昆虫粗脂肪的制备

可采用上述任何一种提取方法。

2. 计算

$$粗脂肪含量（\%）=\frac{m_2-m_1}{m}\times 100\%$$

式中，m为称取试样质量（g）；m_1为提取瓶质量（g）；m_2为提取瓶与粗脂肪质量（g）。

3. 注意事项

1）有机溶剂在抽提、蒸发或蒸馏回收时，实验室要注意通风，切忌明火加热。

2）试样需干燥，否则有机溶剂不易渗透，使结果偏低。试样粉碎度以过40目筛为宜。颗粒太大的试样，脂肪不易抽提完全，颗粒太小试样，易透过滤纸筒，使抽提物增重。

3）有机溶剂应无水，否则试样中碳水化合物及无机物易被抽提，使结果偏高；亦可先用冷水处理试样以除去糖分，干燥后再提取。

4）脂肪含量较低的试样，由于抽提瓶质量与粗脂肪质量差太大，测定结果误差较大。此时可以采用称量抽滤前后试样滤纸筒，求得脂肪含量［抽提前后的试样滤纸筒，都应于（105±2)℃烘干后称量］。

（二）脂肪含量的测定——折光法

1. 材料仪器

1）昆虫干粉待测样品。

2）阿贝折光仪。

3）α-溴萘（或八角茴香油，折光率 $n=1.550$；二碘乙烯，折光率 $n=1.742$）。

2. 测定步骤

准确称取干燥并粉碎试样 2g，置入玻璃研钵中，准确加入 5mL α-溴萘，研磨约 5min，将脂肪溶出，静置于 20℃以下，测定溶剂脂肪混合液的折射率。

3. 计算

$$脂肪含量（\%）=\frac{V\cdot d}{m}\times\frac{n-n_1}{n_1-n_2}\times 100$$

式中，V 为 α-溴萘体积（mL）；d 为被测试样脂肪的相对密度，一般取 0.92；m 为称取试样质量（g）；n 为 α-溴萘折射率，$n=1.658$；n_1 为溶剂与脂肪混合物的折射率；n_2 为被测试样脂肪的折射率。

4. 注意事项

1）折射率与测定温度有关，测定温度与溶剂脂肪混合液和折射率的校正关系

$$n^{20}=n^t+0.000\,38(t-20)$$

式中，n^{20} 为溶剂脂肪混合液 20℃下折射率；n^t 为溶剂脂肪混合液 t℃下折射率；t 为测定时温度（0℃）。

2）酱状试样可先加入 10～15g 无水硫酸钠研磨脱水后再加入溶剂提取测定，对难研磨的试样，可加入少量石英砂研磨。

（三）游离脂肪酸含量的快速测定——中和法

1. 材料与试剂

1）昆虫干粉待测样品。

2）0.01mol/LNaOH（或 KOH）的乙醇标准溶液（用苯二甲酸氢钾为基准物质标定）。

3）0.4g/L 酚酞乙醇溶液。

4）苯。

2. 测定步骤

准确称取昆虫干粉试样 5～10g（m），置于 250mL 碘量瓶中，准确加入 50mL 苯，密塞，轻轻摇动碘量瓶片刻，开塞放气。密塞后置于振荡器上振荡 30min（或手摇 40min），将碘量瓶倾斜静置数分钟，使上层澄清。分层后用快速滤纸过滤，准确接收 25mL。将滤液转入 250mL 锥形瓶中，加 25mL 酚酞乙醇液，用 NaOH 的乙醇标准溶液

滴定至微红（V）。另取 25mL 0.4g/L 酚酞乙醇液做空白试验（V_0）。

3. 计算

$$游离脂肪酸含量（以油酸计,\%）=(V-V_0)\times c\times 0.282\times \frac{1}{25}\times 50\times \frac{1}{m}\times 100\%$$

式中，c 为 NaOH 乙醇标准溶液（mol/mL）；0.282 为消耗 1mL 1mol/L NaOH 的乙醇标准溶液相当油酸的质量（g）；25 为滴定时取滤液的体积（mL）；50 为浸取试样时溶剂体积（mL）。

4. 注意事项

1）浸取游离脂肪酸的溶剂除苯外，还可用乙醇-乙醚（1∶1）（体积比）、氯仿等。

2）采用标准碱的水溶液作操作溶液，滴定时可能产生混浊，可加乙醇-苯（1∶1）（体积比）混合液稀释后滴定。

3）测定结果若以脂肪酸值表示 100g 试样消耗 KOH 的量（mg）。

$$脂肪酸值（mgKOH/100g）=(V-V_0)\times c\times 56.1\times \frac{1}{25}\times 50\times \frac{1}{m}\times 100$$

式中，56.1 为消耗 1mL 1mol/L KOH 乙醇标准溶液相当于 KOH 56.1mg。

4）试样的粉碎度、浸取时间、浸取与测定温度等对测定结果有影响，故测定时尽量控制条件一致，随着放置时间延长，脂肪酸值增加。

（四）脂肪酸含量的测定——GS-MS 法

1. 材料与仪器

1）昆虫干粉待测样品（以黄粉虫为例）。

2）标准脂肪酸甲酯的甲醇溶液（豆蔻酸 $C_{14:0}$，软脂酸 $C_{16:0}$，硬脂酸 $C_{18:0}$，油酸 $C_{18:1}$，亚油酸 $C_{18:2}$，亚麻酸 $C_{18:3}$，花生酸 $C_{20:0}$，芥酸 $C_{22:0}$等酸的甲酯）。

3）0.5mol/LNaOH 甲醇溶液。

4）三氟化硼乙醚甲醇溶液（三氟化硼乙醚∶甲醇=1∶3）。

5）饱和 NaCl 溶液。

6）石油醚（60～90℃），正己烷。

7）GS-MS 联用仪：6890-5973 型，配 Agileng 化学工作站，NIST 和 WILEY 数据谱库。

2. 测定步骤

1）脂肪油的提取：黄粉虫干燥虫体脂肪的提取可以参照本节昆虫脂类提取中溶液浸出萃取法或超临界流体萃取法获得。

2）脂肪酸的甲酯化：取黄粉虫油脂 143.82mg，置入 25mL 容量瓶中，加入氢氧化钠甲醇溶液 4mL，置沸水浴上加热 5min，冷却；再加入 5mL 三氟化硼乙醚甲醇溶液，沸水浴加热 2min，冷却后加入饱和食盐水至容量瓶细颈的底部，此时，容量瓶细颈底部有少许油状物；加入 2.0mL 正己烷溶液，振荡，取上层正己烷溶液待做 GS-MS 分析。

3）气象色谱条件：色谱柱 HP-INNOWax（30m×0.25mm×0.25μm）弹性石英毛细管柱。升温程序：初始温度 100℃，以 10℃/min 升至 200℃，再以 2.5℃/min 升至

230℃，最后以10℃/min升至270℃。汽化温度290℃；进样量0.2μL；载气：高纯氦，流量：1mL/min；分流比20∶1；溶剂延迟3min。

4）质谱条件：电子轰击（EI）离子源；离子源温度230℃；四极杆温度150℃；倍增器电压1845V；电子能量70eV；发射电流34.6μA；接口温度280℃；质量扫描范围荷质比为29amu～500amu。

3. 注意事项

1）试样简易处理法：取约100mg油样，置入10mL容量瓶中，加1mL乙醚-正己烷（2∶1）（体积比）混合溶剂，1mL甲醇及1mL0.8mol/LKOH甲醇溶液，摇动，静置5min，加水至刻度，取上层液试样分析。

2）毛细管色谱具有高分离效能，在脂肪酸的分离分析中得到了广泛应用。

（五）脂肪酸含量的测定——液相色谱法（王福荣，2005）

1. 纸层析

取0.2～0.5g粉碎试样，置入小试管中，加入0.5～1.0mL50g/LKOH甲醇溶液，用玻璃棒研磨。放置6～8h（或过夜）。加0.2 mL稀HCl（1∶5）和0.5 mL石油醚（溶解度BP：30～60℃），振摇萃取出试样中脂肪酸。

将层析滤纸放入10%液体石蜡的石油醚溶液中浸透，取出晾干，点入试样萃取液5～20μL，展开剂为95%乙酸溶液。

将展开后的滤纸，取出晾干，浸入3～5g/L乙酸铜溶液中，取出，用水轻轻冲洗滤纸，再晾干并于约40℃下烘干。将烘干的滤纸在0.15g/L红氨酸乙醇溶液中拖过，再置入1mol/LHCl溶液中，立即取出，用水轻轻冲洗滤纸，晾干，呈现蓝灰色脂肪酸斑点。

用标准样定性，斑点大小进行半定量分析。

脂肪酸R_f值大小依次为亚麻酸（$C_{18:3}$）＞亚油酸（$C_{18:2}$）＞油酸（$C_{18:1}$）＞花生油酸（$C_{20:0}$）＞芥酸（$C_{22:0}$）。

2. 薄层分析

取0.2～0.5g粉碎试样，加2mL苯-石油醚（1∶1）体积比溶液浸取6h以上（或放置过夜），加2mL0.4mol/LKOH甲醇溶液，混合，放置20min，加少量水使分层，上层为脂肪酸甲酯液。

将涂好的硅胶G板，风干2d，经10%液体石蜡的石油醚溶液中浸渍，风干，点入脂肪酸甲酯液5～20μL。展开剂为经液体石蜡饱和的乙腈溶液，展开后将薄层板于通风橱中加快溶剂挥发、晾干、喷入荧光素乙醇液（0.06g荧光素于3.6mL 0.1mol/LKOH溶液和180mL乙醇混合液中）。然后用溴蒸气片刻（可用溴水或15%溴的四氯化碳溶液），放置约10min达斑点最大显示强度。

用标准样定性，斑点大小进行半定量分析。

3. 高压液相色谱法

试样处理：取0.5g试样，加50mL 0.5mol/LKOH甲醇溶液，回流10min，使之皂化。取0.5mL皂化液，置入3.5mL反应瓶中，加0.15mL月桂酸内标（0.02g月桂酸，溶于10mL甲醇中），以酚酞为指示剂，0.5mol/LHCl的甲醇溶液中和，在氮气流下蒸发至干。加 1mL 烷化剂（0.1mol/L 对二溴代乙醚苯和 0.005mol/L18-冠醚-6）和 2mL 乙腈，密封，于 80℃下加热 30min（不断摇动），为供试液。

标准脂肪酸酯化：分别取 0.015g 棕榈酸、油酸、亚麻酸、亚油酸和 0.001g 硬脂酸，溶于 10mL 氯仿中。取 0.3mL 此溶液，转入 3.5mL 反应瓶中，在氮气流下蒸发至干，加 0.15mL 月桂酸（0.02g 月桂酸，溶于 10mL 甲醇中）作内标，以酚酞为指示剂，0.1mol/LKOH 的甲醇溶液中和，在氮气流下蒸发至干。加 1mL 烷化剂（0.1mol/L 对二溴代乙醚苯和 0.005mol/L18-冠醚-6）和 2mL 乙腈，密封，于 80℃下加热 30min（不断摇动），为供试液。

HPLC 条件：不锈钢柱，4.6mm×250mm（内径×长度），颗粒度：10μm，洗脱剂：70%～100%乙腈，在 50min 内洗脱速度为 2mL/min，254nm 紫外检测器。标准样保留时间定性，内标法定量。

思 考 题

1. 昆虫卵巢发育如何分级？
2. 昆虫卵的透明剂如何选择？
3. 昆虫组织石蜡切片染色剂的选择有何具体要求？
4. Spurr's 包埋法的适用性及优点何在？
5. 扫描电镜在观察昆虫附属物时，如何较好地定位目标？
6. 捕食性天敌捕食量的测定试验如何设计？
7. 衡量昆虫食物利用率的指标有哪些？其含义有何差异？
8. 昆虫表皮中有哪几种蛋白质，说明其功能？
9. 凯氏蛋白质测定中，常量法与半微量法和微量法操作过程中有何不同？
10. 索氏抽提测脂肪中如何提高实验的准确度？

参考文献

陈长琨，李国清，王荫长等．1988. 小地老虎雄蛾中胚层生殖道腺缢缩瓣膜结构和功能．昆虫学报，41（3）：269～274

陈长琨，李国清，王荫长等．1998. 小地老虎雄蛾中胚层生殖道和附腺的细胞和功能．昆虫学报，41（3）：263～268

陈长琨，朱荣生，王荫长等．1991. 小地老虎马氏管细微结构的特点．昆虫学报，34（4）：417～420

冯慧．1989. 昆虫生物化学分析法．北京：农业出版社

甘明，丁德诚，周元聪．2003. 一种黑豆蚜储存蛋白质的分离纯化及其亚基的性质．生物化学与生物物理学报，35（2）：189～192

甘雅玲，郭中伟．2004. 油松毛虫滞育和非滞育期前胸腺超微结构研究．电子显微学报，23（4）：358

郭郛，忻介六．1988. 昆虫学实验技术．北京：科学出版社

李福伟，王文亮，李恩霞等，2008. GS-MS 法测定黄粉虫脂肪酸组成及含量的研究．食品研究与开发，29（10）：92～94

李广宏，钟昌珍，宗良炳等．1996. 食用昆虫蛋白质的提取研究．天然产物研究与开发，8（2）：82～89

李乾君，龚和．1995. 昆虫卵黄发生研究进展．昆虫学报，38（2）：237～247

李汝铎，王金其，苏德明．1987. 昆虫卵巢发育与害虫预测预报．上海：复旦大学出版社
李怡萍，刘惠霞，袁向群．2002. 昆虫器官系统的超微结构．西北农业学报，11（1）：57～60
梁卫青，魏克民，浦锦宝等．2008. 柱前衍生高效液相色谱法测定蚕蛹提取物中氨基酸含量．医学研究杂志，37（8）：42～45
林育真，岳巧云．1994. 直翅目昆虫足部感受器的Spurr's包埋法实验研究．济南大学学报，4（2）：44～49
刘春莲．1999. 蚕卵整体染色透明技术．安徽农业科学，27（1）：64～65
刘可春，侯海荣，韩利文等．2008. 黄粉虫脂肪油中脂肪酸的GC-MS分析，中国食物与营养，10：30～31
卢中建，王荫长，尤子平．1993. 小地老虎真核和无核精子的超微结构．南京农业大学学报，16（3）：38～43
鲁晓翔，李占良，洪涛．1999. 蚂蚁蛋白质的提取研究食品科学，（8）：49～50
马志卿，韩秀玲，冯俊涛等．2008. 松油烯-4-醇对黏虫几种代谢酶及酚氧化酶的影响．中国农业科学，41（2）：437～442
南京农业大学．1991. 昆虫生理生化试验．北京：农业出版社
王凤振．1953. 几丁质的切片方法和软化剂（Diaphanol）的制法．昆虫学报，2（3）：190～202
王福荣．2005. 生物工程分析与检验．北京：中国轻工业出版社
王进忠，丁建云．1996. 一种改进的昆虫石蜡切片技术．昆虫知识，33（3）：183～184
王荫长．2001. 昆虫生物化学．北京：中国农业出版社
吴承春，王沫．2003. 不同食料对甜菜夜蛾药剂敏感性及解毒酶活性的影响．农药学学报，5（1）：56～60
伍一军，常平安，李薇等．2005. 昆虫神经毒性酯酶活性的测定．昆虫知识，42（4）：458～460
肖婷，刘守柱，薛超彬等．2008. 紫外分光光度计法与酶标仪微量法测定酚氧化酶蛋白含量及活力的比较．昆虫知识，45（2）：306～309
叶恭银，胡萃，洪健等．1999. 珍贵绢丝昆虫——天蚕精子的超微结构及其在生殖管道中的变化．电子显微学报，18（2）：169～176
永田昌男，小林正彦．1994. 家蚕幼虫发育中贮藏蛋白质的含量变化．王彦文译．蚕学通讯，（1）：48～52
周祖琳．1989. 麦蛾交配过程中精包的形成．昆虫学报，32（4）：501～502
Andersen S O，Rafn K，Roepstorff P. 1997. Sequence studies of proteins from larval and pupal cuticle of the yellow mealworm，Trnebrio molitor. Insect biochem Melec Biol，27（2）：121～123
Bessey O A. 1964. A method for the rapid determination of phosphatase with five cubic millimeters of serum. J Biol Chem，164：321～329
Brooth J，Conner M J，Meteauf R A，et al. 1973. A comparative study of the effect of selective inhibitors on enterase from the mosquito *Aopheles punetipennis*. Comp Biochem Physiol，44B：1185～1195
Chapman R F. 1998. The Insect：Structure and Function，4th ed. Cambridge：Cambridge University Press
Hensen L G，Hodgson E. 1971. Biochemical characteristics of insect microsomes：N -and O-demethylation. Biochem. pharm 20：1569～1678
Izumi S，Yano K，Yamanoto Y et al. 1994. Yolk proteins from insect eggs：structure，biosynthesis and programmed degradation during embryogenesis. Insect Physiol，40（9）：735～746
Marcu O，Locke M A. 1998. Cuticular protein from the moulting stages of an insect. Insect biochem Melec Biol，28（9）：659～669

（李桂亭　江俊起）

第九章　昆虫分子生物学研究方法与技术

导读：本章主要介绍昆虫 DNA 和昆虫 RNA 抽提与检测、聚合酶链反应扩增、同工酶电泳、RFLP 和 RAPD 等分子标记、DNA 片段与基因克隆技术、转基因抗虫植物与转基因昆虫以及单克隆抗体在昆虫学研究中的应用等现代昆虫分子生物学研究技术的原理、方法和实验步骤。

第一节　昆虫 DNA 抽提与检测

近年来，随着分子生物学技术的迅猛发展，分子生物学技术与方法已被广泛用于昆虫分类鉴定、起源、进化以及发生发展规律等研究。昆虫基因组 DNA 成功提取是进行分子标记、基因克隆、基因工程等昆虫分子生物学研究的前提和基础。

一、昆虫组织 DNA 的抽提

（一）概　　述

DNA 抽提是现代分子生物学研究中最基本、最重要的技术之一，DNA 样品分离纯化的质量将直接影响后续实验的成败。分离纯化 DNA 主要的原则：①应保证不破坏 DNA 一级结构；②除去蛋白质、脂类、糖类等分子的干扰。在细胞内 DNA 的双链结构具有一定的化学耐久性，但物理作用（如吸液、振荡、搅拌等）易造成 DNA 的破碎、断裂。因此在实验时，应尽量缩短提取操作时间和过程，降低各种有害因素可能产生的负面影响，从而保证所分离 DNA 的完整性。

将研磨好的昆虫组织置于含有 EDTA 的缓冲液中，组织细胞蛋白质被蛋白酶 K 消化分解，再加入阴离子去垢剂 SDS 分离 DNA 分子与蛋白质，使 DNA 分子溶解。用苯酚/氯仿沉淀蛋白质，取上清液后用异丙醇或乙醇沉淀 DNA。DNA 抽提主要步骤如下。

1）细胞破碎：机械物理法（组织捣碎机、玻璃匀浆器、研钵研磨、液氮破碎法、超声波处理法等）、化学及生化法（自溶法、溶菌酶、纤维素酶、表面活性剂等）。

2）去除蛋白质：一般采用酚/氯仿除去蛋白质。酚对蛋白质的变性作用远大于氯仿，但高浓度的盐溶液可使离心后的酚相跑到上层，不利于水相的回收。加入氯仿后可以增加比重，使得酚/氯仿始终在下层，便于水相的回收。此外酚与水有一定的互溶性，如单独用酚抽提，会有大量的酚溶解到水相中，而酚会抑制很多酶反应（如限制性酶切反应）。用酚/氯仿的混合液进行抽提，进入水相中的酚则少得多，微量的酚在乙醇沉淀时就会被除干净而不必担心酶切等反应不能正常进行。

3）沉淀 DNA：一般用乙醇或异丙醇沉淀 DNA。DNA 在醇中不可溶而黏在一起，这一步也能除掉盐分。

4）DNA 纯化：一般常用有机溶剂抽提、沉淀、柱层析、梯度离心、酶切和消化杂质等方法。

下面介绍昆虫组织DNA制备方法，适用于体型较大的昆虫。

（二）材料、设备、试剂

1. 仪器设备

微量取液器（20μL，200μL，1000μL），台式高速离心机，恒温振荡摇床，高压蒸气消毒器（灭菌锅），涡旋振荡器，恒温水浴锅

2. 试剂

TENT缓冲液：20mL 0.05 mol/L Tris-HCl，5mL 0.5 mol/L EDTA，200μL 5 mol/LNaCl，500μL Triton X-100，加 ddH_2O 至100mL。

TEN缓冲液：20mL 0.05 mol/L Tris-HCl，5mL 0.5 mol/L EDTA，200μL 5 mol/LNaCl，加 ddH_2O 至100mL。

TE缓冲液：20mL 0.05 mol/L Tris-HCl，500μL 0.5 mol/L EDTA，加 ddH_2O 至100mL。

其他：25mg/mL蛋白酶K，5mol/L NaCl，10% SDS，苯酚/氯仿。

3. 样品

一般选用昆虫的头盖或足进行昆虫DNA抽提，这样可以避免昆虫肠道细菌DNA的干扰。但是如果昆虫个体太小，就要用整头虫体（见小型昆虫DNA抽提）。

（三）实验步骤

1）在样品管的盖子和管壁上做好标注（注意乙醇、异丙醇、苯酚或氯仿的渗漏可能擦掉标记）。

2）将昆虫组织样品放置在Eppendorf管中，加入液氮。

3）用中性的微研磨器研磨速冻的组织。

4）迅速加入1mL的TENT缓冲液（不能让组织解冻，否则酶可能开始降解DNA）。

5）轻弹管壁，使样品混匀，13 000 r/min离心5 min。

6）小心吸弃上清液，注意不要搅动沉淀。

7）沉淀加入到600μL的TEN缓冲液中（轻弹管壁或使用涡流振荡）。

8）加入20μL的25mg/mL蛋白酶K（最终浓度0.7mg/mL）和68μL的10% SDS（最终浓度1%）。

9）混匀后，在37℃周期转动下培养样品4 h。

10）加入5mol/L NaCl 60μL。

11）加入500μL苯酚/氯仿。

12）盖紧瓶盖，然后颠倒试管50次。

13）13 000 r/min离心10 min。

14）吸取上清液至新1.5mL Eppendorf管。

15）重复11～14次。

16）加入0.6倍的异丙醇沉淀DNA。

17）20℃下培养30min（可适当延长或缩短时间）。

18）13 000 r/min 离心 15 min。

19）吸弃上清液，注意不要破坏管底 DNA 沉淀。

20）13 000 r/min 离心 5 min，小心倾倒上清。

21）37℃烘干或室温风干 DNA 沉淀 10～30min 左右。

22）干燥后加入 50μL 的 TE 缓冲液或 sdH_2O，保存于－20℃的冰箱中。

（四）注意事项

1）提取过程应尽量保持低温，异丙醇、乙醇等要预冷，各操作步骤要轻柔，尽量减少 DNA 的降解。

2）采用酚/氯仿去除蛋白质效果较单独用酚或氯仿好，要将蛋白质尽量除干净，需多次抽提。

3）取各上清液时，不应过多，以防非核酸类成分干扰。

4）一般使用乙醇或异丙醇沉淀 DNA。异丙醇沉淀 DNA 较完全，但异丙醇挥发性比乙醇低，干燥时间较长，且常将蔗糖、氯化钠等溶质与 DNA 共沉淀。通常用两倍体积的乙醇代替一倍体积的异丙醇来沉淀 DNA。

（五）思考题

1. 简述 DNA 抽提的过程以及原理。
2. 为什么使用酚/氯仿去除蛋白质效果较单独用酚或氯仿好？
3. 简述用乙醇或异丙醇沉淀 DNA 优点和缺点？

二、小型昆虫 DNA 的抽提

（一）概述

对于一些微小的样品（如蚜虫、粉虱等），由于虫体小，解剖困难，操作不方便。其 DNA 的抽提一般用整个虫体。而且采用传统的酚/氯仿抽提 DNA，会造成 DNA 的损失，对小型昆虫 DNA 的抽提往往不能达到预期效果。下面参考罗晨等（2002），介绍一种简便快速，适用于小型昆虫的 DNA 制备方法。

（二）材料、设备、试剂

1. 仪器设备

微量取液器（1μL，20μL，100μL），台式高速离心机，恒温振荡摇床，涡旋振荡器，恒温水浴锅

2. 试剂

裂解缓冲液：50 mmol/L Tris-HCl（pH 8.0）、25 mmol/L NaCl、1 % EDTA、1% SDS。

TE 缓冲液：10mmol/L Tris-HCl（pH 8.0）、1 mmol/L EDTA。

其他试剂：无水乙醇、蛋白酶 K。

样品：小型昆虫，如粉虱等。

（三）实验步骤

1）取单个粉虱于重蒸水（ddH_2O）中漂洗，吸水纸吸干。

2）置于滴有 20μL 裂解缓冲液的封口膜上，用 0.2mL 的离心管底部将粉虱充分研磨匀浆。

3）将匀浆液吸入 1.5 mL 的 Eppendorf 管中。

4）向管中加入 1μL 20 mg/mL 的蛋白酶 K，充分混匀。

5）置于 60℃水浴锅中 3 h，中途追加 1μL 蛋白酶 K。

6）每管加入 178μL 的 ddH_2O，100℃下水浴 5min。

7）取 100μL 提取液，加入两倍体积的预冷无水乙醇，冰浴 2 h。

8）以 12 000 r/min 离心 20 min，DNA 沉淀室温晾干。

9）每管加入 20μL 缓冲液 TE（pH 8.0），溶解后 4℃保存待用。

（四）注意事项

本方法所用的样品可以为新鲜样品、冻存样品、乙醇和福尔马林保存样品、干标本等。使用前，乙醇和福尔马林浸泡的样品用 TE（pH 8.0）浸泡 1～2 h，干标本需用 TE 浸泡过夜，以回软组织并去除其他化学物质对 PCR 的影响。

（五）思考题

比较“昆虫组织 DNA 的抽提方法”和“小型昆虫 DNA 的抽提方法”的异同。

三、昆虫微量 DNA 模板制备

（一）概述

对于一些微小的样品（如寄生蜂、蚜虫、粉虱等）或是一些珍贵标本样品，如果采用传统的酚/氯仿抽提 DNA，会造成 DNA 的损失，往往不能达到预期效果。下面介绍一种简便快速，适用于多种昆虫的微量 DNA 模板制备方法（温硕洋和何晓芳，2003）。

（二）材料、设备、试剂

1. 仪器设备

微量取液器（1μL、20μL、100μL），台式高速离心机，恒温振荡摇床，涡旋振荡器，恒温水浴锅。

2. 试剂

1）TEN 缓冲液：10mmol/L Tris-HCl（pH 7.4）、25mmol/L EDTA、10mmol/L NaCl。

2）TE 缓冲液：10mmol/L Tris-HCl（pH 8.0）、1 mmol/L EDTA。

3）其他试剂：无水乙醇、蛋白酶 K。

4）样品：小型昆虫，如寄生蜂、蚜虫等。

（三）实验步骤

1）在样品管的盖子和管壁上做好标注。

2）取单个昆虫于 ddH_2O 中漂洗，吸水纸吸干。

3）样品放入 0.2mL 微离心管中，加入 30μL 的 TEN，用烧熔后的枪头将样品充分研磨匀浆。

4）用 30μL TEN 清洗枪头，将匀浆液吸入 1.5mL 的 Eppendorf 管中。

5）加入蛋白酶 K（200μg/mL），充分混匀。

6）将研磨液置于 56℃水浴锅中消化 1～2 h。

7）消化后的产物在 95℃水浴中保温 45s。

8）2000～3 000 r/min 离心 30s，沉淀残渣。

9）上清液作为做 PCR 的模板或保存于－20℃的冰箱中。

（四）注意事项

同“小型昆虫 DNA 的抽提方法”。

（五）思考题

比较“小型昆虫 DNA 的抽提方法”和“昆虫微量 DNA 模板制备方法”的异同。

四、DNA 电泳检测

（一）概述

琼脂糖或聚丙烯酰胺凝胶电泳是分离鉴定和纯化 DNA 片段的标准方法。特别琼脂糖凝胶电泳操作简单、快速、分离范围较广。溴化乙啶（ethidium bromide，EB）是一种可嵌插在 DNA 碱基之间的荧光染料，在紫外灯下呈荧光显色，以确定 DNA 片段在凝胶中的位置，且灵敏度高，可以检出 1～10ng 的 DNA 条带。此外，如有必要可从凝胶中回收 DNA 片段，用于分子克隆或探针标记等操作。

琼脂糖凝胶电泳通常采用水平装置（图 9-1）在恒定电场下电泳，其分离 DNA 片段大小范围较广，不同浓度琼脂糖凝胶可分离长度 200～50 000bp 的 DNA 片段。而聚丙烯酰胺凝胶电泳常采用垂直装置在恒定电场下电泳，电泳速度较快，可容纳相对大量的 DNA。聚丙烯酰胺分离小片段 DNA（5～500bp）效果较好，其分辨力极高，甚至相差 1bp 的 DNA 片段就能分开，但其制备和操作比琼脂糖凝胶困难。目前，一般实验室常用琼脂糖凝胶电泳。本节主要介绍琼脂糖凝胶电泳。

1. 琼脂糖凝胶电泳原理

琼脂糖是从海藻中提取出来的一种聚合链线性分子。琼脂糖以分子内和分子间氢键作用形成较为稳定的交联结构，这种交联结构使琼脂糖凝胶有较好的抗对流性质。琼脂糖凝胶的孔径可以通过琼脂糖的最初浓度来控制，低浓度的琼脂糖形成较大孔径，而高浓度的琼脂糖形成较小的孔径。带负电荷的 DNA 分子在外加电场的作用下向阳极迁移。迁移足够距离后，就可以通过溴化乙啶染色在紫外光下观察 DNA 带。溴酚蓝和二

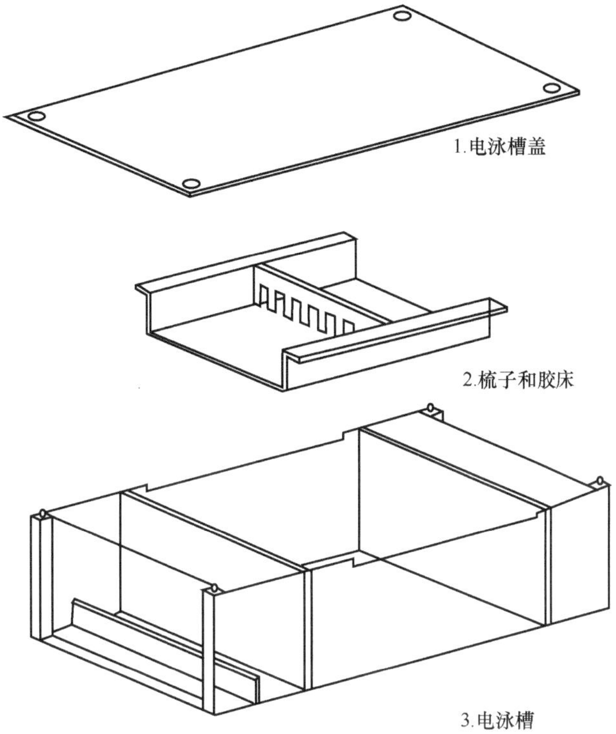

图 9-1 水平电泳装置示意图

甲苯青染料在琼脂糖凝胶中的迁移速率大致分别与 300bp 和 4000bp 大小的双链 DNA 片段相同，常加入加样缓冲液用作电泳指示剂。

2. 影响迁移率的因素

（1）DNA 的性质

DNA 的电荷量、分子大小、分子的空间构象等因素决定了 DNA 的迁移率。DNA 分子越大，在凝胶孔隙中蠕动的摩擦阻力越大，其迁移速度就越慢，DNA 分子的迁移率与其相对分子质量的常用对数成反比关系。DNA 分子空间构象也影响迁移率，在相对分子质量相同的情况下，闭环型、单链开环型、线状 DNA 的迁移率是不同的。

（2）琼脂糖浓度

琼脂糖胶浓度一般为 0.5%～2%，较高浓度的琼脂糖胶有利于较小的 DNA 的分离，而较低浓度的琼脂糖胶则可以分离较大的 DNA 片段，根据分离 DNA 分子的大小不同可以选择不同的琼脂糖浓度（表 9-1）。

表 9-1　不同琼脂糖含量的凝胶的分离范围（Sambrook，1995）

凝胶中琼脂糖的含量/%	分离线状 DNA 分子的有效范围/kb
0.3	60～5
0.6	20～1
0.7	10～0.8
0.9	7～0.5
1.2	6～0.4
1.5	3～0.2
2.0	2～0.1

（3）电场作用

在低电压条件下，大于 2kb 的 DNA 片段的分辨率较高，此时线状 DNA 片段的电泳迁移率与所加电压成正比。随其电压增加，相对高分子质量 DNA 片段的迁移率将以不同的幅度增长，使琼脂糖凝胶的有效分离范围缩小。

如电场方向恒定，相对分子质量大于 50～100kb 的 DNA 分子在琼脂糖凝胶上的迁移速率相同。可以通过脉冲电场凝胶电泳，周期性改变电场方向，从而分辨大分子量的 DNA 片段。

（4）其他试剂的影响

用于检测凝胶中 DNA 的荧光染料溴化乙啶嵌入堆积的碱基对之间，使其刚性加强，导致线状 DNA 的迁移率降低 15%左右。

电泳缓冲液的组分和离子强度直接影响迁移率。常用的缓冲液（表 9-2）通常有含 EDTA 的 Tris-乙酸（TAE）、Tris-硼酸（TBE）、Tris-磷酸（TPE）。常用的 TAE 缓冲容量很低，长时间电泳需要正、负极贮液槽之间进行缓冲液循环，并经常需要更换 TAE。TPE、TBE 的成本比 TAE 高，但其缓冲容量明显较高。双链线状 DNA 在 TAE 中迁移率比 TBE、TPE 中快近 10%，但各个缓冲体系的分辨能力几乎相同（对超螺旋 DNA，在 TAE 中的分辨率比在 TBE 中的更好）。

表 9-2　常用电泳缓冲液（Sambrook，1995）

缓冲液	使用液	浓储存液
TAE （Tris-乙酸）	1×：0.04mol/L　Tris-乙酸 0.001mol/L　EDTA	50×：242g　Tris 碱 57.1mL　冰乙酸 100mL　0.5mol/L EDTA（pH8.0）
TBE （Tris-硼酸）	1×：0.045mol/L　Tris-硼酸 0.001mol/L　EDTA	5×：54g　Tris 碱 27.5mL　硼酸 20mL　0.5mol/L EDTA（pH8.0）
TPE （Tris-磷酸）	1×：0.09mol/L　Tris-磷酸 0.002mol/L　EDTA	10×：108g　Tris 碱 57.1mL　磷酸 100mL　0.5mol/L EDTA（pH8.0）

（二）材料、设备、试剂

1. 仪器设备

稳压稳流电泳仪（0～500 V，0～300 mA），平板电泳槽，凝胶电泳成像仪（包含紫外分析灯和摄影设备等），微量移液枪，恒温水浴锅，微波炉，一般玻璃器具。

2. 主要试剂

EB，琼脂糖（电泳纯），TAE 或 TBE（表 9-2），加样缓冲液（4℃），0.25% 溴酚蓝，40%（*w*/*v*）蔗糖水溶液。

（三）实验步骤

1. 配制琼脂糖溶液

根据需要准确称量所需的琼脂粉（表 9-1），置于锥形瓶中，加入一定量的电泳缓冲液（TAE 或 TBE）。瓶颈上松松地盖上封口膜，在沸水浴或微波炉中加热至完全熔化。加热时应尽量减少水分蒸发，并不时摇动锥形瓶，使附于瓶壁上的琼脂糖颗粒进入溶液，否则可能导致琼脂糖不能正常凝胶，影响 DNA 电泳。

2. 加荧光染料

冷却至 55～60℃，可加入溴化乙啶溶液，至终浓度 0.5μg/mL（也可不把溴化乙啶加入凝胶中，而是电泳后再用 0.5μg/mL 的溴化乙啶溶液浸泡染色）。溴化乙啶是一种强诱变剂并有中度毒性，使用时应戴手套操作，并且不要把溴化乙啶洒到桌面或地面上。凡是沾了溴化乙啶的容器或物品必须经专门处理（见注意事项中的溴化乙啶溶液的净化处理）后才能清洗或丢弃。

3. 封框、插梳子

将有机玻璃电泳槽两端紧密封住（可用宽胶带直接粘贴），用吸管吸取少量琼脂糖溶液封固电泳槽四周框。在距电泳槽一端 2cm 的位置上放置梳子，梳子齿下缘距槽底面保持 0.5～1.0mm 的间隙，以便加入琼脂糖后可以形成完好的加样孔。

4. 制胶板

将冷却至 55～60℃的琼脂糖倒入电泳槽内，厚 3～5mm，在室温下自然凝固。倒胶时的温度不可太低，否则凝固不均匀，速度也不可太快，否则容易出现气泡。检查梳子的齿下或齿间是否有气泡。待胶完全凝固后，取出隔板，轻轻拔起梳子，注意不要损伤梳底部的凝胶。加入电泳缓冲液，超过胶面 1～2mm（图 9-2）。

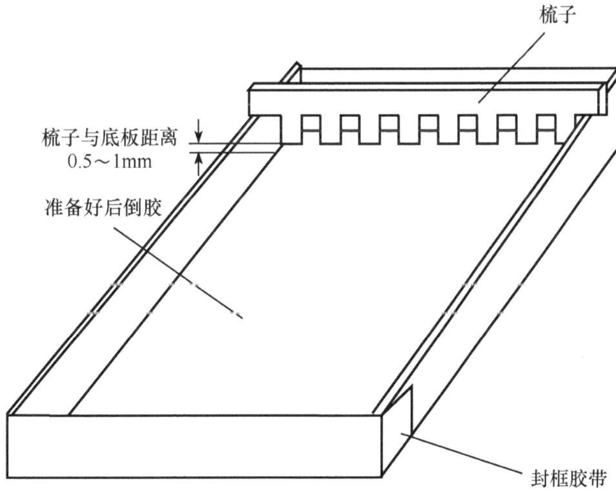

图 9-2 琼脂糖凝胶制备示意图

5. 加样

在 DNA 样品中加入与加样缓冲液混匀后，用微量移液器将样品加入样品槽中。同时在样品两侧样品槽内点上 DNA 大小标准。

6. 电泳

合上电泳槽盖，接通电源，从负极到正极电泳。电压 80～100V 下电泳，待溴酚蓝移至凝胶的 2/3 距离时，切断电源，停止电泳。

7. 染色

未加 EB 的胶板在电泳完毕后移入 0.5μg/mL 的 EB 溶液中，室温下染色10～25min。

8. 观察、拍照

取出凝胶置于254nm波长紫外灯下观察染色后的或已加有EB的电泳胶板，紫光灯下观察时应戴上防护眼镜或有机玻璃面罩，以免损伤眼睛。DNA 存在的位置呈现橙红色荧光条带，并立即拍照记录电泳结果。

9. 计算

测量出电泳照片上 DNA 标准（Marker）各片段的迁移距离，绘制 DNA 分子的标准曲线（以迁移距离为横坐标，各片段分子碱基对的对数为纵坐标）。测量出样品 DNA 的迁移距离，根据标准曲线计算样品 DNA 分子大小。

（四）注意事项

1）电泳过程中，EB与DNA相反方向移动（阴极），若电泳时间过长，EB会从凝胶中迁移出来，使小片段 DNA 难于检测，这时可将凝胶浸在 0.5μg/mL EB 溶液中重新染色后检测。若 EB 过多，染色过深看不清 DNA 带时，可将胶置于蒸馏水中浸泡、冲洗，30min 后再观察。

2）加样时勿破坏样品孔，否则 DNA 带型不整齐。如需要回收 DNA 或用于 Southern 杂交分析，加样时每个样品都应使用新的枪头，以避免交叉污染。

3）加样量依据样品中 DNA 片段的大小及数量而定。通常 0.5cm 宽的加样孔，DNA 上样量在 0.1～0.5μg 即可观察。如样品为由大小不同的 DNA 片段组成的酶切产物，则每孔加 20～30μg DNA 也不至于明显影响分辨率。

4）溴化乙啶溶液的净化处理

（1）溴化乙啶浓溶液（浓度大于 0.5mg/mL 的溴化乙啶溶液）

第一步：加入足量的水将溴化乙啶稀释至 0.5mg/mL 以下。

第二步：加入等体积的 0.5mol/L $KMnO_4$，小心混匀，再加 1 倍体积的 2.5mol/L HCl，混匀后室温下放置数小时。

第三步：加入 1 倍体积的 2.5mol/L NaOH，小心混匀后丢弃。

（2）溴化乙啶稀溶液（如含 0.5μg/mL 溴化乙啶的电泳缓冲液）

第一步：每 100mL 溶液中加入 100mg 粉状活性炭，室温放置 1h，不时摇动。

第二步：用 Whatman1 号滤纸过滤溶液，丢弃滤液。

第三步：用塑料袋封装滤纸和活性炭，作为有害废物丢弃（溴化乙啶在 262℃下分解，在标准条件下焚烧后不再有危害）。

（3）净化试剂盒

可以使用市售的净化试剂盒，能方便地从溶液中提取溴化乙啶。

（五）思考题

1. 影响 DNA 在琼脂糖凝胶电泳中迁移率的因素有哪些？

2. 如何选择琼脂糖凝胶浓度？

第二节　昆虫 RNA 抽提与检测

RNA 抽提是分子生物学的基本操作之一，是核酸研究技术的重要组成部分。RNA 的提取和纯化，是进行 cDNA 合成、选择分离 mRNA、Nothern 杂交及体外翻译等分析的前提。RNA 用于不同的后续实验，其质量要求不尽相同。cDNA 文库构建要求 RNA 完整且无酶反应抑制物残留；Northern 杂交对 RNA 完整性要求较高，对酶反应抑制物残留要求较低；RT-PCR 对 RNA 完整性要求不太高，但对酶反应抑制物残留要求严格。RNA 抽提可能因为 RNA 降解和组织内杂质的残留而失败，因此 RNA 抽提比基因组 DNA 抽提要困难得多。下面介绍两种常用的较为简单的 RNA 提取方法。

一、AGPC 法抽提 RNA

（一）概　　述

本实验采用的提取方法为异硫氰酸胍-酚-氯仿抽提（AGPC）一步操作法（付月君等，2003）。细胞内大部分 RNA 均与蛋白质结合，以核蛋白形式存在。由于 RNA 酶的存在，为获得高纯度的 RNA，必须抑制 RNA 酶的活性。异硫氰酸胍（guanidine isothiocyanate）是一类有效解偶联剂，异硫氰酸胍及十二烷基肌氨酸钠共同作用能够迅速裂解组织细胞，使蛋白质二级结构降解，核蛋白迅速与核酸解离。同时在异硫氰酸胍和β-巯基乙醇存在下，使各种 RNA 酶变性失活。利用酚、氯仿/异戊醇抽提溶解脂类、变性蛋白质，最后溶于水相的 RNA 经沉淀得到纯化的细胞总 RNA。

（二）材料、设备、试剂

1. 仪器设备

低温高速离心机，组织匀浆机，电泳槽，电泳仪，微量取液器（20μL、200μL、1000μL），高压蒸汽消毒器（灭菌锅），涡旋振荡器，恒温水浴锅，紫外检测仪。

2. 试剂

1）DEPC 水：用三蒸水配制 0.1%焦碳酸二乙酯，37℃过夜处理，然后 121℃，15min 高压蒸汽灭菌。

2）变性液 D：4mol/L 异硫氰酸胍（guanidine isothiocyanate）、25mmol/L 柠檬酸钠（pH 7.0）、0.5%十二烷基肌氨酸钠（SLS）、0.1mol/L *β*-巯基乙醇。取 50g 异硫氰酸胍于 65℃溶于 58.6mL ddH_2O，加入 3.52mL 0.75mol/L 柠檬酸钠（pH 7.0）和 5.28mL 10%十二烷基肌氨酸钠，临用前加入 *β*-巯基乙醇。

3）水饱和酚（pH 4.0）。

重蒸酚与等体积的 DEPC 水于 65℃溶解后，静置 24h，加 8-羟基喹啉至饱和酚终浓度为 0.1%，4℃保存。

4）氯仿/异戊醇（49∶1，*V*/*V*）的混合液。

5）2mol/L 乙酸钠（pH4.0）：无水 NaAc 16.406g，40mL DEPC 水，用 HAc 调 pH 至 4.0，定容至 100mL。121℃，15min 高压灭菌。

6）70%乙醇（用DEPC处理水配制）。

7）异丙醇。

（三）实验步骤

1. RNA的抽提

1）将试虫置于无水乙醇中浸泡至死，迅速分离组织（若不能及时制样，可将组织置液氮冷冻，在−80℃下或液氮中保存）。

2）取100mg新鲜组织在液氮中研磨成粉状，加1mL D液，混匀。

3）依次加入0.1mL 2mmol/L乙酸钠，1mL水饱和酚，0.2mL氯仿/异戊醇混匀，用力振荡10s，冰浴15min，使核蛋白质复合体彻底裂解。

4）4℃，14 000r/min离心20min（离心后RNA存于水相，DNA和蛋白质存于有机相及两相界面）。取上清液，加入等体积异丙醇，混匀，于−20℃下放置1h。

5）14 000r/min离心20min，弃上清液，将沉淀RNA溶于500μL变性液D，65℃水浴5min。

6）加50μL 2mmol/L乙酸钠，500μL水饱和酚，100μL氯仿/异戊醇混匀，振荡10s，5000r/min离心5min。

7）取上清液，加等体积氯仿，5000r/min离心5min。

8）取上清液，移入小管，再以等体积异丙醇沉淀−20℃至少5h，15 000r/min离心20min。

9）将沉淀用500μL 70%乙醇洗1次，静置5min，1000r/min离心15min。

10）弃上清，干燥后溶于50μL DEPC水。

2. 紫外分光光度计测定RNA含量和纯度

混匀样品后在230nm、260nm和280nm波长下读数。其中260nm读数用以估算RNA的浓度，OD_{260}/OD_{280}的比值用以估计RNA的纯度，OD_{260}/OD_{230}可用以估计去盐的程度。

RNA的浓度＝OD_{260}×核酸稀释倍数×50/1000；

$OD_{260}/OD_{280}<2.0$，可能是蛋白质污染所致，可使用酚/氯仿再抽提；

$OD_{260}/OD_{230}<2.0$，可能有盐未除尽，可使用70%乙醇洗涤沉淀。

3. 1%琼脂糖凝胶电泳检验

参见本章第一节。

（四）注意事项

1）变性液D有腐蚀性，在配制和使用过程中应戴手套，并注意眼部保护。

2）提取RNA的昆虫样品最好是新鲜生物的组织。

3）操作过程中应避免RNA酶的污染，实验操作人员不得用手直接触摸实验器材与试剂，在操作过程中应保持实验环境的洁净，避免空气中的微生物产生的外源性RNA酶污染。注意低温条件，组织匀浆一定要充分。所用玻璃器皿经DEPC水浸泡过夜后，于250℃烘烤6h。试剂及Eppendorf管、Tip头用0.1%DEPC浸泡过夜后，121℃，15min高压灭菌去除DEPC，不能高温灭菌的溶液用经DEPC处理的三蒸水配制。

4）为避免制备的总RNA降解失活，通常可用下面的方法储存：

（1）RNA可用含0.1%～0.5%SDS的TE（pH7.6）溶解，于－80℃冰箱或液氮中保存。

（2）RNA的水溶液加入3倍体积的无水乙醇，于－20℃保存。

（3）用去离子甲酰胺溶解，于－20℃保存。

（五）思考题

1. 简述异硫氰酸胍-酚-氯仿抽提（AGPC）法提取RNA的原理以及提取过程中各试剂的作用。

2. 在实验过程中如何判断RNA是否被RNA酶污染？如何避免？

二、TRIZOL一步法抽提RNA

（一）概述

TRIZOL能够在破碎和溶解细胞时保持RNA的完整性，加入氯仿后离心，RNA溶于水样层中。收集上面的水样层，通过异丙醇沉淀RNA。在除去水样层后，样品中的DNA和蛋白质也能相继以沉淀的方式还原。乙醇沉淀能析出中间层的DNA，在有机层中加入异丙醇能沉淀出蛋白质。该方法简单快捷，是目前较为流行的总RNA提取法。

（二）材料、设备、试剂

1. 仪器设备

低温高速离心机，组织匀浆器，恒温水浴锅，微量移液器，高压蒸汽消毒器（灭菌锅），涡旋振荡器。

2. 试剂

DEPC水（用三蒸水配制0.1%焦碳酸二乙酯，37℃过夜处理，然后121℃，15min高压蒸汽灭菌），TRIZOL，氯仿（分析纯），75%乙醇（用DEPC处理水配制），异丙醇（分析纯）。

（三）实验步骤

1）将试虫置于无水乙醇中浸泡至死，迅速分离组织（若不能及时制样，可将组织置－80℃下或液氮中保存）。

2）取50～100mg新鲜组织在液氮中研磨成粉状，转入1.5mL Eppendorf管中。

3）加入1mL的TRIZOL充分摇匀，室温放置5min。

4）加入0.2mL氯仿，盖好离心管，剧烈振荡15s，4℃ 12 000r/min离心10min。

5）取上层水相（约600μL），转入新1.5mL Eppendorf管中，加入等体积的异丙醇，室温放置10min。

6）4℃，12 000r/min离心15min。

7）小心弃去上清液，RNA 沉淀加入 1mL 的 75% DEPC-乙醇，涡旋混匀。

8）4℃，7500r/min 离心 5min。

9）重复步骤 7）、8）两次。

10）弃上清，RNA 沉淀室温干燥 5～10min，用 DEPC 水溶解，－80℃保存备用。

（四）注意事项

同 AGPC 法。

三、RNA 的检测

（一）概　　述

波长 280nm、320nm、230nm、260nm 下的吸光度分别代表了核酸、背景（溶液浑浊度）、盐浓度和蛋白等有机物的值。A_{260}的读数为 0.10～0.50 线性最好。OD_{260}/OD_{280}（Ratio，R）＝1.8～2.2 时，RNA 中蛋白质或者其他有机物的污染较少，所得 RNA 可以进行后续实验。当 $R<1.8$ 时，溶液中蛋白质或者其他有机物的污染（苯酚残留）较为严重；当 $R>2.2$ 时，说明 RNA 已经水解成单核酸了。此外 OD_{260}/OD_{230} 的比值表明 RNA 的纯度，其值小于 2.0 表明溶液中有亚硫氰胍和 β-巯基乙醇残留；其值大于 2.4，需用乙酸盐，乙醇沉淀 RNA。

RNA 的电泳一般都是用变性胶进行的，如果仅是为了检测 RNA 的质量也可用普通的琼脂糖胶代替，电泳的目的是检测 28s、18s 和 5s 条带的完整性。一般的，如果 28s 和 18s 条带明亮、清晰、条带锐利，并且 28s 的亮度在 18s 条带的两倍以上，我们认为 RNA 的质量较好。

（二）材料、设备、试剂

1. 仪器设备

紫外分光光度计、水平电泳槽、电泳仪、微量移液器、凝胶电泳成像仪（包含紫外分析灯和摄影设备等）、高压蒸汽消毒器（灭菌锅）。

2. 试剂

1）DEPC 水：用三蒸水配制 0.1% 焦碳酸二乙酯，37℃过夜处理，然后 121℃，15min 高压蒸汽灭菌。

2）10×MOPS 缓冲液：41.2g MOPS，3mol/L 乙酸钠 16.6mL，加入 800mL DEPC 水，用 NaOH 调至 pH 7.0。加入 20mL 0.5mol/L EDTA（pH 8.0），最后用 DEPC 水定容至 1000mL，高压灭菌处理。

3）上样缓冲液：甲酰胺 200μL，甲醛 70μL，10×MOPS 缓冲液 40μL，溴酚蓝溶液 40μL，200μg/mL EB 溶液 50μL，最后加 DEPC 水 650μL。

4）琼脂糖（电泳纯）。

（三）实验步骤

1. 紫外分光光度计测定 RNA 含量和纯度

混匀样品后取一定量样品稀释后在 230nm、260nm 和 280nm 波长下读数，确保

260nm 的读数为 0.10～0.50。其中 260nm 读数用以估算 RNA 的浓度，OD_{260}/OD_{280} 的比值用以估计 RNA 的纯度，OD_{260}/OD_{230} 可用以估计去盐的程度。

$$RNA的浓度 = OD_{260} \times 核酸稀释倍数 \times 50/1000$$

2. 1.2%甲醛变性凝胶电泳检验

（1）1.2%变性凝胶配制

称取琼脂糖 0.3g，加入 DEPC 水 20mL，加热溶解，冷却至 60℃后加入 10× MOPS 缓冲液 2.5mL 和甲醛 2.5mL，总体积 25mL，混匀。

（2）样品预处理

取 RNA 样品 3～5μL，加入 RNA 样品 3 倍体积的上样缓冲液。70℃变性 10min，置于冰上冷却 3min。

（3）电泳及检测

电泳缓冲液为 1×MOPS，电压为 80～120V，其他步骤参照实验四。紫外检测完整 RNA 应有 28s rRNA、18s rRNA 和 5s rRNA 三条清晰的条带。

（四）注意事项

1. OD_{260}/OD_{280}<1.8，可能的原因

1）在分光光度计测量前用水而不是用 TE 缓冲液稀释 RNA 样品，用水作为稀释液将导致比值的降低，低离子强度和低 pH 溶液会增加 280nm 处的光吸收值。解决办法是测 OD 时对照及样品稀释液最好使用 10mmol/L Tris（pH 7.5）。

2）蛋白质污染：实验过程中确保不要吸入中间层及有机项。减少起始样品量，或加大样品匀浆化时所加的 TRIZOL 或变性液的量，确保裂解完全、彻底。匀浆后样品确保在室温下放置 5min。加入氯仿后一定要剧烈震荡混匀，并且离心分层的离心力和时间要足够。解决办法是重新抽提一次，再沉淀，溶解。

3）分离的水样层中污染有苯酚层：实验过程中应尽量确保不要吸入中间层及有机项，加入氯仿后首先要使劲混匀，并且离心分层的离心力和时间要足够。解决办法是再沉淀一次后，溶解。

4）提取完的 RNA 没有完全溶解。

2. OD_{260}/OD_{230}<2.0，可能的原因

1）抽提试剂残留：确保洗涤时要彻底悬浮 RNA，并且彻底去掉 75%乙醇。解决办法是再沉淀一次后，溶解。有盐未除尽，可使用 75%乙醇洗涤沉淀。

2）组织内杂质残留：一般为多糖类杂质。

3）设备限制：测定 A_{260} 及 A_{280} 数值时，要使 A_{260} 读数为 0.10～0.50。此范围线性最好。

第三节　聚合酶链反应扩增及分子标记技术

聚合酶链反应（polymerase chain reaction，PCR）是 20 世纪 80 年代 Kary Mullis 发明的一种核酸体外扩增技术，来模拟天然 DNA 复制过程。PCR 技术的发明成功地实现了在体外无限扩增核酸片段，它可以在较短时间内将特定的 DNA 序列扩增数千倍乃至上百万倍。PCR技术相对较为简单、快捷，且较为灵敏，而耐热性DNA聚合酶的发现更是实现了PCR循环反应的自动化，使其迅速发展，在分子生物学、医学、法医学、考古学等生命科学领域得到了广泛应用。

广义的分子标记（molecular marker）是以生物大分子DNA或蛋白质（如同工酶等）的多态性为基础的遗传标记。狭义的分子标记一般仅指DNA分子标记，即反映生物个体或种群间基因组中某种差异特征的DNA片段，它直接反映基因组DNA间的差异。与形态标记（morphological marker）和细胞标记（cytological marker）相比，分子标记具有多态性高，数量多，准确率和精确度高，产生的信息量大等优势。特别是作为遗传信息载体的DNA分子，可以不受取材的时间、外界环境以及生物材料的发育阶段、器官组织差异的影响，且化学稳定性比蛋白质高，不会因为生物体的死亡而失去活性或分解。

自20世纪70年代限制性片段长度多态性（RFLP）技术创立以来，DNA分子标记的研究得到了很大地发展，先后有多个分子标记技术问世。目前DNA分子标记技术有：以分子杂交和电泳技术为核心的分子标记技术，包括DNA指纹技术（DNA finger printing）、限制性片段长度多态性（restriction fragment length polymorphism，RFLP）等；以PCR反应和电泳技术为核心的分子标记技术，包括随机扩增多态性DNA（random amplification polymorphism DNA，RAPD）、简单序列重复标记（simple sequence repeat，SSR）或简单序列长度多态性（simple sequence length polymorphism，SSLP）、扩展片段多态性（amplified fragment length polymorphism，AFLP）、序列特征化扩增区域简称标记（sequence charactered amplified region，SCAR）等；其他分子标记技术，如单核苷酸多态性（single nuleotide polymorphism，SNP）、表达序列标签（expressed sequences tags，EST）等。以上这些分子标记方法各有利弊和适用范围，因此，采用哪类分子标记应依据具体实验目的和实验条件等来决定。本书由于篇幅限制，只介绍同工酶电泳、RFLP和RAPD技术。

一、聚合酶链反应

（一）概　　述

1. PCR的原理

PCR类似于DNA的天然复制过程，是利用合成的两段已知序列的寡核苷酸作为引物，在热稳定的DNA聚合酶的作用下，扩增位于两引物之间的特定DNA片段。PCR包括三个基本步骤：变性、退火、延伸（图9-3）。①变性（denaturation）：第1轮循环需在94℃下变性5～10min，使模板DNA完全解离成为单链，以便它与引物结合，为下轮反应作准备。第1轮以后的循环变性温度与时间一般为94℃ 1min；②退火（annealing）：模板DNA经加热变性成单链后，温度突降，引物与模板DNA单链的互补序列配对结合。通常退火温度和时间为37～55℃，1～2min；③延伸（extension）：延伸反应通常为72℃，接近于Taq DNA聚合酶的最适反应温度75℃。在Taq DNA聚合酶的作用下，以dNTP为反应原料，靶序列为模板，按碱基配对与半保留复制原理，合成一条新的与模板DNA链互补的半保留复制链。这三个步骤为一个循环，每个循环合成的产物又可作为下一个循环的模板，多个循环组成 PCR 反应。经过几轮循环后，介于两引物之间的特异 DNA 片段的拷贝数理论上呈 2^n 增长。因实际上扩增效率不可能为 100%，所以经 20～30 次循环后其特异性扩增产物数量可达到几百万拷贝，可供一般分子生物学实验。当其他参数确定之后，循环次数主要取决于 DNA 浓度。一般而言 25～30 轮循环已经足够。循环次数过多，会使 PCR 产物中非特异性产物大量增加。

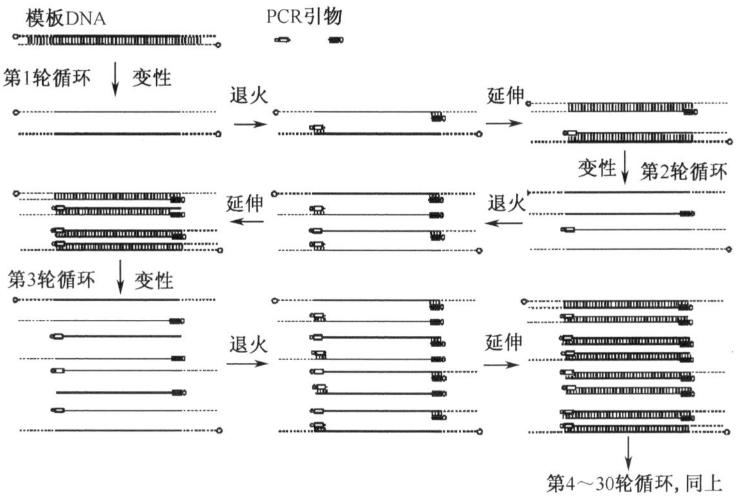

图 9-3　PCR 反应原理示意图

2. PCR 的反应体系

（1）PCR 引物

引物是指与待扩增 DNA 片段两翼互补的寡聚核苷酸片段。PCR 反应产物的特异性由这对上下游引物所决定，因此引物的好坏往往是 PCR 成败的关键。PCR 反应引物设计可遵循下列原则。

1）引物长度以 15～30bp 为宜，过短会降低退火温度影响引物与模板配对，从而使特异性降低，过长会增加成本。

2）引物中的不同碱基应尽可能随机分布，避免出现嘌呤、嘧啶的堆集现象，且引物的 G+C 含量为 45%～55%，可按下式粗略估计引物的解链温度 $T_m = 4 \times (G+C) + 2 \times (A+T)$。

3）引物内部不应含有互补序列，以免形成发夹状二级结构；两个引物之间尤其在 3′端不应有互补链存在，否则可能形成引物二聚体（dimer）。这种二级结构会因空间位阻而影响引物与模板的复性结合。

④ 引物的碱基序列不应与非扩增区域有同源性（同源性小于 70%或少于连续 8 个的互补碱基）。

⑤ 引物的 3′端碱基原则上要求严格与模板 DNA 配对。

⑥ 引物 5′端碱基，无严格限制，只要与模板结合的引物足够长，其 5′端可以不与模板 DNA 匹配而呈游离状态，这样引物设计时可以在 5′端加上限制性内切核酸酶位点或其他短序列，可以加 ATG 起始密码及错配碱基以引起突变。据报道，5′端可以游离数十个碱基而不影响 PCR 反应的进行。

（2）耐热 DNA 聚合酶

DNA 聚合酶是 PCR 反应最为关键的因素之一。最初 PCR 使用的是大肠杆菌 DNA 聚合酶Ⅰ。但因该酶不耐热，易失活，容易形成引物与模板的非专一性配对，产生非特异性扩增，限制了其在 PCR 反应中的应用。直至从 *Thermus Aquaticus* 中提取到热稳定 DNA 聚合酶（Taq 聚合酶）才使 PCR 技术得以迅速发展和广泛应用。现已发现多种耐热的 DNA 聚合酶，如 Tth DNA 聚合酶、Vent DNA 聚合酶、Pfu DNA 聚合酶等。其中以 Taq DNA 聚合酶应用最为广泛，它的使用简化了 PCR 程序，使引物能在高温下进行退火和延伸，减少了引物与模板之间错配的发生，从而大大地增强了反应的特异性并增加了产量。

Taq DNA 聚合酶具有较好的热稳定性，一般 Taq DNA 聚合酶活性半衰期如下：92.5℃时为 130min；95℃时为 40min；97℃时为 5min。该酶最高生物活性温度为 70～75℃。但 Taq DNA 聚合酶发生碱基错配的概率约为 2×10^{-4} 在利用 PCR 克隆或进行序列分析时应考虑其影响。

Taq DNA 聚合酶的酶活性单位定义为 74℃下，30min 掺入 10nmol/L dNTP 到核酸中所需的酶量。在 PCR 反应中，100μL 反应体系所需 Taq DNA 聚合酶的用量为 1.5～5 单位，所用的酶量可根据 DNA、引物等因素的变化适当增减。酶量过高会增加产物的非特异性，过低则产量降低。如需利用这些产物进行下一步实验，可通过酚/氯仿抽提，乙醇沉淀 PCR 产物或 99～100℃加热 10min 将 Taq DNA 聚合酶灭活。

（3）模板 DNA

模板 DNA 可以是单链分子或双链分子，也可以是线状分子或环状分子（线状分子扩增效果略优于环状分子）。可以是粗制品，但不能混有任何蛋白酶、核酸酶、TaqDNA 聚合酶抑制剂以及能结合 DNA 的蛋白。一般反应中加入的模板量为 10^2～10^5 个拷贝的靶序列，模板量过多则可能增加非特异性产物。

（4）PCR 反应的缓冲液

缓冲液是影响 PCR 反应效率和特异性的一个重要因素。反应缓冲液一般含 10～50mmol/L Tris·Cl、50mmol/L KCl 和一定浓度的 Mg^{2+}。在 PCR 反应中，10～50mmol/L Tris·Cl 缓冲液是一种双极化离子缓冲液，主要作用是调节维持偏碱性的 Taq DNA 聚合酶的反应环境；50mmol/L 的 KCl 有利于引物的退火，但过高浓度将会降低 Taq DNA 聚合酶的活性；Mg^{2+} 浓度对 Taq DNA 聚合酶活性有较大影响，Mg^{2+} 浓度过高使非特异扩增增加，过低影响产率。Mg^{2+} 可与模板 DNA、引物及 dNTP 等的磷酸根结合，$MgCl_2$ 的浓度一般宜比 dNTP 总浓度高出 0.5～1.0mmol/L。此外，缓冲液中可加入 100μg/mL 的牛血清白蛋白（BSA）或 5mmol/L 的二硫苏糖醇（DDT）稳定酶活性，但如果其质量不好可能导致相反效果。

（5）底物

底物是强的酸性溶液，应以 NaOH 调 pH 至 7.0～7.5，并用分光光度计测定其准确浓度。可将 dNTP 原液配成 5～10mmol/L 后分装，于－20℃存放。PCR 反应中 dNTP 的终浓度应在 20～200μmol/L，过高会抑制 Taq DNA 聚合酶的活性，增加碱基的错配率和实验成本，使非特异性增强；过低则影响反应速度。4 种 dNTP 的浓度应该相等，均衡的 dNTP 有利 DNA 聚合酶活性发挥，以减少合成中由于某种 dNTP 的不足出现的错配，提高使用效率。

3. 常见的PCR改进技术

随着核酸研究的深入，PCR技术也不断发展、完善，经过科研人员的努力，发展出了锚定PCR、反向PCR技术等。

（1）反向PCR

反向PCR（inverse PCR，IPCR）可对已知的DNA片段两侧的未知序列进行扩增和分析。原理是用限制性内切核酸酶对DNA进行酶切，然后用连接酶将酶切产物环化，再用已知序列上两端互补的引物进行PCR扩增。

（2）逆转录PCR

逆转录PCR（reverse transcription PCR，RT-PCR）能对RNA进行快速、简便、高灵敏的检测。原理是以mRNA为模板在逆转录酶的作用下合成cDNA，再以此cDNA为模板进行PCR反应，从而扩增低浓度mRNA。

（3）锚定PCR

锚定PCR（anchored PCR）是用酶法在一通用引物反转录的cDNA3′端加上一段已知序列，然后以此序列为引物结合位点对该cDNA进行PCR扩增。可用于未知cDNA的制备及低丰度cDNA文库的构建。

（4）简单重复序列锚定PCR

简单重复序列锚定PCR（single sequence repeat-anchored PCR，SSR-PCR）是基于微卫星和PCR的新技术。SSR-PCR就是针对真核生物中高度密集的CA微卫星简单重复序列，设计与之互补的重复CA碱基作单引物扩增其重复片段，从而揭示其多态性。

（二）材料、设备、试剂

1）仪器设备：PCR仪，稳压稳流电泳仪（0～500V，0～300mA），水平电泳槽，微量移液枪，离心机，恒温水浴锅，微波炉，一般玻璃器具，凝胶电泳成像仪（包含紫外分析灯和摄影设备等）。

2）主要试剂：Taq酶，10mmol/L dNTP，25mmol/L $MgCl_2$，10×PCR反应缓冲液：500mmol/L KCl，0.1%（*w*/*V*）明胶，0.01%（*V*/*V*）Tween 20，100mmol/L Tris-HCl（pH 8.3）。

3）模板DNA。

4）引物。

本实验参考罗晨等（2002），以昆虫线粒体DNA（mtDNA）的*COI*基因为例，介绍PCR实验方法和操作程序。*COI*基因通用引物为：

Cl-J-2195（5′-TTGATTTTTTGGTCATCCAGAAGT-3′）

L2-N-3014（5′-TCCAATGCACTAATCTGCCATATTA-3′）

（三）实验步骤

1. 反应体系

采用20μL体系，将1U Taq酶、10×buffer 2μL、2mmol/L Mg^{2+} 2μL、10mmol/L dNTP 0.5μL、50ng Cl-J-2195、50ng L2-N-3014、2μL模板DNA依次加入0.5mL

Eppendorf 离心管，加 ddH_2O 至 20μL。混合后，于每管中滴加 15μL 矿物油，使反应液表面被覆盖以防止应用过程中水分的蒸发散发，然后将离心管瞬间离心后，放入 PCR 扩增仪。并设置相应循环参数。

2. 反应条件

94℃预变性 5min，然后 94℃变性 1min，50℃退火 1min，72℃延伸 1min，共循环 35 次，循环结束后 72℃延伸 5min。反应结束后，取出反应管，置于 4℃冰箱或点样检测。

3. 电泳分离检测

取出管底部扩增产物 10～15μL 用 1.5％琼脂糖凝胶（含 EB）电泳分离扩增产物，以 DNA ledder、λDNA/*Hin* dⅢ 或 λDNA/*EcoR* Ⅰ＋ *Hin* dⅢ酶切片段为 DNA 大小标准。电泳结束后取出胶块于凝胶电泳成像仪上观察结果并照相。

4. 问题及解决

1）没有得到所希望的 PCR 产物：①确证是否加入酶，检查酶的活性；② DNA 解链是否充分；③人工合成的引物是否正确；④在未加入 Taq DNA 聚合酶以前，将反应系统在 95℃下保温 5～10min，使蛋白酶及核酸酶失活。

2）产物特异性不好：①增加退火温度；②减少退火时间及延伸时间；③降低引物和 Taq DNA 聚合酶的浓度；④降低 Mg^{2+} 浓度。

3）负对照出现 PCR 产物：①确定 PCR 反应体系，特别 ddH_2O 是否被污染；②在未加入 Taq DNA 聚合酶以前，将反应系统用 UV 处理 5min。

（四）注 意 事 项

1）PCR 非常灵敏，操作应尽可能在无菌操作台中进行，且操作前用 70％乙醇擦净操作台台面。

2）枪头、离心管应高压灭菌，使用过的枪头必须更换，避免交叉污染。

3）应设含除模板 DNA 外，所有其他成分的负对照。

4）PCR 反应体系 Taq 酶、dNTP、$MgCl_2$、缓冲液、模板 DNA 和引物都存放在－20℃。只有在用前即时从冰箱取出 Taq 酶。

（五）思 考 题

1. 降低退火温度对反应有何影响？延长变性时间对反应有何影响？
2. PCR 的特异性表现在哪些方面？
3. 循环次数是否越多越好？为什么？

二、同工酶电泳

（一）概　　述

同工酶（isozyme）是指生物体内具有相同催化功能的不同结构的酶分子。同工酶广泛存在于生物界中，目前的研究发现同工酶分子的多态性，即催化生物体内同一化学反应的不同结构分子，是在长期进化中的一种适应，在种属、组织和发育等方面表现出明显的特异性。20 世纪 70 年代以来同工酶电泳技术已广泛应用于昆虫分类学研究，同工酶在研究昆虫的遗传变异、物种进化及种属鉴定等方面具有重要意义和应用价值。昆虫同工酶的研究是借助电泳方法进行的。根据同工酶相对分子质量大小的不同可以进行聚丙烯酰胺凝胶电泳（PAGE）（图 9-4）区分，等电聚焦电泳（IFE）则利用同工酶所带电荷不同将不同的酶区分开来，然后统计不同生物类群之间的相似度或遗传距离。下面以昆虫酯酶同工酶（马春燕，2001；王启瑞，2001）为例介绍聚丙烯酰胺凝胶电泳。

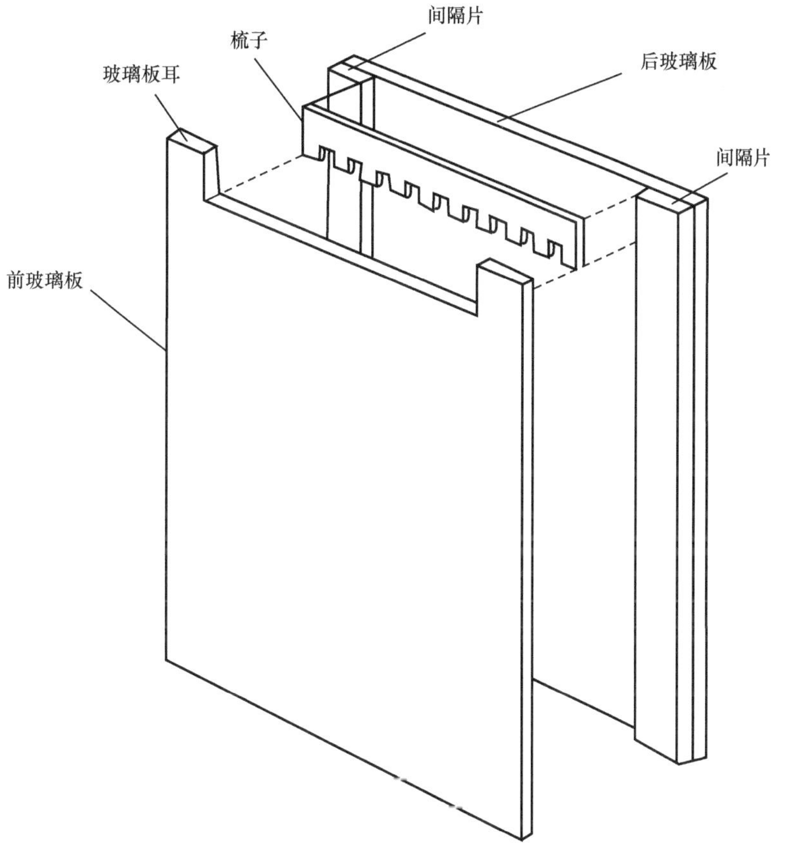

图 9-4　垂直电泳胶床结构示意图

（二）材料、设备、试剂

1. 仪器设备

稳压稳流电泳仪，垂直电泳槽，微量移液枪，高速离心机，摄影设备，一般实验器具。

2. 主要试剂

1）丙烯酰胺储存液：丙烯酰胺 30g、甲叉双丙烯酰胺 0.8g。加双蒸水至 100mL，储存于棕色瓶中，于 4℃冰箱保存备用。

2）N，N，N′，N′-四甲基乙二铵（TEMED）：于 4℃冰箱避光保存。

3）10％过硫酸铵溶液：0.1g 过硫酸铵，加入 10mL 双蒸水。即时配制使用，或分装保存于－20℃冰箱备用。

4）分离胶缓冲液（pH8.9）

Tris　　　　　36.3g

1mol/L HCl　　48mL

加水至100mL。

5）浓缩胶缓冲液（pH6.7）

Tris　　　　　5.8g

1mol/L HCl　　48mL

加水至100mL。

6）Tris-甘氨酸电泳缓冲液（pH8.3）

Tris　　　　　6.0g

甘氨酸　　　　28.8g

加水至1000mL。使用时加入等体积的水稀释。

7）0.1mol/L 磷酸缓冲液（pH6.5）

$Na_2HPO_4 \cdot H_2O$　　　11.28g

$NaH_2PO_4 \cdot 2H_2O$　　　10.69g

加水至1000mL。

8）染色液

乙酸-α萘酯　　　　50mg

乙酸-β萘酯　　　　50mg

丙酮水溶液（1∶1）　4mL

固兰RR盐　　　　　100mg

磷酸缓冲液（pH6.5）　75mL

9）固定液：7%乙酸

10）保存液：乙醇∶甘油∶7%乙酸（1∶2∶7）（V/V/V）

（三）实验步骤

1. 样品制备

将新采集的样品个体取出（若不能及时制样，需在－70℃以下保存，待用时取出－20℃下备用），置于冰浴的研钵中，加适量预冷的20%蔗糖溶液及适量石英砂研磨，迅速移至5mL Eppendorf管中，放入冰箱4℃下保存。将实验所需样品全部研磨完后，8000r/min离心10min，取上清液作为酶源，储于4℃下待用。处理过程中谨防任何盐类物质污染样品及溶液。

2. 分离胶的制备

将一长一短两块玻璃板洗净烘干后装框，置于垂直电泳槽内，用2%的琼脂溶液封框（注意不要产生气泡）。

分离胶按照下列顺序和比例进行配制：pH8.9的分离缓冲液3.8mL，30%丙烯酰胺储存液3.7mL，TEMED 9μL，双蒸水7.4mL，10%过硫酸铵溶液0.15mL（倒胶前即时加入）。依次加入小烧杯后迅速混匀，沿长玻璃板缓缓倒入，凝胶溶液注至离玻板上缘3cm处即可（占玻璃板高度的2/3左右）。随后在胶面上加一层正丁醇（0.2～

0.5cm 高）以防胶面不平整并隔绝空气，将电泳槽置于水平桌面上。室温下 30min 左右，正丁醇和凝胶间出现清晰的界面，即表明分离胶已聚合好。倒去正丁醇，用蒸馏水轻轻冲洗分离胶表面数次，然后用吸水纸吸去胶面水分。

3. 浓缩胶的制备

按照下列顺序和比例进行浓缩胶的配制：浓缩胶缓冲液 0.63mL，30%丙烯酰胺储存液 0.58mL，TEMED 5μL，双蒸水 3.74mL，10%过硫酸铵溶液 0.05mL（倒胶前即时加入）。配好后混匀即可注入上述制好的分离胶上，当加至距短玻璃板上缘 1mm 左右轻轻插入梳子，小心避免产生气泡，再加入浓缩胶溶液填充梳子间的空隙（浓缩胶凝聚时有缓渗现象，需不时补胶），将电泳槽放在水平位置。20min 左右凝胶聚合，小心取出梳子。若点样槽不整齐，用注射器针头轻拨使其端正。吸尽样品槽内水分后即可点样。

4. 点样

用微量进样器将已制好的样品缓缓注入样品槽底部（样品量以能获得最佳灵敏度和分辨率为准），记录相应的样品号和样品槽号。在样品上加等量的 40%蔗糖溶液以防漂样。

5. 电泳

缓缓地将预冷的电泳缓冲液加入电泳槽中，使液面超过短玻璃板上缘 0.5cm 左右。在上槽加入 1 滴 1%的溴酚蓝指示剂。接通电泳仪电源，上槽负极，下槽正极。开始电压 100V 左右，待指示剂进入分离胶后，电压升至 300V 左右。电泳时间约需 4h，当指示剂到达距正极边缘约 5mm 时停止电泳，关闭电源。整个电泳过程在 4℃冰箱中进行。倒去电泳缓冲液，从电泳槽上卸下胶板，小心揭开玻板，同时在正极端右下角切去一小块凝胶用来标记泳道顺序（若用于 Western 印迹反应，则不切角）。用水冲洗胶面，去除浓缩胶后即可染色固定。

6. 染色、脱色、固定

将胶板小心放入盛有染色液的培养皿中，参考胡能书和万国贤（1985）的染色方法室温染色，一般染色 30min 左右即可。染色后可将胶板取出，用水冲洗，置于 7%乙酸溶液中脱色固定 24h。

7. 保存

固定后可直接放入保存液中浸泡保存。若需永久性保存，可对已染色的凝胶进行拍照或把染色的凝胶干燥成胶片保存。制干胶的步骤：

1）取一张比凝胶稍大的玻璃纸，用保存液完全浸湿，平铺在略大于胶片的玻璃板上，用玻璃棒赶去纸与板间的气泡。

2）将胶板小心冲洗干净后铺在玻璃纸上，玻璃纸四周留出的距离相等，为 3cm 左右。小心去除玻璃纸与胶板之间的气泡。

3）另取一张用保存液浸湿的玻璃纸覆盖在胶板上，除去气泡，将四边长出的玻璃纸折压贴在玻璃板下，将凝胶面朝上置于室温条件下自然干燥。

4）待胶片完全干燥后（干燥 2～3d），薄膜由乳白色变成透明的手感如触及玻璃板似的胶板，方可取下胶板，得到一张图谱清晰的干胶板，用于检测、拍照或扫描。

8. 结果分析

对电泳后的谱带的相对迁移率，酶带数目以及各酶带的相对活性进行分析，根据酶谱带推测控制同工酶基因位点。通过电泳在凝胶上经过特异性染色而形成的酶谱，反映着酶蛋白质的组成的不同，这些酶蛋白质都是由等位基因直接控制。酶蛋白直接反映了基因状况，可以通过酶谱推测亲缘关系。

相对迁移率（relative mobility，R_f）：测量迁移率时，首先测出指示剂移动的距离，然后逐个测出酶带移动的距离。测量时以酶带中部为准。

$$R_f = X_2/X_1$$

式中，X_1 为固定染色后凝胶中指示剂的迁移距离；X_2 为固定染色后凝胶中酶蛋白迁移距离。

（四）注 意 事 项

1）蛋白酶易失活、降解，整个处理过程是在低温下进行。

2）电泳时，应尽量避免凝胶中产生气泡，凝胶中的气泡会影响蛋白质分子条带的形状和迁移方向。

3）聚丙烯酰胺凝胶在制备过程中有时会遇到不凝聚的情况，需检查凝胶的配方、配制时间、保存方法、是否漏加 TEMED 或过硫酸铵、过硫酸铵是否潮解、TEMED 是否过期等。

4）丙烯酰胺、甲叉双丙烯酰胺有强烈的神经毒性，可经皮肤吸收在体内蓄积而中毒，操作时需戴手套、口罩。

5）分离胶和浓缩胶都是现用现配。10%过硫酸铵溶液一般是即时配制，也可储藏−20℃冰箱中备用。

（五）思 考 题

1. 如何对同工酶电泳图谱进行分析？
2. 蛋白质发生降解有何影响？引起降解的原因有哪些，如何避免？

三、RFLP 技术

（一）概 述

RFLP 自 20 世纪 70 年代 Grodzicker 提出后，已被广泛用于基因组遗传图谱构建、基因定位以及生物进化和分类的研究。

1. 基本原理

在分子水平上，特定生物类型的基因组的 DNA 由于限制性内切核酸酶的酶切位点碱基发生突变，或发生了碱基的缺失、易位、插入，导致产生大小不同的酶切片段。通过琼脂糖或聚丙烯酰胺凝胶电泳可将大小不同的 DNA 片段分开。通过特定放射自显影或非同位素显色技术，发生变异的材料所显示的谱带就有可能与原亲本的带处于不同的位置，从而可比较不同个体的 DNA 多态性。

2. 优点和缺点

RFLP 标记数量几乎是无限的，不受发育阶段、器官组织差异以及环境的影响，大部分标记是共显性的，产生的条带稳定可靠，重复性好。但是，RFLP 标记技术过程比较复杂，成本较高，对 DNA 多态性检出的灵敏度不高，DNA 模板需要量大，有时需要用放射性核素或非放射性物质标记。

下面参考姜自锋（2002）方法，以膜翅目小蜂总科昆虫为例介绍 RFLP 技术。

（二）材料、设备、试剂

1）仪器设备：PCR 仪，稳压稳流电泳仪（0～500V、0～300mA），平板电泳槽，微量移液枪，离心机，恒温水浴锅，微波炉，一般玻璃器具，凝胶电泳成像仪（包含紫外分析灯和摄影设备等）。

2）主要试剂：EB，蛋白酶 K，Taq 酶，限制性内切核酸酶（表 9-2）及相应的缓冲液，2.5mmol/L dNTP，25mmol/L $MgCl_2$，10×PCR 反应缓冲液 [500mmol/L KCl，0.1%（*W/V*）明胶，0.01%（*V/V*）Tween 20，100mmol/L Tris-HCl（pH 8.3)]。

3）引物 28S 基因测序引物为 5′-ACCCGCTGAACTTAAGCAT-3′和 5′-TGGTC-CGT GTTTCAAGACGG-3′；

ITS2 基因测序引物为 5′-GAAGTAAAAGTCGTAACAAGG-3′ 和 5′-GTCCT GCAGTTCACACGATG-3′；

Cytb 基因测序引物为 5′-ATGSSTTGGAGGACAACCAGT-3′ 和 5′-CTCCAC TACCAGCACCCAAAG-3′。

4）模板 DNA。

5）DNA 电泳分子大小标准 λDNA/*Hin*d Ⅲ或 λDNA/*Eco*R Ⅰ＋*Hin*d Ⅲ酶切片段。

（三）实验步骤

1. PCR 扩增

本方案采用 25μL 体系，将 10×PCR 反应缓冲液 2.5μL、25mmol/L Mg^{2+} 2μL、2.5mmol/L dNTP 0.5μL、正链和反链引物各 10pmol、1.5U Taq 酶、1μL 模板 DNA 依次加入 0.5mL Eppendorf 离心管，用双蒸水定容至 25μL。混合后，于每管中滴加 20μL 矿物油，将离心管瞬间离心后，放入 PCR 扩增仪。并设置相应循环参数（表 9-3）。

表 9-3 PCR 循环温度设置

步骤	循环 1	循环 2～4	循环 4～6	循环 7～35	循环 36
变性	94℃，5min	94℃，1min	94℃，1min	94℃，1min	
退火		52℃，1min	50℃，1min	48℃，1min	
延伸		72℃，1.5min	72℃，1.5min	72℃，1.5min	72℃，5min

2. RFLP

分别用不同的限制性内切核酸酶对 PCR 扩增产物进行酶切。使用 20μL 的反应体系，依次加入 PCR 产物 2μg，8U 限制性内切核酸酶（表 9-4 中任意一种），相应的限制性内切核酸酶反应 10×酶切缓冲液 2μL，在加入三蒸水至 20μL。用手指轻弹管壁使溶液混匀。在所使用的限制性内切核酸酶的最佳反应温度条件下，水浴酶切 12h。每管加入 2μL 0.1mol/L EDTA（pH8.0），混匀，以停止反应，移至 4℃冰箱中保存备用。

表 9-4 所选用的限制性内切核酸酶的特点

名称	识别位点数	识别序列	最佳反应温度
Afa	4	GTAC	37℃
*Bam*HⅠ	6	GGATCC	30℃
*Dra*Ⅰ（*Aha*Ⅲ）	6	TTTAAA	37℃
*Hae*Ⅲ	4	GGCC	37℃
*Hinc*Ⅱ（*Hind*Ⅱ）	6	GTpypuAC	37℃
*Hinf*Ⅰ	4	GANTC	37℃
*Hind*Ⅲ	6	AAGCTT	37℃
*Pvu*l	6	CGATCG	37℃
*Tth*HB8Ⅰ（TaqⅠ）	4	TCGA	65℃
*Msp*Ⅰ（*Hpa*Ⅱ）	4	CCGG	37℃

3. 酶切产物的检测

取酶切产物在 2.0%琼脂糖凝胶（含 EB）电泳检测，所用电泳缓冲液为 TAE 缓冲液。具体步骤见本章第一节实验四。

4. 数据处理

酶切产物经电泳分离后，对 RFLP 结果进行记录。在琼脂糖凝胶电泳图谱上，每个泳道出现某一谱带则记为 1，不出现则记为 0。由此可以得到 0 或 1 矩阵，应用计算机软件对这一矩阵进行数据分析。

（四）注 意 事 项

1）未酶切的 DNA 要防止发生降解，酶切反应一定要彻底。

2）应尽量减少限制性内切核酸酶离开冰箱的时间，以免降低其活性。

3）有时用一种限制性内切核酸酶不能发现 RFLP 的差异，这时应该试用另一种酶。

4）实验一定要设无模板 DNA 的空白对照。

（五）思 考 题

1. DNA 酶切反应不彻底会有何结果？

2. DNA 发生降解有何影响？引起降解的原因有哪些，如何避免？

四、RAPD 技术

（一）概 述

RAPD 方法是 20 世纪 90 年代由 Williams 和 Welsh 两个研究小组同时提出的一种 DNA 分子水平上的大分子多态性检测技术。RAPD 技术的基础是 PCR。使用 9 或 10bp 的随机寡聚核苷酸序列作为引物，对基因组 DNA 进行 PCR 扩增，然后用凝胶电泳分开扩增片段，通过 EB 染色来检测扩增产物的多态性。这些 PCR 产物多态性反映了基因组相应区域的 DNA 的多态性。如果基因组 DNA 在特定引物结合区域发生 DNA 片段插入、缺失或碱基突变，就有可能导致引物结合位点的分布发生相应的变化，导致PCR产物增加、缺少或相对分子质量发生变化，即产生RAPD标记。

RAPD标记的主要特点：①不需DNA探针，不涉及同位素操作安全；②使用的是随机引物，不需要事先了解模板DNA序列信息，用一组随机引物PCR扩增检测模板DNA序列多态性；③简单快速；④ RAPD灵敏度高，样本DNA量少，一般仅需求25ng，而RFLP要求DNA量较大，因此不需要大量抽提和纯化DNA，成本相对较低，有利于分析DNA量少的材料。

下面参考张红梅（2004）和张宏宇（1998）方法，以实蝇为例介绍RAPD技术。

（二）材料、设备、试剂

1. 仪器设备

PCR仪，稳压稳流电泳仪（0～500V，0～300mA），水平电泳槽，微量移液枪，离心机，恒温水浴锅，微波炉，一般玻璃器具，凝胶电泳成像仪（包含紫外分析灯和摄影设备等）。

2. 主要试剂

Taq酶，20ng/μL随机引物，2.5mmol/L dNTP，25mmol/L $MgCl_2$，10×PCR反应缓冲液：500mmol/L KCl、0.1%（*w*/*v*）明胶、0.01%（*v*/*v*）Tween 20、100mmol/L Tris-HCl (pH 8.3)。

3. 模板DNA

参照本章第一节DNA抽提方法抽提南瓜实蝇、具条实蝇、桔大实蝇、三点棍腹实蝇成虫基因组DNA作为模板DNA。

（三）实验步骤

1. 随机引物筛选

一般从50～1000个随机引物中PCR扩增筛选，根据样本扩增结果，选择扩增条带稳定、清晰、最能有效区分样本的引物作为该研究对象的RAPD标记用引物。本实验使用的69个随机引物，从中筛选出了S112、S361、S67等引物以区分3个种，S83可以用来区分南瓜实蝇的雌性和雄性，S126可以用来区分具条实蝇和三点棍腹实蝇（表9-5）。

表9-5 RAPD试验中筛选的随机引物和序列

引物	序列
S112	ACGCGCATGT
S83	GAGCCCTCCA
S67	GTCCCGACGA
S361	CATTCGAGCC
S126	GGGAATTCGG

2. PCR-RAPD反应

本方案采用25μL体系，含20ng/μL模板DNA 1μL、0.5U/μL Taq酶2μL、

25mmol/L $MgCl_2$ 2.5μL、10mmol/L dNTPs 2μL、10 × PCR 反应缓冲液 2μL、20ng/μL引物 1.5μL、双蒸水 14μL。混合后，于每管中滴加 15μL 矿物油，使反应液表面被覆盖以防止应用过程中水分的蒸发，将离心管瞬间离心后，放入 PCR 扩增仪。

设置循环参数：94℃预变性 2min，然后 94℃变性 1min、36℃退火 1min、72℃延伸 1min，共循环 45 次，循环结束后 72℃延伸 10min。反应结束后，取出反应管，置于 4℃冰箱保存或点样检测。

3. RAPD 扩增产物的检测

取出管底部扩增产物 6μL 用 1.5%琼脂糖凝胶（含 EB）电泳分离扩增产物，以 λDNA/*Eco*RⅠ+*Hin*dⅢ 酶切片段为 DNA 大小标准，电泳结束后取出胶块凝胶电泳成像仪上观察结果并照相。具体步骤见本章第二节实验三。

4. RAPD 谱带的记录与分析

RAPD 扩增产物经电泳分离后，对 RAPD 扩增结果进行记录。根据分子量标准对照反应产物在胶上的对应位置，估计扩增产物的分子量，然后转变成 0～1 矩阵（有带的、清晰的记为 1，弱的、无带的记为 0）。按下列公式计算样本间相似系数 SD：

$$SD = 2 \times M_{xy}/(M_x + M_y)$$

式中，M_x 为样本 x 出现的带数；M_y 为样本 y 出现的带数；M_{xy}为样本 x 和 y 共同的带数。按下列的公式计算样本间的遗传距离 $D=-\ln SD$。最后将扩增出现的片段视为一个性状特征值，采用系统聚类法（如最短距离法）进行聚类分析，以了解样本间的亲缘关系和遗传距离。现在已有许多相应计算机软件用计算机自行分析上述信息。

（四）注意事项

1. RAPD 反应比较灵敏，反应所用的仪器及试剂都必须严格灭菌，且在实验过程中避免污染。

2. 实验一定要设无模板 DNA 的空白对照。

（五）思考题

1. 影响 RAPD 结果的因素有哪些？

2. 比较上述几种分子标记的优点和缺点，如何设计实验来克服其缺点？

第四节　DNA 片段与基因克隆技术

基因克隆技术（gene cloning technique）也称分子克隆技术（molecular cloning technique）或重组 DNA 技术（recombinant DNA technique），通过人工方法将外源基因与载体 DNA 片段连接，转入细胞获得大量拷贝，从而获得具有新遗传特性的细胞的技术。

一、目的基因获取

基因是载有遗传信息的 DNA 片段。目的基因就是已经或准备分离、改造、扩增或表达的特定基因或 DNA 片段。获取目的基因的方法有化学合成法、鸟枪法、cDNA

法、PCR 扩增法、基因芯片法等。

（一）化学合成法

对已知序列的目的基因，可利用化学合成法，以脱氧核苷酸为单体，合成聚核苷酸片段，然后在酶的作用下，连接成目的基因。

（二）鸟枪法（shotgun）

构建某种生物体的全基因组或单一染色体的基因文库，利用分子杂交等技术在基因文库中去钓取基因。基因文库（gene library）是从某一特定生物体的全部基因以重组体形式出现的集合。基因文库的构建就是用物理方法（超声波、搅拌剪刀等）或酶法（限制性核酸内切酶的不完全酶解）将全基因组裂解成若干大小适宜 DNA 片段，分别与适当的载体 DNA 在体外连接，导入受体细胞中繁殖扩增。如果这个文库包含该生物基因组 DNA 全部的序列，即为该生物完整的基因组文库。

（三）cDNA 法

以目的基因 mRNA 为模板，利用逆转录酶在体外合成互补的 DNA，即 cDNA（complementary DNA），然后在 DNA 聚合酶的作用下合成双链 cDNA 片段。

（四）PCR 扩增法

参见本章第三节。

（五）基因芯片法

基因芯片（biochip）是指高密度固定在固相支持介质上的寡核苷酸、基因片段、cDNA 片段或蛋白质等的微矩阵。其原理是应用已知序列的核酸作为探针进行杂交，对未知核酸序列进行检测。

二、载体的选择

载体（vector）是指能够在细胞内自我复制的，能够与外源基因共价结合，运载外源基因进入细胞，并带动重组的分子片段共同增殖的 DNA 分子。

通常分子克隆实验所用的载体是 DNA 双链分子，它们主要来源于细菌的质粒、噬菌体、动物病毒载体等。常用的载体主要有质粒载体（pBR322 质粒、pUC 质粒、Ti 质粒等），病毒 DNA 载体（λDNA 噬菌体载体、M13 噬菌体载体等），黏粒载体（pHC79 黏粒载体、pJB8 黏粒载体、c2RB 黏粒载体等）和噬菌粒载体（pUC118 噬菌粒载体、pUC119 噬菌粒载体等）。

在基因克隆过程中使用的载体通常都是经过人工改建而成的，要将目的基因引入细胞，必须由适宜的载体来携带，不同的受体细胞只能使用相匹配的载体系统。一个理想的载体应具备下列条件：①能在宿主细胞中独立复制，可转移受体细胞；②有合适的限制酶切位点，有利于外源基因的拼接插入；③可插入一段较大的外源 DNA，而不影响其本身的复制；④具有合适的选择性标记，便于重组 DNA 分子的识别和筛选。

三、DNA 体外重组技术

（一）概　　述

DNA 分子的体外重组是通过 DNA 连接酶的作用将目的基因（外源 DNA 片段）与载体 DNA 连接，使两种 DNA 分子连接起来，得到重组 DNA 的技术过程。DNA 连接其本质是一个酶促反应过程，各种成分及其组成的体系不同程度地影响了反应的速率和产物的形成。根据目的基因片段的末端性质和载体 DNA、外源 DNA 分子上限制性内切核酸酶位点的性质，外源 DNA 与载体 DNA 的重组方法主要有黏性末端连接、平头末端连接、修饰末端连接，黏性末端连接是外源 DNA 与质粒载体 DNA 连接的常用方法。下面介绍一种常用的 DNA 体外重组技术（张维铭，2003）。

（二）材料、设备、试剂

1. 仪器设备

超净工作台，恒温水浴锅，低速离心机，稳压稳流电泳仪，平板电泳槽，凝胶电泳成像仪（包含紫外分析灯和摄影设备等），一般实验室常用器皿。

2. 试剂

1）T_4 噬菌体 DNA 连接酶缓冲液：

40mmol/L Tris-HCl（pH7.6）

10mmol/L $MgCl_2$

10mmol/L 二硫苏糖醇（DTT）

0.5～1.0mmol/L ATP

50μg/L 牛血清白蛋白（BSA）

2）T_4 噬菌体 DNA 连接酶。

3）质粒：pBR322 质粒经 *Eco*R Ⅰ酶切片段。

4）外源 DNA：外源性基因 *Eco*R Ⅰ酶切的 5.4kb 片段。

（三）实 验 步 骤

1. 连接反应

1）取 Eppendorf 管，依次加入双蒸水 7μL，缓冲液 2μL。样品各 5μL（分别含有样品 100ng 和 40ng）、T4 噬菌体 DNA 连接酶 1μL（20U）。

2）取另一个 Eppendorf 管，作为对照。依次加入双蒸水 7μL，缓冲液 2μL。样品各 5μL（分别含有样品 100ng 和 40ng）。

3）盖好 Eppendorf 管的盖帽。手指轻弹管壁，并低速离心 2.5s，以集中样品。

4）将两管放置 12℃水浴中过夜。

5）加入 2μL 0.5mol/L 的 EDTA 溶液或 75℃水浴 10min，中止连接反应。

2. 检验连接效果

各取 3μLDNA 连接反应液，进行琼脂糖电泳（参见本章第一节），观察连接效果。添加了连接酶的应为一个大分子片段。对照应为两个小分子片段。

（四）注意事项

1）缓冲液一般都配成 5～10 倍的缓冲液，其中有 ATP 作为辅助因子提供能量；DTT 用来防止酶的活性因氧化而失活；BSA 用来维持一定的蛋白质，以防止因蛋白质浓度太低使酶变性失活。

2）连接反应的温度较高时（如 37℃），可能有利于连接酶的活性，但在较高温度时，黏性末端的氢键结合是不稳定的。因为 *Eco*R Ⅰ酶切所形成的末端仅仅通过四个碱基对相结合，这不足以抵抗这个温度下的分子热运动，所以在连接反应时，通常都采用较低温度。

3）通常连接酶的浓度高，则连接反应速度快，连接的产量也高。如果所使用的连接酶的活性单位下降，就必须增加酶量以达到理想的连接效果。但是随着加入酶量的增多，反应体系中甘油的含量也会增加（酶一般保存在甘油中），过多的甘油会影响连接的效果。此外，连接酶的纯度也会影响连接效果。

4）通常增加 DNA 的浓度可以提高重组效率，但是 DNA 浓度的提高会使反应体积相对变小，从而影响反应物分子的运动，减少了彼此碰撞的机会，连接效果反而不好。反之，浓度过低，反应的体积相对过大，会增加 DNA 片段自连的可能性，影响连接的效率。

（五）思考题

1. 缓冲液中各组分在实验过程中的作用是什么？
2. 简述 DNA 体外重组的步骤。
3. 影响 DNA 连接的因素有哪些？

四、大肠杆菌感受态细胞的制备和转化

（一）概述

基因克隆多用大肠杆菌为受体细胞，在外源 DNA 引入之前，需对受体细胞进行处理。将受体细胞培养至对数生长期后期，在 0℃用一定浓度的 $CaCl_2$ 低渗溶液处理后，其细胞膜发生变化，大肠杆菌膨胀成球形，呈现出能够让外源 DNA 分子进入细胞的生理状态，即成为感受态细胞（competent cell）。经 42℃的短时间热击容易吸收黏附于细胞表面的质粒 DNA-钙盐复合物，用选择性培养基可以选出含有外源基因的阳性克隆。

目的基因与载体在体外重组后应导入受体细胞中才能扩增，并进一步筛选。在分子克隆中，将质粒或以它为载体构件的重组分子导入受体细胞的过程称为转化（transformation）。以噬菌体和病毒作为载体构建的重组分子导入受体细胞的过程称为转染（transfection）。将外源 DNA 导入受体细胞的方法很多，根据试验目的、受体细胞种类、外源基因大小等不同来选择不同的方法。

1）化学方法：如 $CaCl_2$ 转化法、磷酸钙共沉淀法、DEAE-葡聚糖转化法的等。

2）物理方法：电脉冲介导法、显微注射法、基因枪轰击等。

3）生物方法：原生质融合法、脂质体介导法、λ噬菌体的体外包装感染法和反转

录病毒和 DNA 病毒介导法。

实验室常用下面的方法（Henry，1990；张维铭，2003）制备感受细菌，可使每微克质粒 DNA 产生 $5\times10^{6}\sim2\times10^{7}$ 个转化菌落，足以满足在质粒中进行的常规克隆的需要。该方法较快速、重复性好，适用于大多数大肠杆菌菌株。

（二）材料、设备、试剂

1. 仪器设备

超净工作台，台式离心机，恒温摇床，分光光度计，高压灭菌锅，一般玻璃器皿。

2. 试剂

1）5mol/L NaOH：20g NaOH，90mL 去离子水溶解，定容至 100mL。高压下蒸气灭菌 20min。

2）250mmol/L KCl：1.86g KCl，90mL 去离子水溶解，定容至 100mL。高压下蒸气灭菌 20min。

3）2mol/L $MgCl_2$：19g $MgCl_2$，90mL 去离子水溶解，定容至 100mL。高压下蒸气灭菌 20min。

4）1mol/L 葡萄糖溶液：18g 葡萄糖，90mL 去离子水溶解，定容至 100mL。用 0.22μm 滤膜过滤除菌。

5）磷酸缓冲液：2.31g KH_2PO_4，12.54g K_2HPO_4，90mL 去离子水溶解，定容至 100mL。高压下蒸气灭菌 20min。

6）0.1mol/L $CaCl_2$：1.11g $CaCl_2$，90mL 去离子水溶解，定容至 100mL。用 0.22μm 滤膜过滤除菌。

7）LB 培养基：细菌培养用胰化蛋白胨 10g，细菌培养用酵母提取物 5g，NaCl 10g，加去离子水 950mL，摇匀，使溶质完全溶解，用 5mol/LNaOH 滴定至 pH7.0，用去离子水定容至 1000mL。高压下蒸气灭菌 20min。

8）SOB 培养基：细菌培养用胰化蛋白胨 10g，细菌培养用酵母提取物 5g，NaCl 10g，加去离子水 950mL，摇匀，使溶质完全溶解，然后加入 250mmol/LKCl 溶液 10mL，用 5mol/LNaOH 滴定至 pH7.0，用去离子水定溶至 1000mL。高压下蒸气灭菌 20min。

该溶液在使用前加入 5mL 经灭菌的 2mol/L$MgCl_2$ 溶液。

9）SOC 培养基：灭菌后的 SOB 培养基 900mL 降温至 60℃以下时，加入 20mL 经除菌的 1mol/L 葡萄糖溶液，用 SOB 培养定容至 1000mL。

10）肉汤培养基：细菌培养用胰化蛋白胨 12g，细菌培养用酵母提取物 24g，甘油 4mL，加去离子水 900mL，摇匀，使溶质完全溶解，高压下蒸气灭菌 20min。待降温至 60℃以下时，加入 100mL 经灭菌的磷酸缓冲液。

11）含抗生素的琼脂培养基：将高压蒸气灭菌后的培养基取出，每升加入细菌培养用的琼脂 15g，轻轻旋动，使琼脂均匀分布于整个培养基溶液中。培养基温度降至 50℃以下，方可加入不耐热的抗生素。轻轻旋动，混匀培养基，避免产生气泡。然后直接将培养基倒入培养皿中凝固，制成平板。90mm 直径的培养皿需 30～50mL 培养基。

12）*E. coli*k802 菌株。

13）抗生素：氨苄西林 100mg/mL 及链霉素 50mg/mL。

14）重组质粒：使用实验十的重组质粒。

（三）实 验 步 骤

1. 感受态细胞的制备

1）用无菌铂丝挑取经 37℃恒温培养 16～20h 的大肠杆菌新鲜平板中一个单菌落，接种到含有 100mL LB 或 SOB 液体培养基的烧瓶中，于 37℃恒温摇床上培养 2～3h。每隔 20～30min 测量 OD_{600} 值来监测培养物的生长情况。

2）将培养物分装至用冰预冷的一次性的 50mL 无菌离心管中，冰浴 10min，使培养物冷却至 0℃。

3）4℃，4000r/min 离心 10min。弃上清液，将离心管倒置 1min，除尽残留的培养液。

4）每离心管分别加入 10mL 用冰预冷的 0.1mol/L $CaCl_2$ 悬浮沉淀，冰浴 30min。

5）4℃，4000r/min 离心 10min。弃上清液，将离心管倒置 1min，除尽残留的培养液，回收细胞。

6）在冰浴中，每 50mL 初始培养物加入 2mL 用冰预冷的 0.1mol/L $CaCl_2$ 悬浮细胞沉淀。

2. 转化反应

1）实验组：每份感受态细胞（200μL）加入重组质粒 10μL，双蒸水 10μL。

2）对照组：①阳性对照：在 100μL 感受态细菌悬浮液中加入 pBR322 质粒 1μL，双蒸水 9μL；②阴性对照：在 100μL$CaCl_2$ 溶液中加入外源 DNA 3μL，双蒸水 7μL；③空白对照：不加任何质粒 DNA 的感受态细菌 100mL，双蒸水 10μL。

3）将实验组和对照组分别用预冷的无菌枪头转移到无菌的微量离心管中，做好标记，冰浴 30min，轻摇离心管，以免菌体沉淀。

4）将离心管放到 42℃的恒温水浴中，热激 90s，不要摇动试管，使受体菌热休克，有助于提高转化率。迅速将离心管移至冰浴中，冷却 1～2min。

5）每离心管加入 800μL SOC 培养基，用水浴将培养基加温至 37℃，然后移至 37℃恒温摇床上，温育 45min 使细菌复苏，并且表达质粒编码的抗生素抗性标记基因。

3. 转化率的检测

1）分别配制培养基 A（含氨苄西林及链霉素的 SOB 琼脂培养基）、培养基 B（含氨苄西林的 SOB 琼脂培养基）。

2）将 50μL 实验组的转化反应物涂布在培养基 A 上；阳性对照的转化反应物涂布在培养基 B 上；阴性对照和空白对照分别涂布在两种培养基上。

3）涂布完毕后，在室温下稍干燥后，于 37℃倒置平皿培养 12～16 h，可出现菌落。

4）pBR322 中含有抗氨苄西林基因，外源 DNA 片段含有抗四环素基因。因此，如成功转化，实验组在培养基 A 上的生长不受限制；阳性对照在培养基 B 上的生长不受限制，而在培养基 A 的生长受抑制；阴性对照和空白对照在两种培养基中均受抑制。

5）根据观察菌落出现的数目，计算转化效率。

4. 重组体的筛选

可根据外源基因两侧载体序列或直接利用目的基因 5′端和 3′端序列设计引物，以提取的重组 DNA 为模板进行 PCR 扩增（参见本章第三节），看是否能扩增出目的基因片段，进而筛选阳性克隆。

（四）注意事项

1）本方法需在无菌条件下冰浴中操作进行，所有实验用容器和溶液需高温蒸气灭菌后方可使用。

2）该法制备的感受态细胞可储存于－70℃，但保存时间过长会使转化效率在一定程度上受到影响。

3）受体菌应培养至对数生长前期，菌液 OD_{600} 值为 0.2～0.4。静止期的细胞不能被转化。

4）每平板可加入已转化的感受态细菌 200μL，若加入量大于 200μL，则需离心浓缩细胞，然后再用适量的 SOC 重悬细胞；若培养物体积太小（＜10μL），可加肉汤培养基，用无菌的弯头玻棒或无菌铂丝轻轻地将转化的细胞涂到琼脂平板表面。

（五）思考题

1. 受体细胞、感受态细胞的概念。
2. 简述 $CaCl_2$ 制备大肠杆菌感受态细胞的过程和 $CaCl_2$ 在制备过程中的作用。
3. 在转化反应中设置对照的作用是什么？

第五节　转基因抗虫植物与转基因昆虫

一、转基因抗虫植物技术

（一）概　　述

植物转基因技术是指通过一定的方法将从动物、植物或微生物中分离到的基因转移到植物基因组中，使其能够表达并能稳定遗传，从而赋予植物新性状的技术。Bt 基因是来自苏云金芽孢杆菌的一类杀虫基因，其表达的蛋白质产物可特异性毒杀不同的昆虫（如鳞翅目、鞘翅目、双翅目、螨类等）和无脊椎动物（如寄生线虫、原生动物等），而对人畜无害，是目前农业生产上转基因育种中使用最广泛的抗虫基因。据统计，全球范围内农业生产每年花费在杀虫剂上的费用为 81 亿美元，而其中约有 27 亿美元可以用 Bt 相关技术进行替代。目前 Bt 基因已成为商品化转基因作物中使用的第二大目标基因。

（二）材料、设备、试剂

1. 仪器设备

超净工作台，电子天平，高速离心机，恒温振荡仪，一般玻璃仪器。

2. 主要试剂

1）N_6 培养基大量元素母液（按照 10×浓缩液配制）：

硝酸钾（KNO_3） 28.3g

磷酸二氢钾（KH_2PO_4） 4.0g

硫酸铵（$(NH_4)_2SO_4$） 4.63g

硫酸镁（$MgSO_4 \cdot 7H_2O$） 1.85g

氯化钙（$CaCl_2 \cdot 2H_2O$） 1.66g

将上述试剂逐一溶解，然后室温下用蒸馏水定容至1000mL。

2）N_6 培养基微量元素母液（按照100×浓缩液配制）：

碘化钾（KI） 0.08g

硼酸（H_3BO_3） 0.16g

硫酸锰（$MnSO_4 \cdot 4H_2O$） 0.44g

硫酸锌（$ZnSO_4 \cdot 7H_2O$） 0.15g

将上述试剂在室温下溶解并用蒸馏水定容至1000mL。

3）铁盐（Fe_2EDTA）储存液（按照100×浓缩液配制）：

将3.73g乙二铵四乙酸二钠（$Na_2EDTA \cdot 2H_2O$）和2.78g$FeSO_4 \cdot 7H_2O$分别溶解，混合并用蒸馏水定容至1000mL，至70℃温浴2 h，4℃保存备用。

4）维生素储存液（按照100×浓缩液配制）：

烟酸（nicotinic acid） 0.1g

维生素B1（thiamine HCl） 0.1g

维生素B6（pyridoxine HCl） 0.1g

甘氨酸（glycine） 0.2g

肌醇（inositol） 10g

加蒸馏水定容至1000mL，4℃保存备用。

5）MS培养基大量元素母液（MSmax母液）（按照10×浓缩液配制）：

硝酸铵（NH_4NO_3） 16.5g

硝酸钾 19.0g

磷酸二氢钾 1.7g

硫酸镁 3.7g

氯化钙 4.4g

将上述试剂在室温下溶解，并用蒸馏水定容至1000mL。

6）MS培养基微量元素母液（MSmin母液）（按照100×浓缩液配制）：

硫酸锰（$MnSO_4 \cdot 4H_2O$） 2.23g

硫酸锌（$ZnSO_4 \cdot 7H_2O$） 0.86g

硼酸（H_3BO_3） 0.62g

碘化钾（KI） 0.083g

钼酸钠（$Na_2MoO_4 \cdot 2H_2O$） 0.025g

硫酸铜（$CuSO_4 \cdot 5H_2O$） 0.0025g

氯化钴（$CoCl_2 \cdot 6H_2O$） 0.0025g

将上述试剂在室温下溶解，并用蒸馏水定容至1000mL。

7）2，4-D储存液（1mg/mL）的配制：

称取 2，4-D 100mg，用 1mL1mol/L 氢氧化钾溶解 5min，然后加 10mL 蒸馏水溶解完全后定容至 100mL，于室温下保存。

8）6-BA 储存液（1mg/mL）的配制：

秤取 6-BA 100mg，用 1mL1mol/L 氢氧化钾溶解 5min，然后加 10mL 蒸馏水溶解完全后定容至 100mL，室温保存。

9）萘乙酸（NAA）储存液（1mg/mL）的配制：

秤取 NAA 100mg，用 1mL1mol/L 氢氧化钾溶解 5min，然后加 10mL 蒸馏水溶解完全后定容至 100mL，4℃保存备用。

10）吲哚乙酸（IAA ）储存液（1mg/mL）的配制：

称取 IAA 100mg，用 1mL1mol/L 氢氧化钾溶解 5min，然后加 10mL 蒸馏水溶解完全后定容至 100mL，4℃保存备用。

11）葡萄糖储存液（0.5g/mL）的配制：

秤取葡萄糖 125g，然后用蒸馏水溶解定容至 250mL，灭菌后 4℃保存备用。

12）AS 储存液的配制：

秤取 AS 0.392g，加入 DMSO 10mL 溶解，分装至 1.5mL 离心管内，4℃保存备用。

13）1mol/L 氢氧化钾储存液：

秤取氢氧化钾 5.6g，用蒸馏水溶解定容至 100mL，室温保存备用。

（三）用于水稻遗传转化的培养基配方

1. 诱导培养基

N6max 母液（取已经制备好的 10×浓缩液，下同）	100mL
N6mix 母液（取已经制备好的 100×浓缩液，下同）	10mL
Fe^{2+} EDTA 储存液（取已经制备好的 100×浓缩液，下同）	10mL
维生素储存液（取已经制备好的 100×浓缩液，下同）	10mL
2，4-D 储存液（取上述制备好的）	2.5mL
脯氨酸（Proline）	0.3g
水解酪蛋白（CH）	0.6g
蔗糖	30g
Phytagel 植物凝胶（结冷胶）	3g

加蒸馏水至 900mL，1mol/L 氢氧化钾调节 pH 到 5.9，煮沸并定容至 1000mL，分装到 50mL 三角瓶（25mL/瓶），封口后按常规方法灭菌（如 121℃下灭菌 25min，下述的培养基灭菌方法与本培养基的灭菌方法相同）。

2. 继代培养基

N6max 母液（10×）	100mL
N6mix 母液（100×）	10mL
Fe^{2+} EDTA 储存液（100×）	10mL
维生素储存液（100×）	10mL
2，4-D 储存液	2.0mL

脯氨酸　0.5g

CH　0.6g

蔗糖　30g

Phytagel 植物凝胶（结冷胶）　3g

加蒸馏水至 900mL，1mol/L 氢氧化钾调节 pH 到 5.9，煮沸并定容至 1000mL，分装到 50mL 三角瓶（25mL/瓶），封口，按上述常规方法灭菌。

3. 预培养基

N6max 母液（10×）	12.5mL
N6mix 母液（100×）	1.25mL
Fe^{2+} EDTA 储存液（100×）	2.5mL
维生素储存液（100×）	2.5mL
2，4-D 储存液	0.75mL
CH	0.15g
蔗糖	5g
琼脂粉	1.75g

加蒸馏水至 250mL，1mol/L 氢氧化钾调节 pH 到 5.6，封口，按上述常规方法灭菌。

使用前加热溶解培养基并加入 5mL 葡萄糖储存液和 250μLAS 储存液，分装倒入培养皿中（25mL/皿）。

4. 共培养基

N6max 母液（10×）	12.5mL
N6mix 母液（100×）	1.25mL
Fe^{2+} EDTA 储存液（100×）	2.5mL
维生素储存液（100×）	2.5mL
2，4-D 储存液	0.75mL
CH	0.2g
蔗糖	5g
琼脂粉	1.75g

加蒸馏水至 250mL，1mol/L 氢氧化钾调节 pH 到 5.6，封口，按上述常规方法灭菌。

使用前加热溶解培养基并加入 5mL 葡萄糖储存液和 250μLAS 储存液，分装倒入培养皿中（25mL/每皿）。

5. 悬浮培养基

N6max 母液（10×）	5mL
N6mix 母液（100×）	0.5mL
Fe^{2+} EDTA 储存液（100×）	0.5mL
维生素储存液（100×）	1mL
2，4-D 储存液	0.2mL
CH	0.08g

蔗糖	2g

加蒸馏水至100mL，调节pH到5.4，分装到两个100mL的三角瓶中，封口，按上述常规方法灭菌。

使用前加入1mL无菌葡萄糖储存液和100μLAS储存液。

6. 选择培养基

N6max母液（10×）	25mL
N6mix母液（100×）	2.5mL
Fe^{2+} EDTA储存液（100×）	2.5mL
维生素储存液（100×）	2.5mL
2，4-D储存液	0.625mL
CH	0.15g
蔗糖	7.5g
琼脂粉	1.75g

加蒸馏水至250mL，调节pH到6.0，封口，按上述常规方法灭菌。

使用前溶解培养基，加入250μLHN（50mg/mL）和400μLCN（250mg/mL）分装倒入培养皿中（25mL/皿）（注：第一次选择培养基羧苄青霉素浓度为400mg/L，第二次及以后选择培养基羧苄青霉素浓度为250mg/L）。

7. 预分化培养基

N6max母液（10×）	25mL
N6mix母液（100×）	2.5mL
Fe^{2+} EDTA储存液（100×）	2.5mL
维生素储存液（100×）	2.5mL
6-BA储存液	0.5mL
KT储存液	0.5mL
NAA储存液	50μL
IAA储存液	50μL
CH	0.15g
蔗糖	7.5g
琼脂粉	1.75g

加蒸馏水至250mL，1mol/L氢氧化钾调节pH到5.9，封口，按上述常规方法灭菌。

使用前溶解培养基，250μLHN（50mg/mL）250μLCN（250mg/mL），分装倒入培养皿中（25mL/皿）。

8. 分化培养基

N6max母液（10×）	100mL
N6mix母液（100×）	10mL
Fe^{2+} EDTA储存液（100×）	10mL
维生素储存液（100×）	10mL
6-BA储存液	2mL

KT 储存液	2mL
NAA 储存液	0.2mL
IAA 储存液	0.2mL
CH	1g
蔗糖	30g
植物凝胶（结冷胶）	3g

加蒸馏水至 900mL，1mol/L 氢氧化钾调节 pH 到 6.0。

煮沸并用蒸馏水定容至 1000mL，分装到 50mL 三角瓶（50mL/瓶），封口，按上述常规方法灭菌。

9. 生根培养基

MSmax 母液（10×）	50mL
MSmix 母液（100×）	5mL
Fe^{2+} EDTA 储存液（100×）	5mL
维生素储存液（100×）	5mL
蔗糖	20g
植物凝胶（结冷胶）	3g

加蒸馏水至 900mL，用 1mol/L 氢氧化钾调节 pH 到 5.8。

煮沸并用蒸馏水定容至 1000mL，分装到生根管中（25mL/管），封口，按上述常规方法灭菌。

10. 培养基所用到的植物激素的缩写

6-BA（6-benzylamino purine，6-苄基腺嘌呤）

CN（carbenicillin，羧苄青霉素）

KT（kinetin，激动素；NAA（napthalene acetic acid，萘乙酸）

IAA（indole-3-acetic acid，吲哚乙酸）

2，4-D（2，4-dichlorophenoxyacetic acid，2，4-二氯苯氧乙酸）

AS（acetosringone，乙酰丁香酮）

CH（casein enzymatic hydrolysate，水解酪蛋白）

HN（hygromycin B，潮霉素）

DMSO（dimethyl sulfoxide，二甲基亚砜）

N6max（N6 大量元素成分溶液）

N6mix（N6 微量元素成分溶液）

MSmax（MS 大量元素成分溶液）

MSmix（MS 微量元素成分溶液）

11. 卸甲的农杆菌 *EHA*105

该菌株来自 CAMBIA 公司公开使用的农杆菌菌株。

12. T_i 质粒载体

pCAMBIA1381a，pCAMBIA1381b，pCAMBIA1381c。

（四）实验步骤

1. 抗虫基因转化载体的构建

以将 Bt 基因分别克隆到双元 T_i 质粒载体 pCAMBIA1381a，pCAMBIA1381b 和 pCAMBIA1381c 为例：

1）确定基因片段序列。

2）扩增目的基因片段：选择合适的酶切位点，设计引物，以所确定的基因片段为模板，扩增该基因片段。

3）酶切 PCR 产物：收集 PCR 产物，加入 1/10 体积的乙酸钠（3mol/L，pH5.2）和 2 倍体积 95%的乙醇，沉淀 DNA；用 75%的乙醇洗涤沉淀，沉淀自然风干后加超纯水溶解待用。

上述纯化的 PCR 产物酶切，酶切产物在 0.8%的琼脂糖凝胶中电泳，切下目的条带后用 UNIQ-10 柱式 DNA 胶回收试剂盒（上海生工生物工程技术服务有限公司生产，中国）回收，加 30μL 超纯水溶解。

4）酶切质粒载体：将植物双元 T_i 质粒载体 pCAMBIA1381a，pCAMBIA1381b，pCAMBIA1381c（来自 CAMBIA 公开使用的载体，载体含有 GUS 报告基因）用酶切，酶切产物中加入 1/10 体积的乙酸钠（3mol/L，pH 5.2）和 2 倍体积 95%乙醇，沉淀 DNA；用 75%的乙醇洗涤沉淀，沉淀自然风干后加 30μL 超纯水溶解。

5）候选片段与载体的连接：将上述纯化好的 PCR 酶切产物与双元 T_i 质粒载体酶切产物用连接酶进行酶连（连接酶及其缓冲液购自 Invitrogen 公司）。

连接体系为：

连接酶（1U/μL）	1μL，
连接酶缓冲液	1μL，
PCR 酶切产物	2μL，
双元 T_i 质粒载体酶切产物	1μL，

在 19℃过夜连接。

6）连接产物的转化：连接产物电转化到大肠杆菌 DH10B 菌株中。将电转化产物涂在含卡那霉素（50mg/L）的 LA 培养基上，37℃培养 16h。挑取单菌落在含有卡那霉素的 LB 培养基中 37℃培养 16h。

7）测序：利用 BigDye Terminator Cycle Sequencing V2.0 软件（Applied Biosystems，Foster City，Calif.，USA）对其进行测序。

2. 农杆菌介导的遗传转化

农杆菌介导的遗传转化方法参照华中农业大学作物遗传改良国家重点实验室发表的《农杆菌介导的遗传转化操作手册》所示的标准方法（林拥军等，2002），转化受体为水稻品种“中华 11”（来自中国农业科学院作物研究所商业经营品种）的成熟种子，主要试剂和具体步骤如下。

（1）愈伤诱导

1）将成熟的“中华 11”水稻种子去壳，然后依次用 70%的乙醇处理 1min，0.15%氯化汞（$HgCl_2$）种子表面消毒 15min。

2）用灭菌水洗种子 4 或 5 次。

3）将种子放在诱导培养基上。

4）将接种后的培养基置于黑暗处培养 4 周，温度（25±1)℃。

（2）愈伤继代

挑选亮黄色、紧实且相对干燥的胚性愈伤，放于继代培养基上黑暗下培养 2 周，温度（25±1)℃。

（3）预培养

挑选紧实且相对干燥的胚性愈伤，放于预培养基上黑暗下培养 2 周，温度（25±1)℃。

（4）农杆菌培养

1）在带有对应抗性选择的 LA 培养基上预培养农杆菌 EHA105 2d，温度 28℃。

2）将农杆菌转移至悬浮培养基里，28℃摇床上培养 2～3h。

（5）农杆菌侵染

1）将预培养的愈伤转移至灭好菌的瓶子内。

2）调节农杆菌的悬浮液至 OD_{600} 为 0.8～1.0。

3）将愈伤在农杆菌悬浮液中浸泡 30min。

4）转移愈伤至灭菌好的滤纸上吸干；然后放置在共培养基上培养 3d，温度 19～20℃。

（6）愈伤洗涤和选择培养

1）灭菌水洗涤愈伤至看不见农杆菌。

2）浸泡在含 400mg/L 羧苄青霉素（CN）的灭菌水中 30min。

3）转移愈伤至灭菌好的滤纸上吸干。

4）转移愈伤至选择培养基上选择培养 2 或 3 次，每次 2 周。

（7）分化

1）将抗性愈伤转移至预分化培养基上于黑暗处培养 5～7 d。

2）转移预分化培养的愈伤至分化培养基上，光照下培养，温度 26℃。

（8）生根

1）剪掉分化时产生的根。

2）然后将其转移至生根培养基中光照下培养 2～3 周，温度 26℃。

（9）移栽

洗掉根上的残留培养基，将具有良好根系的幼苗移入培养盆，一周后移入能够保护植株不被昆虫取食的网室中。

（五）思 考 题

1. 根癌农杆菌介导的植物遗传转化有哪些优缺点？
2. 哪些措施可以提高根癌农杆菌介导的转化效率？

二、转基因昆虫技术

（一）概　　述

转基因昆虫是指以实验方法导入外源基因，它稳定整合在染色体组内并能遗传给后代的一类动物。转基因昆虫生产主要步骤包括目的基因的选择（这应视生产目的而定）；将重组基因转入受精卵（常使用的方法有显微注射法、反转录病毒感染法、脂质体法等）。

转基因的方法主要有4类：①融合法，包括细胞融合，微细胞介导融合等；②化学法，包括DNA-磷酸钙沉淀法、DEAE-葡聚糖法、染色体介导法等；③物理法，包括显微注射法、电脉冲法、细胞冻存法等；④病毒感染法，包括重组DNA病毒感染、重组RNA病毒感染等。

显微注射技术是利用显微操作系统和显微注射技术将外源目的基因直接注入到受精卵的原核中，使外源基因整合到受体细胞的基因组内，再通过胚胎移植技术将整合有外源基因的受精卵移植到受体动物的子宫内发育，从而获得转基因动物。它是目前基因转移效率比较高的一种基因转移方法，可直接用不含有原核载体DNA片段的外源基因进行转移，外源基因的长度不受限制，可达100 kb，实验周期相对比较短。它的不足之处是：需要昂贵精密的设备；显微注射操作复杂，需专门技术人员；导入外源基因整合位点和拷贝数无法控制；常导致插入位点附近宿主DNA片段缺失、重组等突变，可造成动物严重的生理缺陷。尽管如此，由于显微注射技术直接对基因进行操作，整合率较高，因而仍是目前建立转基因动物极为重要的方法。

显微注射技术在植物、动物的细胞发育研究中的应用，为研究生物体内生理和体外的生化过程架起了桥梁，它将特定的分子探针及衍生的细胞间质成分导入活体细胞，为研究控制细胞功能的调控机制提供了新的视野。

（二）材料、设备、试剂

1. 仪器设备

倒置显微镜，Leitz重型基座（用于安放显微镜和微操作仪），微注射器：Eppendorf 5242，也可选用螺旋推柄的玻璃注射器，微操作仪：Leitz（手动系统，安在平台上）或Eppendorf 5171（自动轴向微注射系统，可固定在显微镜的载物台上），拉针仪：水平拉针仪P87型（如Sutter Instrument Co.，Novato，USA），或垂直拉针仪720型（如David Kopf Instruments（Tujunga，California，USA），玻璃注射针头：购买成品，也可用拉针仪自行拉制，细胞培养设备：细胞培养箱、超净工作台、塑料平皿和盖玻片等。

2. 主要试剂

1）缓冲培养基（含25mmol/L HEPES，pH7.2）。

2）注射缓冲液（10mmol/L $H_2PO_4^-$ 和 HPO_4^{2-}，pH7.2，84mmol/L K^+，17mmol/L Na^+，1mmol/L EDTA）。

（三）实验步骤

1. 材料准备

（1）DNA 的制备

DNA 的制备（DNA preparation）以及注射的数量对于转化的成功与否非常重要。早期的果蝇转化只利用氯化铯纯化质粒 DNA，通常需要双倍的超速离心，还要去除溴化物和组织溶解物，质粒制备试剂盒提供了非常简便的方法，我们已经成功地用这种由试剂盒制备的质粒进行了转化。Qiagen 现在可以提供这种没有内毒素的可以降低污染的试剂盒。

用于注射的质粒 DNA 通常是载体和目的 DNA 片段的混合物，是由乙醇沉淀或注射悬浮液悬浮得到的。大多数转化昆虫是用果蝇注射缓冲液（5mmol/L KCl，0.1mmol/L 磷酸钠，pH 6.8），但这种方法并不是对所有的昆虫都适合。悬浮收集的 DNA 应当低温保存，不宜存放太长时间，可用电泳检测 DNA 的质量和浓度。在注射之前，应当将 DNA 在 12 000 *g* 离心 5min，以去除杂质。

DNA 的浓度一般不应超过 1 mg/mL，由于核酸本身和其他不可避免的外界因素，过多的 DNA 即使不会引起晶胚致死，也会产生其他不利影响。不过，比果蝇大的晶胚可以经受较大的注射量。还应注意的是质粒的大小。

（2）去卵壳

用果蝇转化的优势是果蝇有可以移动的浆膜，能够较快的转变成用于显微注射的 DNA。机械去卵壳是通过旋转卵来实现的，而化学去卵壳是用稀释的次氯酸钠（1.5%～2.0%）来处理。漂白也应该保持无菌操作，保存时间不应该超过 2～3 周，而稀释液不应超过 2 d。通常根据经验来决定次氯酸钠的浓度和处理时间，如果 1.5%的剂量不能在 2～3min 去卵壳，可以再试一下稍微高一点的浓度。去卵壳之后，要用含有 Triton-X 100 或 NP-40（终浓度为 0.02%）的无菌水洗涤三次，之后将卵干燥。次氯酸钠处理可用试管或培养皿进行，这可依据卵的数量而定，大多数的卵可用布氏漏斗和区颈瓶进行处理。将滤纸放在漏斗上用无菌水漂洗，稀释后的漂白剂放在漏斗上面，轻轻旋转并倒出。然后快速加入洗涤液，将带有卵的滤纸拿出，最后轻轻地洗涤 2～3 次。

（3）胚胎注射的准备

去卵壳的果蝇卵放在湿润的滤纸上以保湿，并将他们放在凉爽的环境下进行孵化。用刷子或镊子将卵放在 1～2 mm 的双条带上，我们发现将条带作成矩形（30mm×22mm）较为方便。

所注射的大多数双翅目昆虫的卵必须制成粉状，减少注射剂量和压力，以便所注射的 DNA 能够很好地被接受而不出现排斥现象。适当的干燥可能是使实验成功的关键因素，最佳的干燥时间要由每次实验决定，随具体情况不断调整。过度的干燥可造成 DNA 或卵喷出而造成卵的死亡不育等后果。虽然营养缺乏时胚胎也可以成活，但这种胚胎很可能会造成质粒不足或注射的 DNA 不能成活。一般在温度为 22℃、相对湿度为 50%的条件下干燥 8～12min。

(4) 拉制针头

水平拉针仪：装上一根毛细管，拧紧左、右两侧的夹子，做好固定，并使其中间部位对准加热丝。设定好电流、拉力和时间。然后按开始键，等待毛细管被拉成两个所需的微注射针头。

垂直拉针仪：把玻璃毛细管固定在上面的夹子上，使其对准加热丝后旋紧。抬起下面的滑夹，固定在毛细管上，调整热度和螺线管范围。

注意：使用拉针仪自行拉制的微注射针头，最好使用硼硅酸盐玻璃的毛细管。可以采用硅烷对注射针头进行处理，以防样品和培养基成分与玻璃的亲水表面相互作用，从而引起针尖阻塞而影响注射。

(5) 盖玻片的处理

1) 把盖玻片放在陶瓷或金属架上，相互不要接触。

2) 在装有自来水的烧杯中，快速浸泡和冲洗。

3) 在纸巾上把架子控干，再放入盛有 0.1mol/L HCl 的烧杯中，温育过夜。

4) 用自来水冲洗盖玻片，每次 10min，共 5 次。

5) 把架子浸入 70%的乙醇中，温育 60min。

6) 用去离子水短暂冲洗，放在纸巾上控干。

7) 在室温下自然干燥 30min。

8) 在 220～250℃烤 6 h。

(6) 显微注射用细胞的准备

1) 在注射前一天，把细胞铺到直径为 10～15mm 的盖玻片上，每个盖玻片 250～1000 个细胞。

2) 在注射前，把带有需要注射细胞的盖玻片转移至新的组织培养皿中，迅速用金刚石笔在盖玻片上划一个“十”字或一个圆圈标记（金刚石笔使用前用 70%乙醇冲洗，并在超净台中用火焰烧一下），然后加入 3mL 有缓冲液的培养基。

2. 显微注射实验步骤

(1) 针头装液

1) 使用无菌的微量加样器从微注射针头的后部加入 0.5～1μL 的注射样品。

2) 使用玻璃毛细管拉出毛细管针头，里面有与毛细管平行的细丝，有利于液体从后部向针头方向运动。只需在针头后部浸入 1mm 深度，不需使用手指或其他东西接触，就足以使少量的样品到达针尖部。

(2) 针头定位

1) 将装液后的针头的游离端安在连接器上，然后旋紧连接器以固定针头，再将其固定到微操作仪的托针管上。

2) 把载有待注射细胞的盖玻片转移到装有缓冲培养基的平皿中，将其放在中央。

3) 将培养皿放在显微镜载物台上，尽量将盖玻片上所画标记中的一个对准光照的中心区，这时光的亮度最好。

4) 用低倍物镜对准细胞调焦，将针头推入视野中心，在视野中针头呈阴影状，轻轻的落下针头，直至到达培养基中后停下。

5) 通过显微镜观察，移动针头，必要时调整微操作仪，直到针头的阴影在视野的上方。然后确定针头的位置，使其约处在视野中心。

6）轻轻下调针头，直到针头变得清晰一些，调到工作放大倍数，调准细胞焦距，找到针尖。如果找不到，重新使用低倍镜，尽量将针头调到视野的中心，重复上述的步骤。

7）小心下调针尖，直到其完全聚焦。

（3）显微注射的操作

手动细胞核内注射的方法如下：

1）使用最低放大倍数（50×），把焦距对准位于盖玻片上注射标记区域的细胞平面上。用肉眼将注射针头对准到照度最亮处的中心，降下针头，直到进入培养基。把针头调入到视野的中心，轻轻放下针头，直到看清楚为止。然后将放大倍数调至工作倍数，即 320×，对准细胞表面调焦。将针头调整到中心，下降针头，对准焦距。移动显微镜载物台，使针尖对准细胞核或核周的胞质。

2）小心落下针尖，使其进入细胞核或核周的胞质。

3）使用注射器施加注射压，轻轻上提针头，直到离开细胞。

4）移动显微镜载物台，找到下一个细胞，重复 2）～4）步骤。

自动细胞核内注射和细胞质内注射的方法如下：

1）按上述手动系统的方法将针头调整至视野中间，不同的是通过控制面板自动控制微操作部分。工作放大倍数为 320×，下降针头，使之触及细胞核或核周间隙上方的细胞表面，直到细胞表面见到一个轻微的压迹。

2）通过控制部分，设定细胞核内或细胞质内注射的定位参数。

3）将针头略提起，离开细胞表面几微米，选择一个新细胞，按下操纵杆上方的按钮进行微注射。针头首先在水平面上做逆向轨迹运动，然后朝向细胞做出一个迅速的轴向运动，正好刺入细胞内预先设定好的坐标位置，这时微操作仪的控制部分，激活注射压力，持续时间已经预先设定好。针头回到原来的位置。

4）在必要的情况下，可以在控制面板上修正各种参数，因为盖玻片和平皿的表面不是十分平整，所以当从盖玻片的一个地方移动到另一个地方进行注射时，一定要重新调整细胞核内或细胞质的坐标。

3. 注射后程序

（1）注射后卵的处理与培养

将注射后的果蝇卵放在琼脂培养基上，18℃放置 72 h，等待幼虫孵化。

（2）转基因昆虫和转化基因的鉴定

一个重要的方面是对转基因材料的标记。这些标记是一些突变株中的显性基因，或是对某些化学试剂或药品具有抗性的基因。这些标记基因中的绝大多数都可以证明 G1 昆虫是成功的转基因昆虫。然而，对于转基因必须利用分子技术精确地加以证实。首先，“突变拯救”可以产生野生型，由于菌株污染甚至是回复突变，非转化株也可以被筛选出来。就像上面提到的 G418 品系，即使不具有质粒相关的抗性，也会被筛选出来，这种现象可以发生在寄主本身或者共生体中。其次，载体的活性和载体是否能作为一个有用的遗传工具，基因的整合是否是载体介导的（而非偶然的重组）。最后，出于安全性考虑而受到关注的一点就是到底是载体的哪一部分进入到了宿主细胞的基因组。

大多数质粒载体拥有一个或多个抗生素抗性基因、细菌报告基因以及复制原点。如果整合是由重组而不是通过转座子或者病毒性的转染发生的，外源基因则可能会进入宿主的基因组中。

染色体整合以及整合的数目可以用 Southen 杂交检测出来，而当染色体外的 DNA 的量较大时，也可以检测地到。如果谨慎地选择限制性位点再加上适当的诊断学的方法，则可以避免这种非确定性的结果。一些研究利用直接 PCR 进行检测，但由于易污染方面的原因，这种方法的结果也不尽如人意。染色体整合以及整合的数目可以通过原位杂交进行检测。

检测证明检测载体中插入染色体片段的保险的方法是对载体的插入位点进行序列测定。对于单一的插入片段可以用直接 PCR 进行检测，但对于多种片段插入时，需要构建文库才能完成，尤其是对于蚊子品系还要借助于反向 PCR 技术。而对于果蝇品系，另一个可行的方法是质粒拯救技术。这个方法的一个缺点就是会增加 2～3kb 的 DNA，昆虫释放后，抗生素抗性基因可能会带来如上所述的安全隐忧。

对插入位点附近的序列进行测定并不同于质粒载体，可通过将其与质粒进行分析比较而设计 PCR 引物。基因组插入片段可以通过对未转化的宿主和转化的 DNA 片段进行直接 PCR 检测。另外，将染色体序列进行 BLAST 分析也是必需的。

（四）注 意 事 项

1）在整个过程中，注射针尖应远离人员和实验室中的仪器，注射针在持针器上安装不牢时，注射器、管子及注射针内的压力，可能将注射针射出。

2）反向充填液体时，适当地在显微镜下观察注射针尖，以决定在加压时是否注射针阳塞或偏斜。阳塞通常可通过将针尖轻轻敲击一个固定物而得以缓解。针尖偏斜的注射针是适合于显微注射的，但使用时应做细微调整或补偿注射中加压所造成的额外偏斜。

3）注射速度过快能扰乱细胞质成分，细胞裂解或细胞从底层移位。当注射体积小于估计的细胞体积的 50%，并且注射样品的流动速度几乎不导致可见的细胞质移位时，注射效果最好。

4）用紫外光可看到注入标记物后的活细胞，但会对细胞造成不可恢复的损伤，因此应尽可能缩短紫外光照射时间。

（五）思 考 题

1. 显微注射技术有哪些优缺点？
2. 哪些措施可以提高显微注射转化效率？

第六节　单克隆抗体在昆虫学研究中的应用

一、昆虫单克隆抗体的制备

（一）概　　述

英国科学家 Kohler 和 Milstein 于 1975 年用细胞杂交技术使经绵羊红细胞（SRBC）

免疫的小鼠脾细胞与小鼠骨髓瘤细胞融合，成功创立了杂交瘤技术制备单克隆抗体（monoclonal antibody ，McAb），此后单克隆抗体迅速广泛地应用于基础研究的各个领域，如今也应用于昆虫学各方面。经抗原致敏的B淋巴细胞有分泌相应单一、均匀特异性抗体的功能，但难以在体外培养；不能分泌抗体的骨髓瘤细胞具有能在体外培养、无限分裂且生长繁殖快的特性。淋巴细胞杂交瘤技术是将在体外不能长期生存的免疫细胞与在体外能迅速增殖的瘤细胞在聚乙二醇（PEG）作用下融合而产生杂交瘤细胞。所得的杂交瘤细胞承袭了两组亲代细胞的遗传特性，既保持了瘤细胞在培养基中迅速增殖传代能力，又继承了免疫细胞合成与分泌抗体能力。培养单个杂交瘤细胞，使之无性生殖形成细胞集落（称之为克隆），1个克隆的杂交瘤细胞基因相同，合成并分泌的特异性抗体是结构、氨基酸序列、功能和特异性一致的单抗，所以制备单抗的技术又称为杂交瘤技术或McAb技术。单克隆抗体可用作探针，在分子、细胞和器官的不同水平上研究分析抗原的细微结构及检验抗原抗体未知的结构关系，生产出针对复杂生物混合物中的特定分子的抗体，并在理论上阐明其免疫机理；在分离纯化方面，用McAb做亲和色谱配基来分离、提纯抗原物质，可纯化生物制品，从复杂混合溶液中除去某一微量抗原成分，及制备疫苗、菌苗等；其试剂可用于临床诊断和治疗，或用于以单抗为弹头的“生物导弹”药物等。单克隆抗体克服了传统的多抗血清的缺点，具有以下特点：①由小量甚至不纯的抗原可以获得大量均一的抗体；②具有高度的特异性，能精确地识别蛋白质抗原的精细结构，具有针对单一抗原决定基的特点，有效抗体含量高，一般不发生交叉反应；③是一种高纯度，均一的抗体物质，具有单一的化学实体，容易控制质量，达到标准化；④建立的杂交瘤细胞系，可在液氮中长期保存，随时需要即可复苏传代，产生无限量的单克隆抗体，使血清学的研究快速进入一个高度精确的新纪元。

本实验方案参照赵伟春等（2002a）的实验方案修改制定。

（二）材料、设备、试剂

1. 试验动物

雌性健康Balb/c小白鼠。

2. 供试昆虫

褐飞虱 *Nilaparvata lugens*（Stål）或白背飞虱 *Sogatella furcifera*（Horváth）雌成虫。

3. 器材

天平，研钵，离心机，紫外分光光度计，注射器，细胞培养板，温箱，玻璃棒。

4. 药品

辣根过氧化物酶标记羊抗鼠IgG试剂、2mol/L H_2SO_4、福氏佐剂（Freund'adguvant，FA）、4-甲基-15烷（pristane，降植烷）。

5. 试剂配方

1）0.01mol/L磷酸盐缓冲液（PBS，pH7.2）：NaCl 40g、KCl 1g、KH_2PO_4 1g、$Na_2HPO_4 \cdot 12H_2O$ 15g、H_2O 5000mL。

2）氨基嘌呤溶液（A溶液）：氨基嘌呤1.76mg溶于90mL三蒸水中，然后加入1mol/L的NaOH 0.5mL，待充分溶解后加入1mol/L的HCl 0.5mL进行中和，加水定容至100mL，过滤除菌和分装，−20℃下避光保存。

3）RPMI1640 培养液：将10.4g RPMI1640 粉剂溶于900mL三蒸水中。另将1.8g分析纯 NaHCO3 溶于50mL三蒸水中，待完全溶解后，倒入RPMI1640液中并混匀，然后加水至1000mL。经微孔（φ0.2μm）滤膜过滤除菌，小量分装，保存备用。

4）青霉素、链霉素100倍双抗溶液（SP）：硫酸链霉素1g（100万单位）、灭菌水100mL。

5）次黄嘌呤和胸腺嘧啶核苷溶液（HT）：次黄嘌呤136.1mg、胸腺嘧啶核苷38.8mg、三蒸水100mL。

6）HT培养液：细胞生长液100mL、HT溶液1mL。

7）HAT培养液：HT培养液100mL、A溶液1mL。

8）细胞生长液：RPMI1640培养液80mL、SP溶液1mL、已灭活的新生牛血清20mL。

9）50%（m/v）聚乙二醇溶液（PEG）：PEG-4000 50g、生理盐水缓冲液50mL，使用时用NaOH调pH至8.0～8.2。

PEG的最终百分比用下式计算：

$$P = 100m/(m + v)$$

式中，m为PEG的重量；V为所加入液体的体积。

10）洗涤液（PBST）：PBS 5000mL、TWEEN-20 2.5mL。

11）1%脱脂奶封闭液：洗涤液100mL、脱脂奶粉1g。

12）0.05mol/L碳酸盐包被缓冲液（pH9.6）：Na_2CO_3 1.59g、$NaHCO_3$ 2.93g、H_2O 1000mL。

13）ELISA底物溶液：0.1mol/L柠檬酸24.3mL，0.2mol/L Na_2HPO_4 25.7mL，使用前加入20mg邻苯二胺和75μL30%的双氧水。

（三）实验步骤

1. 抗原的制备

1）将从稻田采回的褐飞虱子或白背飞虱成虫供水饥饿处理24 h后，放置 - 20℃冰箱中冰冻致死。

2）取出冻死的成虫称重，用0.01mol/L磷酸盐缓冲液清洗，再加入适量的磷酸盐缓冲液，研磨。

3）将磨碎的匀浆液离心（4000～5000g，15min），分离上清液，沉淀物低温离心（15 000g，10min），去除表层脂肪。

4）收集上清液，定容到0.05g/mL，用紫外分光光度计测定抗原蛋白含量。

5）将抗原液少量分装后−80℃冰冻保存，使用前取少量于−20℃保存备用。

2. 单克隆抗体的制备

（1）免疫

1）选取10～12周龄，20g左右的健康Balb/c小白鼠3只，采用腹腔注射法，每只注射用等量福氏完全佐剂乳化的抗原200μL（含抗原蛋白20μg）。

2）3周后再用等量福氏不完全佐剂乳化的抗原200μL免疫一次。

3）再过 3 周后用不加佐剂的抗原腹腔注射免疫再一次。

4）最后一次免疫后 3d，从免疫白鼠尾部收集抗血清，无菌条件下取小鼠脾淋巴细胞用于细胞融合。

5）采血前 3d 再向免疫白鼠尾静脉注射 25～50μg 昆虫蛋白佐剂以加强免疫。

（2）细胞融合

1）末次免疫后 3d，在无菌条件下，将 Balb/c 小鼠脾淋巴细胞与骨髓瘤细胞放入 50mL 离心管中，混合，离心（1000g，2min），弃除上清液，以手指弹匀细胞。

2）将离心管置于 37℃ 水浴预温的盛水烧杯中，1min 内缓慢加入细胞融合剂（50%PEG）0.7mL。

3）静止 60s 后，逐渐加入预温至 37℃ 的细胞生长液 40mL，稀释 PEG 使其失去作用。

4）离心（1000g，2min），吸尽上清液，将沉淀物悬于 40mLHAT 选择性培养基中，分装于事先加有饲养细胞的 96 孔细胞培养板中，置于 37℃、5% CO_2 培养箱中培养。

5）3d 后换一半 HAT 培养基培养，5d 后再换一半 HAT 培养基。

6）再 5d 后改用 HT 培养基继续培养，此时亲本均已死去，如有细胞生长即为杂交瘤细胞。

（3）杂交瘤筛选及克隆化

当小孔中细胞生长到一定程度（到覆盖孔底 1/4 面积）时，即可吸取上清液用间接酶联免疫吸附法（ELISA）检测抗体，选出强阳性且不与稻田其他昆虫和天敌发生反应的细胞株，用有限稀释法进行多次克隆化培养，直到所有孔均为阳性为止。

附：间接 ELISA 步骤如下。

1）将抗原用 pH9.6 的 0.05mol/L Na_2CO_3-$NaHCO_3$ 缓冲液稀释适当浓度后，加入酶联板的小孔中，每孔 100μL，37℃下包被 2.5h。

2）用 PBST 洗涤 3 次，每次 3min。

3）酶联板的每个小孔加入 1%脱脂奶封闭液 100μL，37℃下封闭 30min。

4）用 PBST 洗涤 3 次，每次 3min。

5）每孔加入 100μL 封闭液稀释的单克隆抗体，37℃下孵育 1.5h。

6）用 PBST 洗涤 3 次，每次 3min。

7）每孔加入 100μL 用封闭液稀释的酶标羊抗鼠 IgG，37℃下孵育 1.5h。

8）用 PBST 洗涤 3 次，每次 3min。

9）每孔加入 100μL 新配制的底物溶液，37℃下显色 30min。

10）每孔加入 50μL 2mol/L H_2SO_4，待反应终止后在酶联仪上测 490nm 处的 OD 值，求出阴性对照 OD 值的平均值 N，若样品 OD 值 $P \geqslant 2N$，则视为阳性反应，否则为阴性反应。

（4）单克隆抗体的大量制备

将筛选出的杂交瘤细胞株转移至细胞培养瓶中，用 HAT 培养基进行扩大培养。

当细胞长到将细胞培养瓶底完全覆盖时，收集细胞，离心（1200g/min，2min），用 200μLPBS 悬浮细胞。

细胞经悬浮后，注射到一周前注射了 200μL 降植烷的 Balb/c 小鼠腹腔内。

7～10d 后小鼠腹部肿胀时，即可采集腹水。

腹水经 50%硫酸铵提取后，置于－70℃低温冰箱中保存。

(5) 单克隆抗体的纯化

采用饱和硫酸铵盐析法对腹水型单克隆抗体进行纯化（汪谦，1997）。

取 *X*mL 单克隆抗体加入 *X*mL 0.01mol/L pH7.2 PBS 缓冲液，混匀，边搅拌边逐滴加入 2*X*mL 饱和硫酸铵溶液使其充分混匀，置于 4℃下 30min，离心（3500g/min，15min）。

吸尽上清液，沉淀物用 0.01mol/L pH7.2PBS 缓冲液溶解，使其体积仍为 2*X*mL，边搅拌边逐滴加入 *X*mL 饱和硫酸铵溶液，充分混匀，置 4℃下静置 30min，离心（3500g/min，15min）。

重复步骤（2）一次。

将沉淀物用 *X*mL PBS 缓冲液溶解，移入处理好的透析袋中，4℃下用 PBS 缓冲液流动透析过夜，然后分装于小管中冷冻保存。

取少量经纯化的单克隆抗体做适当稀释，用 Shimadzu UV-2201 紫外分光光度仪测定 200～300nm 的紫外吸收值，并用下列公式计算 IgG 含量：

$$\text{IgG 含量(mg/mL)} = (1.45 \times OD_{280} - 0.74 \times OD_{260}) \times \text{稀释倍数}$$

（四）注意事项

1）杂交瘤筛选过程中应反复多次克隆化，直至细胞培养板中所有孔均为阳性为止。

2）B 淋巴细胞受外来抗原刺激后可以分泌抗体，但在体外存活时间很短（最多两周）后即死亡；而骨髓瘤细胞不分泌任何免疫球蛋白，却能在体外长期存活。如果将这两种细胞的特性结合起来，就能得到既能分泌抗体又能在体外长期存活的细胞。然而在杂交过程中必然将产生混合物，因此就需要筛选出其中唯一有用的杂交瘤细胞。

（五）思考题

1. 何谓单克隆抗体？有哪些优点？
2. 如何制备单克隆抗体？
3. 如何检测抗体的类型？

二、单克隆抗体在节肢动物捕食作用中的应用

（一）概述

单克隆抗体自问世以来，特别是随着免疫荧光、免疫酶、放射免疫标记、免疫胶体金、亲和层析等免疫检测技术的发展与成熟，具有高度专一、高度均质的单克隆抗体被作为生物探针广泛地应用于特定抗原成分的检测、细胞成分的定位等方面。近 20 年来，单克隆抗体在昆虫学中得到广泛的应用。褐飞虱和白背飞虱是迁飞性水稻害虫，分布广泛，危害严重。由于化学农药的大量使用，导致稻飞虱抗药性不断增强，天敌大量被杀伤，从而造成稻飞虱猖獗成灾。在稻田生态系统中，捕食性节肢动物是其重要组成部

分，其种类和数量非常丰富，对稻飞虱起着重要的控制作用。单克隆抗体具有高度的特异性和均质性的优点，利用害虫特异性单克隆抗体的免疫学检测方法是目前捕食性作用评价的最好方法之一，并取得了较好的结果。对捕食作用的研究，无疑对充分发挥捕食性节肢动物的自然控制作用具有重要的意义。

本实验方案参照赵伟春等（2002a）的实验方案修改制定。利用单克隆抗体研究捕食性天敌对两种飞虱的控制作用。

（二）材料、设备、试剂

1. 仪器设备

小试管，研钵，离心管，计算器，96孔酶联板，酶标测定仪，搅拌器，离心机，CO_2培养箱，紫外分光光度计，37℃恒温箱，细胞培养瓶，冰箱，不同型号的移液枪，培养皿。

2. 主要试剂

1）0.01mol/L磷酸盐缓冲液（PBS，pH7.2）：NaCl 40g、KCl 1g、KH_2PO_4 1g、$Na_2HPO_4 \cdot 12H2O$ 15g、H_2O 5000mL。

2）洗涤液（PBST）：PBS 5000mL、TWEEN-20 2.5mL。

3）1%脱脂奶封闭液：洗涤液100mL、脱脂奶粉1g。

4）0.05mol/L碳酸盐包被缓冲液（pH9.6）：Na_2CO_3 1.59g、$NaHCO_3$ 2.93g H_2O1000mL。

5）无菌水。

3. 生物材料

猎物：褐飞虱、白背飞虱。

天敌：拟环纹豹蛛和其他稻田捕食性天敌。

（三）实验步骤

1. 田间取样

1）调查单季晚稻田中主要节肢动物的种群动态。调查地面积为1亩。水稻品种为汕优63（感褐飞虱和白背飞虱）。

2）采用平行线取样法，定期（每5天一次）用盘拍法（35cm×45cm）调查稻田节肢动物群落结构。每次取20点，每点2丛。

3）随机捕获不同大小拟环纹豹蛛各40头以上，捕获其他稻田捕食性天敌各20头以上，分装于小试管中，迅速带回实验室，将一半拟环纹豹蛛供水饥饿2周以上，于−20℃冰柜内冻死，作为阴性对照之用；其余天敌于−20℃冰柜内冻死备用。

2. 天敌处理

1）将冻死的天敌单头称重，放置于研钵中，每头加入100μL的0.01mol/L的PBS迅速研磨成匀浆状。

2）向匀浆中加入900μL的PBS，离心（4500g，10min），分离上清液，再在低温下离心（15 000g，15min），取上清液，定容至1mL/头，−20℃下保存备用。

3. 褐飞虱单克隆抗体ELISA检测

1）用封闭液将处理的天敌样品稀释100倍，对褐飞虱单克隆抗体进行抗体夹心ELISA检测，以饥饿2周以上的拟环纹豹蛛100倍稀释液作为阴性对照，以1%脱脂奶封闭液作空白对照，求出阴性对照OD值的平均值N，若样品OD值$P \geqslant 2N$，则视为阳性反应，否则为阴性反应。

抗体夹心ELISA检测具体方法如下：

①向酶联板的每个小孔中加入100μL用磷酸盐缓冲液稀释的褐飞虱单克隆抗体，37℃下包被2.5h；

②用PBST洗涤3次，每次3min；

③酶联板的每个小孔加入1%脱脂奶封闭液100μL，37℃下封闭30min；

④用PBST洗涤3次，每次3min；

⑤每孔加入100μL用封闭液稀释的天敌样品，37℃下孵育1.5h；

⑥用PBST洗涤3次，每次3min；

⑦每孔加入100μL用封闭液稀释的酶标羊抗鼠IgG，37℃下孵育1.5h；

⑧用PBST洗涤3次，每次3min；

⑨每孔加入100μL新配制的底物溶液，37℃下显色30min；

⑩每孔加入50μL 2mol/L H_2SO_4，待反应终止后在酶联仪上测490nm处的OD值。

2）用饥饿2周以上的拟环纹豹蛛稀释液将褐飞虱抗原进行倍比稀释（50～51 200倍），对褐飞虱单克隆抗体进行抗体夹心ELISA检测（具体步骤同上）。其中褐飞虱单克隆抗体稀释1000倍（28.13μg/mL），辣根过氧化物酶标羊抗鼠褐飞虱抗体稀释4000倍（1.04μg/mL）用于抗体夹心ELISA检测。以褐飞虱抗原的不同稀释倍数为横坐标，以所得OD值为纵坐标作标准曲线。

3）根据实验结果计算不同捕食性天敌样品对褐飞虱单克隆抗体的阳性反应率，根据标准曲线计算拟环纹豹蛛肠道中褐飞虱蛋白残留量。

4. 白背飞虱单克隆抗体ELISA检测

1）用包被液将天敌样品稀释20倍，对白背飞虱单克隆抗体进行间接ELISA检测，其中以包被液作空白对照，以饥饿15d的拟环纹豹蛛20倍稀释液作为阴性对照。间接ELISA检测的具体过程见褐飞虱ELISA检测。

2）用饥饿2周以上的拟环纹豹蛛稀释液将白背飞虱抗原（77.572μg/头）进行倍比稀释（100～102 400倍），对白背飞虱单克隆抗体进行间接ELISA检测。其中白背飞虱单克隆抗体稀释20 000倍，辣根过氧化物酶标羊抗鼠白背飞虱抗体稀释2000倍用于间接ELISA检测。以白背飞虱抗原的不同稀释倍数为横坐标，以所得OD值为纵坐标作标准曲线。

3）根据标准曲线计算拟环纹豹蛛肠道中白背飞虱蛋白残留量。

5. 数据处理

1）将每次田间调查前3d的平均温度作为猎物的消化温度。

2）将各种飞虱分为1～3龄若虫、4～5龄若虫和成虫进行统计。

3）根据各年龄阶段的重量将田间的飞虱数转换为生物量。

4）根据褐飞虱怀卵雌成虫和白背飞虱雌成虫的可溶性蛋白含量，将拟环纹豹蛛肠道中的残留猎物蛋白量分别转换为褐飞虱怀卵雌成虫和白背飞虱雌成虫的数量，再根据其相应的干重将其转换为生物量进行计算。

6. 统计分析

捕食量的计算公式，计算田间各种飞虱的被捕食率，从而比较分析不同时期拟环纹豹蛛的对两种飞虱的捕食作用。

公式如下：

$$褐飞虱：P = Q_0 d/f[0.1526 + \exp(3.9716 - 0.1347T)]$$

$$白背飞虱：P = Q_0 d/f(5.747 - 0.169T)$$

式中，P 为捕食量；Q_0 为猎物残留量；d 为捕食者密度；T 为田间温度；f 为消化系数（实验证明猎物在拟环纹豹蛛肠道中呈指数下降，本式定义，f 为 0.33）。

（四）注 意 事 项

1）在不同的水稻生长期，拟环纹豹蛛所取食的主要猎物种类不同。

2）不同的捕食者种类以及同种捕食者不同大小个体体内消化酶的组成及含量均存在差别，它们的消化能力不同，因此，不同种类间阳性率的比较只能在一定程度上反映不同种捕食者的相对控制作用，而同一种捕食者不同时期的阳性反应率的可比性较好。

3）实验中将样品离心后进行检测，而不是用捕食者的整体匀浆液检测，目的是为了减少非目标抗原对检测结果的影响。

（五）思 考 题

1. 根据实验结果计算猎物的被捕食率？
2. 单克隆抗体应用于捕食性作用的优越性？

参 考 文 献

付月君，张志云，柴宝峰等．2003．从棉铃虫体中提取总 RNA 的一种有效方法．生物技术通报，(5)：39～42

胡能书，力国贤．1985．同工酶技术及其应用．长沙：湖南科学技术出版社

姜自锋．2002．膜翅目小蜂总科部分常见科间的 PCR-RFLP 系统发育分析．福建农林大学硕士学位论文

林拥军，陈浩，曹应龙等．2002．农杆菌介导的牡丹江 8 号高效转基因体系的建立．作物学报，28 (3)：294～300

罗晨，姚远，王戎疆等．2002．利用 mtDNA COⅠ基因序列鉴定我国烟粉虱的生物型．昆虫学报，45 (6)：759～763

马春燕．2001．蝽科部分类群 EST 同工酶的系统学研究（半翅目：蝽科）．陕西师范大学硕士学位论文

汪谦．1997．现代医学实验方法．北京：人民卫生出版社．730～738

王启瑞．2001．缘蝽科部分种类酯酶同工酶的分子系统学研究（半翅目：缘蝽科）．陕西师范大学硕士学位论文

温硕洋，何晓芳．2003．一种适用于昆虫痕量 DNA 模板制备的方法．昆虫知识，40 (3)：276～279

张红梅．2004．陕西省常见四种实蝇的分子鉴定．西北农林科技大学硕士学位论文

张宏宇．1998．仓库苏云金杆菌资源及其遗传多样性．华中农业大学博士学位论文

张维铭．2003．现代分子生物学实验手册．北京：科学出版社

赵伟春，程家安，陈正贤．2002b．褐飞虱抗原检测最佳 ELISA 条件的建立．浙江大学学报（农业与生命科学版），28 (6)：629～634

赵伟春，程家安，陈正贤等．2002a．褐飞虱单克隆抗体的制备及其在捕食作用研究中的初步应用．农业生物技术学报，10 (1)：46～49

Henry R R. 1990. Isolation of high-molecular-weight DNA from insects. Analytical biochemistry,

185（11）：147～150

James C. 2004. Global Status of Commercialized Biotech/GM Crops：2004. ISAAA Briefs，No 32，Ithaca，NY：ISAAA

Krattiger A F. 1997. Insect resistance in crops：a case study of Bacillus thuringiensis（Bt）and its transfer to developing countries. ISAAA Briefs，No 2，Ithaca，NY：ISAAA

Sambrook F M. 1995. Molecular Cloning（A Laboratory Manual）. 2nd ed. 北京：科学出版社

（张宏宇　饶　琼　王丹丹　李明顺）

第十章　昆虫病理学研究方法与技术

导读：本章主要介绍昆虫病理学研究方法与技术的原理和实验步骤，包括罹病昆虫标本的采集、处理及症状识别、昆虫病原体的分离和鉴定、昆虫病原细菌分离与毒力生物测定、昆虫病原真菌分离与毒力生物测定、昆虫病毒分离与毒力生物测定及昆虫病原线虫分离与毒力生物测定。

第一节　罹病昆虫标本的采集与疾病的诊断

一、罹病昆虫标本的采集、处理及症状识别

（一）概　述

昆虫病原微生物，主要包括昆虫病毒、细菌、真菌、原生动物、线虫、立克次氏体等种类。利用自然发生或人工生产的昆虫病原微生物或其代谢产物防治害虫，是害虫生物防治的重要内容。昆虫病原体在昆虫体内通过感染、寄生引起疾病。一种疾病区别另一种疾病主要基于疾病的病症和症状之上，它的病原学、发病机理和另外一些特征是诊断的依据。昆虫的疾病和死亡不一定总是由昆虫病原体造成的。一些非微生物，如中毒、化学药品、机械损伤、营养和新陈代谢等同样引起病症。昆虫病原体的采集、整理是研究昆虫病理和利用微生物进行害虫防治的第一步。从土壤、植被、污水等环境中都能获得杀虫微生物，但多数情况下，从感病虫体上更容易分离获得。识别症状是诊断学的主要内容，通过本次实验，要求对昆虫疾病有一个较直观的了解，从而为今后工作打下基础。

（二）实验材料

病虫标本，养虫瓶，小镊子，小剪刀，饲料，无菌小试管，手持扩大镜等。

（三）实验步骤

1. 罹病昆虫和昆虫病原物的采集

于植物的枝叶、茎内、花苞、果实中、地表土下等昆虫栖息地采集感染昆虫病原体的活的或死的昆虫，样本多数脆弱，采集时应将罹病昆虫标本连同基部的一部分或全部采集，置于无菌小试管中，加盖棉塞。濒于死亡的或已患病的昆虫分别置于养虫瓶中，并提供足够的新鲜饲料饲养，养虫瓶上必须有孔，以利空气流通。

（1）罹病昆虫的识别

被昆虫病原物感染的昆虫常常表现出疾病的特定症状，如虫尸表面布满病原体菌丝，痢疾，反常行为：如食欲减退、食量大减、兴奋、不寻常的分散或聚集；明显的颜色变化：如感染虹彩病毒的甲虫幼虫，蚊子幼虫和某些鳞翅目的幼虫呈现出蓝彩虹色，完全不同于健康幼虫颜色，且彩虹色随着宿主的死亡而消失；形状和质地的改变：死虫

常干化、变软或流出液体，变硬或成为乳酪状黏稠物，在某种情况下，昆虫细胞解体，体内组织液化并带有腐臭味。在某些情况下，疾病的症状不明显或病原体潜存而无病症。此外，在没有找到患病昆虫时，也可从昆虫栖息地、土壤、植被、污水等自然环境中分离昆虫病原物。例如，苏云金芽孢杆菌是一种土壤微生物，在土壤中广泛存在；有学者采用离心过滤的方法从蚊子的栖息地分离了微孢子虫和其他病原物。

（2）昆虫标本的处理

已收集到的病、死虫体，应迅速处理。陆地昆虫应该置于干净、干燥的养虫瓶中。养虫瓶上必须有孔，以利空气流通，再加上一种干燥剂，如硅胶，可以减缓或阻止病原真菌的萌芽，帮助消除标本上的腐生真菌。而对于线虫和某些被原生动物寄生的标本，就不应该使标本干燥。那些易碎虫尸，特别是那些采自水栖生境的昆虫，可以置于滤纸或载玻片上，让其干燥或将其置于4%福尔马林溶液中。在实验室，罹病昆虫要放在低温环境（冰柜或冰箱）中保存，直到检查完毕。冷藏可阻止标本进一步腐解，减少其他微生物的污染，延缓不必要的微生物的生长。

（3）标本记录

收集过程中详细记载内容：昆虫名称、发病阶段、性别、反常行为、外部特征；昆虫收集人、地点、日期；宿主植物名称及昆虫生境；昆虫数量、密度及患病程度，疾病的流行程度（是流行病或患病昆虫数量少）；海拔和气候条件。

2. 昆虫标本的症状识别

真菌病的一般特征：昆虫感染真菌后最显著的特征是虫体内或体表出现菌丝。感染初期昆虫表现出停食、衰弱和迷向等特征。随着病势的进展，寄主体表通常改变颜色，在真菌侵入处的表皮上出现暗褐色斑。随着病斑的不断出现，病虫表现食欲减退，行动迟缓、麻痹等病症。之后，被感病昆虫渐渐死去，死后不久的虫体内充满产孢菌丝，或体表覆盖菌丝。如在昆虫体表覆盖白色孢子粉者，可能是白僵菌（*Beauveria*）感染；绿色孢子覆盖的昆虫，可能是绿僵菌（*Metarhizium*）感染，带有浅黄色孢子的是粉状拟青霉，带有淡黄绿色孢子的是黄曲霉。然而这些真菌中有的菌株，可能不产生这种颜色特征，在琼脂培养基上通常也不产生色素。除颜色外，昆虫死亡的状态也可作为一个识别特征。例如，苍蝇或蝗虫被虫霉菌感染，寄主牢固地附着在基质上，或散落在地上。虫体质地均匀程度也是一个识别特征，如是否有孔洞，虫体是否乳酪状、硬化等。

细菌病的一般特征：昆虫感染细菌后，不大活动，出现痉挛、行为失调，食欲减退，停食、腹泻、肠道麻痹和呕吐，口腔及肛门常有排泄物，病原体细菌侵入体腔后引起败血症。有些昆虫感染后，可表现出向高处移动或躲藏在叶下等行为的变化。某些细菌可使虫尸出现特殊的颜色，例如，虫体红色，说明存在赛氏黏质菌。蜜蜂幼虫感染蜂疫芽孢杆菌后，变成黄色或灰色，而感染了芽孢杆菌的蜜蜂幼虫，变成暗褐色；日本金龟子幼虫感染了乳状芽孢杆菌后，尾部变成乳白色。别的细菌大多在感染后由于细菌腐解虫体使寄主变成黑褐色，死的虫体一般都有臭味。

病毒病的一般特征：昆虫感染病毒后，在形态、生理和行为等方面可以表现出不同的症状。病毒和昆虫种类不同，所表现出来的症状严重程度和类型也不相同。

核多角体病典型的病症和症状表现：行动迟钝，食欲减退或停止取食，体色逐渐发生变化，如发白、变黄等，同时伴有虫体肿胀的特征；幼虫死后表皮变得很脆弱，稍微触动即流出脓状液体，但无难闻臭味。鳞翅目幼虫感染核多角体病毒后常常表现出行为异常，如向树枝顶端迁移，用腹足附着在植物枝叶上，并在该处停止取食和变衰弱，然后虫体组织解体倒悬而死，血腔内的包涵体大量释出。老熟幼虫感病化蛹后蛹体有类似的症状。感染核多角体病毒后的粉纹夜蛾，虫体颜色由黄绿色至淡黄色，然后呈现黄白色，表皮肿胀且有光泽。扁刺蛾感染核多角体病毒后3～5d没有很明显的症状，随后食欲大减，动作迟缓，体色变淡，虫体肿胀，表现出半透明水浸状，死后虫体变软，淡黄色，体内组织液化，皮肤变得很松弛，轻触即破，流出乳白色至褐色脓状液体，无臭味。感染核多角体病毒的美国白蛾幼虫皮肤变脆，垂死幼虫表面可能有暗色斑点。膜翅目的叶蜂幼虫患核多角体病毒病后常呈现出暗白色、黄色的褪色反应，其食欲丧失，变迟钝，肛门周围常附有褐色黏稠粪便或牛奶状液体。沼泽大蚊的幼虫随病害的发展而变亮，最后变成白垩色。

感染质多角体病毒的昆虫幼虫在感病前期食欲不振，致使虫体缩小，虫体比例异常；感病后期，幼虫口中常流出白色混浊液，肛门周围有灰色的黏稠粪便，其中含有大量多角体。解剖濒死或已死的幼虫，其消化道变得不透明，淡黄色或乳白色，内壁出现溃疡斑。由于质多角体病毒只感染中肠，其他组织无液化现象，死亡后的虫体仍可保持完好，表皮坚韧，不断裂（蒲蛰龙，1992）。棉铃虫幼虫感染质多角体病毒后，食欲减退，取食量明显下降；生长迟缓，发育延长，不整齐；行动迟缓，病毒多角体常常随呕吐物被吐出或随粪便排出，感病后期幼虫死亡或勉强完成发育，但蛹和成虫的体形比较小，体重显著减轻，成虫寿命短，产生的后代异常。马尾松幼虫感染质多角体病毒后，食欲不振，动作迟钝，随后停止取食，虫体略缩小，从肛门排出含有多角体的黏稠液体，肛门周围还有白色粪便。解剖病虫，可以看到中肠明显缩短，其长度仅为健康幼虫中肠的1/4，有的略膨大，中肠上皮组织局部溃疡（蒲蛰龙，1992）。

不同昆虫种类感染颗粒体病毒后症状也有所不同。感染初期食欲不振，随之丧失食欲，体壁出现斑驳化，多数情况下由于脂肪体受感染的缘故，腹部外表渐渐变灰白色或牛奶黄色，感病虫体可能胀大或缩小。当幼虫体色改变时，行动也随之迟缓。当感病组织被破坏时，析出大量的颗粒体，血淋巴变浑浊、乳白、牛奶状。由于其他病菌的合并感染，病虫可能出现泻痢病症，常用腹足倒挂在植物枝叶上，呈“∧”形，死后虫体很快变黑色。有的昆虫，虫体死后内部组织液化，当真皮受感染时，外皮变得非常脆弱。但是，真皮如果未被感染，外皮依然比较坚固。菜粉蝶幼虫被颗粒体病毒感染后，体色变黄，死后皮肤呈灰黄至灰黑色，轻触即破，体内组织液化，乳白色。感染颗粒体病毒的稻纵卷叶螟幼虫，体色变白或略呈橘黄色，不透明，发育延长，但患病后食欲未减，仍然卷叶取食，危害水稻，死后虫体组织不完全液化，乳白色，无难闻臭味，不久体色逐渐变黑，但表皮仍然坚韧，不易触破。

原生动物病的一般特征：昆虫感染原生动物后，大多数呈现个体小、畸形、迟钝、蜕皮困难、取食减少、平衡失调和产生白色粪便排泄物，寄主出现体表透明，上表皮常有白色不透明的膨胀区。而另一些昆虫被原生动物感染后，表现在虫体体壁上出现黑斑。然而，多数情况下，昆虫感染原生动物后通常表现出衰弱或死亡等的基本特征，但必须用显微镜作进一步证实。

立克次氏体病的一般特征：感染普氏立克次氏体和斑疹伤寒立克次氏体的虱子初期

一般不出现任何症状，但在感染的过程中，肠壁受到不可恢复的损坏。在死亡前的几小时，由于吸进的人体的血液进入虱子的血腔，虱子变为微红色。跳蚤感染麻疹伤寒立克次氏体后，行动迟缓并且死亡但不变红。

线虫病的一般特征：昆虫被线虫侵染得病后，常常在行为和机能上表现出异常，而且虫体构造上也有一系列变化，最终导致患病昆虫死亡。不同线虫种类所引起的外部形态、体色、发育程度、血淋巴组成变化等是不同的。

在饲养中因饥饿、窒息、高温、溺水、损伤、中毒和其他化学试剂所导致的症状归因于非传染性疾病，应通过具体分析确定致病原因。

（四）注意事项

1）采集罹病昆虫时应将单个昆虫标本连同基部的一部分或全部采集，保证昆虫标本的完整性。

2）收集到的病、死虫体应于低温环境中处理和保存。

（五）思考题

1. 如何从昆虫栖境采集昆虫病原物？
2. 识别所给昆虫标本，对其症状进行描述？
3. 对陆地昆虫、水栖昆虫以及线虫和某些原生动物寄生的标本处理时有何不同？

二、昆虫病原体的分离和鉴定

（一）概述

昆虫病原微生物的分离和鉴定是昆虫病理学研究的重要范畴，是微生物防治害虫中不可缺少的步骤。对昆虫传染病的认识和致病原因的确定均取决于对病原微生物的正确鉴定，而且直接关系到病原体的生产、剂型和使用。

（二）实验材料

病虫标本，解剖显微镜，光学显微镜，相差显微镜，小镊子，小剪刀，昆虫针，解剖皿，培养皿，70%乙醇，0.1%升汞溶液，稀 NaClO 溶液。

（三）实验步骤

1. 昆虫病原体的分离

（1）虫体消毒

昆虫样品置于70%乙醇中，待标本完全湿润后，用小镊子取出转至无菌盐水中洗涤3遍，置于无菌滤纸上干燥；或用0.1%升汞溶液浸泡2min后，转至生理盐水中，无菌滤纸上干燥；或先置于70%乙醇，然后用无菌水洗涤，再将样品置于稀 NaClO 溶液中浸泡1min（或更长时间），最后转至无菌水中洗涤2或3次，用无菌滤纸干燥。

（2）病原体的分离

病原细菌的分离纯化：将表面消毒的罹病昆虫放入解剖皿，解剖皿的表面石蜡需以

75%乙醇洗擦消毒，并掠过火焰。虫体从背面或腹面进行纵向解剖。所有器械事先均需消毒。注意不能使肠壁破裂。体液取出后，用无菌水梯度稀释，倒入冷却至 40～50℃的细菌培养基中 30℃培养箱培养。一天后进行菌落观察，并用画线分离法进行纯化。纯化后的细菌转入斜面培养并置于冰箱保存。

病原真菌的分离：被真菌侵染的虫体，可以用灭菌的镊子，或接种针，直接从体表挑取菌丝或孢子而移接于适宜的真菌培养基上培养。应同时进行体表和内部真菌的分离，检验是否为同一菌种。25℃左右培养。由于真菌一般比细菌生长慢，有时为了控制细菌污染，可在培养基中加入少量的抗菌素。

昆虫病毒的分离提纯：病毒具有严格的细胞内寄生的特征，不像真菌和细菌那样能在人工培养基上获得纯培养，因此，根据它们的物理化学性质，采用相应的物理化学方法进行分离纯化。

昆虫线虫的分离：通常采用漏斗分离法分离线虫（图 10-1）。由于线虫具有趋水性，将寄主组织撕碎后，打破了原来线虫与寄主之间营养平衡的关系，线虫会离开寄主组织进入水中，由于自身的重量，最后沉降到水底层，从而达到分离的目的。

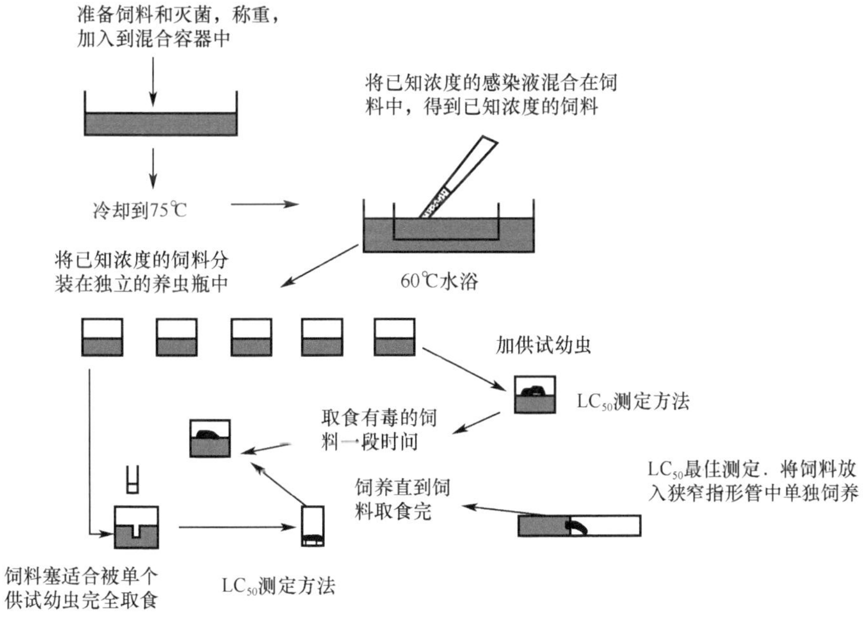

图 10-1　棉铃虫生物测定程序示意

2. 主要昆虫病原物的鉴定

主要病原物的鉴定见以下检索表（Lacey，1997）。

主要昆虫病原物鉴定检索表

1. 虫体上有明显的外部生长物 …………………………………………………………… 2

　虫体上没有外部生长物 ………………………………………………………………… 3

2. 昆虫体表上附有大量像虫一样（不分节）的生物体，其颜色有红色、乳白色、淡棕色，其中许多还含有独特的次生覆盖物 ……………………………………………………………… 线虫昆虫体表上的生物体或生长物常是粉状的（白色、红色或绿色）或棒状的。有时局限在节间部位物 ………………………………………………………………………………………… 真菌

3. 虫体外观一般正常，有时可能体小或轻微的畸形。但虫体内可能包含一个或多个多细胞分节的生物体，有气管系统和气门，有时生物体可能伸出体壁，甚至可能在宿主组织外取食 ……… 寄生物

昆虫外观正常或不正常，体内无多细胞寄生物，而含有像虫、不分节的生物体，或小的、单细胞颗粒，有运动型、非运动型、杆状或球状的或芽孢、包囊、内含体等微生物其他生长阶段 …… 4

4. 水生昆虫或其他表皮（体壁）透明的昆虫 ………………………………………………………… 5

陆地昆虫或其他表皮（体壁）基本不透明昆虫 ……………………………………………………… 12

5. 昆虫呈彩虹色或特殊组织，尤其脂肪体呈彩虹色 ………………………………………………… 6

昆虫不呈彩虹色 …………………………………………………………………………………… 7

6. 昆虫（金龟子幼虫）的颜色为白青色到蓝灰色，可以在光学显微镜下观察到昆虫体内包含有晶体，常为多角晶体 …………………………………………………………………………… 立克次氏体

昆虫颜色为橙色、绿色和蓝色，在光学显微镜下看不到病原体 …………………………………… 病毒

7. 透过表皮，血淋巴（血液）乳白色，在相差显微镜下可见杆状、运动细胞 …………………… 细菌

透过表皮，虫体基本正常，血淋巴光亮 ……………………………………………………………… 8

8. 在低倍镜下通过表皮可以看到虫状的或快速运动的有纤毛的生物体 …………………………… 9

在低倍镜下通过表皮见不到线虫或纤毛的生物体 …………………………………………………… 10

9. 像虫一样，可伸长，不分节 ……………………………………………………………………… 线虫

梨形，靠纤毛运动 ………………………………………………………………………… 原生动物

10. 肠道不正常的不透明白色，在相差显微镜下可观察到肠道细胞的细胞质中含有多角体颗粒 …… ……………………………………………………………………………………………………… 病毒

肠道无病变 ……………………………………………………………………………………… 11

11. 与各种组织（如脂肪）相关的血腔或血淋巴中含有异常发白的团块，在相差显微镜下可见团块由卵形或梨形孢子组成 ………………………………………………………………… 原生动物

血腔（特别是蚊子幼虫）充满透明菌丝或带有刻纹的锈色卵形孢子 ……………………………… 真菌

12. 虫体干化，变硬或成为乳酪状黏稠物，含有透明的菌丝，菌丝体或球形的休眠孢子 ……… 真菌

虫体未变硬或流出乳酪状黏稠物，但虫体小，畸形 ………………………………………………… 13

13. 虫体变软，褪色，体壁易碎 ……………………………………………………………………… 15

虫体小，畸形，体壁外观上正常 …………………………………………………………………… 14

14. 在相差显微镜下可观察到虫体组织和细胞中包含有折射的，不能运动的孢子或包囊（卵形的、梨形的、球形的），有时肠道可能还含有运动的、有鞭毛的生物体或相当大的、运动慢的、具有隔膜的生物体，它们常以一对或一串出现 ……………………………………………… 原生动物

在光学显微镜下可观察到虫体组织和细胞中含有微小的、不运动的细胞，这些细胞常呈现布朗运动，具有很高折射力，常以一对或像链条样的结构出现，可能存在或不存在晶体 … 立克次氏体

15. 虫体组织中有像虫，但不分节的微生物，这些微生物可能液化或呈乳白色、灰色、微红色 …… ……………………………………………………………………………………………………… 线虫

虫体组织内不存在线虫 ……………………………………………………………………………… 16

16. 昆虫发出腐臭味，呈褐色、黑色或微红色，虫体液化，在相差显微镜下可观察到含有折射孢子，杆状、运动的微生物 ……………………………………………………………………………… 细菌

昆虫变软，褪色，体壁易碎，虫体组织液化，在完整细胞质或细胞核里内充满折射的，球形的或多角形的包涵体，可被 NaOH 稀溶液溶解，虫尸（毛毛虫）用前腹足倒挂在寄主植物上成倒“V”形 ……………………………………………………………………………………………… 病毒

3. 微生物的病原性实验

对昆虫病原物的病原性试验一般应用柯赫氏法则，该法则的原则与诊断程序：

1）从所有已检查的患病昆虫中分离病原体，记录疾病的病症。

2）病原体必须在营养培养基的无菌培养条件下生长或在易患病的昆虫体上生长。

3）病原体必须接种到与最初分离此病原体相同或相似的健康昆虫种类上，所患疾病的病症相同。

4）病原体必须在无菌培养条件下分离，所观察到的结果必须与第二步所观察到的结果相同。

如果可以在人工培养基上培养一种疑似病原体，并能成功繁殖，柯赫氏法则是一种相当直接有效的诊断程序。可是，许多微生物是专性病原体（所有病毒、立克次氏体、大多数原生动物、一些真菌、线虫和细菌），不可能在人工培养基中培养，而应该满足特殊的营养需要，才能够正常繁殖。此外，专性寄生虫需要中间寄主（原生动物、真菌），如果不知道其中间寄主为何物，那么也无法诊断疾病。此外，寄主感病后，可能被其他腐生或弱寄生菌侵染，在分离时可能同时分离出多种微生物，应反复比较和分析。

对于专性寄生虫或亚微观大小的病原体，必须采用各种技术来实施柯赫氏法则。电子显微镜的使用是必不可少的，可用来观察和描述胞间的昆虫病原物，如病毒、立克次氏体、原生动物。另外，病原物鉴定还可利用各种血清学的或分子的技术，如酶联免疫吸附反应、密度梯度离心、聚丙烯酰胺凝胶电泳、随机扩增多态性 DNA 技术或生化分析。获得这些专性病原体的纯培养也是很困难的，必须利用各种技术，如蔗糖梯度离心等。组织培养可以获得病毒或原生动物的纯培养，但必须小心，避免污染。

（四）注 意 事 项

1）昆虫病原体分离之前要进行虫体消毒。

2）病原真菌分离时应同时进行体表和内部真菌的分离，从而检验是否为同一菌种。

3）分离出来的真菌在培养基上培养时可加入少量的抗菌素，防止细菌污染。

（五）思 考 题

1. 为什么要分离并纯化病原物？

2. 用所给的病虫标本，进行真菌和细菌病原菌的分离和纯化，观察并记载分离物的培养性状。

3. 病原真菌、细菌、病毒及线虫分离纯化有何异同？

4. 用分离到的病毒标样接种 1 或 2 个鉴别寄主，并记载寄主反应类型。

第二节 昆虫病原细菌

一、从土壤中分离苏云金芽孢杆菌

（一）概 述

土壤具有微生物生长繁殖所需要的一切营养物质及各种条件，是微生物良好的生活场所，有“微生物的天然培养基”之称。土壤中的微生物种类繁多，数量极大。每克肥沃土壤中通常含有几亿到几十亿个微生物，贫瘠土壤每克也含有几百万至几千万个微生物。一般来说，土壤越肥沃，微生物种类和数量越多。另外，土壤表层或耕作层及植物根附近微生物数量也较多，因此土壤是人类开发利用微生物资源的重要基地。土壤中的微生物以细菌数量最多，占土壤微生物总量的70%～90%，而且种类多，它们多数是异养菌，少数是自养菌。研究最多的细菌——苏云金芽孢杆菌（*Bacillus thuringiensis*，Bt）也是一种土壤细菌。苏云金芽孢杆菌的分布与土壤和植被有很大关系。过去，由于没有合适的方法从土壤中分离苏云金芽孢杆菌，因而检出率很低。大量研究表明，乙酸盐对苏云金芽孢杆菌芽孢萌发有抑制作用，采用选择性培养基可以大大提高土壤中分离苏云金芽孢杆菌的效率。苏云金芽孢杆菌能在多种培养基上生长，在不同的培养基上形成的菌落形态有所不同。在蛋白胨琼脂培养基上，表面菌落较大，呈圆盘状，培养72h后直径可达1cm左右，菌落乳白色，表面干燥平坦，边缘不规则，成粗布状向外展开，略带放射状皱纹。深层菌落成毡块状，有丝状放射线。在2.2%葡萄糖琼脂培养基上，30℃ 24h后可见到表面黄色小菌落，48h后长成相当厚的圆环形，直径约3mm，中央有一较深的圆环，表面暗白色，微有光泽，干燥，粗颗粒状，边缘如卷发，深层菌落不整齐，似小块奶油状，3d后菌落直径达2cm。

本实验方案参照戴经元等（1994）、张宏宇（1998）和Zhang等（2000）的方法修改制订。

（二）实验材料

无菌塑料袋，吸管，接种环，载玻片，盖玻片，显微镜，水浴锅，超净工作台，摇床，培养箱，酒精灯，石炭酸复红染色液。

BPA培养基：牛肉膏5g、蛋白胨10g、醋酸钠34g、水1000mL，pH 7.0～7.2。121℃灭菌30min。

BP固体培养基：牛肉膏5g、蛋白胨10g、NaCl 5g、琼脂20g、水1000mL，pH 7.0～7.2。121℃灭菌30min。

（三）实验步骤

1. 土样采集点的确定

耕作土、荒土、森林土、草地土，各种干鲜作物、蔬菜及果品的储藏地点的土壤和仓库、尘埃等均可为采集对象。总之，要求采集地具有代表性，能代表该地主要土壤类型和主要植被类型。在植被类型相似的地方，分别采集不同环境条件下的土壤。

2. 土样采集方法

将表层土铲去1～2cm，用干净的采集铲取约50g土，每采样点至少取5处，所采土样装入无菌袋内混合，然后把样品放置通风阴凉处风干，碾碎，充分混匀后取约50g细土置于无菌塑料袋中，低温干燥条件下密闭保存，备用。

3. 苏云金芽孢杆菌的分离

取0.1g土壤放入BPA培养基中，充分振荡后置于摇床上（温度30℃；转速200r/min）培养4h后取下，于75～80℃水浴中热处理10～15min。稍静置后，用吸管吸0.5mL于

BP 平板上，涂布均匀，倒置于 30℃培养箱中培养 24h，挑选 3～5 个类似于苏云金芽孢杆菌的菌落接种到 BP 斜面上，30℃培养 72h，在干净的载玻片中央滴一滴蒸馏水，用接种环从单个菌落上挑取适量菌体涂于蒸馏水中，载玻片于酒精灯上来回过热两次，使菌固定，待载玻片充分风干后，用石炭酸复红染色 30s，用水缓慢冲去染色剂，晾干后显微镜观察，如具有苏云金芽孢杆菌典型的伴孢晶体与芽孢，初步可确定为苏云金芽孢杆菌。然后用接种环取该菌落少许，转移至另一支 BP 斜面上，30℃培养，定时取样镜检，如符合苏云金芽孢杆菌种的形态特征（营养体杆状，两端钝圆；通常单个存在或以 2～4 个在一起形成短链状，进一步发育营养体内原生质凝集，初步形成芽孢、晶体，孢子囊不膨大，生长成熟后芽孢、晶体游离），即可确定为苏云金芽孢杆菌。选取表面扁平、乳白色或淡黄色、毛玻璃状等典型苏云金芽孢杆菌菌落特征的菌落接种到斜面培养基上 30℃纯化培养 48h 后冷藏备用。

（四）注 意 事 项

1）苏云金芽孢杆菌对营养条件要求不高，所需主要营养物质属动植物蛋白质衍生物。能在多种氮源、碳源和无机盐中正常发育。通常利用的碳源是淀粉、糊精、麦芽糖、葡萄糖等。氮源有有机氮化合物，如牛肉膏、蛋白胨、酵母粉、花生饼粉、豆饼粉、鱼粉、玉米浆等。通常加入培养基的无机盐有磷酸氢二钾、硫酸镁、碳酸钙等。

2）苏云金芽孢杆菌在 12～40℃的温度条件下都能生长，以 27～32℃较为适宜，35～40℃生长很快，但易衰老，温度低则生长缓慢。该菌适于微碱性条件，最适 pH 是 7.5，当 pH 达 8.5 时还能正常形成芽孢，如 pH 降至 5 以下则不能形成芽孢。苏云金芽孢杆菌是一种好气性细菌，需要充足的空气才能生长发育良好，特别在芽孢形成时，如缺乏足够的空气会延迟芽孢的形成或不能形成。

（五）思 考 题

1. 简述用选择性培养基如何从土壤中分离苏云金芽孢杆菌。
2. 为什么要用选择性培养基从土壤中分离苏云金芽孢杆菌。

二、苏云金芽孢杆菌感染小菜蛾试验

（一）概 述

鳞翅目是农林害虫中种类最多的一个目，危害农林植物、粮食、药材、干果、皮毛等储存物品，造成巨大的经济损失。苏云金芽孢杆菌的发现为防治这类害虫提供了一种有效的新技术手段，从 20 世纪 20 年代起就用于害虫防治中，发挥了巨大的作用，是近年来研究最深入、开发最快速、应用最广泛的微生物杀虫剂之一，对人畜安全无毒，不污染环境；杀虫作用具有一定特异性和选择性，不会使天敌和非目标昆虫致死。目前，苏云金芽孢杆菌制剂广泛用于粮食、经济作物与蔬菜、林业以及一些卫生害虫，特别鳞翅目害虫的防治。本实验通过感染小菜蛾，观察其致病过程，计算死亡率。

本实验方案参照李卓棣等（1996）的方法修改制订。

（二）实验材料

1）供试昆虫：小菜蛾（*Plutella xylostella* Linnaens）1～2龄幼虫。

2）供试菌种：苏云金芽孢杆菌库斯塔克亚种（*Bacillus thuringiensis* subsp. *kurstakai*）血清型H3a3b、待测苏云金芽孢杆菌。

3）药品和器材：无菌水、1%吐温、养虫瓶、纱布、镊子、毛笔、脱脂棉、试管、磁力振荡器、剪刀、接种环、玻璃珠、250mL三角瓶，平板、新鲜小白菜叶。

（三）实验步骤

1. 感染液的制备

1）将分离的苏云金芽孢杆菌菌株转接斜面，置30℃培养5～7 d。

2）在装有玻珠的250mL三角瓶中加入9mL无菌水。

3）无菌条件下用接种环刮下一支培养好的苏云金芽孢杆菌斜面上的菌苔于盛有三角瓶中，用磁力振荡器振荡1min，使菌液充分摇匀，再加1%吐温1mL，然后倒入平板中。

4）另取一平板，加9mL无菌水和1mL1%吐温作为空白对照。

2. 感染饲料的制备

将1～4片较嫩小白菜叶分别置于制备好的感染液和空白对照平板中，不断振荡使叶片正、反面充分浸泡，待叶片完全浸湿后，用镊子取出晾干，备用。

3. 接虫感染

1）把晾干的小白菜叶片放入无菌养虫瓶中，将准备好的1～2龄小菜蛾幼虫用干净毛笔移到叶片上，每瓶10～15头，重复3～5次。

2）用数层纱布作为瓶盖，用橡皮圈扎紧，其上放一团湿脱脂棉，保持湿润。

3）将养虫瓶置于28℃下饲养，待饲料吃完后再用足够处理过的新鲜叶片饲喂，48h内观察幼虫的变化，记录幼虫的反应、死虫的症状及死亡情况。

4. 计算各处理的死亡率及校正死亡率

死亡率（%）=(死亡虫数/试虫总数)×100

校正死亡率（%）=[(处理死亡率－对照死亡率)/(1－对照死亡率)]×100

（四）注意事项

1）制备感染液时要注意细胞浓度、均一性、生理状态、感染液介质（生理盐水或缓冲液）。

2）苏云金芽孢杆菌的不同变种对昆虫的毒力差异很大。属于不同血清型的变种或具有相同血清型的不同变种的寄主范围及毒力是不同的。甚至即使是苏云金芽孢杆菌类群中的同一个变种，不同的菌株对昆虫的毒力差异也可以很大。因此，要选择有效菌株感染昆虫。

（五）思考题

1. 简述苏云金芽孢杆菌的杀虫机理？

2. 感染苏云金芽孢杆菌的鳞翅目幼虫，其感病症状是什么？

三、苏云金芽孢杆菌对棉铃虫的生物活性测定

（一）概　　述

病原性细菌致病能力的强弱程度称为毒力。一般来说，病原菌的毒力越大，其致病性就越强。同一种病原菌因菌株数不同，致病力大小也不相同，其毒力也有强毒、弱毒和无毒株之分。苏云金芽孢杆菌制剂的主要有效成分由伴孢晶体蛋白和芽孢组成，此外，营养体也有一定的毒力，而且有些菌株还可以产生苏云金素。毒力测定可以反映苏云金芽孢杆菌制剂的综合毒力，毒力可以用致死中浓度（LC_{50}）、致死中量（LD_{50}）等表示。根据毒力测定结果，可筛选出适于防治的高效苏云金芽孢杆菌菌株，为害虫生物防治提供依据。

本实验方案参照崔学芬等（2001）、张宏宇（1998）和 Zhang 等（2000，2001）的方法修改制订。

（二）实 验 材 料

1）供试昆虫：棉铃虫（*Helicoverpa armigera*）初孵幼虫。

2）供试菌种：苏云金芽孢杆菌库斯塔克亚种（*Bacillus thuringiensis* subsp. *kurstakai*）HD-1 菌株。

3）药品和器材：无菌水、0.5％NaOH 溶液、天平、水浴锅、养虫瓶、小烧杯、瓷盘、大培养皿、玻璃珠、250mL 三角瓶，离心机、离心管、摇瓶、摇床、烘箱、紫外分光光度计、24 孔生测板、漩涡振荡器、玻璃棒、标签纸、计算器、昆虫饲料。

4）BP 培养基：牛肉膏 5g、蛋白胨 10g、NaCl 5g、琼脂 20g、水 1000mL，pH 7.0～7.2。121℃灭菌 30min。

（三）实 验 步 骤

为了得到重复的结果，各种生测参数和昆虫饲养条件都要标准化。表 10-1 给出了苏云金芽孢杆菌对棉铃虫生物测定时的生测参数。

表 10-1　苏云金芽孢杆菌对棉铃虫生物测定时的生测参数

项目数	生测参数
供试昆虫	棉铃虫初孵幼虫
剂量单位	mg/L（ppm）
浓度数（处理数）	5～7*
实验重复次数	3
感染时间	48h
饲料	棉铃虫人工饲料

* 至少要保证棉铃虫幼虫有两个处理死亡率为 10％～50％，两个处理死亡率为 50％～90％。

1. 孢晶混合物的制备

孢晶混合物的制备参照张宏宇（1998）和 Zhang（2000，2001）的方法。

1）将储备的苏云金芽孢杆菌 HD-1 菌株转接到 BP 斜面 30℃培养活化 12～24h。

2）将活化的苏云金芽孢杆菌 HD-1 菌株转接到包含 50mLBP 液体培养基的 500mL 摇瓶，于 30℃，200 转/min 的摇床培养至晶体完全脱落。

3）6000 转/min 离心（转速的表达方式不统一）10～15min，收集孢晶混合物。

4）先用 1mol/L NaOH 液体洗涤一次，再用无菌水洗涤 2 或 3 次。

5）将孢晶混合物重新悬浮于 5mL 无菌水中。

6）取其中 1mL 悬浮液到已称重的 1.5mL Eppendof 离心管中离心，于 37℃烘箱中烘干 24h，称重。

7）再烘干若干小时至重量无变化为止，确定孢晶混合物浓度，其余的悬浮液，按每管 1mL 分装，于－20℃保存备用。

8）如要确定可溶性晶体蛋白含量，则取其中上述配制好的孢晶混合物悬浮液 0.5mL 于 0.5% NaOH 溶液中 37℃培养 1h，然后离心（10 000g，10min），取上清液用紫外分光光度计测定可溶性蛋白浓度，其余的悬浮液，按每管 1mL 分装，于－20℃保存备用。

2. 感染液的配制

将制备好的孢晶混合物解冻，用无菌水按 2 倍稀释法稀释成 2000μg/mL、1000μg/mL、500μg/mL、250μg/mL、125μg/mL 共 5 个浓度梯度的稀释液。

3. 感染饲料的配制

（1）棉铃虫人工饲料的配方

熟黄豆粉	20g	玉米粉	30.0g	大麦粉	30.0g
维生素 C	1.0g	干酵母	8.0g	琼　脂	3.0g
苯甲酸钠	0.8g	棉　油	0.5mL	10%甲醛	1.0mL
36%乙酸	6.0mL	水	200.0mL		

（2）配制方法

将黄豆粉、玉米粉、大麦粉、干酵母加入到一半水中充分搅拌；将琼脂溶解入另一半水中；将 1 组分加入到 2 组分，煮沸后，等温度降至 75℃左右时，加入其他成分搅拌均匀后放入 60℃水浴中预热；取 50mL 的小烧杯，写好标签，分别向每个小烧杯中加入 1mL 对应浓度的感染液，以无菌水作为空白对照。

向每个装有感染液的小烧杯中加入 19mL 饲料，得到如下终浓度的待测样品的感染饲料：

100μg/mL、50μg/mL、25μg/mL、12.5μg/mL、6.25μg/mL；

用玻璃棒充分搅拌，使每个烧杯中的感染液与饲料充分混匀，迅速将每个不同浓度的感染饲料倒入一个 24 孔生测板上，冷却凝固，写好标签。

（3）毒力测定

随机挑取初孵的棉铃虫幼虫，将其放入 24 孔生测板上，每孔接 1 头，盖上铺有吹塑纸垫板的盖子，在 28℃条件下感染 48h 后检查试虫的死亡率。

（4）统计分析

通过下面公式，计算各处理的死亡率及校正死亡率。

死亡率(%)＝(死亡虫数/试虫总数)×100

校正死亡率(%)＝[(处理死亡率－对照死亡率)/(1－对照死亡率)]×100

将感染饲料中所含毒素的浓度换算成为对数值 x，校正死亡率查概率值表后转换成死亡概率值 y，以 x 为横坐标，y 为纵坐标，用 Casiofx-3600 计算器求得毒力回归直线 $y=a+bx$ 中的 a，b 值及其相关系数 r 值，由概率值表得到 50%的死亡率的概率值，代入回归直线，得到相对应的 x 值后，求得其反对数值，即为得到致死中浓度 LC_{50} 值。

（四）注 意 事 项

生物测定容易受外界因素的影响而使结果出现差异，所以实验中最好用同一次测定中获得的结果计算毒效比率，减小差异，提高精确度。特别要注意的是将饲料倒入感染液的小烧杯时，饲料温度不能过高，以免影响毒力。

（五）思 考 题

1. 根据实验结果计算苏云金芽孢杆菌的致死中浓度。
2. 用棉铃虫作生物测定实验时，为什么要用人工饲料进行生测？

四、芽孢杆菌感染蚊幼虫试验

（一）概 述

蚊子不仅叮咬人畜吸血，还是世界上多种严重疾病的传播媒介，危害人体健康。由于化学防治的副作用，蚊虫微生物防治正日益受到重视。球形芽孢杆菌（*Bacillus sphaericus*）和苏云金芽孢杆菌是目前研究最为深入的杀蚊微生物之一。1965 年 Kellen 首次分离到对蚊幼虫有毒力的球形芽孢杆菌。已知球形芽孢杆菌的有活性菌株属 9 个 H-血清型，各品系间致病活性和稳定性差异甚大。球形芽孢杆菌一般对按蚊（*Anopheles* spp.）和库蚊（*Culexs* spp.）幼虫有较高毒性，而对伊蚊（*Aedes* spp.）幼虫的毒力则不及苏云金芽孢杆菌，对蚋的幼虫亦无毒力。不同血清型或同一血清型中的不同株系毒力水平也不一。球形芽孢杆菌广泛分布在土壤及水生环境中，但大多数对蚊虫幼虫有毒性的菌株是从死蚊虫体内或其滋生的泥土中分离获得。除从蚊幼虫死尸分离外，从别的水生昆虫中也分离得到新的菌株。调查研究发现，有毒菌株的分布与泥土的类型、水的 pH 值、含盐量和温度有关。球形芽孢杆菌的芽孢和晶体在污水中效果好，且持效期较长，并有可能在环境中再循环，适用于防治污水中的淡色库蚊和致倦库蚊。球形芽孢杆菌产生的伴孢晶体是由 51kDa（P51）蛋白和 42kDa（P42）蛋白组成的二元毒素。球形芽孢杆菌对蚊幼虫的致病性或引起的死亡是通过毒素或与孢子囊体有关的毒素或芽孢实现的。球形芽孢杆菌在产孢期产生晶体蛋白，当蚊幼虫食入孢子、晶体复合物后，蛋白晶体通过中肠蛋白酶和高 pH 综合作用被降解形成活性蛋白而结合到敏感蚊幼虫中肠上皮细胞的特异性结合位点上，导致中肠上皮细胞损伤，引起昆虫得毒血症或败血症死亡。毒素不仅存在于伴孢晶体中，也存在于芽孢上（包括芽孢囊体、芽孢外膜和芽孢本身）。

本实验参照 Zhang 等（2000，2004）的方法修改制订。

（二）实验材料

1. 供试昆虫

致倦库蚊（*Culex quinquefasciatus*）3 龄末 4 龄初健壮幼虫。

2. 植供试菌种

球形芽孢杆菌 H5a5b 菌株或苏云金芽孢杆菌以色列亚种菌株。

3. 药品和器材

无菌水，烧杯，铜网，量筒，接种环，玻璃珠，100mL 三角瓶。

4. BP 斜面培养基：

牛肉膏 5g、蛋白胨 10g、NaCl 5g、琼脂 20g、水 1000mL，pH 7.0～7.2。吸取 10mL 分装于 18mm×180mm 试管中，121℃灭菌 30min。

（三）实验步骤

为了得到重复的结果，各种生测参数和昆虫饲养条件都要求标准化。表 10-2 给出了苏云金芽孢杆菌和球形芽孢杆菌对蚊幼虫进行生物测定时的生测参数。

表 10-2 苏云金芽孢杆菌和球形芽孢杆菌对蚊幼虫生物测定的参数

项目数	生测参数
剂量单位	mg/L（ppm）
浓度数（处理数）	N*
重复次数	3
幼虫年龄	3 龄末 4 龄初
感染时间	24～48h**
水的体积	100mL
水来源	去氯水
食物	无***

* 浓度数（处理数）是可以选择的，但如进行 LC_{50} 测定，则需设置 5～7 个浓度，且至少要保证蚊幼虫有两个处理死亡率在 10%～50%，两个处理死亡率为 50%～90%。

** 苏云金芽孢杆菌以色列亚种感染 24h，球形芽孢杆菌感染 48h。

*** 如果要使用低龄幼虫实验，应该给予食物。

1. 感染液的制备

取一支培养好的球形芽孢杆菌或苏云金芽孢杆菌斜面，加 10mL 无菌水，在无菌条件下用接种环刮下菌苔，倒入装有玻璃珠的 100mL 三角瓶中，用磁力振荡器振荡 1min，使菌液充分摇匀，用吸管吸取 2mL 菌悬液加入装有 48mL 无菌水的烧杯中，制成感染液。另取 50mL 无菌水置于烧杯中作为空白对照。

2. 感染

分别在对照杯和感染杯中放入 20～25 头 3 龄末 4 龄初蚊幼虫，球形芽孢杆菌感染的蚊幼虫放置在 25～27℃条件下 24h 后观察幼虫的变化，记录幼虫的反应、死虫的症状及死亡情况，苏云金芽孢杆菌以色列亚种感染的蚊幼虫放置在 25～27℃条件下 48h 后观察结果。

3. 统计分析

通过下面公式，计算各处理的死亡率及校正死亡率。

$$死亡率(\%)=(死亡虫数/试虫总数)\times 100$$

$$校正死亡率(\%)=[(处理死亡率-对照死亡率)/(1-对照死亡率)]\times 100$$

（四）注意事项

1）实验中首选库蚊幼虫进行感染，是因为球形芽孢杆菌毒素对库蚊幼虫中肠细胞具有高度的特异性和高亲和力，毒性高。

2）球形芽孢杆菌引起的蚊幼虫死亡是在食入毒素后4h，但在低剂量下，大量死亡则是在48h后，故应在处理48h后计算统计处理的死亡率及校正死亡率。

3）对照死亡要求10%以下，如进行LC_{50}测定，则要求5个浓度校正死亡率合理分布在10%～90%。

（五）思考题

1. 简述球形芽孢杆菌和苏云金芽孢杆菌以色列亚种的杀蚊幼虫机理。
2. 如何用球形芽孢杆菌和苏云金芽孢杆菌以色列亚种感染蚊幼虫？

五、金龟子芽孢杆菌感染鞘翅目幼虫

（一）概述

蛴螬，是金龟子类幼虫的统称。食性很杂，包括苗根、须根、幼嫩支根、新老球根以及茎基部的根茎等，致使植株枯萎死亡，造成缺苗、断垅，危害大。蛴螬因其种类多、危害时间长及隐蔽在土壤中，致使防治工作十分困难，防治效果难以保证。长期使用化学药剂防治不仅污染土壤，不利于农业生态环境的保护，而且多次防治成本高，蛴螬容易产生抗药性。金龟子芽孢杆菌是金龟子幼虫的专性病原菌，使用安全，是一种较理想的金龟子微生物杀虫剂。金龟子芽孢杆菌形成的芽孢能在体外（土壤）存活多年，感病死亡后的蛴螬又会不断增加土壤中的芽孢数量，因此疾病一旦形成，芽孢便能在土壤中逐渐累积和传播，从而达到长期控制的效果。芽孢对干燥有很强的抵抗，在干燥蛴螬体液涂片上保存芽孢，经过42个月后，加水湿润，洗下芽孢制成悬液，注射到健康蛴螬体内仍有高度致病力。自然条件下，当蛴螬吞食带有金龟子芽孢杆菌芽孢的植物根、茎、种子或土壤中的腐生物质后，芽孢在中肠内萌发生成营养体，并穿过肠壁侵入体腔，在体腔中大量繁殖，并形成芽孢。在形成芽孢的同时还形成一个具折光性的伴孢体。病虫或死虫体内存在的大量芽孢会使血淋巴混浊，使被感染的蛴螬体液呈乳状。

本实验方案参照郭郛和忻介六（1988）的方法修改制订。

（二）实验材料

1. 供试昆虫

金龟子2龄或3龄健壮幼虫。

2. 昆虫饲料

麦芽、土豆块、大豆、玉米粒和含水量约18%的壤土。

3. 供试菌株

金龟子芽孢杆菌（*Bacillus popilliae*）。

4. 药品和器材

养虫瓶、1mL 注射器、4 号注射针头若干套、0.25mm 千分尺一套，血球计数器、镊子、小毛笔、吸管、水浴锅、小试管、高压灭菌的 1%胰化蛋白胨培养液、5%次氯酸钠溶液、无菌水。

（三）实验步骤

1. 感染液的制备

1）将患病的蛴螬用清水洗涤 3 次，用小毛笔轻轻刷洗足节间可能附着的泥土，再经 5%次氯酸钠溶液洗涤后移至 60℃温水中水浴 20min。

2）用镊子将病虫移放清洁滤纸上吸干水分后，解剖病虫，从其体内取出乳白色血淋巴滴入小试管中，再用 0.1%胰化蛋白胨液稀释，充分振荡，使成为悬浮液。

3）吸取 1 滴稀释液滴入血球记数板盖片边缘，静置 5min 后，显微镜下计数，使每毫升菌悬液含芽孢约 10^8 个。

2. 感染

可用注射感染或喂食感染。

1）注射感染：用拇指和食指轻轻地将幼虫固定，用 1mL 注射器从 3 龄健壮蛴螬腹部第 2 或 3 节背侧面水平地轻轻地注射约 0.01mL 菌悬液（防止刺破肠道），然后将蛴螬放在养虫瓶中，将适量麦芽、土豆、大豆和含水量约 18%的壤土混合拌匀放入养虫瓶中。用另外 1mL 注射器吸取 0.01mL 胰化蛋白胨液从蛴螬腹部第 4 或 5 节背侧面轻轻注入，作为对照，然后将其放在 28℃，相对湿度 90%的条件下饲养。

2）喂食感染：将壤土碾细过筛，称 500g 放入养虫瓶中，再将 2mL 菌悬液均匀混拌壤土中，然后放入麦芽和鲜土豆，加入适量水使土壤湿度适合不同种类蛴螬生长需要，每瓶接入 3～5 头蛴螬，将其放在 28℃，相对湿度 90%的条件下饲养。同样，称取 500g 土壤放入养虫瓶中，再放入一些饲料，加入适量水，接入 3～5 头蛴螬，作为对照，相同条件下饲养。

（四）结果观察

1）注射感染快，感染第 4 天检查一次，挑出死亡幼虫，经显微镜下涂片观察，无接种菌时，均为非感染死亡，应除去这些死虫，以便干扰。继续饲养，每隔 48h 检查一次，观察幼虫患病症状，记录死亡情况。

2）喂食感染较慢，一般 20 d 以后才表现感染症状，最长的要两个月才能观察到患病症状。因此，在感染后的第 7、14、21 天观察结果，记录幼虫的症状及死亡情况。

（五）注意事项

1）在饲养中，如果土太干，应该及时换新土，以免接种幼虫因环境不适宜而死亡。

2）通常情况下，将金龟子芽孢杆菌直接注射到蛴螬体内，可以迅速繁殖感染提高感染率，缩短感染时间。所以，实验中一般采用注射感染来观察菌株的致病性。

（六）思考题

1. 试述金龟子芽孢杆菌的杀虫机理。

2. 如何制备金龟子芽孢杆菌悬液？

3. 注射感染法和喂食感染法有何异同？

第三节　昆虫病原真菌

一、从感病死亡昆虫中分离白僵菌

（一）概　　述

昆虫病原真菌或虫生真菌是指能侵入昆虫体内寄生、使昆虫发病致死的真菌。在野外越冬昆虫调查中发现，自然界昆虫流行疾病以昆虫真菌病最多，约占全部的60%。从20世纪80年代以来，自然因素对害虫种群调节的研究表明真菌引起的流行病在一定场合下能起显著的作用。与其他杀虫微生物相比，昆虫病原真菌具有主动侵染、寄主不易产生抗性和强扩散效果等特点而且其种类多，代谢类型复杂，以其安全有效、显著的流行潜力、容易大量生产等优点，在害虫的生物防治中占有越来越重要的地位。根据野外调查越冬昆虫发现，因白僵菌致病而死的昆虫，占真菌致病总数的21%。白僵菌对温血动物无害，容易培养，杀虫谱广，而且致病力强，是使用最多和最具成效的昆虫病原真菌之一。昆虫感染白僵菌后在虫体内或体表出现白色菌丝，随后形成粉层状孢子，因此从感病昆虫或病死昆虫上就可以分离白僵菌。

本实验方案参照王素英等（1996）的方法修改制订。

（二）实 验 材 料

1. 感病昆虫

患病玉米螟幼虫若干条。

2. 材料

无菌解剖盘，无菌水，解剖针，酒精灯，剪刀，平板，棉蓝染色液，稀NaClO溶液，0.1%升汞溶液。

3. 马铃薯培养基（PDA）

马铃薯200g，蔗糖（或葡萄糖）20g，琼脂15～20g，水1000mL，pH自然。马铃薯去皮，切成块煮沸30min，然后用纱布过滤，再加糖及琼脂，溶化后补足水至1000mL。121℃灭菌30min。

（三）实 验 步 骤

1. 虫体消毒

将感病玉米螟在无菌条件下置于70%乙醇中数分钟直到湿润标本，用小镊子取出后转至无菌盐水中洗涤3遍，再将样品置于稀NaClO溶液中浸泡1min（或更长时间），最后转至无菌水中洗涤2或3次。然后放入加有无菌滤纸的培养皿中，加入少量无菌水保湿。

2. 分离培养

解剖玉米螟，用无菌剪刀取下一小块患病组织，用接种针挑取该组织移接到马铃薯培养基平板内，或直接从体表挑取白色菌丝或孢子接种于马铃薯培养基上。将培养物倒置放于恒温25℃，相对湿度70%培养箱中培养。

3. 镜检

逐日观察，当长出菌丝和形成孢子以后，用镊子取下一小块含菌丝和孢子的培养基制成载玻片，并在载玻片中央滴一滴棉蓝染色液，酒精灯下加热使培养基融化，然后盖上盖玻片，置于显微镜下观察。

4. 纯化

在显微镜下观察。如果有杂菌，可将菌丝或孢子再接种到马铃薯培养基平板中，然后再培养、镜检，直到获得纯培养时再转接到PDA试管斜面上，20℃条件下培养5～7d后，放入低温下保存备用。

（四）注意事项

1）由于真菌一般比细菌生长慢，有时为了控制细菌污染，可在培养基中加入少量的抗菌剂。

2）在分离过程中，应该从病虫的不同部位取下病组织进行接种，检查是否为同一菌种。

3）由于白僵菌是好气性的，在培养时，装培养料要少，疏松，忌装多或紧实。

4）严格控制pH为3.0～9.4，这样孢子才能萌发。尤其在pH4.4条件下，孢子萌发最快。

（五）思考题

1. 如何从感病昆虫中分离白僵菌？
2. 白僵菌分离培养过程中如何防止细菌污染？
3. 如何获得白僵菌纯培养物？

二、从僵虫上和土壤中分离绿僵菌

（一）概述

真菌生防制剂具有触杀性、流行性、对环境安全和不易产生抗药性等特点。70%的昆虫真菌性病害，在害虫控制方面有巨大的潜力。早在1879年大量繁殖绿僵菌防治奥地利丽金龟以来，绿僵菌就成为害虫微生物防治的主角之一。绿僵菌是最早用于防治农业害虫的真菌，属于真菌中半知菌亚门，丝孢纲，束梗孢目，束梗孢科。该真菌能寄生8个目30个科200余种昆虫、螨类及线虫，是一种广谱性虫生菌，具有容易培养、耐储藏、使用方便等优点，一般可以从僵虫和土壤中分离得到。

本实验方案参照胡琼波等（2007）的方法修改制订。

（二）实验材料

1. 培养基

马铃薯琼脂培养基（PDA）：马铃薯200g，葡萄糖20g，琼脂15～20g，水 1000mL。

选择培养基 1（S_1）：将 1000mLPDA 灭菌后冷却至 50℃左右时加入氯霉素 0.5g、硫酸铜 0.8g。

选择培养基 2（S_2）：将 PDA1000mL 冷却至 50℃时加入放线菌酮 0.2g，氯霉素 0.2g，孟加拉红 0.0133g。

上述培养基均在 121℃高压蒸汽灭菌 30min。

2. 药剂

0.05%的吐温-80 溶液、0.1%的吐温-80 溶液。

3. 器材

血球计数板，磁力搅拌器，接种环，高压灭菌锅，天平，玻璃培养皿，试管，三角瓶，吸管。

（三）实验步骤

1. 从僵虫上分离绿僵菌

1）分别从不同地方不同的寄主上采集不同的僵虫。

2）孢子悬液的配制：从僵虫体上挑取少许孢子，接入已经灭菌的 0.05%的吐温 80 溶液中，用血球计数板测量孢子浓度，并稀释到 1000 孢子/mL。

3）将 0.1mL 孢子悬液接种于 S_1 培养基平板上，用玻璃三角棒将悬液均匀涂布于平板表面。

4）25℃下，培养 3～7d。

5）用接种环挑取单菌落接种于 PDA 平板上继续培养。

6）切取菌丝块移植于 PDA 斜面，继续培养。

2. 从土壤中分离绿僵菌

1）土样的采集：选择不同地方不同土壤样品，取表土下 10～15cm 处土壤 100g 左右，用塑料袋封装后带回实验室过筛去掉石粒和杂物。

2）土壤悬液的配制：取过筛后的净土 10g 悬浮于 90mL0.1%的吐温 80 溶液中，摇匀，静置 15min，取上清液 2mL 稀释于 8mL0.05%吐温 80 溶液中。

3）将 0.1mL 土壤悬浮液接种于 S_2 培养基平板上，用玻璃三角棒将悬浮液推匀于平板表面。

4）25℃下，培养 3～7d。

5）用接种环切取单菌落接种于 PDA 平板上继续培养。

6）切取菌丝块移植于 PDA 斜面，继续培养。

（四）注意事项

1）分离真菌病原体时，应保持样品完全干燥，以避免滋生细菌或受到腐生真菌的污染。

2）真菌分离的成功与否主要取决于是否采用比较新鲜的样品和是否始终保持无菌状态，所以在分离过程中，所有器皿要求高温高压灭菌：121℃高温蒸汽灭菌 30min，玻璃培养皿、试管、三角瓶等灭菌时用纱布包装；玻璃吸管灭菌时，管口塞长约 1cm

棉塞后，用纱布包裹；器皿灭菌后置于60℃烘箱中烘干备用。

（五）思　考　题

1. 如何从僵虫或土壤中分离绿僵菌？
2. 为什么在分离绿僵菌过程中，所有器皿要求灭菌？如何灭菌？

三、白僵菌感染菜青虫及对菜青虫的致病性测定

（一）概　　述

随着各种农业害虫的抗药性逐渐增强，生物治虫越来越受到人们的重视。真菌治虫有着其他治虫方法无可比拟的反复侵染性和生产便利性，在害虫生物防治中有着极其重要的作用。不少真菌在引入昆虫种群中后，可以在昆虫种群中长期定居起来，使害虫种群数量长期被控制在经济域值以下，白僵菌和绿僵菌是发现最早的两种非常重要的杀虫真菌。白僵菌在自然界分布很广，因白僵菌致病而死的昆虫占真菌致病总数的21%。Bassi等首先证明了白僵菌对家蚕致病性和传染性。昆虫病原真菌则通过产生水解酶和机械压力来穿透寄主的体壁。分生孢子附着在昆虫体壁上，受到某些活性物质刺激后萌发产生芽管，分泌一些降解蛋白质和几丁质的酶类物质，芽管顶端的附着胞长出侵入针产生巨大的机械压力，刺破体表进入血腔。在体内血淋巴丰富的营养、水分条件下，芽管伸长变为菌丝，生长旺盛，穿插入虫体内各组织、器官之间，或侵入各组织的细胞内吸收营养。当菌丝伸长到一定程度时，可产生大量的菌丝段，通过芽殖，菌丝段大量繁殖，充满昆虫体腔及各组织内，大量摄取昆虫体内营养。同时，菌丝在生长过程中分泌出毒素和代谢产物（如白僵菌素、草酸盐类等）使寄主血液理化性质发生变化，正常代谢机能和形态结构发生变化，昆虫最终因不能维持正常的生命活动过程而死亡。白僵菌产品感染菜青虫能否使之罹病致死就要测定白僵菌的致病性。这是有核基因控制的一种遗传性状。

毒力是昆虫病原微生物的一种本质属性，是病原微生物不同种或不同菌株在一定条件下致病性大小的综合表现。毒力与昆虫真菌病的发生、发展直至寄主死亡的寄生过程有十分密切的关系，是衡量菌株生物防治潜力的重要指标，也是筛选优良菌株的基本依据。毒力大小是多种因素共同作用的最终结果，受寄主种类、菌种来源、孢子剂量、温度等多种因素影响。昆虫受白僵菌侵染后，初期体表无明显的变化。随着病势的进展，在体表多处出现暗褐色油斑状浸润性病斑。随着病斑的不断出现，病虫表现食欲减退、行动缓慢、麻痹，并有上吐或下泻等病症。一般感病的虫3～7d死亡成僵虫，僵虫体表出现白色菌丝，随后出现白色至淡黄色孢子粉层。虫龄越大，感病至死亡所经历的时间越长。目前我国用白僵菌成功防治玉米螟、松毛虫、茶毛虫、菜青虫、大豆包心虫、稻包虫、马铃薯甲虫、苹果蠹蛾等。菜青虫（*Pieris rapae*（L.）），全国普遍发生，主要危害十字花科蔬菜甘蓝、花椰菜、白菜等，尤其偏嗜叶片光滑无毛的甘蓝和花椰菜类蔬菜，是蔬菜上一种主要害虫。本实验以菜青虫为供试昆虫、白僵菌为供试菌种介绍杀虫真菌对害虫的致病性测定，实验方案参照康冀川等（1995）和安建梅等（2000）的方法修改制订。

（二）实验材料

1）供试昆虫：菜青虫（*Pieris rapae*）。

2）供试菌种：白僵菌（*Beauveria bassiana*）。

3）药品和器材：养虫瓶、0.05％吐温-80 无菌水、三角瓶、平板、血球计数板，喷雾器、人工饲料（新鲜白菜叶）。

（三）实验步骤

1. 孢子悬液的制备

用无菌的塑料药匙将白僵菌的分生孢子粉菌剂刮到一个干净的盛有 10mL 0.05％吐温-80 无菌水的三角瓶中，或用 0.05％吐温-80 无菌水洗下白僵菌斜面孢子于三角瓶中，在涡旋振荡器上充分振荡，分散分生孢子团块后，然后按比例稀释，经血球计数板进行显微测数，分别制备含孢子 10^8 个/mL、10^7 个/mL、10^6 个/mL、10^5 个/mL 的不同浓度的孢子悬液。

2. 供试幼虫处理

采不同龄期的健康菜青虫幼虫，对其进行 24h 的饥饿处理。

3. 感染方法

1）养虫管法：将处理的菜青虫放人装有人工饲料的养虫管中，人工饲料事先用供试菌液浸泡，设 5 个不同浓度，每个浓度 3～5 个重复，每管放同龄幼虫 10 头，对照空白培养液浸泡。养虫管置光照培养箱中，温度设置为 (25±1)℃。光照培养箱底部用白瓷盘放置清水，使箱内的相对湿度达 90％。

2）虫体喷菌法：将处理的菜青虫幼虫分头置于放有少量人工饲料的 24 孔培养盒（11.6cm×7.8cm）内，将不同浓度孢子悬液装人猴头喷雾器中，然后对培养盒中的幼虫等距离、等量进行喷雾，每处理 30 头，3～5 次重复，放入湿棉球保持高湿，加盖后置于 (25±1)℃光照培养箱中饲养，每天饲喂新鲜叶片。以 0.05％吐温-80 无菌水代替菌液作为对照。

3）涂抹法：用毛笔或手指将不同浓度孢子悬液定量涂抹于一定面积的白菜叶片上（大小同平板底），以保证每平方厘米的叶片上有相同的孢子量。然后将同龄幼虫置于平板上。每处理 10 头，3～5 次重复。以 0.05％ 吐温-80 无菌水代替菌液作为对照。平板置于 (25±1)℃光照培养箱中饲养。

4）浸染法：将处理的幼虫用镊子一头一头地放入不同浓度孢子悬液中浸泡相同的几秒钟，使每个虫体上附上相近含量的孢子，然后放入平板中，投入等量饲料饲养。每处理 10 头，3～5 次重复。以 0.05％ 吐温-80 无菌水代替菌液作为对照。平板置于 (25±1)℃光照培养箱中饲养

（四）观察和记录

接种后，每日定时观察记录幼虫取食能力，行为，感病症状，取食叶片的量，幼虫体表颜色变化，直到体表出现暗褐色浸染斑；虫体何时变成僵虫。检查出的死虫在 25℃下保湿培养，观察其体表变化情况，记录何时出现白色菌丝，何时出现白色至淡黄

色孢子粉层。根据虫尸上长出菌丝，统计僵虫率。

（五）注意事项

1）中途应及时清除养虫器皿内的排泄物，以免污染菌的繁殖，影响试验。

2）随时更换饲料，以保证接种的白僵菌分生孢子基本上全部附着在供试幼虫体表或被试虫吃掉，直到试虫不取食后停止投料。

3）影响白僵菌致病力的因素有很多，如菌株、害虫种类、害虫寄主植物、环境因子等。所以，在选育高致病性的菌株时要考虑这些因素的影响。

（六）思考题

1. 试述白僵菌的杀虫机理。
2. 简述如何制备白僵菌孢子悬液。
3. 为什么要对供试幼虫进行饥饿处理？

四、绿僵菌对斜纹夜蛾的毒力测定

（一）概　述

斜纹夜蛾（*Prodenia litura* Fabricius）属鳞翅目夜蛾科，是一种危害严重的世界性的多食性大害虫，幼虫食性杂，危害农作物种类达 99 科 290 多种，其中喜食的有 90 种以上，以十字花科蔬菜和水生蔬菜受害最重。目前斜纹夜蛾已经对有机氯、有机磷、氨基甲酸酯、拟除虫菊酯以及苏云金芽孢杆菌等多种杀虫剂产生抗药性。绿僵菌是农林生态系统中最常见的一种虫生真菌，能侵染多种农林害虫。近年来开始逐渐研究其在鳞翅目害虫上的应用。绿僵菌通常是与昆虫体壁接触感染的。当绿僵菌侵染寄主昆虫时，首先是分生孢子接触附着在昆虫体表，在适宜的温湿度条件下，孢子萌发产生入侵菌丝，穿过体腔后，在虫体内大量繁殖，并随血淋巴循环侵入各器官组织，直至整个体腔充满菌丝和菌丝体。在绿僵菌生长繁殖的同时，分泌绿僵菌素类的毒素。由于毒素的作用，使初期聚集在菌丝及菌丝体周围的吞噬细胞失去了吞噬作用，使菌丝任意生长繁殖，吸收脂肪细胞内的营养物质，使细胞结构受到破坏，整个脂肪组织崩解；而且毒素也影响中枢神经系统，使神经传导受到阻碍，失去正常的反射作用，最终导致寄主死亡。本实验通过测定绿僵菌对斜纹夜蛾的生物活性，为进一步利用绿僵菌控制鳞翅目害虫提供依据。

本实验方案参照江英成（2000）的方法修改制定。

（二）实验材料

1）供试昆虫：斜纹夜蛾健壮 2 龄幼虫。

2）供试菌种：金龟子绿僵菌（*Metarhizium anisopliae*）。

3）实验材料：0.05%的吐温-80 溶液、塑料培养皿、滤纸、血球计数板、人工气候箱、新鲜卷叶甘蓝叶片。

4）PDA 培养基：马铃薯 200g，葡萄糖 20g，琼脂 15～20g，水 1000mL。121℃高

压蒸汽灭菌 30min。

（三）实验步骤

1. 感染液的制备

1）将供试菌种接种于 PDA 培养基斜面上，25℃恒温培养 12d。

2）取分生孢子置于 0.05%吐温-80 无菌水溶液中，用血球计数法（25×16 个方格）配制成 $1.0\times10^{7}\sim1.0\times10^{11}$孢子/L5 个浓度梯度，制成分生孢子悬浮液。

3）每个浓度设 3 个重复，每个处理 30 头斜纹夜蛾幼虫。

4）以 0.05%吐温-80 无菌水溶液作对照。

2. 毒力测定

1）采用浸渍法，将斜纹夜蛾 2 龄幼虫在不同浓度的药液和对照液中浸泡 5min，晾干。

2）将幼虫接入直径为 9cm 的塑料培养皿中，每皿接 10 头，皿底铺上湿滤纸保湿。

3）将培养皿置于人工气候箱内（温度 26℃，光照 L∶D=14∶10），喂卷叶甘蓝叶饲养。每隔 24h 检查试虫死亡情况，共查 7d。

4）如此实验重复 2 次。

5）统计分析：用 Abbott 公式计算校正死亡率，参照黄剑和吴文君（2004）方法，用 Excel 2000 软件求 LD-p 回归方程及其卡方检验，计算致死中浓度 LC_{50}与致死中时间 LT_{50}值及其置信限。

（四）注意事项

1）绿僵菌对昆虫的毒力，随菌株、环境条件和寄主昆虫而不同。

2）温度、湿度和光照对绿僵菌分生孢子的形成有很大影响，所以实验中要严格控制温湿度和光照。

（五）思考题

1. 简述绿僵菌的致病机理。
2. 根据实验结果计算校正死亡率、致死中浓度 LC_{50}与 LT_{50}值及其置信限。

第四节　昆虫病原病毒

一、核多角体病毒的分离提纯

（一）概　　述

利用昆虫病毒防治害虫是微生物防治的主要手段之一。昆虫病毒作为专一寄生于昆虫体内的病原微生物，因具有靶标害虫特异性强、毒力高、稳定性能高、环境安全性好等优点而成为生物防治剂中的重要一员。其不同于别的生物杀虫剂的最大特点是病毒能在害虫种群中进行水平传播和垂直传播，从而形成流行病，在长时间内可自然控制害虫种群增长，导致相继代害虫持续带毒，感病死亡。与其他化学农药和生物农药相比，昆虫病毒杀虫剂到目前未发现抗性问题，这为病毒杀虫剂的发展带来了良好的契机。目前广泛用于生物防治的主要是杆状病毒，尤其是核型多角体病毒（NPV）。杆状病毒占所有已知感染昆虫病毒的60％以上，它们对脊椎动物和植物不具致病性。目前至少已有600多种昆虫（主要是鳞翅目昆虫）和其他无脊椎动物中发现杆状病毒感染，并常常引起昆虫流行病，是调节昆虫自然种群密度的重要病原因子。核多角体病毒是以鳞翅目昆虫为主要宿主的病毒，现已分离到数百种核多角体病毒。近年来，已经比较成功地应用于害虫防治中。昆虫病毒是专性细胞内寄生物，只能在活的寄主细胞内增殖，无法像细菌、真菌等那样在培养基上获得纯培养。由于核型多角体病毒不溶于水、甲醛、乙醇、二甲苯、乙醚、1mol/L 盐酸、0.75％胰蛋白酶，可以抗细菌的腐败作用，在提纯过程中或死虫样本被细菌污染时也不受破坏等理化性质，因此，可以采用物理化学方法对其进行分离提纯。

本实验方案参照张俊杰和李茂俭（2001）的方法修改制订。

（二）实验材料

1. 供试昆虫

核型多角体病毒感染致死的棉铃虫（*Helicoverpa armigera*）。

2. 仪器

离心管，离心机，水浴锅，漏斗，研钵，纱布，烧杯，玻璃棒，无菌水，吸管。

3. 试剂

0.05mol/L Na_2CO_3 和 0.0125mol/L NaCl 混合液，蒸馏水、磷酸缓冲液（配方为：氯化钠 8.0g，氯化钾 0.2g，磷酸二氢钾 0.2g，磷酸氢二钠 1.15g，蒸馏水 1000mL）、丙酮、5％SDS、20％～60％ 蔗糖梯度、TE 缓冲液（10mmol/L Tris 1mmol/L EDTA，pH8.0）、1×SSC 溶液（0.15mol/L NaCl，0.015mol/L 柠檬酸钠，pH7.0）。

（三）实验步骤

1. 核多角体的分离纯化

取一条典型患核多角体病毒病的死虫称重后于研钵中捣碎，充分研磨，以 1∶40（*W/V*）比例，即 1g 虫体加 40mL 磷酸缓冲液，三层纱布过滤去渣，滤液差速离心（500r/min，5min；3000r/min，30min）两次离心可以除去幼虫组织碎渣、细菌等杂质，倾去上清液，取沉淀。沉淀用清水洗涤 3 次，丙酮洗涤一次除去脂类物质，用 0.05％SDS 处理 30min，离心沉淀多角体，洗涤 3 次，沉淀用蒸馏水悬浮，计数后冰箱保存备用。

2. 核多角体病毒粒子的纯化

1）差速离心法：在分离纯化的多角体悬液里加入等体积的 0.05mol/LNa_2CO_3 和 0.0125mol/L NaCl（pH10.8）混合液，30℃水浴 15min，不断搅拌，使多角体逐渐溶解。溶解液 3500r/min，4℃离心 20min，取上清液 12 000r/min，4℃离心 30min，取沉淀，用少量 0.1mmol/L pH 7.2 磷酸缓冲液悬浮，即可得纯化的病毒粒子。

2）蔗糖梯度法：在分离纯化的多角体悬液里加入等体积的 0.05mol/L Na_2CO_3 和 0.0125mol/L NaCl（pH10.8）混合液，30℃水浴 15min，不断搅拌，使多角体逐渐溶解，然后加入蒸馏水稀释10倍。用注射针（去尖的）吸取病毒多角体悬液加于20%～60%的连续蔗糖梯度中的最上层，0℃下50 000g超速离心1h，离心后，小心取出离心管，可看到一条较粗的白色带，用弯针头管吸出多角体带的蔗糖液，再用1×SSC溶液洗涤多次，除去蔗糖，或用TE缓冲液透析一夜，离心浓缩后再经过2至3次同样的梯度离心，最后可以获得纯的病毒粒子。在蔗糖梯度离心之后，可以根据所需病毒粒子的纯度，利用柱层析法去掉小分子的蛋白，从而获得更纯的病毒粒子。

（四）注意事项

1）昆虫病毒是专性细胞内寄生物，只能在活的寄主细胞内增殖，无法像细菌、真菌等一样在培养基上获得纯培养。

2）核型多角体病毒在中性缓冲液中比较稳定，偏碱或偏酸都会使病毒逐渐失去活性，所以实验中采用磷酸缓冲液对病毒进行分离提纯。

（五）思考题

1. 为什么可以采用物理化学方法分离提纯核型多角体病毒？
2. 用差异离心法或蔗糖梯度法纯化核多角体病毒粒子中所加混合液有何作用？

二、核多角体病毒感染棉铃虫

（一）概述

棉铃虫是一类杂食性、世界性大害虫。棉铃虫核型多角体病毒（*Helicoverpa armigera* nuclear polyhedrosis virus，HaNPV）是棉铃虫特异性病原病毒，属杆状病毒科A亚组。多角体蛋白是核型多角体病毒的主要结构蛋白，它有两个主要功能：一是围绕病毒形成保护性的晶体；二是能抵抗除类似于昆虫肠道强碱性条件外的溶解作用。多角体可防止病毒受到环境因素的破坏，并帮助病毒经口感染敏感宿主。核多角体病毒被昆虫幼虫吞食后，多角体在昆虫中肠肠道碱性环境下迅速分解，释放出来有感染力的病毒粒子。游离的病毒粒子通过围食膜的网眼吸附在中肠微绒毛上，脱掉外膜以核衣壳进入中肠细胞，病毒核酸通过融合方式在中肠细胞核中进行复制，一般不形成多角体，只形成核衣壳。这些核衣壳获得囊膜后，从第一次受侵染的细胞中释放出来。释放出来的病毒粒子借助囊膜与中肠上皮细胞微绒毛膜的融合作用，通过中肠上皮细胞进入体腔，随昆虫血淋巴循环到达气管基膜、脂肪体等其他组织，开始新一轮原发感染。在病毒粒子新一轮感染的细胞核中，包含病毒粒子的多角体蛋白也在形成，开始时病毒粒子表面附着无数多角体蛋白晶粒，之后蛋白晶粒不断积累，形成不定型的结晶小块，即“前多角体”。这些结晶小块不断增加，病毒粒子单个或成束地包埋在多角体中，形成具有一定形状的成熟多角体。多角体充满被侵染的细胞核，使细胞核异常膨大，最后破裂，随之细胞解体而释放出多角体（内包含病毒粒子）。大量新复制的病毒粒子向血腔中扩散，感染其他组织细胞。接着病毒的多角体又进行下一次侵染，如此循环往复。昆虫感染病毒后，血淋巴浑浊，在血球、气管基质和脂肪体等细胞中充满了多角体，导致细胞破裂，昆虫死亡。该病毒可以通过病虫粪便和死虫再传染其他昆虫，使病毒病在害虫种群中流行，导致害虫种群中大量个体死亡，从而控制害虫危害。病毒也可通过经卵传递等方式感染昆虫。

昆虫幼虫感染核型多角体病毒后行动迟钝，食欲减退或停止取食，体色逐渐发生变化，如变黄，发白等；幼虫死后皮肤常变得很脆弱，轻触即破，最后体内组织液化，流出脓汁样的体液。有些野外昆虫感染核型多角体病后，常向植物上部转移，爬至树顶，用腹足附着植物枝，倒悬其上而死。昆虫病毒是以昆虫幼虫作为宿主，只要病毒离开了宿主细胞后就不显示任何生命活性，只是一个化学大分子的聚合体甚至可以被制成蛋白结晶，完全变成一个非生命体，而一旦遇到宿主细胞，它就会通过吸附进入细胞内而重新显示其生命活力。

（二）实验材料

1. 供试昆虫

棉铃虫 3 龄幼虫。将孵化的棉铃虫初孵幼虫移入已灭菌的指形管中，每管 5 头，用人工饲料饲养 3 龄初期供试。

2. 供试昆虫病毒

棉铃虫核多角体病毒。

3. 器材

养虫瓶，镊子，脱脂棉，平板，100mL 烧杯，玻璃棒，玻璃珠，研钵，水浴锅，振荡器，无菌水，1%吐温。

（三）实验步骤

1. 棉铃虫核多角体病毒感染液的制备

将感染棉铃虫核多角体病毒病死亡的棉铃虫虫尸置于研钵中研磨匀浆，用 9mL 无菌水将研磨物从研钵中洗涤下来，倒入装有玻璃珠的 100mL 烧杯中，并加入 1%吐温 1mL，充分振荡摇匀，即成感染液，然后倒入平板中。在另一干净平板中加入 1%吐温 10mL 作为对照液。

2. 感染饲料的配制

（1）棉铃虫人工饲料配方略

见本章第二节“三”。

（2）配制方法

1）将黄豆粉，玉米粉，大麦粉，干酵母加入到一半水中充分搅拌。

2）将琼脂溶解入另一半水中。

3）将 1 组分加入到 2 组分，煮沸后，等温度降至 45℃左右时，在 45℃水浴中加入其他成分搅拌均匀。

4）取 50mL 的小烧杯，写好标签，向每个小烧杯中加入 1mL 对应浓度的感染液，以无菌水作为空白对照。

5）向每个装有感染液的小烧杯中加入 19mL 饲料，得到感染饲料。

6）用玻璃棒充分搅拌，使每个烧杯中的感染液与饲料充分混匀，迅速将感染饲料倒入一个 24 孔生测板上，冷却凝固，写好标签。

3. 感染

1）随机挑取初孵的棉铃虫幼虫，将其放入24孔生测板上，每孔接1头，盖上铺有吹塑纸垫板的盖子，28℃条件下感染。

2）待感染饲料取食完后，换用无毒的人工饲料饲养，48h后记录幼虫的变化、感病症状及死亡情况。

（四）注意事项

1）棉铃虫对核多角体病毒的感受性与虫体本身的种性、生理状态及所处环境条件密切相关。

2）昆虫不同的虫态和龄期对核多角体的感受性不同，小龄幼虫比大龄幼虫敏感，蛹和成虫不敏感，自然发生的核多角体病毒病，主要表现在昆虫的幼虫阶段。因此，在幼虫低龄时防治效果佳。

3）将饲料倒入装有感染液的小烧杯时，温度不能过高，以免使病毒失活，影响毒力。

（五）思考题

1. 简述核型多角体病毒的致病机理。
2. 如何用棉铃虫核多角体病毒对棉铃虫幼虫进行感染？
3. 为什么要用3龄幼虫进行感病实验？

三、甜菜夜蛾核多角体病毒的毒力测定

（一）概述

甜菜夜蛾（*Spodoptera exigua* Hübner）属鳞翅目，夜蛾科，是一种世界性分布的农作物害虫，对我国的蔬菜危害严重，且具有较强的爆发性。近年来，甜菜夜蛾爆发危害遍及我国20多个省（自治区、直辖市），已成为制约农业生产的重要因素。因此，寻找更有效的防治方法已成为当务之急。杆状病毒以其专一性强、不产生抗性、不污染环境的特点越来越受到人们的青睐，用其进行甜菜夜蛾等害虫的生物防治具有明显的社会效益和经济效益。甜菜夜蛾核型多角体病毒（*Spotoptera exigua* multiple nucleocapsid nucleopolyhedrovirus，SeMNPV）能专一性地感染甜菜夜蛾等昆虫，是防治抗性甜菜夜蛾的良好生物制剂。为了获得甜菜夜蛾核型多角体病毒高活性株，必须对已有病毒株进行毒力的测定，根据毒力测定的结果，才能筛选出高活性病毒株，并为其作为生物杀虫剂的标准化提供依据。昆虫病毒制剂中多角体的数目或质量可以用来作为病毒制剂中有效成分的一个指标，但不能完全依赖它来决定其毒力，因为病毒对昆虫的毒效与许多因素有关。病毒对昆虫的感染力或毒性可以用致死中量（LD_{50}）或致死中浓度（LC_{50}）来表示，其值只能代表病原体剂量与寄生死亡率之间的关系，但并不能反映病原体对寄主致病强弱的全部效果。

本实验方案参照张海元（2004）和Zhang等（2001）的方法修改制订。

（二）实验材料

1）供试昆虫：甜菜夜蛾 2 至 3 龄幼虫。

2）供试昆虫病毒：甜菜夜蛾核型多角体病毒。

3）材料与器材：养虫杯、研钵、纱布、离心机、离心管、烧杯、显微镜、血球计数板、无菌水、丙酮、1%SDS、100μL 移液枪、昆虫饲料。

（三）实验步骤

1. 甜菜夜蛾核多角体病毒分离纯化

取一条典型患甜菜夜蛾核多角体病毒病的死虫称重后于研钵中捣碎，充分研磨，三层纱布过滤，差速离心（500r/min，5min；3000r/min，30min）两次，离心可以除去幼虫组织碎渣、细菌等杂质，倾去上清液，取沉淀。沉淀用清水洗涤 3 次，丙酮洗涤一次除去脂类物质，用 1%SDS 充分悬浮沉淀，即为纯净的多角体，在显微镜下用血球计数板计算每毫升含多角体数量后于冰箱保存备用。

2. 甜菜夜蛾核多角体病毒感染液的制备

用无菌水将提纯的病毒稀释到所需的 5 种浓度感染液 1×10^5 多角体/mL、1×10^6 多角体/mL、1×10^7 多角体/mL、1×10^8 多角体/mL、1×10^9 多角体/mL 备用。

3. 感染

取健康的 2 或 3 龄甜菜夜蛾幼虫放入 30mL 养虫杯中，加入适量人工饲料饲养，并将 100μL 不同浓度的病毒感染液滴加在人工饲料表面，使其充分吸收。每个浓度 50 头幼虫，同时以清水喂食作为对照。实验设 3 次重复。待幼虫进食 48h 后加入足量的人工饲料，(27±1)℃培养箱中饲料。

4. 统计分析

从第 3 天起逐日记录各处理的幼虫病毒致死数量，计算各处理的幼虫死亡率或校正死亡率。

$$死亡率(\%)=(死亡虫数/试虫总数)\times100$$

$$校正死亡率(\%)=[(处理死亡率-对照死亡率)/(1-对照死亡率)]\times100$$

将感染饲料中所含毒素的浓度换算成为对数值 x，校正死亡率查概率值表后转换成死亡概率值 y，以 x 为横坐标，y 为纵坐标，用 Casio fx-3600 计算器求得毒力回归直线 $y=a+bx$ 中的 a，b 值及其相关系数 r 值，由概率值表得到 50%的死亡率的概率值，代入回归直线，得到相对应的 x 值后，求得其反对数值，即为得到致死中浓度 LC_{50} 值。

（四）注意事项

1）昆虫病毒制剂中多角体的数目或质量可以用来作为病毒制剂中有效成分的一个指标，但不能完全依赖它来决定其毒力，因为病毒对昆虫的毒效与许多因素有关。

2）实验中生测所用的方法、标准相差甚大。即使对同型病毒，感染方法、感染龄期、感染剂量、感染温度都可能不同，统计分析方法也可能不同，所以生测方法有待进一步标准化。

（五）思 考 题

1. 如何制备甜菜夜蛾核多角体病毒感染液？

2. 根据实验数据求出所给供试核多角体病毒的致死中量或致死中浓度及95%的置信界限和各组的致死中时间（LT_{50}）。

第五节 昆虫病原线虫

一、昆虫病原线虫的采集与分离

（一）概 述

在害虫的生物防治策略中，昆虫病原线虫（entomopathogenic nematodes）是近几十年发展起来的一种有潜能的生物防治因子，特别携带共生细菌的斯氏属线虫（学名）和异小杆属线虫（学名），已成为当前国际生防领域的研究热点之一，是害虫生物防治中最有潜力的类群。昆虫病原线虫种类多，寄主范围广，适宜温度下，在土壤中能主动寻找寄主，并能在土壤环境中形成一定的种群，持效期长，毒性高，侵染率高，致死速度快，对人畜及环境安全，并能人工大量培养繁殖且成本低廉，对一些用化学方法难以防治的钻蛀性、隐蔽性和土栖性害虫有独特防效。因此，在环境污染日趋严重、害虫抗药性迅速增强的今天，昆虫病原线虫是非常有价值的生物防治因子，已成为可持续发展农业的迫切需要，受到国际生防领域的高度重视。线虫喜栖息在湿度较大的土壤和雨后有露水的叶片上，因而在这种场所较易采到受线虫感染的死虫。除此之外，还可用昆虫去引诱线虫，然后记录虫名、虫龄及采集地点。由于线虫具有趋水性，因此将寄主组织撕碎后，就可打破原来线虫与寄主之间营养平衡的关系，线虫会离开寄主组织进入水中，并由于自身的质量而沉降到水底层。故可以采用漏斗分离法分离线虫。

本实验方案参照郭郛和忻介六（1988）的方法修改制定。

（二）实验材料

养虫瓶、解剖显微镜、小镊子、小剪刀、无菌小试管、培养皿、滤纸、0.6% NaCl、胶管、漏斗、弹簧夹。

（三）实验步骤

1. 昆虫标本的采集

在湿度较大的土壤和雨后有露水的叶片上发现有昆虫寄主发病、大量死亡，将病虫连同基部的一部分或全部采集，放在带有湿滤纸（湿棉花）的无菌小试管中带回实验室。濒于死亡的或已患病的昆虫分别置于养虫瓶中，并提供足够的新鲜饲料饲养，养虫瓶上必须有孔，以利空气流通。

选择土壤湿度大的庄稼地或果园，将5～10头鳞翅目幼虫（如蜡螟幼虫）或蛹埋入土中5～10cm处，做好标记，约一星期后挖出昆虫。这样如果土中有线虫，昆虫就会被感染，采集病虫带回实验室检查。

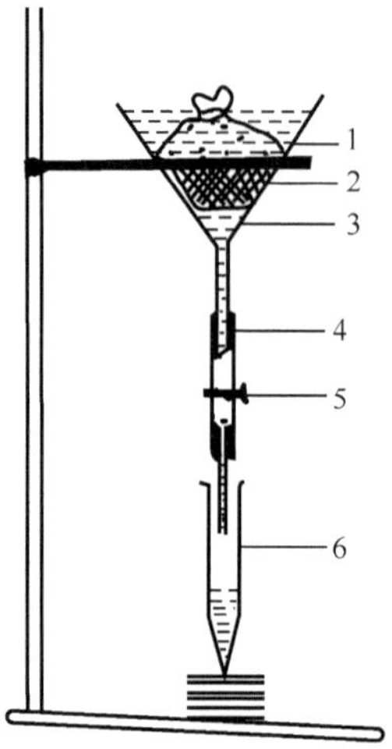

图 10-2 漏斗法分离装置示意图
1. 盛供检材料的纱布袋；2. 纱网；3. 水；4. 乳胶管；5. 节流夹；6. 离心管

2. 分离线虫

将病虫体表用清水冲洗干净，放入培养皿中，在虫体上滴几滴 0.6%NaCl，将其用剪刀或尖头镊子、解剖针等剪碎或撕碎。把带胶管的漏斗放在漏斗架上的圆环上，夹好弹簧夹，漏斗内盛适量清水，用 2～3 层纱布包好剪碎的虫体，慢慢浸入清水中，使水面略高出样品，静置（图 10-2）。在 20～40℃（不得超过 40℃）条件下，浸泡 24h，线虫因喜水而从材料中游离出来，并因自身质量逐渐沉落到漏斗底部的胶管中。打开弹簧夹，慢慢放出胶管底部的水样于离心管中，在 1500r/min 的离心机中离心 3min，倾去上清液，将底部沉淀物连同线虫一起倒在计数皿中，在解剖镜下计数。

3. 观察记录

1）虫体内大约有多少线虫。

2）线虫约可分几类，如幼虫、雌虫（虫体中部可见阴门）、雄虫（尾部卷曲，交尾刺突出）。

（四）注意事项

1）感染线虫的昆虫标本可在湿度较大的土壤和雨后有露水的叶片上采集。

2）采集昆虫标本应将病虫连同基部的一部分或全部采集。

（五）思考题

1. 实验中为什么采用漏斗分离法分离线虫？
2. 如何分离昆虫病原线虫？

二、昆虫病原线虫感染鳞翅目幼虫

（一）概述

昆虫病原线虫是昆虫的重要天敌类群之一，现已发现 3000 种以上的昆虫能被线虫寄生。鉴于昆虫病原线虫较易人工饲养繁殖、寄主范围广和在一定范围内能够主动搜寻寄主等优点，其在害虫防治上的应用已逐渐引起人们的重视。

昆虫病原线虫在生物防治上有着重要的应用价值，特别携带共生细菌的斯氏线虫属 *Steinernema* 和异小杆线虫属 *Heterorhabditis* 在害虫生物防治中的潜能日益受到重视，是害虫生物防治中最有潜力的类群。昆虫病原线虫的杀虫作用是线虫与其共生细菌共同作用的结果。线虫在潮湿环境中借助水膜做垂直和水平运动自主地寻找合适寄主，当线虫自由活动的第 3 龄侵染期幼虫遇到合适的宿主后，随寄主食物或从昆虫的一些自然开口（如口腔、肛门、气孔、伤口等）或节间膜进入昆虫体内，脱去包鞘，然后穿过肠壁进入血腔，并释放其肠腔中携带的共生细菌到血液中，这些细菌迅速繁殖，产生对昆虫有杀伤作用的内毒素、外毒素、胞外酶和抑菌物质。内毒素是脂多糖类物质（LPS），在寄主昆虫的体液环境刺激下释放出来，能抑制原酚氧化酶转化为有活性的酚氧化酶，从而使得酪氨酸不能转化成多巴，抑制了寄主血细胞的黑化作用；同时 LPS 能刺激寄主血细胞的降解，引起寄主脂肪体的解离。所以，共生菌进入寄主血细胞后，通过 D-氨基葡萄糖苷残基结合外源凝集素包围寄主的血细胞，最终溶解寄主的血细胞，起到破坏寄主防御反应的作用。共生菌分泌的胞外酶能分解昆虫血淋巴中的营养物质，为自身和线虫的生长发育提供营养，从而使昆虫更易患败血症，于 48h 之内致死寄主。共生菌产生的抗生素，能抑制其他杂菌的污染，阻止虫尸腐败，为线虫的生长发育繁殖提供理想的环境。多数昆虫病原线虫共生菌被引入寄主血腔时都有很高的致病力，通常 LD_{50} 为 1～5 个菌细胞。昆虫被线虫侵染得病后，出现一系列病症和症状，如外部形态发生变化，体色发生变化，发育不良，生殖力下降，血淋巴组成发生变化，滞育或死亡。在害虫体内，线虫以快速繁殖的共生菌为食，逐渐成熟、交配、产生更多的侵染期幼虫。

本实验方案参照史向东等（2004）的实验方案修改制订。

（二）实验材料

1）供试昆虫：菜青虫（*Pieris rapae* Linneus）2～4 龄健康幼虫。

2）供试线虫：异小杆线虫（*Heterohabiditidae bacteriophora*）。

3）器材：养虫瓶、滤纸、培养皿、吸管、喷雾器、恒温培养箱、无菌水、0.6%氯化钠、新鲜菜叶。

（三）实验步骤

1. 线虫水悬液的制备

将线虫用 0.6%氯化钠洗数次，进行表面消毒 15min，再用无菌水漂洗 2 至 3 次。然后加入无菌水配制成线虫水悬液，每毫升水中含线虫约 1000 条。

2. 感染

将同龄健康菜青虫幼虫分放在直径为 9cm 的培养皿内，每皿 10 头，皿底垫有两层保湿滤纸，加等量菜叶，将配好的线虫水悬液 1mL 喷在菜叶上；另取一培养皿，放入 10 头菜青虫幼虫，加入等量菜叶，喷等量清水，作为对照处理，实验设 3 次重复。培养皿加盖后置于 25℃恒温培养箱中饲养，每隔 24h 观察幼虫的存活情况。

（四）注意事项

1）线虫在低湿度下会很快干死，所以实验中要保持适当的湿度以供线虫生长。

2）线虫的感染杀虫活性受温度、无机盐离子（Mg^{2+}、Mn^{2+}、Ca^{2+}、Pb^{2+} 和 Zn^{2+}）、强光、紫外线、环境酸碱度及一些化学因素的影响。

（五）思考题

1. 简述昆虫病原线虫的致病机理。
2. 昆虫病原线虫共生菌如何影响线虫致病力？

参 考 文 献

安建梅，贺运春，白锦荣等. 2000. 虫生真菌粉质拟青霉对黄刺蛾幼虫的致病性研究. 山西农业大学学报，20(2)：105～107

崔学芬，夏敬源，董双林等. 2001. Bt不同菌系对棉铃虫的毒力测定. 中国棉花，28(4)：22，23

戴经元，王波，罗曦霞等. 1994. 从土壤中分离的410株苏云金芽孢杆菌的鉴定. 华中农业大学学报，13(4)：144～152

郭郛，忻介六. 1988. 昆虫学实验技术. 北京：科学出版社

胡琼波，任顺祥，刘树艳. 2007. 绿僵菌素的分离制备及其对蛴螬的毒力. 昆虫学报，50(5)：461～466

黄剑，吴文君，2004. 利用Excel快速进行毒力测定中的致死中量计算和卡方检验。昆虫知识，41(6)：594

江英成. 2000. 绿僵菌和白僵菌侵染马尾松毛虫试验比较. 浙江林学院学报，17(4)：410～413

康冀川，刘爱英，梁宗琦. 1995. KL-天然活性剂对提高绿僵菌白僵菌毒力的研究. 贵州农学院学报，14(1)：33～36

李阜棣，喻子牛，何绍江. 1996. 农业微生物学实验技术. 北京：中国农业出版社

蒲蛰龙. 1992. 昆虫病理学. 广东：广东科技出版社

史向东，林茂松，丁晓帆. 2004. 昆虫病原线虫共生细菌抑菌物质的分离与活性研究. 莱阳农学院学报，21(2)：125～127

王素英，邵强华，时亚琴等. 1996. 光肩星天牛幼虫病原真菌—球孢白僵菌的分离和鉴定. 内蒙古林业科技，1(1)：14～16

张海元. 2004. 甜菜夜蛾核型多角体病毒(SeNPV)的研究及宿主中相关基因的分析. 中国科学院硕士学位论文

张宏宇. 1998. 仓库中苏云金芽孢杆菌资源及其多样化. 华中农业大学博士学位论文

张俊杰，李茂俭. 2001，甜菜夜蛾核型多角体病毒中国分离株的分离鉴定及毒力测定. 中国病毒学，16(4)：361～363

张俊杰，张友清. 2001. 甜菜夜蛾核型多角体病毒中国株的分离和鉴定. 中国病毒学，16(4)：361～363

Lacey L A. 1997. Manual of Techniques in Insect Pathology. Academic press

Zhang Hongyu，Yang Changju，Huang Jingye et al. 2004. Susceptibility of field populations of Anopheles sinensis Wiedemann (Diptera: Culicidae) to Bacillus thuringiensis subsp. Israelensis. Biocontrol Science and Technology，14(3)：321～325

Zhang Hongyu，Yu Ziniu，Deng Wangxi. 2000 Isolation，distribution and toxicity of Bacillus thuringiensis from warehouses in China. Crop Protection，19：449～454

Zhang Hongyu，Zeng Xiaohui，Yu Ziniu et al. 2001. Characterization and toxicity to Spodoptera exigua (Lepidoptera: Noctuidae) of Bacillus thuringiensis isolates from Warehouses. Journal of Applied Entomology，125(4)：211～214

（张宏宇　　王丹丹　　饶　琼　　李明顺）

第十一章　昆虫毒理学研究方法与技术

导读：昆虫毒理学（insect toxicology）是研究杀虫剂对昆虫作用与昆虫对杀虫剂反应的科学，其主要任务是要阐明杀虫剂对昆虫的作用方式和毒杀机制以及昆虫对杀虫剂的选择性和抗性机理，为新农药的创制和合理应用提供依据。本章主要介绍杀虫剂对昆虫表皮的穿透及体内分布、杀虫剂对昆虫的生物活性（毒力与作用方式）、杀虫作用机理及害虫抗药性的常用研究技术原理与方法，其中有些是作者自己的经验。虽然分子生物学技术在昆虫毒理学研究中非常重要，但由于已有许多专门参考资料（本书第九章也有涉及），故本章不作介绍。

第一节　杀虫剂对昆虫表皮的穿透及体内分布研究技术

农药药效一方面取决于其毒力的大小及机体对它的解毒能力，另一方面则取决于它穿透生物体表的难易（张宗炳，1963）。任何一种杀虫剂，其药效的发挥首先必须通过昆虫表皮（包括体壁表皮、消化道表皮以及气管表皮）这一屏障。研究杀虫剂对昆虫体表的穿透性及其在虫体内的去向和积累在昆虫毒理学研究中日益被昆虫学家所重视。

目前，研究杀虫剂对昆虫表皮穿透和在虫体内的分布主要有 3 种方法：同位素标记杀虫剂液体闪烁计数法、色谱定量分析法和放射自显影法。这 3 种方法各有优缺点，液闪计数法能精确定量，操作简单，但需要标记化合物和特定的测定仪器，成本较高，放射性物质还具有一定的危险性；色谱定量分析能精确定量，但样品前处理要求高、过程复杂，且要有特定仪器；放射自显影方法简单易操作、能精确定位杀虫剂的分布位点，但一般不能精确定量。

此外，采用比较注射与点滴处理毒力差异的生测方法也可以对杀虫剂的穿透作用进行初步研究。它是利用注射方法排除昆虫体壁的影响，直接将一定量的杀虫剂送入血腔，也即代表杀虫剂完全穿透时的毒力，再与点滴处理下有体壁影响时的毒力进行比较。毒力差异小，表示体壁的影响小，杀虫剂的穿透量或穿透速率大；相反，则影响大。

一、同位素标记杀虫剂液体闪烁计数研究技术

（一）原　　理

在杀虫剂化学分子中用放射性同位素替代其中的某个原子，并不会改变其理化性质和生物学效应。放射性同位素的辐射特征就为该化合物打上了可以被仪器辨认的“标记”。这样，被标记的化合物无论在生物体内如何运转，利用仪器都可以追查到其踪迹，即示踪，而无需繁杂的分离、分析步骤，甚至不损伤生物个体，就能确定标记化合物在生物体中各部位、各器官的运转和分布情况。

目前，在昆虫毒理学中最常用的放射性同位素示踪技术（radioisotope tracing technique），就是放射性同位素标记杀虫剂（radioisotope labelled insecticide）的液体闪烁

计数法（liquid scintillation counting）。它是以闪烁体吸收放射性试样的辐射能导致闪烁体激发，退激时再以光能形式发射出荧光（闪烁）而被记录。记录的光脉冲的大小正比于射线粒子在闪烁体内所损耗的能量。液体闪烁计数法几乎不存在β粒子的样品自吸收，因而对低能核素（^{3}H、^{14}C、^{32}P、^{35}S 等）的测量效率高。由于液体闪烁计数技术具有探测效率高、适用于低能辐射的探测，以及能探测几乎所有核衰变事件等特点，在农业和生物科学领域得到广泛应用。

常用的放射性同位素有^{14}C、^{32}P、^{3}H、^{35}S 、^{125}I 等。将已知放射浓度的同位素标记杀虫剂点滴于虫体表皮，在处理一定时间后，分别测定体表残余量、透入体内的量以及在体内各器官（如表皮、脂肪体、神经索、消化道等）中的分布及其放射比度，借此比较不同昆虫及其不同剂量杀虫剂对昆虫的穿透性及其在体内的代谢和分布。

（二）杀虫剂对昆虫表皮的穿透

杀虫剂对昆虫表皮的穿透是一个动态过程，其动力学符合 Fick 扩散定律，即任何时间内的穿透率与该时间杀虫剂在体表的量成正比（赵善欢，1993）。但在实际穿透过程中，随着应用剂量的增加，穿透量会趋向于一个上限。其穿透速率模式是先高后低，动力学方程式为

$$-\mathrm{d}C/\mathrm{d}t = KC \quad 或 \quad C = C_0 e^{-Kt}$$

式中，C 为 t 时间内体表的杀虫剂的量；C_0 为杀虫剂的初始剂量；K 为穿透速率常数。

一般认为，杀虫剂一旦进入体表就视为已穿透表皮。因此，表皮穿透的研究就相对简单。在用一定剂量杀虫剂点滴处理试虫后，经不同时间的穿透，然后将体表外的杀虫剂淋洗回收，测定回收放射性强度。初始处理剂量与不同时间体表淋洗回收量的差值就是不同时间内杀虫剂的穿透量，并可计算出穿透率。

应用放射性同位素标记杀虫剂来研究对昆虫表皮的穿透已是比较成熟的技术。研究药剂穿透表皮与毒力的关系虽然有重要意义，但目前杀虫剂对昆虫表皮穿透性能的研究主要是为了了解昆虫的抗药性机制。表皮穿透率降低作为昆虫对杀虫剂产生抗性的一种机理已在家蝇、烟芽夜蛾、小菜蛾及棉铃虫等多种昆虫中得到证实（侯俊能等，1990；谭建国等，1992；刘永杰和沈晋良，2003）。

1. 试验材料与设备

1）供试昆虫：必须是标准试虫，以适于点滴法测定触杀毒力的试虫为好。一般可用棉铃虫（*Heliothis armigera*，Hübner）六龄幼虫、甜菜夜蛾（*Spodoptera exigua*，Hübner）五龄幼虫、玉米螟（*Ostrinia furnacalis*，Guenee）五龄幼虫等。

2）放射性同位素标记杀虫剂：^{14}C-氯氰菊酯、^{14}C-马拉硫磷、^{14}C-氰戊菊酯、^{3}H-阿维菌素、^{32}P-敌百虫、^{35}S-多噻烷、^{35}S-巴丹等。

3）闪烁体：2,5-二苯基恶唑（PPO）、1,4-双（5-苯基-2-恶唑）苯（POPOP），闪烁纯，上海试剂一厂产品；二甲苯、Triton X-100、高氯酸、双氧水、正己烷均为分析纯。消化液由高氯酸和双氧水以 2∶1（V/V）混合组成；乳化闪烁液由 PPO、POPOP、Triton X-100 及二甲苯分别为 7.5g、0.3g、500mL 及 1000mL 组成。

4）其他：液体闪烁计数仪，玻璃闪烁瓶，微量点滴器（或毛细点滴管），移液管，培养皿，容量瓶，乳胶手套等。

2. 操作步骤与方法

1）根据供试杀虫剂对试虫的 LD_{50} 值计算出药液浓度，用丙酮将放射性同位素标记的杀虫剂配制成所需浓度的药液。用微量点滴器或毛细点滴管将药液点滴于幼虫胸部背面，每头幼虫点滴 1.0μL，勿使药液流失，使每头试虫接受的药量接近于 LD_{50} 值。每处理 30 头幼虫，处理后每 3 头一组置于正常条件下饲养（有自残习性的幼虫须单头饲养）。每处理重复 3 次。

2）分别于处理后 0.5h、1h、2h、4h、6h、8h、10h、12h、18h 和 24h 取样，每次从每个处理中各取出 3 头活虫，用有机溶剂（按供试标记杀虫剂的溶解性选择相应的溶剂，如丙酮、氯仿或正己烷等）淋洗试虫体表，每次 1mL，共 5 次。将幼虫的淋洗液收集于容量瓶中，待自然挥发浓缩至 5mL 以下时转入闪烁瓶内，在自然条件下蒸发干溶剂，加入 5mL 乳化闪烁液。用闪烁仪测定幼虫体表残留（淋洗回收液）的总放射性活度（cpm）（*C*）。

定量吸取 10.0 μL 药液于另一闪烁瓶内，挥去溶剂，加入 5mL 乳化闪烁液。重复 3 次。测定其放射性活度，作为初始处理剂量（*B*）

按下式计算不同时间杀虫剂穿透率（*A*），或进一步建立穿透动力学方程。

$$穿透率(A,\%)=(B-C)/B\times100$$

3. 注意事项

1）放射性同位素标记的杀虫剂对人体既可能有较高的毒性，又有一定的放射性危害，在使用时应特别注意做好安全防护工作，严格按照实验室有毒化学品和放射性化学品保管和使用规范进行使用和处理。

2）处理剂量以在试验时间内不引起试虫死亡为宜，而处理药液的放射性比活度则以在试验时间内能基本全部进入昆虫体腔内为宜。

3）点滴药液时尽量使每次点滴的量和面积一致，发现有药液流失应弃去，换虫后重新处理。

4）由于穿透是受多因素影响，在研究时要特别注意使用高纯度的杀虫剂和标准试虫，以及实验条件的一致。

4. 测定实例

抗感甜菜夜蛾幼虫对 ^{14}C-氯氟氰菊酯表皮穿透的差异（刘永杰和沈晋良，2003）。

供试甜菜夜蛾敏感品系为室内未接触任何药剂连续饲养多年获得，对各类常用杀虫剂敏感；抗性品系为 2001 年 9 月采自南京市江浦区大禹集团公司园艺场甜菜田的 4、5 龄幼虫，对氯氟氰菊酯属高水平抗性，在室内人工饲料饲养，并用氯氟氰菊酯药液点滴法处理 3 龄幼虫，汰选 2 代后选 5 龄幼虫供试。^{14}C-氯氟氰菊酯，放射性活度为 2.550GBq/mmol，由英国卜内门（ICI）公司提供。操作方法为，用丙酮配制一定浓度的 ^{14}C-氯氟氰菊酯药液，用毛细管微量点滴器（0.466μL）将药液点滴于体重为 100～120mg 的 5 龄幼虫胸部背面，每品系至少处理 150 头，处理后置于正常条件下单头饲养。分别于处理后 0.5h、1h、2h、4h、6h 和 8h 取样，每次从每个品系中各取出 10 头活虫，用正己烷淋洗试虫体表，每次 1mL，共 6 次。将幼虫的淋洗液收集于闪烁瓶内，在自然条件下阴干后，加入 5mL 乳化闪烁液待测。将淋洗过的幼虫直接放入闪烁瓶中，加入 0.5mL 消化液，置于 80℃恒温水浴锅中消化至无色透明为止。然后加入 5mL 乳化闪烁液待测。用Backman公司生产的LSC-9800液体闪烁仪测定幼虫体表残留和进入体内的^{14}C-氯氟氰菊酯的放射性衰变数（cpm），并根据公式 $A=[B/(B+C)]\times 100\%$ 计算出不同时间的^{14}C-氯氟氰菊酯对5龄幼虫的表皮穿透率（即体内百分含量）。式中，A为表皮穿透率；B为体内放射性强度；C为体表残留的放射性强度。对甜菜夜蛾抗性和敏感品系5龄幼虫表皮穿透率动态测定结果表明，从整个穿透过程看，处理后1h，虽然抗性品系的表皮穿透率略高于敏感品系，但两者差异不显著；处理后2h，^{14}C-氯氟氰菊酯在两品系间的表皮穿透率存在明显差异，抗性品系的穿透率稍慢于敏感品系；处理后8h，抗性品系的穿透率（22.1%）明显慢于敏感品系的穿透率（39.8%），敏感品系的穿透率是抗性品系的1.8倍（表11-1）。证实幼虫表皮穿透率的降低是甜菜夜蛾对氯氟氰菊酯产生抗性的重要原因之一。

表11-1　^{14}C-氯氟氰菊酯对抗感甜菜夜蛾5龄幼虫表皮穿透率差异

品系	不同时间的相对穿透百分率/%						抗感穿透比（r）
	0.5h	1h	2h	4h	6h	8h	8h
敏感系S	4.5	6.8	13.2	16.4	23.6	39.8	1.8
抗性系R	4.8	7.3	8.5	10.7	18.6	22.1	1

注：数据来源于刘永杰和沈晋良（2003）。

（三）杀虫剂在虫体内的分布

杀虫剂穿透表皮进入虫体后，一部分被体壁保留，其余的则进入血淋巴。由于昆虫的血淋巴的循环非常快，可以被迅速转运到所有的内部组织中。但它可与血蛋白结合或被血细胞包被，还可能被运送到非靶组织和器官（如脂肪体）中保留、代谢，或被排泄器官吸收排泄掉。

1. 试验材料与设备

供试昆虫、放射性同位素标记杀虫剂、消化液、乳化闪烁液、液体闪烁仪、玻璃闪烁瓶、微量点滴器（或毛细管点滴管）、移液管、培养皿、容量瓶、乳胶手套等与上述表皮穿透研究中的相同。

小镊子、蜡盘、解剖剪、挑针等昆虫解剖工具。

2. 操作步骤与方法

1）试虫的受药处理有多种方式：①按上述杀虫剂穿透试验要求点滴处理试虫，并完成淋洗回收体外标记杀虫剂和初始处理药液放射活度测定；②定量夹毒饲喂的方式处理试虫，以测定杀虫剂对肠壁的穿透和在体内的分布。先将幼虫饥饿数小时，再饲以含LD_{50}药量的夹毒叶碟，令其在1h内吃完，然后饲以新鲜叶片正常饲养。这种方法无需淋洗试虫体表。

2）收集试虫排泄物于1号闪烁瓶，称重。

3）将经溶剂冲洗后的虫体移至预先称重的定量滤纸上，用解剖剪剪开幼虫前足或尾端，使血淋巴自行流至滤纸上。迅速称重，以确定收集到的血淋巴的量。一般血淋巴量可占虫体重的25%。将滤纸剪碎放入2号闪烁瓶。

4）将取血后的幼虫移至蜡盘，使虫体腹部向上，用大头针将其头、尾部固定住。然后，用镊子提起腹部，用剪刀将腹部剖开并按目的依次取出内脏器官（肠、脂肪体、脑、神经索、前胸腺或卵巢等），连同体壁分别放入不同的闪烁瓶（4～8 号）并称重（事先已称得各瓶空重）得各器官鲜重。

5）分别向各闪烁瓶加入 0.5mL 消化液，置于 80℃恒温水浴锅中消化至无色透明为止。冷却后，每管加入 5mL 乳化闪烁液待测。

6）用液体闪烁计数器测其放射活度（cpm），并按各器官的鲜重分别算出其放射比度（cpm/g 鲜样）。计算各器官标记杀虫剂百分率。

3. 注意事项

以液体闪烁计数法测定放射性同位素标记杀虫剂在虫体内各器官和排泄物中的分布，由于是不同的生物材料，制备的样品属非均相样，且含有多种不同的杂质，其测量的计数效率会受到“淬灭”和“发光”两个因素的影响而导致计数结果偏低或偏高。通常可以将样品避光放置一定时间后测量来防止“发光”的影响。“淬灭”是由于闪烁液/样品系统中的杂质、水分、氧和颜色等的存在，导致系统中光输出（或光子发生量）减少而使样品计数效率降低。由于不同的样品淬灭程度不同，要进行试样间放射强度的比较，就必须了解试样各自的淬灭程度，即进行样品淬灭校正。淬灭校正的方法通常有“内标法”、“道比法”和“H 数法”等。

由于虫体内酶系的代谢作用，标记的杀虫剂会发生化学转化或降解，所测得的体内各器官及排泄物中的放射性强度包括了标记的杀虫剂、代谢产物、及脱落的同位素原子。

4. 测定实例

^{3}H-保幼激素类似物 738 在家蚕体内的吸收和排泄情况（何首林和易永，1983）。

试虫为家蚕 5 龄中期幼虫。^{3}H-JHA-738 由中国科学院上海原子核研究所制备，放射性比度为 26 000mCi/mmol，放化纯度 95%以上。处理方式分原液涂布蚕体和涂布桑叶添食二种，处理剂量为 0.11μg/头、放射性强度为 10μCi/头。每处理设前期供采集蚕粪；后期供采集蛹、卵、丝样品组和采集主要组织器官样品组。雌雄各半，分别饲养。处理后于 2h、4h、8h、24h、48h、96h、120h 分别采集蚕粪，称总重，自然干燥后磨碎成粉，抽取 10mg 待用；再与采集组织器官组内同一头蚕上，先抽取血淋巴 100μL，而后及时解剖采集器官样品，用清水洗净表面污染后称鲜重待用。试验后期在采集蚕粪组内采集蛹、卵、丝样品，分别称鲜重待用。将各样品分别置于指形管内，按比例依次加入定量的高氯酸和过氧化氢消化液后，置于 70℃水浴锅上进行消化，消化好后分别倒入盛有甲苯闪烁液的测量瓶中，摇匀后进行放射性测量。测量仪器为 FJ-353 型双道液体闪烁谱仪。除蚕粪样品外，所有样品的测量数据都统一在 100mg 水平上统计分析，蛹、卵、丝样品测得的脉冲数经标准源核对后，换算成每克鲜样中^{3}H-JHA-738 保留量（μg）。

测定结果表明，添食处理后药剂绝大部分被迅速排泄掉，至 120h 只有 6.7%的药剂被体内吸收；而体表涂药处理后药剂被排泄较慢，至 120h 虫体的吸收率为 32.8%。二种处理下药剂在虫体内的半活期分别为 4h 和 48h。血液中的药剂量在处理后前 4h 迅速升高，之后则大幅下降。JHA 在各组织器官中的分布与处理方式关系不大，主要分布在脂肪体、体壁、丝腺和消化道里（图 11-1）。

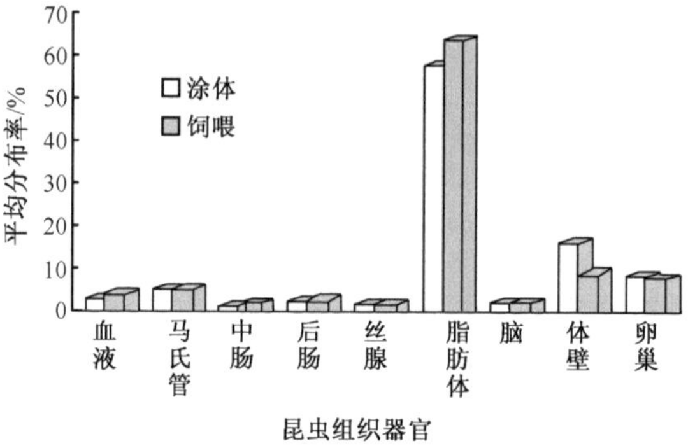

图 11-1　^{3}H-JHA-738 在蚕体组织器官中的分布

（参照何首林和易永，1983）

二、色谱定量分析测定技术

色谱技术是现代农药定量分析的主流技术。由于杀虫剂穿透毒理研究中涉及的杀虫剂的量非常少，穿透量的测定必须采用高灵敏度和高精度的微量分析技术，农药残留分析中常用的气相色谱（GC）和高效液相色谱（HPLC）技术正好满足这一要求。

大多数农药的相对分子质量小于 400，沸点也大都在气相色谱工作温度范围，所以，大多数农药的定量分析均可用气相色谱法来完成。而且，其检测限可达 ppb，甚至 ppt 级，最小检出量可达 10^{12} g（pg）至 10^{15} g（fg）。但是，气相色谱不能用于分子量大、易热分解、不气化和解离性农药的分析。高效液相色谱技术（HPLC）则弥补了气相色谱（GC）的不足，不受试样挥发性的限制，对高沸点、热稳定性差、相对分子质量大于 400 的有机物，只要能制成溶液均可进行分析，可检测对象占有机物总数的 70%以上。这对新型的生物源农药（如阿维菌素、印楝素、鱼藤酮等）的分析尤为重要。

1. 试验材料与设备

供试昆虫同同位素标记液体闪烁计数测定技术。

小镊子、蜡盘、解剖剪、挑针等昆虫解剖工具。

气相色谱仪或高效液相色谱仪，K-D 瓶，高纯氮气，微量进样器，微量点滴器（或毛细管点滴管），杀虫剂标样，移液管，培养皿，丙酮等。如需分别测定体壁中和体腔内杀虫剂的量，则需准备索氏提取器，旋转蒸发仪，容量瓶，层析柱，各种溶剂等前处理材料与设备。

2. 操作步骤与方法

试虫处理方法同同位素标记液体闪烁计数测定技术。

淋洗回收液置于 K-D 瓶中，用氮气吹拂浓缩至 0.1mL。用微量进样器吸取药液在 GC 或 HPLC 上进行分析，分析条件根据杀虫剂种类及所用仪器来确定（可参见有关杀虫剂残留分析方面的文献）。标样的进样量应与处理虫体的初始药量相同。以初始药量的标样峰高表示 100%的杀虫剂剂量，用测得的各处理峰高表示回收药量，则可按 $A=(B-C)/B\times100\%$ 计算出不同时间的表皮穿透率。式中，A 为表皮穿透率；B 为标样峰高；C 为体表淋洗回收液峰高。

如需测定体壁中和体腔内各器官中杀虫剂的量，则要按不同杀虫剂的理化特性及试虫水分与脂肪含量等情况进行索氏提取、液液萃取或柱层析等前处理，获得适于 GC 或 HPLC 分析的样品。

3. 测定实例

毒死蜱和阿维菌素等杀虫剂对棉铃虫幼虫表皮的穿透性能测定（魏方林等，2001）。

供试昆虫为棉铃虫（*Helicoverpa armigera*，Hübner）三龄幼虫。所用仪器及药剂：高效液相色谱仪（HP1100，带 DAD 矩阵检测器），光照培养箱，1mL 移液枪，自制淋洗器（胖肚胶头滴管，去胶头，下端塞一细铜丝网）；毒死蜱原药（97.5%，浙江新安化工集团股份有限公司），阿维菌素原药（含 avermectin B1a 91.3%，浙江海正集团有限公司），毒死蜱·阿维菌素复配剂（浙江大学农药与环境毒理研究所），丙酮（分析纯），甲醇（HPLC 纯）。

供试药剂用丙酮配制成一定浓度的溶液后，用点滴法以近 LD_{50} 的剂量处理试虫，点滴量为 0.5μL/头。处理后放入带有人工饲料的塑料盒中，每盒 1 头，并放入光照培养箱内（（25±1)℃，光照 14h）培养。在处理后 1h、2h、4h、6h、8h、10h 及 24h 取出一定数量的试虫（10 头或 20 头），放于淋洗器内，并用移液枪吸取 1mL 甲醇，分三次将试虫表皮上的残留农药淋洗下来。淋洗液收集于 1mL 容量瓶中，用甲醇定容至 1mL。另取 20 头未经任何药剂处理过的三龄初期幼虫，同样用 1mL 甲醇淋洗并定容到 1mL，作为 CK。用 HPLC 检测表皮残留率，进而计算其穿透率。

高效液相色谱检测条件：色谱柱为 Eclipse XDB-C_{18} 4.6mm×100mm 不锈钢柱，DAD 检测器。毒死蜱检测，流动相为甲醇，流速 1.0mL/min，波长 290nm，进样量 20μL；阿维菌素检测，流动相为甲醇∶水＝90∶10（V/V），流速 1.0mL/min，波长 248nm，进样量 20μL。

用高效液相色谱分析测得的结果表明，毒死蜱与阿维菌素相复配后各自对棉铃虫幼虫表皮的穿透率都要比其单用时高（表 11-2）。

表 11-2　毒死蜱和阿维菌素及其复配对棉铃虫幼虫表皮的穿透差异

药剂	不同时间的穿透率/%						
	1h	2h	4h	6h	8h	10h	24h
毒死蜱	47.6	62.7	73.0	86.8	90.9	92.6	98.2
阿维菌素	24.0	31.4	34.1	38.2	42.4	47.2	61.7
毒死蜱复配	64.4	79.2	83.7	90.5	94.8	96.9	99.4
阿维菌素复配	52.4	57.2	59.0	63.3	72.3	75.6	79.5

注：数据来源于魏方林等（2001）。

三、放射自显影研究技术

放射自显影（autoradiographic technique）也是一种放射性同位素示踪技术，它不但能作整体小动物、整段植株，而且能作动物各脏器、组织切片、超薄切片的显微自显影片，以研究放射性物质在组织和细胞内的分布状况。这些材料的放射自显影片，都可以直观地或借助于显微镜进行观察（戴光复等，2006）。如果再借助于颗粒计数、光密度测量，放射自显影技术就可作为一种定量测定的工具。

应用放射自显影技术开展昆虫的毒理、生殖生理、营养代谢等方面的研究有一定的优点。一般昆虫的虫体较狭小，以不同器官或系统进行整体放射自显影时，获得的自显影图经过放大，可以把示踪原子的分布情况清晰地显示出来。

1. 原理

示踪物质所放出的射线与可见光一样可以投射到胶片上使溴化银感光，形成潜影，通过成像处理（显影和定影）把影像显现和固定在胶片上，就可以直观地观察示踪物质的位置和强度。

放射自显影是生物学研究中能实现非破坏性的定位观测的有效手段而广泛应用于生物学示踪试验。将放射性同位素标记的杀虫剂施加到虫体上（点滴或饲喂），经一定的时间间隔后，就可用感光片来显示不同虫体部位杀虫剂的量，从而了解杀虫剂的分布情况。要注意的是，杀虫剂在昆虫体内被降解后，其带标记原子的降解物也可以产生自影。因此，这一技术所显示的是目标杀虫剂（包括其某一降解产物）在虫体内的分布情况。

2. 材料与设备

^{14}C 或 ^{32}P 标记试材，硬纸，玻璃纸，暗盒，X 线片，暗室冲洗和印相用的设备，显影和定影剂（可市售或按配方备料自行配制）。

3. 操作步骤

1）标本制备：将 ^{14}C 或 ^{32}P 标记试虫（或虫体器官）干标本转移到硬纸上（硬纸按 129mm×180mm 暗盒大小），并在局部加以固定（^{32}P 标本可用明胶纸条，^{14}C 标本不宜用明胶纸，可用少许胶水），然后，复上一张玻璃纸（若标本干燥，压片时间较短可不用；若干燥不完全，而压片时间长的复上玻璃纸可免标本与 X 线片粘合影响质量）；然后用便携式计数器探头测量单位面积（cm^2）的放射性活度，以确定“曝光”时间（通常按每平方厘米 600 万～1000 万粒子估算标本所需的曝光时间；在研究工作中还常采用“实验曝光”法。即取同一类标本重复压片多张，分期冲洗，选其最佳的“曝光”时间，直至取得理想的效果）。

2）压片和“曝光”：将标本置于暗盒，移至暗室，在弱红灯下，复上 X 线片，并将暗盒盖妥后，存放在干燥、避光、无放射源干扰的地方进行“曝光”。

3）底片加工处理：“曝光”时间到后，在暗室中将 X 线片由暗盒取出，按底片处理程序，先入清水再放入显影液内，2～5min（20℃），直至底片呈现明显影迹后，转至停影液（具酸性的水）漂洗后，再转入定影液，15～30min，直至底片呈透明，取出置于流动清水中冲洗（30min 以上），然后，晾干即可。

4）自显影片的判读：由上取得的感光底片借助观片灯观察其显迹的部位及其黑度，判明杀虫剂在虫体内的分布与积累情况。

5）印相：由上述底片按照相处理程序进行印相得到照片。

4. 测定实例

放射自显影技术测定 ^{45}Ca 在黑粉虫成虫体内的分布（张福田等，1985）。

以粉碎的小麦为饲料，加入 $^{45}CaCl_2$ 的水溶液，配成放射性比强度分别为 5mCi/g、2.5mCi/g 和 1.25mCi/g 三种剂量的喂养饲料，分放在 3 个 15mL 的小烧杯内，并用水湿润好脱脂棉，放在烧杯口上。每个小烧杯内放入 2 头黑粉虫成虫，取食 24h 后取出。用纯净水淋洗虫体外部 3 次，晾干。用解剖剪肢解出虫体的触角、头、胸、腹、足、鞘翅、膜翅，或内部器官。把解剖好的各器官用 401 号胶粘在玻璃板上，等胶干后把 X 线光片放上去，在暗室内用黑纸包好再用重物压紧，便自行曝光了，时间长短由^{45}Ca强度来决定。曝光后的胶片，按 X 线光片显影条件的要求进行暗室处理，然后从冲洗好的胶片上看出^{45}Ca在虫体各器官的分布。结果看出，^{45}Ca在黑粉虫的膜翅中分布最多。

第二节　杀虫剂对昆虫的生物测定技术

杀虫剂对昆虫的生物测定是昆虫毒理学研究的基础。生物测定（bioassay）包括三方面的内容，一是化学物质是否有活性及活性程度如何，也即是常指的杀虫剂毒力（toxicity）的研究，如致死毒力、拒食毒力、驱避毒力等；二是药剂进入虫体的途径研究，也即是作用方式（mode of action）的研究，如触杀、胃毒、熏蒸等；三是药剂作用后产生的活性类型（简称活性，activity）研究，如毒杀、驱避、拒食、生长发育抑制等活性。

一、杀虫剂毒力测定技术

毒力测定是指在特定的条件下衡量某种化合物对生物的活性程度的一种方法。昆虫毒力测定的目的除了了解化合物（杀虫剂）对某种昆虫的活性程度，更重要的是为了比较不同化合物间或同种化合物对不同种昆虫的活性差异。

（一）原　　理

由于同种昆虫个体间和不同种昆虫个体间均存在基因型和生理生化基础的差异，仅测定某个或几个剂量下昆虫的死亡率是不能达到正确了解药剂活性程度和比较活性差异的目的的。同时，在实际情况下，昆虫的死亡等效应不但受到杀虫剂，同时还受到外界条件、昆虫本身的生理状态等因素的影响。为了解决这一问题，毒力测定是在严格控制的温湿度和光照等条件下，设置 5 个以上能引起试虫 10%～90%死亡或其他效应的剂量，用一定数量的标准试虫来测定的，而以致死中量（median lethal dose，LD_{50}），即杀死昆虫群体半数个体所需要的剂量来表示。相类似的，毒力的表示还可以用致死中浓度（LC_{50}）、致死中时间（LT_{50}）、击倒中时间（KT_{50}）、抑制中量（median inhibition dose，ID_{50}）、抑制中浓度（IC_{50}）、拒食中量（median antifeeding dose，AFD_{50}）、拒食中浓度（AFC_{50}）等来表示。

由于昆虫个体对杀虫剂的敏感性分布是一个偏常态分布，因此，杀虫剂对昆虫的活性（药效）的增加不是和剂量的增加成比例，而是与剂量增加的比例成比例。换句话说就是，当剂量以几何等级增加时，效应则以算术级数增加。因此，一个群体昆虫的累积死亡率和杀虫剂浓度的关系是一条不对称的“S”形曲线。这对 LD_{50} 等毒力表示值的求解计算很不方便。为此，我们通常把浓度换成对数，使偏常态分布变成正态分布，这样不对称的“S”形曲线就变成了对称的“S”形曲线。然后再将死亡率换成概率值，将

"S"形曲线"拉"成直线。这条直线就称为毒力曲线或 LD-P 线。这样，我们就可用 $y=a+bx$ 的公式来表示，并用最小二乘法或作图法等来获得有关毒力数据。就某种杀虫剂对某个昆虫群体而言，a 和 b 是两个常数，a 值的大小体现该群体对药剂的敏感度，而 b 值体现该群体的均质度。

（二）药剂处理方法

毒力测定时，药剂的处理方法很多，主要要根据测定的目的和药剂的作用方式来选择。从药剂进入虫体的途径来分，药剂的处理方法主要有通用法、触杀法、胃毒法、熏蒸法、内吸法等。通用法是一种不区分触杀、胃毒、熏蒸或内吸作用的方法，以比较接近于田间实际应用的方式处理试虫，主要有喷雾（粉）法和人工饲料法；触杀法是让昆虫只以体表和跗肢接触药剂，使药剂通过体壁进入虫体的处理方法，主要有点滴法、药膜法；胃毒法是让昆虫通过取食将药剂摄入、从消化道进入体内的处理方法，主要有叶碟夹毒法；熏蒸法是以药剂的蒸汽或气体药剂处理试虫，药剂主要通过呼吸器官进入虫体的处理方法，主要有密闭容器法。此外，还有内吸法和注射法等处理方法。

无论何种药剂处理方法，从毒力测定的要求来看，一是要求每一试虫个体接触的药剂量尽可能相同；二是希望能确切表达出试虫接触的药剂量。根据这一原则，我们可以自行设计一些更适合的药剂处理方法。下面重点介绍几种常用的方法，其他的方法可以参考相关文献（吴文君，1988；陈年春，1991；慕立义等，1994）。

1. 喷雾（粉）法

图 11-2　Potter 喷雾塔

喷雾（粉）法的基本原理是使杀虫剂直接、均匀地附着于昆虫体表和饲料叶片表面，药剂被昆虫取食、接触，同时通过熏蒸和直接穿透表皮侵入昆虫体内致毒。这种方法包含了药剂进入虫体的各种方式，和大田实际用药情况比较接近，适应性广，比较准确，重现性好，但由于不能确切地知道每个试虫的真正受药剂量，因而不能求出 LD_{50} 而只能求出 LC_{50}。为了使昆虫个体间所捕获的药剂量尽可能相同，要求喷施后药剂雾滴或粉粒的大小与分布均匀，使单位面积上沉降的药剂量基本上一致。能达到这种要求的喷雾装置很多，使用较多的有 Potter 喷雾器（图 11-2）、气雾风道、ZB-2A 型喷粉喷雾两用沉降塔等。在使用时特别要注意喷雾量、喷雾压力和沉降时间三个参数的设置，对于 Potter 喷雾器一般要求喷雾量为 1～3mL、喷雾压力 100kPa、沉降时间 30～60s（陈立等，2001；林荣华等，2004）。

2. 点滴法

点滴法是室内测定触杀毒力最常用的方法，其基本原理就是每个试虫的某一部位都接受相同容积的药液，因而同一处理的每个试虫实际接受的剂量相同。点滴的药液容积大都在 1μL 以内，甚至仅 0.02μL。要将如此小的容积的药液点滴在昆虫某一指定部位，就需要特殊的点滴器。常见的有手动微量点滴仪（图 11-3）和毛细点滴管等，现在市场上又有自动微量点滴仪，操作更加方便。

点滴法排除了胃毒的干扰，比较精确，但其结果仍受许多因素影响，如处理前的麻醉方式、麻醉时间、选用的溶剂、点滴部位、处理后的温湿度以及试虫的生理状况等。因此，在毒力测定中，必须严格控制这些因素方能保证测定结果精确。

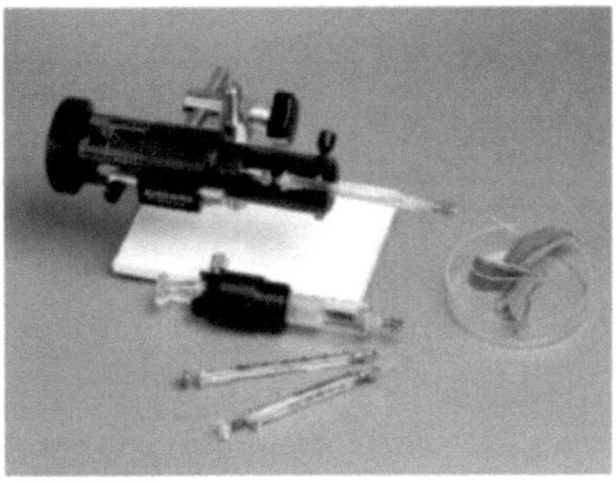

图 11-3　手动微量点滴仪

试虫一般要求是同一日龄的。快要蜕皮或刚蜕皮的试虫均不能采用。这是因为昆虫体内生理生化状态的差异，如解毒酶系的活性，不同日龄的试虫可能不一样，蜕皮前、后也可能不一样。另外，表皮的硬化程度，蜡质层的厚度，不同日龄的试虫不一样，蜕皮前后差别很大，造成药剂穿透表皮的数量和速度就可能相差很大。

点滴的部位，一般都点滴在昆虫胸部背面。一般用丙酮作溶剂。试验证明，丙酮对绝大多数昆虫没有明显影响，很多农药可以溶于丙酮，点滴后丙酮立即在昆虫体表展布并挥发。虽然水对昆虫也没有明显影响，但绝大多数农药不溶或难溶于水，而且水在虫体上难以展布，试虫稍微一活动，点滴的水滴就滚落，因此不用水作溶剂。其他溶剂或对试虫有明显影响，或因在虫体上展布不好，不宜采用。遇到某种杀虫剂不溶或难溶于丙酮时，应先用少量其他溶剂将杀虫剂溶解，然后再用丙酮稀释。显然，用于溶解杀虫剂的溶剂应和丙酮相溶。

3. 药膜法

该法是基于将药剂定量地分布在一定接触面（如滤纸、玻璃板或蜡纸等），形成均匀药膜，让试虫和这种有药膜的表面接触一定时间（通常 1～2h）后转入正常环境中饲喂 24h 或更长时间。由于同种、同发育阶段的试虫其表皮性质、行动能力和方式相同，所接触的同剂量处理的药量也就相同，故引起的生物效应相同。因此，可以用来检测杀虫剂的剂量反应。在处理时，也可让试虫和药膜长时间接触来观察试虫的击倒时间，直到全部试虫被击倒，从而求出击倒中时，比较其毒力。还可将形成的药膜，放置不同时间，经受光照、雨淋等处理，然后再让试虫接触，这样可测定残效结果。

药膜法的优点是接近实际防治情况，且不需用特殊设备，操作简便，应用范围广，是目前常用的方法。其局限性是无法知道试虫实际的受药剂量，只能以单位面积上的药量表示剂量。此外，试虫个体间接触的剂量相差很大，因为在一定范围内，试虫携带的药量和试虫爬行的距离有关。有的个体可能在不停地爬行，而有些个体则很少爬行，造成试虫附着的药量相差很大。还应注意，试虫爬行过程中所携带的药量并非与爬行接触的时间呈直线相关。昆虫在爬行过程中，开始后的短时间内，跗肢黏附的药量迅速增加；但当附着的药量达到最大携带能力时，跗肢上不断增加的和不断脱落的药量便接近平衡，因而增加爬行时间并不再增加携带量。由于试虫种类不同，单位面积上的药量也不同。物体表面结构和性质不同，昆虫在药膜上爬行的最适当的时间也有所不同。爬行时间过短，虫体携带的药量过少，个体间携带量差异也较大；而爬行时间过长，又使不同剂量处理间的毒力反应差别缩小，毒力曲线坡度较小，降低毒力测定的精确度。

4. 叶碟法和夹毒叶碟法

叶碟法（参见本书第七章第五节）适合于测定以胃毒为主的杀虫剂对食量较大的食叶昆虫的毒力。其方法是，将试虫喜食的植物叶片用清水冲净，纱布拭干，用打孔器切下适当面积的圆叶片，即叶碟。供试样品溶于丙酮，稀释至预定浓度。将这些叶碟在样品溶液中浸 1～2s，取出放在吸水纸上晾干，即成处理叶碟。将叶碟浸入溶剂中 1～2s 取出晾干即成对照叶碟。也可将整片叶子先浸入样品溶液，或用样品溶液喷雾，晾干后再用打孔器制成叶碟。

夹毒叶碟法是在叶碟法上的改进，主要用于测定取食量较大的食叶性咀嚼式口器昆虫（如鳞翅目幼虫、蝗虫、蜚蠊、蟋蟀等）的胃毒作用。其原理是，用二张由试虫喜食的寄主植物叶片制成的叶碟，将一定量的供试杀虫剂夹在中间，使昆虫口器以外的部位不能接触到药剂而排除发生触杀作用，因而试虫通过取食将药剂摄入，经消化道进入体内发生致毒作用。

（1）夹毒叶碟的制作

选择试虫喜食的、无药剂污染的寄主植物，将叶龄一致、新鲜、平整的叶片采回室内，用清水适当冲洗干净叶面，用吸水纸将叶面水分除去。根据试虫的取食量大小，选择一定直径的打孔器（5～25mm）在叶片上打制叶碟。叶碟的厚度要求均匀、一致；叶碟的大小以试虫在 1～2h 能取食完二张叶碟为宜，并尽可能大些以便操作。用微量进样器（5～ 25 μL）将药液涂布在一张叶碟的一面上；取另一叶碟，在一面涂上适量糨糊（自制新鲜糨糊，不宜用化学胶水代替），覆盖在已涂药叶碟上，即制成了夹毒叶碟。

供试杀虫剂一般用易挥发、对植物叶片没有明显损伤的有机溶剂（如丙酮）配制。叶碟的载药量按涂布药液的体积乘以浓度得出。一般 10μL 药液刚好涂满一张直径为 10mm 的叶碟，注意不要让药液污染到叶碟边沿和另一面。

（2）试虫处理方法

为了让试虫能在较短时间内取食完夹毒叶碟，在饲喂前应饥饿处理试虫 2～6h，但不能饥饿过长时间。对试虫进行逐头称重后，单头放入小培养皿，并编号。每皿接入夹毒或对照叶碟一个。待对照组取食完叶碟后，去除掉没有取食完叶碟的试虫，接入新鲜叶片继续饲养。根据药剂的作用特点，在 24～72h 后检查试虫死亡情况。每头试虫的受药剂量等于叶碟夹毒量除以试虫体重。计算出每处理组的平均受药剂量、死亡率和校正死亡率。

5. 熏蒸法

此方法是测定气体性和易气化杀虫剂毒力的处理试虫方法，也能用来判别杀虫剂是否具有熏蒸作用。其原理是，在一定容积的密闭容器内施放入一定量的杀虫剂，将试虫暴露于杀虫剂气体或蒸汽中，不直接接触药剂，药剂气体或蒸汽主要通过昆虫的气管系统进入虫体内而发生毒理作用。处理一定时间后，检查试虫被击倒或死亡情况，根据剂量反应关系计算出杀虫剂的熏蒸毒力。剂量的表示是以单位容积内的杀虫剂的量来表示的。

药剂熏蒸法操作比较简单，主要是密闭容器的设置有较大的不同。目前常用的容器有二重皿、三角瓶和干燥器等。

（1）技术要点

第一，容器要求密闭，使容器内的药剂蒸汽能保持一定浓度，并保持相对恒定；第二，试虫不直接接触非气体药剂；第三，非气体药剂施加后应有相同的气化表面积；第四，各容器内的温湿度要保持一致。

（2）熏蒸处理方法

1）二重皿法：取直径相同的磨口培养皿一对，上皿挑入试虫10～30头，然后用双层纱布蒙紧皿口；底皿加入一定量的供试药剂（注意尽量均匀平铺，使各处理药剂的气化面积一致）；将上皿紧密反扣在底皿上，形成密闭空间。对照组不加药或只加所用的等量溶剂。每一处理重复3次。置25℃及一定的光照条件下，经24h或48h后在通风橱内打开培养皿检查结果。药剂的处理剂量是加入药剂量除以二个培养皿的容积。

2）三角瓶法：用适当大小的三角瓶作容器，配上软木塞或胶塞，以保持瓶内密闭。在瓶塞的内侧中央旋上一颗小螺钉，接上一根细铁丝以悬挂药片或药袋（瓶）。将10～30头试虫接入三角瓶中，然后把一定剂量药剂处理的滤纸片或药袋（瓶）与瓶塞上的细铁丝挂上，立即吊入瓶中央，塞紧塞子，置25℃及一定的光照条件下进行熏蒸处理。经24h或48h后在通风橱内打开培养皿检查结果。三角瓶的容积可事先灌水，然后用测量水的体积的方法来获得。

如果在瓶塞上去掉挂药钉，而是插入两根玻璃管，一根深达瓶的近底部，另一根只在瓶塞下，然后分别用塑料管联接两根玻璃管，一根成为进药管，一根成为抽气管，这样就制成了一个可以测定气体杀虫剂熏蒸毒力的容器装置。测定时，先在瓶内接入试虫，然后盖上瓶塞，根据要添加气体杀虫剂的体积，先用注射器与抽气管联接，抽出相应体积的瓶内空气，再从进药管注入一定剂量的药剂。关闭管口，置一定条件下处理24h或48h，检查结果。然后，按概率值法和最小二乘法建立毒力回归方程，计算致死中浓度等值。

3）干燥器法：用大小一致的干燥器，在放干燥剂的区域放入一定剂量的药剂，盖上隔板。将试虫接入培养皿中，用纱布盖好、扎紧。然后把带虫的培养皿放在干燥器的隔板上，盖上器盖。将干燥器放在一定室内条件下处理试虫24h或48h，检查结果。

6. 植物内吸法

由于植物体（特别是根系）具有吸收化学物质，并转运到其他部位的能力，这样就可以利用植食性昆虫的寄主植物或其一部分在吸收药剂并转运到其他部位（一般是叶）后，通过昆虫的取食将药剂摄入虫体内而发生毒理作用。在一定条件下，植物吸收运转到其他部位的外源化合物的量与其体外该化合物的浓度成正比。因此，可以利用昆虫取食内吸有一定剂量药剂处理的植物体的剂量反应关系来测定杀虫剂的内吸毒力。就实质而言，内吸作用仍是一种胃毒作用。这种方法特别适合于刺吸式口器昆虫（如蚜虫、飞虱螨、蓟马等）和茎叶钻蛀性昆虫（如潜叶蛾、潜叶蝇等）的杀虫剂毒力测定。由于植物吸收和运转化学物质的能力受到植物的生理生化学，以及药剂的理化特性等因素影响，因此，该方法也可以用来判别某种杀虫剂有没有内吸性，以及比较不同药剂被同种植物或同种药剂被不同植物的内吸性差异。

（1）技术要点

首先，植物（植株或植物体）的生理生化状态要一致。其次，内吸处理的时间要一致，且不能过长，避免药剂在植物体内达到“饱和”而失去剂量差异。一般内吸处理时间6～24h，依植株大小、传送距离、吸收部位等情况而定。最后，各处理之间的温湿度要保持一致。

（2）几种内吸处理方法

1）根部内吸法：药剂处理植株根部的方法。利用完整的植株（盆栽或水培），将药剂施于植株根部，经根系吸收传导至茎叶等部位，然后接入试虫于茎叶部位或将茎叶采下饲喂试虫来测定剂量反应。对于盆栽植物，可将一定浓度的药液（水溶液、乳液、悬浮液等）或颗粒剂施入土壤中；对于水培植株，则可以将植物的根系浸入一定浓度药液或药液与培养液的混合液中（图 11-4），经过一段时间后接虫或取叶测定药剂的剂量反应。

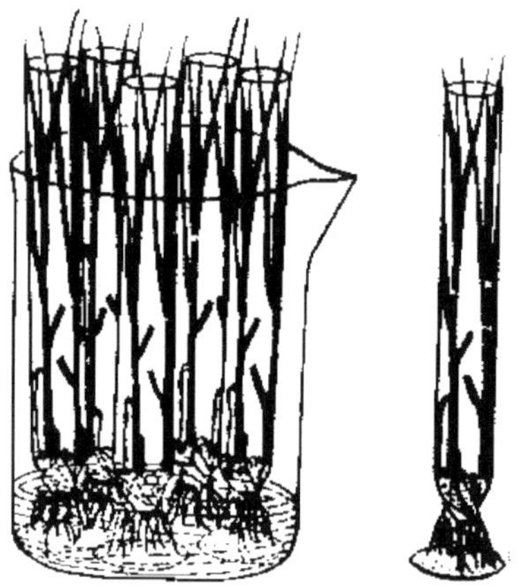
图 11-4　内吸毒力测定装置

作为一种改进的方法，也可以利用植物的枝梢或完整叶片，将梢的基部或叶柄浸入药液中来测定药剂的内吸作用，但这种方法主要是通过叶片的蒸腾作用将药剂带到上部的，所得结果主要表明药剂的传导作用，与根系等部位的主动吸收传导有区别。

2）茎叶内吸法：药剂处理植物茎叶（包括茎干）的方法。利用植物的茎叶部位，将一定剂量药剂通过喷雾（粉）或涂布的方法施加在某一个枝梢、茎部或叶片上，经过一定时间后采集相邻枝梢、茎上或相邻叶片饲喂试虫（或直接将虫接在叶片上，如蚜虫等），观察试虫的剂量反应来衡量药剂的内吸毒力。测定相邻枝叶的内吸毒力能体现药剂的侧向传导能力。

3）种子内吸法：药剂处理植物种子的方法。用一定浓度的药剂处理种子（浸泡或拌种），使种子吸收药剂一定时间后，用清水清洗种子表面后催芽、播种，待幼苗长出真叶后采叶饲喂试虫或直接将试虫接在叶片上测定毒力。

（三）毒力测定与计算方法

1. 预试验

预试验的目的主要是明确杀虫剂的作用范围、活性类型、作用方式，以及确定毒力测定的剂量范围。预试验每处理用虫 30～100 头（视昆虫个体大小而变动），一般不设重复或重复两次。预试验的药剂浓度设定可参照同类型杀虫剂和试虫来定，而对于新药剂则可先设大范围（纯化合物 0.0001%～0.5%，植物提取物等天然产物 0.01%～5.0%）浓度，然后再按黄金分割法缩小试验浓度范围，直至得出处理的最低和最高浓度能引起试虫死亡率分别在 10%和 90%左右。

2. 药剂配制

大多数杀虫剂不溶于水，因此常用丙酮、二甲基亚砜、甲醇等毒性较低、且易于挥发的有机溶剂配制药液，以减少溶剂的影响。如果要用水配制药液，常先用少量易溶的有机溶剂溶解后，加入适量的乳化剂（如吐温-20 或吐温-80，在药液中的含量 0.005%～0.02%）进行乳化，再加水配成 6 或 7 个不同的浓度（或剂量）药液组成指数式浓度（剂量）梯度（即 a^n，如 2μg/mL、2^1μg/mL、2^2μg/mL、2^3μg/mL、2^4μg/mL、2^5μg/mL）。以不含药剂的相同溶剂或水乳液作为对照。

3. 试验处理

毒力测定要求每处理用虫 20～50 头，每处理重复 3～5 次。根据药剂的性能和测定目的选用上述处理方法处理试虫。经一定时间后，检查试虫的死亡数。

4. 死亡率校正、剂量对数与死亡率概率值转换

1）按下式计算处理与对照组死亡率：

死亡率(%)＝死亡数/试虫数×100

2）死亡率校正：

如对照组试虫的死亡率在 5%～20%，可按 Abbott 公式对试虫死亡率进行校正：

校正死亡率(%)＝(处理组死亡率－对照组死亡率)/(100－对照组死亡率)×100

如对照组的试虫死亡率低于 5%，可不进行校正；而高于 20%，则表示试虫本身或环境因素引起的死亡太大，要重新选用试虫和设定条件进行测定。

3）剂量对数与死亡率概率值转换：

一般用常用对数对处理浓度（剂量）求对数值（lg C）。

死亡率的概率值转换（probit transformation）就是在一个正态分布曲线上，当中数（或均数）为 5，标准差为 1 时，在横坐标上相当于概率 P 的数值。某个死亡率的概率值可以通过公式计算出来，但因已有人将其制成概率值表，因此可以方便地对死亡率进行查表转换，如当死亡率等于 50%时，概率值为 5。

5. 毒力回归方程建立、LD_{50} 及相关统计值计算

毒力回归方程式可用作图法、正交多项式配线法和最小二乘法等多种方法建立，但最常用的是最小二乘法。有了毒力回归方程后，就可以通过计算和统计分析的方法得出 LD_{50} 值等毒力分析数据。这里介绍的是手工计算各参数的方法，但目前已有用 Excel 等多种计算机程序来方便、快捷完成计算的方法（黄剑和吴文君，2004）。

1）按下列公式求回归方程 $Y=a+bx$ 中的 a 和 b。

$$b=\frac{n\sum xy-\sum x\cdot\sum y}{\sum x^2-(\sum x)^2}$$

$$a=\frac{\sum x^2\sum y-\sum x\cdot\sum xy}{n\sum x^2-(\sum x)^2}$$

注意公式中的 n 不是供试昆虫数，而是处理剂量数。

或，解下列方程组求得 a、b 值：

$$\begin{cases}na+b\sum x=\sum y\\ a\sum x+b\sum x^2=\sum xy\end{cases}$$

2）求 LD_{50} 值：将 $y=5$ 代入回归式，得 x，查 x 的反对数，即为 LD_{50} 值。同样，可按需要计算出 LD_5 或 LD_{90} 等值。

3）卡方检验：所建立的 LD-P 线是否符合实际，应经卡方（x^2）适合性检验。

① 将各剂量对数值（x）代入毒力回归式，求出相应的理论概率值（y'）。

② 从死亡率-概率值表中查出 y'的理论死亡率（P）。

③ 求各剂量的理论死亡数 nP（供试虫数 n 乘上 P）。

④ 求各剂量的实际死亡数 r 与理论死亡数 nP 的差，即 $r-nP$。

⑤ 求 $\sum \frac{(r-nP)^2}{nP(1-P)}$，即卡方值（$X^2$）。

⑥ 当自由度 $f=n-2$（n 为剂量数），查 X^2 表，得 $\alpha=0.05$ 时的 $X^2_{0.05}$ 值。如果算出的 X^2 值小于 $X^2_{0.05}$，表明理论数据与实测数据没有显著差异，方程式符合实际情况；反之，亦然。

此外，回归方程式的符合程度，也可以通过查相关系数（r）显著性表来检验。

4）求 LD_{50} 的标准误差（S_m）和 95%可信限（Fiducial Limits）：

① 根据各剂量的理论概率值（y'），查权重系数表，查出相应的权重系数 w。

② 求权重 nw（供试虫数乘以权重系数），并求权重总和 $\sum nw$ 。

③ 代入 $S_m = \frac{1}{b\sqrt{\sum nw}}$

④ 计算致死中量的 95%置信限：

当 $\alpha=0.05$，自由度为 N（供试昆虫总数），查 t 分布表得 t 值，致死中量的置信限 $=LD_{50}\pm t\cdot S_m$。因供试昆虫总数一般大于 50，可认为自由度为 $+\infty$，t 值为 1.96，故致死中量真值的波动范围是：

$$m_1 = LD_{50} - 1.96S_m$$

$$m_2 = LD_{50} + 1.96S_m$$

注意，式中 LD_{50} 及 S_m 均为对数值，需查反对数，才是剂量的数值。

当比较两种以上杀虫剂在相同条件下对某种昆虫的毒力时，其致死中量的 95%置信限不相重叠，表示两药剂的毒力有显著差异。

（四）毒力测定的技术要点

1）毒力测定的条件必须划一，这些条件至少包括如下几点。①发育阶段一致：测试幼虫应用同一龄期，测试成虫应日龄一致；②性别一致：测试成虫应性别一致，一般都用雌虫；③营养一致：为达到营养条件一致，应该在室内饲养一代，或采集高龄幼虫（或若虫）或蛹，等羽化后测其成虫，尽量避免直接采集成虫作为测试材料；④温度一致：包括测试前温度和处理后恢复期的温度都要一致，一般都在 25～30℃；⑤季节一致：野外采来的昆虫常因世代不同而敏感度有差异，所以不能用一年中初代的结果与末代的相比较。

2）所测试的杀虫药剂必须是纯度高、含量明确的标准药剂或原药，一般不用制剂进行毒力测定，避免因药剂的杂质、添加剂等的影响。在特殊情况下要用到制剂时，也应进行含量的标定和注明药剂规格与生产企业。药剂的配制和处理（暴露）方法要一致。

3）必须设置不少于 5 个指数级差的、能引起试虫 10%～90%死亡（或其他效应）的处理剂量或浓度，一般 5～10 个，以保证毒力线的可靠性。由于不同药剂或同一药剂对不同试虫引起 10%～90%死亡的剂量或浓度的范围不同。因此，切记不能用相同的剂量及其梯度来比较测定不同药剂的毒力。

4）试虫数量每处理组必须在 30 头以上。小个体试虫一般 50～100 头，大个体试虫 30～50 头。对于昆虫个体间差异较大的群体，试虫数量还要增加。

5）必须设置对照组处理，以消除自然因素或某些人为因素对药剂效果的干扰。对照有空白对照，即完全不处理试虫，以消除自然因素的影响；溶剂（包括乳化剂）对照，即不含有药剂有效成分，仅用与配制药液的溶剂（丙酮、水等）或加上相同量的乳化剂进行处理，以消除溶剂和乳化剂对试虫的影响。有时，为了提高结果的可比性，还可设置一个对照药剂处理。测定中，如发现空白对照组或溶剂对照组的死亡率大于10%（大个体试虫）或20%（小个体试虫），则所做的测定无效，应在找出原因后（往往是试虫不合要求）重新进行毒力测定。有些要求严格的毒力测定，甚至在对照组死亡率达10%以上时就应重做。而在对照组死亡率在可接受范围时，也应对数据进行校正。

6）药剂处理后检查药效的时间一般是，神经毒剂的毒杀毒力选择在24h，缓效型药剂的毒杀毒力选择在48h或更长，驱避和拒食毒力选择在6～24h，生长发育抑制毒力选择在72h或更长。

毒力测定试验的难点主要是处理剂量（浓度）的设定。根据供试药剂的情况，要找到引起试虫10%～90%死亡的剂量区间的方法可以有所不同。对于已有大量研究（如作用机理、化学结构、对其他昆虫的毒力等）的杀虫剂，可以先参考文献中具有相同机理和类似化合物对供试昆虫的毒力、或相同药剂对其他昆虫的毒力测定数据，选定文献中所用剂量范围的高中低三个剂量进行预备试验，然后根据预备试验结果对所设剂量进行调整，并确定处理剂量及梯度。对于新化合物，以高效、超高效药剂的使用剂量为1～100mg/L、常规药剂100～500mg/L、低效药剂500～5000mg/L为参考，可以先选择10mg/L、100mg/L、1000mg/L三个较大范围和梯度差的剂量进行预备试验，然后根据试验结果、按0.618黄金分割法逐步调整预试剂量，最后确定出引起试虫死亡率在10%～90%的5～10个处理剂量。预备试验一次只设三个剂量、每个剂量处理试虫不少于10～20头，不设重复，其他条件同正式试验。预备试验是为了防止因处理剂量设置不合理而导致测定失败带来的人力、物力和经济上的损失。

（五）毒力测定实例

敌百虫对荔枝蝽象成虫的毒力测定（吴文君，1998）。

用丙酮配制5个梯度浓度的药液，选取荔枝蝽象成虫（雄虫）供试。用微量点滴仪在试虫的前胸背板上点滴敌百虫的丙酮溶液1μL/头，每浓度处理50头虫以上。处理后24h检查死亡率。然后，按以下步骤操作。

1. 将试验数据及有关计算值列表（表11-3）

表11-3 敌百虫剂量与荔枝蝽象成虫死亡率的转换数据

剂量/(μg/头)	试虫数/头	死亡数/头	死亡率/%	校正死亡率/%	lg（C×100）*（x）	概率值（y）	x^2	y^2	xy
0.02	70	9	12.86	7.30	0.301	3.52	0.0906	12.3904	1.0595
0.04	105	20	19.05	13.88	0.602	3.92	0.6324	15.3664	2.3598
0.08	105	45	42.86	39.21	0.903	4.72	0.8154	22.2784	4.2622
0.16	105	59	56.19	53.37	1.204	5.08	1.4496	25.8064	6.1163
0.32	105	72	68.57	66.56	1.505	5.44	2.2650	29.5936	8.1872
对照	50	3	6.00				4.9830	105.4352	21.9850

* 为方便计算，剂量乘100再取对数。在求LD_{50}及其标准误、可信限时需查反对数后再除以100。

2. 求回归方程的 a 和 b 值

$$b=\frac{n\sum xy-\sum x\cdot\sum y}{\sum x^2-(\sum x)^2}=\frac{5\times 21.985-4.515\times 22.68}{5\times 4.983-(4.515)^2}=1.6612$$

$$a=\frac{\sum x^2\sum y-\sum x\cdot\sum xy}{n\sum x^2-(\sum x)^2}=\frac{4.983\times 22.68-4.515\times 21.985}{5\times 4.983-(4.515)^2}=3.0359$$

因此，毒力回归方程（LD-P 线）为 $y=3.0359+1.6612x$

3. 求 LD_{50} 值

将 $y=5$ 代入回归式 $y=3.0359+1.6612x$，得 $x=1.168$，查反对数后再除以 100，$LD_{50}=0.1472$（μg/头）。

4. 卡方检验

1）将各剂量对数值（x）代入毒力回归式，求出相应的理论概率值（y'）。

2）从死亡率-概率值表中查出 y' 的理论死亡率（P）。

3）求各剂量的理论死亡数 nP（供试虫数 n 乘上 P）。

4）求各剂量的实际死亡数 r 与理论死亡数 nP 的差，即 $r-nP$。

5）求 $\sum\frac{(r-nP)^2}{nP(1-P)}$，即卡方值（$X^2$）。

计算出的卡方值为 3.6447；当 $\alpha=0.05$，自由度为 $n-2$，即 $5-2=3$ 时，查 X^2 表，得 $X^2_{0.05}=7.815$，所以求出的回归式完全符合实际。

5. 求 LD_{50} 的标准误差和 95%可信限

1）查权重系数表，得各剂量的理论概率值（y'）的权重系数（w）。

2）求权重 nw（即供试虫数乘以权重系数），并求权重总和 $\sum nw$，得 $\sum nw=258.86$，代入：

$$S_m=\frac{1}{b\sqrt{\sum nw}}=\frac{1}{1.6612\sqrt{258.86}}=\frac{1}{1.6612\times 16.089}=0.0374$$

查反对数后除以 100，标准误差为 0.0109（μg/头）。

因此，致死中量的 95%可信限范围：

$$m_1=0.1472-1.96\times 0.0109=0.1258(\mu g/头)$$
$$m_2=0.1472+1.96\times 0.0109=0.1686(\mu g/头)$$

二、杀虫剂作用方式研究技术

杀虫剂作用方式（mode of action）是指杀虫剂进入昆虫体内并到达作用部位的途径和方式。杀虫剂的作用方式无外乎有触杀（接触进入）、胃毒（取食进入）和熏蒸（通过气门或化学感受器进入）三种。作为胃毒的一种特殊方式，常常把药剂能够在植物体内运转后，再被昆虫取食进入体内的作用方式称之为内吸作用。大多数杀虫剂同时具有多种作用方式。

（一）原　　理

很明显，杀虫剂的作用方式研究是通过以不同方式将药剂暴露给试虫后、用毒力测定的方法来研究的。任何一种作用方式的研究都必须尽量避免其他作用方式的影响，如触杀作用的测定，应尽可能避免药剂经口或非体壁部分进入虫体；胃毒作用就要避免杀虫剂与虫体接触；熏蒸作用要避免试虫接触和取食药剂；而内吸作用就要让药剂在植物体内吸收、运转，同时不让试虫接触、取食和被熏蒸。

（二）研 究 方 法

前已述及，杀虫剂作用方式的研究实际上就是毒力测定，只是药剂处理的方法不同。通过比较不同处理方法下的杀虫剂毒力，就可了解该药剂是以何种方式发生作用。

1. 触杀作用测定法

触杀作用测定主要有两种施药方法，一是将粉状或液体杀虫剂施加到昆虫体表的全部或局部；二是将药剂施加到非取食物体（如培养皿、容器）表面，再令试虫在其上活动接触药剂。典型的触杀作用处理方法有点滴法（兰亦全和赵士熙，2003）和药膜法（曾鑫年等，2006）。

2. 胃毒作用测定法

由于昆虫的口器类型不同，有些昆虫（如钻蛀性昆虫、舔吸式昆虫等）的胃毒作用测定施药处理很困难，且难以排除其他作用的影响，因此，对于不同的昆虫应精心设计药剂处理方法。目前，胃毒药剂处理主要是针对咀嚼式口器和刺吸式口器昆虫来设计的，对于较大型的昆虫还可以用微量点滴的方法直接将药剂送入昆虫口内。典型的胃毒作用处理方法有夹毒叶碟法（张可君等，2005）和人工药囊法。

3. 熏蒸作用测定法

熏蒸作用是杀虫剂以气体作用于昆虫的一种方式，常常是指熏蒸毒杀致死作用。理论上，引诱剂和驱避剂等也应该是熏蒸作用。其药剂处理的方法一般是在一定体积的密闭容器（如三角瓶、干燥器、广口瓶等）内，放入一定量的气体或固体（不能让试虫接触）药剂，然后接入试虫测定毒力。测定时必须严格统一试验温度、湿度和药剂放置方法（江志利等，2002）。

4. 内吸作用测定法

用寄主植物的种子、根系、或茎叶部分吸收药剂，然后，经植物体内传导后，让试虫接触和取食没有直接接触药剂的幼苗、地上部或相邻的茎叶部，测定其毒力。典型的方法有根系吸收法（姬志勤等，2003）。

三、杀虫剂生物活性研究技术

除了毒杀致死活性外，杀虫剂对昆虫还有击倒（knock-down）、拒食（antifeeding）、引诱（attractance）、驱避（repellence）、生长发育调节（growth regulation）、不育（sterility）等多种生物活性。特别是进入21世纪以来，农药向着高效低毒低残留方向发展，越来越多对昆虫没有直接致死作用的非杀生性农药（或称特异性农药、“软农药”）受到关注，它们主要是干扰昆虫的行为和影响昆虫的生长发育，通过控制害虫的种群来保护作物。

（一）原　　理

在严格控制的条件下，用药剂处理标准试虫，并设对照组，比较处理组与对照组试虫的某种生物活性指标，如果存在显著差异，则认为该杀虫剂具有此生物活性。

一般来说，可以先用一种通用的药剂处理方法（如喷雾法和人工饲料法），使试虫和食物同时暴露于药剂，然后在处理后 10～30min、6h、24h 以及各个发育阶段，观察试虫的反应来确定杀虫剂具有何种生物活性（表 11-4）。

表 11-4　昆虫对杀虫剂的反应与生物活性的关系

试虫反应	可能效应
1. 10～30min，不动，以后正常	击倒
2. 10～30min，抽搐、麻痹、吐水或不动；6～24h，死亡	毒杀
3. 10～30min，正常；6～24h，取食量减少；以后死亡或生长发育受抑	拒食
4. 10～30min，正常、远离药源；6～24h，正常，着虫数、取食量或落卵量减少；以后死亡或生长发育受抑	驱避
5. 10～30min，正常、趋向药源；6～24h 及以后，正常、着虫数或落卵量增多	引诱
6. 24h 前正常；以后发育历期、化蛹率、蛹重、羽化率、性比、产卵量发生变化，或出现畸形幼虫、蛹、成虫	生长发育调节

对于拒食、驱避和引诱活性的测定，应该以选择性试验为宜，也就是同时提供药剂处理过和没有药剂的基质（食物、叶片等）给试虫，以使生物效应更灵敏，从而能清晰地看出试虫对药剂处理的趋向性及其活性效应。

在明确了杀虫剂的活性类型后，活性程度的测定就是毒力测定。因此，活性测定与作用方式测定所不同的是，它不但要注意选用合适的药剂处理方法，还要注意确定试验的观察指标。

（二）主要生物活性的测定技术

1. 拒食活性的测定

拒食活性是杀虫剂或专门称拒食剂，干扰了昆虫找到寄主后的取食过程，导致厌食或停止取食的生物效应，其表现是昆虫的取食量减少、体重下降、或排泄物减少。拒食活性分为相对拒食和绝对拒食两种，前者是昆虫在接触到药剂后只在一定的时间内表现出拒食，以后恢复正常取食的拒食活性类型；后者是昆虫表现出持续性的厌食、停食，直至饥饿而死。

拒食活性测定就是应用毒力测定技术评价杀虫剂处理后试虫取食量下降的程度，或是因取食量下降导致的体重、排泄物量等下降的程度。因此，一切能用于度量昆虫取食量的方法均可用于杀虫剂拒食活性的测定。目前常用的方法主要有 4 种：叶碟法、体重法、排泄物法及电讯号法（吴文君，1988）（参见本书第七章第五节）。

2. 引诱和驱避活性的测定

杀虫剂的引诱或驱避活性是指杀虫剂引起昆虫嗅觉或味觉感受反应而主动趋向聚集于或逃离这种化合物源的行为反应的性质，引诱和驱避是一个事物的两个方面。具有以引诱活性为主的杀虫剂被称为引诱剂（attractant）；具有以驱避活性为主的杀虫剂被称为驱避剂（deterrent 或 repellant）。对杀虫剂或某种化合物的引诱与驱避活性的了解，在害虫防治上有重要意义，一是胃毒剂必须没有驱避活性；二是引诱剂与驱避剂配合使用，可以相互增强效用，这也是近年来“推拉策略”（push and pull strategy）在害虫防治实践中成功应用的原因之一。

引诱和驱避活性的测定可以通过选择着落法（或称选择栖息法）和嗅觉仪法来测定。

（1）选择着落法

选择着落法是在一定的空间（养虫笼、培养皿、三角瓶等）内同时引入药剂处理和对照基质（食物、叶片、滤纸等），经一定时间后，观察试虫在不同基质上的着落数或栖息数，以此判断药剂是否存在引诱或驱避活性。

$$引诱率或诱集率(\%) = \frac{处理基质上虫数 - 对照基质上虫数}{总试虫数} \times 100$$

$$驱避率(\%) = \frac{对照基质上虫数 - 处理基质上虫数}{总试虫数} \times 100$$

譬如，可以在一张叶片上，以中脉为界，一半用药剂处理，另一半作对照处理；然后，在叶片中间接入试虫；6h 后，检查着落在每一边的试虫数，得出引诱或驱避率。

实际上，用引诱率或驱避率均能表示引诱或驱避活性，只是在用引诱（驱避）率表示驱避（引诱）活性时，数值为负。

（2）嗅觉仪法

嗅觉仪（olfactometer）是一种能够将挥发物（药剂或植物气体）和对照气体同时提供给试虫选择，以观察其行为趋向的装置。虽然挥发物也能作用于味觉感受器而产生引诱或驱避行为，但大多数药剂的引诱或驱避活性是由于药剂作用于嗅觉感受器后，昆虫所产生的行为反应。嗅觉仪又分风洞嗅觉仪、“Y”形嗅觉仪和四臂嗅觉仪三种，但它们的原理都是一样的。对于药剂的引诱或驱避活性测定常用“Y”形嗅觉仪（图 11-5）（详见本书第六章第四节）。

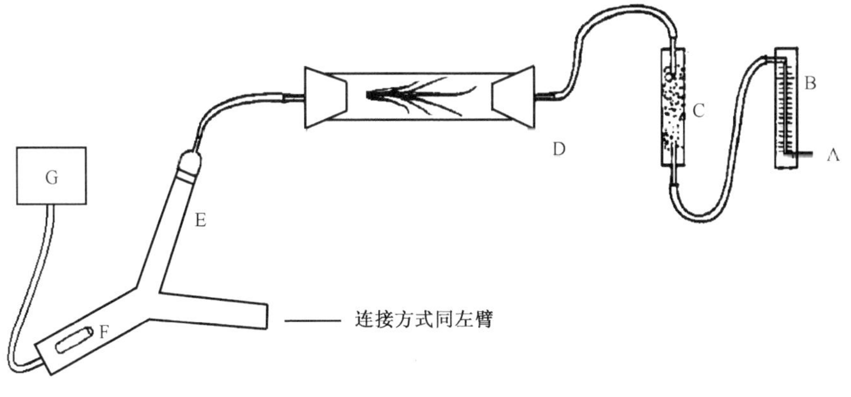

图 11-5 “Y”形嗅觉仪装置示意图（仿杜孟浩，2004）

A. 入气口；B. 流量计；C. 活性炭管；D. 味源瓶；E. “Y”形管；F. 释放管；G. 抽气泵

3. 生长发育调节活性的测定

药剂引起昆虫发育历期、蜕皮变态、生殖发育等异常的性质，一般称为生长发育调节活性（activity of growth and development regulation）。这种生长发育调节可以是正向调节，即促进，也可以是负向调节，即抑制。例如，蜕皮激素（molting hormone）和保幼激素（juvenile hormone）及其类似物用于促进家蚕多产丝和整齐化茧等，就是利用了其正向调节活性；而用印楝素、灭幼脲（保幼激素类似物）等使松毛虫蜕皮异常而死，就是利用了其负向调节活性。具有以生长发育调节为主要活性的化合物，称之为生长调节剂（growth regulator）。能引起昆虫生长发育异常的化合物主要有昆虫激素（特别是蜕皮激素和保幼激素）及其类似物、几丁质酶抑制剂、多酚氧化酶抑制剂等。同时要注意拒食剂也会引起昆虫的生长发育异常（张翼等，2004）。实际上，生长发育调节活性的测定就是观察药剂处理后试虫生长发育过程中的几个指标异常程度。而酶抑制剂引起的生长发育调节活性常用生化测定的方法来研究。

以保幼激素为例，在昆虫蜕皮激素启动蜕皮过程中，保幼激素起着调节蜕皮方向的作用。当虫体内保幼激素的浓度一直保持较高水平时，昆虫蜕皮后为幼虫；当保幼激素浓度下降到一定水平时，蜕皮后则成为蛹；而在蛹期保幼激素滴度进一步下降或缺乏，蜕皮后成为成虫；到了成虫期，雌虫又需要保幼激素以促进卵巢发育。因此，用具有保幼激素活性的药剂处理试虫后，就可能会出现超龄幼虫、畸形蛹、畸形成虫、或生殖异常的成虫。测定保幼激素及其类似物活性的方法包括局部点滴法、注射法、蜡封法等（吴文君，1988；慕立义等，1994）。

第三节　杀虫剂作用机理研究技术与方法

杀虫剂毒理学研究的重要目的之一就是要阐明杀虫剂进入虫体后是影响或作用于昆虫生理生化的哪个环节而导致昆虫死亡的，也就是要阐明杀虫剂的作用机理（mechanism of insecticide）。杀虫剂的种类繁多，作用机理也多样，如何来下手研究至关重要的。

一般来说，不同作用机理的杀虫剂由于其作用于昆虫生理生化的不同环节，它所引起的昆虫的中毒症状是不一样的；而具有相同作用机理的杀虫剂，其引起的症状也会基本一样。这种现象与本质的关系为我们研究杀虫剂的作用机理提供了一个很重要的基础，即从中毒症状可以推测杀虫剂的作用机理。当观察到某种药剂处理后昆虫的中毒症状与已有的杀虫剂的症状相似，那么它的作用机理就很可能与这种已知杀虫剂的作用机理相同。如果观察到新的中毒症状，那么就很可能存在新的作用机理，这也为创新研究提供了线索。在一定程度上，通过观察试虫的中毒症状就可以粗略地了解杀虫剂的作用机理（表 11-5）。因此，杀虫剂作用机理的研究首先是从昆虫对药剂表现出的中毒症状观察下手的。对其可能的作用机理进行初步的判断后，再根据杀虫剂的结构、性质等相关信息，测定昆虫各项生理生化指标，最后确定药剂的作用机理。

表 11-5　昆虫中毒症状与杀虫剂的作用机理

中毒症状	死亡速度	作用部位	作用机理
兴奋、痉挛、昏迷、死亡	快	神经系统	(1) 影响轴突传导。(2) 影响突触的乙酰胆碱传导：(a) 引起乙酰胆碱过度释放；(b) 抑制胆碱酯酶；(c) 抑制胆碱乙酰化酶导致乙酰胆碱消耗；(d) 占领乙酰胆碱受体。(3) 影响突触其他神经传导体：(a) 占领或破坏 γ-GABA 受体；(b) 占领章鱼胺受体

中毒症状	死亡速度	作用部位	作用机理
行动迟缓、昏迷、死亡	快	呼吸系统	(1) 作用于三羧酸循环。(2) 作用于呼吸链：(a) 切断 NAD^+ 与辅酶 Q 之间的联系；(b) 抑制琥珀酸氧化；(c) 抑制 Cyt b 与 Cyt C_1 之间的联系；(d) 抑制细胞色素 C 氧化酶。(3) 抑制氧化磷酸化作用。(4) 抑制磷酸化作用
呕吐或上吐下泻或排便异常，慢慢死亡	较缓慢	消化系统	(1) 破坏中肠。(2) 影响消化酶系
难于蜕皮或蜕皮异常，不能正常化蛹或成畸形蛹。排出后肠；产生发育不完全的、不能完全鞣化和黑化的新表皮。	缓慢	表皮形成过程、几丁质合成、内分泌系统	(1) 影响表皮蛋白沉积，抑制几丁质的合成，产生含非聚合体葡聚糖酰胺的非层状的表皮层。(2) 旧表皮和新表皮难以分离，进而导致昆虫难以蜕皮或蜕皮不完整。(3) 抑制中肠蛋白酶的活力而造成厌食。(4) 抑制碱性膦酸酯酶、酸性膦酸酯酶的活性及 DNA 的合成而导致发育、变态受阻及不育。(5) 影响内分泌器官。(6) 改变虫体内激素滴度
趋向或逃离药剂源	无死亡	化学感受器	刺激或抑制化学感觉神经

马志卿（2002）对已有杀虫剂的中毒症状与作用机理进行了归纳，并列出了 21 类杀虫剂的中毒症状与作用机理之间的关系检索表，可供参考。

一、神经毒剂作用机理的研究技术与方法

神经毒剂作用机理研究的思路是，根据昆虫的中毒症状初步判断药剂的类型，以对药剂是作用于神经系统传导的递质、酶、还是离子通道等可能靶标进行分析。然后，针对药剂的可能的作用靶标进行神经生理生化测定，确定药剂的作用程度。受到药剂明显影响作用，且与昆虫的中毒进程相关的神经生理生化过程，可确定为药剂的作用靶标，而对靶标的影响性质和程度则是其作用机理。神经毒剂作用机理研究的重点对象有乙酰胆碱酯酶和离子通道。

（一）中毒症状

目前已经商品化的杀虫剂大都是神经毒剂，其对试虫表现出的症状虽然不是完全相同，但症状大多为兴奋、痉挛、昏迷和死亡 4 个过程，且作用速度较快。以下是昆虫对一些典型的神经毒剂的中毒症状。

1. DDT 类和六六六及环戊二烯类药剂

可引致试虫兴奋、痉挛、麻痹和死亡，区别在于六六六及环戊二烯类药剂使中毒试虫的兴奋性较弱，如黏虫的死亡幼虫的体躯会极度皱缩，体长仅为对照的一半。

2. 拟除虫菊酯类杀虫剂

典型致毒症状为经极度兴奋或直接痉挛而逐渐麻痹、死亡，中毒试虫体壁大量失水。

3. 有机磷类和氨基甲酸酯类药剂

均可引起试虫兴奋、痉挛、昏迷和死亡，二者的区别在于氨基甲酸酯类药剂的作用速度快，处理后试虫立即兴奋，且兴奋强度高，而有机磷类作用速度慢，处理后试虫有一个安静期，且兴奋强度弱。

4. 烟碱类药剂

在低致死剂量（如≤LD_{20}）下试虫表现出兴奋、痉挛、昏迷和死亡的症状，部分试虫在昏迷后还可复苏，而在高致死剂量（如≥LD_{70}）下，试虫经短暂的痉挛后很快进入昏迷状态。

5. 沙蚕毒素类和阿维菌素类药剂

致毒症状均可分为麻痹和死亡两个阶段，其区别在于沙蚕毒素类药剂中毒的试虫在麻痹过程中会复苏，而阿维菌素类无此现象。

6. 杀虫醚类药剂

中毒症状和剂量具有明显的相关性，在亚致死剂量下，昆虫表现出多种异常行为。在致死剂量下，昆虫经兴奋、痉挛、麻痹后逐渐死亡。

（二）研究方法与技术

1. 乙酰胆碱酯酶活性测定

乙酰胆碱酯酶（AChE）是神经突触部位清除乙酰胆碱、维护神经正常传导的重要酶类，是有机磷类和氨基甲酸酯类杀虫剂的主要靶标。乙酰胆碱酯酶活性的测定一般采用乙酰硫代胆碱-二硫双对硝基苯甲酸法（简称 ASCh-DTNB 法）。此法灵敏度高、只需微量酶液、操作简便、结果比较稳定准确，是比较理想的测定方法，还可实现自动分析。

（1）方法原理

应用乙酰硫代胆碱（ASCh）为底物，在乙酰胆碱酯酶作用下水解成硫代胆碱和乙酸，硫代胆碱和二硫双对硝基苯甲酸（DTNB）反应生成黄色产物，在 412nm 处有最大吸收，可用比色法进行定量测定。

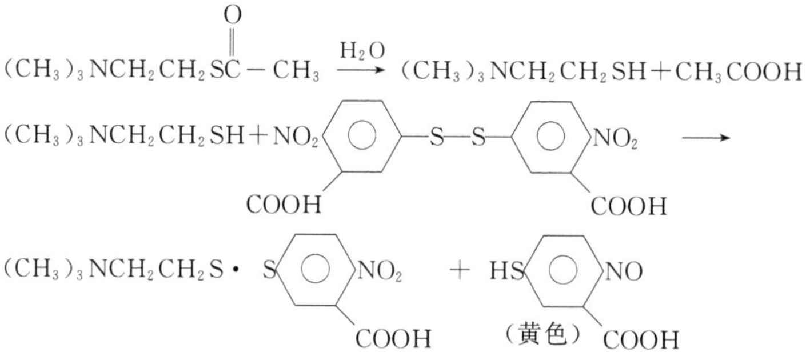

（2）酶液制备

以菜青虫、玉米螟、棉铃虫、或二化螟幼虫为试虫。选龄期和个体大小一致的个体，称取整体或局部（头部）0.5g 放于玻璃匀浆器，加入 5mL 的 0.1mol/L 磷酸缓冲液，在 4℃条件下匀浆，然后离心 10min（2000～3000r/min），取上清液作为酶源。

（3）试剂配制

称取 72.3mg ASCh，先用生理盐水 10mL 溶解作贮备液，临用时再以生理盐水稀释 10 倍；称取 DTNB 9.9mg，加入 1mL 磷酸缓冲液（0.1mol/L，pH 7.4）溶解，再补足生理盐水至 10mL。

（4）测定操作

在试管中加入 0.2mL 20mmol/L 的磷酸缓冲液（pH 7.4）中含 0.1～0.8mmol/L

底物 ASCh、40～80μg 蛋白质的酶原；在 25～30℃下保温 15min 后，加入 1.8mL DTNB 试剂（12.4mg DTNB 溶于 120mL 95％乙醇，80mL 蒸馏水，再以 pH 7.6、0.1mol/L 的磷酸缓冲液定容至 250mL），在 412nm 下测定光密度（optical density，OD）值。

需要注意的是，ASCh 和 DTNB 的反应受介质 pH 影响很大，所以要在磷酸缓冲液（pH 7.4）中反应。此外，本方法中酶液是和 Asch 一起保温培育到一定时间后再加入 DTNB 试剂终止反应并显色，而不是酶液、ASCh 和 DTNB 一齐保温培育，以克服粗酶源中蛋白质的游离—SH 基可能和 DTNB 反应而产生的干扰；同时，DTNB 试剂中的乙醇可以终止反应，而不需再加毒扁豆碱终止反应。

这一测定乙酰胆碱酯酶活性的方法亦可用来比较不同杀虫剂对乙酰胆碱酯酶的抑制能力，即比较其抑制中浓度（IC_{50}）。

（5）测定实例

苦皮藤素Ⅴ引起黏虫（*Mythimna separata*）兴奋的机理（杨润亚等，2000）。

用 10g/L 苦皮藤素Ⅴ处理室内累代人工饲养、蜕皮后饥饿 16～24h 的 6 龄黏虫幼虫。反应体系的最终体积为 0.2mL，含 20mmol/L 磷酸盐缓冲液（pH 7.6）、0.1～0.8mmol/L 底物（Asch）、酶原量一般是使蛋白质含量为 40～80μg 即可。25～30℃条件下保温 10～30min，反应结束。加入 18mL DTNB-磷酸盐-乙醇试剂（12.4mg DTNB，加入 120mL 96％的乙醇、80mL 蒸馏水，用 pH 7.6 的 0.1mol/L 的磷酸盐缓冲液定容至 250mL）显色并终止酶反应。在 412nm 波长下测定光密度（OD 值）。调节透过率 100％的空白管，在加入显色剂后应加入与测定管等量的酶液，以消除酶液本身对光吸收的影响。

测定结果表明，苦皮藤素Ⅴ对试虫的 AChE 有抑制作用，失水期和抽搐期抑制率分别为 39.6％和 33.9％，但抑制率低于 50％，不足以引起试虫虫体扭曲、抽搐等症状。结合其他试验结果，可以认为苦皮藤素Ⅴ对 AChE 活性的抑制并不是引起试虫兴奋症状的主要原因。

2. Na^+-K^+-ATP 酶活性测定

Na^+-K^+-ATP 酶是生物膜上的一种蛋白酶，在物质运送、能量转换以及信息传递过程中执行重要的生理功能，也是拟除虫菊酯类和有机磷类等杀虫剂的靶标酶。

（1）测定原理

Na^+-K^+-ATP 酶可将 ATP 分解成 ADP 和无机磷（Pi），磷在酸性条件下与钼酸铵结合生成磷钼酸铵，然后在孔雀石绿的作用下还原成蓝色化合物——钼蓝，用分光光度计在波长 625nm 处测定钼蓝的吸光值，就可测出磷的含量，从而得出酶的活性。因此，可从昆虫（整体或部分）提取酶源，与底物反应一定时间，测出产物磷的量，就可计算出酶的比活力（每毫克蛋白每分钟新产生的 Pi 量，即 nmol/(L Pi · mg · min)。

由于在测定体系中含 Mg^{2+}，这样得出的是 ATP 酶的总酶活，因此，Na^+-K^+-ATP 酶的活性等于反应体系中含 Na^+、K^+、Mg^{2+} 时的总酶活性与反应体系中无 Na^+、K^+，但有 Mg^{2+} 的酶活性，或含有 Na^+-K^+-ATP 酶的特异性抑制剂，如哇巴因（Ouabain）时，酶的活性之差值。

用这种方法也可以测定 Ca^{2+}-Mg^{2+}-ATP 酶的活性。它则等于反应体系中含 Ca^{2+} 时测定的总酶活性与反应体系中无 Ca^{2+} 时测得的酶活性之差值。

（2）主要试剂与仪器

ATP 钠盐、考马斯亮蓝 G-250、哇巴因、钼酸铵、孔雀石绿。

AG-135 型电子天平、UV120-02 型紫外可见分光光度计、GL-16G-Ⅱ型高速冷冻离心机、2002 型水浴恒温振荡器等。

（3）试剂配制

1）1.0μmol/L 磷母液：称取在 105℃烘至恒重的磷酸二氢钾 13.6mg，用无离子水溶解并定容至 100mL，置冰箱中保存；

2）酸性钼酸钠溶液：配制 24％硫酸和 0.1mol/L 钼酸钠，使用时按 1∶3（*V*/*V*）混合；

3）孔雀（石）绿试剂：称 18.5mg 孔雀（石）绿溶于 100mL 1％聚乙烯醇（PVA）中；

4）0.1mol/L pH7.4 Tris-HCl 缓冲液：取 0.1mol/L Tris 溶液 50mL 与 0.1mol/L HCl 溶液 42mL 混合后，再用无离子水定容至 100mL；

5）15％三氯乙酸、7.8％硫酸、0.5mmol/L ATP-二钠盐、哇巴因、$MgCl_2$、NaCl、KCl、$CaCl_2$均用双蒸水或去离子水配制。

（4）标准曲线的制作

将磷母液用无离子水稀释 50 倍，成为 20nmol/L 磷的标准溶液。取 10 支试管，分别加入 0mL、0.1mL、0.2mL、0.3mL、0.4mL、0.5mL、0.6mL、0.7mL、0.8mL、0.9mL、1.0mL 的磷标准溶液，用无离子水补足 1.0mL，摇匀后，依次加入以下各试剂：0.5mL 15％三氯醋酸和 0.4mL 酸性钼酸钠，摇匀后 15 s，再加入 0.3mL 孔雀绿试剂，反应 2min 后加入 2mL 7.8％硫酸，室温放置 1h 后于 625nm 波长下测定 OD 值。以 OD 值为纵坐标，磷的含量为横坐标，绘制标准曲线，求出标准曲线方程。

（5）测定实例

黏虫幼虫 Na^+-K^+-ATP 酶活性测定（胡兆农等，2008）。

选择个体大小一致、健康、活泼的黏虫 5 龄前期幼虫 50 头，在 0～4℃下剪取头部，以 1∶9（*W*/*V*）的比例加入冰冷的 0.1mol/L Tris-HCL 缓冲液，冰浴匀浆，在 0～4℃下 850r/min 离心 10min，上清液即为待测酶液。同时于 4℃下解剖出中肠（拉掉围食膜），分别按 1∶10（*W*/*V*）加入冰冷的 0.1mol/L Tris-HCl 缓冲液，冰浴匀浆，在 0～4℃下 4000r/min 离心 10min，取上清液为待测酶液。酶液的蛋白质含量用考马斯亮蓝法测定。

Na^+-K^+-ATP 酶活性：反应体积为 100μL，分 3 组，每组反应体系中均含有 50mmol/L Tris-HCl、含 8μg 蛋白质的酶液、5mmol/L $MgCl_2$。各组间不同之处：Ⅰ组含有 150mmol/L NaCl、20mmol/L KCl；Ⅱ组含 0.5mmol/L 哇巴因；Ⅲ组对照。在 37℃水浴中预保温 5min，加底物 ATP（0.5mmol/L），反应 5min 后即刻向各管加入 50 μL 的 15％三氯乙酸终止反应，置冰浴中，用无离子水稀释至 1mL。每处理重复 3 次。按 Pi 标准曲线的步骤，在 625nm 处测定 OD 值，求出反应中生成无机磷的量，计算 ATP 酶的活力。

将各组的 OD 值减去对照组的 OD 值，再根据标准曲线计算出 Pi 的量，以每分钟每毫克蛋白催化产生的磷的量[nmol/(L Pi · mg pro · min)]来表示酶比活力。组Ⅰ与组Ⅱ 的酶比活力之差即为 Na^+-K^+-ATP 酶比活力。

3. 神经电生理测定

生物细胞间与细胞内的通信是依靠其膜上的离子通道来控制膜内外的离子类型与浓度来实现的。当细胞需要传递某种讯号时，特定的离子通道打开或关闭，使得特定的离子流入或流出膜内，导致膜内外的离子不平衡，而出现生物电现象。用电学或电子学方法来测量这种生物电信号的技术就是电生理学（electrophysiology）技术。

现有的杀虫剂绝大多数是神经毒剂，包括许多天然产物（如烟碱、天然除虫菊素、河豚毒素等）。昆虫神经电生理技术是研究神经毒剂作用机理和抗药性机理最重要的实验手段。目前，用于神经毒剂类杀虫剂作用机理研究的神经电生理技术主要有细胞内记录和膜片钳记录技术，它们可以测定神经-肌肉接点电位、神经突触后电位、离子通道等神经电生理反应（具体方法请参见文献：胡兆农，2003）。

4. 放射性配体-受体结合分析技术

早在 1878 年，Langley 首次提出受体物质的概念，他认为，化学药物起始或改变细胞反应是通过作用于专一的作用部位。他把细胞上的收受部位称为受体物质，它接受药物的刺激、传递信息并引起反应。1913 年 Ehrlich 提出“锁与钥”作为配体-受体的模型假说，并提出了“受体”（receptor）这个名词。现在认为，只有与生理、生化反应偶联的（或被阻断）结合部位的蛋白才能称为受体。真正的受体必须具备：饱和性、特异性、可逆性、高亲和性、结构专一性、立体选择性、区域分布性、亚细胞或分子特征、有内源性配体等特征。能与受体结合的化学物质称为配体（ligand），它可以是激素、神经递质、细胞生长因子及某些药物。通常受体具有两个功能，一是识别特异的信号物质——配体，识别的表现在于二者结合；二是把识别和接受的信号准确无误地放大并传递到细胞内部，启动一系列胞内生化反应，最后导致特定的细胞反应。

从分子水平来看，杀虫剂的作用靶标不外乎两类：一是酶及其辅基；二是受体。酶靶标可用酶活性抑制试验来测定，而受体靶标则可用标记配体-受体结合分析法（labeled-ligand receptor binding assay）来测定。目前常用的标记配体-受体分析法主要是 20 世纪 60 年代建立的放射性配体-受体结合分析法（radioligand-receptor binding assay，RBA），它是建立在配体与受体之间的结合反应动力学理论基础上、用于对受体分子进行定量和定位分析研究的灵敏、可靠的一项技术，在药物（医药、兽药和杀虫剂）作用机理、药物设计、药物生物效应等方面发挥重要作用。（具体方法请参见文献：贺师鹏等，2004）。

二、非神经毒剂作用机理研究技术与方法

目前已开发利用的杀虫剂有数百种，其中大部分是神经毒剂，但是，随着农药科学的发展，许多新的昆虫靶标被发现，杀虫剂的作用机理也就更加多样。对于这些非神经毒剂类杀虫剂，其作用机理研究所采用的技术和手段可以涉及到昆虫生理生化的各个方面。下面介绍几种常用的研究技术和方法。

（一）石蜡切片技术

石蜡切片技术是昆虫病理组织学观察的常用技术。大多数昆虫生长调节剂、几丁质

合成抑制剂和消化系统毒剂均会作用于昆虫的特定组织器官（如表皮、内分泌腺体、中肠、生殖系统等）而引起病变，因此可以通过组织学观察的方法来研究其作用机理。传统的石蜡切片需要较长时间，但现在借助于微波、超声波等装置可以实现快速石蜡切片，整个制片过程数十分钟可完成（刘旭伟和焦惠贤，2008）。

（二）昆虫呼吸酶活性测定

呼吸酶毒剂通过阻断靶标昆虫的能量代谢，可以直接导致昆虫因能量不足而死亡。同时，昆虫体内的大多数生理生化过程都需要能量来驱动，而能量代谢过程的阻断就会影响到昆虫体内的生理生化反应，导致昆虫的生长发育方面的异常，如生育期延长、畸形个体、产卵量的下降等现象。昆虫呼吸酶主要是指昆虫细胞线粒体呼吸电子传递链酶（又称呼吸链），主要由 4 个蛋白酶复合物组成：NADH-泛醌（ubiquinone，UQ）氧化还原酶、琥珀酸-UQ 氧化还原酶、UQ-细胞色素 c（cytochrome c，Cyt c）氧化还原酶、细胞色素 c 氧化酶。其中最大最复杂而且最关键的蛋白酶是 NADH-UQ 氧化还原酶，它被称为线粒体复合物Ⅰ（mitochondrial complex Ⅰ），其余 3 个分别被称为复合物Ⅱ、Ⅲ、Ⅳ。这一酶系催化生物底物的氧化并和催化 ATP 合成的 ATP 酶相偶联共同组成生物能量转化的分子机构。

已知的呼吸链抑制剂大多为酶专一的，有确定的抑制部位，如鱼藤酮（rotenone）、粉蝶霉素 A、辣椒碱、番荔枝内酯（annonaceous acetogenins，AGG）、Myxalamid 等作用于复合物Ⅰ，噻吩甲酰三氟丙酮（TTFA）作用于复合物Ⅱ，抗霉素 A（antimycin A）作用于复合物Ⅲ，叠氮钠（NaN_3）和氰化物（cyanide）作用于复合物Ⅳ，寡霉素（oligomycin）作用于 ATP 合成酶。但也有表现出对三个催化泛醌反应的酶兼有抑制作用性质的多位点型泛醌反应抑制剂。

作用于昆虫线粒体呼吸作用的杀虫杀螨剂以鱼藤酮最为典型。除鱼藤酮及其类似物外，许多作为杀螨剂使用的亲脂性含氮杂环化合物（如喹螨醚、唑螨脂、哒螨灵及吡螨胺）也作用于线粒体复合物Ⅰ。作用于线粒体其他复合物的杀虫杀螨剂较少，已经商业化的只有 acequinocyl。线粒体解偶联剂也是开发新杀虫剂（如氟啶胺、溴虫腈）的一个靶标。

昆虫呼吸酶活性测定是昆虫呼吸酶毒剂作用机理的重要研究技术。

1. 实验材料

新鲜牛心或猪肝组织供提取呼吸酶用，代替昆虫呼吸酶用于实验。

2. 实验主要药品和试剂

牛血清蛋白、考马斯亮兰 G-250、还原型辅酶 I（NADH）、刃天青（resazurin）、鱼藤酮标准品、甘露醇、蔗糖、EDTA、Tris-HCl、NaCl、KCl、$CaCl_2$、MgCl、$NaHCO_3$、葡萄糖、Hepes 等。

3. 主要仪器

高速组织捣碎机、匀浆机、冷冻离心机、超高速离心机、紫外-可见光光度计、自动微板读数仪。

4. 线粒体呼吸酶的提取制备（Wood et al，1996）

取新鲜牛心或猪肝组织，去除脂肪和结缔组织，并切成 2.5 cm^3 的小块，用高速组织捣碎机绞成直径约为 4 mm^3 的肉泥。每 100 g 肉泥中加入 300 mL 8.5%蔗糖溶液（含 1.85 g/L 的 K_2HPO_4），用快速搅拌机（1800r/min）搅拌 30 s。在整个提取过程中为把溶液的 pH 控制在 7.2～7.4，在开始搅拌前需加入 6mol/L 的 KOH 溶液 1～2 mL，搅拌后再加入 2～3 mL。然后以 400 *g* 冷冻离心 13 min。过滤红色上清液，除去沉淀及黄色部分。向上清液中以 4∶1 的比例加入 8.5%蔗糖溶液，混合均匀后，以 180 000 *g* 超高速冷冻离心 7 min。在低温下把沉淀用蔗糖溶液移出，每升上述溶液的高速离心沉淀物中加入 40 mL 8.5%蔗糖溶液，低速匀浆 10～15 s 后，定容至 200 mL。匀浆液以 180 000 *g* 再次冷冻离心 20 min，最后用 8.5%蔗糖溶液把沉淀移出，即为蔗糖-线粒体。

用 0.1mol/L 的 KOH 溶液把蔗糖-线粒体悬浮液调至 pH 为 8.5，并持续 30 min 加碱维持 pH 8.5。以 30 000 *g* 冷冻离心 5 min，用 KOH 把沉淀残渣重复提取一次，乳白色上清液以 70 000 *g* 冷冻离心 30 min，最后用 8.5%蔗糖溶液转移出沉淀，并用乙酸调 pH 至 7.5，即得线粒体呼吸酶液，放于冰箱中备用。以上所有操作均在低温下进行。酶源的蛋白质含量用考马斯亮兰法测定。

5. 测定原理与方法步骤

（1）线粒体氧化还原酶活性测定方法

1）实验原理

刃天青是一种氧化还原染色剂，它无毒、室温下稳定，传统上用于检测牛奶中细菌、酵母污染及精子质量。刃天青可以被线粒体中的氧化还原酶还原为试卤灵。可以观察到的现象是，溶液的颜色由蓝色逐渐呈色谱带变化至深紫色再至桃红色（Glass et al，1991），由此引起荧光度的变化。根据荧光度的变化就可检测线粒体氧化还原酶的活性。

$$\text{荧光度变化率}(\%) = \frac{(F_{60} - F_0)}{F_0} \times 100$$

式中，F_{60}、F_0 分别为 60 min 和 0 min 时的荧光度值。

2）测定操作

在 96-孔板中加入提取的呼吸酶（5～50 μg 蛋白质/孔，溶于 50 μL 缓冲液），以在 100℃下处理过 10 min 的失活呼吸酶做对照，再加入 20 μL 的刃天青（100 μmol/L）和 Locke's 缓冲液至反应总体积为 100 μL。加样完成后，立即测定其荧光度（激发波长 530 nm，发射波长 590 nm）（F_0），于 37℃下反应 60 min 后再测定一次荧光度（F_{60}）。计算荧光度变化率。数值越大，活性越强，反之亦然。

（2）线粒体复合物Ⅰ活性测定方法

1）实验原理

NADH 在 340 nm 处有强吸收，当它与呼吸酶中的复合物Ⅰ反应后，吸收峰消失。如果该呼吸酶的活性被抑制，那么将无法与 NADH 反应，NADH 在反应液中的浓度将保持不变，其在 340 nm 处的吸光度的也保持不变。反之，如果复合物Ⅰ的活性没有被抑制，NADH 将与其反应，溶液中 NADH 的浓度也随时间而逐渐降低，在 340 nm 处的吸光度也随之降低。根据测定的对照反应液及样品反应液的吸光度的变化率（斜率），计算样品对线粒体复合物Ⅰ活性的抑制率。

$$\text{抑制率}(\%) = \frac{(\text{对照斜率} - \text{样品斜率})}{\text{对照斜率}} \times 100$$

2）测定操作（Fang et al，1998）

用无水乙醇将药剂溶解，配制成一定浓度，无水乙醇为对照。在 pH 7.6 的磷酸（50 mmol/L）-蔗糖（0.25 mol/L）缓冲液中加入提取的线粒体呼吸酶（200 μg 蛋白质，溶于 100 μL 缓冲液）和药剂溶液（30 μL）。在 25℃水浴中温育 5 min（抑制酶活性反应）后，加入 28 mmol/L 的还原型辅酶Ⅰ（NADH，30 μL），反应总体积为 3 mL。

立即用紫外分光光度计在 340 nm 波长下检测处理与对照组的吸光度（OD 值），记录 3 min 内 OD 值的差值（斜率），计算各样品的抑制率。

6. 测定实例

表鱼藤酮对映体对线粒体呼吸酶复合体Ⅰ的抑制活性测定（张帅等，2007）。

以 5′α-表鱼藤酮和 5′β-表鱼藤酮（自行合成）为测试药剂，鱼藤酮为对照药剂。按上述方法提取牛心线粒体酶和进行药剂配制与测定操作。结果表明，表鱼藤酮对映体对线粒体呼吸酶复合体Ⅰ都有抑制活性，5′α-表鱼藤酮、5′β-表鱼藤酮抑制中浓度 LC_{50} 分别为 7.81mg/L 和 54.14 mg/L。5′α-表鱼藤酮的抑制活性高于 5′β-表鱼藤酮，但均低于鱼藤酮的抑制活性（IC_{50}＝1.32 mg/L）。

（三）昆虫中肠消化酶的测定

消化毒剂类杀虫剂（如 Bt 内毒素、苦皮藤素Ⅴ等）作用于昆虫的消化系统，除了破坏中肠的组织结构外，主要是通过影响昆虫的消化酶系起作用。昆虫的中肠是分泌消化液和进行食物消化、吸收的主要器官，其消化液中含有多种消化酶。消化酶的种类和相对活性，常与其取食的食物种类相适应，如植食性昆虫的消化液中蛋白酶、脂肪酶含量较低，糖类水解酶含量较高；而肉食性昆虫则蛋白酶、脂肪酶的含量和活力较高，糖类水解酶活力很低。根据酶促反应中所用底物种类和最终产物的某些特性，可以对昆虫中肠中各种消化酶进行测定分析。

1. 仪器和用具

玻璃匀浆器，离心机，酸碱滴定仪，分光光度仪，试管，试管架，烧杯，滴管，白磁化验板，解剖用具，酒精灯，温度计（100℃）等。

2. 酶源提取

将昆虫（以鳞翅目高龄幼虫为好）饥饿 4～8h，用蒸馏水冲洗幼虫体表。在蜡盘中解剖，取出中肠，除去围食膜及内容物，以 1.15％的 KCl 溶液冲洗，以玻璃匀浆器匀浆。加入 2～5mL 缓冲液，将匀浆转到离心管中，以 12 000r/min 离心 15min，取上清液作为酶源。也可用镊子轻轻夹住幼虫，使幼虫头部靠住 1.5mL 离心管管口，轻轻按压幼虫腹部，在冰浴中收集其返吐液，以 12 000r/min 离心 15min，取上清液作为酶源。酶源的蛋白质含量用考马斯亮蓝方法测定。

3. 实验步骤和方法

（1）蛋白酶活性测定（沙槎云和白成，1981）

1）制作标准曲线：取 7 支试管，分别加入 0mL、0.1mL、0.2mL、0.4mL、0.6mL、0.8mL、1.0mL 标准酪氨酸（5000μmol/L），以蒸馏水补足 1.0mL。加入 2.0mL 在 37℃预热 5min 的 0.5％酪蛋白溶液，在 37℃水浴中保温 15min，加入 3mL 20％三氯乙酸。将此体系在 4000r/min 离心 10min。取上清液 1.0mL，加入 0.55mol/L

碳酸钠溶液 5.0mL，然后在 680nm 处测定 OD 值。

2）样品测定：取 A、B 两试管，各加入稀释的酶液 1mL。A 管中加入 2mL 在 37℃水浴中预热 5min 的 0.5%酪蛋白溶液；B 管加入磷酸缓冲液 2mL。然后再按上述制作标准曲线的程序测定 A、B 两管的 OD 值。

3）酶活计算：用 A 管的 OD 值减去 B 管的 OD 值即为酶所分解酪蛋白后显色反应的纯 OD 值，并以此 OD 值计算酶的比活力。

（2）淀粉酶活性测定

其原理是 α-淀粉酶可以从淀粉中分解出还原性官能团，这些还原性官能团和二硝基水杨酸作用后形成一有色络合物，它在 520nm 处有强吸收。通过比色可间接地测知 α-淀粉酶的活性。

1）制作标准曲线：取 7 支试管，分别加入 0.0mL、0.1mL、0.2mL、0.4mL、0.6mL、0.8mL、1.0mL 0.1%标准的麦芽糖溶液，以蒸馏水补足至 1.0mL。加入 1mL 显色剂（1.0g 3,5-二硝基水杨酸，加入 20mL 2mol/L NaOH 使其溶解，加入 30.0g 四水合酒石酸钾钠，溶解，以蒸馏水定容至 100mL），在沸水中显色 5min 后以流水冷却，加蒸馏水定容至 10mL。在 520nm 处测 OD 值。

2）样品测定：取 A、B 两试管，分别加入 0.5mL 酶液，并在水浴中平衡至 25℃。A 管中加入 0.5mL 同样预热到 25℃的 1%的淀粉溶液（底物）；B 管中加入 0.5mL 磷酸盐缓冲液。3min 后各加入 1mL 显色剂终止反应，测 A、B 两管的 OD 值。

3）酶活计算：A 管的 OD 值减去 B 管的 OD 值，即为酶所分解淀粉成麦芽糖显色反应后的纯 OD 值，并以此 OD 值求出酶的比活力。

（3）脂肪酶活性测定

脂肪酶可将三酰甘油水解生成二酰甘油、一酰甘油、甘油和脂肪酸，从而使中性的油脂逐步酸化。所以，配置适当酸度的甘油酯（如橄榄油）乳液，与脂肪酶温育水解成油酸，用酸碱指示剂（NaOH 作中和滴定）即可检测酶活力是否存在。

1）试剂配制：25%聚乙烯醇橄榄油乳化液（取 3g 聚乙烯醇，加蒸馏水 150mL，加热溶解，加入 50mL 橄榄油，以高速组织捣碎机冲动 3 或 4 次，每次 10 s，以形成乳白色乳状液）、0.025mol/L 磷酸缓冲液、0.05mol/L NaOH 标准液、1%酚酞指示剂。

2）操作方法：取 100mL 三角瓶 4 个，各加入 5mL 0.025mol/L 的磷酸缓冲液，4mL 聚乙烯醇橄榄油乳液，40℃热水中平衡 5min。在其中两个三角瓶中各加入 1mL 酶液，在 40℃水浴中保持 15min，取出立即加入 15mL 95%乙醇终止酶反应。滴 3 滴酚酞指示剂，以 0.05mol/L 的 NaOH 滴至粉红色。另两个瓶，不先加酶液，同样保持在 40℃水浴中 15min，取出各加 15mL 95%乙醇，再加 1mL 酶液，作为对照同样滴定。

3）酶活计算：因为 1mL 0.05mol/L NaOH 可中和 14.14mg 油酸，从而可计算出脂肪酶分解出的油酸量。酶的比活力以 mg 油酸/mg 蛋白质/min 来表示。

4. 测定实例

红蓼拒食活性组分对小菜蛾幼虫消化酶活性的影响（李秀岚等，2008）。

（1）材料与方法

以红蓼（*Polygonum orientale* L.）乙酸乙酯萃取物硅胶柱层析馏分 8 为药剂，小菜蛾（*Plutella xylostella* L.）3 龄幼虫为试虫。

（2）酶源制备

将组分 8 用丙酮配制成所测浓度的药液，然后均匀涂布在饲养小菜蛾的甘蓝叶碟上，放入培养皿中，接入 3 龄小菜蛾幼虫，每隔 24h 更换滤纸，并用药液重新处理新鲜叶碟饲喂。每处理 10 个重复。分别在 12h、24h、36h、48h、60h、72h 选取 10 头试虫，置于 0.1mol/L pH 7.0 的磷酸缓冲液中，然后在冰浴条件下进行匀浆。在 4℃低温下 10 000r/min 离心 15min，取上清液作为酶源。

（3）蛋白酶活性的测定

取 1mL 酶液，在 37 ℃水浴锅中预热 5min，加入预热到 37℃的 1 %酪蛋白溶液（pH=7.0），37℃保温 15min，加入 3mL 10%三氯乙酸，混合均匀后 4000r/min 离心 10min。对照是将三氯乙酸和酪蛋白溶液的加入顺序颠倒即可。离心结束后，取上清液 2mL，加入 5mL 0.5mol/L 的碳酸钠，1mL Follin-酚，37℃下显色 15min，于 752 型紫外可见光光度计 680nm 处比色。

在 37℃下水解酪蛋白产生 1μg/min 酪蛋白的酶量定义为一个活力单位，从标准曲线上查出；与 OD 值相对应的酪蛋白含量测定酶原蛋白含量，即可按下列公式计算出比活力。

酶的比活力(U)＝酪氨酸含量(μg/mL)×酶稀释倍数/反应时间(min)×蛋白质含量(mg/mL)。

（4）脂肪酶抑制活性测定

取 A、B 两支试管，各依次加入橄榄油乳剂 2.5mL，Tris-HCl 缓冲液（pH=8.8）1.5mL，酶液 0.5mL，立即盖上塞子，振摇 5 次。对 A 管立即在 420nm 处测 OD 值；将 B 管在 30℃水浴中温育 30min 后，在 420nm 处测 OD 值。根据 A、B 管 OD 值之差，计算比活力。

（5）α-淀粉酶活性的测定

取 A、B 两支试管，分别加入 1mL 酶液和 1mL 磷酸缓冲液（pH=8.0，0.02mol/L）。在 A 管中加入 2mL 1%淀粉酶溶液，30℃水浴中温育 20min，加入 4mL 0. 4mol/L NaOH；在 B 管中先加入 4mL 0.4mol/L NaOH，摇匀后加入 2mL 1%淀粉液，在 30℃水浴中温育 20min。在 A、B 两支试管中各取混合液 1mL，在 520nm 处测定 OD 值。根据 A、B 管 OD 值之差，求比活力。

（6）测定结果

结果显示，组分 8 处理后，小菜蛾体内蛋白酶、脂肪酶和 α-淀粉酶的活性均受到不同程度的抑制，其中处理组试虫体内的脂肪酶活性下降幅度明显高于对照组，表现出明显的抑制作用，说明组分 8 对小菜蛾幼虫脂肪酶活性的抑制可能是引起小菜蛾幼虫死亡的一个重要原因。

（四）触角电位记录技术

昆虫引诱剂和驱避剂主要是通过影响昆虫的嗅觉感受来起作用的，而触角则是昆虫感受这些气味物质的主要嗅觉器官。触角电位记录技术（electroantennography，EAG）自 1957 年被 Schneider 发明以来，由于它具有很高的敏感性和选择性，被广泛地应用于昆虫嗅觉研究，成为昆虫信息素及其他挥发性信息化合物生物测定非常得力的工具之一（赵新成等，2004）（详见本书第六章第四节）。

（五）味觉电位记录技术

和昆虫的触角电生理技术类似，昆虫的味觉活动也可以用电生理的技术记录。昆虫的味觉感受器又称接触化学感受器（contact chemo-sensilla），主要分布在口器、跗节、产卵器上，但虫体的其他部位也可能分布有味觉感受器。味觉感受器在电生理上与嗅觉感受器一样，但在结构上即不同，它是栓锥厚壁状，只在顶端有一个孔口，外界的化学物质通过孔口直接到达感受神经细胞的受体部位上起作用。

昆虫味觉电位记录技术的原理、装置和方法基本一样，但由于它们的结构不同，在实际操作中有不同的要求。昆虫味觉电生理研究多采用鳞翅目昆虫为试虫，其成虫的味觉感器分布在口器和 3 对胸足的跗节上，而幼虫的则集中分布在口器附肢上。根据研究时记录电极在味觉感器上连接的方式和部位的不同，味觉电生理测定主要有顶端记录法，侧壁记录法和基部记录法 3 种（严福顺，1995）。

测定实例

川楝素对亚洲玉米螟幼虫下颚栓锥味觉感受器电位的影响（尚稚珍等，1992，1999）。

以亚洲玉米螟（*Ostrinia furnacalis*）幼虫为试材，以电生理技术顶端记录法，测定川楝素对栓锥感受器电位的影响。取预先饥饿 4h 的 5 龄幼虫（蜕皮后约 12h），剪下头部，游离出下颚部分，置于一直径 2cm 的圆形铜板上。铜板上放一小片用生理盐水（0.1mol/L NaCl）浸湿的滤纸，铜板由导线连通放大器为参比极。刺激化合物溶液先以适量乙醇或丙酮溶解（如用丙酮，其浓度不超过溶剂总量的 1%），再以 50mmol/L 浓度的 NaCl 配制。以充满待测化合物溶液的玻璃电极作为刺激-记录电极，套在栓锥感受器顶端。对下颚栓锥感受器的内导放电脉冲的信号，输入 VC-10 记忆示波器（Nihon Kohden），放大观察，同时经 D/A 和 A/D 转换板，由计算机采样、存储数据，并统计刺激开始 0.1s 后，单位时间内脉冲数目（impuls/s）。

观测对糖感受电位的影响时，先以 50mmol/L 蔗糖溶液（以 50mmol/L 浓度的 NaCl 配制）刺激栓锥感受器，然后换用待测化合物溶液，连续处理。每 5min 后，重换以蔗糖刺激，比较在化合物处理前后，蔗糖诱导的脉冲频率。重复该过程，至蔗糖刺激不再诱导相应电位时为止。

每次测定持续 3～4 s，间隔 2～3min。刺激前以小片滤纸吸去电极尖端处的溶液少许，以避免因挥发作用导致溶液浓度的变化。

测定结果表明，幼虫下颚栓锥感受器对盐、水、糖的电位图不一样，表明至少存在这几类感觉细胞（图 11-6）。

川楝素刺激侧栓锥感受器时，所记录的信号近似于空白溶液（含 1%乙醇 50mmol/L NaCl 水溶液）的对照，连续刺激 10min 也无信号。但在连续刺激一段时间后，侧栓锥感受器对蔗糖的反应能力被抑制。

川楝素对中栓锥感受器可立即引起感受器产生内导发放，且发放脉冲的频率随化合物浓度增加而增加。当用化合物连续刺激感受器时，可观察到脉冲频率的突然增加，呈爆发形式，后又恢复常态，此过程反复出现，直至化合物不再诱发出脉冲。在中栓锥感

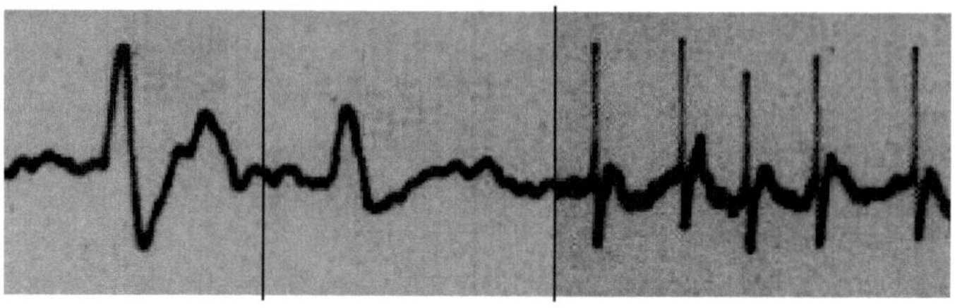

图 11-6　栓锥感受器对盐（a）、水（b）、糖（c）的电位图
（引自尚稚珍等，1992）

受器上，川楝素诱发的脉冲幅值大，一般峰电位为 40～50 V，在形状上其后电位较小或不显著。因此，推测在中栓锥感受器内，存在特定的细胞，即所谓“拒食剂细胞”直接对拒食化合物产生反应，可用于化合物的拒食活性测定。

第四节　害虫抗药性研究技术

害虫抗药性是指昆虫具有耐受杀死正常种群大部分个体的药量的能力在其种群中发展起来的现象，它是害虫在农药的选择压力下遗传性状发生改变的结果。自 1908 年 Melander 首次发现美国梨圆蚧（*Aspidiotus perniciosus*）对石硫合剂产生抗药性以来，已有 450 多种害虫或害螨对杀虫剂产生了抗性，其中单对拟除虫菊酯类药剂的抗性害虫（螨）就有 50 多种。有些害虫的抗药性水平非常高，如蚜虫对乐果的抗性达到 1600 倍、水稻二化螟对杀虫双的抗性为 22～257 倍、棉蚜对氰戊菊酯的抗性达 160 倍、小菜蛾对氟虫脲和特氟脲的抗性分别超过 1000 倍和 3000 倍、小菜蛾对阿维菌素的抗性达 195 倍。害虫抗药性已成为农药应用和新农药创制面临的重要挑战（王巧兰和夏敬华，2004）。

害虫抗药性是昆虫毒理学中研究最活跃的领域之一，它既是一门研究抗性与敏感（正常）昆虫的比较毒理学分支，又是一门从分子、个体和群体水平上研究杀虫剂与昆虫相互作用的学科分支。害虫抗性的研究主要涉及抗性测定（检测与监测）、抗性机制、抗性遗传以及抗性治理等方面。目前，在世界范围内研究较多的抗性害虫有棉铃虫、棉蚜、小菜蛾、二化螟、三化螟、褐飞虱、白背飞虱、玉米螟、潜叶蝇、甜菜夜蛾、斜纹夜蛾和螨类等。

一种害虫或其种群对某一药剂产生抗性是由其染色体上的等位基因所决定的。一般情况下，这种遗传变异是由于点突变造成的。当抗性等位基因是显性的，抗药性发展就快；隐性则慢，因为隐性表现需要纯合子才能表现抗药性。害虫抗药性一般受害虫种群对药剂敏感性的遗传变异、杀虫剂使用剂量及频率（选择压）、害虫的繁殖与迁飞能力三个因素的影响。

一、昆虫敏感和抗性品系的选育技术

昆虫的敏感和抗性品系是研究抗性的材料，杀虫剂的抗性发展、抗性机理、抗性遗传等基础研究首先要获得敏感和抗性品系，特别是纯合的抗（RR）、感（SS）试虫对

研究有重要意义。一般来说，昆虫的敏感品系可以从没有使用过农药的地区直接采集；而抗性品系则从用药水平高的田间获得。但是，由于化学防治水平不断提高，防治面积不断扩大，害虫对杀虫剂的抗性以及交互抗性的普遍存在，在田间已很难发现对杀虫药剂敏感的种群。人们不得不从田间采得敏感性较高的种群经室内选育，使之纯化后成为敏感品系。同时，由于田间抗性基因频率低、抗药性发展速度慢，且很难得到纯合抗性基因型等原因，在抗性的研究中也要求进行抗性品系的选育。

（一）敏感和抗性品系选育原理

越来越多的研究证实，昆虫的抗药性是由于杀虫剂的靶标昆虫中存在抗性基因（Ffrench-Constant，2006）。抗性是由基因控制的、是可以遗传的。抗性的发展是由于昆虫种群中抗性基因的频率不断提高的过程。假如抗性是显性单基因控制的情况下，田间自然种群中，由于大多数昆虫个体的基因型为 SS，所以这个种群对药剂敏感。由于杀虫剂选择的作用，使用杀虫剂后 SS 个体被杀死，使得种群中 RR 或 RS 个体的比率上升，抗性也随即产生。

根据遗传学原理，虽然种群中的个体具有 RR、RS 和 SS 基因型，但其表现型只有抗性和敏感个体两种。这样我们就可以通过杀虫药剂的区分或选择作用将这两种表现型的个体区分开来。再根据孟德尔的分离定律，同一表现型的个体，经自交后性状会发生分离，这使得有可能通过多代的选育获得昆虫的 SS 品系或是高 RR 比率的抗性品系。采用杀虫剂的正向选择作用，即淘汰敏感个体或株系的方法，可以获得抗性品系；而采用反向选择作用，即淘汰抗性个体或株系的方法，可以获得敏感品系。

（二）敏感和抗性品系选育的技术要点

1）由于用于昆虫敏感和抗性品系选育的初始种群较小，特别是抗性基因的频率一般又特别低（10^{-2}～10^{-13}），因此选育的速度和能否成功的关键是，初始种群中有较高的 SS 个体或是 RR 个体。因此，敏感品系的选育要从田间的相对敏感种群开始，而抗性品系的选育要从具较高抗性水平的种群开始。

2）汰选压力因试虫和药剂的种类而异，应以能区分出抗感种群或株系为原则。反向选择时，汰选压力只是用来指示敏感种群或株系，所以又称区分剂量，它与后续种群的保持没有关系。一般可将初始种群的 LD_{50} 值设为区分剂量。而在正向选择时，汰选压力太高，后续种群太小，如饲养时死亡率较高，就可能导致选育失败；选择压力太低，抗性发展的速度就会减慢。正向汰选压力一般以药剂处理后试虫死亡率 30%～60%为宜。

3）单对或单雌选育时，每次选育的雌虫数量以 30～50 头为宜。多于此数工作量偏大；低于此数选出敏感或抗性个体的机会又偏小。

4）抗感品系的选育只是使群体中纯合个体的比率不断提高，即使是稳定的抗感品系，其基因型的纯一性也是相对的。随着种群的不断后续繁殖和扩大，必然会降低后代的相对纯度。因而，通常一个抗感品系在通过一段时期应用后，必须进行二次选择和多次选择。

（三）敏感品系的选育——单对交配选育技术

昆虫是否产生抗药性以及抗性程度的高低，主要通过抗性种群与相对敏感种群的LD_{50}或LC_{50}值比较来判断。因此，培育敏感品系和建立敏感毒力基线是一项极其重要的基础工作。目前，敏感品系的获得通常可选择从不用药剂或用药水平较低地区的作物上采集虫源或从田间采回的虫种在实验室不接触任何化学药剂人工饲养多代获得。但是，这其中的个体是否达到敏感水平，还需通过一定的手段将耐药力强的个体淘汰，保留敏感虫种形成一个稳定的品系。对于有性繁殖的昆虫，单对交配选育技术，即室内通过雌雄成虫单对分离饲养筛选是目前最常用、最有效的一种敏感品系选育技术。对于能营孤雌生殖的昆虫（如蚜虫、叶螨等），由于其后代的基因型与母体一致，采用类似于单对交配选育的技术，通过单雌饲养和筛选（单克隆选育），则敏感品系的获得更加容易（杨国璋和浦晓莺，2000；吴益东等，1994；曹煜，1992）。

1. 单对交配选育步骤

1）田间种群的获得：从没有用过杀虫剂或化学防治水平较低的、多个不同地区的田间采集试虫。

2）初始种群的确定：经室内相同条件下饲养 1 或 2 代后，测定杀虫剂毒力，LD_{50}值高的，且 LD-P 线斜率值大的相对敏感种群确定为初始种群。如果已有该昆虫对杀虫剂的毒力或是敏感基线的文献，可与已有的毒力数据进行比较，以了解所用种群的敏感程度。

3）单对交配系的建立：从初始种群中，选取健壮的雌雄成虫若干对，进行单对交配，对交配成功的单对后代进行饲养，成为一个家系。

4）药剂的反向选择：于合适药剂测定的虫态，选取每个单对家系试虫 30 头以上，用区分剂量（一般用初始种群的LD_{50}）进行处理，对死亡率最高的 1～3 个家系中未用药剂处理的个体（F_1 代）合并群养，以作继续汰选的群体。如果要知道这个群体的敏感性，可以在合群后取部分试虫进行毒力测定。

5）稳定的敏感品系的获得：以继续汰选种群代替初始种群，重复第 3）、4）步骤，直至被选育种群的敏感性基本稳定、且 LD-P 线的斜率较大时，选育过程即算完成。

2. 小菜蛾杀虫双敏感品系选育实例（韩招久等，1998）

1）小菜蛾敏感品系选育的亲本材料（初始种群）：从用药水平低的水城、毕节和贵阳等地采集小菜蛾田间种群，用蛭石萝卜苗法在室内饲养 1～3 代，测其 4 龄幼虫对杀虫双药剂的敏感水平。选择敏感性高的种群为初始种群。

2）小菜蛾敏感品系的选育方法：挑选刚羽化的健壮雌雄成虫个体 40 对以上，通过雌雄成虫单独配对，使其子代对杀虫药剂的敏感性状发生分离，用药剂的区分剂量（0.5～1.5μg/头，逐代提高）测定其 4 龄幼虫，选择敏感性高的作为下一代虫种，继续单配选育，直到毒力没有明显下降为止。

3）小菜蛾对杀虫药剂的敏感水平测定：采用点滴毒力测定法。试虫为 2～3mg/头的 4 龄幼虫。先用少量水将杀虫双单钠盐标准品（含量 99.9%，贵州省化工研究院生产）溶解，以丙酮为溶剂，将药剂等比配制成 5～7 个浓度。每浓度 5 个重复，每重复 10 头幼虫。将幼虫用 CO_2 麻醉后，在其胸部背板位置点滴 0.5μL 药液，饲以甘蓝叶，

48h 检查死亡率，按概率值法计算 LD_{50} 值。

4）选育后小菜蛾的敏感性结果：利用水城种群进行单配选育，配对数为 66 对，对交配成功的家系进行隔离饲养。从每个家系中取 60 头 4 龄幼虫，经药剂区分剂量点滴处理后，发现最敏感家系的死亡率为 60.6%。以该家系（B_{12}）配对 F_1 进行扩繁，对其后代继续单配选育。F_2 代家系中以 E_{10} 为各单配组合中敏感性最高的组合，1.5μg/头区分剂量处理的死亡率为 53.3%。对 E_{10} 后代再进行单配 50 对选育，其中 2 对后代（F_3 代）对杀虫双 1.5μg/头的死亡率达 55.2%和 56.3%。F_3 代与 F_2 代敏感性相近，表明具有一定的稳定性，停止选育，将其扩繁成为杀虫双敏感品系。

从选育过程和结果可以看出，小菜蛾对杀虫双的敏感性在单配后代各组合表现不一致，有的差异很大，说明其性状发生了分离。选育的敏感品系对杀虫双的敏感性有很大提高，LD_{50} 值从选育前的 6.12μg/头降低到 1.89μg/头。

为了明确单配选育的后代是否有某些不利的生物学因素或生活力的衰退，对选育的敏感品系与亲本进行了虫重、蛹重、性比、羽化率、产卵量、孵化率等的比较。结果表明，单配选育敏感品系的各项生物学指标与亲本比较，差异不明显。说明单配选育的敏感品系是比较正常和健康的，没有出现象植物和其他大型动物在自交后易出现的衰退现象，为其保持和利用提供了可能性。

（四）昆虫抗性品系的选育技术

无论是昆虫抗性发展动态研究，抗药性机制研究还是抗药性遗传研究，都离不开一定抗性倍数的抗药性品系的获得。一般情况下，研究者是在室内连续多代用杀虫剂筛选目标昆虫种群而获得抗药性品系。由于在选择中一般是以杀虫剂处理群体饲养的害虫，这样虽然有利于种群的延续，但往往害虫抗药性发展缓慢，因此研究者多采用群体汰选法与其他方法（如单对交配汰选法等）交替使用来加速抗药性品系的获得。

1. 群体汰选法

群体汰选法是直接从初始种群开始，逐代用汰选剂量去除群体中的敏感个体，而最终选育出抗性品系的方法。这一方法比较简单，适用于较难饲养、生殖力低的昆虫种类。

第一步，从用药水平较高的田间获得具有一定抗性水平的初始种群，在测定完其杀虫剂的毒力后，进行扩大繁殖；第二步，用汰选剂量（一般为初始种群的 LD_{70} 剂量）处理种群，使其存活率为 30%～60%；第三步，将健康存活下来的个体群养（F_1 代），取部分作毒力测定，剩余的扩大繁殖；第四步，重复第二、三步骤，逐代选育（可以根据抗性的上升情况逐步提高汰选剂量），直至达到选育目标。如果是要选育出纯合抗性品系，则要到使选育出的种群的抗性不再明显上升，且 LD-P 线的斜率较大为止。

2. 单对交配汰选法

抗性品系的单对交配汰选法与敏感品系的单对交配选育技术和操作步骤基本相同，主要是要将区分剂量改为汰选剂量，而汰选剂量的设定原则又与群体汰选法一样。这里不再赘述。

单对交配汰选法能加快抗性品系的汰选进程，但不宜长时间用这种方法，以防近亲繁殖的衰退而不利于种群的保留。卢美光和范贤林（2002）认为，在群体汰选中穿插几代单对汰选，选出 3～5 对亲本，不但可加速抗性品系的选育，且对种群的延续没有不良影响。

3. 抗性品系选育实例：甜菜夜蛾对溴氰菊酯抗性品系选育（马琛，2006）

1）供试甜菜夜蛾：2003 年 9 月，从湖北荆州地区棉田采回，在实验室连续饲养的种群。幼虫 3 龄前在养虫缸内用人工饲料群集饲养，3 龄后挑入 24 孔盘单头饲养。饲养条件为：温度（27±1)℃，相对湿度 70%左右，光照周期 L∶D=14h∶10h。

2）供试药剂：98%溴氰菊酯原药，法国罗素尤克福公司生产。

3）毒力测定方法：采用 FAO 推荐的微量点滴法，待幼虫长至 4 龄 1 日龄，16～20mg/头时测定。用丙酮将药剂稀释成系列浓度，用微量点滴器按 0.10μL/头剂量点滴到试虫前胸背板，对照组用丙酮处理。每个浓度处理 30 头，重复 3 次。处理后分别放入含人工饲料的养虫盒内，单头饲养。24h 后检查死虫数，求出 LD_{50} 值。

4）抗性品系选育方法：采用群体汰选和单对交配汰选相结合的方法。群体汰选，即用 LD_{70} 剂量处理群体饲养的 4 龄幼虫，使死亡率维持在 30%左右，处理后存活的个体作为下一代筛选的种虫。单对交配汰选，即选取同一天羽化的成虫若干进行单对交配，对交配成功的单对后代饲养至 4 龄时，取每个单对家系的幼虫 50 头，用 LD_{70} 剂量进行处理，对死亡率较低的若干个家系中未用药剂处理的幼虫饲养至化蛹后再合并群养，以作继续汰选用。

5）选育结果：经过 12 代的饲养和药剂汰选，其中 F_5 代和 F_7 代是穿插的单对交配汰选，F_9 代和 F_{10} 代为复壮饲养，被选种群对溴氰菊酯的抗性达到 17.78 倍（表 11-6）。

表 11-6　甜菜夜蛾对溴氰菊酯的抗性汰选

代别	选择压/(μg/头)	平均死亡率/%	毒力		抗性比
			回归方程	LD_{50}/(μg/头)(95%置信区间)	
基线	—	—	$y=1.2639X+5.3451$	0.0053 (0.0025～0.0087)	1
F_1	—	—	$y=0.7622X+4.7816$	0.0081 (0.0054～0.0129)	1.52
F_2	0.002	30	—	—	—
F_3	0.003	30	—	—	—
F_4	0.011	26	$y=0.8653X+4.6249$	0.0271 (0.0204～0.0329)	5.08
F_5	0.0275	20～80	—	—	—
F_6	0.05	55	$y=0.9101X+4.3178$	0.0561 (0.0309～0.1608)	10.53
F_7	0.055	30～100	—	—	—
F_8	0.09	80	$y=0.6729X+4.3610$	0.0890 (0.0386～0.6251)	16.69
F_9	—	—	—	—	—
F_{10}	—	—	—	—	—
F_{11}	0.14	85	—	—	—
F_{12}	—	—	$y=0.9594X+4.0626$	0.0948 (0.0540～0.2608)	17.78

注：数据来源于马琛（2006）。

F_5 代单对交配 50 对成虫，其中正常产卵孵化 38 对，以 LD_{70} 处理各个家系，取死亡率小于 30%的 11 个家系未用药处理试虫混合留种。F_7 代单对交配正常产卵孵化 18 对，以相同的选择压处理各个家系后，取死亡率为 0%的 4 个家系未用药处理试虫混合留种。

经过 F_5 代和 F_7 代 2 次单对筛选，对药剂的抗性水平均有显著的提高，由 F_4 的

5.08 倍分别提高到 F_6 代的 10.53 倍和 F_8 代的 16.69 倍，与群体汰选过程相比，筛选效率明显较高。比较 F_5 和 F_7 各家系死亡率分布情况发现，F_5 代的 38 个株系在相同剂量的选择压力下死亡率有较大差别，个体异质性大；而 F_7 代单对交配死亡率基本是均匀分布，各家系间药剂敏感性差异明显减小，表明单对筛选促进了纯合抗性基因的选育。

二、昆虫抗药性测定技术

害虫对杀虫剂是否产生了抗性，需要通过检测才能知道；而这种抗药性发生的程度、范围、发展等时空变化情况则必须通过监测来了解。测定抗药性必须采用相同的方法才能比较，为此，早在 1956 年世界卫生组织（WHO）即开始制定一系列卫生害虫抗药性的标准测定方法。到 1967 年，美国昆虫学会拟出了棉铃象甲的标准测定方法和红蜘蛛的试行测定法。1969 年后联合国粮食及农业组织（FAO）开始制订农业害虫抗药性测定标准方法。唐振华和张泰平（1974）根据中外害虫种类不同，结合我国的实际情况，参考国外标准方法和国内已报道的卫生害虫和农业害虫的测定方法，提出了我国主要农业害虫抗药性测定方案。

（一）抗药性测定原理

抗药性种群的主要特征就是其对杀虫剂的毒力下降，因此，抗药性测定实际上最直接的就是测定某药剂对同种昆虫的不同种群（待测种群与敏感种群）间的相对毒力。根据其抗性指数（resistant index），即待测种群的 LD_{50} 与敏感种群的 LD_{50} 的比值，就可判别所测种群是否产生抗药性及其抗性程度。

对农业害虫来说，一般抗性指数达到 5 以上，就可认为产生了抗药性；而对卫生害虫来说，一般抗性指数 5～10 以上才认为已产生抗药性。农业害虫的抗性程度还可以进一步划分：$RI<3$，敏感；$3\leqslant RI<5$，敏感性下降；$5\leqslant RI<10$，低水平抗性；$10\leqslant RI<40$，中等水平抗性；$40\leqslant RI<160$，高水平抗性；$160<RI$，极高水平抗性。

然而，害虫抗药性产生的本质是由于种群中带抗性基因（R）的个体的频率（比率）增加。这些基因又是通过表皮穿透下降、代谢增强、靶标敏感性下降、或行为改变等机制来增强对药剂的抵抗的。因此，通过测定待测种群与敏感种群中抗性个体的频率、生理生化等指标差异，也能间接地了解待测种群是否产生抗药性。

（二）抗药性测定方法

当遇到杀虫剂在某地区使用的防治效果下降，或要了解害虫对杀虫剂敏感性的变化时，应进行抗药性测定。害虫抗药性测定最常用的方法就是生物（毒力）测定法，其技术和方法与本章第二节中杀虫剂的毒力测定的技术和方法相同。所要注意的是，必须同时测定药剂对敏感种群的毒力。当然，如果手头没有敏感种群，而又已有敏感基线（杀虫剂对敏感种群的毒力线）或相关文献数据，在保证条件、材料与方法完全一致的情况下，也可以只测抗性种群的毒力，从而得出抗性情况。

毒力测定法是抗药性检测和监测的基本方法。但是，由于毒力测定法要求的测定技术和条件高、所需试虫数量大、测定步骤多等原因，对于一些需要快速了解害虫抗性发生与发展、测定量大、试虫数量有限的抗性测定（特别是监测）工作，在已获得毒力基线或有敏感种群的基础上，还可以采用诊断剂量法、神经电生理检测法、生物化学检测法、免疫学检测法和分子生物学检测法等多种方法（潘志萍和李敦松，2006）。由于神经电生理检测法、生物化学检测法、免疫学检测法和分子生物学检测法等是在阐明了害虫抗性机制后才能应用的方法，且目前应用也还很不普遍，故本书不作详述。

（三）诊断剂量法

为了能初步了解害虫的某一个种群是否已产生抗药性，可以用单独的一个“诊断剂量”（diagnostic dose），又称“区分剂量”（discrimination dose），来测定试虫的剂量反应，以此来代替毒力测定中的一系列剂量处理，减少工作量和试虫等材料。如果试虫对诊断剂量的致死反应下降达某一程度，则可以认为该种群已产生抗药性。因此，诊断剂量法不能获得完整的毒力线和准确的抗性倍数，但方法简单，便于初测。

诊断剂量法是联合国粮食及农业组织建议用于害虫抗性田间监测的方法，它可以区分种群抗性个体和敏感个体，能监测种群中抗性个体频率的微小变化，无论是用于早期诊断还是抗性治理措施的效果评估都比致死中浓度（LC_{50}）或致死中量（LD_{50}）更灵敏、准确。

所谓诊断剂量即是一个能够区分敏感与抗性个体的剂量，一般是敏感基线或正常种群毒力线的 LD_{99} 或 LC_{99}。理论上，如果害虫没有产生抗药性，用这一剂量处理，试虫的致死反应应为 99%。显然，当用这一剂量处理供试种群，如果试虫的死亡率大幅低于 99%（一般 5%以下），即抗性个体的频率在 95%以上，则可以认为该种群已对该药剂产生了抗性。

用敏感种群的毒力基线确定诊断剂量要求有害虫的敏感品系，但绝大多数害虫的敏感品系都很难获得，因而只能选择较为敏感的种群作为相对敏感品系进行研究。从害虫抗性角度看，害虫田间自然种群按不同基因型和表现型可分为敏感纯合子（SS）、杂合子（RS）和抗性纯合子（RR），抗性表现型分为敏感个体和抗性个体。因而田间自然种群对杀虫剂的剂量反应也有一定差异。以 20～30 个梯度药剂剂量测定获得的 LD-*P* 曲线具有若干个平坡和拐点，平坡和拐点的数量与种群抗性基因的个数和显隐性有关。用平坡和拐点法确定诊断剂量不需要得到敏感基线，从而可以监测无法得到敏感品系的田间害虫种群的抗药性。

1. 测定步骤

1）用同种害虫的正常或敏感品系进行毒力测定，求出毒力基线和 LD_{99} 或 LC_{99} 剂量值。如果没有敏感品系，则可从田间采集相对敏感种群，按毒力测定的方法，设置20～30 个梯度浓度或剂量测定药剂的剂量反应，以对数剂量概率值法作图，找出概率值在 6.28 以上（对应的死亡率为 90%以上）的平坡（抗性平坡），将平坡所对应的剂量确定为诊断剂量。

2）选取室内饲养试虫供试。如果是田间采集的试虫，在条件允许的情况下，应室内饲养 2 或 3 代或至少一个龄期，以保证从不同地区和不同时期采集的试虫的生育状态一致。

3）按测定正常品系毒力的方法和条件，用诊断剂量（LC_{99}、LD_{99}、或抗性平坡剂量）处理试虫，并设对照组处理。

4）如果对照组试虫的死亡率在20%以下，可计算处理组试虫的校正死亡率。否则，需重新测定。

5）当处理组试虫的校正死亡率低于5%，可以认为已产生抗性。

2. 测定实例

傅建炜等（2006）用诊断剂量法对福建4个菜区的黄曲条跳甲抗性进行了监测。试虫为采自福建省内4个菜区的黄曲条跳甲成虫，在自然条件下，于养虫笼内用上海青饲养1周后供试。供试药剂为95.6%毒死蜱原药、88.6%丁硫克百威原粉、95.2%氯氰菊酯原油。由于黄曲条跳甲的化学防治经历了50多年，要获得敏感品系不容易，且尚没有敏感基线数据，因此采用抗性平坡法确定诊断剂量。

1）用丙酮将原药配制成10～30个梯度浓度溶液，用移液枪分别吸取0.8mL均匀点滴于铺在直径为9cm的一次性塑料培养皿上下内面的2张中性滤纸上，使药液在滤纸表面形成一层均匀药膜。每处理3次重复，并设丙酮对照。

2）待丙酮挥发、滤纸晾干后，接入30头以上黄曲条跳甲成虫；2h后将成虫取出，放入生测瓶内，分别用上海青叶片置于25℃、相对湿度为75%～85%、光周期12h∶12h（L∶D）条件下饲养；48h后检测死亡率。

3）根据死亡率测定结果绘制LD-*P*曲线，利用平坡法确定区分敏感个体、杂合个体与抗性个体的诊断剂量。

4）用抗性诊断剂量的药液浓度，按相同方法处理黄曲条跳甲成虫。

5）抗性诊断剂量测定出的存活率即为黄曲条跳甲成虫的抗性个体频率。抗性个体频率在5%以上的为抗性种群。

测定结果表明，毒死蜱的抗性平坡出现在剂量对数为2.27～2.81时，相应的死亡率概率值在6.40左右（死亡率约为92%）；丁硫克百威的抗性平坡出现在剂量对数为2.41～2.88时，相应的死亡率概率值在6.30左右（死亡率约为90%）；而氯氰菊酯的抗性平坡出现在剂量对数为2.00～3.20时，相应的死亡率概率值在6.50左右（死亡率约为93%）。可见，毒死蜱、丁硫克百威、氯氰菊酯3种杀虫剂的抗性个体诊断剂量分别600mg/L、800mg/L和1000mg/L。用诊断剂量测定的福建4个菜区黄曲条跳甲成虫的抗性个体频率显示，除连城朋口种群对这三种药剂均尚未产生抗性外，其他种群对不同药剂均已产生一定的抗性，其中农大校内种群对丁硫克百威的抗性最高。

三、害虫抗药性机制研究技术

根据害虫的抗药性机制的性质可将抗性分为行为抗性、生理抗性和代谢抗性，其中生理抗性和代谢抗性（合称生理生化抗性）是害虫产生抗药性的最主要机制（唐振华，2000）。昆虫抗药性的生理生化机制一般认为主要有杀虫剂对昆虫表皮和神经屏障的穿透率下降（穿透抗性）、昆虫对杀虫剂的解毒代谢作用增强（代谢抗性）和杀虫剂作用靶标敏感性下降（靶标抗性）等三方面，其中又以后二者最为重要。代谢抗性是由于昆虫解毒活性增强而对杀虫剂代谢加速而产生的抗性，它主要涉及细胞色素P450单加氧酶系（P450s，多功能氧化酶系的末端氧化酶）介导的多功能氧化酶系（MFO）、非专一性酯酶系（Est）和谷胱甘肽-S-转移酶系（GST）介导的代谢过程。目前，与抗性有关的靶标主要有乙酰胆碱酯酶（AChE，有机磷和氨基甲酸酯杀虫剂作用靶标）、神经轴突钠离子通道（SC，DDT 和拟除虫菊酯类杀虫剂作用靶标）和 γ-氨基丁酸（GABA）受体-氯离子通道复合体（环戊二烯类和阿维菌素类、吡唑类、二环磷酯类和二环苯甲酸酯类杀虫剂靶标）三种。

（一）穿透与代谢抗性机制研究技术

1. 技术原理

无论是杀虫剂对昆虫表皮的穿透率下降，还是昆虫对杀虫剂的解毒代谢活性增强，其最终结果是使药剂到达昆虫体内靶标的药剂量下降，导致药剂毒力下降。当应用不同的特异性抑制剂（增效剂）能够使其毒力恢复（增效），就表明它能阻断其毒力下降的过程，从而推断出其抗性机制。当然，最直接的证据是比较测定敏感品系与抗性品系昆虫的表皮穿透率（见本章第一节）和各种代谢酶的活性。

2. 研究方法

（1）增效测定法

昆虫是由于表皮穿透下降，还是哪一种或几种解毒酶活性增高引起了抗药性的产生，可以在已经发生抗性的农药内添加抑制剂，看它有无显著的增效作用来探测。常用的抑制剂（又称增效剂）及其功能见表 11-7。

表 11-7　常用增效剂及其功能

名称	英文缩写	功能
氮酮		增加表皮渗透
胡椒基丁醚（增效醚）	PB、PBO	抑制多功能氧化酶
磷酸三苯酯	TPP	抑制羧酸酯酶
脱叶磷	DEF	抑制膦酸酯酶
顺丁烯二酸二乙酯	DEM	抑制谷胱甘肽-S-转移酶
	FMDC	抑制 DDT-脱氯化氢酶
增效磷	SV_1	抑制多功能氧化酶、酯酶及水解酶

测定时，按抗药性测定方法先测出杀虫剂对抗性品系的毒力。然后，用不引起死亡的最高浓度增效剂预处理试虫 1h 后再以杀虫剂处理（张大羽等，1997），或按 1∶1～1∶2 的比例将增效剂与杀虫剂混合（王开运等，2002），然后再次测定预处理后或混合药剂的毒力。按下式计算增效比。

$$增效比值(SR) = 单剂的\ LC_{50}值/(单剂+增效剂)的\ LC_{50}值$$

如果单剂与加增效剂后药剂的 LC_{50} 的 95％置信限不重叠，增效比值远大于 1，则可认为有明显增效，相应的抗性机制受到了增效剂的抑制，从而反推出其抗性机制。

特别要注意的是，由于昆虫本身具有一定抵抗药剂侵入和解毒代谢的功能，即使是对敏感品系的试虫，增效剂也可能产生增效效应。因此，应用这一方法研究害虫的抗药性机制时，可以考虑同时测定敏感品系的增效比。如果抗性品系的增效比远大于敏感品系的增效比，则推断的结果更可靠。

增效剂应用于抗性研究具有简单、方便、有效的优势。但是，利用增效剂只是初步探测抗性机制。这是因为①昆虫体内参与解毒代谢的酶类具许多亚类，各亚类对抑制剂的亲和力有很大的差异；②P450等多功能氧化酶是以代谢外源化合物为主要功能的氧化酶类，具有很强的降解能力，增效剂（如PB、TPP）本身也可能被氧化降解，因而失去抑制作用；③增效剂本身的亚致死作用也可能使增效剂试验产生假象。因此，为了更深入地研究抗性机制，还应从生化和分子生物学角度探明。

3. 增效法研究抗性机制实例

山楂叶螨对水胺硫磷和甲氰菊酯的抗性机制（刘金香等，2006）。

用从果园采集的体色和大小一致的山楂叶螨雌成螨为试虫；甲氰菊酯和水胺硫磷为供试杀虫剂；氧化胡椒基丁醚（PBO）、磷酸三苯酯（TPP）、顺丁烯二酸二乙酯（DEM）、增效磷（SV_1）和氮酮（Azone）为增效剂。采用联合国粮食及农业组织推荐的玻片浸渍法。将双面胶带剪成约2cm长，贴在载玻片的一端，用镊子揭去粘胶上的纸片。选健康、大小一致的雌成螨30头，将其背部粘在胶带上。将玻片置于瓷盒中，4h后镜检，如有死亡，补添活成螨后再进行药剂处理。将带螨的玻片浸入不同浓度药液中，5s后立即取出。用吸水纸吸去玻片和螨体周围的多余药液。然后把处理后的带虫玻片放回上述瓷盒中。将瓷盒置于（27±2）℃、相对湿度95%的培养箱中。24h后镜检，以用昆虫针尖轻轻触动虫体，完全不动者为死亡，记录死亡数。用Abbott公式校正后，用机率值分析法计算毒力。

将增效剂和供试杀虫剂按1∶1比例混配后测定其增效作用。由于SV_1自身有一定的致毒作用，必须同时测定SV_1对山楂叶螨的毒力。

测定结果表明，增效醚、增效磷、顺丁烯二酸二乙酯、磷酸三苯酯和氮酮对水胺硫磷的增效比分别为2.38、4.98、3.85、1.56和1.03。增效磷的增效作用最为明显，而增效醚的增效作用大于磷酸三苯酯，表明对水胺硫磷的抗性与多功能氧化酶和酯酶的解毒代谢活性增强有关，同时，又以多功能氧化酶活性增强的关系较大。顺丁烯二酸二乙酯对水胺硫磷有明显的增效作用，表明其抗性与谷胱甘肽-S-转移酶有关。氮酮没有明显增效作用，表明水胺硫磷的抗性与表皮穿透率无关。同样，5种增效剂对甲氰菊酯的增效比分别为1.56、1.83、3.39、4.35和8.37，可以推测，山楂叶螨对甲氰菊酯的抗性与表皮穿透能力的下降，以及羧酸酯酶和谷胱甘肽-S-转移酶活力提高关系较大，与多功能氧化酶活力的提高也有一定的关系。

（2）代谢酶活性测定法

酯酶活性测定：酯酶是能够断开羧酸酯和膦酸酯键的一类水解酶，因而在有机磷和拟除虫菊酯杀虫剂的代谢中起着重要的作用。包括有：①羧酸酯酶的测定方法，如抗性家蝇羧酸酯酶活性的测定（张咏梅等，2006）和②膦酸酯酶活性测定。

谷胱甘肽-S-转移酶活性测定：昆虫体内的谷胱甘肽转移酶在外源毒物的初级代谢中，尤其是有机磷农药的初级代谢中起重要作用。昆虫体内主要是谷胱甘肽-S-烷基转移酶和S-芳基转移酶2种。目前，测定谷胱甘肽转移酶的活力，主要有DCNB法和碘甲烷法，前者多数用以测定芳基转移酶的活力，后者测定烷基转移酶的活力。包括有：①DCNB比色测定法，②碘甲烷同位素示踪法。

多功能氧化酶活性测定：多功能氧化酶（MFO）是十分重要的解毒酶系，其底物谱极广，几乎能氧化代谢所有的杀虫剂，与许多害虫的抗药性形成有关。多功能氧化酶可催化羟基化反应（包括芳环和脂环的羟基化、脂族侧链的羟基化）；脱烷基反应（包括芳族醚、环醚以及取代胺的脱烷基作用)、环氧化反应以及氧化反应（特别是硫醚及硫酮式膦酸酯的氧化反应)。多功能氧化酶的半衰期短，极易诱导，对不同的底物表现出不同的亲和力。因此，在测定活性时往往用不同的底物来测定其某种催化活性。

代谢酶活性测定的原理和具体方法请详见文献慕立义等（1994）。

（二）靶标抗性的研究方法与技术

杀虫剂的作用靶标包括酶和受体二类。昆虫乙酰胆碱酯酶（AChE，有机磷和氨基甲酸酯类杀虫剂的靶标）的变构、神经钠通道（SC、DDT 和拟除虫菊酯类杀虫剂的靶标）的改变、γ-氨基丁酸（CABA）受体-氯离子通道复合体（环戊二烯类和阿维菌素类、吡唑类、二环磷酯类和二环苯甲酸酯类杀虫剂靶标)、保幼激素受体（JH）敏感性下降等，均导致昆虫产生抗药性。昆虫和蜱螨类对有机磷和氨基甲酸酯抗性的一个重要机理就是其靶标酶对药剂敏感性的降低。杀虫剂靶标抗药性的研究方法和技术与其作用机理的研究方法和技术基本一样，所不同的是，作用机理的研究是要证明杀虫剂对靶标有作用，而靶标抗性机理的研究则是证明杀虫剂对靶标的作用下降了（即靶标对杀虫剂的敏感性下降)。当然，后者的研究也可以通过生理生化、特别是分子生物学的手段证明靶标结构上发生了改变来验证。

1. 靶标酶敏感性下降测定

杀虫剂靶标酶敏感性下降的测定主要是根据酶促反应平衡理论，求出酶的米氏常数(Michaelis constant，K_m）和最大反应速率（V_{max}）两个特征参数。以下以乙酰胆碱酯酶为例介绍测定方法，其他靶标酶的研究方法一样。

昆虫乙酰胆碱酯酶是有机磷和氨基甲酸酯类杀虫剂的作用靶标。乙酰胆碱酯酶发生变异而变得对有机磷酸酯和氨基甲酸酯类杀虫剂不敏感，却是害虫产生抗性的机制之一。鉴定乙酰胆碱酯酶的质是否发生改变，可通过米氏常数（K_m）及最大反应速率(V_{max}）来比较抗性种群与敏感种群的差异，如果敏感品系和抗性品系 AChE 的 K_m 基本相同，则认为没有发生变构；如抗性品系的 K_m 比敏感品系的 K_m 大得多，则表明抗性品系的 AChE 可能发生了变构，对杀虫剂的亲和力降低。米氏常数及最大反应速率测定是在乙酰胆碱酯酶活性测定（本章第三节）的基础进行的。

（1）米氏常数及最大反应速率的测定方法

米氏常数（K_m）和最大反应速率（V_{max}）是酶的最主要的特征常数，可以用来判别酶的性质。Michaelis 和 Menter 最先提出酶促反应中存在着酶-底物中间复合物理论，并把酶促反应过程表示为

$$\mathrm{E+S \underset{}{\overset{K_{+1}}{\rightleftharpoons}} S \xrightarrow{K_{+}} E+P}$$

从这一理论出发，根据化学平衡原理，得到表示底物浓度和反应速度之间关系的方程式，即米氏方程。它的一般表达式为

$$V=\frac{V_{max}[S]}{K_m+[S]}$$

式中，V 为反应速度，V_{max}为最大反应速度，[S] 为底物浓度，K_m 即为米氏常数。

取米氏方程的倒数，$\frac{1}{V}=\frac{K_m+[S]}{V_{max}[S]}=\frac{K_m}{V_{max}[S]}+\frac{[S]}{V_{max}[S]}$

$$\frac{1}{V}=\frac{K_m}{V_{max}}\left(\frac{1}{[S]}\right)+\frac{1}{V_{max}}$$

这样，就转换成了 $Y=aX+b$ 的直线回归方程形式。因此，可测定一系列不同的底物浓度［S］的反应速度 V，以 $Y=\frac{1}{V}$ 对 $X=\frac{1}{[S]}$ 作图可得一直线，其斜率（a）为 $\frac{K_m}{V_{max}}$，截距（b）为 $\frac{1}{V_{max}}$（图 11-7）。或用求直线回归方程的方法求出 a，b 值，从而计算出 K_m 和 V_{max}。

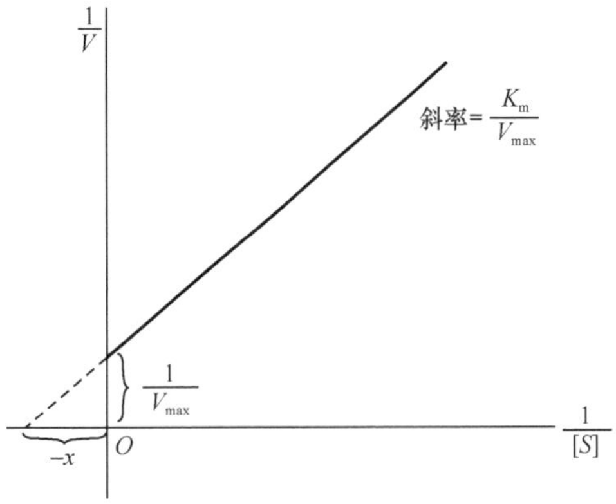

图 11-7　米氏方程取倒数后的图形

另外，从上式可知，当 $V=\frac{V_{max}}{2}$ 时，米氏常数在数值上等于反应速度一半时所需底物的浓度。

$$K_m=\frac{V_{max}[S]}{V}-[S]=\frac{V_{max}[S]}{\frac{1}{2}V_{max}}-[S]=[S]$$

因此，除了上述方法外，也可以用 V 对［S］作图，当 $V=\frac{V_{max}}{2}$ 时，其相应的底物浓度即为 K_m，从而求出 K_m 和 V_{max}。

（2）测定实例

抗性家蝇乙酰胆碱酯酶的变异（张咏梅等，2006）。

供试昆虫：家蝇敏感品系由室内饲养获得，未接触过任何杀虫剂。敌敌畏抗性家蝇为采自天津市内野外种群，经室内饲养至 2 代（F_2）用于试验。

供试药剂及器材：5,5′-二硫代双对硝基苯甲酸（DTNB），Sigma 公司进口分装；碘化硫代乙酰胆碱（AschI），Fluka 公司产品；考马斯亮蓝 G-250 ，英国进口分装。UV-120-02 型分光光度计，Shimadzu 公司产品；电子天平（Sartorius2004MP），Opton 公司产品；高速台式离心机，德国 Ependorf 公司产品；电热恒温水浴锅，北京医疗设备厂产品。

酶液制备：取 50 只家蝇头部，加 pH 7.5 的缓冲液 2mL（含 0.1%Triton X-100），在冰浴中匀浆，匀浆液于 4℃，10 800g 离心 20min，取上清液作为酶源。酶源的蛋白质含量，以牛血清白蛋白为标准蛋白，用考马斯亮蓝 G-250 方法测定。

米氏常数 K_m 与最大反应速度 V_{max} 值的测定：将底物（AschI）配成 5～10 个梯度浓度，实验组取酶液 100μL 分别加入不同浓度底物 100μL（对照组用缓冲液代替），30℃水浴 15min 后各加入 3.6mL DTNB，10min 后在 412nm 测 OD 值。采用直线回归作图法，求出 K_m 与 V_{max} 值。

测定结果表明，与室内敏感品系相比，敌敌畏抗性种群的米氏常数 K_m 有不同程度变小，而 V_{max} 值有不同程度上升（表 11-8），表明天津市野外家蝇种群对敌敌畏的抗性可能与乙酰胆碱酯酶的敏感度下降有关。

表 11-8　家蝇敌敌畏抗性与敏感种群乙酰胆碱酯酶 K_m 与 V_{max} 值

种群	抗性指数	K_m 值/mm	比值	V_{max}值/mm	比值
北辰	18.6	0.2070±0.0227	0.75	6.3442±0.0261	6.24
和平	9.4	0.2572±0.0386	0.93	1.3043±0.1045	1.30
敏感		0.2777±0.0993		1.0006±0.0537	

注：表中数据源自张咏梅等（2006）。

2. 神经敏感性降低及受体亲和力下降测定

昆虫神经敏感性降低及受体亲和力下降引起的杀虫剂抗性主要采用昆虫神经电生理技术、配体受体结合技术和分子生物学技术进行研究。由于有关主要实验技术已在本章第三节作了介绍，这里仅以实例说明。

（1）研究实例一

家蝇中枢神经系统对 DDT 和拟除虫菊酯不敏感性的研究（赵文柱等，1992）。以室内饲养的羽化后第 4 天雌性家蝇为试虫，其中有敏感品系（NP）、抗 DDT 品系（DDT-R）和抗二氯苯醚菊酯品系（2Cl-R）。DDT（纯 PP′同分异构体）和二氯苯醚菊酯为供试药剂。

1）杀虫剂生理盐液的配制：杀虫剂均以丙酮配成一定浓度的母液贮于冰箱内，实验时再用生理盐水（mg/100mL：NaCl 980.0，KCl 100.0，$CaCl_2$ 50.0，$NaHCO_3$ 20.0，Na_2HPO_4 12.0）将杀虫剂逐次稀释到所需浓度，其中丙酮含量不超过 0.1%，此浓度以下的丙酮不会干扰昆虫正常的神经活动。药液要现用现配，否则长时间静置，杀虫剂易析出。

2）实验操作：用乙醚将雌蝇麻醉后，将一对前足、中足和翅剪掉，用尖镊子将胸、腹片剥离，裸露出中胸神经节。电极均由细钨丝制成，参比电极插入腹部，同时起到固定蝇体的作用，记录电极插入后足股节末端，恢复 3～4min 后，用微量注射器将 1μL 的药液滴于裸露的中胸神经节上。通过日立 VC-6020 示波器直接对后足的电活动进行观察。如果 20min 内记录到明显的动作电位爆排现象，则认为该虫体的中枢神经对此浓度的杀虫剂敏感，每浓度重复 20 头家蝇。求出不同浓度下家蝇发生动作电位爆排反应率，最后用直线回归方法求出有效中浓度（ED_{50}），以此判定家蝇对某一杀虫剂神经敏感性的指标。实验在（22±2）℃条件下进行。

3）实验结果：测定清楚地表明，抗性家蝇 CNS 对 DDT 及二氯苯醚菊酯的敏感性明显降低，其中对二氯苯醚菊酯下降了 1833.3 倍，对 DDT 下降了 666.7 倍以上。认为 CNS 的不敏感性是家蝇对 DDT 及拟除虫菊酯产生抗性的一个重要机制。

（2）研究实例二

小菜蛾烟碱样胆碱受体（nAChR）靶标敏感性测定（程罗根等，2008）。以杀虫双抗性品系和敏感品系小菜蛾（抗性指数 123 倍）为试虫。

1）主要试剂：α-Bungarotoxin（Sigma 公司），1mL 亲和层析柱、（3-[^{125}I] iodotyrosyl）α-Bungarotoxin（Amersham 公司）（200μCi/mL）。

2）亲和层析柱的制备：1mmol/L HCl 洗柱，加 α-Bungarotoxin（5mg/mL）于 4℃保持 4h；用缓冲液 A（0.5mol/L ethanolamine，0.5mol/L NaCl，pH 8.3）和缓冲液 B（0.1mol/L acetate，0.5mol/L NaCl，pH 4）反复洗柱 3 次，去除多余的未与 α-

Bungarotoxin 连接的活化位点；平衡缓冲液（20mmol/L PBS）平衡柱子备用。

3）幼虫头部全蛋白的提取：取若干小菜蛾的头部于裂解液（1% TritonX-100，50mmol/L Hepes，150mmol/L NaCl，0.5mmol/L EDTA，0.5mmol/L EGTA，1mmol/L NaF，2mmol/L PMSF）中冰上研磨 30min，12 000g 离心 10min，取上清液备用。

4）受体的纯化：将提取的小菜蛾头部的全蛋白加入到制备好的亲和层析柱中 4℃共同孵育 6h 后，在冰中用 10 倍柱体积的平衡洗脱液（20mmol/L PBS）洗脱，去除未与 α-Bungarotoxin 结合的杂蛋白。再用洗脱液（20mmol/L PBS，1mol/L NaCl）洗柱子收集目的蛋白，并立即于 VDB（10mmol/L MOPS，100mmol/L NaCl，0.1mol/L EDTA，0.02% NaN_3）缓冲液中 4℃反复透析，－70℃保存备用。蛋白定量以 5 倍体积的考马斯亮蓝 G-250 加 1 倍体积的蛋白质样品（2mL，1.6mg/mL），摇匀，静置 10min，595nm 检测光吸收值，对照标准曲线换算出蛋白质的浓度。

5）放射性免疫反应：将过量的（3-［^{125}I］iodotyrosyl）α-Bungarotoxin 与纯化的小菜蛾神经乙酰胆碱受体于 4℃共同孵育过夜。在 VDB 缓冲液（10mmol/L MOPS，100mmol/L NaCl，0.1mmol/L EDTA，0.02% NaN_3，pH 7.3）中反复透析，直至未与小菜蛾神经乙酰胆碱受体结合的多余（3-［^{125}I］iodotyrosyl）α-Bungarotoxin 完全去除。γ 射线测定仪检测试验结果。

6）测定结果：纯化后获得小菜蛾头部组织内源的神经乙酰胆碱受体（大约为全蛋白 1/30 的量）。与（3-［^{125}I］iodotyrosyl）α-Bungarotoxin 的结合产物经过 γ 射线测定仪检测，结果看出，抗杀虫双小菜蛾神经乙酰胆碱受体有显著的靶标不敏感性，方差检验 T 值达到 3.26。

四、昆虫抗药性遗传力的研究方法

遗传力（heritability）估计是数量遗传学中研究生物群体遗传结构变化趋势的基本方法之一。由于这种方法不需对控制性状的基因数作任何假设，因此在不清楚控制抗性的基因数目的情况下，利用它进行抗性种群遗传分析非常有用。这一方法自 Via 于 1986 年引入害虫种群抗性进化研究以来，日益受到害虫抗性治理研究工作者的普遍关注（莫建初和唐振华，1997）。

昆虫抗药性的发展趋势主要是由其抗性基因所决定，而且抗性基因在害虫不同世代之间是能够遗传的。那么在害虫的世代交替过程中其抗性基因的遗传程度有多大，这就涉及抗性遗传力问题。遗传力分为广义遗传力和狭义遗传力，前者表示个体表现型由基因型决定的程度，也叫遗传决定度（degree of genetic determination），由于它的理论意义多于实际意义，在害虫抗性中研究较少；后者表示表现型受到由亲本所传递的基因所决定的程度，由于它决定亲属间的相似度，因而在实际应用中有很大意义。昆虫抗药性遗传力就是指狭义遗传力（narrow sense heritability，简称遗传力）。

由数量遗传学分析可知，狭义遗传力 $h_n^2=V_A/V_P$；V_A 为加性遗传方差、V_P 为表现型方差。

$$V_P = V_G + V_E = V_A + V_D + V_I + V_E$$

式中，V_G 为遗传方差；V_E 为环境方差；V_D 为显性方差；V_I 为互作方差。

昆虫抗药性遗传力的测定方法有多种，包括亲子回归分析（offspring-parent regression analysis）、阈性状分析（threshold trait analysis）和同胞分析（sibling analysis）等方法（孟香清等，1999）。亲子回归分析是通过对子代和亲本的相似程度来估算遗传力的，它是对遗传力的直接估计，但由于误差较大，同时它需要进行单对交配设计，而且雌雄两性的方差不一定非常相近，所以估算遗传力的过程较为复杂，一般很少用于估算昆虫抗性遗传力。同胞分析和阈性状分析的具体方法详见郭平仲（1993）、孟香清等（2000）、兰亦全等（2006）的研究。

五、昆虫抗药性遗传方式的研究技术

昆虫的抗药性是一种遗传性状。研究该性状的遗传方式，可对抗性的发生速度和水平作出评判，有助于找出延缓和克服抗性的办法。若昆虫的抗性呈单因子遗传则其抗性谱较窄，就可使用增效剂或用尚未发生抗性的杀虫剂来克服抗性。多因子遗传的抗性虽然抗性发展较缓慢，但抗性谱较宽，用上述方法很难克服，必须要有新的策略。因此，对害虫抗性的遗传方式研究，了解其内在规律就十分重要。

昆虫抗药性遗传方式的研究较早，由于研究难度相对较小，目前也是研究较多的一个方向。各国学者早在20世纪50～60年代就对昆虫抗性的遗传方式做了研究，并在70年代对抗性的遗传生化研究取得了进展，这些研究为80年代的抗性分子遗传学打下了良好的基础。

抗性遗传方式研究有以下三个方面。

1）确定抗性的单因子或多因子遗传，即抗性是由染色体上的单个基因或多个基因决定的。

2）抗性基因的显隐性关系。

3）抗性基因的连锁群及其在染色体上的座位。

在抗性遗传方式研究中，要求抗性和敏感的昆虫品系必须是纯合的，且抗性品系必须是单一药剂选育出来的，不然结果无法分析，或者会得出错误的结论。田间采集的敏感或抗性种群不能用于抗性遗传方式的研究。抗性遗传方式研究的方法有两种，一是用LD-P线进行抗性遗传分析；二是用遗传标记品系进行抗性遗传分析。（具体方法请详见唐振华和吴士雄，2000；唐振华，1993）。

思　考　题

1. 请思考分析一下影响杀虫剂穿透昆虫表皮的因素有哪些，实验时应如何控制？

2. 液体闪烁计数法测定杀虫剂对昆虫表皮的穿透和在虫体内的分布的技术要点是什么？

3. 如果供试昆虫对所测杀虫剂有强降解能力，此放射性标记的杀虫剂进入虫体后会出现什么情况？

4. 在毒力测定时如果使用商品制剂作为供试药剂会有什么问题？能得出可靠的毒力数据吗？

5. 杀虫剂毒力测定和作用方式测定时的药剂处理方法有什么不同？

6. 请设计一个昆虫生长调节剂对家蝇幼虫的毒力测定方案。

7. 为什么在杀虫剂作用机理的研究中对中毒症状的观察非常重要？简述有机磷类杀虫剂的中毒症状与作用机理研究的关系。

8. 印楝素和鱼藤酮的作用机理各有什么特点？

9. 请以消化毒剂苦皮藤素Ⅴ为例，简述其作用机理研究的方法。

10. 根据抗药性测定技术原理，如何知道所选育出来的昆虫敏感或抗性品系已是纯合子品系？

11. 昆虫抗药性机理研究为什么主要要测定各种代谢酶的活性？

12. 如要研究小菜蛾对阿维菌素的抗性机制，你会如何下手，并做哪些测定？

13. 简述昆虫抗药性遗传力的测定结果对害虫抗药性的治理有什么实际指导和参考意义。

参考文献

曹煜. 1992. 一种室内选育叶螨敏感品系的简易方法. 植物保护，18(2)：54

陈立，徐汉虹，闻晏连等. 2001. Potter 喷雾法操作因子对杀虫剂毒力的影响. 华南农业大学学报，22(2)：31～34

陈年春. 1991. 农药生测技术. 北京：北京农业大学出版社

陈祖义. 1994. 核技术农业应用实验. 北京：农业出版社

程罗根，于光，李忠英. 2008. 小菜蛾 nAChR 靶标敏感性与沙蚕毒素类药物的抗性关系. 中国农业科学，41(4)：1048～1052

戴光复，金月英，田源等. 2006. 冰冻切片放射自显影技术在剂量研究中的应用. 国际放射医学核医学杂志，30(5)：264～267

邓天福，王争艳，尉吉乾等. 2008. 4 种植物提取物对两种储粮害虫的驱避作用. 安徽农业科学，36(2)：614，615

邓志勇，邓业成，刘艳华. 2007. 木荷提取物对小菜蛾和菜青虫的拒食活性. 农药，46(12)：854～856

杜孟浩. 2004. 褐飞虱危害诱导的水稻挥发性互益素释放机制研究. 杭州：浙江大学博士学位论文. 40，41

段文贞，屈志炜，张均田. 1997. 用反相高效液相色谱柱-柱后衍生化-电化学检测器测定乙酰胆碱. 药学学报，42(2)：113～119

傅建炜，李建宇，林泽燕等. 2006. 诊断剂量法在黄曲条跳甲抗性监测中的应用. 福建农林大学学报(自然科学版)，35(5)：475～479

龚国玑，王荫长，尤子平. 1986. 小地老虎及粘虫对灭幼脲表现自然耐药力的体壁结构和生化基础. 昆虫学报，29(3)：259～266

郭敦成. 1989. 农药穿透经验规律初步研究. 湖北农学院学报，(2)：34～41

郭平仲. 1993. 数量遗传学分析. 北京：首都师范大学出版社

韩招久，李凤良，李忠英等. 1998. 小菜蛾对杀虫药剂敏感品系的选育. 植物保护学报，25(4)：355～358

何林，谭仕禄，曹小芳等. 2003. 朱砂叶螨的抗药性选育及其解毒酶活性研究. 农药学学报，5(4)：23～29

何首林，易永. 1983. 氚标记昆虫保幼激素类似物 738 在家蚕体内的吸收和排泄. 昆虫学报，26(2)：121～129

何运转，李梅，冯国蕾. 1999. 拟除虫菊酯对家蝇 Na^+-K^+-ATPase 抑制作用的研究. 昆虫学报，42(1)：19～24

贺师鹏，胡雅儿，夏宗勤. 2004，受体研究技术。北京：北京大学医学出版社，58～107

侯俊能，邓启荣，林国芳等. 1990. ^{14}C-马拉硫磷及其混剂对玉米螟幼虫体表的穿透能力. 核农学报，4(4)：243～246

胡兆农. 2003. 苦皮藤Ⅳ和Ⅴ及其混用的作用机理研究. 西北农林科技大学博士学位论文

胡兆农，程丹，戴亚丽等. 2008. 昆明山海棠杀虫活性成分雷公藤定碱和雷公藤次碱的触杀作用及对 Na^+-K^+-ATP 酶活性的影响. 农药学学报，10(1)：75～79

黄剑，吴文君. 2004. 利用 EXCEL 快速进行毒力测定中的致死中量计算和卡方检验. 昆虫知识，41(6)：594～598

姬志勤，胡兆农，杨兆富等. 2003. 敌百虫内吸作用的测定. 农药科学与管理，24(9)：29～30

江志利，陈安良，白伟等. 2002. 六种植物精油对家蝇的熏蒸及触杀毒力测定. 农药学学报，4(1)：85～88

兰亦全，赵士熙. 2003. 几种杀虫剂对甜菜夜蛾的毒力. 福建农林大学学报，32(3)：301～304

兰亦全，赵士熙，吴刚. 2006. 甜菜夜蛾对三种拟除虫菊酯类杀虫剂的抗性遗传力及风险评估. 应用生态学报，17(3)：468～471
李腾武，高希武，郑炳宗等. 2000. 小菜蛾对阿维菌素的抗性遗传方式和相对适合度研究. 昆虫学报，43(3)：255～263
李秀岚，李友莲，张利军. 2008. 红蓼拒食活性组分的分离及其对小菜蛾幼虫消化酶活性的影响. 植物保护，34(2)：49～52
梁小松，刘勇，张绍红等. 2007. 两种乳白蚁对几种物质的嗅觉反应及触角电位测定. 南京林业大学学报(自然科学版)，31(2)：55～58
林荣华，姜辉，刘亮等. 2004. Potter 喷雾塔用药量指标的初步探索. 农药科学与管理，25(3)：19～21
刘金香，韩巨才，刘慧平. 2006. 山楂叶螨抗药性机制的初步研究. 四川大学学报(自然科学版)，43(6)：1364～1368
刘旭伟，焦惠贤. 2008. 改良微波技术在快速石蜡切片中的应用. 新疆医学，38：49～50
刘永杰，沈晋良. 2003. 甜菜夜蛾对氯氟氰菊酯抗性的表皮穿透机理. 昆虫学报，46 (3) ：288～291
卢美光，范贤林. 2002. 单对汰选方法在加速抗高效氯氟氰菊酯棉铃虫品系汰选中的应用. 农药学学报，4(2)：89～92
罗世琼，杨占南，余正文等. 2007. 天葵块根提取物对菜青虫、小菜蛾生长发育的影响. 西南师范大学学报(自然科学版)，32(3)：117～120
马琛. 2006. 甜菜夜蛾对溴氰菊酯的抗性选育及生化机理研究. 华中农业大学硕士学位论文
马志卿. 2002. 不同类杀虫药剂的致毒症状与作用机理关系研究. 西北农林科技大学博士学位论文
孟香清，芮昌辉，赵建周等. 2000. 棉铃虫对菊酯类药剂的抗性狭义遗传力. 植物保护学报，27(2)：183～187
孟香清，赵建周，魏岑. 1999. 研究害虫抗药性遗传力的几种方法. 农药科学与管理，20(2)：20～24
莫建初，唐振华. 1997. 数量遗传学在害虫种群抗性进化研究中的应用. 昆虫知识，34(3)：183～186
慕立义，吴文君，王开运. 1994. 植物化学保护研究方法. 北京：中国农业出版社. 37～45
潘志萍，李敦松. 2006. 昆虫抗药性监测与检测技术研究进展. 应用生态学报，17(8)：1539～1543
裴晖，欧晓明，王永江等. 2006. 溴虫腈的杀虫活性及作用方式研究. 现代农药，5(1)：33～35
沙槎云，白成. 1982. 昆虫肠道蛋白酶对苏芸金杆菌晶体作用的比较. 昆虫学报，25(3)：244～248
尚稚珍，徐建华，苏胜忠等. 1999. 害虫拒食行为调控物质的筛选模型研究. 农药学学报，1 (2) ：25～30
尚稚珍，赵文柱，朱一石等. 1992. 电生理技术检测植物源信息素的拒食效应研究. 自然科学进展—国家重点实验室通讯，(3)：241～246
宋深伟，刘永香，肖平阔等. 2007. 昆虫抗药性遗传的研究进展. 农药研究与应用，11(5)：17～19
谭建国，沈晋良，谭福杰等. 1992. 几种增效剂对氰戊菊酯穿透速率的影响. 南京农业大学学报，15(2)：29～33
唐振华. 2000. 我国昆虫抗药性研究的现状及展望. 昆虫知识，37(2)：97～103
唐振华，吴士雄. 2000. 昆虫抗药性的遗传与进化. 上海：上海科学技术文献出版社
唐振华，张泰平. 1974. 几种农业害虫抗药性测定方法. 昆虫知识，(4)：26，35～39
田雨，冷欣夫. 1999. 溴氰菊酯对不同品系家蝇脑突触体膜蛋白磷酸化及 ATP 酶的活性的影响. 昆虫学报，42(2)：113～119
王开运，姜兴印，仪美芹等. 2002. 甜菜夜蛾抗药性及其机理. 植物保护学报，29(3)：229～234
王巧兰，夏敬华. 2004. 农业害虫抗药性及其治理. 植物保护，30(6)：15～18
王清锋，陈安海. 1992. 农药穿透毒理研究进展. 农药译丛，14(5)：51～54，62
魏方林，杨挺，朱国念. 2001. HPLC 在杀虫剂表皮穿透研究中的应用. 宁波高等专科学校学报，13(S)：86～88
吴文君. 1988. 植物化学保护实验技术导论. 西安：陕西科学技术出版社. 72～77
吴益东，沈晋良，尤子平. 1994. 棉铃虫对氰戊菊醋抗性和敏感品系的选育. 昆虫学报，37(2)：129～136
肖丹青，冷欣夫. 1994. 不连续 Ficoll 密度梯度法分离家蝇脑突触体. 昆虫知识，31(2)：101～103
严福顺. 1995. 鳞翅目昆虫的味觉感受器及其电生理研究方法. 昆虫知识，32(3)：169～172
杨国璋，浦晓莺. 2000. 苜蓿蚜敏感品系的纯化. 浙江化工，(增刊)：59～60
杨润亚，刘惠霞，胡兆农. 2000. 苦皮藤素Ⅴ引起粘虫兴奋的作用机理初探. 西北农林科技大学学报，28(5)：18～21
曾鑫年. 1987. 介绍二种记录昆虫取食行为的电子装置. 昆虫知识，24(3)：184～186

曾鑫年，熊忠华，郭景等. 2006. 多杀菌素对红火蚁的毒力及传导毒杀作用. 华南农业大学学报，27(3)：26～29
张大羽，程家安，陆永华. 1997. 杭州市区德国小蠊抗药性及增效剂的作用. 中国媒介生物学及控制杂志，8(2)：114～118
张福田，姜永嘉，徐慧勤等. 1985. 放射性同位素^{45}Ca在黑粉虫(成虫)体内的分布. 粮食储藏，(5)：5～7
张可君，何义国，周俗等. 2005. 瑞香狼毒素对菜粉蝶幼虫的杀虫活性. 植物保护学报，23(3)：305～308
张青阳，管致和. 1986. 石蜡切片扫描法在昆虫病毒病理学研究中的应用. 北京农业大学学报，12(2)：174
张帅，曾鑫年，马莉敏等. 2007. 表鱼藤酮对映体杀虫作用机理的研究. 中国农业科学，40(12)：147～151
张翼，于飞，曾鑫年. 2004. 取食量对斜纹夜蛾生长发育的影响. 湖南农业大学学报(自然科学版)，30(6)：565～568
张咏梅，孙晨熹，李今越. 2006. 天津地区家蝇抗药性水平及与两种解毒酶的关系. 昆虫学报，49(3)：538～542
张宗炳. 1963. 昆虫毒理学. 北京：科学出版社
赵善欢. 1993. 昆虫毒理学. 北京：农业出版社
赵文柱，冯国蕾，赵勇等. 1992. 家蝇对DDT和拟除虫菊酯的重要抗性机制——中枢神经系统的不敏感性. 昆虫学报，35(4)：393～398
赵新成，阎云花，王睿等. 2004. 昆虫神经生物学研究技术：触角电位图记录. 昆虫知识，41(3)：270～274
Busvine J R. 1981. FAO Plant Production and Protection Paper 21: Recommended methods for measurement of pest resistance to pesticides. Rome. 119～122
Fang N B, Casida J E. 1998. Anticancer action of cubé insecticide: correlation for rotenoid constituents between inhibition of NADH: ubiquinone oxidoreductase and induced ornithine decarboxylase activities. Proc Natl Acad Sci U S A, 95: 3380～3384
Ffrench-Constant R H. 2006. Which came first: insecticides or resistance? Trends in Genetics, 23(1)：1～4
Firko M J, Hayes J L. 1991. Quantitive genetic analysis of larval resistance to cypermethrin in tobacco budworm (Lepidoptera: Noctuidae). J Econ Entomol, 84(1)：34～40
Gerolt P. 1983. Insecticides: their routs of entry, mechanism of transport and mode of action. Biological Review, 58: 233～274
Glass R H, Drouin M T, Ericsson S A. 1991. The resazurin reduction test provides an assessment of sperm activity. Fertility and Sterility, 56：743～746
Gunning R V, Ferris I G. Easten C S. 1995. 甲基1605对棉铃虫、斑实夜蛾毒性、渗透性、组织分布和代谢作用。石尚柏译. 湖北植保，(6)：15，21～23
Kuriachan I, Vinson S B. 2000. A queen is worker attractiveness influences her movement in polygynous colonies of the red imported fire ant (Hymenoptera: Fomicidae) in response to adverse temperatures. Population Ecology, 29 (5): 943～949
Potter C. 1952. Apparatus for applying direct sprays. Ann Appl Biol, 39：2～20
Tabashnik B E. 1992. Resistance risk assessment: realized heritability of resistance to *Bacillus thuringiensis* in diamondback moth (Lepidoptera: Plutellidae), tobacco budworm (Lepidoptera: Noctuidae), and colorado potato beetle (Coleoptera: Chrysomelidae). J Econ Entomol, 85(5)：1551～1559
Tabashnik B E, Mcgaughey W H. 1994. Resistance risk assessment for single and multiple insecticides: responses of indian meal moth to *Bacillus thuringiensis*. J Econ Entomol, 87(4)：834～841
Tanaka Y, Noppum V. 1989. Heritability estimates of phenthoate resistance in the diamond-back moth. Entomol Exp Appl, 52(1)：39～47
Wang Q, Cheng J A, Liu Z M. 2005. Influences of insecticides on toxicity and cuticular penetration of abamectin in *Helicoverpa armigera*. Insect Science, 12：109～119
Wilkinson C F. 1976. 杀虫剂的生物化学和生理学. 张宗炳译. 北京：科学出版社
Wood E, Latli B, Casida J E. 1996. Fenazaquin acaricide specific binding sites in NADH：Ubiquinone oxidoreductase and apparently the ATP synthase stalk. Pestic Biochem Physiol, 54：135～145

（曾鑫年　　李　奕）

第十二章　害虫综合治理研究方法与技术

导读：害虫综合治理是害虫防治的指导策略和原则。本章主要介绍害虫发生危害调查、害虫预测预报、危险性害虫风险分析、防治技术对害虫控制作用的系统评价、经济损害水平及经济阈值、害虫综合治理模式、害虫综合治理专家系统等方面的研究方法、技术的原理、方法和步骤。

第一节　害虫发生、危害调查与评估技术

一、概　述

害虫（insect pest）通常是指其活动对人类利益有害的昆虫种类（包括螨类）。这是从人类维护自己利益出发而给出的概念。害虫与人类争夺了资源，降低了人类对资源的利用率、资源的质量或价值。但是，特定的昆虫种类是否有害常随着时间、地点、数量的不同而不同，一般来说只有当它们的数量达到一定程度的时候才会对人类造成为害。在有害生物综合治理（integrated pest management，IPM）中，害虫是指那些对人类对资源的损害已经超过经济危害允许水平（economic injury level，EIL）的昆虫种类或螨类。

在害虫的研究和防治实践中，主要解决以下几个方面问题，一是研究害虫的形态学、生物学、生态学和生理学特性等，以准确调查、鉴定害虫，掌握它发生和危害规律；二是研究环境条件与害虫发生和种群数量消长之间的关系，明确害虫种群动态规律，根据害虫生物学、生态学习性和发生规律，找出控制害虫种群数量的关键因子和害虫生活史中薄弱环节；三是在以上研究基础上，研制、筛选出各种技术措施，并科学合理地应用到防治害虫的实践中，将害虫的危害损失降低到经济危害允许水平以下，获得良好的经济、生态和社会效益（吴福祯，1990；张宗炳和曹骥，1990；陈杰林，1993；丁锦华和苏建亚，2002；丁岩钦和丁雷，2005；洪晓月和丁锦华，2007）。

适用于昆虫种群研究的生态学方法很多，在害虫发生、危害调查与评估工作中最常用和最基本的研究技术是野外实地调查（罗河涛，1984；汪世泽，1993；张文军，2007）。害虫发生危害研究的目的是运用科学的方法进行实地调查研究，获得特定区域内害虫种类、结构、虫口数量、危害程度等数据和资料，为明确害虫类型、确定防治对象、进行虫情预测预报、确定防治适期、防治指标及防治方法、制定综合防治方案等提供科学依据。害虫发生危害调查是研究害虫生物学、生态学，掌握害虫种群动态规律，进行预测预报、害虫防治等工作的基础和前提（吴福祯，1990；张宗炳和曹骥，1990；陈杰林，1993；牟吉元等，1997；张孝羲和张跃进，2006）。

1. 害虫发生危害调查的类型

害虫发生危害调查一般包括以下几类。

（1）害虫发生种类（害虫相、害虫区系）调查

昆虫区系（insect fauna）是指在一定时间、空间内昆虫种类生存的总体。昆虫区

系调查包括害虫调查、昆虫天敌调查和害虫为害情况、为害程度（或者是作物被害情况、被害程度）调查。害虫发生种类（害虫相、害虫区系）调查是昆虫区系调查中与害虫相关的部分，调查特定地区或生境中害虫种类、数量及寄主受害情况等，确定害虫类型（主要害虫、次要害虫）及防治对象。害虫发生种类调查主要是进行野外实地调查，包括实地观察、采集标本等工作，调查的重点是害虫种类组成（分类、鉴定害虫种类，提出害虫区系名录，区分重要害虫、次要害虫和一般性害虫）。

（2）害虫分布调查

通过调查，明确大尺度空间上某种害虫地理分布及其在各分布区的发生程度，在标明生境特征、确定分布区、数量对比的基础上绘制分布图，并以植物检疫对象地理分布作为划定疫区和保护区依据，或确定该害虫应实施管理的地理区域；明确中、小尺度上该害虫空间分布格局，为正确的抽样技术的制定提供理论依据。

（3）害虫虫口数量调查

害虫虫口数量调查即害虫发生程度调查，是为了掌握害虫发生的准确情况，确定是否采取控制措施等。通过调查，获得特定时间或一段时间内特定空间或生境中害虫种群数量。

（4）害虫危害程度调查或人类资源受害损失程度调查

调查、获得人类资源受害程度，如作物包括被害植株、部位比率或产量、质量损失比率，分析受害原因和估计经济损失，为确定害虫防治适期和防治阈值提供依据。

（5）害虫种群动态规律调查

害虫种群动态规律调查一般在害虫区系、分布、危害程度调查等基础上进行，是对主要害虫的危害和生物学特性等进行深入调查，为研究、预测预报和防治提供科学依据。一般采用系统调查或连续观察的方法，调查、获得害虫的生物学、生态学特性、种群在时间上和空间上的数量动态，即分布与危害、发生世代与发生期，以及在不同时期、不同生态环境中数量变动等情况，并分析种群数量变动与环境因子之间的关系，以确定影响害虫种群变动的重要因子、关键因子，为害虫防治对策的制定、防治适期的确定和方法的使用等奠定基础。

（6）防治效果调查

调查采取措施防治害虫前、后虫口数量的变化、残留情况及防治措施对作物、人、畜和天敌等的影响程度，评价该防治措施实施后的经济效益、生态效益和社会效益。

根据调查目的的不同，害虫调查一般又可分为普查和专题调查。普查是以一个地区为对象，进行普遍调查，其目的是查明调查区域内害虫种类、数量、分布和相关的人类资源如作物受害程度。同时，根据调查结果提出一般性的保护措施。这种调查对害虫数量的估计不要求十分精确，但要求调查范围要广。普查为进一步作专题调查、制订植物检疫措施和开展植物保护工作打下基础。如果在普查中发现比较严重的虫害，则要补充进行专题调查，对这种害虫做进一步的分析。

专题调查是以某一种害虫为对象来进行的。其目的是较精确地统计该虫发生数量和危害程度，探索其生物学、生态学习性和发生发展规律等。调查内容包括害虫的数量、分布、危害程度、寄主范围及其抗性、天敌及其作用、环境因素对害虫发生发展的影响、害虫危害所造成的损失、防治方法和防治效果等。

一般在害虫调查中对于一个害虫种类未知的地区，先进行普查，摸清害虫发生种类（害虫相、害虫区系）、害虫分布情况，在此基础上针对重要或主要害虫可根据具体的工作需要、人力、物力、财力和时间等条件，进行虫口数量、危害程度调查或资源受害损失程度、种群动态规律、防治效果等单项或几项综合性专题调查。

2. 害虫发生危害调查方法

害虫发生危害田间调查取样方法包括取样方法、取样方式、取样数量和取样单位 4 个方面（张孝羲等，1979；邹运鼎和王弘法，1989；牟吉元，1990；薛贤清，1992；汪世泽，1993；张孝羲和张跃进，2006）。

（1）取样方法

常用的取样方法包括 4 种，分别是：① 分级取样：一级一级重复多次的随机取样。首先从总体中取得样本，然后再从样本中取样获得亚样本，依此类推，直到便于检查为止；② 双重取样（间接抽样）：调查一个较明显的性状，标示另一个不明显的性状，一般应用于调查某种不易观察或耗费较大才能观测到的性状。这种方法要求，首先是两个性状之间应有密切关系，其次是两个性状中必须有一个性状是比较容易观察到的，而另一个性状也就是我们所要调查的对象是比较难以直接查清的复杂性状，如玉米螟有卵株率和玉米的蛀孔数调查；③ 分段取样（或称阶层取样、分层取样）：当总体中某一部分与另一部分有明显差异时，通常采用分段取样法，如调查林木害虫种类时，可分为根、茎、叶、花和果实等不同部位进行；④ 随机取样：根据总体的大小，按照一定的取样方法、间距和取样单位，实行严格取样，不可有任何主观性。

一般害虫调查中，应用最多的是随机取样的方法。还有一种取样方法，称之为典型取样，是在熟悉害虫种群分布规律基础上主观选定较少量对总体的代表性强的样本进行调查。

（2）取样方式

在随机取样中，常见的取样方式包括如图 12-1 所示的 8 种。各种取样方式适用的情况如下：① 五点取样（图 12-1：1）：这种方法比较简单，取样数量较少。样点可稍大一些，适用于较小或近方形的区域；② 对角线取样：分为单对角线和双对角线两种（图 12-1：2，3，4）。与五点取样法一样，取样数较少，每一样方可稍大；③ 棋盘式取

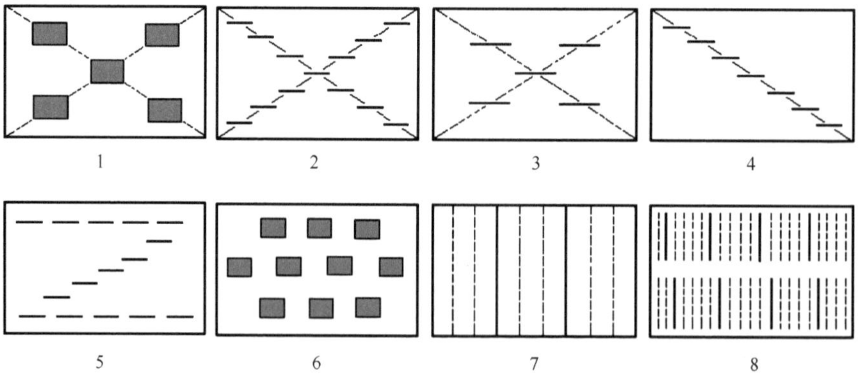

图 12-1　害虫调查取样方式

1～4. 对角线式（■表示面积，—表示长度）；5. "Z" 形式；6. 棋盘式；7. 隔行式；8. 平行线式

样（图 12-1：6）：将调查区域划分为等距离、等面积的方格。每隔一个方格的中央取一个样点，相邻行的样点交错分开。取样数量较多，结果比较准确，但比较费工；④ 单行线取样：包括隔行式、平行线式取样（图 12-1：7，8），适用于成行的作物田，取样样点较多，分布也较均匀；⑤"Z"字形取样（图 12-1：5）：调查区域边缘样点分布较多，中间部分较少。主要用于调查一些在空间上分布不均匀的害虫，如红蜘蛛等。

（3）取样数量

一般来说取样数量越大，所得估计值就越接近总体实际情况。但是，限于人力、物力和时间等条件，取样数量既不能过多，又不能过少。在进行大尺度空间上害虫发生种类或某种害虫地理分布及其在各分布区的发生程度调查时，各基本区域单位（如县级行政区）一般取 5～20 个样点。而进行害虫虫口数量、危害程度调查或作物受害损失程度、种群动态规律、防治效果评估等调查时应在小尺度上害虫空间分布格局研究基础上，决定取样方法，并应用相关的抽样数量模型进行计算、获得合理的抽样数量。一般一个生境取样点数应大于 5 个。

（4）取样单位

抽样单位即样方（sample unit），是指调查时在总体中抽出的需调查的一定单位。抽样单位随调查总体的特征、研究目的等不同而不同。在害虫调查中常用的抽样单位可归纳为以下几种：

1）长度单位：常用于调查条播密植作物和树木枝条上的害虫或受害程度。单位常为 m 或 cm。

2）面积单位：适用于调查地面或地下害虫、密集植物或矮生植物上的害虫，以及害虫密度或受害程度很低的情况。单位常为 m^2、hm^2 或 km^2。

3）体积、容积或重量单位：常用于调查地下害虫、木材害虫、种子或储藏物害虫或受害程度。单位常为 cm^3、m^3、kg。

4）时间单位：常适用于调查较活泼而移动性大的昆虫，以单位时间内捕获、采集或见到的害虫个体数量为表示单位。单位常为 h、d。

5）以植株、部分植株或植株的某一器官为单位：适用于调查稀植或有整齐株行距的植物上的害虫数量或受害程度。当植株较小时调查整个植株上虫口数量，如果植株较大，不易调查整株时则只调查植株的一部分或植株的某一器官。例如，棉花上棉铃虫数量可以以百株棉花卵量或百株棉花幼虫量表示，有时也以叶片、花、蕾、铃、茎、果实、穗等为单位，进行林木、果树等高大植物上害虫调查时常以被害部位为抽样单位。

6）以诱集器具为单位：根据害虫的习性，常设置黑光灯、频振灯、高压汞灯、糖醋酒盆、添加了信息激素的器具、杨树枝把、谷草把、粘虫板、黄皿（黄板、黄盆）、陷阱等器械或装置诱集或捕捉害虫。一般以在一定时间内诱集或捕捉器械或装置中的害虫数量为单位。

7）以网捕或吸虫器为单位：如使用捕虫网、吸虫器等工具调查害虫数量，则以扫网数量、吸取次数等为单位，如百网虫数、百次虫数。

（5）取样方法与空间分布型的关系

根据害虫田间分布型不同，调查取样的方式、方法也不同。害虫田间分布型常见有 3 种：随机分布型、核心分布型、嵌纹分布型。各种分布型的特性及对调查取样的要求如下。

1）随机分布型：昆虫在田间呈稀疏的、个体间距离不等的、比较均匀的分布状态，调查取样时每个个体出现的概率相等，故取样点数可适当少些，样点相应大些。一般多采用对角线式或棋盘式随机取样调查，如玉米螟卵块、菜粉蝶卵的分布等。

2）核心分布型：昆虫在田间分布呈不均匀的状态，个体形成许多相同或不同大小的集团或核心，并向四周做放射状扩散蔓延，核心之间是随机分布的。昆虫个体间是不随机分布的，故取样时取样点数量可多一些，取样点可小一些。一般采用棋盘式或隔行式随机取样调查，如玉米螟幼虫和甘蓝夜蛾幼虫的田间分布等。

3）嵌纹分布型：也是一种不随机分布。昆虫在田间呈不规则的疏密相间、密集程度极不均匀的嵌纹状态，通常由很多密度不同的随机分布混合而成，或由核心分布的几个核心联合而成。多采用"Z"形式或棋盘式随机取样调查。例如，棉红蜘蛛在由其他作物田向棉田转移时，造成周边分布较多，并不规则地向田内扩散蔓延而形成嵌纹分布。

3. 害虫调查中具体使用的技术

在害虫发生危害调查中具体使用的技术既包括常用的方法如直接观察法、诱捕法、拍打法、扫网法、吸虫器法、标记-回捕法，还有现代信息技术的应用，如采用遥感技术对害虫发生危害情况进行监测（张孝羲，2002；刘铉基和李克政，1992；王厚振，1999；薛贤清，1992；张孝羲和张跃进，2006）。

（1）直接观察法

取单株或一定面积、长度、部位、容量为样方，直接观察记录害虫数量或行为、危害状等。在调查害虫种类时，先观察记载大型的移动速度快的种类或虫态，再调查其他小型的移动速度慢的种类，最后调查位置较为固定的种类或虫态。调查时要注意查看植株的各个部位或指定的部位，如叶的正反面、茎秆、叶柄、叶腋、花、果实等。例如，调查红铃虫卵时，指定的重点部位是花萼下；调查豆荚螟卵时，除荚毛外，也要重点注意花萼下。调查时，要同时记载植株的生育期。调查果树、林木时，还要记载所调查的部位及树冠、树干方位等。采用单株或一定面积或行长、部位调查获得的结果按以下公式换算为绝对密度：

单株调查 $$N = \left[\left(\sum n_i\right)/ n\right]\times D \qquad (12\text{-}1)$$

式中，N 为每公顷害虫个体数；n_i 为第 i 株查得虫数；n 为调查总株数；D 为每公顷植株总数。

一定行长调查 $$N = \left\{\left[\left(\sum n_i\right)/ n \times 10\,000\right]/L\right\}\times M \qquad (12\text{-}2)$$

式中，N 为每公顷总虫数；n_i 为第 i 行样的虫数；n 为调查行样总长度/m；$\sum n_i$ 为调查得总虫数；L 为行距（m）；M 为每公顷行样总长度（m）；10 000 为每公顷为 10 000（m^2）。

（2）拍打法

拍打法是用一种接虫工具如白色盆或样布，用手拍打一定数量植株或一定长度行长植株，再用目测或吸虫的方式记数害虫种类及数量。拍打法一般不适用易飞动或跳动的昆虫，而适用于调查有假死性的昆虫。在以株为单位拍打时可换算为百株密度或每公顷密度；以一定行长为单位拍打时，可按公式（12-2）换算为绝对密度。

（3）诱捕法

诱捕法是一种利用物理、化学的诱引工具或物质，通过诱引来调查害虫的相对数量的方法。通常只是用来调查相对比较不同的地点或时间的种群密度。如用单位时间如日或世代累计诱捕数来做比较。必要时也可以通过使用标记释放回捕法（mark-release-recapture method）（又称标记释放回收法或标记释放再捕法，或标记-重捕法）先测试出诱引的范围和效果（诱捕率），再粗略推算出绝对密度（详见标记-重捕法）。诱捕法应用最广泛的是灯光诱集和性外激素诱集，这两种方法已在多种害虫的测报中应用。其他，如杨树把诱集棉铃虫，糖醋酒液诱集黏虫、小地老虎、梨小食心虫等，稻草把诱集黏虫卵，黄色水盆诱集蚜虫，黄色黏胶板诱集斑潜蝇类，草堆诱集蝼蛄及薯片诱集甘薯小象甲等。

1）灯诱法：灯诱法是利用昆虫对一定光波光源有趋光性的原理来诱捕昆虫。它所取的单位也是相对密度单位，即以日或高峰期虫量或世代累计虫量为指标。

2）性诱法：性诱法是利用昆虫雌雄虫求偶、交配之间的化学信息联系物质—信息素或称性外激素，经研究测定出各个昆虫种类的性激素的有效成分（组分）及其配比后，用人工合成的标准化合物制成一定的性诱剂和诱芯作为诱源，再将之放在一定形式的诱捕器上或内，用以诱捕昆虫获得相对数量的方法。性信息素可有雌性激素和雄性激素。目前在生产上应用的大多为雌性激素。性诱法调查种群密度的优点是专化性强、人工花费少、成本低、设备简单、易推广应用。尤其在害虫低密度时诱捕的效率较高，但是在害虫密度高时常表现出诱捕率较低的现象。性诱法的应用在国内外已相当普遍，在茶树、果树及蔬菜害虫的测报和防治中已广泛应用。

（4）扫网法

扫网法捕捉和调查害虫密度的效率高、省工、省时，适用调查体型小、活动性大的昆虫，如潜蝇类、粉虱类、盲蝽类、叶蝉类，以及寄生蜂、蝇类等。对这类昆虫用其他方法调查结果准确性不高。在一些国家农业大面积生产情况下扫网法使用较为普遍，而至今在我国该类方法使用较少，仅用于稻纵卷叶螟、豆秆蝇、盲蝽等少数几种害虫的虫情调查中。在调查小型昆虫时该方法是值得推广的。扫网的构造包括网袋、网框及网柄三部分，一般网框为较坚固的钢丝/条制作，直径 30～50cm，网柄多为木制、竹制或金属制，长 1～1.5m，网袋通常为粗厚的尼龙纱或布制，深度为网口直径的 1.5～2 倍。

（5）吸虫器法

吸虫器法有两大类。第一类是固定式的，用来吸捕空中飞行的昆虫，例如英国出品的泰勒吸虫器（Taylor suction trap），在欧洲 14 个国家蚜虫测报网中统一使用这种吸虫器。该测报网络的中心设在英国洛桑农业试验站。泰勒吸虫器可以在 24h 内定时吸捕一定间隔时间内的蚜虫样本。根据采样数据，这个测报网络会统一发布多种蚜虫的发生预报。在日本也用一种固定式吸虫器吸捕稻飞虱，进行预测预报和研究工作。另一类是移动式吸虫器。移动式吸虫器的操作方法有整株吸虫及移动吸虫两种。前者是将塑料锥形头从上向下套住整株植物，开动鼓风机，吸捕各种昆虫；后者则是在作物田里顺序取样，间隔一定距离吸虫 1 次，或按株顺序吸捕，顺行吸捕一定行长或株数的昆虫。锥形头也可不完全套没植株而像扫网一样扫过叶丛。空中吸虫的数据仅用相对密度表示，田间取样吸虫的也可换算为绝对密度。

（6）标记-重捕法

在调查区域内，捕获一定数量的昆虫个体进行标记，然后放回。间隔一段时间后，待标记个体和野外未标记个体混合均匀时，再捕获一定数量的个体，记录其中标记个体数量，并推算种群的数量。此为该项技术的基本原理，其基本模型为

$$N = \frac{n}{m}M \tag{12-3}$$

式中，M 为标记个体总数；m 为重捕到的标记个体数；n 为重捕个体总数；N 为估计的种群个体数量。

公式（12-3）必须在如下理论假设前提下成立：① 标记个体在整个调查群体中均匀分布，捕获和重捕是随机的，即每个个体（标记的或未标记的）具有同等的被捕机会；② 调查期间种群稳定，没有迁入和迁出，也没有个体死亡和新生。

在实际应用中，根据研究对象和环境特征，标记方法、捕获个体数量、重捕时间间隔以及标记重捕次数等都有不同，均依据具体研究特点而定。

（7）遥感技术

目前，卫星遥感技术、航空遥感技术和雷达遥感技术正在广泛应用于害虫的监测与预警中。该方法的过程是：应用遥感设备，获得目标区域的遥感图像，基于定量研究的模型基础上对图像光谱进行目视判读和现场对照分析，对目标害虫的发生危害面积、程度和蔓延趋势等作科学分析和预警（翟保平，1999；俞晓平等，1991；王正军等，2003）。

4. 调查结果的分析

（1）算术平均数

各取样单位的数值之和除以取样单位个数，其商称为算术平均数。计算公式为

$$\bar{x} = (x_1 + x_2 + \cdots + x_n)/n = \sum X/n \tag{12-4}$$

式中，$\bar{x}$ 为平均数；x 为变量；n 为样点数。

依上式所得平均数，只是根据总体中抽取的样本计算而来，难免有误差，因此，需求出平均数的标准差。

$$S_{\bar{x}} = \sqrt{\sum (x-\bar{x})^2/[n(n-1)]} = \sqrt{\sum (x^2-\bar{x}^2)/[n(n-1)]} = s/\sqrt{n} \tag{12-5}$$

式中，$S_{\bar{x}}$ 为平均数标准差；S 为样本标准差；$n-1$ 为小样本自由度。

例如，采用双对角线 5 点随机取样调查麦田黏虫，每点虫量分别为 4 头/m^2、8 头/m^2、5 头/m^2、7 头/m^2、6 头/m^2，统计每平方米平均虫口密度。

$$\bar{x} = (4+8+5+7+6)/5 = 6\ (\text{头})$$

$$S_{\bar{x}} = \sqrt{\frac{4^2+8^2+5^2+7^2+6^2-5\times 6^2}{5\times(5-1)}} = 0.5(\text{头})$$

（2）加权平均数利用

资料中各组相同的数值乘以在各组出现的次数，再将各组乘积相加之和除以总次数，其商称为加权平均数。加权平均数及其标准差计算公式分别为

$$\bar{x} = (f_1x_1 + f_2x_2 + f_3x_3 + \cdots + f_nx_n)/(f_1 + f_2 + f_3 + \cdots f_n) = \sum fx/\sum f \tag{12-6}$$

$$S_{\bar{x}} = \sqrt{\sum f(x-\bar{x})^2/n(n-1)} = \sqrt{(\sum fx^2 - n\bar{x}^2)/n(n-1)} = S/\sqrt{n} \quad (12\text{-}7)$$

式中，f 为各组中相同数值出现的次数即权数；n 为组数，其余同算术平均数公式。

加权平均数一般要在样本量较多时采用。此方法不仅计算简便，还能反映出各个变数所占的比重。

（3）百分率及其标准差

其公式分别为

$$P = (m/n) \times 100\% \quad (12\text{-}8)$$

$$S_p = \sqrt{p(1-p)/n} \quad (12\text{-}9)$$

式中，P 为百分率；n 为样本总数；m 为样本中观察值的总和；S_p 为百分率标准差。

（4）虫口变动系数

$$I = e/a \quad (12\text{-}10)$$

式中，I 为虫口变动系数（当 $I>1$ 时虫口增加，反之减少）；e 为上次或防治前调查的虫量；a 为本次或防治后调查的虫量。

（5）虫口减退率或作物损失系数

$$Q = (e-a)/e \times 100\% \quad (12\text{-}11)$$

式中，Q 为虫口减退率或作物损失系数；e 为上次调查虫量或健株平均单株产量；a 为本次调查虫量或受害株平均单株产量。

（6）校正虫口减退率

$$P_r = (P_e - P_{ck})/(I - P_{ck}) \times 100\% \quad (12\text{-}12)$$

式中，P_r 为校正虫口减退率；P_e 为防治区虫口减退率；P_{ck}为对照区虫口减退率。

（7）产量损失的计算

作物受害后的产量损失可以用产量损失率或实际损失数量来表示。首先将田间调查数据按照（12-8）和（12-11）式分别求出损失系数 P 和被害株率 Q，然后根据下式求得产量损失率（C）：

$$C = PQ \quad (12\text{-}13)$$

进而再按下式求得单位面积作物实际损失量（L）：

$$L = aMC \quad (12\text{-}14)$$

式中，a 为受害株平均单株产量；M 为单位面积作物总株数；C 为产量损失率。

5. 记载表格设计要求

各类害虫的调查要根据具体的调查目的和对调查数据的要求，设计相应的调查记录表格。所有害虫的调查表格均应该能够准确反映调查时间、地点、调查对象的虫态、数量、危害程度、分布、寄主植物生长状态、生境、主要相关管理措施等。例如，稻飞虱虫情普查记录表基本形式见表 12-1。

二、材料、设备或工具

根据调查目的、调查类型、调查对象（植物种类、害虫种类）、调查区域等情况综合分析，准备相关材料、设备，一般至少应包括面积、长度测量用具（卷尺、GPS 仪）、照相机、记录用具（记录表、记录本、铅笔、钢笔和标记笔）、毒瓶、捕虫网、采集袋、采集箱、三角纸包、指形管和小瓶、镊子、扩大镜、毛笔、标签纸、乙醇或卡氏液等。另外还要准备必要的工具书和参考书。

表 12-1　稻飞虱虫情普查记录表（样表）

调查年份＿＿＿＿＿＿＿＿＿＿＿＿　调查单位＿＿＿＿＿＿＿＿＿＿＿＿

调查记录人＿＿＿＿＿＿＿＿＿＿＿　虫口数量单位：头/100 丛

调查日期		调查地点	类型田	品种	生育期	成虫量			若虫量			合计	褐飞虱百分率/%	防治情况	备注
月	日					长翅	短翅	小计	低龄	高龄	小计				

三、研究方法

害虫发生危害调查分为准备工作阶段、实地调查阶段、调查结果分析处理三个步骤。

1. 准备工作阶段

准备工作阶段包括资料收集、调查计划方案制定、工具、材料和仪器设备准备等。在开展调查前，首先，应有明确的调查目的，即通过调查要解决什么具体问题，是弄清某种作物上害虫种类还是想了解某种害虫目前的发生、危害程度；其次，应掌握足够的进行调查的基础知识即了解已知的调查对象的形态学、生物学、生态学知识或对未知的调查对象生存的生态环境、特别是寄主植物有足够的了解。一般收集调查地区的有关资料是必需的，以便了解该区的自然、地理、经济等情况。特别是要查阅有关农林业生产、害虫发生情况和经验的档案记载、工作总结、调查研究报告、区域地形图等档案记录等。

科学、完善的调查方案是顺利开展调查、达到预定目标的基础。调查方案应详细、切实可行，在人力、物力、时间等相同的情况下尽量选用能获得较多的信息的调查方法；根据调查目的和调查需要，准备适合的工具、材料和仪器设备，避免遗漏或不适合使用。

2. 实地调查阶段

实地调查阶段是指到达调查对象发生区域或生境，到完成调查计划方案规定的任务，获得调查对象的相关信息数据为止，包括对害虫数量、危害的调查及害虫标本的采集等。

（1）普查

根据普查目的和要求，采取大范围、多点调查的方式调查害虫。在了解特定区域情况的基础上，选取具代表性的多个点进行调查。代表性地点选择的依据是：与害虫相关的当地主要的农林生态系统、目标害虫生活的主要寄主种植地。同一行政区域（如县级区域）普查地点要多于5个，每个地点普查地块应在5个以上。普查时，应简要记录各地点周围环境、不同地块的种植植物种类/品种、长势、栽培管理等概况，抽取样本、记录害虫发生情况包括害虫种类、虫口密度、植物被害部位、程度和分布状况等，同时采集害虫及其危害状标本。对危害不同部位的害虫，如叶部、枝梢、果实、种子、茎干、根部和地下害虫应分别调查害虫发生情况。调查结果填入害虫普查记录表。

（2）专题调查

特定区域内选择目标害虫的发生的具代表性的生境（主要寄主植物种植/生长区，且符合当地农业管理实践习惯和水平）作为调查地点。专题调查一般包括调查的总体的确定、抽样单位的选择、抽样方式、方法和理论抽样数的计算、实施调查。

1）确定调查总体：调查特定生境某地块中害虫时，则该地块被视为调查总体。

2）确定抽样单位：抽样前需根据总体情况选用一定抽样单位，抽查若干样本并计算样本值，然后用样本值对总体情况进行估计。在害虫抽样调查时，先根据面积大小，确定调查地块（总体），一般多于3个。对较小的植物如农作物、牧草等总体的面积不小于1亩，对于较大植物如果树、林木等总体包含的株数不少于100株，然后根据植物的种植方式、害虫的发生、危害习性等确定合适的抽样单位如株、叶、丛、梢、果等。

3）确定抽样方法和理论抽样数：应用已经明确的害虫分布型相关的模型确定合适的抽样方法和理论抽样数。

4）实施调查：根据已确定的抽样方法、理论抽样数、抽样单位从总体中抽取样本分别记录单个样本中害虫的数据。

3. 调查结果分析处理

（1）普查结果的统计与分析

1）害虫危害程度分级标准：对调查获得的害虫发生、危害程度一般按轻、中、重三级进行分类、统计，其分级标准用＋、＋＋、＋＋＋符号表示。以下是各类害虫的基本分级标准：

叶部害虫：植物顶部叶片被害率不足1/3为轻度（＋），1/3～2/3为中等（＋＋），2/3以上为严重（＋＋＋）。

枝梢害虫：以植株梢部被害率表示。如植株仅一梢、且梢部对植株生长、经济产量重要性大，则被害株率在3%以下为轻度（＋）、3%～7%为中等（＋＋）、在8%以上为严重（＋＋＋）。如植株多梢且各梢对植株生长、经济产量等共同作用，则被害株率在5%以下为轻度（＋）、6%～10%为中等（＋＋）、11%以上为严重（＋＋＋）。

果实、种子害虫：果实、种子被害率在5%以下为轻度（＋），6%～10%为中等（＋＋），11%以上为严重（＋＋＋）。

干部和根部害虫：被害株率5%以下为轻度（＋），5%～10%为中等（＋＋），11%以上为严重（＋＋＋）。

天敌调查：天敌调查随害虫调查同时进行，着重调查天敌种类（捕食性天敌、寄生性天敌、致病微生物等）和数量，并进行分级统计。寄生率10%以下为少量（＋），11%～20%为中等（＋＋），21%以上为大量（＋＋＋）。

2）虫口密度的计算：按“（一）概述4调查结果的分析”中有关公式计算虫口密度。

3）危害面积计算：先统计调查地块不同危害程度的面积，再按各个受害程度的面积与调查地点同类型地块总面积的比例分别推算出该地点轻、中、重的受害面积。

$$S_i = \frac{a_i}{A} S$$

式中，A 为调查地块面积；a_i 为发生程度为 i 的面积；S 为调查地点同类型地块总面积；S_i 为该调查地点发生程度为 i 的面积。

4）标本处理方法：在普查过程中，将采集的昆虫标本按寄主种类分开存放，并进行初步鉴定，将每种寄主上采集到的标本中常见害虫种类进行记录，存档；对采集到的标本中不很熟悉的，怀疑有可能是检疫性、危险性害虫，尤其是国外带入的害虫需请有关专家鉴定；对其他一般性害虫的标本，如有可能，可进行分目、分科、分种，妥善保管备查。及时做好各项记载（寄主、采集地点、采集日期、采集人等），标本要统一编号，妥善保管。调查结果填入害虫普查记录表。

（2）专题调查的统计与分析

按“（一）概述 4 调查结果的分析”中有关公式计算虫口密度、发生危害百分率、虫口变动系数、虫口减退率或作物损失系数、校正虫口减退率等指标，注意各指标后均需有对应的标准误。

（3）调查结果报告

普查、专题调查所采集的标本、原始资料和汇总图表、照片应及时加以整理并妥善保存。将经过统计分析的虫情调查结果撰写成调查报告，并提出建议和意见。

根据以上害虫发生危害研究方法的原理和操作过程，设计了以下两个例子，供实际研究工作中参考。

示例 1　小麦蚜虫发生种类和消长动态调查

（1）调查目的

掌握当地麦蚜的发生种类以及小麦各生长阶段麦蚜数量的消长动态规律。

（2）调查方法

1）小麦蚜虫种类调查：在麦蚜发生初期、盛期、末期（约在小麦拔节、孕穗、乳熟期）进行 3 次蚜虫种类调查。在当地选择主栽的小麦品种，5 个地点以上，每个地点选择蚜虫发生较重的田块 3 块以上。在每块田随机选择小麦植株，从麦株不同部位采取蚜虫 100～200 头带回室内鉴定蚜虫种类，并列表记载。

2）小麦拔节前田间蚜量消长动态调查：根据品种、播期、长势等选择当地具代表性的小麦田 3 块以上（每块不少于 5 亩），进行定点系统调查。每块田在田边和田中各调查 5 点，共查 10 点（可按棋盘式取样），每点查 20～50 株，共查 200～500 株。蚜虫发生初期 5～7 天查 1 次，始盛期后每 3 天查 1 次。记载有蚜株率、蚜虫种类、每种蚜虫数量和蚜虫总量（按有翅蚜和无翅蚜类型折算成百株蚜虫数量并记载）。

3）小麦孕穗后田间蚜量消长动态调查：取样方法同拔节前。但应要注意的是孕穗期注意调查剑叶叶鞘内侧，抽穗始期调查小穗间蚜虫数量和为害情况。

如果为了确定是虫口数量否达到防治指标，则按照现有的防治标准（有蚜株率 15％～20％或平均每株蚜量 5 头）决定是否开展防治。

4）麦蚜的天敌调查：在麦蚜进入盛发期和盛末期分别进行两次天敌种类及控制作用调查，可与田间蚜量消长动态调查同时进行，取样方法也可以与蚜量调查相同，只是在调查瓢虫时每个点面积可扩大至 $2m^2$。将查到的天敌种类及数量记载下来，并折算成百株（茎）天敌量。（主要天敌：食蚜蝇、七星瓢虫、龟纹瓢虫、异色瓢虫、草蛉、蜘蛛、寄生蜂）。

示例 2　水稻被螟虫危害程度调查

（1）调查目的

学会根据为害状来识别螟虫种类，掌握螟虫为害的调查方法。

（2）调查方法

1）选择受害较严重的田块，在田边和田中央分别拔取被害稻株 50～100 株，分开放置。注意观察被害株蛀入孔处的症状，看有无差异。然后剥开被害株取出其中幼虫，辨别种类，记载数量。最后计算一下田边和田间螟虫种类之比例。

2）螟害率调查，在枯心苗或白穗基本定局后各进行 1 次。可以按照水稻类型、品种、栽插期、抽穗期或者按照螟害轻、中、重分成几个类型。在调查危害、虫数的同时须随机查 20 丛稻的分蘖数或穗数。

① 选择某一类型田的代表性田块 2 或 3 块，采取双行平行跳跃法。调查 200 丛稻，先分田块计算每一块田的枯心（白穗）率。

$$某类田块枯心(白穗)率(\%)=\frac{200丛稻内枯心(白穗)数}{20丛稻分蘖(穗)数\times 10}\times 100$$

再计算出该类型田的平均枯心（白穗）率。

$$某类田平均枯心(白穗)率(\%)=\frac{该类型几块田枯心(白穗)率总和}{该类型田调查的田块数}$$

② 将调查前已经划好的不同类型田，按照上述方法逐类进行调查地平均枯心（白穗）率统计分析。

③ 经过系统调查后，即可算出当地当年的螟害率（注意区分螟害率中三化螟、二化螟和大螟各自造成的百分率）：

$$螟害率(\%)=枯心率+(1-枯心率)\times 白穗率$$

3）在调查螟害率的同时可查出每亩虫口密度：

$$每亩虫口密度=\frac{检查所得活虫数\times 每亩总丛数^{*}}{检查丛数(即200丛)}$$

$$每亩总丛数=\frac{600\,000寸^2}{株距\times 行距(寸)^2}$$

四、注意事项

1）害虫发生危害调查研究是实践性很强的工作，因此需要多次实践、锻炼才能掌握。昆虫学及害虫防治学的基础知识、技能的积累是做好本项工作的前提。

2）针对特定的害虫，制定完善的调查方案是搞好工作的保证。在进行调查时在时

* 1 亩 $=6000$ 尺$^2=600\,000$ 寸^2

间、人力等足够的条件下，记录的内容越详细越好。

3）对于本节中关于取样方法、取样方式、取样数量、各种空间分布型的特征及其分析方法、害虫调查中使用的具体技术、调查结果分析等内容如欲了解其更详细的知识可参见邹钟琳（1983）、罗河涛（1984）、李运臂（1987）、徐汝梅（1987）、郭郛和忻介六（1988）、邹运鼎和王弘法（1989）、吴千红等（1991）、耿济国等（1991）、汪世泽（1993）、丁岩钦（1994）、郑汉业和夏乃斌（1995）、牟吉元等（1997）、张孝羲（2002）、徐汝梅和成新跃（2005）、张孝羲和张跃进（2006）、戈峰（2008）、Martin 等（2008）、Price（2000）、Timothy（2006）等专著和教材。

思　考　题

以当地主要作物或害虫为例，制定一个普查或专题调查方案，并按照该方案进行 1 次实地调查。根据调查实施过程及结果撰写调查分析报告，对所制订的方案的可行性进行总结、评估。

第二节　害虫预测预报研究方法

一、概　　述

害虫预测预报是根据害虫发生发展规律以及作物的物候、气象因子等资料，进行全面分析后，对害虫未来发生期、发生量、危害程度以及扩散分布趋势等作出预测，进而提供虫情信息和咨询服务的一种应用技术（耿济国等，1991；刘铉基和李克政，1992；胡伯海和姜瑞中，1997；牟吉元等，1997；程登发等，2005；张孝羲，2002；张孝羲和张跃进，2006）。其目的意义在于，提前掌握害虫发生情况，指导农林业做好害虫防治准备工作，及时采取措施，防止害虫对作物造成损失，保护农作物增产丰收，以达到经济、简便、安全、有效地控制害虫种群在经济为害允许水平以下之目的。

害虫预测预报是在对害虫形态学、生物学、生态学和生理学等深入研究的基础上建立起来的。害虫种群数量变动，一方面取决于害虫本身的生物学特征，另一方面取决于害虫生存环境条件，而天敌则是有效控制害虫种群的自然因素，因此，只有以生物学、生态学、害虫防治的方针及策略为理论基础，利用生物学、生态学、生物数学等方法，抓住虫源、气候、天敌和作物等在预测预报中调查分析的要素，研究害虫种群数量变动规律，才能准确地预测害虫发生为害的时期、范围、程度和造成的经济损失，以便确定防治时机、防治规模、投入的防治力量和不同地区、不同地块所采取的对策，为及时、主动、准确、有效地防治害虫服务（吴福祯，1990；胡伯海和姜瑞中，1997；张孝羲和张跃进，2006）。

1. 害虫预测预报的类别

按预测预报内容可以分为以下类型。

1）发生期预测。预测害虫的某一虫态或虫龄的始见、始盛、高峰、盛末、终见等时期出现的时间，以此作为确定防治时间的依据。

2）发生量预测。对害虫可能发生的数量或虫口密度进行预测，估计害虫未来的虫口数量是否有大发生的趋势和是否会达到防治指标，以确定需要实施防治的区域和具体地点。一般害虫发生数量的预测应在获得多年虫情资料的基础上进行。

3）分布区域及迁飞性害虫的迁入、迁出预测。根据害虫发生虫源或发生基地内的迁飞害虫的发生动态、数量及其生物学、生态学、生理学特性，以及各迁出迁入地区的作物生育期及季节相互衔接的变化规律，结合气象预报资料，预测害虫迁出或迁入本地的时期、迁飞数量及可能分布和蔓延危害的地区的变化，以确定采取控制其扩展、蔓延危害的措施。

4）虫害损失程度预测。在害虫发生期、发生量等预测的基础上，预测害虫对作物造成的可能危害及损失。配合发生量预测进一步划分防治对象区域和具体地点，确定防治次数，并选择合适的防治方法，以争取防治害虫的主动权。

另外，按预测预报时间长度标准害虫预测预报可以分为以下 3 个类型。

1）短期预测。为根据前一、二个虫态、虫期的发生情况，推算出后一、二个虫态、虫期的发生时期和数量，以确定未来的防治适期、防治次数和防治方法。预测时间长度在害虫的一个世代以内。

2）中期预测。根据上一个世代的发生情况，预测下一个世代的发生情况。预测期限随害虫种类而异，1 年发生 1 代的害虫种类为 1 年，1 年发生几代的则为 1 个月或 1 个季度。

3）长期预测。由年末或年初预测下一年或全年发生动态和危害程度。一般根据越冬后或年初测报对象的越冬虫口基数及气象预报等资料进行预测，供防治参考。在多年系统虫情资料的基础上进行的长期预测的结果才更为准确。

按照预测的空间范围标准还可以分为：本地虫源预测，预测的对象是本地越冬、本地繁殖的种群；外来虫源预测或异地预测，预测的对象是迁飞性害虫，迁入地的虫情依靠迁出地提供。

2. 害虫预测预报的方法

在不同类型的预测预报中所用的方法是不同的，按照内容分类的各种预测预报中目前常用的方法如下。各种方法的具体内容及使用技术参见张孝羲（2002)、张孝羲和张跃进（2006)。

（1）发生期预测

在害虫发育进度的调查及各虫态历期基础上使用的方法有历期预测法、分龄分级预测法（历期预测法的一种)、卵巢发育分级预测法、期距预测法、有效积温法、物候预测法、数理统计预测方法、基于 GIS 预测方法等。

（2）发生量预测

发生量预测方法包括综合估测法、气候图预测法、形态指标预测法、经验指数预测法（天敌指数、温湿（或雨）系数、气候积分指数、综合猖獗指数)、有效基数预测法、生理生态指标法、数理统计预测方法、基于 GIS 预测方法、基于遥感的预测方法等。

（3）分布区域及迁飞性害虫的迁入、迁出预测

迁出区：调查虫源基数和发育进度，结合历史资料预测迁出期、迁出数量趋势、迁出峰期峰次、降落地区等。迁入区：调查气象条件、作物长势和本地及迁入虫情，预测害虫发生趋势、迁入峰主降区、主降时间和降落密度等趋势。经常应用数理统计预测方法、GIS 预测方法、基于遥感的预测方法。

(4) 虫害损失程度预测

分为两类，第一类是害虫发生量与作物受害损失的关系及预测方法，对于刺吸式害虫一般用虫量与产量损失率作回归估计，蛀食性害虫受害损失预测常选择虫量、虫孔数或虫株率与产量损失率或品质级别进行回归估计；食叶性害虫一般采用虫量或叶片受害指数与产量损失率或品质级别进行回归估计。第二类是害虫发生期与作物生育期的关系及受害损失预测方法。主要是在了解当地作物品种的特性、种植面积和生育期等信息基础上结合害虫发生期进行产量损失预测。

3. 害虫预测预报研究的基本步骤及方法

害虫预测预报研究的基本步骤及方法包括以下 5 个方面。

1）首先要明确预测预报的害虫种类、目的和任务，以及进行预测预报研究工作的时间长度等。

2）制订预测预报研究工作具体实施方案，主要包括研究的内容和方法、工作进度、预期目标、研究工作的地点、参加人员和合作单位的分工、研究投入仪器设备、资金预算等。

3）试验观察、收集数据。采用收集资料、实验饲养、普查、系统调查等方法掌握靶标害虫生活史和生物学特性，查明田间发生期和发生量及与环境因子的关系。掌握害虫的发生规律是预测预报的基础，因此要选择适合进行研究工作的地点，在野外要进行定点系统和实地调查，在室内通过有关饲养观察，才能获取用于测报研究的科学资料。

研究方法中除了使用实验生物学、野外调查方法外，也可以使用 GPS、遥感等手段收集数据，还应注意收集历史资料包括各级植保机构的文件、情报、气候资料、文献资料/工具书等。

4）提出害虫预测预报的方法。科学利用资料，应用数理统计分析等方法组建预测预报模型（包括数理统计模型和 GIS、遥感等相关基础模型）。所建立的模型要经过历史符合率和准确率的检验和修正，以改进预测方法。将实际数据代入预测模型，给出预测预报结果。

5）提出或构建目标害虫预测预报技术体系。经实践检验，对提出的预测预报方法进行修正、完善，提出或构建目标害虫预测预报技术体系。

二、材料、设备或工具

根据预测预报的害虫种类、目的和任务准备相关材料、设备，选用适合的材料和设备。一般需准备：面积、长度测量用具（卷尺、GPS 仪）、记录用具（记录表、记录本、铅笔、钢笔和标记笔）、采集保存害虫的工具和材料（毒瓶、捕虫网、采集袋、采集箱、三角纸包、指形管和小瓶、镊子、毛笔、标签纸、乙醇或卡氏液等）、饲养和观察设备（养虫笼/盒、人工气候箱、扩大镜、体视镜）、数据处理设备和软件（计算器、计算机、GPS 仪、GIS 系统、遥感器及遥感数据分析软件、相关数理统计软件书籍/资料）。另外还要准备必要的工具书和参考书。

三、研究方法

以三化螟发生期发育进度法预测和相关回归分析法预报的实验操作为例对害虫预测

预报研究步骤进行说明。

示例1　三化螟发生期分龄分级预测法

1. 目的和要求

掌握应用发育进度方法预测短期内三化螟发生期的方法。

2. 实验操作方法及步骤

1）通过收集资料或实验观察，给出自然条件下三化螟卵分级、幼虫分龄、蛹分级，得出各级别的发育历期。

2）确定当地主栽水稻品种及其面积比例，并在同一天按照不同类型水稻田的比例剥查、采取三化螟幼虫、蛹及蛹壳。每类型田每次采取的活虫数应多于50头，低密度时至少30头。按照幼虫龄期及蛹的发育级别记录各虫期虫数，计算出各龄、各级的比例（百分率）。

3）将各龄各级的百分率由最高发育级别向最低发育级别依次累加，计算出累加百分率，即各龄幼虫、各级蛹及羽化阶段的总完成率，找出始盛、高峰和盛末期出现的虫龄，并作出预测。

计算方法是：调查日期加上累加百分率达到16%、50%、84%左右的蛹级别（或幼虫龄期）至羽化尚需发育天数，即为发蛾始盛期、高峰期和盛末期。如果推算出发蛾始盛、高峰、盛末期，加上产卵前期和当地常年当代卵历期，即为孵化始盛、高峰、盛末期，从而确定防治适期。该预测法一般应在幼虫盛发期或化蛹始盛期开始到高峰期内调查2或3次，即可以作出预报。

例如，8月13日调查获得的三化螟6级蛹处于始盛期、4级蛹处于高峰期、1级蛹处于盛末期，因此几个预测公式如下：

发蛾始盛期＝调查日期＋始盛期虫龄至羽化的历期＝8/13＋(16－11.25)/25×6级蛹历期＋7级蛹历期＝8/13＋0.19×1.2＋1.1＝8/13＋1.3＝8/14－15，即发蛾始盛期在8月14到15日；

发蛾盛末期＝调查日期＋盛末期虫龄至羽化的历期＝8/13＋1级蛹历期×0.5＋2～7级蛹历期＝8/13＋1.2×0.5＋1.2＋1＋1＋1.3＋1.2＋1.1＝8/20－21，即发蛾盛末期在8月20到21日；

卵孵化高峰期＝调查日期＋高峰期虫龄至羽化的历期＋卵历期＝8/13＋（50－42.5）/20×4级蛹历期＋5～7级蛹历期＋卵期＝8/13＋0.375×1＋1.3＋1.2＋1.1＋8.9＝8/13＋12.88＝8/25－26，即卵孵化高峰期在8月25到26日。

示例2　相关回归分析法在害虫预报中应用

1. 目的和要求

掌握害虫预测预报中的相关回归分析方法。

2. 实验操作方法及步骤

回归分析是研究事物间量变规律的一种科学方法，它是目前害虫预测预报工作中用得最多的一种方法。回归分析原理是找出许多因子与预报量之间的数学关系。

1）获得害虫发生的相关数据资料，并按预报量、预报因子将害虫发生日期、发生数量、温度、降雨量等分类。

2）按以下原则选取预报因子：样本数多，至少 10 个样本；经过分析，所选取因子与预报量相关性好，并且稳定；主要因子和次要因子相配合；选取的因子数要恰当，为样本数的 1/5～1/10；尽可能保留因子中关于预报对象的信息。

3）回归预测模型的建立：回归模型的形式：如果把害虫发生期作为因变量 Y，气温 X_1、雨量 X_2、相对湿度 X_3 作为自变量，则可建立如下回归关系式：$Y=A_0+A_1X_1+A_2X_2+A_3X_3$。

一元线性回归预测式的建立过程：根据预报量应用相关法和作图法选取预报因子；应用最小二乘法求出 A 和 B，建立回归方程 $Y=A+BX$；估计直线回归的标准差。

曲线回归式预测模型的建立过程：整理调查实测数据，将预报因子和预报量的数值排列成表；作坐标图，根据散点图型与已知的各种曲线图形相比较，选择适宜的曲线模型；将所选曲线模型进行变量代换，转换为直线模型，然后按直线回归方法求出参数，并还原成曲线模型；应用卡方检验，估计模型离回归误差。

4）预测结果及其检验：应用所建预测模型对预报量作出预测，并进行历史符合率和预报准确率检验。

定性与定量：非具体的数字为定性，如偏早、偏迟、重和轻等。有具体的数值则为定量。

历史符合率：用于检验统计预报方法的优劣，即建立了统计预报模型后，利用建立该模型所用的历史资料，逐年代入模型进行回报检验，看其符合的年数，并计算出所占的百分率。

预报准确率：检验预报的实际效果，即利用建立的统计模型对未来害虫发生情况进行预报，预报准确的次数占总预报次数的百分率。

四、注意事项

1）害虫预测预报研究要求具有良好的数理统计分析能力，因此，掌握试验统计分析方法是做好本项工作的前提。

2）一些新的技术，如遥感技术（remote sensing，RS）、地理信息系统（geography information systems，GIS）和全球定位系统（global positioning systems，GPS）（以上三种技术统称 3S 技术）应用于害虫预测预报中，使得预报范围更大、结果更直观。掌握这些技术是十分必要的。

3）本节中仅简要介绍了害虫预测预报基本知识和一般性研究方法，更多和更全面关于害虫监测和预测预报的知识请参见张孝羲等（1979）、俞晓平等（1991）、屈西峰（1992）、薛贤清（1992）、牟吉元等（1997）、翟保平（1999）、张孝羲（2002）、王正军等（2003）、程登发等（2005）、张孝羲和张跃进（2006）等。

思考题

选定一种害虫，通过收集资料或开展实验、调查，获得必要的数据，或者由教师提供该虫的预测预报数据资料。要求学生应用相应的方法对该虫的发生期或发生量作出预测预报。

第三节　危险性害虫风险分析技术

一、概　　述

有害生物风险分析（pest risk analysis，PRA）是指以生物的或其他科学的和经济的依据，确定一种有害生物是否应该限制和加强防治措施力度的评价过程。有害生物风险分析包括三个方面内容：一是有害生物风险分析的起点；二是有害生物风险评估(Pest Risk Assessment)，即决定一种有害生物是否是限定性的有害生物及评估检疫性有害生物传入的可能性；三是有害生物风险管理（Pest Risk Management），即降低一种限定性有害生物传入风险的决策过程（范京安和赵学谦，1997；许志刚，2003；马晓光和沈佐锐，2003；沈佐锐等，2003；朱西儒等，2004；杨长举和张宏宇，2005）。

对于植物检疫来说，重要的一点是知道一种有害生物何处适生，何处不能生存；在适生地，该有害生物将具有多大的经济重要性，将引起多大的作物损失。只有具备这些知识，植物检疫和保护部门才能有生物学和经济方面的证据，使所采取的以防止限定的有害生物扩散的植物检疫措施合理科学。这就需要进行有害生物的风险分析，以确定限定的有害生物及应采取的检疫措施。这样，一方面是由于植物检疫的自身发展所致；另一方面也是 WTO 促使全球植物检疫的一致化和发展，要求各国在制定检疫决策是要有科学的评价为基础，从而促使 PRA 进入到一个新的时期。

植物有害生物风险分析有如下作用：①PRA 是检疫决策的重要支持工具之一；②在新的世界贸易体制的运作过程中，进行 PRA 可保持检疫的正当技术壁垒作用，充分发挥检疫的保护功能；③PRA 能强化植物检疫对贸易的促进作用，增加本国农产品出口的市场准入机会；④开展 PRA 工作是遵守动植物检疫卫生措施协议（sanitary and phytosanitary measures，SPS）及其透明度原则的具体体现。

在本章节中，危险性害虫包括国家、省级政府发布的植物检疫对象、调运检疫中调入地规定要求检疫的害虫种类，和国家有关部门及其所授权单位发布疫情文件中要求严加防范危害农林业害虫种类。

1. 有害生物风险分析主要内容

有害生物风险（pest risk）是指有害生物传入并具有潜在的经济影响的可能性。一般来说，PRA 可以分成两部分：①有害生物风险评估，是关于某一有害生物进入一个国家或者地区定殖并造成经济损失的可能性（概率）；②有害生物风险管理，是关于可以用来采取的措施，以减少这种可能性达到可接受水平。风险评估主要是传入可能性评估和经济影响评估，传入可能性又包括进入可能性和定殖可能性评估。

目前，普遍接受的进行 PRA 的主要内容是：明确任务，收集有关信息；提出与之相关联的有害生物名单并作初步评估；确定检疫性有害生物名单；针对每一种有害生物进行评估；提出总体风险；提出可降低风险的植物检疫措施并进行评估。

2. 有害生物风险分析主要步骤

有害生物风险分析一般分为三阶段，即开始进行风险分析的工作、评估有害生物风险、管理有害生物风险。

开始阶段的工作涉及明确需要进行有害生物风险分析的有害生物或传播途径。有害生物风险评估确定每种查明的或与某种传播途径有关的有害生物是否为检疫性有害生物，描述其进入、定殖、扩散的可能性和经济重要性方面的特点。有害生物风险管理涉及到拟定、评价、比较和选定减少这种风险的选择方案。有害生物风险分析仅对认为处于危险的划定的“PRA 地区”有意义。这一地区通常是一个国家的全部或部分，或是若干国家全部或部分的地区（如一区域植物保护组织所覆盖的地区）。

（1）第一阶段：开始进行有害生物风险分析工作

有害生物风险分析一般有两个起始点：一是查明可能会使检疫性有害生物传入和（或）扩散的传播途径，通常是一种进口商品；二是查明可能被视为检疫性有害生物的有害生物。上述两个起始点中任何一个都可能涉及已在某 PRA 地区存在但分布未广并正在进行官方防治的有害生物，以及在某 PRA 地区尚不存在的有害生物，因为两者都被包括在检疫性有害生物的定义中。

在进行新的 PRA 之前，应当核查该传播途径或有害生物是否已经进行了国家的或国际上的 PRA 过程。如果已有 PRA，应当核实其有效性，因为条件可能已经改变。还应调查利用类似的传播途径或有害生物的 PRA 来部分地或全部地代替进行本次 PRA 需要的可能性。

在第一阶段结束时，第一阶段的结论为相关的有害生物已被确定是潜在的检疫性有害生物，并确定是否是单独的或与某一传播途径相联系的。

（2）第二阶段：有害生物风险评估

第一阶段已经确定了应进行风险评估的某一有害生物，或有害生物的清单（在从一传播途径开始的情况下）。第二阶段将逐个考虑这些有害生物。将审查每一种有害生物是否符合检疫性有害生物的标准。在审查过程中，PRA 考虑每一种有害生物的各个方面，特别是关于其地理分布、生物学和经济重要性的实际资料。然后利用专家评判来评估其在 PRA 地区的定殖、扩散和经济重要性的可能性。最后描述传入 PRA 地区的可能性的特点。

在确定该风险的特点时，每一种有害生物的可用数据数量均不相同，评估的复杂程度将因可利用的工具的不同而有所不同。例如，一个国家可能已经建立了详细的有害生物数据库和地理信息系统，而另一个国家可能却依赖书籍、印制的土壤图和气候图。在一些情况下，实际上没有任何可利用的信息，或可能需要进行研究来获得信息。评估将受到关于某一特定有害生物的生物学可利用数据数量的限制。

如果有害生物符合检疫性有害生物的定义，应当利用专家评判来审查第二阶段中收集的资料，以决定有害生物是否具有足够的经济重要性和传入可能性，亦即是否具有足够的风险，来证明采取植物检疫措施是正当的。如果是，则进入第三阶段；如果不是，对该有害生物的 PRA 就到此为止。

（3）第三阶段：有害生物风险管理

为保护受威胁地区，有害生物风险管理应当与有害生物风险评估中所查明的风险相适应。在多数情况下可以依据在有害生物风险评估中已收集的资料。应当提出把风险降低到可接受水平的备选方案清单。这些备选方案主要涉及传播途径，特别是允许商品进入的条件。应当根据多方面的因素评价各种备选方案使风险降低到可接受水平的效率和影响。应当特别注意“最小影响”原则：“植物检疫措施应当与所涉及的有害生物风险相适应，并应是对人员、商品和运输工具的国际移动造成最少妨碍的现有的最低限度的限制措施。”

在第三阶段结束时，已经决定了有关有害生物或传播途径的适当的植物检疫措施。第三阶段的完成是必不可少的；特别是仅完成第一、二阶段，然后没有对风险管理备选方案进行适当评估就采取植物检疫措施是不正当的。在实施植物检疫措施之后，应当监督其有效性，如有必要应当对风险管理备选方案进行审查。

（4）记录有害生物风险分析的工作

对 PRA 过程应当有科学、详细的记录，以便在进行审查或产生争议时，PRA 可明确说明其资料来源，以及做出有关采取的或将要采取的植物检疫措施的管理、决策等所利用的基本原理和依据。

3. 有害生物风险分析类型

风险分析的类型有两种：一种是对特定的有害生物做定量的分析；另一种是定性的风险分析。目前，国际上尚无二者的定义，一般而言，结果用风险高、中、低等类似等级指标来表述的为定性风险分析；而用概率值等具体数字来衡量风险大小的为定量风险分析。在目前阶段，还有界于两者间的半定量风险分析。如美国人为了把小麦出口到中国而做的“输华小麦携带小麦矮腥黑穗病菌的风险分析”就属于定量风险分析，澳大利亚为防止进口亚洲大米而传染水稻病害的风险分析则属于半定量的风险分析。国家检验检疫局等五部委 2001 年颁布的 2 号公告《关于进口原木检疫的公告》（20010206）所依据的《关于中国从国外进口原木截获有害生物的风险评估报告》则属于定性风险分析。

定性风险分析一般采用非概率等数学模型来研究个别或局部的特征及规律。一般将事件分解为多个风险要素，并将这些因素按某种多维向量运算后得到整体的风险评估。定量风险分析则是利用数学模型来描述根据时间和空间上的各个风险事件，并根据事件间的关系建立数学函数，通过模拟来定量描述风险的大小。

4. 有害生物风险程度评价指标

有害生物风险程度评价指标包括定性和定量两类，分别用于对特定的有害生物做定性和定量分析中。美国在 20 世纪 70 年代就建立了一个对尚未在加利福尼亚州定殖的有害生物进行评分的模型，每种有害生物依据一些指标打分，得分越高，该有害生物就越危险。FAO 的《有害生物风险分析准则》中也给定了关于有害生物风险程度的定性的指标。澳大利亚在进行有害生物风险分析时仅设置了生物学安全性的指标，即仅考虑生物学的风险评估结果，不考虑经济学影响或仅对有害生物的经济学进行一般性评估。综合国内外情况，目前有害生物危险性的评价定量化指标体系一般包括：国内分布情况（$P1$）、潜在的经济重要性（$P2$）、潜在的经济危害性（$P21$）、是否为其他检疫性有害生物的传播媒介（$P22$）、国外重视程度（$P23$）、受害栽培寄主的经济重要性（$P3$）、受害栽培寄主的种类（$P31$）、受害栽培寄主的种植面积（$P32$）、受害栽培寄主的经济价值（$P22$）、传入的可能性（$P4$）、截获难易（$P41$）、运输过程中有害生物的存活率（$P42$）、国外分布广否（$P43$）、国内的适生范围（$P44$）、传播力（$P45$）、风险管理的难度（$P5$）、检验鉴定的难度（$P51$）、除害处理的难度（$P52$）、根除难度（$P53$）（蒋青，1994a，1994b；周国梁等，2006）。对以上指标给出了评判标准（分值），然后依据有害生物风险值（R 值）的计算公式计算出有害生物风险程度（蒋青，1994a，1994b；

朱西儒等，2004；杨长举和张宏宇，2005；周国梁等，2006)。

5. 有害生物风险分析主要研究方法

目前，国际上在开展有害生物风险分析时均综合考虑了有害生物的寄主范围、生存所需的环境条件、扩散能力、受威胁农作物在当地的重要性及一旦传入有害生物带来的经济影响（包括潜在的影响）及环境影响等因素，并通过对这些因素指标的量化及综合评估来确定风险的大小及应采取的合适保护水平的植物检疫措施。用于有害生物风险分析的主要研究方法有以下一些。

（1）收集信息资料、综合分析方法

进行有害生物风险分析需要大量的信息。其所需的信息包括有害生物的名称、寄主范围、地理分布、生物学、传播扩散方式、鉴别特征和检测方法等，同时也需要有关寄主植物、农产品及其地理分布、商业用途及价值的资料。尤其重要的信息是关于有害生物与寄主植物的相互作用，即症状、为害、经济影响、防治方法和对自然环境和社会环境的影响等。对于有害生物风险评估，尤其重要的是地理信息，即有关有害生物分布、寄主植物、天敌、农业生产系统、土壤、环境，特别是适合其定殖和扩增的气候资料。

尽量收集或利用全部（足够的）已有资料来获得用于风险分析的必须信息。例如，有害生物在某一地区的发生状况记录中应包含有害生物学名（含亚种、株系、生物型等）、生活史阶段或状态、分类阶元、鉴定方法、日期（如有害生物首次检测、监测的日期）、发生地点（如在温室等也应注明）、为害寄主的学名与寄主受害状况、参考文献等基本信息。

（2）实地调查的方法

对于未知的信息，特别是关于害虫分布、寄主、危害等如有条件应开展实地调查，以获得详细、准确的资料。

（3）实验研究、测试

如果害虫的生物学、生态学、尤其是极端条件对该虫的影响、监测、检测、防除措施的效果等是未知的或存在不确定性，应开展实验观察、测试，以获得科学数据。

（4）气候图法

以月（或旬）平均相对湿度或降雨量为纵坐标，以月（或旬）平均温度为横坐标，将各月（或旬）的温度、相对湿度或温度、降雨量组合为坐标点，然后用线条顺序将各个坐标点连接起来，形成多边形不规则的封闭曲线，这种图像称为气候图（climograph)。气候图法是早期有害生物适生地研究中最经典的研究技术。其基本原理是以最严重发生地区的气温和降水等气候因子为基础，构建了代表特定害虫最适生气候的气候图。然后，将不同地区的气候图与最适气候图进行比较，测定该害虫在不同地区是否适生。生活史气候图、生态气候图等方法是对气候图技术的发展和完善。

（5）生态气候模型 CLIMEX

CLIMEX 软件是澳大利亚科学与工业研究组织的科学家 Maywald 和 Sutherst 用 FORTRAN 语言编写并且可在 VAX/VMS 和 MSDOS 下运行的动态模拟模型。该模型系统组建基于两个假设前提，一是气候条件是决定生物种群地理分布和数量变化的主要因素；二是一年中生物种群要经历顺境和逆境两个不同时期，因此每年的种群密度反应了顺境和逆境对其种群消长的综合影响。该系统采用生态气候指数（ecoclimatic index,

EI）定量地表征生物种群在不同时空的生长潜力。CLIMEX 可根据某物种的已知地理分布及相对丰盛度来估计该物种所需的气候条件，或者可以直接使用物种生长发育的生物学参数对物种的分布区进行预测。目前，常用的版本是 2004 年推出的 CLIMEX 2.0（Sutherst et al.，2004）。

（6）农业气候相似距库

1984 年，魏淑秋等建立了一个可以研究物种适生区的计算机数据库系统—“农业气候相似距库”，并在此基础上提出了“生物气候相似研究方法”、“农业气候相似程度”的概念和计算方法（魏淑秋，1988；魏淑秋和刘桂莲，1994）。农业气候相似距库是一个用于农业气候分析的数据库系统。该系统选择光、温、水等多种气候因素，采用聚类分析法，定量地表征不同地点间气候的相似程度，为气候的比较研究提供了有力的研究工具。在进行害虫适生性分析时，可根据各地与疫区的气候相似程度确定有害生物的可能适生区域，亦可根据生物的生态指标确定其可能适生区域或利用气候相似结合生物的生态气候指标确定有害生物的可能适生区。

（7）有害生物风险评估专家系统 ESKY

Sutherst 等（1991）提出了一个有害生物风险评估的专家系统，即 ESKY。该系统通过分析气候、植被分布、地理因子等生态因素以及检疫管理和人类活动等非生态因素，综合评估有害生物的风险。严格地说，PESKY 不是一个真正意义上的专家系统，但它对多因子影响特别是人类活动等的分析极有意义，并预示着有害生物风险评估的发展方向，即向综合全部因子的有害生物风险分析发展，并为下一步全球 PRA 的标准化奠定了基础。

（8）预设预测规则的遗传算法模型

预设预测规则的遗传算法（genetic algorithm for rule-set production，GARP）是以物种的生态位为基础对物种进行研究的软件系统，20 世纪 90 年代中期建立、完善和改进完成的（Stockwell and Peters，1999）。GARP 的原理是利用已有的物种分布资料和环境数据产生以生态位为基础的物种生态需求，探索物种已知分布区的环境特征与研究区域的非随机关系，用人工智能模型方法来建立预测模型。所建模型包括一系列描述物种在生态空间中的分布准则，并以此为根据来预测物种潜在的地理分布范围和进行生物多样性研究。

（9）地理信息系统

地理信息系统是强大的空间属性数据库管理系统，包括了空间数据的输入、存储、分析、管理显示和报告产生等功能。目前，国内外已经建立多个具有图形图像数字化、空间数据存储管理、查询检索、分析运算和多种输出等基本功能的通用 GIS 软件系统，提供基础的地理信息管理与分析功能，如美国的 ARCINFO 和 Mapinfo，澳大利亚的 GENAMAP，我国的 MAPGIS、CityStar-Officer、Supermap 等。

一般而言，研究生物地理分布要涉及到大量的生物、环境因子（如气候、植被和土壤等因子），利用传统的分析方法操作不方便且误差较大，地理信息系统为生物学家提供了生物和环境空间数据的获取、存储、管理、分析、输出的方法，并具有方便、精确、快速的优点。20 世纪 90 年代以来，GIS 技术开始在昆虫及害虫防治中应用，其技术和方法正日趋完善和成熟。同时，生物学家也相继开发了许多基于 GIS 平台的应用软件，目前最为成功的例子是 WHY WHERE 模型。该模型是一种基于 GIS 并采用统计手段进行分析的预测平台，是 20 世纪 90 年代中期由 Stockwell（2001）开发出来，它通过归纳的方式预测物种潜在分布区，并利用计算机强大的计算能力以及 GIS 与动态算法的整合，形成了一条预测物种潜在分布区的新途径。

二、材料、设备或工具

根据风险分析类型、目的以及采用的分析方法等准备相关材料、设备，选用适合的材料和设备。一般需要信息资料来源（图书馆、互联网相关数据库）、数据处理设备和软件（计算机、GPS 系统、GIS 系统、Climex 系统、GARP 软件、农业气候相似距库、ESKY)。如需调查、实验研究，则所需材料与设备参见本章第一节、第二节。

三、研 究 方 法

以中国有害生物风险分析程序为例介绍进行风险分析的完整的步骤，在实践中，可能会针对具体情况进行调整。如在进行传入可能性评估时，对于昆虫、线虫、细菌、真菌、病毒或杂草会有所不同；对于时间紧迫或特殊情况，一般采取以评估为主的风险分析方式，不按严格的评估和管理阶段划分，而且有些步骤可以简化。在研究力量安排方面应相对集中，以适应急需。

1. 从传播途径开始的 PRA

这种情况通常是开始进行一种新商品（植物或植物产品）或新产地的商品的国际贸易。传播途径可能涉及到一个或若干个原产地。应按照以下步骤进行：

第一步：由输出国提出要求，由国家检验检疫局列入计划，并要求输出国提供有关的材料，包括随该商品传带的有害生物名单以及产地进行有关的官方防治措施。

第二步：潜在的检疫性有害生物的确立。

① 在输出国提供的有害生物名单的基础上，查询数据资料，对该名单进行核查和补充，整理汇编出与该商品植物有关的有害生物的完整名单（不限于只随该商品传带的，指该商品的整株植物有关的有害生物）；② 提出会随该商品传带的有害生物名单；③ 根据检疫性有害生物的定义，确定中国关心的潜在的检疫性有害生物名单。

第三步：对每一种中国关心的潜在的检疫性有害生物逐个进行风险评估。

① 传入可能性评估：包括进入可能性评估和定殖可能性评估；② 扩散可能性评估；③ 传入后果评估：对经济、社会、环境等方面的影响。

第四步：总体风险归纳。

第五步：备选方案的提出。根据总体风险，提出降低风险的植物检疫防范措施建议。

第六步：就总体风险征求有关专家和管理者的意见。

第七步：评估报告的产生。

第八步：对风险评估报告进行评价，征求有关专家的意见。

第九步：风险管理。

①适当保护水平的确定（APL）。必要时，结合经济、社会因素，提出 APL；②备选方案的可行性评估；③建议的检疫措施；④征求意见；⑤原始管理报告要求：a. 适

当保护水平（APL）的描述；b. 对备选方案的可行性评价；c. 征求意见及答复；d. 对外联络文件；e. 决策建议。

第十步：形成 PRA 报告。将评估报告和管理报告的有关内容综合成最后的 PRA 报告。报告的格式主要是有害生物名单、中国关心的检疫性有害生物名单以及风险管理措施建议等内容。必要时，向输出国提供 PRA 报告，进行风险评估的专家要尽可能参与双边会谈，以便制订有关条款。

第十一步：在实施检疫措施之后，应当监督其有效性，如有必要应对检疫措施进行评价。

2. 从有害生物开始的 PRA

参照 FAO 的《有害生物风险分析准则》的有关内容，通常是针对一种或多种有害生物进行风险分析，应按照以下步骤进行：

第一步：有害生物的鉴定或选定。

第二步：对每一种中国关心的潜在的检疫性有害生物逐个进行风险评估。

①传入可能性评估：包括进入可能性评估和定殖可能性评估；②扩散可能性评估；③传入后果评估：经济、社会、环境等方面。

第三步：备选方案的提出，根据风险评估结果，提出降低风险的植物检疫防范措施建议。

第四步：风险评估结果和植物检疫措施建议征求有关专家和管理者的意见。

第五步：PRA 报告的产生。

报告的内容要求：

①有害生物资料单；②单一有害生物风险评估，包括寄主可得性、适生性等；③备选方案；④对征求意见的答复或解释。

第六步：对风险评估报告进行评价，征求有关专家的意见。

第七步：风险管理。

①适当保护水平（APL）的确定，必要时，结合经济、社会因素，提出 APL；②备选方案的可行性评估；③建议的检疫措施；④征求意见；⑤决策建议。

3. 评估报告的内容要求

评估完成后所形成的评估报告应包括以下内容：①风险评估概要；②流程交接登记表；③风险评估要求描述；④商品的有害生物名单（全）；⑤潜在的检疫性有害生物名单，应列出筛选依据，逐条简述，单一有害生物风险评估，包括数据单、参考文献等；⑥总体风险归纳；⑦备选方案；⑧对管理者提问的答复；⑨对评价人意见的答复；⑩提问、意见的原件或总结。

四、注意事项

1）危险性害虫风险分析主要是为国家的植物检疫工作服务的，因与国际贸易相关的本国局部发生或未发生而其他国家发生的重要害虫引起的。害虫风险分析是按科学程序对目标害虫或目标贸易类型进行分析、评估、提出管理对策。拥有充分、完全、科学的资料是做好风险分析的基础和前提。

2）关于有害生物风险分析可进一步阅读的材料包括蒋青（1994a，1994b）、魏淑秋和刘桂莲（1994）、范京安和赵学谦（1997）、陈洪俊等（2002）、沈佐锐等（2003）、许志刚（2003）、李久强等（2004）、宋红敏等（2004）、侯柏华和张润杰（2005）、杨长举和张宏宇（2005）、朱西儒等（2004）、李红梅等（2005）、程俊峰等（2006）、洪霓（2006）、周国梁等（2006）、孙楠等（2007）等。

思 考 题

1. 为何进行危险性害虫风险分析？
2. 以某种危险性害虫或贸易商品为例完成一个简要的风险分析报告。

第四节　防治技术对害虫控制作用的系统评价方法

一、概　　述

采取措施防治害虫，防止造成经济、健康、社会、环境等的危害是研究害虫的出发点和目的。目前，害虫的防治技术一般分为五大类，即植物检疫、农业防治、生物防治、化学防治和物理机械防治。在防治技术的研究中，防治技术对害虫控制作用的效果的评价是基础和保证。采用科学的评价方法才能获得准确的防治效果，筛选出有效的防治措施。

1. 防治技术类型

（1）植物检疫

植物检疫（plant quarantine）是指依据国家法规，对调出和调入的植物及其产品等进行检验和处理，以防止病、虫、杂草等有害生物人为传播的一项带有强制性的预防措施。

（2）农业防治法

农业防治法（cultural control）是根据农业生态系统中害虫（益虫）、作物、环境条件三者之间的关系，结合农作物整个生产过程中一系列耕作栽培管理技术措施，有目的地改变害虫生活条件和环境条件，使之不利于害虫的发生发展，而有利于农作物的生长发育；或是直接对害虫虫源和种群数量起到一定的抑制作用。

（3）生物防治法

传统的生物防治指利用害虫的天敌来防治害虫。随着科学技术的不断进步，生物防治的内容一直在扩充。从广义来说，生物防治法（biological control）就是利用生物或其产物控制有害生物的方法，包括传统的天敌利用和后来出现的昆虫不育、昆虫激素及信息素的利用等。

（4）物理机械防治法

物理机械防治法（physical and mechanical control）利用各种物理因子、人工或器械防治有害生物的方法，包括最简单的人工捕杀至近代新技术直接或间接捕灭害虫，或破坏害虫的正常生理活动，或使环境条件变成不能为害虫接受和容忍的程度。

（5）化学防治法

化学防治法（chemical control）利用化学药剂来防治害虫，也称为药剂防治。用于害虫防治的药剂叫作杀虫剂（insecticide）。

2. 防治技术对害虫控制作用的常规评价方法类型

在防治技术的研究和防治害虫实践过程中，不同类型的防治技术常规的评估、评价方法、指标有所不同，但最终都归结为防治技术实施后害虫种群数量、危害程度的变化。

植物检疫技术的实施的效果可用发生区域扩展速度、截获频次、传入/传出概率/频次、检疫处理存活率、种群数量、危害程度等方法来评价；农业防治法的效果的评价中主要采用室内抗性鉴定、田间抗性鉴定、害虫种群数量、危害程度等方法；生物防治法主要以生物测定（微生物类）、功能反应（捕食、拟寄生类）、种群数量、危害程度等为标准；物理机械防治法的主要指标是种群数量、危害程度；化学防治法的评价指标一般有生物测定、种群数量、危害程度等。

3. 防治技术对害虫控制作用的系统评价方法

生命表技术是研究昆虫种群动态和种群动态控制的重要方法。庞雄飞和梁广文（1995）修改了 Morris 和 Miller（1954）的生命表，提出了以各虫期作用因子及其相对应的存活率为组分的作用因子生命表，建立了如下的种群趋势指数模型：

$$I = \frac{N_1}{N_0} = S_1 S_2 S_3 \cdots S_k P_h F P_F P_{♀} \sum P_{fd} (S_{Aa})^d$$

式中，I 为种群趋势指数；N_1、N_0 分别为下代、当代卵量；S_i 为各作用因子相对应的存活率（i=1，2，3，…，k）；P_h 为成虫迁移后的居留率；F 为雌虫标准产卵量；P_F 为达到标准卵量的概率；P_{fd}为成虫逐日产卵概率；$P_{♀}$为成虫雌虫比率；$(S_{Aa})^d$ 为成虫逐日存活率（d 为成虫羽化后的天数，d=1，2，3，…）。

在作用因子生命表研究的基础上，庞雄飞和梁广文（1995）提出了种群控制指数（index of population control，IPC）。种群控制指数是在排除分析法、添加分析法和干扰分析法的基础上提出来的，它是定量系统研究种群发展趋势控制作用的一个重要指标，以被作用的种群趋势指数（I'）与原有的种群趋势指数（I）的比值表示。

$$\text{IPC} = \frac{I'}{I}$$

排除分析法、添加分析法和干扰分析法是在系统分析基础上提出的数学分析方法。通过作用因子的排除、干扰或添加分析，提出了排除作用控制指数（exclusion index of population control，EIPC）、干扰作用控制指数（interference index of population control，IIPC）和添加作用控制指数（addition index of population control，AIPC），表示各种因子或各类因子对种群系统的作用程度（庞雄飞和梁广文，1995）。

庞雄飞等（2000）认为防治技术对害虫的控制作用是多方面的，实施后可能作用到不同虫期，也可能影响到不同的作用因子。如植物源化学物质主要是控制害虫行为，一般可以认为：驱避成虫选择寄主，干扰成虫的着落、取食、交配、产卵等行为；可能对卵孵化有一定影响；随后干扰幼虫的行为，包括逃避、拒食而引起死亡，也可能对幼虫（特别是初孵幼虫）有一定毒杀作用，对化蛹率、蛹和成虫体重有一定影响，并进而影响到成虫的寿命、怀卵量和产卵量。这些干扰作用对种群增长所起的作用是明显的。单独用“校正死亡率”、“拒食率”、“忌避率”等指标难以综合评价植物源化学物质对害虫种群的控制作用。采用作用因子生命表技术，可以评价植物源化学物质对害虫种群的综合控制作用。

经改进后所提出的防治技术对害虫种群控制作用的系统评价方法和评价指标为

$$\mathrm{IIPC}=\frac{N_{1\mathrm{Tr}}}{N_{1\mathrm{Ck}}}=\frac{S_{1\mathrm{Tr}}S_{2\mathrm{Tr}}S_{3\mathrm{Tr}}\cdots S_{k\mathrm{Tr}}P_{\mathrm{hTr}}F_{\mathrm{Tr}}P_{\mathrm{FTr}}P_{♀\mathrm{Tr}}\sum P_{\mathrm{fdTr}}(S_{\mathrm{AaTr}})^{d}}{S_{1\mathrm{Ck}}S_{2\mathrm{Ck}}S_{3\mathrm{Ck}}\cdots S_{k\mathrm{Ck}}P_{\mathrm{hCk}}F_{\mathrm{Ck}}P_{\mathrm{FCk}}P_{♀\mathrm{Ck}}\sum P_{\mathrm{fdCk}}(S_{\mathrm{AaCk}})^{d}}$$

式中，IIPC为干扰作用控制指数；Tr、Ck分别为处理和对照；S_i 为各作用因子相对应的存活率（i=1，2，3，…，k）；P_{h} 为成虫迁移后的居留率；F 为雌虫标准产卵量；P_{F} 为达到标准卵量的概率；P_{fd}为成虫逐日产卵概率；$P_{♀}$为成虫雌虫比率；$(S_{\mathrm{Aa}})^{d}$ 为成虫逐日存活率（d 为成虫羽化后的天数，d=1，2，3，…）。

改进后的作用因子生命表能清楚表明防治技术对各虫期及各作用因子的作用情况，明确了各种技术对害虫种群的控制机制，为利用防治技术防治害虫，协调各种防治技术与其他生态因子的关系等提供理论依据和实验指导。

二、材料、设备或工具

防治技术、靶标害虫、寄主植物（温室或大田）、饲养和观察设备（养虫笼/盒、人工气候箱、扩大镜、体视镜）、记录用具（记录表、记录本、铅笔、钢笔和标记笔）、防治技术实施工具与设备（根据防治技术类型准备）。

三、研究方法

以植物次生物质对小菜蛾控制作用的系统评价实验设计为例对本方法的操作步骤进行说明。

1. 试验材料

试验用蔬菜为“49”菜心，所用植物次生物质为大叶桉叶次生物质。试验浓度为2gDW/100mL。供试田块为未施任何化学农药防治害虫的深圳龙岗生态村菜田。

2. 试验方法

（1）*调查方法*

根据田间调查结果，计划实验地菜心的播种日期，使其子叶期与小菜蛾的产卵高峰期相遇。供试蔬菜为“49”菜心，每处理播种一个塑料网棚，面积为30m×6m。在子叶期用喷雾器将供试试剂均匀地喷于田间菜心上，处理后每2天系统调查一次。每次调查以1/9m^2 为取样单位，随机取样，记录样方内各株菜心上小菜蛾的虫期及数量，取样数量按照小菜蛾的理论抽样公式计算获得。

每次调查均采集一定数量的卵、各龄幼虫和蛹，带回室内饲养，观察各虫态的死亡因子及数量，以此估计各虫期作用因子存活率。蛹羽化后，将雌雄成虫配对，每对放入一盖有纱布的塑料桶中，里面放入一玻璃瓶，瓶中加水后，放入一片菜叶，供其产卵。每天更换菜叶并记录其产卵量，直至雌虫死亡。每一处理重复20对成虫，按平均值进行统计分析。

（2）*各虫期数量、期中值及存活率的估计方法*

根据系统调查数据，按照各虫态的历期将全部数据进行累计，得到各虫期的累计数量（N_{xs}），由累计数量计算出各虫期的期中值（N_{xm}），利用平均龄期法计算各虫期的起始虫数（N_{xb}）。计算公式如下：

$$N_{xm} = \frac{N_{xs}D}{T_x}$$

$$N_{xb} = \frac{T_{x-1}N_{xm} + T_x N_{(x-1)m}}{T_x + T_{x-1}}$$

式中，N_{xs}为第 x 虫期的累计虫数；D 为系统调查的期距；T_x、T_{x-1}分别为第 x、$x-1$ 虫期的历期；N_{xm}、$N_{(x-1)m}$分别为第 x、$x-1$ 虫期的期中值；N_{xb}为第 x 虫期的起始虫数。S 表示虫期，stage；m 表示中间、中部，middle；b 表示开始、起始，begin。然后计算出各虫期的存活率（S_x）。

$$S_x = \frac{N_{(x+1)b}}{N_{xb}}$$

不同植物次生物质对小菜蛾卵期存活率的影响包括 4 个作用因子：“产卵驱避”、“捕食及其他”、“寄生”和“不孵”。“寄生”和“不孵”由田间取样带回室内观察而得。卵期捕食的估计，则是由卵期的期中值，减去 1 龄幼虫的期中值再扣除被寄生和不孵化的部分而来。假定在卵期卵被捕食的概率相等，将被捕食的卵量除 2，得到从卵初期到卵中期被捕食的卵量，将此卵量加上卵的期中值，即得到卵期的起始虫数。“产卵驱避”为处理区起始卵量与对照区起始卵量的比值。起始卵量和产卵驱避的计算公式如下：

起始卵量 =（卵的期中值 − 1 龄幼虫期中值）× 卵的“寄生”存活率
×“不孵”存活率 /2 + 卵的期中值

产卵驱避率 = 处理起始卵量 / 对照起始卵量

1 龄幼虫的作用因子包括“初孵幼虫死亡”和“捕食及其他”。初孵幼虫死亡率由室内追踪观察不同处理上小菜蛾的孵化和 1 龄幼虫潜叶得到。1～4 龄幼虫的起始虫数由相关公式计算而得。

蛹期存活率由田间取样带回室内观察统计得出。蛹期被捕食的可能性较小，因此可直接用期中值代替起始虫数。

（3）各作用因子存活率及各虫期参数的估计方法

按照作用因了作用的先后逻辑关系，卵期包括“产卵驱避”、“捕食及其他”、“寄生”和“不孵”4 个因子；幼虫期和蛹期的作用因子分为“捕食及其他”、“寄生”和“病亡”。绒茧蜂寄生引起的死亡归入 4 龄幼虫期。啮小蜂寄生引起的死亡归入蛹期。成虫期各参数以从处理与对照采集的蛹羽化出来的成虫的观察结果为准。

3. 结果与分析

获得的结果见表 12-2。利用改进后的作用因子生命表，评价大叶桉叶次生物质混合物对小菜蛾种群的控制作用。结果表明，大叶桉叶次生物质处理能显著降低小菜蛾的种群趋势指数和干扰作用控制指数。大叶桉叶次生物质处理下种群趋势指数为 2.9169，对照为 10.3272，干扰作用控制指数为 0.2824，表明用大叶桉叶次生物质对小菜蛾自然种群有较好的控制作用。

表 12-2 大叶桉叶次生物质作用下的小菜蛾自然种群生命表（深圳龙岗，1999 年 11～12 月）

虫期 X_j	作用因子 f_j	虫期存活率		作用因子存活率		控制指数 IIPC
		处理	对照	处理	对照	
卵	产卵驱避（S_1）	0.3289	0.8590	0.5273	1.0000	0.5273
	捕食及其他（S_2）			0.9145	0.9237	0.9900
	寄生（S_3）			0.9543	0.9725	0.9813
	不孵（S_4）			0.7148	0.9563	0.7475
L_1	捕食及其他（S_5）	0.5914	0.6100	0.8862	0.8397	1.0554
	初孵幼虫死亡（S_6）			0.6673	0.7264	0.9186
L_2	捕食及其他（S_7）	0.8028	0.8101	0.8926	0.8735	1.0219
	病亡（S_8）			0.8994	0.9274	0.9698
L_3	捕食及其他（S_9）	0.6029	0.6027	0.7318	0.7239	1.0109
	病亡（S_{10}）			0.8239	0.8326	0.9896
L_4	捕食及其他（S_{11}）	0.3405	0.3522	0.5488	0.5472	1.0029
	寄生（S_{12}）			0.8346	0.8527	0.9788
	病亡（S_{13}）			0.7435	0.7548	0.9850
蛹	寄生（S_{14}）	0.8641	0.9130	0.9374	0.9286	1.0095
	病亡（S_{15}）			0.9218	0.9832	0.9376
成虫	标准卵量（F）			400	400	—
	雌性比率（$P_♀$）			0.5000	0.5000	—
	达标准卵量概率（P_F）			0.5264	0.6277	0.8386
种群趋势指数（I）				2.9169	10.3272	—
种群控制指数（IPC）				—	—	0.2824

注：引自冼继东等（2003）。

四、注意事项

1）防治技术对害虫控制作用的系统评价方法是基于生命表技术及其改进的分析方法上形成的，是对防治技术对害虫生命过程（种群系统）的各个环节的影响的测定及对种群综合作用的评价，因此，需要掌握生命表技术及相关分析方法，在对靶标害虫的生物学、种群动态规律等充分了解的基础上开展实验研究。

2）关于防治技术对害虫控制作用的系统评价其系统的理论基础和应用方法可参见庞雄飞和梁广文（1995）、庞雄飞等（2000）、梁广文等（2001）、侯有明等（2002）、冼继东等（2003）、胡学难等（2004）等文献资料。

思考题

1. 请阅读、了解以作用因子为组分的生命表的构建技术。

2. 阐述评价防治技术对害虫控制作用的系统的方法与常规方法的不同之处。

3. 以当地某一主要害虫为例，应用本方法评估某种化学的或生物的杀虫剂的控制作用。

第五节　经济损失允许水平及经济阈值的研究方法

一、概　　述

有害生物综合治理（IPM）的最终目标不是彻底消灭有害生物，而是使其种群密度维持在一定水平即经济损失允许水平（economic injury level，EIL）之下。害虫防治必须以经济损失允许水平或由此衍生出来的经济阈值（economic threshold，ET）为指导，才能获得良好的经济、生态、社会效益。在经济上保证了高的害虫防治投入回报率；在生态学上由于害虫种群低水平存在，维持了农田生态系统的组织和结构的完整，为一些天敌提供食物来源，而且降低了害虫抗药性种群的暴发的风险；在环境保护上减少了农药的使用量。

1. 经济损失允许水平和经济阈值

（1）经济损失允许水平

虽然从不同角度对经济损失允许水平的含义有着不同的解释，但其基本含义是“当防治成本等于其防治收益时或者是由于采取防治措施所增加的产值等于防治投入的成本时有害生物的种群密度”。一般用以下公式表示：防治费用＝防治收益＝产品价格×EIL时产量损失。其中，EIL时的产量损失指种群密度为EIL的有害生物所造成的产量损失量。

经济损失允许水平受作物、害虫、农林业管理实践、经济、防治效果乃至社会消费心理等因素影响，且与作物品种、生育期、管理措施等密切相关，是一个动态性强的指标。在确定特定害虫经济损失允许水平时，必须掌握以下因素间的定量关系：① 环境条件与害虫种群动态；② 害虫种群密度与作物所受损害水平；③ 作物所受损害水平与作物损失水平；④ 作物损失水平与经济损失水平；⑤ 防治措施与有害生物种群密度；⑥ 防治措施与防治费用等。重点是掌握害虫种群密度与作物损失的关系（弗林特和范德博希，1985；陈杰林，1988；丁岩钦和丁雷，2005）。

确定经济损失允许水平最简单的方法是将各种因素特定化，计算静态的EIL。其计算公式为$EIL=C/(D\cdot E\cdot P)$。另外，允许损失率$L(\%)=C/(Y\cdot P)$。式中，C为防治费用；D为每个害虫（或害虫单位等）所造成的减产量；E为防治效果；P为作物产品单价；Y为作物的产量水平；L为允许损失率。

实际上EIL是“多维”的、“复合”的，因为EIL不仅仅是害虫数量的函数，还与害虫种群年龄结构、天敌、气候等有关；而且一种作物往往同时被多种害虫危害。从害虫角度讲害虫为害程度与作物成熟与否、作物的水分、营养成分的要求等分不开，与作物不同时期的生长势和补偿能力分不开，加之，农产品的市场价格和防治费用也是波动的，因而EIL又是动态的。将农业生态系统多种因素及相关的社会经济因素考虑进来，利用动态的系统模拟模型可以推算出动态的和多维的EIL以及多种害虫同时发生情况下的复合EIL。还有一种根据数年内害虫发生概率、发生程度和损失情况经过统计制定的，称之为“统计的EIL”。

（2）经济阈值

经济阈值又称防治阈值（control threshold），指的是采用防治措施阻止害虫种群密度扩大，以免达到经济损失允许水平的虫口密度。经济阈值是较经济损失允许水平低的种群密度，是经济损害的下限或称之为危害零点。我国应用的“防治指标”与经济阈值的含义有一定的相似性，防治指标简单来说就是种植者认为防治合算的某害虫种群密度或为害量。

经济阈值是害虫综合防治的中心问题之一，也是IPM方案制订和实施的关键所在。根据虫口密度或为害量与作物受害损失的关系，求出不同虫口密度下或为害量下的减产率，这样便将允许最低减产率转化为允许最低虫口密度或允许最低为害率。经济阈值的一般模型为 ET＝CC×CF/（EC×Y×P×YR×SC），式中，CC为防治费用；EC为防治效果；Y为产量；P为产品单价；YR为产量降低百分率；SC为害虫生存率；CF为校正系数（调整防治费用）。该模型涉及的因素较多，其中防治费用和产品单价是一对测定经济阈值的主要因素，CF常取1～2的值。

防治指标的计算公式为：$X=(\mathrm{CC}\times\mathrm{CF}/(Y\times E\times P)-b)\times 1/a$。
式中，CC为防治费用；CF为校正系数；Y为产量；EC为防治效果；P为产品单价；a、b为参数所得的X就是害虫防治指标。

经济阈值受害虫种类、种群密度、作物生育期、天敌和天气等因素影响，综合考虑各因素间的相互作用比单独考虑一个因素更重要。因此，经济阈值研究正朝着多元化、动态性指标发展。

2. 研究方法

经济损失允许水平或经济阈值研究的基本原理是挽回损失等于防治代价。在研究过程中，首先，要明确EIL、ET所包含的因素，然后进行定量描述。主要的因素有4种，① 直接收益：防治增加的作物产值；② 直接代价：防治材料、器械及工费等；③ 间接收益：防治的有益后效所增加的经济效益或减少的经济支出；④ 间接代价：防治的不利后果引起的经济损失。在这4种因素中，直接收益的作用最大，在目前有关的EIL、ET研究中大部分只包括直接收益和直接代价。其次，要摸清作物的补偿规律。摸清补偿规律是EIL、ET研究的关键，因为作物补偿力不同，即使在相同的为害水平的条件下，作物的最终产量也常常相差很大。影响作物补偿能力的因素较多，其中一般的水分、氮肥、为害时期、为害部位以及作物品种共5种因素的作用较大。但在实际工作中要将多个因素简化为较简单的合理的测度指标。最后，根据经济损失允许水平或经济阈值的定义和基本原理建立经济阈值模型。

一般的研究步骤如下：防治指标定义的模式化(挽回效益＝校正系数 α×防治费用)→挽回收益的数学模式[(防治区产量－对照区产量)×产品单价] →减产率与受害程度关系的数学模式→受害程度与虫口密度关系的数学模式→系统模式的合成→确定经济损失允许水平或经济阈值(防治指标)。实验操作过程包括：①种植作物，设计试验区(笼罩或开放)；②在不同小区内按不同虫量级别，接卵或接虫饲养、观察；③分别收获各小区作物产量，找出害虫密度与作物产量的关系式，求出损失率；④以常用的防治手段进行试验，求出防治费用和防治效果；⑤调查获得作物价格、防治投入（主要是药剂购置、人工费用）、防治的社会环境生态影响等；⑥将所得各项参数代入经济损失允许水平或经济阈值模型即可求出经济损失允许水平或经济阈值。

二、材料、设备或工具

隔离或开放的作物种植区、靶标寄主植物、靶标害虫，面积、长度测量用具（卷尺、GPS仪），饲养和观察设备（毛笔、养虫笼/盒、养虫室、扩大镜、体视镜等），记录用具（记录表、记录本、铅笔、钢笔和标记笔、标签），防治技术实施工具与设备（根据防治技术类型而准备）、计算工具（计算器、计算机及相关软件）。

三、研究方法

以邱名榜等（2000）对南美斑潜蝇为害芹菜的经济阈值的研究为例，介绍经济阈值的研究过程。

1. 种植斑潜蝇寄主植物，设计试验区

选择南美斑潜蝇为害较重的大棚芹菜，品种为日本西芹，播种期为7月5日，出苗期和定苗期（450 000株/hm^2）为7月8日和9月2日，扣棚期为10月24日。设7处理，每处理10m^2，每处理3小区，随机排列。要求试验区内作物品种、管理措施基本一致。

2. 在不同小区内进行处理，形成不同虫量级别

设虫道面积百分率（指虫道面积占叶片面积的百分率）为0（即从出苗即开始打药，以后定期打药，控制不受虫害）、<0.1（即从出苗后，虫道面积百分率<0.1时开始打药控制为害）、0.1～0.25（同上，并以此类推）、0.26～0.40、0.41～0.55、0.56～0.70、>0.71共7个虫量级别处理。

3. 分别收获各小区作物产量，求出害虫密度与作物产量、损失率的关系

于11月15日、25日和12月6日测3次，每次掰杈称茎叶重方法测产（每次掰杈方法及数量相同）。建立的虫道面积百分率与产量失率的曲线回归方程：虫道面积与产量损失率、产量的相关式分别为 $y=6.8075/(1+23.1575e^{-0.071x})$ 和 $y=4.223/(1+0.2669c^{0.0281x})$。

4. 以常用的防治手段进行试验，求出防治费用和防治效果

用1%海正灭虫灵乳油3000倍控制南美斑潜蝇，防治费用为（C）750元/hm^2，防治效果（E）为90%。

5. 调查获得作物价格、防治的社会环境生态影响等

大棚芹菜价格（P）为2.0元/kg，使用的是低毒药剂，对社会、环境、生态影响忽略。

6. 将所得各项参数代入经济损害水平或经济阈值模型，求出经济损失允许水平或经济阈值

设芹菜产量分别为45 000kg/hm^2、50 000kg/hm^2、55 000kg/hm^2、60 000kg/hm^2、65 000kg/hm^2、70 000kg/hm^2，经济系数F为6。将各参数代入经济损失允许水平公式 $L(\%)=CF/(YPE)$ 中，再将L代入产量损失率曲线回归方程，整理后得到南美斑潜蝇经济阈值模型，即 $X=14.0845\ln(23.1575L/(68.075-L))$（式中，$L$为经济损失允许水平），求出的$X$值即得不同产量水平下南美斑潜蝇经济阈值。

四、注意事项

1）经济损失允许水平及经济阈值基本上是通过系统试验研究获得的，在设计试验时注意使用科学的试验设计方法。

2）进一步阅读的资料有陈杰林（1988）、盛承发（1989）、蒲蛰龙（1990）、丁岩钦和丁雷（2005）等。

思考题

1. 简述经济损害水平或经济阈值在害虫防治中作用。
2. 以你熟悉的害虫为例设计一个经济损失允许水平或经济阈值研究方案。

第六节 害虫综合治理模式的研究方法

一、概述

1. 害虫综合治理的概念及发展

有害生物综合治理（integrated pest management，IPM）是在有害生物综合防治（integrated pest control，IPC）基础上提出来的。1966 年有害生物综合防治概念被提出后，1967 年联合国粮食及农业组织将其定义为“一种对有害生物的管理系统，按照种群动态及与之相联系的环境关系，应用所有适当的技术和方法，尽可能相互协调，使种群数量保持在经济危害水平以下”。1972 年美国环境质量委员会发展了 IPC，提出的 IPM 定义是“运用各种综合技术，防治对农作物有潜在危险的多种有害生物，先要最大限度地借助自然控制力量，兼用各种能控制种群数量的综合方法，如农业防治法、利用病原微生物、培育抗性农作物、害虫不育法、使用引诱剂、大量繁殖和释放寄生性和捕食性天敌等，必要时使用杀虫剂。”在实际应用中应用系统分析的方法选择最佳方案，采用各种尽可能相互协调的有效防治方法，将有害生物种群保持在经济损失允许水平以下，从而获得最大的经济效益，并使对农田生态系统的不良影响减少到最低限度。这一概念兼具了生态、经济和环境保护的观点。20 世纪 80 年代系统工程原理和方法在有害生物防治中得到大量应用，有害生物综合治理强调从农田生态系统管理出发，结合现代信息及数据处理技术，形成有害生物治理的联机系统，使有害生物治理更为科学、有效。20 世纪 90 年代以来，随有害生物抗药性、环境保护、物种多样性等问题日趋严重，生态因子的作用在有害生物的综合治理中进一步被重视起来，提出了有害生物生态调控（ecological pest regulation）、有害生物生态管理（ecological pest management）策略，尽量发挥自然的控制作用（中山大学昆虫学研究所，1978；赵志模和周新远，1990；张宗炳和曹骥，1990；陈杰林，1993；曾士迈，1994；丁岩钦和丁雷，2005）。

在中国，1975 年确立了以农业防治为基础的“预防为主，综合防治”的植保工作方针。我国科学家赋予有害生物综合防治的含义：从生态系统的整体观点出发，本着预防为主的指导思想和安全、有效、经济、简便的原则，因地因时制宜，合理运用农业的、生物的、化学的、物理的方法，以及其他有效的生态学手段，把有害生物控制在不足以危害的水平，以达到保护人畜健康和增产的目的。害虫综合治理是有害生物综合治理策略与技术应用于害虫防治的部分。目前，我国较为通用的“害虫综合防治”与害虫综合治理是同一含义。

害虫综合治理发展过程中有多种表述，但其实质是一样的，即都包含了生态学、经济学、环境保护学的观点。害虫综合治理包括了以下特点：① 允许害虫种群在经济损失允许水平以下继续存在，不要求彻底消灭害虫。这样可为天敌提供食料、繁殖和隐蔽场所，维持生态平衡，加强自然控制力量；② 充分发挥自然控制因素的作用。自然因素包括害虫的食料、生活空间和隐蔽场所、周期性发生的气候变化、种内和种间竞争、捕食者、拟寄生/致病生物因子等。因此，一个重要策略是控制环境、增强自然因素的作用；③ 强调防治措施间的相互协调和综合。优先考虑生物防治、农业防治、物理防治等措施，尽量少使用化学防治；④ 以生态系统为管理单位。在了解害虫与作物、天敌、环境间关系基础上使采取的防治措施对农田生态系统的副作用降低到最小；⑤ 强调害虫综合防治体系的动态性。农田生态系统是动态的，综合治理方案应随生态系统的变化而改变，所以要对害虫及相关关键因子的变动加强监测（赵志模和周新远，1990；张宗炳和曹骥，1990；陈杰林，1993；曾士迈，1994；丁岩钦和丁雷，2005；洪晓月和丁锦华，2007）。

2. 害虫综合治理模式

在长期的实践中，根据防治对象、管理区域范围、采取的主要技术类型等害虫综合治理可分为多种模式。如果按照管理对象的范围，可分为单种害虫治理、多种/复合害虫治理、单种作物害虫治理、作物区系害虫治理 4 种模式。

（1）单种害虫治理模式

以某种害虫为防治目标，在掌握该害虫种群动态和相关的作物、气候、栽培实践等因素的作用的前提下，在害虫发生不同时期采取合理的防治措施，优选、组配成单种害虫综合治理技术体系。在害虫综合治理的实践中这类模式占大部分。目前，国内针对大部分重要害虫已研制了单种害虫综合治理技术体系。

（2）多种/复合害虫治理模式

多种/复合害虫治理模式基本上是以某种作物上生物学或发生、危害规律等相似的一类害虫为治理目标形成的综合治理技术体系。例如，美国得克萨斯州针对当地棉花主要钻蛀性害虫棉铃象甲、棉红铃虫、美洲棉铃虫等研究、设计了综合防治方案，其中管理措施有：种植短生育期的矮秆品种棉花，并合理密植以缩短受害危险期；适当迟播，恶化早春出现的棉铃象甲的取食和产卵条件；种植抗虫品种；及早收获并及时清除田间残株；制定科学的经济阈值，在各害虫盛发期施药，而后期不施药，以保护天敌等。由于某些虫、病的特殊关联性，实践中还研制一些多种/复合病虫害治理技术体系。

（3）单种作物害虫治理模式

以某种作物上主要的害虫、病害或病虫害为防治目标，形成的综合治理技术体系。20 世纪 80 年代以来，在我国水稻、棉花的一些综合防治示范区单种作物病虫害综合防治技术体系已初步形成。在主要稻区，从以水稻为中心的稻田生态系统整体出发，协调水稻—病虫害—天敌之间的相互关系，制定了“选用抗性品种为主体，加强保健栽培管理，恶化病虫生活条件，辅以合理用药，保护天敌”为内容的技术体系。在棉花病虫害的综合防治中，针对黄河流域、长江中下游棉区不同种植制度和棉花补偿能力的特点，组建了配套关键技术，提出了发挥自然控制因子作用，如种植抗性品种、合理轮作、间套作，增加棉田生态多样性保护利用天敌，结合重点用药等防治对策。其他作物，如小麦、玉米、大豆、苹果、柑桔等不同程度地建立了综合治理技术体系。这些综合治理体系在多种作物病虫害防治中得到广泛的应用，取得了明显的经济、生态和社会效益。

（4）作物区系害虫治理模式

基于一定区域的农业生态系统，以多种作物上多种重要病虫害为防治目标，形成的综合治理技术体系。这种害虫综合治理模式与以上3个明显不同之处在于：① 治理的对象种类更多，可能包括多种作物上多种重要病虫害；② 基于的生态系统更复杂，不仅要研究作物田生态系统的运行过程及机制，还要研究不同种类作物田间及与周围环境之间的互作关系；③ 空间上以包括特定作物区系的种植区域为管理目标，调控的规模更大。正是由于作物区系害虫治理模式的复杂性，因此，尽管有很多探讨，但成功的例子仍然不多。

3. 害虫综合治理方案设计原则

害虫综合治理包括的内容很多，涉及的因素也就很多。但是害虫防治措施总结起来，可分为三大类，即植物检疫、生态控制和应急措施。开展检疫就是防止害虫传入、传出，甚至消灭害虫。生态控制措施中可利用的自然因素包括多方面，如气候、生境、寄主食料、天敌、种植制度、栽培技术、品种等，对害虫的发生消长起着综合作用。这些因素可长期和相对稳定控制害虫。因此，在综合防治中，首先要分析这些因素在农田生态系统中对害虫的影响作用，更好地利用自然因素。一般将改造农田环境、改进耕作栽培技术、利用抗虫品种、保护利用自然天敌、引入天敌等作为充分发挥自然因素控制作用的具体措施，能够持久地控制害虫种群数量处于较低密度水平，可预防虫害的发生。当然，在必要时，适当使用应急措施，如化学防治、微生物防治、人工饲养天敌释放、性诱剂的应用、物理防治等，属于急救性的遏制害虫的防治措施。在综合防治中，就是要协调运用好各类具体防治措施，组建一个体现防治策略的技术体系。

制订害虫综合治理方案是一个非常复杂的问题，涉及农田生态系统的各个组分以及经济价值和社会效益等。因此，要设计出一个具有长期控制害虫效应的综合防治方案，根据综合防治的策略，首先要考虑发挥自然控制力；当害虫种群数量超过经济损失允许水平时，才考虑采用人工防治；而这些措施必须对人类和有益生物安全，保护生物多样性，不污染环境；以建立一个最优的农田生态系统。农田生态系统始终处于动态变化中，基于其所制定的害虫综合防治方案也不可能一成不变，必须不断地作相应的调整。害虫综合防治方案具有决策上的灵活性，依据田间实际情况决定行动的内容。同时，不同作物、不同害虫群落、不同地域的生产水平、生态条件、社会情况各异，综合防治更不可能有一个一成不变的模式。

害虫综合防治是以生态学为基础的害虫治理，这是有害生物综合治理的主要内容之一。因此，实践中必须强调从农业生态系统的总体观点出发，着眼于农业生态体系进行综合管理的系统工程，把预防为主的思想贯彻于始终，要从生态系统的层次进行害虫治理的实践、理论研究和决策。要考虑农业生产的全局需要，通过综合系统的科学管理，大力改善生态环境，提高生物多样性指数，充分发挥生物潜能的作用，创造一个不利于害虫发生发展，而有利于天敌发挥作用的生态系统。

搞好害虫综合治理，必须掌握区域性害虫发生发展规律，作好发生趋势预测预报，明确主要靶标害虫及其动态，掌握防治的主动权；加大生物防治工作力度，科学合理的使用化学农药，发挥农药的应急杀灭作用，防止和减少有害副作用；发展生态农业，高效农业；还要提高防治技术的科技含量，因地制宜协调应用必要的防治措施，坚持安全、有效、经济、简便的原则，建立农田有害生物综合防治体系和样板，发展高新技术，提高综合防治水平。当前高新技术，尤其是分子生物学技术和信息技术的迅速发展和应用，为害虫综合治理的发展提供了许多前所未有的机遇，也展示了广阔的发展前景。但新的高效治虫技术，只有在综合治理战略思想指导下综合协调应用，才可能取得较好的经济、生态和社会效益。因为有害生物综合治理是一项复杂的系统工程并且具有很强的区域性，需要加强研究的课题繁多，因此对于害虫综合防治当前迫切需要组织多学科综合研究，特别是应加强重要害虫灾变规律。成灾机理和综合控制的基础研究，以便进一步发展与环境相容的，并符合可持续发展战略的害虫控制的新战略和方法。

害虫综合防治方案在试验过程中，仍需不断补充、修改，使之更加符合实际情况。特别是一个地区的综合防治方案在实施过程中，更要不断进行总结、提高，使之逐步完善。制订害虫综合防治方案最有效手段是建立治理系统的模型，可使防治决策最优化，获得最佳效益。

二、材料、设备或工具

获得关于农业生态系统结构与功能、害虫发生发展规律、虫情预测预报、各种防治技术作用时期、效果及配套使用技术等充分的科学资料。

三、研究方法

虽然害虫综合治理体系研究涉及范围广、因素多，而且随着时空条件变化而变化，但是在害虫综合治理模式构建过程中也存在一般的指导性原则和方法。具体如下：

1）了解作物田间生物群落的组成结构和害虫种类及种群数量，确定主要害虫和次要害虫以及保护利用重要天敌类群。

2）分析影响害虫种群动态的自然因素及其控制害虫的作用，特别是耕作制度、作物布局、生境适度等，明确害虫种群数量变动规律和防治适期。

3）研究各种害虫与寄主作物、天敌之间的关系以及害虫种群与危害损失的关系，结合防治成本、作物产值、经济和社会因素，制定科学的经济阈值。

4）研究各种防治措施的作用，协调运用合适的防治措施，组建压低关键性害虫平衡位置的技术体系。选择防治措施应符合“安全、有效、经济、简易”的原则，尽量降低成本投入，提高经济效益。

5）研究害虫种群动态与有关的环境条件之间的关系，及可靠的监测技术，以及时、准确预测害虫发生情况。

四、注意事项

1）害虫综合治理技术体系的研究是在充分了解害虫习性、发生规律、农业生态系统的结构与功能等基础上进行的，所组建的体系不仅包括自然物质因素，还包括社会经济因素。应着眼于有效性、经济性，因地制宜，研究、构建科学实用的综合防治体系。

2）进一步阅读的材料包括杜正文（1991）、陈杰林（1993）、曾士迈（1994）、华南农业大学（1995）、丁锦华和苏建亚（2002）、洪晓月和丁锦华（2007）、李云瑞（2006）、Larry and Michael（1995）、Baumgartner（1998）、Dent（2000）、Horowitz and Ishaaya（2004）、Larry and Marlin（2005）等。

思 考 题

1. 调查、了解我国不同农业区域、不同作物类型害虫的综合防治体系类型，并分析其特点。

2. 结合所在地理区域的农林业生产特点，以一种害虫或一种作物为例设计出害虫综合治理技术体系。

第七节　害虫综合治理专家系统的研究方法

一、概　　述

专家系统（expert system，EXS）就是通过模拟人类推理过程，利用源于人类专家的知识解决复杂的特定问题的计算机程序。EXS 也称为知识库系统（knowledge-based system）。专家系统是人工智能（artificial intelligence，AI）研究的一个应用领域，起源于 20 世纪 60 年代。经过近 40 多年的发展，专家系统技术已走向成熟，已经在许多国家的医疗、工业、教育、金融决策、地质勘探、军事以及农业等领域大量应用。植物保护是农业范畴内专家系统技术应用最早、最活跃的专业领域，此类专家系统软件已经在实际的农作物病虫害综合管理中发挥了重要的辅助决策作用。

1. 专家系统特点及组成

专家系统主要是将专家积累的知识或经验进行汇集、总结，使知识形式化并进行传播，是知识活化和应用的有力工具。该系统通常由知识库（knowledge base）、推理机（inference engine）、知识获取（knowledge acquirement）、解释界面（interpretation）及用户接口（user interface）等五部分组成，知识库和推理机是它的核心。其中知识库存储从专家那里得到的关于某个领域的专门知识；而推理机具有依据一定策略进行推理的能力。也就是将与领域问题相关的专门知识进行深度挖掘和高度概括（即知识获取），并把这些知识有机地结合到程序设计中，使程序具备类似人类求解问题时的推理、学习和解释能力。因此，在某种意义上说，专家系统是以知识库为基础的系统（knowledge based system）。一般来说，专家系统有 3 个特点，即启发性、透明性和灵活性。启发性是指用判断性知识来进行推理，透明性指能解释自己的推理过程，灵活性指能不断增加自己的知识。

2. 植物保护领域专家系统的种类

国内外研究开发的农业及植物保护专家系统，按其结构与功能的主要特征，大致可分为以下 4 种：

1）启发式专家系统（heuristic expert system）：它和起初的专家系统概念最接近，如 SOYBUG 和 AWFES。

2）实时专家系统（real-time control expert system）：又称为算法专家系统（algorithmic expert system），在农业上应用较为广泛，其基本功能是以时间为中心，在一定的系统参数控制下通过使用传感装置对设置点进行自动调节控制，如 MISTING（一个能动态调整繁殖温室内的喷雾时间和频率的专家系统）。

3）基于模型的专家系统（model-based expert system）：这类系统应用模拟模型技术来构造专家系统，反过来利用专家系统为模型提供参数及模拟结果的解释来更好地利用已被验证的模型，如 COMAX。

4）专家数据库（expert databases）：此类系统是专家系统与数据库相联接的组合系统，其中专家系统的作用是改善对数据库的存取和解释能力，更方便地实现对数据库有关信息的利用。

3. 专家系统在害虫综合治理中的应用

在害虫综合治理领域中，专家系统研究及应用主要集中在 5 个方面，即害虫诊断、预测预报、管理决策、设计和培训。

（1）害虫诊断

认识和了解目标害虫，有针对性地进行研究和管理，是害虫综合治理的基础。由于田间的昆虫种类很多，有些种还存在亚种或近缘种，对其进行分类和鉴定显然不是一件容易的事。仅仅依据为害症状和粗略地识别就进行防治难以达到理想的效果。因此，发展一种害虫诊断专家系统显得尤为重要。

研制害虫诊断专家系统要根据人们认识事物的习惯，由浅入深、由表及里、由现象到本质的过程进行。对于研究人员可以采用前向推理的方式将检索表以/IF-THEN0 的形式规则化，一步步地将目标害虫鉴定到种。对于农民则可以通过对比为害症状、易辨的体型特征先进行粗略分类，而后再以检索表的形式对细节作对比区分，直至鉴定到种。这两种方法皆可通过面向对象的编程语言并结合多媒体以图、文、声、乐的方式形象地表达。有关害虫诊断的专家系统现在已有不少，根据这些系统所研究的害虫的寄生场所可将它们分为仓库、农田、果园、菜园 4 种类型，如苹果病害综合管理专家系统 PSAOC、马铃薯害虫专家系统 PIES 等。

（2）预测预报

用于预测预报的专家系统可分为定性和定量两种类型。定性预测的专家系统一般通过/IF-THEN0 式的推理规则将害虫的为害症状和参数数据列成等级标准，根据用户的输入进行判断。这一类型的专家系统只能作简单的趋势预测或管理咨询，难以对害虫的未来动态作比较准确的判断。定量测报专家系统将专家系统与测报模型相结合。模型处理输入的数据并将结果通过内部控制程序（接口）输出，专家系统为用户提供交互式界面并解释模型的运行结果。现在已有许多包括模型库的专家系统，例如，Baldcoin-Morgan 等（1995）利用一个决策支持系统实现模型库、数据库和知识库的连接，其中的模型库管理系统充当模型库和系统之间的控制程序，它能够驱动所有的模型并把模型的输出变为可以利用的形式。

（3）管理决策

害虫综合防治的目的是通过采取适当的措施，如农业的、化学的、遗传的或天敌的等使害虫数量保持在经济损害水平之下。既要使害虫数量保持动态平衡，又要使防治措施不危害环境。综合防治重在防不在治。由于农田生态系统是一个开放的、不稳定的系统，种群数量时刻处于变动之中，影响种群动态的因子也很不稳定。因此，对于当前的目标害虫实施怎样的管理措施，需要进行全面的考虑。

进行害虫管理，首先要了解当前的目标害虫及其数量，评估其为害程度及未来的风险性，根据评估的结果作出适当的管理选择。怎样进行评估、如何进行选择涉及害虫管理的 3 个方面，即监测、预测、预防与控制。监测害虫数量，确定是否达到防治指标，如果现在还不需要防治，则需通过模型模拟害虫动态，评估未来的风险性，确定现在是否需要采取预防与控制措施。归根结底是要作出适当的管理决策。作出管理决策本身又涉及到预测和评估等多方面的问题，因此建造这种专家系统可以设计多个功能模块，然后将它们集合成为一个大型的管理决策专家系统。也可以将多个小型的专家系统集成为一个统一的害虫管理专家系统。例如，李保华等 1996 年研制的梨黑星病预测与管理专家系统 ESPSPM（李保华和赵美琦，1996）。管理决策型 EXS 为害虫综合管理提供了一种有力的工具。研究生态系统的综合管理时，由于害虫、天敌众多，加上环境因子，相互之间的关系复杂，不确定因素很多，要应用系统工程方法组建这样一个大系统的管理决策模型是很困难的。而且，决策人是害虫综合管理和生态系统综合管理成败的关键。在此，EXS 技术能够充分发挥其优越性，有着良好的应用前景。

（4）设计

设计型专家系统就是按照给定的要求，为待确定的问题构造模式。Logan（1988）指出 EXS 在生态学问题的设计中有着良好的潜在研究价值，并就利用 EXS 设计害虫模拟模型进行了有意义的探讨。组建害虫模拟模型的专家系统，也就是将组建模拟模型的一般过程用专家系统的形式表达出来，其目的是为那些缺乏建模经验的测报或研究人员提供方便。除此之外，设计型专家系统还可应用于农药的使用、抽样方案的确定等方面。

（5）人员培训

专家系统 GUIDON 能够指导医学专业的学生选择针对细菌感染患者的抗菌剂疗法。冯国灿等（1995）研制的马尾松毛虫专家系统中包括一个人员培训子专家系统。与一般的教学多媒体软件不同，人员培训专家系统有良好的推理机制，它能够根据用户提出的不同问题分别予以解答，而一般的教学多媒体软件往往以流水线的方式讲解研制者认为重要的内容，不能解决用户遇到的具体问题。当然，人员培训专家系统也可以结合多媒体进行研制。既然大多数害虫管理专家系统能够解释为什么和怎样之类的问题，因而也可以很好地充当培训工具。

4. 构建专家系统的方法和步骤

（1）确定问题

明确要解决的问题是设计和发展专家系统的第一步。问题往往源于用户或实际的需要，对问题的本质、可供选择、用户的背景和要求了解得越详细，设计和发展专家系统越容易。

（2）系统的设计

根据问题设计整个系统的发展思路和框架。可以将问题分解为多个组成部分或功能模块，这样容易组建、调试和修正。

(3) 知识的获取

专家系统的质量取决于规则和组建系统的专家所提供的知识或信息的质量。知识和信息要尽可能全面，规则要符合逻辑和实际。为此，组建专家系统时要邀请领域专家以座谈、讨论的形式就组建系统的知识和规则进行全面的研讨，最终达成共识，以取得最优效果。

(4) 知识工程和编码

运用计算机程序将知识和规则有机地组织起来。这可以通过计算机语言，如 LISP、PRO2LOG、FORTRAN、PASCAL、VB、C 语言或 C 直接组织编写。也可以用表格的形式以 IF 陈述语句或框架结构的形式表示。

(5) 系统的检测、完善和应用

一个专家系统要能够应用需要做 3 个方面的工作：首先检查系统各个部分在逻辑上是否合理、完整并结合得很好，系统运行是否正常；其次进行模拟检验，提出问题让系统回答，检查结果的正确性；最后将系统应用于实际，通过用户的反馈对系统作进一步的修正和完善。

二、材料、设备或工具

目标害虫充分/全面的知识、计算机、高级程序语言（如 PASCAL、VC、VB、VF 等）或人工智能语言（如 LISP、PROLOG 等）、或专用专家系统开发工具（又称专家系统壳，expert system shell）（常用的 CALEX、LUCID、PC、PENSHELL、VP-EXPERT、KA3、KA4、ZDEST、VESS、MES 等）、其他可能需要的准备材料或掌握的技能（如 3S 技术、数据库技术、多媒体技术、网络技术等）。

三、研究方法

操作步骤参见本节概述中构建专家系统的方法和步骤。

四、注意事项

1）对害虫充分/全面的研究是组建专家系统的必备知识。

2）计算机高级程序语言或专用专家系统开发工具是设计、开发专家系统的方法，因此，需要熟练掌握。

3）进一步参阅的材料有古德祥和张文庆（1994）、李保华和赵美琦（1996）、李久强等（2004）、唐乐尘和黄明真（1996）、王亚东（2000）、吴加伦和樊德方（2000）、武廷军和王中华（2005）、Logan（1988）等。

思考题

1. 选定一种专家系统，学会使用方法。

2. 选择一种专用专家系统开发工具，开发一种简单的害虫防治或预测预报的专家系统。

参考文献

陈洪俊，范晓虹，李尉民. 2002. 我国有害生物风险分析(PRA)的历史与现状. 植物检疫，16(1)：28～32

陈杰林. 1988. 害虫防治经济学. 重庆:重庆大学出版社
陈杰林. 1993. 害虫综合治理. 北京:中国农业出版社
程登发,封洪强,吴孔明. 2005. 扫描昆虫雷达与昆虫迁飞监测. 北京:科学出版社
程俊峰,万方浩,郭建英. 2006. 西花蓟马在中国适生区的基于CLIMEX的GIS预测. 中国农业科学,39:525~529
丁锦华,苏建亚. 2002. 农业昆虫学(南方本). 北京:中国农业出版社
丁岩钦. 1994. 昆虫数学生态学. 北京:科学出版社
丁岩钦,丁雷. 2005. 害虫管理学理论与方法. 北京:科学出版社
杜正文. 1991. 中国水稻病虫害综合防治策略与技术. 北京:中国农业出版社
范京安,赵学谦. 1997. 农作物外来有害生物风险评估体系与方法研究. 植物检疫,11(2):57~62
冯国灿,张润杰,梁承丰等. 1995. 广东省马尾松毛虫数据管理及测报系统(SMC). 中山大学学报论丛,(2):67~70
弗林特,范德博希. 1985. 害虫综合治理导论. 曹骥,赵修复译. 北京:科学出版社
戈峰. 2008. 昆虫生态学原理与方法. 北京:高等教育出版社
耿济国,张建新,张孝羲. 1991. 昆虫生态及预测预报实验指导. 北京:中国农业出版社
古德祥,张文庆. 1994. 昆虫学中的计算机专家系统. 昆虫知识,31(3):183~186
郭郛,忻介六. 1988. 昆虫学实验技术. 北京:科学出版社
洪霓. 2006. 植物检疫方法与技术. 北京:化学工业出版社
洪晓月,丁锦华. 2007. 农业昆虫学. 北京:中国农业出版社
侯柏华,张润杰. 2005. 基于CLIMEX的桔小实蝇在中国适生区的预测. 生态学报,25(7):1569~1573
侯有明,庞雄飞,梁广文. 2002. 印楝素乳油对小菜蛾种群的控制作用. 昆虫学报,45(1):47~52
胡伯海,姜瑞中. 1997. 农作物病虫长期运动规律与预测. 北京:中国农业出版社
胡学难,梁广文,曾玲. 2004. 斯氏线虫对亚洲玉米螟种群的控制作用. 华南农业大学学报(自然科学版),25(2):52~55
华南农业大学. 1995. 农业昆虫学(第二版). 北京:中国农业出版社
蒋青. 1994a. 应用农业气候相似距分析假高粱在我国的适生范围. 植物检疫,8(5):257~262
蒋青. 1994b. 有害生物危险性评价指标体系的初步建立. 植物检疫,8(6):331~334
李保华,赵美琦. 1996. 梨黑星病预测与管理专家系统(ESPSPM)的研制. 计算机农业应用专刊,120~123
李红梅,韩红香,薛大勇. 2005. 利用GARP生态位模型预测日本松干蚧在中国的地理分布. 昆虫学报,48:95~100
李久强,相宁,陈笑瑜等. 2004. 有害生物风险评估计算机系统. 植物检疫,18(6):338,339
李云瑞. 2006. 农业昆虫学(南方本),北京:中国农业出版社
李运臂. 1987. 昆虫生态学概论. 武汉:湖北科学技术出版社
梁广文,詹根祥,曾玲. 2001. 寄生蜂对美洲斑潜蝇自然种群控制作用的评价. 应用生态学报,12(2):257~261
刘铉基,李克政. 1992. 森林病虫害预测与决策. 哈尔滨:东北林业大学出版社
罗河涛. 1984. 生态学研究方法—适用于昆虫种群的研究. 北京:科学出版社
马晓光,沈佐锐. 2003. 植保有害生物风险分析理论体系的探讨. 植物检疫,17(2):70~74
牟吉元. 1990. 昆虫生态及预测预报. 北京:农业出版社
牟吉元,徐洪富,李火苟. 1997. 昆虫生态与农业害虫预测预报. 北京:中国农业科技出版社
庞雄飞,梁广文. 1995. 害虫种群系统的控制. 广州:广东科技出版社
庞雄飞,张茂新,侯有明. 2000. 植物保护剂防治害虫效果的评价方法. 应用生态学报,11(1):108~110
蒲蛰龙. 1990. 农作物害虫管理数学模型与应用. 广州:广东科学技术出版社
邱名榜,缪玉刚,刘英智等. 2000. 南美斑潜蝇为害芹菜的产量损失和经济阈值研究. 山东农业大学学报(自然科学版),(4):408~410
屈西峰. 1992. 中国棉花害虫预测预报标准. 北京:中国科学技术出版社
沈佐锐,马晓光,高灵旺等. 2003. 植保有害生物风险分析研究进展. 中国农业大学学报,8(3):51~55
盛承发. 1989. 害虫经济阈值研究进展. 昆虫学报,32(4):492~500
宋红敏,张清芬,韩雪梅等. 2004. CLIMEX:预测物种分布区的软件. 昆虫知识,41:379~386
孙楠,黄冠胜,林伟等. 2007. 主要贸易国家有害生物风险分析研究方法比较. 植物检疫,21(2):87~91

唐乐尘，黄明真．1996．农药处方与病虫害综合治理计算机咨询专家系统．计算机与农业，(4)：6～10
汪世泽．1993．昆虫研究法．北京：中国农业出版社
王厚振．1999．棉铃虫预测预报与综合治理．北京：中国农业出版社
王亚东．2000．大豆病虫害诊断专家系统中知识库建造．计算机与农业，(5)：34～39
王正军，张爱兵，李典谟．2003．遥感技术及其在昆虫生态学中的应用．昆虫知识，40(2)：97～100
魏淑秋．1988．气候与农业气候相似研究．北京：北京农业大学出版社
魏淑秋，刘桂莲．1994．中国与世界生物气候相似研究．北京：海洋出版社
吴福祯．1990．中国农业百科全书(昆虫卷)．北京：中国农业出版社
吴加伦，樊德方．2000．水稻害虫防治安全使用农药专家系统．植物保护学报，27(1)：69～74
吴千红，邵则信，苏德明．1991．昆虫生态学实验．上海：复旦大学出版社
武廷军，王中华．2005．棉田病虫专家咨询系统的研究与应用．中国棉花，78～80
冼继东，庞雄飞，曾玲．2003．异源次生化合物对美洲斑潜蝇种群控制作用的田间试验．应用生态学报，14(1)：97～100
徐汝梅．1987．昆虫种群生态学．北京：北京师范大学出版社
徐汝梅，成新跃．2005．昆虫种群生态学——基础与前沿．北京：科学出版社
许志刚．2003．植物检疫学．北京：中国农业出版社
薛贤清．1992．森林害虫预测预报．北京：中国林业出版社
杨长举，张宏宇．2005．植物害虫检疫学．北京：科学出版社
俞晓平，巫国瑞，胡萃．1991．遥感技术在昆虫监测中的应用．世界农业，(3)：31～33
曾士迈．1994．植保系统工程导论．北京：北京农业大学出版社
翟保平．1999．追踪天使——雷达昆虫学 30 年．昆虫学报，42(3)：315～326
张文军．2007．生态学研究方法．广州：中山大学出版社
张孝羲．2002．昆虫生态及预测预报(第 3 版)．北京：中国农业出版社
张孝羲，程遐年，耿济国．1979．害虫测报原理和方法．北京：农业出版社
张孝羲，张跃进．2006．农作物有害生物预测学．北京：中国农业出版社
张宗炳，曹骥．1990．害虫防治，策略与方法．北京：科学出版社
赵志模，周新远．1990．生态学引论：害虫综合防治的原理与应用．重庆：科学技术文献出版社重庆分社
郑汉业，夏乃斌．1995．森林昆虫生态学．北京：中国林业出版社
中山大学昆虫学研究所．1978．害虫生物防治的原理和方法．北京：科学出版社
周国梁，李尉民，印丽萍等．2006．有害生物风险分析研究工作的发展．植物检疫，20(3)：162～164
朱西儒，徐志宏，陈枝楠．2004．植物检疫学．北京：化学工业出版社
邹运鼎，王弘法．1989．农林昆虫生态学．合肥：安徽科学技术出版社
邹钟琳．1983．昆虫生态学．上海：上海科学技术出版社
Baldwin-Morgan A, Stone M. 1995. A matrix model of expert system impacts. Expert Systems with Applications, 9(4)：599～608
Baumgartner J. 1998. Population and Community Ecology for Insect Management and Conservation. CRC
Dent D. 2000. Insect Pest Management. Cabi Publishing
Horowitz A, Ishaaya I. 2004. Insect Pest Management: Field and Protected Crops. Springer
Larry P P, Marlin E R. 2005. Entomology and Pest Management (5th ed). Prentice Hall
Larry P P, Michael R Z. 1995. Analyses in Insect Ecology and Management. Iowa State Press
Logan J A. 1988. Toward an expert system for development of pest simulation models. Environ Entomol, 17(2): 359～376
Martin R S, Mark D H Allan D W. 2008. Ecology of Insects: Concepts and Applications (2nd ed). Wiley-Blackwell
Morris R F, Miller C A. 1954. The development of life tables for the spruce budworm. Canada. Journal of Zoology, 32: 283～301
Price P W. 2000. Insect ecology(4th ed). New York: John Wiley & Sons
Stockwell D R B. 2001.12.21. Why Where answering the question"Where is it and why ?"on a global scale. http: //

biodi. sdsc. edu/Doc/WhereWhy/tutorial. Html

Stockwell D R B, Peters D. 1999. The GARP modeling system: problems and solutions to automated spatial prediction. International Journal of Geographical Information Science, 13(2):143～158

Sutherst R W, Maywald G F, Ottomley W B. 1991. From CLIMEX to PESKY, a generic expert system for pest risk assessment. Bulletin of European and Mediterranean Plant Protection Organization, 21:595～608

Sutherst R W, Maywald G F, Bottomley W et al., 2004. CLIMEX V2 User's Guide. Melbourne: Hearne Scientific Software

Timothy D S. 2006. Insect Ecology(2nd ed): An Ecosystem Approach. Academic Press

（陆永跃）

第十三章　法医、水质监测及垃圾处理昆虫的研究方法与技术

导读：本章主要介绍昆虫用于法医鉴定的理论依据及其方法、水质监测昆虫与垃圾处理昆虫种类的调查识别及其利用评价方法。

第一节　法医昆虫的研究方法

一、概　　述

自20世纪80年代以来，一门利用昆虫生长发育规律为法医学提供线索的新兴学科——法医昆虫学在国际上得到了迅速发展，法医昆虫学即是利用昆虫和其他节肢动物为刑事侦破提供死亡时间、死亡地点、死亡原因等方面的信息的科学（Catts and Goff，1992；王江峰等，2001）。

1. 法医昆虫学原理

动物死亡后尸体会招引不同种类的尸食性昆虫产卵和取食，由于不同昆虫的生活史和生活习性有差异，就造成其在动物尸体上出现的时间顺序的不同，而且不同的死亡方式也会引起尸食性昆虫在尸体上的最初侵入部位的不同，因此观察这些昆虫的行为及其在尸体上的位置，可帮助人们找到隐藏的尸体，或帮助人们推断死亡时间和死亡原因等，为法医鉴定提供依据。

2. 侵食尸体的昆虫类群

侵食尸体的昆虫种类很多，主要见于双翅目和鞘翅目，其中又以丽蝇科（图13-1a，b）、蝇科、埋葬甲科、麻蝇科（图13-1c）、阎甲科、隐翅虫科、露尾甲科、郭公虫科、皮蠹科、金龟甲科共10个科的昆虫最为常见和重要。

a.丝光绿蝇雌成虫　　b.肥须亚麻蝇雄成虫　　c.南岭绿蝇雄成虫

图13-1　三种尸食性蝇类成虫（仿范滋德，1992）

根据昆虫与尸体的关系，可将尸体上的昆虫分为4类：①尸食性昆虫：直接取食尸体，与尸体的腐败关系密切，对死亡时间推断最重要。常见的有双翅目的丽蝇科、麻蝇科、蝇科和酪蝇科及鞘翅目的埋葬甲科（部分）和皮蠹科；②尸食性昆虫的捕食者和寄生者：主要包括鞘翅目的埋葬甲科（部分）、隐翅虫科、阎甲科及寄生蝇类幼虫的膜翅

目昆虫；③杂食性昆虫：既取食尸体又取食尸食性昆虫，如蚂蚁、胡蜂及一些甲虫；④偶然过境者，如弹尾目的跳虫、蛛形纲的蜘蛛、粉螨科、脂螨科及多足纲的蜈蚣等，这些种类对推断死亡时间意义不大（胡萃，2000）。

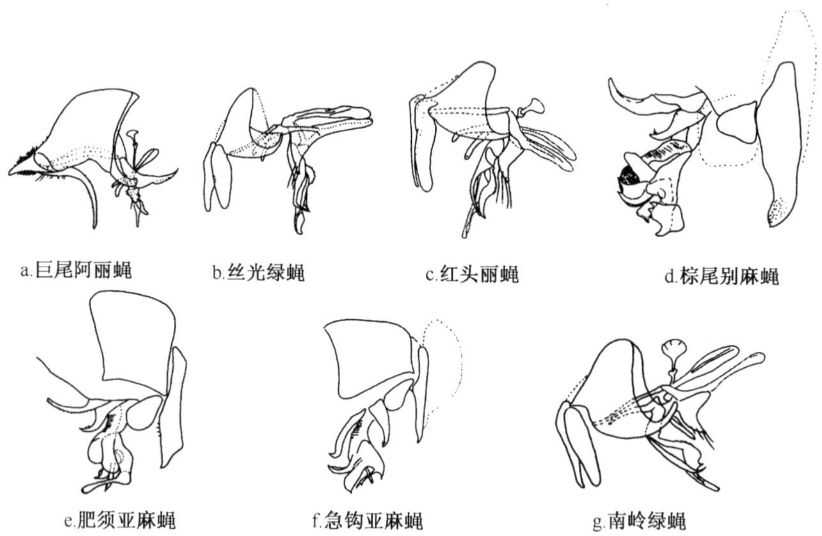

图 13-2　几种尸食性蝇类雄成虫的抱握器（仿陆宝麟和吴厚永，2003）

在尸体分解的早期和中期，所见昆虫一般以蝇类为主，中期和后期则以甲虫为主（但也有报道在日本发现埋葬甲科和隐翅虫科的甲虫出现在尸体腐烂的早期）。各期的优势种则因地区不同而异，也随季节变化而变化。例如，巨尾阿丽蝇［*Aldrichina grahami*（Aldrich)］（图 13-2a）是我国除新疆及高寒地区以外的广大地区死亡现场出现最多的昆虫，在早春和晚秋的尸体上占绝对优势（王江峰等，2002b）。尸食性麻蝇是郑州地区初秋首先在尸体上产蛆的蝇类（郑旭东等，2005）。在北京地区，常见尸食性蝇类春季为家蝇（*Musca domestica* L.）、丝光绿蝇［*Lucilia sericata*（Meigen)］（图 13-1a、图 13-2b）、红头丽蝇（*Calliphora vicina* Robineau-Desvoidy）（图 13-2c）、棕尾别麻蝇（*Boettcherisca peregrina*）（图 13-2d）和肥须亚麻蝇［*Parasarcophaga crassipalpis*（Macquart)］（图 13-1b、图 13-2e），其中丝光绿蝇和红头丽蝇为优势种；夏季常见种为家蝇、丝光绿蝇、大头金蝇［*Chrysomya megacephala*（Fabricius)］、棕尾别麻蝇和肥须亚麻蝇，优势种为丝光绿蝇、大头金蝇和肥须亚麻蝇；秋季常见种为家蝇、丝光绿蝇、大头金蝇、红头丽蝇和急钩亚麻蝇（*Parasarcophaga portschinskyi* Rohdendorf）（图 13-2f），优势种为丝光绿蝇和红头丽蝇（杨玉璞等，1998）。北京地区与尸体有关的甲虫主要有 6 种，包括隐翅虫科的大隐翅虫（*Creophilus maxillosus* L.），阎甲科的尖腐阎甲（*Saprinus cuspidatus* Ihssen）、介真阎甲［*Merohister jekeli*（Marseul)］和 *Margarinotus* 属的一种，皮蠹科的双带皮蠹（*Dermestes coarctatus* Harold），拟步甲科的细土潜［*Gonocephalum pusillum*（Fabricus)］，其中阎甲科和皮蠹科的种类以食腐肉为主，它们是尸体的主要取食者和破坏者，隐翅甲科兼有捕食和食腐肉两种取食特性，拟步甲科的种类为典型的粪食性或腐食性（周红章等，1997a）。在杭州，室外尸体上的常见昆虫有33种，其中双翅目5科12种，鞘翅目6科16种，膜翅目1科2种，优势种为巨尾阿丽蝇（图13-2a）、丝光绿蝇、南岭绿蝇（*Lucilia bazini* Ségur）（图13-1c、图13-2g）、大头金蝇、肥须亚麻蝇等，其中2～4月的优势种为巨尾阿丽蝇，5～6月为南岭绿蝇，7～9月为大头金蝇，10月为丝光绿蝇，11月为肥须亚麻蝇（马玉堃等，2000）。成都市，3～11月在兔尸上出现的昆虫种类主要有舍蝇（*Musca domestica vicina* Macquart）、丝光绿蝇、大头金蝇、赭尾麻蝇（*Boettcherisca peregrina*）、巨尾阿丽蝇，其中巨尾阿丽蝇见于3～4月，舍蝇出现于4月中旬至10月初，而大头金蝇、丝光绿蝇、赭尾麻蝇则自3月至10月中下旬均可见到，10月底以后则见不到任何嗜尸蝇类。幼虫的出现晚于成虫1～4d不等，与季节及环境有关（王晔等，2003）。

尸食性蝇类是各地在尸体上最早出现的昆虫，利用尸食性蝇类的生长发育规律推断死亡时间尤其是腐败尸体的死亡时间也是最有效的方法，因此国内外有关法医昆虫的研究主要集中在蝇类（Greenberg，1991）。

二、昆虫用于法医鉴定的理论依据

1. 尸体上昆虫种类的演替规律

昆虫种类多，分布广，活动能力强，但由于食性和嗅觉识别能力的差异，不同种类的昆虫常有规律地先后到达尸体。这种演替规律可用来推断尸体死亡或出现的时间。

尸食性昆虫侵袭尸体的过程一般可分为侵入期、分解期和残余期。侵入期一般为8～25d，以蝇类为主（周红章等，1997b）。蝇类产卵往往先从尸体的耳、口、眼、伤口等处开始，后扩展到全身，幼虫孵化后取食尸体软组织。随着尸体腐烂，鞘翅目昆虫以及其他尸食性昆虫开始出现。分解期一般42d，以甲虫和其他尸食性昆虫为主，软组织在这一阶段几乎完全分解，只剩下尸骨、毛发和一些皮质或角质性碎屑。残余期昆虫明显减少，基本上无蝇类出现，最多只能发现少量尚未羽化的蝇蛹（周红章等，1997b）。

2. 尸体的分解和腐烂速度受尸食性昆虫取食的影响

尸体现象的发生、发展有相对的规律性，可依此判断死亡时间，但尸食性昆虫的取食能改变这种规律性，尤其是尸食性昆虫在尸体内部的钻蛀活动，有助于微生物的入侵，从而加快了尸体的腐烂。因此结合尸体现象和尸食性昆虫的取食活动特点，可以比较准确地推断死亡时间。

3. 有效积温法则

由于昆虫完成某一个发育阶段所需要的有效温度的积累为一恒量，因此在已知环境温度的情况下，结合昆虫的发育起点温度和有效积温就能推算出昆虫发育至该阶段所需要的时间，进而推算尸体的死亡时间。在实际应用中，首先根据尸食性昆虫的演替规律推算其侵食尸体的时间范围，再根据有效积温法求出具体时间，二者结合就可推断出尸体死后经过的时间。

4. 利用昆虫的有关生物学和生态学习性进行法医鉴定

由于每种昆虫都有一定的地理分布范围和适生场所，因此鉴别尸体上出现的昆虫种类有助于推断死亡地点，为判断尸体是否被转移过或是否为第一现场提供依据。如在某地出现的尸体上发现了该地尚未发生或未有分布的昆虫，就可判断尸体的第一现场不在该地。

昆虫的发生、行为活动都有一定的规律，如产卵时间、产卵部位、对环境温湿度的要求等，这些规律可为判断案情提供必要的线索。例如，在郑州地区初秋季节，嗜尸性麻蝇首先飞临尸体诱饵产蛆，诱饵放置4h可见麻蝇幼蛆，在幼蛆出生后的42h内，幼蛆体长与生长时间呈近似的线性关系，幼蛆出生后4d变蛹，16d变蝇（郑旭东等，2005），这些可作为郑州地区法医推断尸体死亡时间的依据之一。

在毒物致死案件中，毒物会改变尸体现象的进程。例如，砷酸或对硫磷中毒死亡的尸体，腐烂过程延缓，而且会引诱更多的尸食性昆虫（周红章等，1997b）。由于毒物或其他化学药品可通过食物链转移，因此尸体内脏或肌肉内的毒物含量、尸体上幼虫或蛹内的毒物含量与毒物致死剂量存在着一定的相关性，因此研究和了解毒物的分布转移规律，也可为判断死亡原因提供根据。

人体寄生昆虫和螨类在溺水超过一定时间时才死亡，因此在溺水死亡案件中，可根据这些昆虫和螨类的成活与死亡情况初步判断溺水时间。

三、昆虫在法医鉴定中的应用

目前，昆虫在法医鉴定中主要集中用于推断死亡时间、分析死亡原因和推断死亡场所三方面。

1. 推断死亡时间

（1）根据尸体上昆虫群落演替规律推断死亡时间

尸体出现后发生在尸体上的昆虫类群不断变化，虽然演替的序列随温度和周围环境而变化，但这种序列比较固定。一般蝇类是最先到达尸体的昆虫，因此在侵入期，常利用蝇类昆虫的发育阶段所提供的信息推断死亡时间。但随着同种蝇类个体的不断侵入，致使世代重叠，使信息逐渐模糊，因此实践上仅限于利用第一批蝇卵孵化的幼虫生长发育所揭示的死亡时间。进入分解期，优势种多为鞘翅目昆虫，因此可根据鞘翅目昆虫在尸体上出现的时间、数量、种类组成以及演替特征推断死亡时间（周红章等，1997b）。

（2）根据尸食性昆虫的发育进度推断死亡时间

蝇类到达尸体产卵后，其各虫态发育所经历的时间，与季节、气温、湿度、蝇类的种类等因素有关。在夏天，如果尸体处于蝇类容易飞到的场所，一般死后1h左右成虫就在尸体的口、鼻、眼角、创口以及其他潮湿部位产卵（陈世贤等，2005）。在平均温度23.5℃下，红头丽蝇的卵期和幼虫期分别为0.95d和4.78d；平均温度19.5℃下，二者分别延长至5d和8.5d（杨玉璞等，1998）。因此根据尸体上昆虫的发育阶段以及环境温度，可以推断昆虫的产卵时间和尸体出现的时间。

蛹期是蝇类生活史中的重要阶段，占整个幼期的一半时间左右，同时蝇蛹也是死亡现场最容易发现的虫态之一，因此常根据蛹体的形态变化和蛹的发育阶段推断死亡时间，甚至可把蛹期的发育阶段进行详细划分，根据不同温度下发育至各阶段所需要的时间对死亡时间进行更准确的推断（王江峰等，2001）。由于蝇蛹在化蛹后数小时内，体壁颜色由乳白色逐渐变为红褐色或褐色，因此可根据蛹壳颜色变化的过程，建立一个颜色与化蛹后时间相对应的标准色板，应用时将待检蛹壳与标准色板比对，就可得知蝇蛹的日龄。成虫羽化后留下的新鲜蛹壳多呈红褐色，经过10d左右蛹壳变成黑色，15～20d时呈灰黑色塌陷且变脆，1个月左右时蛹壳破碎成残渣（陈世贤等，2005），因此根据蛹壳颜色变化和蛹壳的破碎情况，也可以初步判断死亡时间。

尸体现象发生后，尸食性蝇类会连续不断在尸体上产卵或蛆，造成尸体上出现的蝇蛆及蛹的龄期差别很大，因此现场及尸体检验时应当仔细寻找虫龄最大的蛆或蛹进行测量、观察，即在到达尸检现场后首先寻找蛹壳，发现蛹壳即根据蛹壳的颜色或破碎情况推断死亡时间；未见蛹壳而见蛹，根据蛹的颜色变化或发育阶段推断死亡时间；未见蛹及蛹壳，发现入土蝇蛆，则根据入土蝇蛆的发育历期推断死亡时间；如仅见幼虫，则根据最长、最大的蝇蛆发育阶段推断死亡时间；如仅见蝇卵，则根据当地、当时气候条件下首批出现在尸体上的蝇的种类及出现时间，推断死亡时间（郑旭东等，2005）。

利用昆虫破案的典型案例很多。据报道，1984 年 11 月 25 日，美国加利福尼亚州一女大学生被害，当时难以判明确切的被害时间，但法医昆虫学家根据尸体上发现的丽蝇卵，确定被害人是在气温 20℃以上的天气被害的，因为丽蝇只有在气温高于 20℃ 时才产卵。调查发现被害人失踪的第一天气温正好高于 20℃，最终发现被害人确系在失踪当天被害的（塑人和曹刚，2002）。

在夏季，高温高湿环境可促进蝇类产卵和发育，造成世代重叠和种群数量急剧增加，加快尸体分解的进程，加之高温高湿促进微生物的繁殖和对尸体的分解作用，因此就增加了法医调查中根据昆虫判断死亡时间的难度。

2. 分析死亡原因

不同的死亡方式会造成昆虫的侵入和繁殖位置不同。如死前受外伤，就会招引昆虫集中产卵，伤口处的昆虫数量会比其他部位的多。因此可根据昆虫在尸体上的侵染部位和数量判断死亡原因，或重建死亡前所发生的事件。例如，在美国马里兰州郊区曾发现一衣着完整的女尸，尸体胸部、颈部和两手心有许多蝇蛆，起初认为是药物过量所致死亡，后来将现场得到的蝇类虫态、龄别与失踪时间对比，并根据蝇蛆大量集中的现象，判断该女尸死前有外伤，重新尸检时，在蝇蛆大量发生处发现戳伤，因此，确定死亡原因为他杀（李孟楼，2005）。

昆虫也可作为法医毒理学材料用于推断死亡原因。如尸体已高度腐败，无法获得血液、尿液和固体器官等传统的毒理学材料时，可对尸体上的昆虫进行毒理学分析，以帮助推断死亡原因，修正死后间隔时间，提高推断结果的准确性。

3. 推断死亡场所和抛尸场所

昆虫具有特定的地理分布，查清不同地区与尸体有关的昆虫种类，有助于法医调查尸体是否被移动过。如在甲地尸体上发现了乙地的特有昆虫种类，说明尸体原来在乙地。如尸体上的昆虫群落与周围环境中的昆虫群落组成有差别，也表明尸体曾被移动过。

尸体上的节肢动物不仅有一定的演替规律，而且其取食和分解尸体时的分泌物也会影响尸体下方土壤中的动物，当尸体上的节肢动物数量增多时，土壤中原有的土壤动物会逐渐减少甚至完全消失。根据这种现象，可以确定尸体原来的位置。

蝇类发达的嗅觉使其往往在尸体的掩埋地附近大量聚集，据此可找到掩埋尸体的场所。例如，在美国印第安纳州中南部，某被害人尸体被扔入某农场的井内，并又被废弃物彻底填埋。调查人员在该农场发现大量蝇类集中在一堆旧轮胎周围飞舞，根据这一现象调查人员很快找到了井的位置和井底的尸体（李孟楼，2005）。

四、研究方法与技术

1. 尸食性昆虫种类及群落演替规律研究

（1）研究目的

了解不同地区尸食性昆虫的种类及群落演替规律，为当地法医鉴定中分析死亡时间和死亡场所提供参考依据。

（2）实验材料和仪器

新鲜猪尸体或脏器（或兔、羊等动物尸体）、镊子、扩大镜、体视显微镜等。

（3）方法

1）现场直接调查：在案发场所，收集尸体各个部位、尸体下土表和土中的所有虫态的昆虫，做到取样完全彻底（由于法医工作的特殊性，标本的采集和选取有时可能会受到限制，不能随意取样调查）。尤其注意采集不同死亡方式、尸体特殊部位如创口处、口鼻处的昆虫标本。采集的成虫和蛹用 75％乙醇浸泡保存，幼虫带回室内经沸水固定后用 75％乙醇浸泡保存。对收集的所有标本进行种类鉴定。

调查同时记载案发现场的环境、标本采集时间、气候等，结合标本鉴定结果分析不同时期尸食性昆虫的种类及其演替规律。

2）诱饵诱集法：由于现场调查受客观条件的限制，要全面掌握某地尸食性昆虫种类，常采用诱饵诱集法。

一般是将新鲜猪尸体或脏器分批分别放置在室内、外不同的环境中，定期观察和记载尸体不同部位出现的昆虫种类及数量，并采集不同虫态的标本进行种类鉴定，调查同时记载环境温度、湿度以及风速、降雨等气候条件，以便分析环境条件对昆虫种类及数量的影响（马玉堃和胡萃，1997；陈禄仕，2004）。最后根据调查结果对昆虫种类、分布以及群落演替规律进行分析。

（4）注意事项

该项研究必须具有连续性，即在一年中的不同时间内进行诱集调查，连续进行 2～3 年，同时尽可能到达所有死亡案发现场采集标本。只有大量积累基础资料，才能为法医鉴定提供可靠依据。

2. 尸食性蝇类生物学特性研究

（1）研究目的

了解主要尸食性蝇类不同虫态的发育历期及成虫的主要习性，为法医鉴定中推断死亡时间提供依据。

（2）实验材料和仪器

新鲜猪肉或脏器（或其他动物尸体或脏器）、人工气候箱、养虫笼（高 50cm，长、宽各 30cm）、测微尺、XA 溶液（二甲苯：乙醇 ＝ 1：1）、醋酸醇溶液（醋酸：乙醇 ＝ 1：3 体积比）等（王江峰等，2002a）。

（3）方法

1）尸食性蝇类成虫习性的观察：在一年中的不同季节，分批在室外不同环境（如农田、杂草丛、树林等）利用猪新鲜脏器或猪肉诱集蝇类成虫，详细记录成虫首次飞至诱饵的时间即“来蝇时间”以及蝇的“群集时间”，并分阶段采集成虫进行种类鉴定。

明确不同季节、不同场所和诱饵放置不同时间内飞至诱饵的蝇类种类及产卵时间。

2）各虫态发育历期的研究：在室外用猪肉或猪脏器诱集成虫，区分种类后将供试成虫放入养虫笼中（每笼10～20对），养虫笼顶层为玻璃，四面为细铜纱网（根据成虫虫体的大小确定网眼大小），成虫饲以稀释的蜂蜜，箱内放置盛有新鲜猪肉块或脏器的培养皿供成虫产卵，底层有7～8cm深的半干疏松的土层供老熟幼虫化蛹。

将养虫笼放入人工气候箱中，气候箱温度从低到高设置5或6个温度梯度。详细观察并记录产卵情况，记下产卵时间。收集同一天内产下的卵，每4h观察一次，记载卵的颜色变化及孵化情况。幼虫孵化后每4h取样一次，每次取20头幼虫，用XA溶液固定后用测微尺测量蝇蛆体长；观察幼虫入土化蛹时间，把将要化蛹的幼虫转入一装土的瓷盒中，观察蛹的变化情况。化蛹后每12h取样一次，记载蛹体颜色，用醋酸醇溶液固定，然后用75%的乙醇保存，解剖观察蛹体的形态变化（王江峰等，2002a；熊平等，2002）；记载成虫羽化时间。每种昆虫重复实验3次以上。

根据观察、记载结果分析成虫的产卵前期、产卵量、幼虫不同发育时期的体长、发育历期、蛹的发育历期以及成虫寿命等生物学参数，根据有效积温法则计算各虫态的发育起点温度和有效积温。

3. 环境条件对尸食性昆虫寻找尸体时间的影响

（1）研究目的

了解不同环境条件下尸食性昆虫到达尸体及开始产卵的时间，为法医鉴定中推断死亡时间提供依据。

（2）实验材料和仪器

新鲜猪肉或脏器（或其他动物尸体）、干湿温度计、镊子、体视显微镜等。

（3）研究方法

首先根据案例中出现的尸体现场模拟环境条件，然后观察各种环境中首次到达尸体的昆虫种类及时间。

在一年中的不同季节，分批将猪尸体或脏器放置在不同的环境中，如淋雨处和避雨处，有无覆盖物，暴晒和遮阴，通风和避风处，土表和土中，不同楼层高度，是否浸水等人为设置的环境条件。放置诱饵后每隔2h观察纪录一次到达尸体上的昆虫种类，并记录昆虫到达时的尸体腐败程度和环境温度、湿度等条件。

根据调查结果，分析不同尸体现场对尸食性昆虫寻找尸体时间的影响，以及尸体腐败程度与不同尸食性昆虫侵入时间的关系。

（4）注意事项

尸体腐败挥发的气味招引尸食性昆虫，而风速、风向等环境条件直接影响气味的扩散速度和扩散距离，温度直接影响尸体的腐败速度，因此设置和选择环境条件时应充分考虑到这些因素。

4. 药物或毒物对尸食性昆虫的影响

（1）研究目的

近年来，与毒品有关的死亡案件越来越多，研究表明，尸体中存在的某些药物或毒物会影响尸食性蝇类的生长发育，如海洛因会促进棕尾别麻蝇的生长，延长其蛹期；盐酸吗啡能使丝光绿蝇和红头丽蝇的生长速率下降；取食经盐酸吗啡处理（2.67～10.66 mg/kg）

的家兔尸体的大头金蝇，其幼虫的体长和体重均显著增加，根据幼虫体长和体重推断死亡时间时，吗啡的这种影响可使推断值产生长达 18 h 的偏差（田洁等，2004）。因此研究毒物对尸食性昆虫生长发育的影响，可为准确分析死亡时间和死亡原因提供参考。

（2）实验材料和仪器

家兔或乳猪、盐酸吗啡、海洛因或其他毒物、XA 溶液、注射器、测微尺等。

（3）研究方法

选择试验动物并称重，根据不同毒物对人的致死量和“人和动物按体表面积折算的等效致死量”（赵文爱等，2005），计算毒物对供试动物的致死量。

根据计算出的毒物致死量，分别采用 1/2 致死量、致死量、加倍致死量和生理盐水，采用注射法处死供试动物，然后取动物的肌肉和脏器，保存于－20℃备用。

在室外用猪肉或猪脏器诱集大头金蝇或其他蝇类成虫产卵，将 30min 内产出的卵（或幼虫）移至经过毒物处理的动物肌肉或脏器上，以未经毒物处理的同种动物肌肉或脏器为对照。每个处理至少观察 300 粒卵，幼虫孵化后每隔 12h 取一次样，每次取 20 头幼虫，直至幼虫到达停食期（其标志是幼虫不再取食，四处爬动，寻找化蛹场所）。幼虫停食期和化蛹阶段，每 4h 观察 1 次，记录化蛹时间。化蛹后至羽化前的取样方法同幼虫（赵文爱等，2005）。每次先把取出的幼虫和蛹称重，然后用 XA 溶液处理，使虫体尽量伸长后测定体长，测定后放入 75％乙醇中保存。取样同时保留一部分幼虫和蛹，分析体内毒物的含量。

根据调查结果分析毒物处理对幼虫体重、体长及化蛹时间的影响，明确毒物在动物尸体和蝇类幼虫、蛹体内的转移、分布规律，探明不同毒物致死剂量、尸体内脏与肌肉内毒物含量和蝇类幼虫或蛹内毒物含量三者间的关系。

随着分子生物学技术的迅速发展，分子检测技术在昆虫分子分类和系统发育中的应用日益广泛，这些技术也对蝇类等尸食性昆虫幼期的快速鉴定提供了有力帮助。如根据 3 种丽蝇科昆虫 mtDNA 的 2.3kb 区序列建立的分子检测方法，1 天即可对幼虫做出鉴定；Wells 等针对蝇蛆肠道内容物，设计了一对特异性引物并使用短串联重复序列（short tandem repeat，STR）商品化试剂盒，成功地从蝇蛆肠道中鉴定了食物来源，利用此方法，在从一种食物转到另一种食物并取食 46h 后仍能够检测到前一种食物，因此，该方法的建立对确定受害者的身份无疑是有益的（李凯等，2005）；利用分子标记技术，分析吸血性昆虫虱和蚊子等中肠内人血的 DNA 特征，有助于推断可能的嫌疑犯（叶恭银和胡萃，2001）。因此，今后法医昆虫分子鉴定的重点将由某一地区各种蝇类的鉴别逐渐扩展到更大范围内种间差别和种内差异的分析，并从中找出普适性的标记，研究用于法医昆虫快速鉴别的 DNA 芯片，为刑事侦破提供更准确、快速的帮助（叶恭银和胡萃，2001；李凯等，2005）。

第二节　水质监测昆虫的研究方法

一、概　　述

1. 利用昆虫监测水质的原理

不同种类的水生昆虫对水体污染的适应能力不同，有的种类只适宜在清洁水中生活，而有些则可以生活在被污染的水中。水生昆虫种类组成和种群结构的变化标志着水质变化的程度，因此利用水生昆虫对水质污染的耐受性或敏感性，可以评价水体被污染的状况。

水质生物监测即是根据水生生物对水体污染所产生的反应来阐明水体质量状况，从生物学的角度为水体质量的评价提供依据。目前水生昆虫已成为水质生物监测的主要手段之一，其中蜉蝣目、翅翅目和毛翅目昆虫分布广泛、对水质变化敏感，是目前水质生物监测中应用最多的类群。

2. 可监测水质的昆虫种类

生活于水环境中的动物包括水生昆虫和其他水生无脊椎动物，其中生活史的全部或大部分时间生活于水底各种小生境的动物类群，称为底栖动物，它们在水体的生物监测中具有重要作用。

水生昆虫是底栖动物中的一个主要类群。根据其生活史与水环境的关系，又可分为全水生和半水生两大类。全水生的包括蜉蝣目、翅翅目、蜻蜓目、毛翅目、广翅目的全部种类，部分双翅目（摇蚊、蚊、水虻、蚋、大蚊等），部分鞘翅目（扁泥甲、长角泥甲、龙虱、水龟虫等），水生膜翅目（潜水姬蜂），部分半翅目（划蝽、仰泳蝽、蟾蝽、黾蝽等），部分鳞翅目（水螟、斑螟等）。半水生的主要有弹尾目（如紫跳虫）和直翅目（如蚤蝼、菱蝗等）的一些种类。按照水生昆虫在水体中的栖息位置，又可分为漂浮生物（如水面活动的黾蝽、尺蝽、豉甲）、自游生物（如生活于水中的龙虱、水龟虫、划蝽）、底栖生物（如爬行、匍匐、附着、穴居在水域底部石块间的蜉蝣、翅翅虫、石蚕、扁泥甲等）以及攀附在水生维管束植物上的蜻蜓、蚊虫等（李孟楼，2005）。

根据食物的大小和食物在水体中的位置，可将大型底栖无脊椎动物（即不能通过0.5mm孔径筛网的个体，包括水生昆虫）分为4类：①撕食者（shredder）：以粗颗粒有机物（颗粒大小≥1mm）为主要食物，取食分解水生维管束植物的枯枝落叶等残体组织，或直接取食活的水生维管束植物，或钻蛀倒伏于水中的枯木的一类生物。如翅翅目中的叉翅科，毛翅目石蛾科苏石蛾属 *Agrypnia*，鳞石蛾科鳞石蛾属 *Lepidostoma*，部分大蚊幼虫；②集食者（collector）：以细颗粒有机物（颗粒大小为0.45μm～1mm）为主要食物。根据食物在水体中的位置和获取食物的方式，又可分3类：a. 滤食者（filterer）：以悬浮于水中的有机物为食，或者通过丝或丝状分泌物织成的网过滤悬浮于水中的食物的一类生物，其外部形态具有某些特殊结构，如前足胫节上的刚毛、上唇扇等，包括蜉蝣目的等翅蜉科、双翅目蚋科、毛翅目纹石蛾科等。b. 收集者（gatherer）：主要取食沉积于底质表面的松散的食物，如蜉蝣目四节蜉科和细裳蜉科的部分种类。c. 穴食者（sediment miner）：以沉积物中的有机物为食，主要为寡毛类的颤蚓和部分摇蚊幼虫；③刮食者（牧食者）（scraper 或 grazer）：刮食石块底质或有机底质上的微型或小型生物的一类生物，如蜉蝣目的扁蜉科、小蜉科，毛翅目瘤石蛾科瘤石蛾属 *Goera*，舌石蛾科等，双翅目网蚊科等；④捕食者（predator）：直接吞食或刺食猎物的一类生物，如蜻蜓目、广翅目、翅翅目翅科等，毛翅目长角石蛾科栖长角石蛾属 *Oecetis* 的部分种类，蜉蝣目等翅石蛾科的部分种类（王备新等，2003）。

二、水生昆虫的采样与调查方法

1. 采样工具

（1）定量采样工具

定量采样可以客观地反映河流、湖泊、水库等水体底栖动物的种类组成和现存量，常用的采样工具有以下几种。

1）索伯网（Surber net），采样面积为 0.093m^2。适用于砾石多、流速较大的河流和湖泊，或者流速较大、水深比较浅的溪流。

2）彼得逊采泥器（Peterson grab），开口为 1/16m^2，适用于水草不多的湖泊、水库以及底质为非砾石而且较为松软、流速不大的河流。

3）埃克曼采泥器（Ekman grab），有标准型 150mm×150mm×150mm，中间型 150mm×150mm×225mm 和大型 225mm×225mm×225mm 3 种型号。

4）波纳采泥器（Ponar grab），标准型 230mm×230mm，重 20kg；小型 150mm×150mm，重 6.8kg。

5）人工基质篮式采样器（artificial substrate），适用于各种河流、湖泊和水库等水体，特别适于底质砾石多、水体较深而无法使用其他采样工具的水体。一般是在自制的基质框内放入与采样点相同的基质，沉入采样点水底，经过一定时间（一般 14d）后取回调查。

人工基质多采用一些人造或者天然材料，如木板、卵石、塑料、纤维、轮胎甚至树叶等。如监测摇蚊幼虫用的笼式人工基质呈圆柱形，高约 20 cm，直径约 18 cm，外层用孔径为 1 cm 左右的不锈钢网制成。笼底平铺一层 100 目的尼龙网，笼内放置一半鹅卵石，一半聚乙烯泡沫，封好笼盖即可用（孙伟等，2003）。

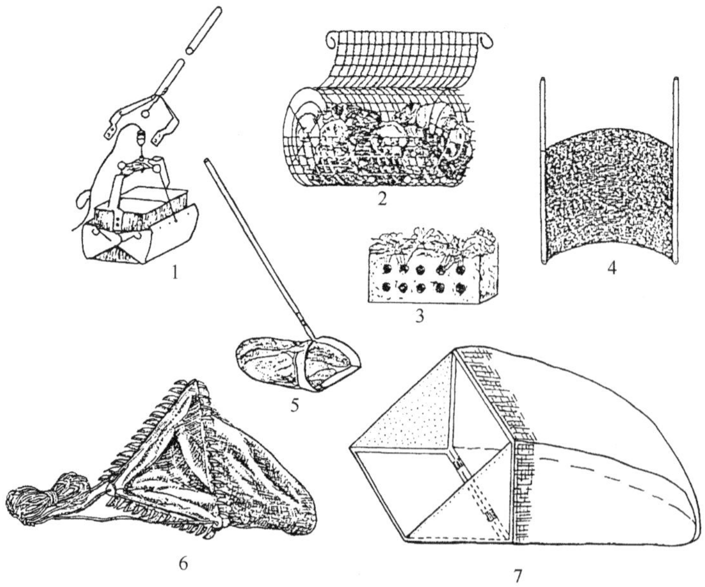

图 13-3　水生昆虫采样工具（仿 McCafferty，1981）

1. 彼得逊采泥器；2、3. 人工基质；4. 踢网；5. D形网；6. 三角拖网；7. 索伯网

（2）半定量和定性采样工具

在被监测水体的岸边浅水区，可用手捡出卵石、石块等底质，用镊子取下标本，也可用手网、抄网或三角拖网采集（图 13-3）。

1）踢网（手网）（kick net 或 handle net），由 2 个手柄与 1 个网体构成，网的两侧固定于手柄上，大小为 1m×1m。它适用于水深小于 1m 的急流水体中。

2）抄网（sweep net），可分为 D 形网（D-frame net，350mm×230mm×400mm）或三角形抄网（triangular sweep net）。它适用于水深小于 1.5m 的水体或大河的沿岸区，可淌水操作或在岸边、船上操作。

3）三角拖网（triangular dragnet），为铁制具齿的等边三角形架子，每边长约 30cm，后面装上网箱布，主要用于水深超过 1.5m 的水体的采样。

2. 样本采集方法

由于水生昆虫等大型底栖动物栖境的复杂性，野外采样时常用定量采集和定性采集相结合的方法。为保证样本的代表性，在取样时应考虑水的理化性质和各种小生境，如急流、缓流、静水、堤岸边、石块表面、植物根垫、枯枝落叶和水生植物等。

在溪流中采样，常用工具为踢网（手网）和 D 形网（抄网）。用踢网采集样本时，一般需要 2 人。在溪流小于 1m 的浅水区，一人站在网后抓住手柄，网的下端用石块压住，网面迎着水流，网的上端略高出水面，另一人站在网前 $1m^2$ 范围内用脚用力搅动底质，并用手洗刷固定在大型底质上的底栖动物，使底栖动物随水流流入网内（童晓立，1995）。用 D 形网采样时，1 人即可完成，在流速较快、水深小于 0.6m 的浅水区，采集者逆着水流方向边用脚搅动底质边向前走，并用扫网法采集经搅动后悬浮在水中的底栖动物。

在水面开阔，栖境较为一致的缓流和急流中用踢网采集，对一些特殊小生境，如沿岸区、静水区、水生植物根部等，则用 D 形网采集。在枯枝落叶堆和石块表面采集样本时采用目测法。对水深超过 1.5m 的河流，一般采用人工基质、三角拖网和彼得逊采泥器进行综合采样（王备新和杨莲芳，2001）。如利用人工基质监测摇蚊，检测时提起人工基质，放在装有少量水的容器内（最好是用该采样点的河水），用软毛刷轻轻将基质上的泥沙等附着物刷洗下来，然后将基质按照原样放回水中。由于摇蚊幼虫一般是避光的，所以从基质上刮扫下来时要避免强光照射。将刷洗得到的泥水混合物经 40 目标准筛网过滤，筛上部分倒在白色搪瓷盘内，鉴定生物种类（孙伟等，2003）。

3. 资料记载

在采集过程中，除记载水生昆虫以及其他大型底栖无脊椎动物外，还需要记载以下资料。

1）采样点小栖境及地貌、底质组成和水文等生态特点，如时间、地点、海拔、采集人、底质、栖境、池塘质量、堤岸稳定性、堤岸覆盖物、植被覆盖度、主流宽度、主流深度、流速、气温、水温、溶解氧、电导率、pH 及其他详细资料。

2）采样点上下游的城市和工矿企业布局、排污情况，农业区的作物种类、农药、化肥的使用种类、数量和时间等。

4. 取样方法

淡水底栖动物的采样方法，依据采样性质可分为定量和半定量两种，前者多用于底栖动物生态学研究，后者又称标准化定性采样法（standard qualitative method），主要用于底栖动物水质生物评价研究（王备新和杨莲芳，2006）。

（1）标准化定性采样法

该方法适用于大部分河流和污染水体，为目前美国环境保护署推荐的水质生物评价的主要方法之一，每样点由10个综合样组成。使用的采样工具除大河需要彼得逊采泥器外，通常仅需要踢网和抄网。

1）溪流采样法：适用于水深不超过1.2m的溪流区。10个综合样分别为2个急流区的踢网样，1个静水-缓流区的枯枝落叶样，1个沙样，3个沿堤岸边的抄网样，2个周丛生物样——洗刷10余块浸在水体中的石块和圆木，采集固着栖息的摇蚊等个体较小的底栖动物，1个目测样——限时（20～30min）采集样点生境内石块、圆木、落枝上的水生昆虫等（李孟楼等，2005）。

2）大河采样法：适用于水深超过1.2m的水域。10个综合样分别为3个抄网样，2个周丛生物样，1个枯枝落叶堆样，1个目测样，水深超过2m区域的3个彼得逊采泥器样（李孟楼，2005）。

（2）简化标准定性采样法

它也称EPT采样法。EPT是蜉蝣目（Ephemeroptera）、翅翅目（Plecoptera）和毛翅目（Trichoptera）的总称。该方法需急流踢网样、抄网样、枯枝落叶样、目测样各1个，尤其适用于样点数量大或遇到突发污染事件时的水质评价。但EPT采样法所提供的水质信息不如标准化定性采样法充分（李孟楼，2005）。

（3）亚样选取法

水质快速评价方法规定，每样点参与评价的底栖动物个体数通常为100～200头，每个分类单元的个体数通常为10～15头。如每样点采得的个体数不满100头时，应通过增加取样面积或取样时间来补足。但当取样所得的个体数远远超过200头时，可采用亚样选取法（sub-sampling method），即在原始样本中有选择地（如种类、个体的数量和大小等）选取一定数量的样本参与评价，使其能代表整个样本的性状（王备新和杨莲芳，2001）。

对湿地、河口等生境的采样建议每样点采抄网样3个，周丛生物样3个，目测样1个。对可涉水的河口地段用抄网采10min，不能涉水区域用采泥器采样3或4个（李孟楼，2005）。

5. 水质生物监测断面的布设

利用水生昆虫（生物）评价水质时，监测断面和采样点的布设要考虑水环境的整体性，遵循断面要有代表性、尽可能与化学监测断面一致、监测工作的连续性和经济性等原则。

（1）河流

根据河流（河段）流经区域的长度，至少设3个断面，即排污口上游设对照断面，排污口附近（一般在下游500～1000m）设污染断面，排污口下游（一般在下游1500m）设观察断面。有支流的河流，要在支流入主河处设断面。每个断面的采样数可根据河流宽度而定，宽度在50m以下的河流，在河中心设1个采样点，宽度50～100m的河流设左右2个采样点，宽度100m以上的河流设左、中、右3个采样点（周凤霞，2006）。

（2）湖泊、水库

监测断面一般设置在：①入湖口（库口）区；②湖（库）中心区；③出口区；④最深水区；⑤沿湖（库）边排污口区；⑥湖（库）相对清洁区。在采样断面，可采集断面左、中、右样点的样品，也可根据需要有目的地布设断面和样点（周凤霞，2006）。

（3）对照点的选择

对照点可采用单一对照点，也可采用参照点群。

单一对照点一般设在点污染源的上游，或者在未受污染、生境相似的相邻河流中设置对照点，或者通过比较污染发生前后的生物学资料进行评价（王备新和杨莲芳，2001；周凤霞，2006）。

用参照点群所代表的参照性状对被监测水体进行评价，可以更好地反映水体质量。参照性状是指一系列基本未受污染的样点（即参照点）所代表的与底栖动物群落结构和功能有关的生物学性状，如种类组成与数量、EPT 丰富度等（王备新和杨莲芳，2001）。比较监测点的生物学性状和参照点群所代表的参照性状即可对水质做出评价。

在美国，参照点群主要是以生态地区或生态亚区来建立的。在地貌比较一致的生态（亚）区内，所有未受污染点组合成一个参照点群；在地貌不一致时（如有山区、丘陵和平原等)，先按地貌预设参照点群，再根据它们的种类组成相似性进行调整，最后确定若干合适的参照点群；或者根据溪流级别、水文学和水体的主要化学成分建立参照点群和参照性状。在英国、加拿大、澳大利亚等，直接根据种类组成相似性用聚类法确定参照点群，其依据是底栖动物群落相似的采样点应该有相同的栖境、底质和河流属性等非生物学性状（王备新和杨莲芳，2001）。

6. 样品的处理、保存和鉴定

将采集到的昆虫和其他底栖动物分别放入标本瓶中，用不同的固定液固定。昆虫幼虫和甲壳动物，可先用 50％乙醇固定，再转入 70％的乙醇中封存；昆虫成虫可制成干标本放入标本盒中；环节动物的水蚯蚓、蛭类，应先麻醉，使其呈舒展状态后再固定，或者先用低浓度固定液（如 30％乙醇）固定数小时后，再用 70％的乙醇固定封存，软体动物的螺、蚌可用 70％乙醇固定，4～5d 后再换一次乙醇，若用福尔马林液固定，必须加入少量的苏打或硼砂，以防软体动物的钙质外壳被甲醛腐蚀；也可先去内脏后将壳干燥保存（周凤霞，2006）。

对采集到的标本尽量鉴定到种，但根据所采用的水质评价指标的不同，也可鉴定到科或属。一般摇蚊幼虫鉴定到属，其他水生昆虫鉴定到科即可较好地反映水质状况。

三、水质监测昆虫的评价方法

利用昆虫监测评价水质，可以采用指示生物法、生物指数法、种类多样性、综合指数法等多种指标。

1. 一般描述对比法

根据调查水体的水生昆虫的种类、数量、生态分布、资源情况等，与区域内同类型水体或同一水体的历史资料进行比较，从而对水体的质量现状进行评价。该方法简单易行，但不易标准化，所得资料的可比性较差，要求评价人员经验丰富（孔繁翔，2004）。

2. 指示生物法

指示生物（indicator organism）是指对环境中某些物质（如进入环境中的污染物）能产生各种反应而被用来监测和评价环境质量现状和变化的生物。指示生物法即是根据对水环境中有机污染或某种特定污染物敏感的或耐受的生物种类的存在或缺失，来指示其所在水体有机物或某种特定污染物的多寡或分解程度的方法（孔繁翔，2004）。该方法是最经典的生物学评价水质的方法。

在水质监测中，指示生物一般采用动物中的水生昆虫、环节动物、软体动物以及固着生活的甲壳动物等，这些生物生活周期长，栖境比较固定，个体较大，而且对环境条件的适应范围较窄或很窄，所以其存在与否及存在量多少即可反映该环境质量的优劣（孔繁翔，2004）。利用指示生物进行水质评价时首先需要确定各种生物的指示性。

（1）毛翅目昆虫的指示性

毛翅目幼虫（石蚕）（图 13-4）大多栖息在清洁水体中，是对水质污染最敏感的水生昆虫类群之一（其主要种类的幼虫巢的形状见图 13-5）。例如，纹石蛾（*Hydropsyche* sp.）为清洁水体的指示生物；在吉林省东南部山地清洁水体中，须白斑石蚕（*Arctopsyche palpata* Matt）、阿尔泰舌石蚕、远东纹石蚕、条纹角石蚕（*Stenopsyche marmorata* Navás）、美洲短石蚕等较多，这些属于适应性较强但不耐污染的种类，根据石蚕的种类和数量就可对水质做出判断：如水体中石蚕超过 8 种以上、人工基质监测个体数量平均 80 个/笼以下时，属清洁水体；4～7 种，个体数量平均 150 个/笼以下时，水质可能或曾经受到轻微污染（寡污带）；1～3 种或只有 1 种并且其数量在 9 月份平均 150 个/笼以上时，水质一定或曾经受到轻或中等程度污染（寡污或弱-强中污带）；无石蚕分布的水体肯定受到较重以上程度的污染（强中污-多污带）（于力等，1996）。

图 13-4 纹石蛾科幼虫整体侧面
（仿田立新，1996）

黄纹鳞石蛾（*Lepidostoma flavum* Ulmer）广布于我国华中区东部及华南闽广沿海地区的河流与溪水中，对水质反应灵敏，要求水质清洁、河岸植被良好的栖境，而且在高于 25℃的水温中难以存活，可作为我国中东部丘陵平原亚区及华南区的闽广沿海亚区清洁水体的重要指示生物。宽羽拟石蛾［*Phryganopsyche latipennis*（Banks）］广布于华南闽广沿海地区和华中东部丘陵平原以及东北区和华北区，要求河岸有较好的植被，栖境中富有枯枝落叶及藻类等，而且可耐高达 27℃的水温，对水质反应灵敏，可作为华南区、华中区东部和华北区、东北区清洁水体的重要指示生物（杨维芳和杨莲芳，2002）。

（2）蜉蝣目昆虫的指示性

蜉蝣目昆虫是一类原始而古老的有翅昆虫，其稚虫生活于淡水水域中，多数喜在洁净的水流中生活，少数在污水中，因此稚虫和水质污染有密切的关系，如扁蜉（*Heptagenia* sp.）为清洁水体的指示生物；在南京近郊水域，当水质出现污染时，紫金吉氏

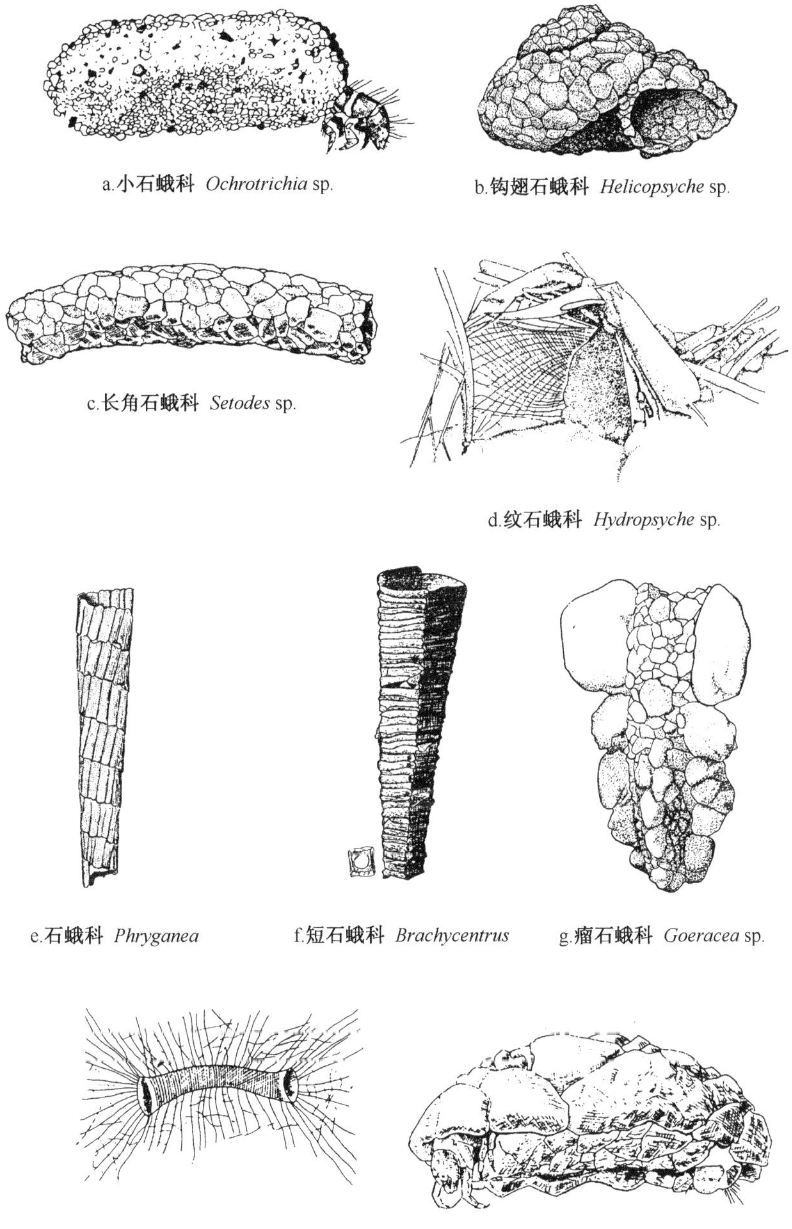

a.小石蛾科 *Ochrotrichia* sp.　b.钩翅石蛾科 *Helicopsyche* sp.

c.长角石蛾科 *Setodes* sp.　d.纹石蛾科 *Hydropsyche* sp.

e.石蛾科 *Phryganea*　f.短石蛾科 *Brachycentrus*　g.瘤石蛾科 *Goeracea* sp.

h.多距石蛾科 *Polycentropus* sp.　i.舌石蛾科 *Glossosoma* sp.

图 13-5　常见毛翅目昆虫幼虫的巢（仿田立新，1996）

蜉（*Gilliesia zijingensis* sp. nov. Gui et Zhang）就难以生存；而当南京宽基蜉（*Choroterpes nanjingensis* You et al）和扁蜉也消失时，表明水质已受到严重污染（吴钿等，1991）。

（3）双翅目昆虫的指示性

双翅目的毛蠓、摇蚊等也可作为指示生物。例如，水体严重污染的指示昆虫有毛蠓（*Psychoda alternata*）和细长摇蚊（*Tendipes attenuatus*）幼虫，大红德永摇蚊（*Tokunagayusurika akamusi*）为工业废水引起水质变化的指示生物。多数种类的摇蚊幼虫对水质污染十分敏感，少数种类能耐受一定程度的污染，随着污染的加重，耐污种类也会灭绝，而当污染减轻或消失后，摇蚊幼虫又会重新出现。因此根据摇蚊的种类及数量，也可监测水质变化。在辽宁省，如流动水体中的摇蚊幼虫出现15种以上，稀有种和常见种以及寡角摇蚊及长足摇蚊亚科的部分种类同时存在时，为Ⅰ、Ⅱ类水体；摇蚊幼虫9～15种，寡角摇蚊亚科的种类几乎不存在，直突摇蚊亚科和摇蚊亚科的种类占优势时，为Ⅲ类水体；摇蚊幼虫5～9种，稀有种消失，耐污种类如前突摇蚊（*Procladius*）、环足摇蚊（*Cricotopus*）、水摇蚊（*Hydrobaenus* sp.）、多足摇蚊（*Polypedilum*）、二叉摇蚊（*Dicrotendipes*）属的种类经常出现且个体数量明显增加，为Ⅳ类水体；摇蚊幼虫1～5种，出现双线环足摇蚊（*Cricotopus bicinctus*）、三带环足摇蚊（*Cricotopus trifasciatus*）、羽摇蚊（*Chironomus gr. plumosus*）等对污染适应性强的少数种类时，为Ⅴ类水体；无摇蚊幼虫分布的水体为超Ⅴ类水体（表13-1）（王俊才等，2000）。

表13-1　辽宁省主要河流摇蚊幼虫属级水平监测分类（王俊才等，2000）

水质类别	指示生物	赋分值
Ⅰ（极清洁水体）	纳塔摇蚊（*Natarsia*）、大粗腹摇蚊（*Macropelopia*）、流粗腹摇蚊（*Rheopelopia*）、特突摇蚊（*Thienemanninyia*）、北七角摇蚊（*Boreoheptagyia*）、寡角摇蚊（*Diamesa*）、拉普摇蚊（*Lappodiamesa*）、同寡角摇蚊（*Syndiamesa*）、近摇蚊（*Acricotopus*）、骑蜉摇蚊（*Epoicocladius*）、浪突摇蚊（*Zalutschia*）、刺突摇蚊（*Chaetocladius*）、罗摇蚊（*Robackia*）、流长跗摇蚊（*Rheotanytarsus*）、瑟摇蚊（*Sergentia*）	5
Ⅱ（清洁水体）	无突摇蚊（*Ablabesmyia*）、似波摇蚊（*Sympotthastia*）、布摇蚊（*Brillia*）、心突摇蚊（*Cardiocladius*）、棒脉摇蚊（*Corynoneura*）、双突摇蚊（*Diplocladius*）、沼摇蚊（*Limnophyes*）、矮突摇蚊（*Nanocladius*）、直突摇蚊（*Orthocladius*）、似突摇蚊（*Paracladius*）、施密摇蚊（*Smittia*）、枝角摇蚊（*Cladopelma*）、拟隐摇蚊（*Demicryptochironomus*）、内摇蚊（*Endochironomus*）、哈摇蚊（*Harnischia*）、倒毛摇蚊（*Microtendipes*）、明摇蚊（*Phaenopsectra*）、特维摇蚊（*Tvetenia*）、毛胸摇蚊（*Heleniella*）	4
Ⅲ（轻污染水体）	菱跗摇蚊（*Clinotanypus*）、环足摇蚊（部分）、特氏摇蚊（*Thienemanniella*）、真开氏摇蚊（*Eukiefferiella*）、直突摇蚊（部分）、刀突摇蚊（*Psectrocladius*）、趋流摇蚊（*Rheocricotopus*）、异三突摇蚊（*Heterotrissocladius*）、枝角摇蚊、隐摇蚊（*Cryptochironomus*）、齿斑摇蚊（*Stictochironomus*）、间摇蚊（*Paratendipes*）、小突摇蚊（*Micropsectra*）、枝长跗摇蚊（*Cladotanytarsus*）、长跗摇蚊（*Tanytarsus*）、锥昏眼摇蚊（*Constempellina*）、伪摇蚊（*Pseudochironomus*）	3
Ⅳ（中污染水体）	前突摇蚊、长足摇蚊（*Tanypus*）、环足摇蚊（部分）、水摇蚊、直突摇蚊（部分）、多足摇蚊、二叉摇蚊	2
Ⅴ（重污染水体）	双线环足摇蚊、三带环足摇蚊、羽摇蚊	1
超Ⅴ类（超重污染水体）	无摇蚊幼虫分布	0

（4）其他水生昆虫的指示性

昆虫也可用于指示重金属污染。例如，美国俄亥俄州遭受铜污染严重的河段以摇蚊幼虫占优势，中污染河段以石蚕及摇蚊为主，轻污染河段或清洁河段以蜉蝣和石蚕占优势。金沙江中，石蚕和摇蚊幼虫是重金属污染河段的主要底栖动物，其中四节蜉科昆虫分布于轻至中污染河段，石蚕、扁蜉仅出现在轻污染至清洁水体，长角石蚕仅见于清洁水体（王焕校，2004）。

指示水体中溶氧量较低的生物有前突摇蚊、摇蚊（*Chironomus* sp.）、龙虱以及环节动物颤蚓等。指示富营养化的生物有多足摇蚊（*Polypedium* sp.）、纹石蛾（*Hydropsyche* sp.）。

指示有毒物质的有环节摇蚊（*Cricotopus* sp.）等。

由于每一大类生物（科、属）中各种生物对污染的敏感或耐受程度并不完全相同，因此应用指示生物评价水质时，最好将指示生物鉴定到种。另外，各种水生生物种类和数量的分布不仅受污染程度的影响，也受地理、气候以及河流的底质、流速等因素的影响，在利用指示生物监测水质时必须充分考虑这些因素。

3. 生物指数法

生物指数是指运用数学公式反映水生生物种群或群落结构的变化以评价水环境质量的数值。所采用的生物指数应具有敏感性、可比性、准确性和实用性等特点，能较全面地反应环境变化对目标生物个体、种群、群落的数量、结构与功能的影响。

（1）常用的生物指数和相关的参数

由于同一水体范围内存在多种生物，可用多种计算方法定量反映这种群落的特征，因此生物指数是指示性和多样性的结合。常见的生物指数（参数）有 4 类 50 多种。

1）与生物耐污能力有关的指数：有生物指数 BI、HBI 耐污生物指数、科级水平生物指数 FBI、耐污生物指数 NCBI、Beck 生物指数、Trent 生物指数、比利时生物指数 BBI 等。

2）与群落结构和功能相关的参数见表 13-2。

表 13-2　与群落结构和功能有关的部分生物参数(Resh，1993。引自李孟楼，2005)

生物参数	计算方法和说明
水生昆虫分类单元数	根据分类水平，所有能鉴定出的水生昆虫的种类数
EPT 分类单元数	蜉蝣目(E)、翅翅目(P)、毛翅目(T)3 个目的昆虫分类单元总数
毛翅目分类单元数	底栖动物类群中毛翅目昆虫的种类数
蜉蝣目分类单元数	底栖动物类群中蜉蝣目昆虫的种类数
翅翅目分类单元数	底栖动物类群中翅翅目昆虫的种类数
敏感类群分类单元数	底栖动物类群中耐污值≤3 的分类单元(属、种)数
耐污类群分类单元数	底栖动物类群中耐污值≥7 的分类单元(属、种)数
摇蚊分类单元数	底栖动物类群中摇蚊的种类数
双翅目分类单元数	底栖动物类群中双翅目昆虫的种类数
敏感类群/%	敏感类群个体数/底栖动物群落总个体数
耐污类群/%	耐污类群个体数/底栖动物群落总个体数
EPT/%	蜉蝣目、翅翅目和毛翅目 3 个目的个体数/样点中底栖动物群落总个体数
优势分类单元/%	个体数最多的一个分类单元的个体数/样点中底栖动物群落总个体数
物种多样性指数	如香农-维纳指数

3）与生物的行为和习性有关的参数。

撕食者/%：撕食者个体数/样点中底栖动物群落总个体数。

滤食者/%：滤食者个体数/样点中底栖动物群落总个体数。

集食者/%：集食者个体数/样点中底栖动物群落总个体数。

黏附者/%：水生昆虫黏附者个体数/样点中底栖动物群落总个体数。

攀附者/%：攀附者个体数/样点中底栖动物群落总个体数。

4）多度量指数和综合性指数　常用的主要指数见表 13-3。

表 13-3　常用的多度量指数和综合性指数(引自李孟楼，2005)

生物参数	计算方法和说明
SCI 指数	由总分类单元数、EPT 分类单元数、摇蚊分类单元数、优势分类单元%、集食者%、滤食者%等生物指数组成
CPMI 指数	由总分类单元数、EPT 分类单元数、蜉蝣%、HBI 指数和黏附者%等生物指数组成
LMII 指数	由 HBI 指数、摇蚊%、集食者%、(寡毛类/蛭类)%和双翅目分类单元等生物指数组成
B-IBI 指数	由总分类单元数、EPT 分类单元数、长生活史分类单元数、敏感类群%、耐污类群%、依附者%、捕食者%和前三位优势分类单元数%等底栖生物指数组成

(2) 主要生物指数（参数）的计算和应用方法

1）Beck 生物指数：Beck 于 1955 年提出以生物指数评价水体污染的程度。该方法根据水体中大型底栖无脊椎动物对有机污染的敏感和耐受性，将大型底栖无脊椎动物分为 2 类，A 类代表敏感种（不耐有机污染的种类）种类数，B 类代表耐污种种类数。按以下公式计算生物指数：

$$\mathrm{BI} = 2A + B$$

应用此法时，要求各调查点的环境因素，如水深、流速、底质等一致，采集面积一定。

公式中 BI 越大，表示水体越清洁，水质越好；BI 越小，表示水体污染越严重。具体判断标准为：BI≥10，水质清洁；0<BI<10，水体中等污染；BI=0，水体严重污染（王焕校，2004；孔繁翔，2004）。

2）Beck-Tsuda 生物指数：该方法是 Beck 法的改进，用采集时间代替采集面积，由 4 或 5 人在一个采集点上采集 30min，尽量采集河段或水体中的各种大型底栖动物，鉴定到种后计算生物指数 BI，计算方法同 Beck 法。

水质评价标准：BI≥20，水体清洁；10≤BI<20，水体轻度污染；6≤BI<10，水体中度污染；0≤BI<6，水体重度污染（王焕校，2004）。

3）水生昆虫与寡毛类湿重的比值 I：该方法不用将采集到的样本鉴定到种，而是将底栖动物中昆虫和寡毛类分别称重，按下式计算：

$$I = \frac{\text{昆虫湿重}}{\text{寡毛类湿重}} \times 100$$

式中，I 值越小，表示污染越严重；I 值越大，表示水质越清洁（孔繁翔，2004）。

4）Trent 生物指数（Trent biotic index，TBI）：该方法是通过某些无脊椎动物的出现或缺失来确定受污染的水平，一般是按照调查所得样本中大型底栖无脊椎动物的类群总数及属于 6 类关键性生物类群的种类数确定生物指数，生物指数随污染程度的不同从 10 级（指示清洁水）下降到 0 级（指示水质严重污染）（表 13-4）（周凤霞，2006）。采用该方法时，对所采集的生物类群，仅需统计种的数目而无需都鉴定到种。

表 13-4 Trent 生物指数(引自周凤霞,2006)

水质状况	关键生物	出现的种类数	出现的生物类群总数				
			0～1	2～5	6～10	11～15	≥16
清洁	翅翅目稚虫存在	多于 1 种	—	7	8	9	10
		仅 1 种	—	6	7	8	9
生物按照污染程度增加的顺序逐渐消失	蜉蝣目稚虫存在(不包括四节蜉)	多于 1 种	—	6	7	8	9
		仅 1 种	—	5	6	7	8
	毛翅目幼虫或四节蜉存在	多于 1 种	—	5	6	7	8
		仅 1 种	3	4	5	6	7
	钩虾属 *Semmerus* 存在	上述种均无	3	4	5	6	7
	栉水虱属 *Asellus* 存在	上述种均无	2	3	4	5	6
	颤蚓或摇蚊幼虫存在	上述种均无	1	2	3	4	5
污染	有不需溶解氧而生存的种类,如蜂蝇	所有上述种均无	—	1	2	—	—

5）耐污生物指数 ：生物的耐污能力可用耐污值 TV（通常为 0～10）表示，根据耐污值的高低可将底栖动物分为 3 类，TV≤3 为敏感类群，3～7 为中间类群，TV≥7 为耐污类群。耐污生物指数综合考虑了生物种类的多样性及其本身的耐污能力。

因此在多样性指数相同的情况下，可通过分析敏感类群、中间类群和耐污类群的结构特点，更准确地判断水质受污染的程度。常用的耐污生物指数，如 HBI、FBI 和 NC-BI 等，都是基于生物指数 BI 而建立的。

$$BI = \sum_{i=1}^{s} n_i a_i / N$$

式中，n_i 为第 i 分类单元（属或种）的个体数；a_i 为第 i 分类单元（属或种）的耐污值；N 为各分类单元（属或种）的个体总和；S 为分类单元（属或种）数。

HBI 指数：1977 年 Hilsenhoff 确定了美国威斯康星州 200 余个分类单元的耐污值（即经验值），依据生物指数 BI，1987 年建立了 HBI 生物指数水质评价体系（表 13-5）。

表 13-5 HBI 生物指数水质评价分级标准(引自李孟楼,2005)

HBI 指数	水质级别	有机污染程度
0～3.5	极清洁	无有机污染
3.51～4.5	很清洁	轻微有机污染
4.51～5.5	清洁	一些有机污染
5.51～6.5	一般	较明显有机污染
6.51～7.5	轻度污染	明显有机污染
7.51～8.5	污染	极明显有机污染
8.51～10	严重污染	严重有机污染

科级水平生物指数（FBI ）：Hilsenhoff 于 1988 年建立了科级水平的生物指数 FBI 及分级标准（表 13-6）。

$$FBI = \sum_{i=1}^{F} n_i a_i / N$$

式中，n_i 为第 i 科的个体数；a_i 为第 i 科的耐污值；N 为各科个体总和，F 为科数。

表 13-6 FBI 水质生物评价分级标准(引自李孟楼，2005)

FBI 指数	水质级别	有机污染程度
0～3.75	极清洁	无有机污染
3.76～4.25	很清洁	可能有轻微有机污染
4.26～5.00	清洁	可能有一些有机污染
5.01～5.75	一般	有较明显的有机污染
5.76～6.50	轻度污染	有明显的有机污染
6.51～7.25	污染	非常明显的有机污染
7.26～10	严重污染	严重有机污染

NCBI 指数：1993 年 Lenat 根据美国北卡罗来纳州各类型水体的 2000 余个底栖动物资料，通过累积分位数法，确定了 500 多种主要底栖动物分类单元的耐污值，并分别建立了适合该州 3 个生态区的 BI 生物指数水质评价标准（表 13-7）。

$$\mathrm{NCBI} = \sum_{i=1}^{F} \frac{TV_i N_i}{N}$$

式中，N_i 为第 i 分类单元的丰富度，1＝稀少（1～2 头标本），3＝一般（3～9 头标本），10＝丰富（≥10 头标本）；TV_i 为第 i 分类单元的耐污值；N 为各分类单元个体总数；F 为分类单元数。

表 13-7 NCBI 生物指数水质评价标准(引自李孟楼，2005)

水质级别	山地	丘陵区	沿海平原区
极清洁	＜4.05	＜5.19	＜5.47
清洁	4.06～4.88	5.19～5.78	5.47～6.05
一般	4.89～5.74	5.79～6.48	6.06～6.72
轻污染	5.75～7.00	6.49～7.48	6.73～7.73
重污染	＞7.00	＞7.48	＞7.73

由于物种生物学属性的可塑性和分布的地域性，因此 BI 指数有较强的地域局限性。只有基本确定本地底栖动物类群的区系及其耐污值，才有可能建立适合当地的 BI 指数评价系统。

我国进行水质生物监测时常借用其他国家提出的底栖动物耐污值，2004 年，王备新等发表了我国东部底栖无脊椎动物 81 个分类单元的耐污值，其中昆虫纲鞘翅目 3 科 2 属、广翅目 1 科 2 属、蜉蝣目 7 科 14 属、翅翅目 2 科 2 属、毛翅目 6 科 7 属、蜻蜓目 3 科 1 属、双翅目 3 科 3 亚科 12 属，另外还有软体动物 2 属 5 种，环节动物 1 属 4 种，扁形动物 1 属，甲壳动物 1 属；同时还核定了 73 个分类单元（科、属）的耐污值（王备新和杨莲芳，2004）。这为今后我国进行水质生物监测提供了重要参考。

6）EPT 丰富度：根据蜉蝣目、翅翅目、毛翅目的种类总数判断水质污染情况。

$$S = E + P + T$$

式中，E、P、T 分别为蜉蝣目、翅翅目和毛翅目种数（童晓立等，1995）。水质评价标准见表 13-8。

表 13-8　EPT 种类丰富度评价水质标准(引自童晓立等,1995)

水质状况	山区	丘陵山地	沿海平原
极清洁	>41	>31	>27
清洁	32～41	24～31	21～27
尚清洁	22～31	16～23	14～20
中污染	12～21	8～15	7～13
严重污染	0～11	0～7	0～6

4. 多样性指数

在正常水体中，生物群落的结构相对稳定，水体受到污染后，群落中敏感种类及其个体数减少，而耐污种类的个体数增加，从而造成群落中物种多样性的下降，因此，可以通过多样性指数的大小评价水体的污染状况。

1）香农-维纳多样性指数（H'）：

$$H' = -\sum_{i=1}^{s} P_i \log_2 P_i$$

式中，$P_i = N_i/N$，N 为各种类个体总数；N_i 为第 i 种的个体数；S 为物种数。

水质评价标准为：$H'>3$，清洁；$H'=1\sim3$，中污染；$H'<1$，重污染；$H'=0$，严重污染（童晓立等，1995）。

2）Margalef 多样性指数 d：

$$d = (S-1)/\ln N$$

式中，S 为物种数；N 为总个体数。d 值越大表示水质越清洁（熊金林等，2003）。

3）Simpson 多样性指数：

$$d = \frac{1}{\sum (N_i/N)^2}$$

式中，d 值越大，表示污染越轻（孔繁翔，2004）。

5. 综合指数法

（1）标准化水质快速评价法

反映水质的生物指数（参数）很多，在快速评价中，常选用 8～10 个生物参数，通过对各参数提供的信息进行综合，借以完成对水质级别的综合评价。

标准化水质快速评价法（rapid assessment approach）适用于监测点受点源或非点源污染后水质级别的变化，也可用于纪录某一地区水质的长期变化状况。采用半定量（定性）采样，样本来自不同小生境，如急流、缓流、静水、堤岸边、石块、植物根垫、枯枝落叶和水生植物等，如每样点采到的生物个体数较多，可用亚样选取法（李孟楼，2005）。

1989 年美国环境保护署采用 8 个生物参数和 3 级记分标准进行了中级水平的快速水质生物评价。首先分别计算监测点和参照点各参数值的百分比，根据表 13-9 中提供的记分标准得出监测点各参数所得分值和 8 个参数的累计总值，然后计算其与参照点各参数累计总值（6×8）的百分比，根据表 13-10 将水质分为无污染、中污染、重污染 3 级。

表 13-9 中级水平评价的记分标准(引自李孟楼,2005)

生物参数	记分标准		
	6	3	0
总分类单元数(监测点/参照点)	>80%	40%~80%	<40%
科级生物指数(参照点/监测点)	>85%	50%~85%	<50%
刮食者与滤食者比例(监测点/参照点)	>50%	25%~50%	<25%
EPT 丰富度与摇蚊丰富度比例(监测点/参照点)	>75%	25%~75%	<25%
优势科比例(监测点/参照点)	<30%	30%~50%	>50%
EPT 分类单元数(监测点/参照点)	>90%	70%~90%	<70%
群落相异性系数	<0.5	0.5~4.0	>4.0
撕食者比例(监测点/参照点)	>50%	25%~50%	<25%

表 13-10 中级水平生物评价标准*(引自李孟楼,2005)

分类标准	无污染	中污染	重污染
(监测点/参照点记分总值)/参照点总值	79	29~72	21

* 各污染级别之间均有 7%的可调节比例,此时,栖境质量评估和理化指标等将作为判别水质的重要参考。

(2) 多度量指数评价法

采用多度量指数评价法(multimetrics assessment)评价时,首先确定一组最适合在某一地区进行生物评价的指数,然后计算各指数的值在基本未受污染样点中的分布,以第 25 个百分位点作为区分样点是否受到污染的标准。高于此标准的指数值被赋予最高记分值 5,低于第 5 个百分位点的指数值被赋予最低记分值 1,位于二者之间的指数值的记分值为 3。理论上,某一地区所有样点的总记分值从最低(极污染点)至最高(极清洁点)之间的分布是连续的,根据需划分水质级别的级数,可用四分法或其他方法将分值分布范围分成 4 个不同的小区,每小区对应一个水质级别。Barbour 等(1996)根据 8 个底栖动物指数,采用这种方法将美国佛罗里达州三个生态亚区的水质分别划分为 4 个级别(表 13-11)(王备新和杨莲芳,2001)。

表 13-11 美国三个生态亚区多度量指数值与水质级别的关系

生态亚区	不同水质级别的多度量指数值			
	很差	差	好	很好
Ⅰ	8 9 10 11 12 13 14 15	16 17 18 19 20 21 22 23	24 25 26 27 28 29 30	31 32 33 34 35 36 37 38
Ⅱ	8 9 10 11 12 13 14	15 16 17 18 19 20 21	22 23 24 25 26 27 28 29	30 31 32 33 34 35 36
Ⅲ	8 9 10 11 12 13	14 15 16 17 18 19 20	21 22 23 24 25 26 27	28 29 30 31 32 33 34

该方法主要在美国应用,其特点是强调河流的生物学特性,评价过程无需复杂的统计计算,易于推广应用,但在选择生物参数时存在一定的主观性。

(3) 多变量分析法

多变量分析法(multivariate method)通过建立预测模型来完成评价工作。建立预测模型依据这样一个假设:在无污染的情况下,栖境属性(地貌、底质组成和植被等)一致的样点,应该有相似的底栖动物区系组成。因此建模时需要大量未受污染样点的底栖无脊椎动物群落和栖境资料,根据种类组成相似性通过聚类分析建立参照点群,并用逐步判别功能分析法筛选出与各参照点群底栖动物群落组成有密切关系的变量（如受人类活动影响的大小、纬度、经度、海拔、河流级别、底质组成、流速和水的碱度等非生物学性状），建立判别函数。评价时，先将监测点的非生物学性状数据输入模型，选择和确定参照点群，然后通过比较监测点与参照点群之间的种类相似性程度判定水质级别（王备新和杨莲芳，2001）。

该方法在英国、加拿大和澳大利亚等国使用较多。例如，澳大利亚的 AusRivAS 预测模型，每个参照点群都有一个期望的种类组成系列（E），根据参照点群中各点实际种类组成（O）与期望种类组成的比值（O/E），计算平均值，若监测点的 O/E 值低于该平均值 2 个标准差（SD），就判定水质没有受到污染；2～4 个 SD，轻微污染；4～6 个 SD，中度污染；高于 6 个 SD 则属于重度污染（王备新和杨莲芳，2001）。

该方法过分强调某些非生物学性状对底栖动物区系组成的影响，而且建模困难，评价结果没有多度量指数明了，因此不便于推广应用。

（4）底栖动物完整性指数

底栖动物完整性指数（benthic index of biotic integrity，B-IBI）是溪流生态系统健康评价的常用指标之一（Klemm et al.，2002）。主要评价程序是：首先选择对干扰反应敏感的候选生物参数，再比较参照点和受损点在 25%～75%分位数即箱体 IQ 的重叠情况，并分别赋予不同的值：没有重叠，IQ=3；部分重叠，但各自中位数值都在对方箱体范围之外，IQ=2；仅一个中位数值在对方箱体范围之内，IQ=1；各自中位数值都在对方箱体范围之内，IQ=0。使用时只选择 IQ≥2 的参数，然后确定各参数的分值，并对各生物参数能否成为 B-IBI 构成参数进行判别分析（Blocksom et al.，2002；王备新等，2005）。

王备新等（2005）对安徽黄山地区溪流的 21 个生物参数进了筛选，确定适用于该地区的 B-IBI 指数由总分类单元数、EPT 分类单元数、前 3 位优势分类单元%、黏附者%、敏感类群%和 BI 指数构成，并据此建立了适合祁门县溪流生态系统健康评价的 B-IBI 标准：>3.59，健康；2.7～3.59，亚健康；1.8～2.69，一般；0.9～1.79，差；<0.9，极差。

B-IBI 指数的适用范围取决于建立参数时所用样点的代表性。另外，一个生物参数能否成为 B-IBI 构成参数，首先应看生物参数对外界干扰是否敏感，其反应是否可以预测；其次是看该参数反映的信息是否与其他参数高度重叠。但目前还缺乏参数间信息重叠程度的统一的判断标准。

四、注意事项

评价采样点水质时，只能进行纵向比较，即同一采样法之内的比较，而不能横向比较，即不同采样法间的比较（王备新和杨莲芳，2006）。

评价水质的生物指数很多，但各指数的准确度、适用范围和花费的时间以及所需要的技术力量有所不同。

BI 指数是目前国际上最常用的与底栖动物耐污值有关的水质生物评价指数。摇蚊%在评价中度至重度污染水体时，有很高的指示性（王备新等，2003）。

科级指数评价法中科级耐污值是该科内各属或种的耐污值的加权平均值，利用此方法时，昆虫仅需鉴定至科，省时、省力，但是同一科内不同属、种的耐污能力有时差异也较大，与以属或种的耐污值为基础的生物指数（BI）评价相比，在清洁水体中，FBI值比BI值略高，而在污染水体中，FBI值比BI值略低。

多样性指数评价法适用范围广。该方法以生物分类单位为基础，能反映水体的群落结构，评价水质的准确度较高；但没有考虑到昆虫和其他生物本身耐污能力的差异，有时对水质的评价可能会比实际值偏高，且该方法费时多，要求鉴定技术高（杨莲芳等，1992）。

EPT分类单元数是对水质变化很敏感的指数，常作为山区及其与平原交界区清洁水体的指示指数。该法不考虑种的个体数，因此反映群落结构变化的敏感性不如多样性指数，也没有科级生物指数反映的水质信息全面（杨莲芳等，1992）。

在挑选适合某一生态（亚）区生物评价的生物指数时，候选生物指数一定要多，而且可作为参照点的数量越多，所获指数越能准确反映该区内底栖动物群落的结构和功能特点，同时也可减少采样误差对评价结果准确性的影响（Resh et al.，1995）。

因此，在进行水质生物评价时，应根据当地水体具体情况，选择适合当地的水质生物评价方法。

水质生物监测方法简便，能客观反映水体污染状况，但在实际工作中，常需要将物理化学指标、细菌学指标和生物指标三者结合起来，对监测水域作出综合性的较全面的科学评价。

第三节　垃圾处理昆虫的研究方法

一、概　　述

随着我国经济的发展和人们生活水平的提高，垃圾每年以大约10%的速度增长，现在垃圾已成为人类生活的一大障碍，也是对可持续发展的严峻挑战。

根据垃圾的来源，可把垃圾分为工业垃圾、农业垃圾、生活垃圾等；根据组成，垃圾中既含无机废物又含有机废物，无机废物，如砖石块、废旧金属制品、玻璃制品等，有机废物，如植物落叶和残体、废纸、破旧衣物、废旧家具及其他纤维制品以及塑料制品等。

垃圾在自然堆放过程中，其中的有机废物可在环境微生物（细菌、真菌和放线菌等）等的作用下，一部分通过矿化作用被转化为简单的无机物，参与生态系统的物质循环；另一部分则通过腐殖化作用转化为垃圾层中的腐殖质。除微生物参与矿化作用外，一些昆虫和螨类等节肢动物也能参与有机废物的破碎和分解。因此，研究昆虫、螨类等节肢动物对有机废物的分解作用，对保护环境、维护生态平衡具有重要意义。

二、昆虫、螨类等节肢动物对有机废物的分解作用

分解者是指能够把复杂有机物分解为能被植物所重新利用的简单化合物的生物，有机物的分解是许多生物共同参与的结果。例如，陆地上的分解者主要是细菌、真菌和放线菌等微生物，其次还有昆虫和螨类等无脊椎动物。

参与垃圾中的有机物质分解的昆虫包括弹尾目、原尾目、双尾目、缨尾目、等翅

目、鞘翅目、革翅目等的幼虫和成虫，以及蜗牛、蛞蝓等软体动物和马陆、蜈蚣等节肢动物。

可被昆虫取食和分解的垃圾主要是各种植物落叶、枝条、断根、植物纤维等植物源垃圾和动物尸体、皮毛等动物源垃圾，而塑料、橡胶等有机大分子物质则很难被昆虫取食和分解。

弹尾目昆虫大多生活于有机物质丰富的土壤中，是土壤动物群落中的优势类群，有的取食植物碎屑或腐烂的有机物质，有的取食真菌，有的既取食真菌又取食有机碎屑。

白蚁是能分解木材纤维素的重要土壤动物，在热带地区起着清除木头、枯枝落叶、干草和其他含纤维素物质的重要作用。但白蚁本身并没有纤维素酶，分解纤维素的过程是借助于其消化道中共生的鞭毛虫完成的（孙儒泳，1987）。

马陆和蜈蚣是森林地面上最基本的土壤动物，主要栖息在地面植物间隙、枯枝落叶中和土壤上层以及树皮下、石块下、朽木和树桩中，吞食干枯的叶片，尤其是已被真菌侵入的叶片，对枯叶进行机械破碎，其取食活动更有利于枯叶被真菌等腐生物所利用，加快落叶的分解（孙儒泳，1987）。蜗牛和蛞蝓取食枯枝落叶，它们是无脊椎动物中含酶种类最多的动物，能水解纤维素和植物中的其他多糖，还能消化木质素。这些大型的土壤动物是植物落叶和残体的主要破碎者。

土壤中腐食性昆虫的活动可以增加落叶或其他有机物质的暴露面积，便于微生物入侵和分解。虽然腐食性昆虫的同化效率大约只有10%，但通过其消化道排出的大量的有机物质很容易被微生物进一步分解。

生态系统中有机物质的分解速率通常用分解指数 k 来表示：$k=I/X$

式中，I 为死有机物质的年输入总量；X 为系统中死有机物质现存总量。因为要分开土壤中植物的活根和死根很不容易，所以一般用地面残落物输入量（I）与地面枯枝落叶现存量（X）之比来计算 k 值。在热带雨林中，k 值往往大于1，甚至可高达6，而在冻原仅有0.03（李孟楼，2005）。

三、影响有机废物分解的因素

植物源垃圾和动物源垃圾的分解速度主要取决于分解者的种类及其分解能力、有机物质的理化性质以及环境条件。

有机物质的物理性质包括表面特征和机械结构，一般相对表面积越大越容易被分解，破碎程度越高越有利于分解；化学性质因化学组成而异，一般动物源垃圾比植物源垃圾容易分解，植物落叶比枯枝容易分解。

有机物质一旦进入环境（如地面、土壤、水体等），就被细菌、放线菌、真菌等微生物所攻击。有机物质的分解过程实际上是微生物所产生的酶催化的生化反应，而温度是影响酶活性的重要因素，也是微生物生长速度和有机物质溶解度的直接影响因素，因此有机物质的分解速度受环境温度和湿度的影响，一般高温高湿有助于分解，连续潮湿比干湿交替更有利于分解。另外，环境酸碱度通过影响微生物等分解者的活性而影响有机物质的分解，通常pH为4～9有利于微生物生长。

节肢动物或其他无脊椎动物的吞食可造成有机物穿孔、破碎，使微生物容易入侵，因此可加速有机废物分解。例如，对落叶的分解消耗率，大型、中小型土壤动物和微生物的共同作用＞中小型土壤动物和微生物的共同作用＞仅微生物的作用（殷秀琴等，2002）。

四、研究方法与技术

研究昆虫在垃圾处理中的作用主要包括定性和定量两个方面的内容，定性研究主要是研究和确定哪些昆虫对哪种类型的垃圾具有取食和分解作用，定量研究则是要研究和确定这些昆虫对各类垃圾的分解作用大小。由于自然环境中昆虫、螨类以及其他无脊椎动物和微生物总是与垃圾中的有机物质混杂在一起，对垃圾的分解作用相互影响，因此很难单独对昆虫在分解垃圾中的定量作用进行评价。

（一）垃圾处理昆虫的种类调查

1. 研究目的

昆虫、螨类、马陆、蜈蚣、蚯蚓等是植物落叶和残体的主要破碎者，采集并鉴定这些动物的种类，可为有机废物垃圾的生物处理提供依据。

2. 实验材料和仪器

铁铲，镊子，不同筛目的尼龙网袋，大型动物采集框（直径 28.5cm，高 8cm），卷尺，有机垃圾（如塑料袋、枯枝落叶等）和无机垃圾（如碎砖石、金属残渣），体视显微镜。

3. 调查方法

（1）直接调查

直接调查是指在当地生态条件下调查各种垃圾堆中的昆虫种类及数量，分析优势种类。

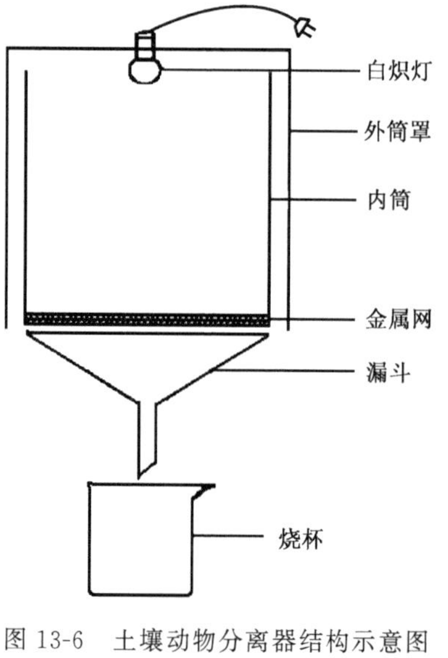

图 13-6　土壤动物分离器结构示意图
（仿殷秀琴和马祝阳，2002）

大型昆虫采集采用手检法。每种类型的垃圾堆调查 3 个，采用单对角线 3 点取样方法，每点 50cm×50cm，首先观察和采集垃圾堆表面的所有昆虫的所有虫态，然后用铁铲挖开垃圾，将样点内不同深度（如 0～20cm、20～50cm 深度）垃圾分别装袋带回室内检查，记载大型昆虫种类及数量（高权荣等，2002）。

中小型昆虫（体长 0.2～3mm）的采集用 Tullgren 法（干漏斗法）（图 13-6 示分离器）。在每个样点完成大型昆虫调查后，将垃圾放入分离器的样筒内，开灯照射，每隔 1～2h 取一次分离器分离出的昆虫和其他土壤动物，鉴定种类并统计数量（孙刚等，2006）。

根据调查结果，分析不同类型垃圾中的昆虫种类及优势种。

调查时应注意：①选择不同生态区如地面遮荫处或暴晒处或低洼处的垃圾堆；②选择不同类型的垃圾堆如生活废物垃圾堆、建筑废物垃圾堆等；③在每年的不同时间进行调查。

（2）诱集调查

自然堆放的垃圾多为混合垃圾，因此不便分析昆虫对哪类垃圾具有分解作用。为全面了解某种昆虫对某类垃圾是否具有分解作用，可通过诱集试验进一步观察。

实验中将垃圾装在尼龙网袋中，网袋网眼的大小以允许在直接调查中发现的最大体积的昆虫通过为宜。将垃圾袋放在不同环境中，定期取样检查垃圾表层和内部昆虫和其他无脊椎动物的种类和数量，并描述垃圾被分解或取食的程度。

根据调查结果分析并确定不同垃圾中的昆虫种类及优势种，并分析优势种昆虫的入侵时间、数量与垃圾分解程度的关系。

实验时应考虑以下因素。

1）垃圾类型：植物源垃圾（蔬菜和其他植物残体、纺织品等）、动物源垃圾（动物皮毛、残体等）。

2）生态环境：地面上（遮阴处和暴晒处）、不同土层深处、低洼易积水处等。

3）时间：由于昆虫的发生具有季节规律性，因此实验应在不同季节进行。

4）不同重量或体积的垃圾：有些昆虫具有钻蛀性，有些昆虫则喜欢在表层活动，因此实验时要设置大小不等的垃圾堆。

（二）昆虫对植物落叶的分解作用

1. 研究目的

许多昆虫以植物落叶为食，但各种昆虫在落叶分解中的作用不同，本研究的目的是通过测定昆虫对植物落叶的损耗量，了解昆虫对落叶的分解作用。

2. 实验材料和仪器

不同筛目的尼龙网袋，铁丝网，不同种类植物的落叶，分析天平，二氧化碳测定仪。

3. 操作步骤

1）测量待测植物落叶的面积，烘干后称重。

2）取一定重量的落叶，分别放入网孔为 6 目（大孔，允许大型昆虫和土壤动物进入）、30 目（小孔，只允许中小型昆虫和土壤动物进入）和 260 目（对照，防止土壤动物进入），大小为 15 cm×20 cm 的尼龙网袋中，然后放置于林中新鲜落叶层下或室外其他环境中（殷秀琴等，2002）。

3）定期抽查一部分样品，每次抽查的数量不少于 5 个网袋。调查网袋落叶中的昆虫种类，测量落叶剩余面积并称重。计算叶片的损耗率或分解指数。

$$落叶损耗率=\frac{实验开始时落叶面积-抽样调查时落叶面积}{实验开始时落叶面积}\times 100\%$$

$$落叶损耗率=\frac{实验开始时落叶重量-抽样调查时落叶重量}{实验开始时落叶重量}\times 100\%$$

$$分解指数=\frac{实验开始时有机废物重量}{实验结束时有机废物重量}\times 100\%$$

4）室内校正实验：由于自然界中取食落叶的昆虫或其他无脊椎动物很多，因此野外观察的结果实际上是多种生物共同作用的结果。为准确判断某种昆虫对落叶的取食或损耗量，需要配合室内实验。

① 室内饲养野外观察到的优势种昆虫；

② 测量待测叶片的面积，称重；

③ 把已知面积或重量的叶片和一定数量的昆虫放到一个容器中，根据室外温湿度设定容器中的温湿度，定期观察和测定待测叶片的被食情况，并收集排泄物，测定呼吸量，计算昆虫的同化率。

5）调查结束后综合分析取食该种落叶的昆虫种类及其对落叶的分解能力。

4. 注意事项

1）尼龙网的网眼直径不同，可以控制不同大小的昆虫或其他动物进出，从而估计进入网袋的小型、中型和大型昆虫（动物）对有机物质的分解作用。

2）该测定结果实际上也是昆虫、其他无脊椎动物和微生物共同作用的结果，如果考察昆虫对有机物质的分解作用，需要配合室内单独测定微生物分解作用的试验，以排除测定结果中的微生物作用。但实际上，各种生物共存于垃圾中，它们对垃圾分解的作用决不是简单的累加。

3）一种昆虫分解垃圾的能力，不仅受到垃圾种类的影响，而且还受到垃圾放置的地点、时间等因素的影响，因此在考察昆虫处理垃圾的作用大小时，应全面考虑这些影响因素。

4）在垃圾分解的不同阶段，会有不同种类的昆虫、无脊椎动物和微生物参与。如在落叶分解的淋洗阶段，跳虫的种类和数量很少；在养分固定阶段，跳虫的数量增加，后又随落叶的分解而下降；在养分活化期，各种跳虫数量又重新增加。这些也是在考察昆虫的分解作用时应该考虑到的。

思 考 题

1. 用于法医鉴定的昆虫主要有哪些类群？为什么说蝇类昆虫在法医鉴定中具有重要意义？

2. 怎样根据尸体上蝇蛆的生长发育规律推断尸体死亡时间？

3. 水质生物监测的理论依据是什么？利用生物监测水质有哪些优势？

4. 试分析比较利用水生昆虫（或其他底栖动物）评价水质的各种方法的优缺点。

5. 选择当地一水体，调查水生昆虫种类及数量，并采用两种以上方法对该水体的水质进行评价。

6. 试设计一个利用生物监测水环境质量的实验。

7. 分解垃圾中有机废物的昆虫主要有哪些类群？这些昆虫在垃圾分解中有哪些作用？

8. 请设计一套研究昆虫对动物尸体或塑料制品分解能力的方案。

参 考 文 献

陈禄仕. 2001. 棕尾别麻蝇的季节分布及虫态变化与死亡时间的研究. 刑事技术，6：10～11

陈禄仕. 2004. 贵州省尸食性蝇类的种类和分布. 昆虫学报，47(6)：849～853

陈世贤，庄明洁，万立华. 2005. 法医学. 北京：法律出版社

范滋德. 1992. 中国常见蝇类检索表(第二版). 北京:科学出版社
高权荣,刘永江,石珍宝. 2002. 内蒙古锡林河中游草原生态系统土壤昆虫调查研究初报. 中国草地,24(4):75～77
胡萃. 2000. 法医昆虫学. 重庆:重庆出版社
柯欣,杨莲芳,孙长海等. 1996. 安徽丰溪河水生昆虫多样性及其水质生物评价. 南京农业大学学报,19(3):37～43
孔繁翔. 2004. 环境生物学. 北京:高等教育出版社. 160～163
李凯,叶恭银,胡萃. 2005. 第22届国际昆虫学大会法医昆虫学论文简介. 中国法医学杂志,20(2):126～128
李孟楼. 2005. 资源昆虫学. 北京:中国林业出版社. 248～290
陆宝麟,吴厚永. 2003. 中国重要医学昆虫分类与鉴别. 郑州:河南科学技术出版社
马玉堃,胡萃. 1997. 杭州地区尸食性昆虫种类与生物学特性的初步研究. 浙江农业大学学报,23(4):375～380
马玉堃,胡萃,闵建雄. 2000. 杭州地区猪尸体上昆虫群落的组成与演替的初步观察. 昆虫学报,43(4):388～393
塑人,曹刚. 2002. 法医昆虫"破案"的秘密. 科学与生活,(5):56,57
孙刚,房岩,殷秀琴. 2006. 豚草发生地土壤昆虫群落结构及动态. 昆虫学报,49(2):271～276
孙儒泳. 1987. 动物生态学原理. 北京:北京师范大学出版社. 444～446
孙伟,章诗芳,郑锋等. 2003. 采用人工基质法监测源水中的摇蚊幼虫. 中国给水排水,19(5):98,99
田洁,张孟余,何斌等. 2004. 盐酸吗啡对大头金蝇生长发育的影响及其对死者死亡时间推断的意义. 昆虫学报,47(6):715～718
田立新. 1996. 中国经济昆虫志第四十九册. 北京:科学出版社
童晓立. 1995. 介绍一种利用水生昆虫野外快速评价水质的方法. 昆虫知识,32(5):306,307
童晓立,胡慧建,陈思源. 1995. 利用水生昆虫评价南昆山溪流的水质. 华南农业大学学报,16(3):6～10
王备新. 2003. 大型底栖无脊椎动物水质生物评价研究. 南京农业大学博士学位论文
王备新,陆爽,杨莲芳. 2003. 水质生物评价指数筛选——以南京紫金山地区小水体为例. 南京农业大学学报,26(4):46～50
王备新,杨莲芳. 2001. 大型底栖无脊椎动物水质快速生物评价的研究进展. 南京农业大学学报,24(4):107～110
王备新,杨莲芳. 2004. 我国东部底栖无脊椎动物主要分类单元耐污值. 生态学报,24(12):2768～2775
王备新,杨莲芳. 2006. 溪流底栖动物定量与半定量采样法比较研究. 应用与环境生物学报,12(5):719～721
王备新,杨莲芳,胡本进等. 2005. 应用底栖动物完整性指数B－IBI评价溪流健康. 生态学报,25(6):1481～1490
王焕校. 2004. 污染生态学. 北京:高等教育出版社. 173～189
王江峰,胡萃,陈玉川等. 2001. 大头金蝇蛹发育形态学用于死亡时间判断的基础研究. 寄生虫与医学昆虫学报,8(4):232～236
王江峰,胡萃,陈玉川等. 2002a. 大头金蝇 *Chrysomya megacephala* 幼虫发育形态学及其在死亡时间推断中的应用探讨. 寄生虫与医学昆虫学报,9(1):33～38
王江峰,胡萃,陈玉川等. 2002b. 用巨尾阿丽蝇蛹期发育形态来推断死者死亡时间. 昆虫学报,45(5):696～699
王俊才,方志刚,鞠复华. 2000. 摇蚊幼虫分布及其与水质的关系. 生态学杂志,19(4):27～37
王晔,刘敏,孙大宏等. 2003. 成都市嗜尸昆虫种类季节变化研究. 法医学杂志,19(2):86～87,91
吴钿,朱剑昆,王建文. 1991. 几种溪流蜉蝣稚虫致死溶解氧浓度的初步研究. 南京师大学报(自然科学版),14(3):67～70
熊金林,梅兴国,胡传林. 2003. 不同污染程度湖泊底栖动物群落结构及多样性比较. 湖泊科学,15(2):160～168
熊平,郭萍,曾桥. 2002. 丽蝇生长发育与死亡时间的相关研究. 法医学杂志,18(2):71～73
杨莲芳,李佑文,戚道光等. 1992. 九华河水生昆虫群落结构和水质生物评价. 生态学报,12(1):8～15
杨维芳,杨莲芳. 2002. 黄纹鳞石蛾和宽羽拟石蛾生物学观察(毛翅目:完须亚目). 南京农业大学学报,25(1):61～65
杨玉璞,任嘉诚,刘力等. 1998. 北京地区尸生性蝇类研究及其在法医学中的应用. 中国法医学杂志,13(3):159～162
殷秀琴,马祝阳. 2002. Tullgren法对土壤动物的分离效率. 东北师大学报(自然科学版),34(2):84～91
殷秀琴,仲伟彦,王海霞等. 2002. 小兴安岭森林落叶分解与土壤动物的作用. 地理研究,21(6):689～699
叶恭银,胡萃. 2001. 法医昆虫学发展新趋势. 见:胡萃,程家安. 城市昆虫学进展——全国第六届城市昆虫学术讨论会论文集. 杭州:浙江大学出版社,92～98

于力，李平，曲兆平. 1996. 吉林省山地河流毛翅目幼虫的分布及对水质监测和评价的研究. 中国环境监测，12(4)：47～49

赵文爱，胡圣爱，张孟余等. 2005. 吗啡对丝光绿蝇发育积温的改变与死者死亡时间推断的相关研究. 生态学杂志，24(11)：1361～1364

郑旭东，李治华，张益鹄等. 2005. 郑州地区初秋季节嗜尸性麻蝇生长发育规律的初步研究. 华西医学，20(3)：438～439

周凤霞. 2006. 生物监测. 北京：化学工业出版社

周红章，杨玉璞，任嘉诚等. 1997a. 北京地区法医昆虫学研究. Ⅰ. 嗜尸性甲虫物种多样性及其地区分异. 昆虫学报，40(1)：62～70

周红章，杨玉璞，任嘉诚等. 1997b. 北京地区法医昆虫学研究. Ⅱ. 尸体分解过程中的昆虫种类演替与死亡时间判断. 中国法医学杂志，12(2)：79～83

Barbour M T, Gerritsen J, Griffith G E, et al. 1996. A framework for biological criteria for Florida streams using benthic macroinvertebrates. J N Am Benthol Soc, 15(2):185～211

Blocksom K A, Kurtenbach J P, Klemm D J, et al. 2002. Development and evaluation of the lake macroinvertebrate integrity index (LMII) for New Jersey lakes and reservoirs. Environl Monit Assess, 77(3):311～333

Catts E P, Goff M L. 1992. Forensic entomology in criminal investigation. Ann Rev Entomol, 37:253～272

Greenberg B. 1991. Flies as forensic indicators. J Med Entomol, 28(5) : 565～577

Klemm D J, Blochsom K A, Thoeny W T, et al. 2002. Methods development and use of macroinvertebrates as indicators of ecological conditions for streams in the Mid-Atlantic highlands region. Environ Monit Assess, 78(2): 169～212

McCafferty W P. 1981. Aquatic Entomology. Boston: Science Books International

Resh V H, Norris R H, Barbour M T. 1995. Design and implementation of rapid assessment approaches for water resource monitoring using benthic macroinvertebrates. Australian Journal of Ecology, 20:108～121

（郭线茹）